AF231734

TRAITÉ

DE

MINÉRALOGIE.

IMPRIMERIE DE HENNUYER ET TURPIN, RUE LEMERCIER, 24,
Batignolles.

TRAITÉ

DE

MINÉRALOGIE

PAR

A. DUFRÉNOY,

INGÉNIEUR EN CHEF DES MINES, MEMBRE DE L'ACADÉMIE ROYALE DES SCIENCES, PROFES-
SEUR A L'ÉCOLE ROYALE DES MINES ET A L'ÉCOLE ROYALE DES PONTS ET CHAUSSÉES,
MEMBRE DE LA SOCIÉTÉ PHILOMATIQUE DE PARIS, DE LA SOCIÉTÉ GÉOLOGIQUE DE
FRANCE, DE LA SOCIÉTÉ LINNÉENNE DE NORMANDIE, DE LA SOCIÉTÉ GÉOLOGIQUE DE
LONDRES, DE CELLE DU CORNOUAILLES, DE LA SOCIÉTÉ HELVÉTIQUE, CORRESPONDANT
DES ACADÉMIES ROYALES DES SCIENCES DE BERLIN, DE TURIN, DE L'INSTITUT NATIONAL
DES ÉTATS-UNIS DE L'AMÉRIQUE DU NORD, ETC.

TOME PREMIER.

PARIS

CARILIAN-GOEURY ET Vᵒʳ DALMONT,

LIBRAIRES DES CORPS ROYAUX DES PONTS ET CHAUSSÉES ET DES MINES,

QUAI DES AUGUSTINS, 39.

1844

PRÉFACE.

—

L'étude des corps inorganiques repose sur le double caractère de la forme géométrique, propre à la plupart des minéraux, et sur la composition chimique qui établit leur nature : il faut donc, autant que possible, faire concorder ces deux considérations à la détermination des espèces minérales, car elles se complètent l'une l'autre, et se prêtent un mutuel appui. Mais il est rare qu'une même personne cultive avec un égal intérêt ces deux branches des sciences, et dans presque toutes les méthodes de minéralogie publiées jusqu'à ce jour, un des deux principes que nous venons de signaler a dominé l'autre, et quelquefois même l'a presque entièrement effacé.

WERNER, qui a donné la première classification rationnelle des minéraux, avait mis en rapport, avec une grande sagacité, leurs caractères extérieurs et leur composition élémentaire. Déjà même le savant professeur de Freyberg avait su apprécier dans sa méthode, qui pendant quarante ans a régné dans toutes les universités de l'Allemagne, l'importance des formes cristallines des minéraux ; mais l'étude de ces formes était alors trop imparfaite pour qu'elle pût servir de base à une distribution méthodique des corps inorganiques.

Les découvertes de Haüy, en donnant à la cristallographie une précision mathématique, ont produit une véritable révolution dans la minéralogie. La forme cristalline est devenue pour lui le caractère spécifique essentiel, et la juste autorité que cet homme célèbre a exercée sur la science a fait pencher, pendant de longues années, la balance vers la cristallographie. Il est résulté de cet état de choses, que les minéralogistes de l'école de Haüy ne portaient presque aucune attention sur les minéraux amorphes, compactes ou terreux, qui, cependant, forment la masse la plus importante des produits du règne inorganique ; souvent même ils ignoraient des rapprochements que l'analyse pouvait seule dévoiler.

Cet oubli a été suivi d'une réaction violente, et aussitôt que Haüy eut terminé sa belle et longue carrière, la chimie n'a pas tardé à envahir la minéralogie, et à la réclamer comme un de ses apanages. L'un des chimistes les plus illustres de notre siècle, M. Berzelius, dont le nom est marqué par de si importantes découvertes, et qui le premier a fait connaître la véritable composition des minéraux, a exprimé cette opinion d'une manière très-nette dans le *Nouveau Système de minéralogie*, qu'il a publié en 1819; il dit, à ce sujet [1] : « La minéralogie, « considérée en elle-même, n'est qu'une partie de la « chimie. Elle ne peut avoir d'autre base scientifique « que la base chimique, et toute autre lui est étrangère, « lorsqu'on l'envisage comme science; et si jusqu'à ce « moment il n'en a pas été entièrement ainsi, il faut l'at- « tribuer, d'un côté, au long retard du perfectionnement « de la chimie, et, de l'autre, à ce que ceux qui ont in- « venté des systèmes minéralogiques n'avaient pas pé- « nétré avec la même ardeur et la même perspicacité « dans le système chimique. »

Dans les mains de M. Berzelius ces principes si ab- solus n'ont eu que peu d'inconvénients. Né dans la pa- trie de Linné, si riche en minéraux variés et dans laquelle l'étude des sciences naturelles a été de tout temps si florissante, il les applique toujours avec discer- nement, s'en servant pour la classification des minéraux, mais ne les employant que rarement à leur description et à leur reconnaissance. Cette sage réserve n'a pas toujours été imitée; plusieurs chimistes se sont bornés,

---

[1] *Nouveau système de Minéralogie*, par J. J. Berzelius, p. 1, traduit du suédois sous les yeux de l'auteur, 1819.

pour les espèces nouvelles qu'ils ont introduites dans la science, à l'examen de leur composition.

M. Beudant, dans son excellent Traité de minéralogie, ne me paraît pas avoir évité complétement cet écueil. Peut-être n'a-t-il pas donné assez d'importance aux caractères cristallographiques particuliers à chaque espèce, ainsi qu'à leurs caractères extérieurs, si utiles cependant dans la pratique. On doit toutefois remarquer que, la première édition du Traité de M. Beudant ayant été publiée seulement deux ans après la seconde édition de celui de Haüy, l'auteur a dû naturellement faire ressortir les caractères qui avaient été décrits plus légèrement par Haüy, afin que la réunion de ces deux grands ouvrages offrît les éléments d'une étude complète de la minéralogie. Mais la méthode chimique de M. Beudant a donné aux essais une supériorité trop prononcée sur les caractères extérieurs, et la minéralogie a dès lors perdu le cachet de science naturelle qui lui est propre, et que les esprits saisissent avec plus de facilité.

Ma longue pratique de professeur m'a en effet convaincu que la plupart des personnes qui se livrent à l'étude des sciences naturelles se rendent difficilement compte du résultat des essais, tandis que les caractères généraux les impressionnent davantage, et qu'ils se classent mieux dans leur mémoire. Je pense donc qu'il faut donner à la chimie la plus grande part dans la classification oryctognostique, puisque c'est la composition seule qui fait connaître la nature des échantillons compactes ou terreux; mais qu'il faut, pour la reconnaissance des minéraux, employer, autant que possible, les caractères extérieurs, et n'avoir recours aux essais que lorsque ces caractères sont impuissants. En effet, dans les voyages géologiques et minéralogiques, le temps manque, le plus ordinairement, pour faire les essais même les plus faciles, et le géologue, comme le mineur, doit s'habituer à déterminer les minéraux par leur simple facies.

C'est dans cet esprit que j'ai entrepris de rédiger ce Traité de minéralogie : j'ai, en conséquence, distingué, dans la description de chaque espèce, les variétés cristallisées des variétés compactes ou terreuses, et après avoir donné les caractères généraux qui les relient ensemble, et qui, par conséquent constituent l'espèce, j'ai indiqué brièvement les caractères particuliers de chacune de ces variétés. Le Traité de minéralogie de M. BRONGNIART, si remarquable par la méthode qui a présidé à sa rédaction, m'a servi de modèle pour cette description.

J'ai donné, avec quelque détail, les formes cristallines de chaque espèce. J'y ai été conduit d'abord parce que la forme géométrique, quand elle est distincte, est le meilleur caractère de détermination que l'on puisse employer; et ensuite parce que l'Atlas de Haüy, remontant à plus de vingt ans, est maintenant fort incomplet. Les espèces cristallisées, découvertes pendant cette longue période, n'y sont pas figurées; mais, en outre, pour certaines substances, telles que la *chaux sulfatée*, le *feldspath*, l'*arsenic sulfuré*, etc., l'observation de nouvelles modifications a forcé de changer le système cristallin qui avait été adopté par Haüy. Toutefois, pour ne pas donner à cette partie de mon ouvrage une étendue en désaccord avec les autres, j'ai figuré seulement les cristaux présentant des facettes différentes, négligeant un certain nombre de formes composées, qui ne sont que la répétition des premières. Afin de compléter la description des minéraux, j'ai rappelé les associations qui fournissent des indications importantes pour la détermination de certaines substances; enfin, comme l'histoire des minéraux se compose de celle de leurs caractères extérieurs, de leurs propriétés distinctes, et du rôle qu'ils jouent dans la nature, j'ai décrit d'une manière concise leurs principaux gisements.

Le désir de rendre cet ouvrage entièrement pratique m'a engagé à faire l'application à la minéralogie de la méthode dichotomique, que Lamark a introduite avec tant de succès dans la botanique. Par cette méthode, qui consiste à mettre en regard deux caractères contradictoires, entre lesquels il est presque toujours facile de choisir, un élève est en état, au bout de deux ou trois leçons, de commencer à déterminer des plantes. On ne peut, en minéralogie, se livrer aussi promptement à cet exercice.

attendu que certains caractères, notamment la forme cristalline, exigent quelques études préliminaires. Néanmoins, les essais que j'ai faits avec plusieurs personnes me donnent lieu d'espérer que l'application des principes dichotomiques à la minéralogie facilitera beaucoup la reconnaissance des minéraux. Pour surmonter la difficulté résultant de la différence des textures propres à un certain nombre d'espèces, j'ai isolé les variétés principales les unes des autres, et j'ai considéré chacune séparément comme des minéraux distincts, en sorte que la même substance, la *chaux carbonatée*, par exemple, se représente à plusieurs places de la méthode. Fidèle au plan que je me suis tracé, j'ai toujours commencé par l'étude des caractères extérieurs, et je n'ai employé les caractères chimiques que lorsque les premiers ont été insuffisants.

L'analyse des espèces termine le premier volume, consacré entièrement aux principes de la minéralogie. Il comprend l'étude des *caractères extérieurs,* la *cristallographie* avec des applications numériques aux différents types cristallins, la description des *caractères physiques* et des *caractères chimiques.* Enfin, j'y ai donné des formules générales pour la dérivation des différentes formes qui appartiennent au système rhomboédrique.

Je ne crois pas nécessaire d'indiquer la marche que j'ai suivie dans l'exposition des principes de la minéralogie, attendu que les personnes qui voudront bien consulter ce volume s'en assureront par elles-mêmes. J'ai pensé, au contraire, qu'il était utile de donner quelques détails sur la partie descriptive de cet ouvrage, comprenant le second et le troisième volume, la publication ne devant en avoir lieu que dans quelques mois.

TRAITÉ

DE

MINÉRALOGIE.

NOTIONS PRÉLIMINAIRES.

Le règne minéral fournit les matières premières les plus essentielles à l'industrie. L'étude des corps inorganiques a donc commencé aux premiers âges de la société ; mais la pratique a de beaucoup précédé la science, et le mineur connaissait les minéraux utiles, il savait les élaborer longtemps avant que leurs propriétés fussent clairement déterminées. Il résulte de cette marche progressive, qui s'est reproduite dans toutes les sciences d'observation, qu'au premier moment de leur étude elles avaient une généralité qu'elles ont perdue depuis. La minéralogie en présente un exemple remarquable ; et avant les belles découvertes de Haüy, qui lui ont donné des bases invariables, cette science comprenait les différentes connaissances qui se rapportent à l'étude des minéraux : leur description, le rôle qu'ils jouent dans la constitution du globe, la manière de les analyser, de les approprier aux arts, étaient alors du domaine du minéralogiste. Aujourd'hui, chacune de ces branches forme une science particulière, et la minéralogie se borne à l'histoire et à la description des minéraux considérés isolément.

Mais en même temps que ses limites étaient mieux définies, la minéralogie subissait une transformation importante ; elle se plaçait au rang des sciences exactes par les découvertes cristallographiques du célèbre Haüy ; elle s'associait à la chimie par l'étude de la composition des minéraux, et les belles lois qui régissent les propriétés optiques des cristaux lui assignaient une place dans la physique.

La marche que l'on suit dans l'étude de la minéralogie est analogue à celle adoptée dans les autres branches de l'histoire naturelle : on réunit les minéraux dans des groupes d'abord généraux pour en former de grandes classes ou des familles, puis on les divise ensuite en genres, en espèces et en variétés.

La composition de ces séries repose essentiellement sur l'examen des caractères des minéraux, et sur la détermination des espèces. Mais cette détermination présente dans le règne inorganique une difficulté qui n'existe ni pour la zoologie, ni pour la botanique, où les individus qui appartiennent à la même espèce sont identiques dans toutes leurs parties, et n'offrent de différence que dans leurs dimensions. Souvent, au contraire, des minéraux qui appartiennent à une même espèce possèdent des caractères fort éloignés les uns des autres, et qui excluent au premier abord toute idée de rapprochement. La *pierre à chaux* nous en offre un exemple saillant et que tout le monde peut apprécier. En effet, le *marbre de Carrare*, estimé des artistes pour sa blancheur, sa demi-transparence et sa dureté, le *marbre noir* de Belgique, et la *craie* dont on se sert pour dessiner, appartiennent à la même espèce minérale. Nous ajouterons, pour les personnes qui ont quelque connaissance en minéralogie, que le *spath d'Islande*, remarquable par sa transparence et sa limpidité, est également une pierre à chaux.

L'espèce en minéralogie doit donc être considérée comme formée de la réunion d'un certain nombre d'individus liés entre eux par la composition chimique ; ainsi, le *marbre de Carrare*, le *marbre noir*, la *craie* et le *spath d'Islande*, sont composés de *chaux* et d'*acide carbonique* dans les mêmes proportions ; seulement leur état d'agrégation est différent, et la couleur est donnée au marbre de Belgique par le mélange d'une certaine quantité de bitume.

Cet exemple montre que l'on doit étudier les productions du règne inorganique sous deux rapports distincts, *physiquement* et *chimiquement*; d'où naissent deux ordres de caractères les *caractères physiques* et les *caractères chimiques*. Dans le règne organique, il est seulement nécessaire de constater les propriétés extérieures, telles que la forme, la couleur, etc.

Les CARACTÈRES PHYSIQUES sont de plusieurs genres : les uns, appréciables à la simple vue, sont désignés spécialement par le nom de CARACTÈRES EXTÉRIEURS; d'autres, qui exigent des connaissances de géométrie pour en saisir la nature, ont reçu le nom de CARACTÈRES GÉOMÉTRIQUES OU CRISTALLOGRAPHIQUES ; enfin, il en est plusieurs qu'on ne peut constater que par certaines expériences de physique et l'emploi de quelques instruments : ce sont les CARACTÈRES PHYSIQUES proprement dits.

Les CARACTÈRES CHIMIQUES sont tous fondés sur la recherche de la composition plus ou moins exacte des minéraux, ils sont assez variés, mais ils ne présentent cependant aucune division.

Quelques auteurs, notamment le célèbre WERNER, ont ajouté un cinquième ordre de caractères, sous le nom de *caractères empiriques*. Ces derniers ne sont fondés sur aucune propriété particulière aux minéraux que l'on examine, mais seulement sur des circonstances étrangères qu'ils possèdent assez habituellement. Les minerais de cuivre, par exemple, présentent fréquemment sur quelques points de leur surface une teinte verte, qui ne leur appartient pas, et qui tient à la facilité avec laquelle l'action de l'air développe du *carbonate de cuivre* sur toutes les substances cuprifères, ainsi qu'on le remarque sur le bronze; souvent aussi les minerais sont accompagnés de *silicate de cuivre*, qui joue le même rôle que le carbonate; seulement la première de ces deux combinaisons, qui décèle dans beaucoup de circonstances la présence du cuivre, se produit journellement, tandis que l'autre s'est formée dans le sein même de la terre. L'observation des caractères empiriques guide donc quelquefois pour la reconnaissance des minéraux, mais on ne peut les indiquer que dans des cas fort rares, analogues à l'exemple que nous venons de citer.

Caractères employés en minéralogie. — En résumé, on se sert en minéralogie de quatre genres de caractères pour classer et reconnaître les minéraux, savoir :

1° Les CARACTÈRES EXTÉRIEURS ;
2°   —   GÉOMÉTRIQUES OU CRISTALLOGRAPHIQUES ;
3°   —   PHYSIQUES ;
4°   —   CHIMIQUES.

La valeur de ces caractères est loin d'être égale : des minéraux appartenant à une même espèce présentent souvent de grandes différences dans leurs caractères extérieurs. Nous avons déjà vu, en effet, que la chaux carbonatée peut être tantôt transparente ou opaque, tantôt solide ou friable.

La forme cristalline, au contraire, est constante ou ne varie que suivant des lois déterminées, et la composition chimique est identique dans tous les minéraux appartenant à une même substance.

Ces deux derniers caractères sont donc fixes, et peuvent seuls servir à la classification des minéraux. Mais souvent ils sont difficiles à constater : il en résulte que si la composition chimique, et la forme cristalline des minéraux, sont les bases exclusives que l'on doit employer pour déterminer exactement les espèces minérales, ce sont au contraire presque uniquement les caractères extérieurs qui guident dans la reconnaissance des minéraux.

Nous allons exposer successivement les quatre ordres de caractères que nous venons d'énumérer. Les caractères extérieurs étant la simple impression que les minéraux exercent sur nos organes, il suffira presque de les énumérer.

DES CARACTÈRES EXTÉRIEURS.

Werner, qui décrivait avec une grande exactitude les minéraux, a donné aux *caractères extérieurs* une importance qu'ils ne possédaient pas avant ses travaux. Ce célèbre professeur les a définis d'une manière assez précise pour que dans certains cas ils fussent presque spécifiques ; la simple étude des caractères extérieurs lui a permis de faire une classification plus circonstanciée qu'elle n'était alors. La plupart des espèces qu'il a décrites ont été conservées, et celles qui ont été réunies à d'autres espèces sont encore presque toutes décrites séparément, comme des variétés particulières, et qui méritent par leur généralité une distinction spéciale.

Il avait distingué les caractères extérieurs en vingt-cinq espèces ou sortes ; quelques-uns, tels que la cassure et la forme des fragments, me paraissent rentrer en grande partie l'un dans l'autre ; j'ai cru devoir les réduire à dix-neuf ; je vais les décrire succinctement en les indiquant suivant l'ordre où ils se présentent le plus naturellement à nos sens.

1. — État d'agrégation.

·Les minéraux sont ordinairement à l'état solide dans le sein de la terre ; quelques-uns cependant, comme le mercure natif et certains bitumes, y existent à l'état liquide : on distingue, en conséquence, les minéraux *liquides*, *solides* et *friables*.

Chacun de ces états d'agrégation est plus ou moins parfait, ce que l'on exprime par les mots *fluide*, *visqueux*, ou *pulvérulent*.

2. — Couleur.

Après l'état d'agrégation, la couleur est le caractère qui frappe l'observateur ; son espèce s'indique par les noms empruntés au langage ordinaire : tels que *bleu de ciel*, *jaune de miel*, etc. La couleur est propre au minéral, ou elle est accidentelle : lorsqu'elle est propre, la couleur est constante et devient un caractère important, puisqu'il est lié avec la composition chimique même : c'est ce qui a lieu pour les oxydes et pour la plupart des combinaisons métalliques ; ainsi, le *peroxyde de fer* est rouge ; le *cuivre carbonaté* est vert ; le *plomb sulfuré* est d'un gris bleuâtre particulier. Les couleurs accidentelles sont dues à des mélanges de plusieurs minéraux : le *marbre noir*, par exemple, est une chaux carbonatée colorée par du bitume, ou par du charbon. Ces mélanges peuvent varier à l'infini, et, sous ce rapport, l'étude de la couleur serait peu importante, s'il n'y avait certaines habitudes, presque certaines lois qui président à l'association des minéraux.

Il existe en outre dans le caractère de la couleur des circonstances importantes à constater, parce qu'elles éclairent sur la nature du minéral que l'on examine ; telles sont la *mutabilité* et l'*altération* des couleurs.

La *mutabilité* comprend l'*irisation* et le *chatoiement* : l'irisation est *extérieure* ou *intérieure* : dans le premier cas elle est due à une légère altération de la surface des minéraux ; l'*irisation intérieure* est le résultat de petites fentes, qui, traversant le minéral dans tous les sens ou dans des directions déterminées, réfractent la lumière et produisent alors des reflets variés, comme dans l'*opale*. Lorsque ces fentes affectent des directions constantes, les minéraux présentent le phénomène des anneaux colorés, et l'irisation devient le *chatoiement*, qui consiste dans la propriété que présentent certains minéraux de changer de couleur suivant la manière dont on les expose à la lumière. Cette disposition, en général en rapport avec le clivage, concentre dans un petit nombre d'espèces l'échantillon que l'on étudie. Le *labradorite* offre le chatoiement à un haut degré.

L'*altération* des couleurs est le résultat d'un changement dans la composition des minéraux, par l'action atmosphérique ; elle annonce que les minéraux qui présentent cette propriété contiennent un métal, et la teinte qu'ils prennent par l'altération est caractéristique. Le *fer spathique* ou *fer carbonaté*, qui, dans son état de pureté, est d'un gris sale, devient brun par une longue exposition à l'air ; il perd une certaine portion de son acide carbonique, et le fer passe au maximum d'oxydation.

3. — Forme.

Ce caractère ne s'applique pas aux formes géométriques, qui constituent les caractères cristallographiques ; il comprend seulement les formes *communes*, *imitatives*, *pseudo-morphiques*, et *pseudo-régulières*.

Les *formes communes* ne peuvent avoir qu'une définition négative, ce sont celles que présentent des échantillons quelconques, qui n'ont pas de forme déterminée, et que l'on a séparés par la cassure du rocher auquel ils étaient attachés. On dit alors qu'ils sont en *masse*, en *fragments anguleux*, en *plaque*, ou *amorphe* ; cette dernière expression est mauvaise, en ce sens que, quelle que soit l'irrégularité d'un échantillon, il possède toujours une forme ; mais elle exprime l'idée que c'est une forme qu'on ne peut pas reproduire ; l'adoption de ce mot employé par Haüy a du reste l'avantage d'éviter les périphrases et de faciliter les descriptions.

Les *formes imitatives* indiquent toujours une comparaison avec des objets connus ; on dit minerai de fer *en grains*, chaux carbonatée *coralliforme*, *quartz agate* en *rognons*, etc. Presque toutes ces formes s'appliquent à des minéraux concrétionnés, dont l'origine est ordinairement postérieure aux terrains dans lesquels on les trouve, soit qu'ils aient été déposés par les eaux, ou qu'ils soient le résultat d'une sublimation.

L'expression *pseudo-morphique* s'applique aux minéraux qui ont pris la place de corps préexistants ; le *bois* ou les *coquilles pétrifiés*, les cristaux d'une substance, de chaux carbonatée par exemple, remplacés par du *quartz agate*, sont à l'état pseudo-morphique.

Les formes *pseudo-régulières* sont celles qu'affectent les roches qui se trouvent en masses prismatiques comme les *basaltes*, ou qui se cassent en fragments parallélipipédiques : les *quartz compactes* des Alpes possèdent fréquemment cette propriété : elle est due à des fissures invisibles disposées dans deux sens et que l'action de l'atmosphère rend sensibles , ou qui se développent par la percussion.

Ces fissures paraissent le résultat d'un retrait que ces roches ont éprouvé après leur formation.

Dans quelques circonstances, le retrait a été assez prononcé pour que les fissures aient laissé entre elles des vides allongés, qui donnent à la roche une structure prismatique ou colonnaire. Les roches volcaniques présentent cette disposition d'une manière tellement prononcée, que souvent ces roches en reçoivent une dénomination vulgaire ; on dit les *colonnes de Rochemaure*, la *colonnade de Murat*, pour exprimer la forme des basaltes de Rochemaure et de Murat ; on dit également les *orgues de Bort*, pour rappeler la disposition du *phonolite* qui constitue les rochers qui dominent cette ville.

La plupart des *porphyres* affectent également une disposition prismatique ; elle est quelquefois, mais cependant dans des cas rares, aussi prononcée que dans les *basaltes*.

4. — Éclat.

On distingue dans ce caractère le genre d'éclat et son intensité. On dit éclat *vitreux, cireux, soyeux, nacré, adamantin, demi-métallique* et *métallique*. Souvent le genre d'éclat combiné avec un autre caractère suffit pour déterminer la nature d'un minéral. Lorsqu'on dit d'un échantillon qu'il est blanc, qu'il a une pesanteur spécifique très-considérable et un *éclat adamantin*, on a presque nommé le *plomb carbonaté*.

Quant à l'intensité de l'éclat, elle se détermine par les mots en usage dans le langage habituel : on dit *éclatant, brillant, éclat faible*, ou *mat*.

5. — Transparence.

Des minéraux peuvent être *diaphanes, demi-diaphanes, translucides, translucides sur les bords*, ou *opaques*.

L'expression diaphane s'applique seulement aux minéraux

assez transparents pour qu'on puisse voir au travers des caractères tracés sur du papier : le *cristal de roche* et le *spath d'Islande* sont diaphanes. Une circonstance qu'il faut noter avec soin dans la définition de ce caractère, c'est si le minéral est diaphane à *simple* ou à *double image,* ou autrement dit, si lorsqu'on regarde un corps à travers ce minéral, un point noir tracé sur du papier par exemple, on aperçoit une ou deux images de ce point. Ce phénomène est lié d'une manière intime avec la forme cristalline des minéraux ; on peut donc, par la simple observation de la transparence, préjuger le système cristallin auquel appartient le minéral que l'on étudie.

Les substances translucides laissent passer la lumière à la manière d'un verre dépoli : l'*albâtre* et l'*agate* sont translucides. Cette propriété est importante à constater, parce qu'elle annonce encore un certain état cristallin dans les substances qui la possèdent.

6. — Cassure.

La cassure et la dureté sont des conséquences de la composition et de l'état moléculaires des êtres inorganiques. Ce sont les guides les plus habituels et les plus sûrs que le minéralogiste emploie pour reconnaître les minéraux, sans les soumettre à des essais chimiques.

On distingue la cassure en *lamelleuse, lamellaire, grenue, fibreuse, fibreuse-rayonnée, schisteuse* et *compacte.*

La *cassure lamelleuse* n'a lieu que pour les minéraux cristallisés, et qui possèdent en outre la propriété de se diviser par lames : cette cassure peut être plus ou moins facile, plus ou moins nette; mais ce qu'il importe surtout de constater, c'est s'il existe des lames dans un seul ou dans plusieurs sens, ou pour parler le langage minéralogique, s'il y a un ou plusieurs *clivages.* Ainsi trois clivages égaux et rectangulaires annoncent avec certitude que les minéraux qui les possèdent cristallisent en cube, comme le *plomb sulfuré,* ou le *cuivre oxydulé.*

Mais il ne faut pas se contenter d'énoncer le nombre de

clivages , il faut en outre dire s'ils ont une égale facilité , s'ils font des angles égaux : la *chaux carbonatée* a trois clivages égaux, mais inclinés entre eux ; le *feldspath* a trois clivages , deux perpendiculaires entre eux sont faciles, le troisième est difficile et oblique sur les deux autres.

Lorsque les lames sont trop petites pour qu'on puisse connaître le sens et le nombre des clivages, on dit que la substance est *lamellaire*. Elle devient *laminaire* lorsque les lames sont à peine discernables, comme dans le *marbre penté-lique*. Enfin on désigne la cassure sous le nom de *grenue* ou *saccaroïde,* lorsque sa surface présente des points brillants dans toutes les directions : le *marbre blanc*, principalement le *marbre de Carrare*, offre une cassure grenue prononcée; on dit qu'il est *saccaroïde*.

La *cassure fibreuse* est encore propre à des minéraux cristallins, mais principalement à ceux qui ont été formés par concrétions, et dans lesquels la cristallisation n'a pu se développer complétement : on dit que la cassure est *rayonnée*, quand ses fibres convergent vers un centre ; la substance est alors en rognons, ou simplement en masses radiées.

L'*asbeste* a une cassure éminemment fibreuse ; on peut même en séparer les filaments. Cette disposition fort rare suffit pour distinguer cette substance; mais si la texture filamenteuse est rare, les minéraux fibreux sont fréquents. L'*hématite*, espèce de minerai de fer, est fibreuse. Dans quelques cas, les fibres acquièrent une certaine dimension, elles simulent de petites baguettes accolées; on dit alors que la cassure est *bacillaire*. L'*épidote*, le *pyroxène,* certaines variétés de *baryte sulfatée* , sont bacillaires.

La *cassure schisteuse* appartient plutôt aux roches qu'aux minéraux proprement dits ; elle est le résultat d'une certaine fissilité analogue à celle de l'*ardoise*.

La *cassure compacte* présente plusieurs variétés, qu'il est nécessaire de distinguer pour définir d'une manière nette ce caractère si important : on les indique par les expressions de *cassure esquilleuse, conchoïde, unie, inégale et terreuse.*

La *cassure esquilleuse* offre sur sa surface de petits fragments en partie détachés, des *esquilles*, qui, étant minces, sont demi-transparentes, et donnent à l'échantillon un caractère particulier. Cette cassure appartient encore à des minéraux cristallins ou ayant une certaine disposition cristalline, comme le *quartz agate*, le *feldspath compacte*. A mesure que cet état diminue, les minéraux présentent successivement une *cassure conchoïde*, une *cassure unie, inégale* ou *terreuse*. L'expression de *conchoïde* s'applique à la cassure dont la surface présente des stries courbes analogues à celles qui existent sur le test des coquilles.

Le *quartz hyalin* a la cassure conchoïde, le *calcaire lithographique* présente une cassure unie, celle de la *craie* est terreuse.

7. — Dureté.

Ce caractère s'apprécie par la résistance qu'un corps oppose à être rayé ou broyé par un autre. Il est simplement relatif. WERNER désignait par le nom de *dur* les minéraux qui résistaient à la lime et au couteau, par celui de *demi-dur* ceux qui ne pouvaient être rayés par l'ongle, et par celui de *tendre* ceux qui, semblables à la pierre à plâtre, en recevaient l'empreinte.

Ces trois termes de comparaison sont d'une part très-éloignés les uns des autres, et ils sont en outre trop peu nombreux pour être significatifs. M. Mohs a substitué à ces expressions une espèce d'échelle de dureté composée de dix termes placés à des distances plus proportionnelles, qui permet d'apprécier avec plus d'exactitude ce caractère si précieux pour la reconnaissance des minéraux ; ce sont :

1° *Le talc lamelleux.*
2° *La chaux sulfatée cristallisée.*
3° *Le spath d'Islande.*
4° *La chaux fluatée.*
5° *La chaux phosphatée.*
6° *Le feldspath lamelleux.*

7° *Le quartz hyalin.*
8° *La topaze.*
9° *Le corindon hyalin.*
10° *Le diamant.*

La *dureté* est toujours égale dans une même espèce et lorsqu'on l'essaye dans les mêmes circonstances ; elle varie quelquefois suivant les faces qu'on examine et même suivant le sens dans lequel on la constate. Dans les substances qui possèdent un clivage, la dureté est moindre dans le sens du clivage que transversalement : dans la *chaux fluatée,* par exemple, qui cristallise en cube, mais dont le clivage est octaédrique, la dureté est moindre dans le sens des diagonales des faces que parallèlement aux arêtes. Dans la *galène* ou *sulfure de plomb,* qui possède trois clivages parallèles aux faces du cube, c'est l'inverse qui a lieu.

La dureté est en outre en rapport avec la composition des minéraux : les substances alumineuses, telles que le *corindon,* la *cymophane,* le *spinelle,* etc., sont très-dures. L'observation a montré qu'en général les corps les plus électro-négatifs, l'oxygène, les métalloïdes, augmentent la dureté ; le *fer oxydulé* et le *fer oligiste* sont plus durs que le fer métallique ; le *sulfure de plomb* l'est beaucoup plus que le plomb.

L'eau, au contraire, diminue la dureté de tous les corps avec lesquels elle entre en combinaison : la *chaux sulfatée,* composée de chaux, d'acide sulfurique et d'eau, est beaucoup moins dure que l'*anhydrite,* qui contient seulement de la chaux et de l'acide sulfurique.

Il résulte de ces observations que la dureté, qu'on serait naturellement porté à regarder comme inhérente aux molécules, est plutôt due aux forces de cohésion. Effectivement, la *chaux carbonatée lamelleuse,* la *chaux carbonatée compacte, fibreuse* ou même *terreuse,* paraissent au premier aperçu posséder des duretés très-différentes ; cependant ces variétés de chaux carbonatée sont susceptibles, lorsqu'elles sont réduites en poudre, de polir les mêmes corps.

8. — Ténacité.

Ce caractère, que l'on confond souvent dans le langage vulgaire avec la dureté, marche presque toujours en sens inverse. Il consiste dans la résistance qu'un corps oppose à être cassé ou déchiré. Les minéraux *tendres*, comme la *chaux sulfatée*, prennent l'empreinte du marteau et sont ordinairement fort *tenaces*. Certains minéraux *durs*, comme la *pierre à fusil*, se cassent au plus léger choc et sont *fragiles*; toutefois il en existe quelques-uns qui sont à la fois durs et tenaces : les *roches amphyboliques* et le *jade* nous en offrent des exemples.

9. — La Raclure.

L'essai de la dureté développe une rayure et une poussière, dont l'étude est du plus grand intérêt pour la détermination de certaines substances. Les *minerais de fer* hydratés, par exemple, désignés sous le nom d'*hématites*, donnent une poussière jaune d'ocre qui les distingue immédiatement des *minerais de manganèse* concrétionnés, dont la poussière est noire. Dans tous les minerais qui possèdent une couleur propre, la raclure est aussi caractéristique que dans l'exemple que l'on vient de citer.

10. — La Tachure.

Ce caractère et presque tous ceux qui suivent appartiennent à un très-petit nombre de minéraux, et par cela même ils deviennent pour ceux qui les possèdent un moyen facile de distinction. La tachure consiste dans la propriété de laisser une trace sur le papier ou sur une étoffe; elle ne s'applique dès lors qu'aux minéraux tendres et friables ; la *craie*, le *graphite* nous en offrent des exemples. Le *graphite*, fort analogue par ses autres caractères avec le *molybdène sulfuré*, s'en distingue parfaitement par la couleur de la tachure.

11. — L'Onctuosité.

Plusieurs minéraux sont doux et gras au toucher, presque

savonneux : on dit alors qu'ils sont *onctueux*. Cette propriété tient en général à une extrême finesse des particules ; elle a aussi un certain rapport avec la composition. Les minéraux magnésiens, tels que le *talc*, la *serpentine*, sont très-onctueux.

12. — La Flexibilité.

La plupart des métaux à l'état natif jouissent de la propriété d'être flexibles. L'*argent natif*, le *cuivre natif*, peuvent se plier sur eux-mêmes sans se briser ; mais quelques minéraux, comme le *mica*, sont à la fois flexibles et élastiques ; la seule énonciation de ce fait le distingue d'une manière suffisante.

13. — La Ductilité.

Est la propriété de s'étendre sous le marteau ; elle s'applique principalement aux métaux natifs. On désigne aussi par le nom de *ductiles* certains minéraux qui se laissent entamer à la manière du plomb par un instrument tranchant et donnent des copeaux plus ou moins prononcés. L'*argent sulfuré*, l'*halloysite*, qui ne pourraient s'étendre sous le marteau, sont cependant considérés comme ductiles par le minéralogiste.

14. — La Saveur.

Cette propriété se rapproche des caractères chimiques. Elle consiste dans l'appréciation du goût d'une substance soluble dans l'eau ; on dit alors qu'elle a la saveur *amère*, *douce*, *salée*, *astringente*, etc.

15. — Le Happement à la langue.

Ce caractère tient à la propriété d'absorber l'eau que présentent certains corps et surtout les argiles. Il suffit presque toujours pour distinguer les *calcaires argileux*, des *calcaires purs*, et permet de distinguer, jusqu'à un certain point, les pierres à *chaux hydrauliques*, des *pierres à chaux grasses*.

16. — L'Odeur.

Ce caractère peut s'observer directement, comme pour les

bitumes; mais le plus ordinairement on le développe soit par l'haleine, soit par le frottement ; il faut alors indiquer la nature de l'odeur ; les calcaires noirs ont une *odeur bitumineuse;* les calcaires hydrauliques ont une *odeur argileuse;* plusieurs minéraux donnent une *odeur sulfureuse,* etc.

17. — Le Froid.

Impression de froid que produisent certains corps lorsqu'on les place dans la main. Cette propriété distingue de suite le *cristal de roche* et les *pierres fines* du verre et des émaux, avec lesquels on pourrait les confondre quand l'imitation en a été bien faite.

18. — Le Son.

Cette propriété est prise dans l'acception vulgaire, et non sous le rapport de l'ébranlement que les molécules prennent par la percussion. Ce dernier caractère se rattache aux belles découvertes de Savart sur l'élasticité; il en sera question dans le chapitre relatif aux caractères physiques. Quelques roches sont très-sonores; le *phonolite* tire son nom de cette propriété.

19. — La Pesanteur.

Nous ne parlons dans ce moment que d'une appréciation grossière du poids en soupesant les corps. Cette simple opération apporte de suite une différence complète entre certains minéraux ayant des pesanteurs spécifiques très-différentes; elle suffit, par exemple, pour distinguer les échantillons de *carbonate de chaux,* de *sulfate de baryte* et de *carbonate de plomb,* qui, étant blancs et hyalins, ont quelque analogie.

Ce caractère est différent de la pesanteur spécifique, qui établit la relation du poids de différents corps sous le même volume. Cette appréciation appartient aux caractères physiques.

DES CARACTÈRES CRISTALLOGRAPHIQUES

ou

GÉOMÉTRIQUES.

Un grand nombre de minéraux se trouvent dans le sein de la terre sous la forme de polyèdres plus ou moins réguliers, dont les faces planes et miroitantes ont de tout temps attiré l'attention des naturalistes. Le plus anciennement connu comme jouissant de cette propriété remarquable, est le *cristal de roche*, qui doit son nom à sa limpidité et à sa transparence. Plus tard, en comparant les formes du cristal de roche avec les formes des autres minéraux, on a été conduit à appliquer le mot *cristal* à ces polyèdres qui les caractérisent, et remplacent en quelque sorte pour le règne minéral l'organisation qui distingue les plantes et les animaux, même les plus imparfaits. Mais, tout en ayant remarqué les formes cristallines des minéraux, les anciens naturalistes n'avaient pas cherché si ces formes géométriques étaient régies par quelques lois. Pendant longtemps même on les a regardées comme des espèces de jeux de la nature, et ce n'est que fort tard qu'on a reconnu que le *cristal de roche* et le *spath d'Islande* se présentaient toujours avec des formes semblables.

Linné, qui savait si bien étudier la nature, paraît avoir été le premier qui ait compris que les cristaux devaient être le résultat de causes constantes, et que l'observation de ces polyèdres devait être de la plus grande importance pour la connaissance des minéraux. Aussi, quoique ses recherches à cet égard ne l'aient pas conduit à la vérité, il peut être, sous certains rapports, regardé comme le fondateur de la cristallographie.

Cependant c'est à Romé de Lisle qu'on doit le premier travail général sur cet objet. Dans sa Cristallographie, dont la première édition parut en 1772, il décrivit avec exactitude

un très-grand nombre de cristaux, la plupart inconnus et
les autres mal déterminés avant lui. Il mesura mécanique-
ment les angles compris entre leurs plans ; enfin, il établit ce
fait fondamental, que ces angles ont une valeur constante
dans la même variété.

Cette étude, pour ainsi dire matérielle des cristaux, changea
complétement la minéralogie, en lui fournissant des caractères
certains et immuables, au lieu des caractères vagues qu'elle
possédait. La minéralogie comme science date donc en réalité
des travaux de Romé de Lisle ; mais il n'avait vu dans les cristaux que des corps isolés, les lois de la cristallisation lui
avaient échappé, et la gloire de leur découverte reste en-
tière à Haüy, qui, en peu d'années, sut faire de la minéralogie
une science exacte et presque parfaite dès ses premiers essais.

Bergmann, à Berlin, et Haüy, à Paris, firent en même
temps, dans l'année 1784, une découverte importante qui devint la première base de la minéralogie géométrique ; ils re-
connurent qu'un certain nombre de minéraux ont la propriété
de se casser suivant des lames, et que le sens de ces lames est
constant pour chaque substance, de sorte que, pour un même
minéral, le polyèdre produit par la cassure présente toujours
les mêmes angles. Ils donnèrent à ce polyèdre le nom de
solide de clivage, expression empruntée aux lapidaires, qui
disent, lorsqu'ils fendent le diamant suivant ses plans naturels, qu'ils le *clivent*.

Bergmann ne poussa pas plus loin sa découverte. Haüy,
au contraire, trouva bientôt qu'il existait une relation simple
entre la forme produite par le clivage et les autres polyèdres appartenant à la même substance, que la nature offre quelquefois en
assez grand nombre ; il reconnut ensuite que tous ces polyèdres
peuvent se déduire les uns des autres par des lois constantes,
de sorte que les cristaux variés, dans lesquels le même minéral
se présente, ne furent plus pour lui des corps isolés, mais bien
des conséquences nécessaires d'une même forme, qu'il désigna

sous le nom de *forme primitive*, laquelle se confond, dans le plus grand nombre des cas, avec le *solide de clivage*.

L'étude des angles des cristaux appartenant à des minéraux différents le conduisit bientôt à cette autre découverte également fondamentale, de laquelle il résulte que la valeur des angles varie dans chaque espèce, lorsque ces espèces ont des formes semblables.

Il a donc posé ces deux principes :

1° *Lorsque des minéraux possèdent une composition chimique identique, ils possèdent toujours un même système cristallin, et les valeurs des angles de la forme primitive sont les mêmes.*

2° *Lorsque des minéraux diffèrent dans leur composition chimique, leur cristallisation est différente, et dans le cas où les minéraux possèdent un système cristallin analogue, leurs formes primitives admettent des angles différents.*

Ces deux principes sont aujourd'hui trop absolus ; on a découvert, depuis les travaux de Haüy, des corps *dimorphes*, c'est-à-dire qui présentent deux formes incompatibles ; de plus, M. Mitscherlich a montré que certaines substances pouvaient se remplacer les unes les autres en toutes proportions sans altérer la forme, découverte importante d'où est née sa belle théorie de l'*isomorphisme*. Ces découvertes contemporaines conduisent à modifier légèrement les deux principes que nous venons de transcrire, mais elles ne leur ôtent pas leur généralité, et ceux qui ont pensé qu'on devait les abandonner sont dans l'erreur. En effet, sur 350 espèces minérales cristallisées environ, dix au plus présentent deux formes, et échappent par conséquent aux lois de Haüy ; quant à la théorie de l'isomorphisme, elle est entièrement favorable à ces lois, car elle a fait rentrer dans la même espèce, sous le rapport chimique, des minéraux que Haüy avait réunis par la cristallisation, quoique leur composition fût en apparence différente : ainsi le pyroxène, composé de silice, chaux et protoxyde de fer, et le diopside, qui contient de la silice, de la chaux et de

la magnésie [1], sont regardés, depuis la découverte de M. Mitscherlich, comme ayant la même composition ; seulement il ne
faut pas attacher à ce mot la même valeur que les minéralogistes le faisaient il y a vingt ans. Les minéraux n'ont plus
besoin, pour avoir une même composition, de contenir exactement les mêmes quantités en poids des corps simples qu'ils
renferment, mais seulement de présenter un rapport identique
entre les bases ou les acides qu'ils contiennent, ou entre leurs
isomorphes.

Les exceptions rares que nous venons de signaler ont ébranlé
pendant quelque temps les deux principes fondamentaux qui
lient la forme des minéraux à leur composition chimique ;
mais depuis qu'on a reconnu que le nombre des substances dimorphes est fort restreint, ils ont repris toute leur valeur, et
maintenant on admet qu'un minéral est bien déterminé,
qu'il forme une substance nouvelle, seulement lorsque sa composition et son système cristallin diffèrent de la composition
et de la forme de tous les minéraux connus.

Les lois que Haüy a posées relativement à la détermination des espèces, celles qu'il a découvertes pour la dérivation
des formes secondaires du solide de clivage, enfin les relations
qu'il a établies entre les nombreux cristaux que présente une
même substance minérale, sont encore les seules adoptées.
M. WEISS a introduit dans la cristallographie quelques considérations nouvelles, telles que l'hémiédrie, qui ont un véritable intérêt et comblent une lacune dans les travaux de
Haüy ; mais la plupart des minéralogistes allemands se sont
bornés à proposer des notations différentes de celles adoptées
par le fondateur de la minéralogie moderne, pour représenter
les lois qu'il a établies ; enfin plusieurs d'entre eux ont en

---

[1] DIOPSIDE.

		Oxygène.	Rapports.	PYROXÈNE.		
Silice. . .	54,64. . .	28,34. . .	4.	— 49,01	— 25,45. . .	4.
Chaux. . .	24,94. . .	7 . . .	1.	— 21,87	— 6,15. . .	1.
Magnésie.	18,30. . .	7,10. . .	1 poxr. fer. 27,45	— 6,26. . .	1.	

$$CS^2 + M S^2 \qquad\qquad CS^2 + fS^2$$

outre adopté des méthodes plus ou moins simples pour les
calculer, mais là se bornent les modifications qu'ils ont ap-
portées ; elles ont introduit une certaine simplicité dans le
mode de description des cristaux, mais elles n'altèrent ni ne
modifient en rien les grandes découvertes de Haüy ; son
système reste donc seul et tout entier, ainsi que nous aurons
soin de le faire ressortir dans les détails que nous allons donner sur la cristallographie. Tout ce que nous allons exposer
sur cette science ne sera qu'un précis des travaux de Haüy,
ou des conséquences qui nous ont paru en résulter ; toutefois nous nous écarterons souvent de l'ordre qu'il a suivi,
nous adopterons même une autre méthode de calcul que celle
qu'il a employée ; mais ces différences sont trop légères pour
mériter d'être mentionnées, et surtout pour être décorées du
nom de système, ainsi que plusieurs minéralogistes allemands
ont cru pouvoir le faire.

IDÉES GÉNÉRALES

SUR

LES FORMES CRISTALLINES ET SUR LA CASSURE LAMELLEUSE DES CRISTAUX.

Disposition générale des Cristaux. — Les polyèdres ou cristaux sous la forme desquels on trouve les minéraux dans la nature, sont assujettis à de certaines lois qui facilitent leur étude :

1º Ces polyèdres sont terminés par des faces planes ;

2º Ces faces sont ordonnées symétriquement, soit toutes ensemble, soit par parties, par rapport à une ligne qu'on appelle axe.

Dans les prismes droits, par exemple, les deux bases sont perpendiculaires à l'axe, et les autres faces sont parallèles à cette même ligne.

Dans les pyramides, les faces sont également inclinées à l'axe.

Les cristaux ne présentent pas toujours une aussi grande symétrie ; souvent, un certain nombre de faces seulement sont ordonnées d'une manière analogue relativement à l'axe ; mais si elles ne sont pas toutes placées d'une manière semblable, elles le sont du moins en partie. Cette disposition remarquable que la nature s'est imposée dans la formation des cristaux appartient déjà aux lois de symétrie découvertes par Haüy ; elle en restreint le nombre, en montrant que tous les polyèdres que l'on peut construire, en renfermant un espace par un certain nombre de plans, ne sont pas des cristaux.

3º Dans la plupart des cristaux les faces sont parallèles deux à deux ;

4º Enfin les angles des cristaux sont toujours saillants et jamais rentrants.

Ces lois qui sont générales présentent quelquefois, cependant, des anomalies apparentes, mais le plus léger examen en montre immédiatement la cause.

Dans le *diamant*, par exemple, on observe fréquemment des cristaux dont les faces sont courbes ; cette circonstance tient ordinairement à ce que les facettes de cette substance sont très-multipliées et par conséquent fort petites ; le polyèdre qui en résulte offre alors un certain arrondissement, mais en réalité chaque petite face est plane. Quelquefois cependant ces faces affectent une véritable convexité ; on voit, dans ce cas, que ce sont des plans qui ont été contournés, ou pour ainsi dire voilés, soit par une chaleur intense que les minéraux ont éprouvée dans le sein de la terre après leur formation, soit par toute autre cause. Ce contournement, particulier à l'individu qu'on examine, n'influe pas sur d'autres appartenant à la même espèce ; c'est donc une déformation, et non une anomalie aux lois que la nature s'est imposées dans la formation des cristaux. Si donc il existe des *diamants* sous forme octaédrique dont les faces sont courbes, on en trouve un bien plus grand nombre à faces planes.

Dans beaucoup d'espèces minérales, en outre, quelques cristaux possèdent des angles rentrants ; les *minerais d'étain* sont l'exemple le plus saillant qu'on puisse citer ; cette disposition y est si fréquente, qu'elle devient un caractère empirique pour les reconnaître ; on dit même *bec d'étain*, pour exprimer les angles rentrants que ses cristaux présentent. Cette anomalie disparaît aussitôt qu'on l'étudie ; on voit en effet que les cristaux avec bec ne sont pas simples ; ils sont composés de deux cristaux qui se pénètrent dans une position déterminée, et l'angle rentrant, qui n'appartient à aucun des deux cristaux isolés, est celui d'intersection des faces qui se coupent. Chaque cristal isolé suit les lois que nous venons de transcrire plus haut, et les individus à bec, analogues aux monstres que le règne organique nous offre quelquefois, confirment au contraire les lois de la nature par la simplicité avec laquelle ils viennent s'y ranger.

Le plan de jonction des deux cristaux est ordinairement parallèle à une des faces du cristal simple ou à un de ses plans diagonaux. Haüy a désigné sous le nom *d'hémitropie* les cristaux qui présentent des angles rentrants dus à un croisement symétrique de deux cristaux. Nous indiquerons plus tard les lois qui régissent les hémitropies les plus habituelles, et l'hypothèse qui a conduit Haüy à adopter cette expression.

Disposition des clivages. — Nous avons annoncé que les cristaux admettent souvent une cassure plane, de manière qu'ils peuvent se diviser par plaques parallèles ou par *lames* ; ces lames ont reçu le nom de clivage, et on dit indifféremment une *cassure lamelleuse* ou un *clivage*.

Les clivages des cristaux sont, comme les cristaux eux-mêmes, soumis à des lois générales, mais moins absolues que celles-ci ; il est utile de les connaître avant de commencer l'étude de la cristallographie, parce qu'elles s'y rattachent d'une manière remarquable.

1° Dans un même minéral les clivages sont toujours semblablement disposés ; ils forment des angles constants entre eux, ainsi qu'avec les faces du cristal ;

2° Quand il existe trois directions de lames, elles constituent par leur réunion un solide de clivage qui a constamment les mêmes angles pour une même espèce, et la spécifie d'une manière nette ;

3° Lorsque ces minéraux présentent plus de trois directions de lames, on les distingue en deux ordres :

Les uns sous le nom de *clivages principaux*, les autres sous celui de *clivages supplémentaires*.

Les *clivages supplémentaires* jouent ordinairement un rôle important dans les cristaux ; ils sont placés parallèlement à certaines faces ou à certains plans, comme ceux qui joignent un angle solide à celui qui lui est opposé ;

4° Dans une même substance, les clivages sont ordinairement constants dans leur degré de netteté, et cette netteté est elle-même en rapport avec la nature des faces.

Dans un *cube*, par exemple, toutes les faces étant semblables, les clivages parallèles aux faces sont tous trois égaux et également faciles.

Dans un prisme à base carrée, le clivage suivant la base est d'un ordre différent de ceux parallèles aux faces verticales; ces deux derniers sont égaux et également nets.

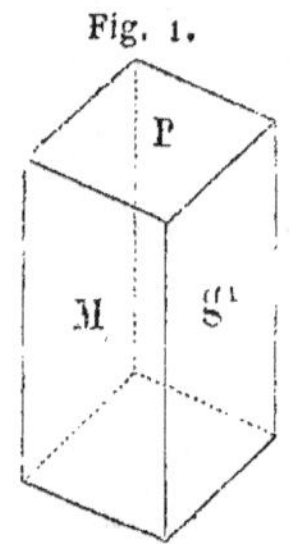

Fig. 1.

Enfin, dans un prisme, *fig.* 1, dont les trois faces sont différentes, les clivages sont chacun d'un ordre différent. Ce qu'il y a de très-remarquable, et ce qui lie intimement le clivage à la forme cristalline et fait de cette propriété une espèce d'organisation, c'est que dans tous les individus d'une même espèce les clivages restent les mêmes, en sorte que si dans un échantillon du minéral qu'on examine, de *feldspath* par exemple, le clivage suivant la face P est plus facile que le clivage suivant la face g^1, et que ce dernier soit également plus prononcé que celui qui a lieu parallèlement à M, cet ordre de facilité se reproduira dans tous les échantillons de feldspath.

Dans quelques circonstances, comme dans la *chaux sulfatée* ou pierre à plâtre, le clivage est tellement facile qu'on peut enlever sans choc des lames avec un couteau, et on développe alors une surface plane miroitante; mais cette facilité est fort rare. Le plus fréquemment on ne peut déterminer le clivage que par une percussion vive, et même pour faciliter ce mode de cassure, il est convenable de la diriger au moyen d'un instrument tranchant, comme un ciseau qu'on place dans le sens présumé des lames.

Dans un grand nombre de cristaux, le clivage, quoique réel, est très-difficile à constater. On ne peut s'en assurer que par l'observation de lignes tracées naturellement sur les faces des cristaux, et qu'on voit se continuer dans des direc-

tions continues sur plusieurs faces adjacentes. Enfin, quelquefois les indices de clivage sont si faibles et si peu distincts,
qu'on ne peut les déterminer que par quelques reflets qui s'a-
perçoivent en soumettant le cristal à une vive lumière.

Le degré de netteté des clivages est susceptible de présenter des différences prononcées. Toutefois, cette disposition ne
varie pas d'individu à individu, elle est en rapport avec les
circonstances de gisement et constitue une variété particulière. Ainsi, les corindons opaques de la Chine possèdent
un clivage triple rhomboïdal très-net, qui est propre à cette
substance, tandis que cet ordre de clivage n'est seulement
qu'indiqué dans les cristaux diaphanes du Pégu, qui fournissent la plupart des pierres fines si estimées sous les noms
de *saphir* et de *rubis*.

Quel que soit du reste le degré de netteté des clivages, leur
position, comme nous l'avons déjà indiqué, est constante, et
toutes les propriétés physiques en rapport avec la structure
lamelleuse restent les mêmes.

Nous avons annoncé plus haut qu'une même substance minérale se présente sous forme de cristaux variés : tous ces cristaux, malgré leurs différences apparentes, admettent les mêmes
clivages, de sorte que lorsqu'on les casse, le solide de clivage
que l'on en extrait est identique. Cette observation importante a fait penser à Haüy qu'il devait exister des relations
entre le solide de clivage et les cristaux, et il a effectivement
reconnu qu'on pouvait les faire dériver d'une manière simple
de ce noyau intérieur.

**Forme primitive. — Formes secondaires. — Système
cristallin**. — Étendant cette idée aux minéraux qui ne possèdent pas la propriété de se diviser par lames, il a également
reconnu que l'on pouvait toujours supposer l'existence d'un
noyau intérieur sur lequel les faces des cristaux sont placées
d'une manière symétrique.

En conséquence, Haüy donne à ce noyau intérieur, souvent
hypothétique, dans quelques cas même différent du solide de

clivage, le nom de *forme primitive*, et celui de *formes se-condaires* aux cristaux qui en dérivent. Il a désigné par l'ex-pression de *système cristallin*, l'ensemble des lois au moyen desquelles les formes secondaires dérivent de la forme primi-tive.

Type cristallin. — Nous devons dire par avance qu'il faut bien distinguer le *type cristallin* de la *forme primitive* et du *système cristallin*. Le prisme rhomboïdal droit, par exemple, est un type cristallin ; mais le prisme rhomboïdal sous l'angle de 101° 42′ est la forme primitive de la *baryte sulfatée*, tandis que le prisme rhomboïdal droit sous l'angle de 104° est celle de la *strontiane sulfatée*.

La baryte sulfatée et la strontiane sulfatée possèdent donc le même type cristallin ; ces minéraux cristallisent, comme on le dit souvent dans le même système ; mais ils ont des formes primitives distinctes, et par suite leur système cris-tallin est différent.

Formes dominantes. — Parmi les cristaux qui appartien-nent à une substance minérale, un ou plusieurs d'entre eux imposent ordinairement leur forme à tous les autres. Dans la *chaux fluatée*, par exemple, les cristaux, quoique variés, paraissent presque toujours cubiques ; quelquefois cependant les faces du cube sont entièrement cachées par des faces se-condaires placées sous des angles très-obtus, de manière qu'on voit le cube se dessiner au travers des faces secondaires. M. Brochant a donné le nom de *forme dominante* aux cristaux qui dominent pour ainsi dire la cristallisation.

Les *formes dominantes* sont ordinairement la forme primi-tive, et une ou deux des formes secondaires les plus simples ; cependant dans quelques cas, elles correspondent à des cristaux dont les lois de dérivation sont fort compliquées. L'examen des formes dominantes ne guide donc pas d'une manière certaine pour la connaissance du système cristallin d'une substance mi-nérale ; mais il permet d'en grouper les cristaux autour d'un certain nombre de formes, de les réunir en catégories, et par suite il en facilite l'étude. C'est surtout dans la description que la considération des formes dominantes est utile ; en effet, lorsqu'on étudie les cristaux un à un, comme le font la plupart des minéralogistes, comme Haüy lui-même l'a fait dans son admirable *Traité de minéralogie*, on est effrayé du nombre considérable de formes variées (quelquefois plus de 800) que présente une même substance minérale. On ne peut retenir ni les noms de tous ces cristaux, ni les relations qui les lient ; tandis que la méthode de M. Brochant permet d'en saisir l'ensemble à la simple inspection, en mettant à découvert les lois de symétrie et la manière dont ils dérivent les uns des autres.

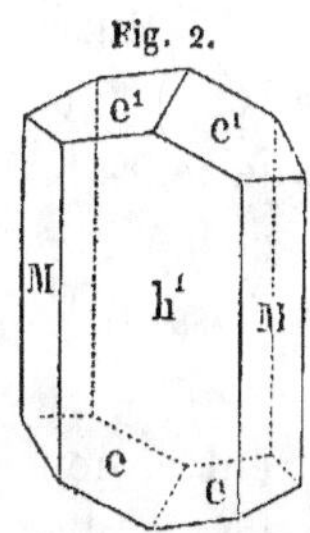

Fig. 2.

Biseau. — Pointement. — Les dénominations employées dans la description des cristaux sont les mêmes que celles en usage dans la géométrie. Nous en ajouterons quelques-unes spéciales à la cristallographie : lorsque la base du prisme *fig.* 2 est remplacée par deux faces e^1 et e^1, on dit qu'il est surmonté d'un *biseau* ; l'arête de ces deux faces est désignée sous le nom d'arête du biseau. Quand au lieu de deux faces placées sur la base, il en existe plusieurs qui se coupent en un point, le prisme est alors surmonté d'un *pointement*.

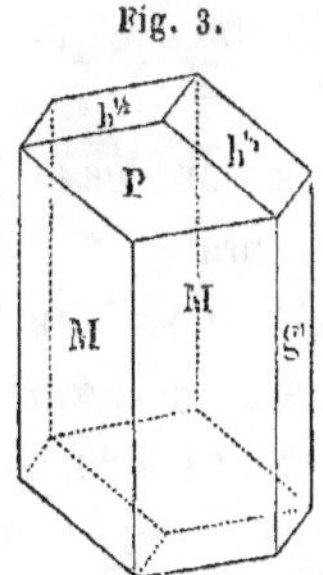

Fig. 3.

Dans la *fig.* 3, le *pointement* est triple ; il peut être quadruple, ou renfermer un plus grand nombre de faces.

Troncature. — Si les arêtes ou les angles d'un cristal sont émoussées, et qu'elles soient remplacées par des faces très-petites qui n'altèrent pas sa forme générale, on dit que ses arêtes ou ses angles sont tronquées.

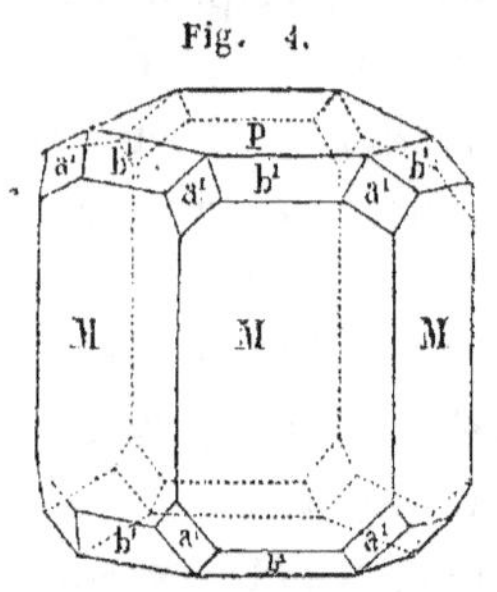

Fig. 4.

Les faces b^1, *fig.* 4, sont des *troncatures* placées sur les arêtes de la base du prisme; les faces a^1 tronquent les angles de ce solide; cette expression, introduite par Haüy dans le langage minéralogique, semblerait faire croire que le cristal a d'abord été formé, puis que ses angles et ses arêtes ont été plus tard enlevés. Ce n'est pas ainsi que la nature opère. On remarque, quand on examine la formation de cristaux artificiels, qu'ils ont, dès le premier moment, la forme qu'ils doivent conserver; les cristaux qui se déposent dans une eau saturée d'un sel susceptible de cristalliser, ne font ordinairement que grossir par la superposition de lames sur chacune de leurs faces; ce sont, pour ainsi dire, des boîtes exactement de la même forme, mais dont les dimensions varient, qui s'enchâssent les unes sur les autres.

Les *biseaux*, *pointements*, ou *troncatures*, reçoivent le nom général de *modification*; les additions de facettes, lorsqu'elles prennent une certaine extension, peuvent cacher complétement le *cristal* sur lequel elles ont lieu, et donnent naissance à un second cristal; c'est donc au moyen de modifications qu'on passe d'une forme à une autre; le cube *fig.* 5 dérive de l'octaèdre que l'on voit dans son intérieur par des troncatures placées sur les angles de ce dernier cristal. Pour nous servir des mots adoptés et que nous avons déjà définis, l'octaèdre serait la *forme primitive*, et le cube une des *formes secondaires*.

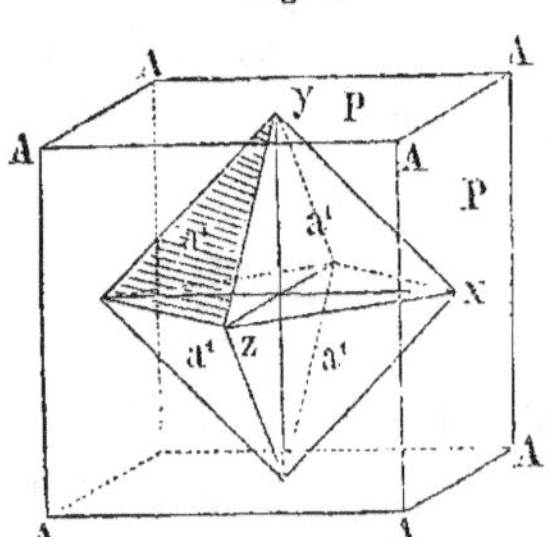

Fig. 5.

Lois de symétrie. — Ces lois, découvertes par Haüy, et qui servent de base à ces passages d'une forme à une autre, consistent en ce que, s'il existe une modification sur une partie quelconque d'un cristal, la même modification doit se représenter sur toutes les parties semblables. Les *fig.* 4 et 5 expliquent clairement cette idée. La *fig.* 4 représente un prisme régulier à 6 faces, qui se compose de trois sortes d'éléments distincts :

1° Douze arêtes horizontales appartenant aux bases, égales et semblablement placées ;

2° Douze angles solides égaux, et disposés d'une manière analogue ;

3° Six arêtes verticales.

Les douze arêtes des bases et les douze angles sont remplacés par deux ordres de facettes, tellement disposées que celles marquées b^1, placées sur les arêtes horizontales, font avec les bases des angles égaux ; les facettes a^1 placées sur les angles sont également toutes dans la même situation.

On remarquera que les arêtes verticales du prisme, appartenant à un troisième ordre d'éléments, ne sont pas modifiées ; elles pourraient l'être, mais dans ce cas, ce serait par un autre ordre de facettes.

Le cube, *fig.* 5, offre un second exemple de la loi de symétrie. Ses faces sont placées tangentiellement sur les six angles solides de l'octaèdre, et les angles qu'elles font avec les faces de ce dernier polyèdre sont tous égaux. Du reste, les modifications qui ont lieu sur les cristaux, étant le résultat de certaines forces qui obligent les molécules dont se compose une substance à se réunir sous la forme de cristaux, ces forces doivent agir d'une manière identique sur les parties semblables. La loi de symétrie est donc une conséquence naturelle de l'attraction des corps les uns sur les autres.

Des cristaux hémièdres. — Ces lois présentent cependant des exceptions apparentes ; ainsi dans la boracite qui cristallise en cube, les cristaux ne sont modifiés que sur trois des six angles solides, en alternant. Haüy avait remarqué que cette circonstance était en rapport avec la propriété électrique et polaire que possède cette substance ; il en avait conclu que les sommets des cristaux qui avaient des pôles étaient modifiés différemment ; cette supposition s'était effectivement vérifiée pour la tourmaline et pour le zinc oxydé silicifère ; mais le fer sulfuré et quelques autres minéraux qui ne sont pas électriques, affectent une anomalie semblable. M. Weiss a montré que cela tenait à ce que, dans certains cas, la nature ne forme que des demi-cristaux, et pour les distinguer des cristaux complets, il a désigné ces derniers sous le nom d'*homoèdre*, et les demi-cristaux sous celui d'*hémièdre*.

La considération de l'*hémiédrie*, qui avait échappé à Haüy, est la seule addition importante qui ait été faite à la science cristallographique ; elle explique les anomalies qui ôtaient à la loi de symétrie sa généralité, et donne la clef de certains cristaux dont on ne comprenait que difficilement la dérivation.

DES TYPES CRISTALLINS

ET

DE LEUR PASSAGE AUX DIFFÉRENTES FORMES CRISTALLINES.

Nous avons déjà fait remarquer qu'un même minéral se présente sous des formes cristallines nombreuses et variées, mais que tous les cristaux appartenant à une même espèce peuvent se dériver d'un polyèdre unique désigné sous le nom de *forme primitive*.

Des substances différentes ont des formes primitives distinctes ; mais ces formes peuvent être analogues et ne différer seulement que par la valeur de leurs angles, ou différer essentiellement les unes des autres par le nombre de leurs faces, la disposition de leurs angles et celle de leurs arêtes ; dans ce dernier cas, elles ne peuvent rentrer les unes dans les autres ; on donne le nom de *type cristallin* à ces formes incompatibles ; les *types cristallins* sont au nombre de six ; ils ont reçu, surtout en Allemagne, des noms qui varient suivant le point de vue qui a servi à leur description ; mais quelles que soient les dénominations adoptées par les minéralogistes allemands, leurs types cristallins sont la reproduction fidèle de ceux que Haüy avait établis dès ses premiers travaux cristallographiques. Je consacrerai, à la fin de ce chapitre, plusieurs paragraphes à faire ressortir cette identité, cachée quelquefois sous des nomenclatures assez difficiles.

Je rapporterai tous les types cristallins à la forme prismatique. Cette méthode, outre le grand avantage d'être consacrée par le temps, a également celui d'être plus simple, plus facile à retenir, enfin de se rapprocher davantage des cristaux que la nature présente, ce qui n'a pas toujours lieu dans les nomenclatures allemandes, où l'on a choisi quelquefois pour point de départ un cristal hypothétique.

Ces altérations du langage minéralogique ont beaucoup nui à l'étude de la minéralogie, en en rendant les abords difficiles par une synonymie fort compliquée. Elles ont eu aussi le grave inconvénient d'avoir fait supposer qu'il existe une différence essentielle entre la cristallographie allemande et la cristallographie française, et ont jeté quelque incertitude sur la science elle-même.

D'après la définition que j'ai donnée des cristaux, les faces doivent être ordonnées symétriquement, soit toutes ensemble, soit par parties, autour d'un axe. Pour établir le nombre de types cristallins, il suffit de chercher les différentes dispositions que des plans assujettis aux lois de symétrie peuvent prendre autour de trois axes qui se croiseraient en un point de l'espace.

On peut supposer ces axes rectangulaires entre eux ;

L'un des axes à angle droit sur les deux autres, qui se coupent sous un angle oblique;

Un axe perpendiculaire sur un seul des deux autres axes, ceux-ci étant obliques entre eux ;

Enfin les trois axes obliques les uns sur les autres.

Ces quatre manières d'être des axes se réduisent en réalité à deux seulement, savoir : des axes rectangulaires et des axes obliques. Pour le démontrer, il faut connaître la disposition des types cristallins : nous sommes donc obligés pour le moment de différer les preuves de cette assertion ; nous les donnerons après la description de ces types.

Les axes peuvent être égaux, ou inégaux, et de là naissent précisément six relations entre les axes, correspondant aux six types cristallins.

1° Axes rectangulaires.

1. Les trois axes égaux.

2. Deux axes égaux, le troisième inégal.

3. Les trois axes inégaux.

2° Pour les axes obliques on a les mêmes relations.

1. Les trois axes égaux.

2. Deux axes égaux, le troisième inégal.

3. Les trois axes inégaux.

Les types cristallins qui correspondent à ces dispositions des axes, sont :

I. LE CUBE.

II. LE PRISME DROIT A BASE CARRÉE.

III. LE PRISME DROIT A BASE RECTANGLE, ou à base rhomboïdale.

IV. LE RHOMBOÈDRE, OU PRISME RHOMBOÏDAL OBLIQUE, dont toutes les faces sont égales.

V. LE PRISME RHOMBOÏDAL OBLIQUE, ou prisme oblique symétrique.

VI. LE PRISME OBLIQUE, NON SYMÉTRIQUE.

La lecture de ces noms montre que les types cristallins sont classés suivant leur ordre de simplicité, car la symétrie diminue graduellement d'un type cristallin à l'autre ; ainsi dans le cube, toutes les faces sont des carrés égaux : dans le second type, les bases seulement sont des carrées, tandis que les faces verticales sont des rectangles.

Le quatrième système, le *rhomboèdre*, est un cas particulier du cinquième. Le solide qui en forme la base est en réalité un prisme rhomboïdal oblique, dont toutes les faces sont égales ; cette condition particulière lui donne une symétrie telle, que Haüy avait donné au rhomboèdre la seconde place dans la série des types cristallins. Nous avons interverti cet ordre, afin d'établir une chaîne continue dans les prismes, et de faire ressortir que la différence d'un type à un autre consiste dans l'addition d'une sorte d'élément variable de plus. Nous allons étudier successivement chacun des six types cristallins, en faisant connaître les différentes formes qui en dépendent et la manière de les en faire dériver.

PREMIER TYPE CRISTALLIN.

SYSTÈME CUBIQUE.

Synonymie. *Octaèdre régulier*, Brochant. — *Tétraédrique*, Beudant. — *Système régulier*, Gust. Rose. — *Sphéroédrique*, Weiss. — *Tessulaire*, Mohs. — *Tesséral*, Naumann.

LE CUBE est formé de six carrés égaux qui peuvent être pris chacun pour base. Tous ses angles dièdres sont droits, de même que tous ses angles plans ; il se compose de deux sortes d'éléments distincts, savoir :

Huit angles solides trièdres.

Douze arêtes.

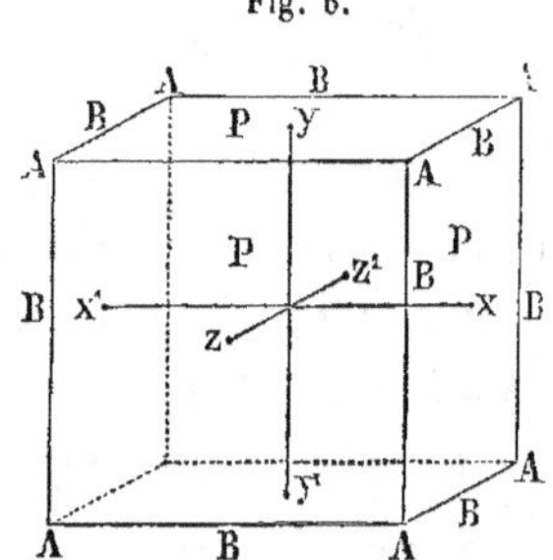

Fig. 6.

Chacun des angles du cube est également distant d'un point central donné par l'intersection des diagonales qui joignent les angles solides opposés ; il en est de même des douze arêtes et des six faces. Il résulte de cette circonstance une symétrie complète ; l'on peut construire dans le cube des sphères tangentes aux arêtes ou aux faces, ou l'inscrire dans une troisième sphère qui passerait par tous les angles solides. Cette disposition a conduit M. Weiss à désigner ce type cristallin sous le nom de *sphéroédrique ;* quelques minéralogistes le distinguent par l'expression de *système régulier*, parce qu'il comprend, ainsi que nous allons l'indiquer, tous les corps réguliers de la géométrie ; enfin plusieurs autres ont traduit le mot cube par celui de *tessulaire*, emprunté à la langue grecque et qui rappelle la forme cubique des dés à jouer.

Les quatre diagonales jouent un rôle semblable dans le cube ; on peut donc les considérer comme des axes, autour desquels le cristal est semblablement disposé. Ces axes sont appelés *hexaédriques* par les minéralogistes allemands, du nom d'*hexa-*

èdre qu'ils donnent au cube ; mais l'emploi de ces axes exige qu'on place le cristal sur sa pointe, position peu naturelle, et qui ne s'accorde que rarement avec les cristaux dérivés. Il vaut mieux considérer les axes, donnés par trois lignes menées par le centre, parallèlement aux trois arêtes du prisme : ces trois axes dominent toutes les formes secondaires dérivées du cube ; elles ont en outre l'avantage d'être en rapport avec les propriétés physiques des corps, ainsi qu'avec les calculs de géométrie analytique. Ils percent les faces en leur milieu. Il est évident que chacune d'elles est perpendiculaire à un de ces axes, et parallèle aux deux autres ; et si on appelle a leur longueur, on pourra représenter les faces d'un cube par l'expression

$$a : \infty\, a : \infty\, a.$$

Le cube renfermant deux sortes d'éléments distincts, les modifications qui donnent lieu à des cristaux dérivés pourront exister séparément, soit sur les angles, soit sur les arêtes.

Elles peuvent en outre affecter des positions différentes :

1° Les plans de ces nouvelles faces peuvent être également inclinés sur les angles, ou sur les arêtes sur lesquelles les modifications ont lieu. On dira alors que ces modifications sont *tangentes* à ces angles ou à ces arêtes.

2° Elles peuvent former des inclinaisons inégales avec les faces qui aboutissent aux angles ou arêtes sur lesquelles elles sont placées.

Il résulte de ces deux dispositions, des polyèdres complétement différents.

Dans le premier cas, les cristaux dérivés sont réguliers.

Dans le second ils sont simplement symétriques.

I. MODIFICATIONS TANGENTES.

a. **Modifications tangentes sur les angles.** — D'après les lois de symétrie, lorsqu'une modification a lieu sur un élément d'un cristal, la même modification doit se reproduire sur tous les éléments semblables. Conformément à ce

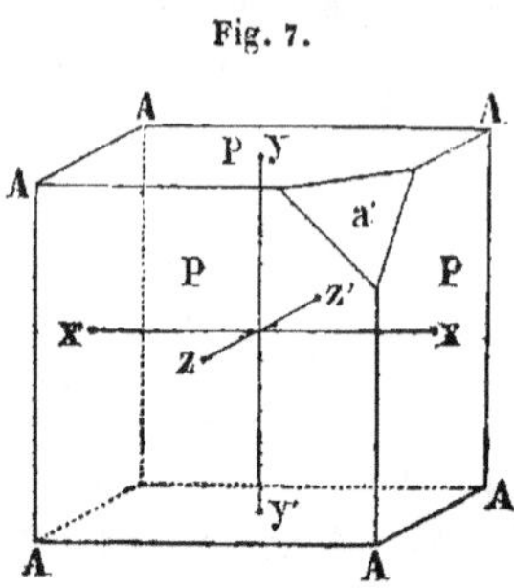

Fig. 7.

principe, si nous supposons que, par une force dont nous ignorons la nature, un des angles du cube soit remplacé par une facette a^1 [1], également inclinée sur chacune des trois faces du cube, chacun des angles A devra subir la même modification ; et comme il existe huit angles au cube, il naîtra huit nouvelles facettes qui tronqueront les angles de ce solide. A mesure que ces facettes grandiront, les faces du cube diminueront successivement, et lorsque les facettes a^1 se toucheront, le cube aura entièrement disparu ; il sera alors remplacé par un octaèdre placé comme la *fig.* 8 l'indique.

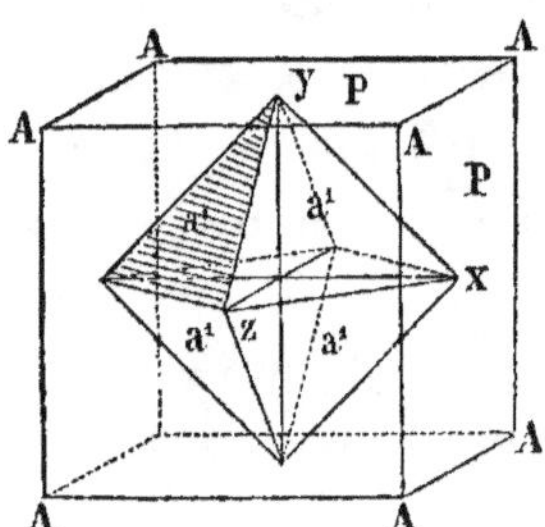

Fig. 8.

Octaèdre régulier. — Les inclinaisons des faces a^1 étant les mêmes par rapport à chacun des axes, cet octaèdre est régulier ; de plus, on prouve facilement que chaque triangle est équilatéral et que ces triangles sont égaux, conditions qui constituent un octaèdre régulier.

Les sommets de cet octaèdre viennent percer les faces du cube précisément aux mêmes points que les trois axes ; il en résulte que la sphère inscrite dans le cube est circonscrite à l'octaèdre ; enfin la *fig.* 8 montre que les sommets des triangles de chaque octaèdre sont placés à l'extrémité des axes, de sorte que chacune de ses faces coupe les trois axes à la distance a, circonstance qui est représentée par l'expression

$$a : a : a.$$

---

[1] Pour rappeler la position des facettes secondaires , je les indique par une

Inclinaison des deux arêtes opposées de l'octaèdre. . . 90°.
De deux faces opposées à l'extrémité du même axe. . . 70° 31′ 44″.
De deux faces adjacentes sur une même arête. . . . . . 109° 28′ 16″.

L'octaèdre régulier présente deux sortes d'éléments distincts, savoir :

6 angles solides quadruples.
12 arêtes.

Il peut, comme le cube, être pris pour solide générateur, et la *fig.* 8 montre effectivement que des plans tangents aux six angles de l'octaèdre reproduisent le cube. Nous verrons plus tard qu'il existe des minéraux, comme le *plomb sulfuré*, pour lesquels on considère le cube comme la forme primitive, et l'octaèdre comme une forme secondaire, tandis que l'inverse a lieu pour la *chaux fluatée;* c'est le nombre des clivages qui guide dans ce choix. Ainsi le *plomb sulfuré* présente trois clivages égaux et perpendiculaires entre eux, tandis que dans la *chaux fluatée* il en existe quatre qui se coupent sous l'angle de 109° 28′ 16″, propre à l'octaèdre régulier.

Les cristaux secondaires qui appartiennent au type régulier dérivent tous avec une égale facilité du cube et de l'octaèdre, mais ces deux polyèdres ne rendent pas également compte de leur forme dominante, et sous ce rapport le choix est déterminé par la disposition générale du cristal.

b. **Modifications tangentes sur les arêtes.** — Un plan mené tangentiellement sur une arête du cube, devra se reproduire sur les douze arêtes ; il donnera donc lieu à un solide à douze faces ou dodécaèdre : chacune de ses faces étant également distante du centre, et faisant, d'après leur construction, un angle égal avec les axes, ce dodécaèdre sera régulier.

---

petite lettre analogue à celle que porte l'élément du cristal modifié ; des facettes placées sur l'angle A auront pour notation **a**, avec un chiffre indiquant sa loi de dérivation : les facettes qui remplacent l'arête B, seront également désignées par *b*.

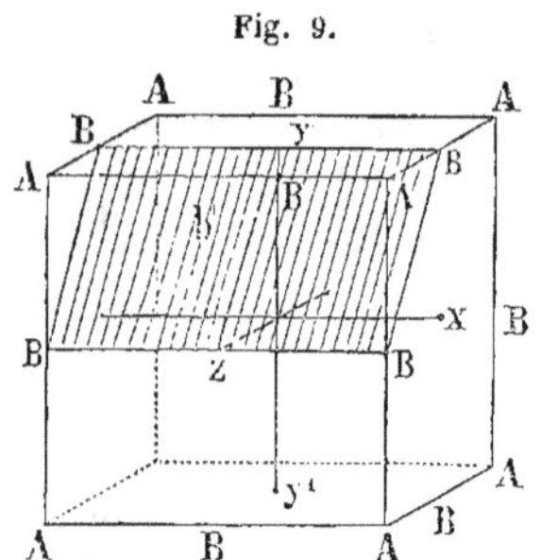

Fig. 9.

Dodécaèdre rhomboïdal régu-lier. — La *fig*. 9, dans laquelle le plan b^1 est mené sur l'arête B en faisant des angles égaux avec la base du cube et la face verticale placée en avant, est une face du nou-veau polyèdre ; on voit qu'elle passe nécessairement par les points y et z, extrémités des deux axes yy' et zz^1, tandis qu'elle est au contraire parallèle à l'axe xx^1. L'ex-pression d'une face du dodécaèdre régulier est donc, relative-ment aux distances où elle coupe les axes :

$$a : a : \infty\, a.$$

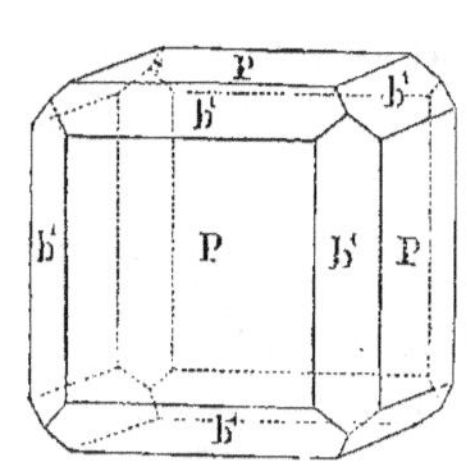

Fig. 10.

Sa génération sur le cube et sur l'octaèdre est la même. — On re-marquera en outre que la face b^1 s'appuie sur l'arête $y z$, qui est une de celles de l'octaèdre régulier ; ainsi la génération du dodécaèdre a lieu, sur l'octaèdre régulier comme sur le cube, par des troncatures tan-gentes sur chacune des arêtes.

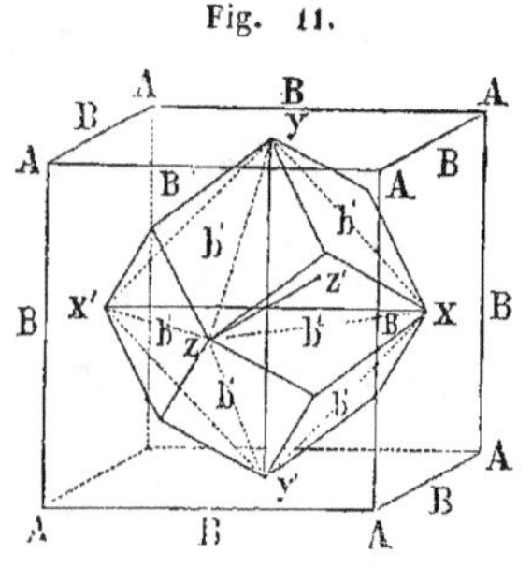

Fig. 11.

La *fig*. 10, dans laquelle chacune des arêtes du cube est tronquée, mon-tre la disposition générale des faces du dodécaèdre, et la *fig*. 11, dans la-quelle ce solide est placé dans le cube en supposant ces deux polyèdres con-struits sur le même axe, fait connaî-tre la position relative du cube, de l'octaèdre et du dodécaèdre. Elle permet aussi de juger de la position relative des différen-tes faces et de leurs différents angles.

Le dodécaèdre se compose : de 12 faces,

24 arêtes,

14 angles solides.

Les faces sont des rhombes dont les angles sont de 109° 28′ 16″ et 70° 31′ 44″, les mêmes que les angles dièdres de l'octaèdre régulier.

Les arêtes sont égales.

Les angles solides sont inégaux et de deux espèces ; six angles à quatre faces correspondent aux angles de l'octaèdre régulier et sont appelés par cette raison *angles octaédriques*. Huit angles à trois faces correspondent aux angles du cube ; les plus longues diagonales des faces joignent les angles octaédriques et se confondent par suite avec les arêtes de ce solide ; les plus courtes joignent les angles du cube et correspondent par conséquent aux arêtes de la forme primitive.

L'inclinaison de deux faces opposées dans l'angle
octaédrique, est de. . . . . 90°.
De deux faces qui se coupent. . . . . 120°.
De deux arêtes opposées. . . . . 109° 28′ 16″.

II. MODIFICATIONS SYMÉTRIQUES.

L'HEXATÉTRAÈDRE.

Tétrakishexaèdre, G. Rose. — *Hexaèdre pyramidal*, Weiss. — *Trigonalicositétraèdre hexaédrique*, Mohs. — *Icositétraèdre pyramidal-hexaédrique*, Breithaupt. — *Polyèdre à quatre fois six faces*, Bernhardi.

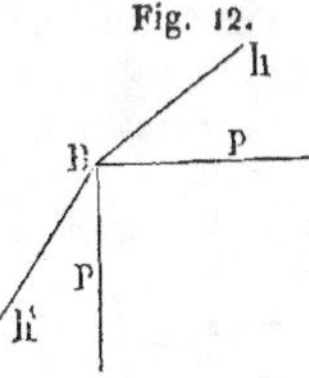

a. **Sur les arêtes.** — Si l'on suppose qu'une face naisse sur l'arête du cube, de manière qu'elle soit inégalement inclinée sur la base et sur la face verticale placée devant l'observateur, la symétrie exige qu'il se produise une seconde face en retour sur cette même arête, de sorte que si le point B, *fig.* 12, représente la projection de cette arête, les deux faces qui naîtront sur elle seront en coupe B*h* et B*h′* ; chaque arête donnera lieu à deux faces, et comme il existe douze arêtes, le solide nouveau

Fig. 13.

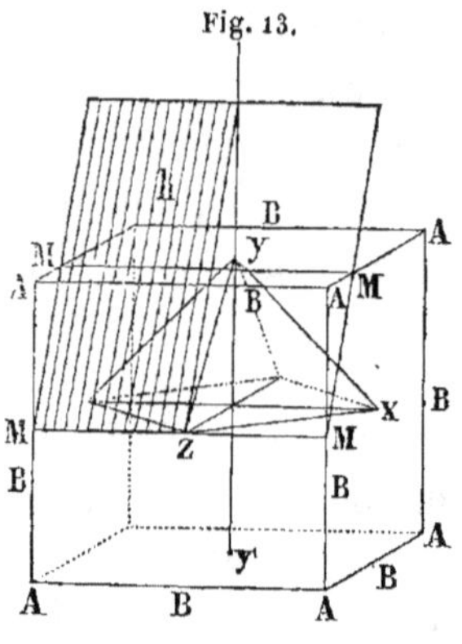

Fig. 14.

sera à **24** faces. Haüy l'a désigné sous le nom d'*hexatétraèdre*, parce qu'il forme une pyramide quadrangulaire sur chaque face (*fig.* 15), et que par suite il est composé de six fois quatre faces.

Les lois de sa dérivation varient avec l'angle que le plan du nouveau solide forme avec la base ; et les faces b^2, *fig.* **14**, sont plus ou moins inclinées sur la base. Supposons que le plan générateur (*fig.* 13) passe par la ligne MM parallèle à l'arête B, et par le point Z extrémité de l'axe ZZ', enfin qu'il coupe l'axe YY', à une distance $cY = na$. L'expression sera :

$$na : a : \infty\, a,$$

car ce plan est parallèle à l'axe XX'.

Leur nombre peut être infini. — Le nombre de ces cristaux est illimité, puisqu'on peut faire varier l'angle de la face h à l'infini ; il n'en est pas ainsi en minéralogie ; la relation qui existe entre les distances où les plans b^2 viennent couper l'axe, est ordinairement simple, et jusqu'à présent le règne minéral n'a présenté que sept variétés d'hexatétraèdres, représentées par les équations :

(1)	$5/4\, a : a : \infty\, a.$	(4) $5/2\, a : a : \infty\, a.$
(2)	$3/2\, a : a : \infty\, a.$	(5) $3\, a : a : \infty\, a.$
(3)	$2\, a : a : \infty\, a.$	(6) $7/2\, a : a : \infty\, a.$
		(7) $4\, a : a : \infty\, a.$

L'inclinaison des faces est pour :

Le 2e 133° 49' . . . 157° 23'.　　Le 4e 149° 33' . . . 133° 36'.
Le 3e 143° 8' . . . 143° 8'.　　Le 5e 154° 9' . . 126° 52'.

La troisième et la cinquième espèce sont les plus fréquentes elles existent dans la *chaux fluatée* et dans la *pyrite*.

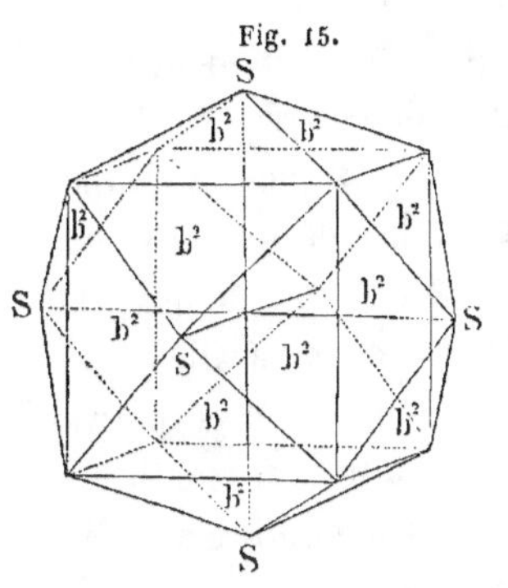
Fig. 15.

Les hexatétraèdres présentent la forme générale d'un cube dont chaque face est remplacée par une pyramide à base carrée.

Ils se composent de :

24 faces triangulaires isocèles.

36 arêtes ;

14 angles solides.

Les arêtes sont généralement de deux espèces, savoir : 12 qui se confondent avec les arêtes du cube ; et 24 qui se coupent sur le prolongement des axes.

La seconde variété, qui est la plus fréquente et qui a pour équation $2\,a : a : \infty\,a$, possède un symétrie que les autres ne présentent pas ; les arêtes sont toutes égales, et par suite les angles qui correspondent à ceux du cube sont réguliers.

Les angles sont également de deux espèces ; six à quatre faces S sont placés sur le prolongement des axes, et correspondent aux angles de l'octaèdre, et huit à six faces occupent la position des angles du cube.

Dérivation de l'hexatétraèdre sur l'octaèdre. — La génération de l'hexatétraèdre sur l'octaèdre aurait lieu par quatre plans placés symétriquement sur les angles, de manière à ce que leur trace sur le plan horizontal soit parallèle à un des axes.

Modifications sur les angles.

LE TRAPÉZOÈDRE.

Leucitoèdre ou *leucitoïde*, Weiss. — *Leucit.* Raumer. — *Icositétraèdre*, Rose et Naumann. — *Icositétraèdre trapézoïdal*, Breithaupt. — *Tétragonalikositétraèdre à deux arêtes*, Mohs. — *Polyèdre à vingt-quatre deltoïdes*, Bernhardi.

a. **Parallèlement aux diagonales.** — Les modifications sur les angles sont de deux espèces ; elles peuvent avoir lieu parallèlement aux diagonales des faces du cube, ou sans aucune symétrie ; dans le premier cas, les solides qui naissent ont 24 faces, puisque sur chaque angle du cube on peut, pour ainsi

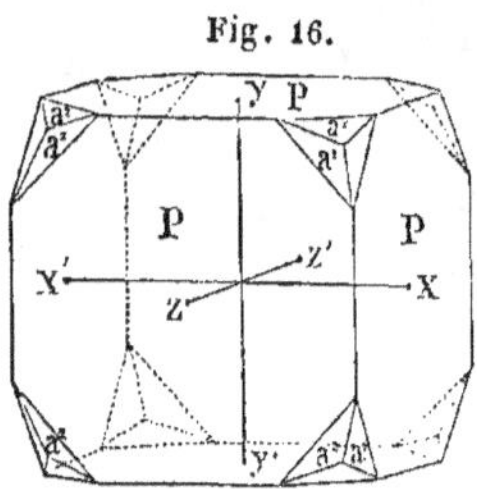

Fig. 16.

dire, implanter un pointement à trois faces (*fig.* 16). Dans le second, les modifications sont sextuples et donnent par conséquent des solides à 48 faces.

La seule condition imposée aux faces a^2 étant d'être parallèles aux diagonales du cube, elles peuvent avoir des inclinaisons diverses, et par suite leur nombre est indéfini. Toutefois il n'en est pas ainsi, et le nombre de solides à 24 faces de la minéralogie est fort restreint.

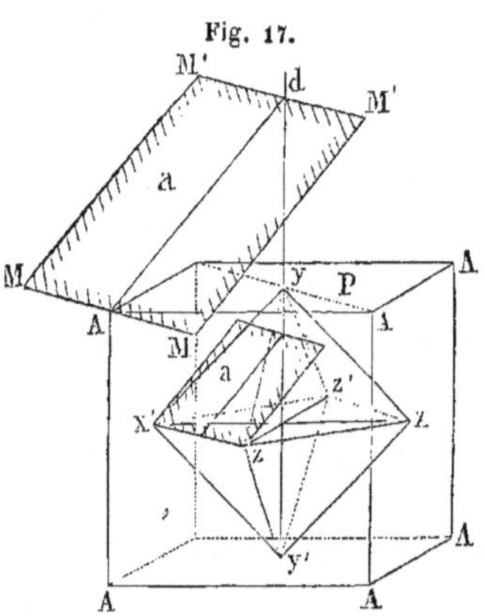

Fig. 17.

Soit (*fig.* 17) le plan *a* placé sur l'angle A et mené suivant une ligne MM parallèle à une diagonale de la base, l'équation de ce plan sera :

$$a : a : ma,$$

m étant plus grand ou plus petit que l'unité, car la ligne MM est parallèle à un des côtés de l'octaèdre ; et si on mène sur le côté de ce solide un plan a' parallèlement au plan *a*, il passera par les points X′ et Z, extrémités de deux des axes, et il coupera le troisième à une distance égale *ma*.

Dérivation du trapézoèdre sur l'octaèdre. — Cette même figure indique en outre que le solide secondaire formé par les plans *a* peut être considéré comme le résultat de biseaux placés sur chaque arête de l'octaèdre, lesquels sont au nombre de 12. La *fig.* 18 montre l'ensemble de ces biseaux.

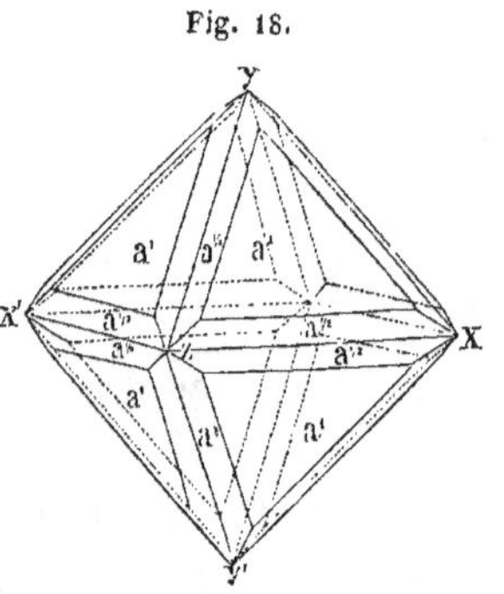

Fig. 18.

Suivant que *m* est plus petit ou plus grand que l'unité, les solides résultant de la réunion des plans *a* ont des formes très-distinctes ; cette circonstance a engagé les minéralogistes à les désigner par des noms particuliers ; ce qui justifie en outre leur séparation, c'est que ces deux genres de cristaux ne se trouvent pas dans les mêmes substances.

Nature des éléments du trapézoèdre. —Lorsque les plans a^1 coupent les axes à une longueur moindre que *a*, le solide qui en résulte, désigné sous le nom de *trapézoèdre*, présente une forme sphéroïdale ; il est composé de : 24 faces,

48 arêtes ,

26 angles solides.

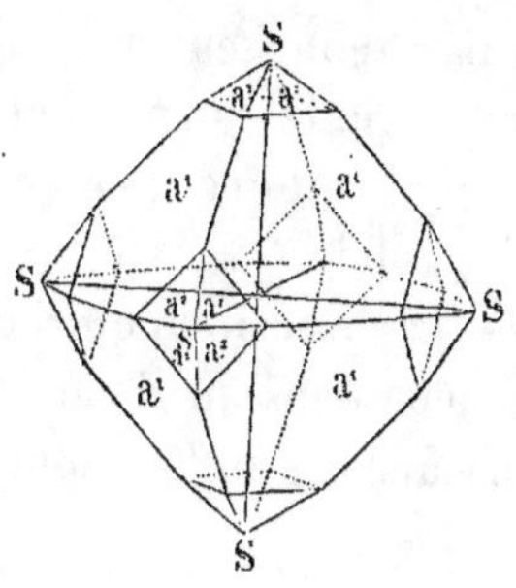

Fig. 19.

Les faces sont des quadrilatères symétriques (*fig.* 19), ayant deux espèces de côtés et trois espèces d'angles ; les côtés contigus sont égaux, les angles sont égaux entre eux.

Les quarante-huit arêtes sont de deux espèces ; les plus longues SE joignent deux à deux les angles de l'octaèdre ; les vingt-quatre plus courtes AB joignent également deux à deux les angles du cube.

Les vingt-six angles solides sont de trois espèces.

Six angles quadruples S sont réguliers ; ils se confondent avec les angles de l'octaèdre.

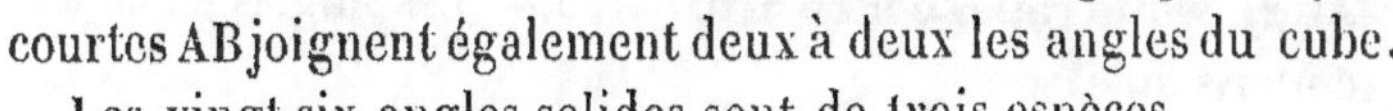

Fig. 20.

Second mode de dérivation sur l'octaèdre. — Il résulte de cette disposition que le trapézoèdre peut être considéré comme formé par un pointement quadruple placé sur les angles de l'octaèdre ; la *fig.* 20, dans laquelle les faces du trapézoèdre n'ont pas atteint leur limite, montre cette dérivation avec évidence ; huit angles A , également réguliers, correspondent à ceux du cube ; enfin , douze angles E à quatre faces et seulement symétriques sont placés au centre des faces du dodécaèdre régulier.

Nombre de trapézoèdres connus.—On a décrit huit polyèdres de cette espèce , représentés par les équations :

(1)	$a : a : 3/4\ a.$		(5)	$a : a : 1/3\ a.$
(2)	$a : a : 2/3\ a.$		(6)	$a : a : 1/4\ a.$
(3)	$a : a : 1/2\ a.$		(7)	$a : a : 1/6\ a.$
(4)	$a : a : 3/8\ a.$		(8)	$a : a : 1/12\ a.$

Les trapézoèdres représentés par les équations 3 et 5 sont de beaucoup les plus fréquents ; ce sont les formes habituelles de l'*amphigène* et de l'*analcime ;* le *grenat* se présente également sous ces formes.

Les inclinaisons sont pour le trapézoèdre n° 3 :

Angle entre deux faces opposées, dans l'angle de l'octaèdre. . 109° 28′ 16″.
Pour les faces contiguës dans ce même angle. . . . . 131° 49′.
Entre les faces séparées par l'arête AE. . . . . 147° 27′.
Des arêtes SE sur SE. . . . . 125° 52′.

Pour le trapézoèdre n° 5, les mêmes angles sont :

129° 31′ . . . 144° 54′ . . . 129° 31′ . . . 143° 8′.

Angles du trapézoèdre ordinaire.—Les angles plans du premier solide sont :

Le plus obtus A. . . . . . . 117° 2′ 8″.
Les deux angles moyens E. . 82° 15′ 3″.
Enfin, l'angle aigu S . . . . 78° 27′ 46″.

L'angle de 109° 28′ 16″, que font dans le trapézoèdre $a : a : \frac{1}{2}\ a$ deux faces opposées et qui se réunissent à un des sommets de l'octaèdre, est précisément l'angle compris entre deux faces du dodécaèdre régulier, d'où il suit que les diagonales S A sont les arêtes de ce dernier solide.

Dérivation sur le dodécaèdre. — La disposition que l'on vient d'indiquer montre que si l'on mène dans un dodécaèdre régulier des plans tangents sur chacune des arêtes, comme

Fig. 21.

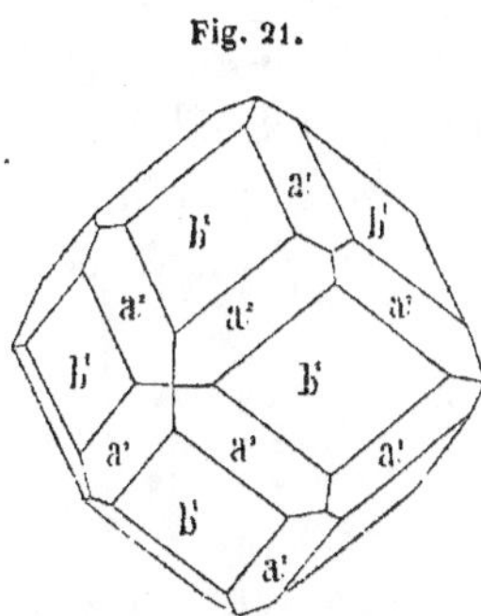

la *fig.* 21 le représente, les nouvelles facettes a^2 seront précisément les faces du cristal qui nous occupe et qui a reçu spécialement le nom de *trapézoèdre*.

En résumé, ce solide peut donc être engendré :

1° *Sur le cube*, par un pointement triple sur les angles, placé de manière que les traces de ce pointement soient parallèles aux diagonales des faces (*fig.* 16).

2° *Sur l'octaèdre* :

a, par un biseau sur les arêtes *fig.* 18, dérivation que M. Naumann indique en donnant au solide qui en résulte le nom de *dyakisdodécaèdre*, les arêtes de l'octaèdre correspondant aux faces du dodécaèdre, et le nombre des faces étant $2 \times 12 = 24$.

b, par un pointement quadruple sur les angles, dont les traces sont parallèles aux arêtes opposées de ce pointement, *fig.* 20.

3° Sur le *dodécaèdre régulier*, par des plans tangents sur les arêtes de ce solide, *fig.* 21.

La dernière génération donne un solide unique, les trois autres sont communes à tous les trapézoèdres.

DES OCTOTRIAÈDRES.

Octaèdre pyramidal, Weiss. — *Triakisoctaèdre*, Rose. — *Trigonalikositétraèdre octaédrique*, Mohs. — *Icositesséraèdre pyramidal octaédrique*, Breithaupt. — *Polyèdre à* 3×8 *faces*, Bernhardi.

Lorsque la longueur à laquelle les plans qui donnent les solides à 24 faces placées sur les angles du cube, est plus grande que l'unité, nous avons dit que la forme de ce solide change. Il est alors analogue à un octaèdre dont chaque face est remplacée par un pointement triple, ainsi qu'on le voit dans la *fig.* 22.

Fig. 22.

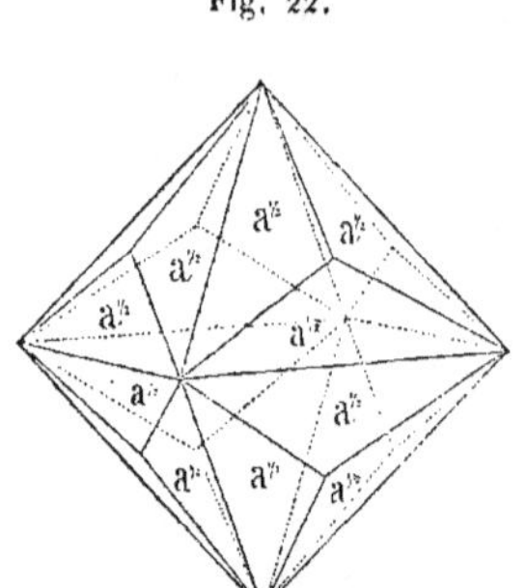

Disposition générale de ce cristal. — Ce genre de solides, fréquent surtout dans le *diamant*, et qu'on retrouve dans *l'or natif*, est composé de :

24 faces triangulaires isocèles,
36 arêtes,
14 angles solides.

Les arêtes sont de deux espèces; douze plus longues correspondent exactement aux arêtes de l'octaèdre, et donnent la forme générale au cristal.

24 plus courtes se coupent dans des points correspondant aux faces de ce solide, et occupent la même position que les arêtes du dodécaèdre.

Les angles sont aussi de deux espèces; six à huit faces sont symétriques et occupent la position des angles de l'octaèdre, huit à trois faces sont réguliers et correspondent aux angles du cube.

Nombre de ces solides. — Le nombre des cristaux de cette espèce que le règne minéral a offerts jusqu'à présent, s'élève à six ; la plupart appartiennent au *diamant ;* ils sont représentés par les équations :

(1)	$a : a : 3/2\ a$.	(4)	$a : a\ .\ 2\ a$.
(2)	$a : a : 5/4\ a$.	(5)	$a : a : 3\ a$.
(3)	$a : a : 7/4\ a$.	(6)	$a : a : 4\ a$.

Parmi ces cristaux, ceux qui portent les n°s 1, 4 et 5, sont les plus fréquents : ils se présentent toujours en combinaison avec d'autres formes, excepté toutefois dans le diamant ; mais dans cette substance les faces sont ordinairement si arrondies, qu'il est impossible d'avoir des mesures exactes des angles que font les faces les unes sur les autres.

Valeur des angles des espèces les plus fréquentes. — Les inclinaisons des faces sont, pour celles qui se coupent suivant les arêtes de l'octaèdre :

Pour les autres :

(1) 129° 3'.   162° 39'.
(4) 141° 3'.   152° 44'.
(5) 153° 28'.   142° 8'.

Modifications sur les angles des solides à 48 faces.

Polyèdre à six fois huit faces, Weiss. —*Hexakisoctaèdre,* Rose et Naumann.—*Grana-loïde pyramidale,* Weiss. — *Tétrakontaoctaèdre,* Mohs. — *Polyèdre trigonal,* Hausmann. — *Polyèdre à quarante-huit faces.* Bernhardi.

b. **Placés irrégulièrement.**—Une dernière manière d'engendrer des solides sur le cube, consiste à supposer des faces s'appliquant sur les angles sans être soumises à aucune loi. Soit, *fig.* 23, le cube générateur ; menons une ligne *p q* sur sa base et supposons que le plan modifiant coupe l'axe vertical *yy'* à une distance *c y = a.* Les lois de symétrie exigent qu'on construise un plan en retour placé sur l'arête A *q* du cube, exactement de la même manière que le plan *pqc* l'est sur l'arête A *p*. Soit *p'q'c*, ce second plan. Il naîtra

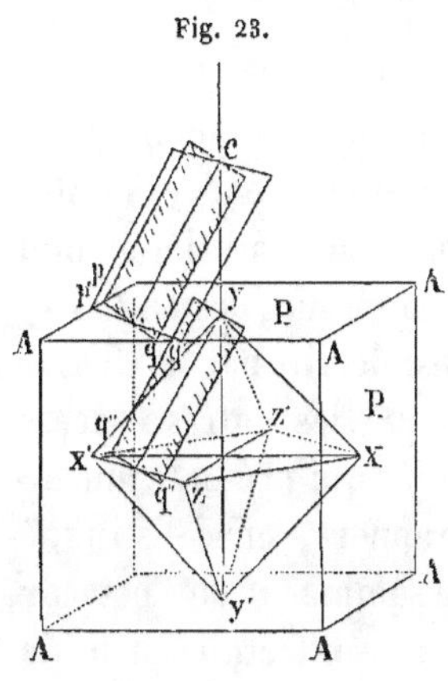

Fig. 23.

donc deux facettes sur chaque face du cube, par conséquent chaque angle de ce solide sera remplacé par un pointement sextuple , et le polyèdre obtenu par ce système aura 48 faces ; la ligne *p q* ayant été menée sans aucune condition, le nombre de solides à 48 faces que l'on peut engendrer est infini ; mais dans ce cas, comme pour les *hexatétraèdres* et les *trapézoèdres*, la nature a posé des limites fort restreintes, elle ne marche que par des lois simples, et le nombre de solides à 48 faces jusqu'à présent connus, s'élève seulement à huit ou dix ; la difficulté de mesurer ces cristaux, dont les faces sont souvent très-petites, et peu nettes, apporte une certaine variation dans le nombre de ces solides décrits par les différents auteurs.

Chaque face étant supposée passer par le point c, elle coupe l'axe vertical à la distance a, et les deux axes horizontaux à des distances ma, et na; la formule générale de ces solides est donc $a : ma : na$.

Solides à quarante-huit faces de la minéralogie. — Les équations des polyèdres à 48 faces décrits, sont :

D'après M. Rose.	D'après M. Naumann.
$a : 1/2\ a : 1/3\ a.$	$a : 15/7\ a : 15/11\ a.$
$a : 1/3\ a : 1/4\ a.$	$a : 1/3\ a : 1/6\ a.$
$a : 1/2\ a : 1/4\ a.$	$a : 11/3\ a : 11/5\ a.$
$a : 1/3\ a : 1/7\ a.$	$a : 1/2\ a : 1/4\ a.$
$a : 3/5\ a : 3/11\ a.$	$a : 1/3\ a : 1/5\ a.$
	$a : 1/3\ a : 1/7\ a.$

Parmi les polyèdres indiqués par ces deux minéralogistes, deux seuls sont identiques; les autres présentent des différences plus ou moins légères, ce qui tient, ainsi que nous venons de le dire, à l'incertitude de la mesure des angles.

Les trois premiers solides à 48 faces, décrits par M. Gustave Rose, sont beaucoup plus fréquents que les autres espèces. Nous reviendrons bientôt sur le premier qui présente une symétrie particulière, et doit, sous ce rapport, être distingué.

Si dans la *fig.* 23 on mène par le sommet y de l'octaèdre un plan parallèle à la facette pqc, il rencontrera le plan diagonal horizontal de l'octaèdre, suivant une ligne $p''q''$ parallèle à pq, laquelle coupera les deux axes horizontaux de l'octaèdre précisément dans les mêmes rapports que pq les coupe elle-même. De plus, la loi de symétrie exigeant qu'on place une seconde facette en retour, il naîtra donc un pointement sextuple sur chaque face de l'octaèdre.

Ainsi les solides à 48 faces ont une double génération. On les obtient : 1° par un pointement à six faces sur chaque angle du cube *fig.* 24 ; 2° par un pointement également sextuple sur chaque face de l'octaèdre, *fig.* 25.

On peut également les considérer comme le résultat de pointements à 8 faces placés sur chaque angle de l'octaèdre.

Suivant l'extension des faces de ces solides et la valeur de leurs angles, ils se rapprochent du cube, ou ils ressemblent à un octaèdre pour ainsi dire arrondi. M. Rose donne le nom d'*hexakisoctaèdre* aux polyèdres analogues à la *fig.* 24, et celui de *octakishexaèdre* à ceux qui affectent la forme de la *fig.* 25.

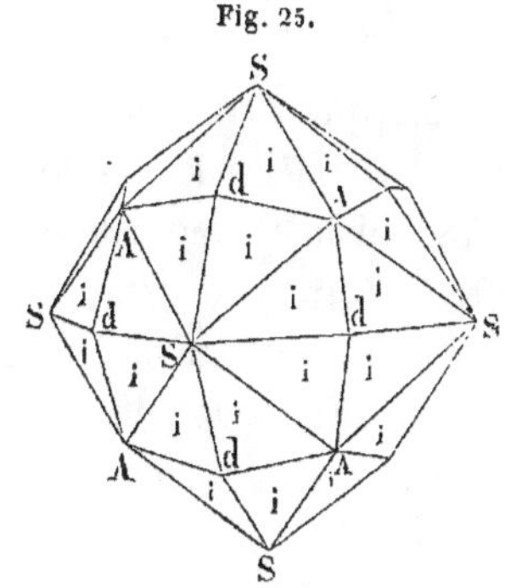

Les solides à quarante-huit faces se composent de :

    48 triangles scalènes ;
    72 arêtes ;
    26 angles solides.

Les arêtes sont de trois espèces : vingt-quatre arêtes Sd prises deux à deux joignent les axes ; vingt-quatre SA qui joignent deux à deux les angles du cube ; enfin les vingt-quatre dernières joignent les angles de l'octaèdre à ceux du cube.

Les angles solides sont également de trois espèces : six angles S qui sont à huit faces symétriques, occupent la position des angles de l'octaèdre ; huit angles A à six faces symétriques occupent celle des angles du cube ; enfin les douze angles d quadruples et symétriques correspondent aux milieux des faces du dodécaèdre.

D'après M. Gustave Rose, les inclinaisons des faces pour les cinq hexakisoctaèdres qu'il a décrits, sont ·

Pour les faces qui se coupent sur les arêtes :

	$Sd.$	$Ad.$	AS.
$a : 1/2\,a : 1/3\,a.$	149° 0'.	158° 13'.	158° 13'
$a : 1/3\,a : 1/4\,a.$	157° 23'.	164° 3'.	147° 48
$a : 1/2\,a : 1/4\,a.$	154° 47'.	144° 3'.	162° 15'.
$a : 1/3\,a : 1/7\,a.$	165° 2'.	136° 47'.	158° 47'.
$a : 3/5\,a : 3/11\,a.$	152° 17'.	140° 9'.	166° 57'.

On remarquera que dans le premier de ces polyèdres à quarante-huit faces, les angles qui correspondent aux arêtes Ad et AS ont la même valeur, et que ces arêtes sont égales. Par suite de cette circonstance, les angles sextuples qui correspondent à ceux du cube sont réguliers, et les arêtes S A ont exactement la même position que les arêtes du dodécaèdre.

Fig. 26.

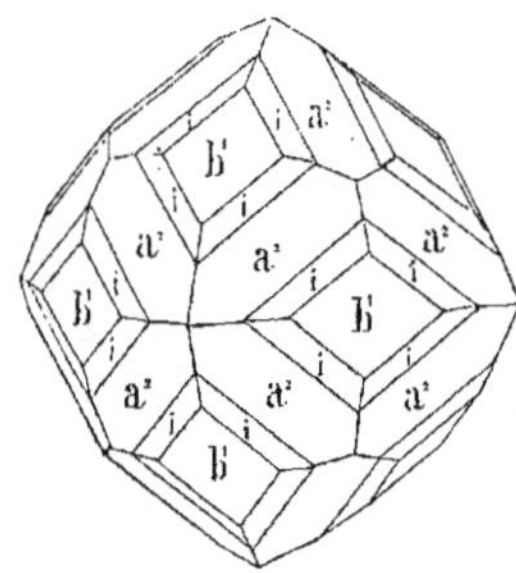

Il résulte de la régularité particulière de ce solide, qu'il peut s'engendrer par une troncature tangente sur les 48 arêtes du trapézoèdre. La *fig.* 26, qui appartient au *grenat*, montre cette double génération.

Elle fait voir aussi qu'on peut supposer les solides à 48 faces comme produits par un pointement quadruple placé sur chaque face du dodécaèdre régulier. Cette manière de les engendrer a conduit M. Gustave Rose à donner le nom de *tétrakisdodécaèdre* aux cristaux qui offrent cette disposition.

Le solide à 48 faces n'étant jamais simple, Haüy ne lui avait pas appliqué une dénomination particulière. La *fig.* précédente, qui représente le grenat d'Arendal en Norwège, affecte la forme générale d'un dodécaèdre portant une troncature triple sur chaque arête ; elle est désignée par Haüy sous le nom de *triémarginé.*

Les suppositions que nous avons faites, qui s'élèvent à six, embrassent tous les genres de modifications que l'on peut concevoir sur le cube, ainsi que sur les différents solides réguliers. Il en résulte que ce premier type, qui est de beaucoup le plus compliqué, donne naissance à six genres de polyèdres, dont plusieurs n'en présentent qu'une seule variété, laquelle alors est un solide régulier. Savoir :

$$
\begin{aligned}
&\text{1° Le cube.} &&\ldots\ldots\ldots\ldots && a : \infty\, a : \infty\, a. \\
&\text{2° L'octaèdre.} &&\ldots\ldots\ldots && a : a\ : a. \\
&\text{3° Le dodécaèdre rhomboïdal.} && && a : a : \infty\, a. \\
&\text{4° Les hexatétraèdres.} &&\ldots\ldots && a : ma : \infty\, a. \\
&\text{5° Les trapézoèdres.} &&\ldots\ldots && a : a : {}^{1}/ma. \\
&\text{\ \ \ Les octotriaèdres }[1] &&\ldots\ldots && a : a : ma. \\
&\text{6° Les octohexaèdres (solides à} && && \\
&\text{\ \ \ quarante-huit faces).} &&\ldots && a : {}^{1}/ma : {}^{1}/na.
\end{aligned}
$$

DES CRISTAUX HÉMIÈDRES.

Plusieurs des polyèdres précédents se trouvent quelquefois dans la nature seulement avec la moitié de leurs faces ; ils donnent alors naissance à des solides complétement différents, par leurs formes, des cristaux entiers qui sont le résultat de la même modification du cube.

Au premier abord, on a quelque difficulté à en reconnaître la génération. Haüy paraît l'avoir ignorée ; c'est à M. Weiss que la minéralogie doit leur véritable détermination : le savant professeur de Berlin leur a donné le nom de cristaux *hémièdres*, qui signifie demi-cristaux, et il désigne, par opposition, par le mot d'*homoèdre*, les cristaux complets.

Ces cristaux échappent pour ainsi dire à la loi fondamentale de la symétrie, puisqu'on ne peut les concevoir qu'en supposant la suppression de la moitié des modifications. Il semblerait qu'une force, dont nous ne connaissons pas la nature, les a empêchés de se développer.

---

[1] Les trapézoèdres et les octotriaèdres sont le résultat des modifications sur les angles du cube : ils appartiennent par conséquent au même groupe de polyèdres ; mais la distance à laquelle ils viennent couper l'axe, au-dessous et au-dessus des sommets de l'octaèdre, donne à ces solides des aspects si différents, qu'il est nécessaire d'adopter, ainsi que l'ont fait la plupart des cristallographes allemands, des noms particuliers pour les solides qui en résultent.

Le cube ne possède pas de cristaux hémièdres.—Le cube ne donne pas lieu à des cristaux hémièdres, et il ne pourrait le faire, puisqu'un solide est toujours terminé par au moins quatre plans.

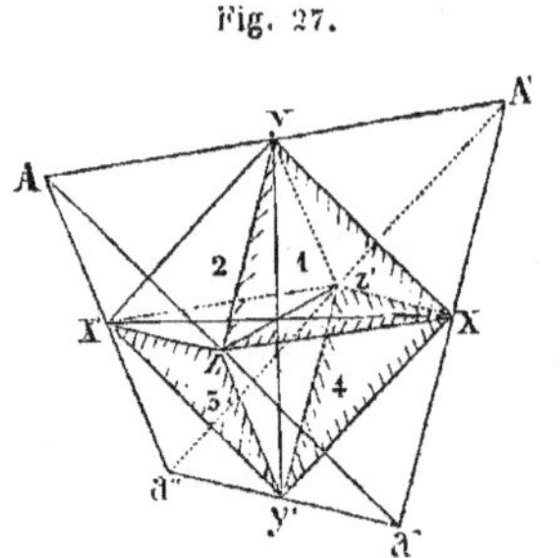

Fig. 27.

Hémiédrie de l'octaèdre. — L'octaèdre est au contraire fréquemment à l'état hémiédrique. Les faces manquent de deux en deux : soit, *fig.* 27, un octaèdre, placé de manière qu'un de ses axes $y\,y'$ soit vertical, et supposons qu'on prolonge jusqu'à leur rencontre les quatre faces marquées 1, 2, 3 et 4, de manière à faire disparaître les quatre autres faces de l'octaèdre.

Les deux faces 1 et 2 doivent se couper suivant une ligne horizontale, puisqu'elles sont placées d'une manière symétrique par rapport à l'axe. Leur intersection AA′ sera donc parallèle à la ligne ZX, l'une des arêtes de la base de l'octaèdre; mais ce solide étant régulier, on peut prendre successivement pour sommet chaque angle de l'octaèdre; il en résulte que si l'on mène de chacun de ses angles des lignes AA′, Aa', Aa'', A′a' et $a'a''$, parallèles aux arêtes de l'octaèdre qui appartiennent aux faces que l'on considère, on aura construit les intersections deux à deux des quatre faces prolongées de l'octaèdre.

Tétraèdre régulier.— Le solide qui résulte de cette construction est un tétraèdre, ce sera de plus un tétraèdre régulier. En effet, considérons d'abord le triangle AA′a' : les côtés en sont par construction parallèles aux arêtes YX, ZX et YZ; il est donc semblable au triangle YZX, qui est équilatéral; le grand triangle est par suite également équilatéral, et par conséquent la surface du nouveau solide est composée de quatre triangles équilatéraux égaux entre eux, conditions qui constituent le *tétraèdre régulier.*

Il existe deux *tétraèdres* différents disposés d'une manière symétrique et placés à angle droit l'un par rapport à l'autre.

Cette perpendicularité des deux tétraèdres tient à la perpendicularité des trois axes du système cristallin régulier. L'identité des deux formes hémiédriques nous apprend que les cristaux susceptibles de donner des demi-cristaux doivent pouvoir se réduire à deux formes hémiédriques symétriques ; il en résulte donc que le cube et le dodécaèdre, qui ne satisfont pas à cette condition, ne peuvent donner lieu à des cristaux hémièdres.

Les deux tétraèdres sont identiques, et l'on ne saurait les reconnaître quand ils se présentent isolément ; mais dans les formes composées, il est quelquefois utile de les distinguer ; on le peut toujours par la disposition des arêtes.

Fig. 28.

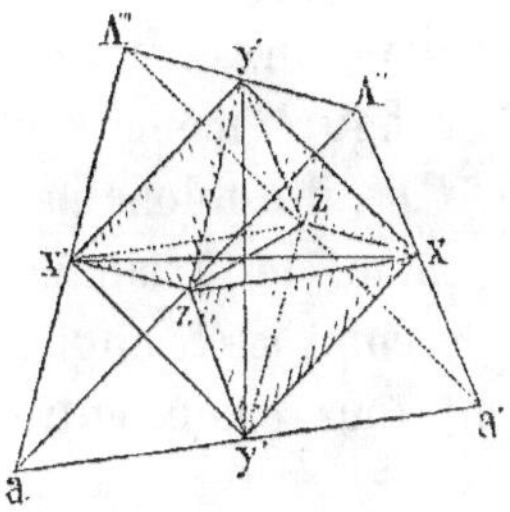

Cette circonstance a engagé M. Gustave Rose à désigner sous le nom de *tétraèdre de droite*, le tétraèdre représenté par la *fig*. 27, et par *tétraèdre de gauche* celui *fig*. 28.

Le *cuivre gris* et la *blende* nous offrent des exemples d'un tétraèdre portant des troncatures parallèlement au second tétraèdre ; les faces de troncatures sont ordinairement beaucoup moins larges, et leur éclat est presque toujours différent.

L'expression des faces du tétraèdre est :

$$a : a : a,$$

qui caractérise l'octaèdre ; les *fig*. 27 et 28 montrent que l'angle des deux faces adjacentes du tétraèdre est le même que celui des deux faces opposées de l'octaèdre ; il est dès lors égal à 70° 32′.

Les mêmes *fig*. apprennent en outre que les arêtes de l'octaèdre divisent en deux parties égales les arêtes du tétraèdre, disposition qui décèle immédiatement la dérivation de ces deux solides l'un sur l'autre.

Nous avons vu que l'on peut à volonté faire dériver les différents polyèdres qui constituent le système régulier sur le cube et sur l'octaèdre ; on pourrait prendre pour point de départ également le tétraèdre.

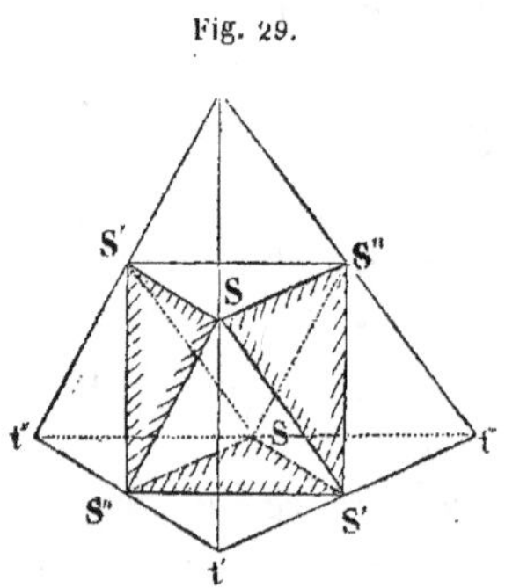

Fig. 29.

La *fig.* 29 montre la dérivation de l'octaèdre ; elle consiste à mener par le milieu des arêtes du tétraèdre des plans parallèles à ses faces opposées; on ajoute ainsi quatre nouvelles faces aux quatre faces déjà existantes, et on construit un octaèdre. Pour prouver qu'il est régulier, il suffit de montrer que les faces sont des triangles équilatéraux égaux entre eux ; ce qui résulte de l'examen de la figure même. En effet, le triangle $SS'S''$ est semblable à $t't''t'''$, il est donc par cela même équilatéral ; il en est de même des triangles $ss's''$, $ss's''$ situés au-dessous de la figure ; enfin les triangles ayant chacun un côté commun, ils sont tous égaux entre eux.

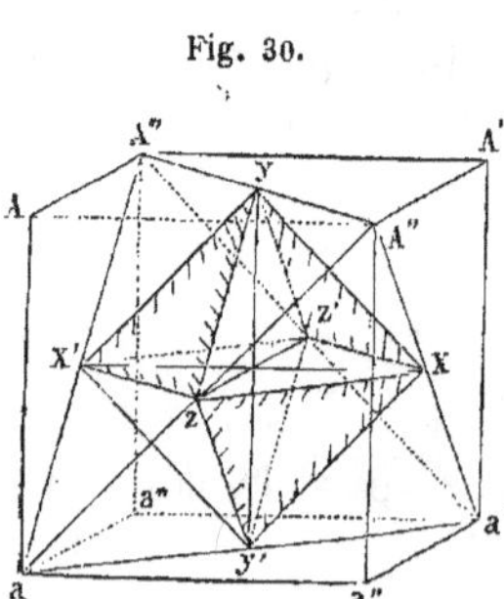

Fig. 30.

La dérivation du cube sur le tétraèdre aurait lieu par des plans tangents sur chacune de ses arêtes. Ce solide ayant six arêtes, il naîtra six faces qui seront parallèles deux à deux, et dont chacune sera perpendiculaire sur les deux autres, ce qui constitue le cube. La *fig.* 30 indique cette génération ; on y a réuni à la fois le cube, l'octaèdre et le tétraèdre, afin de faire voir la position relative de ces trois cristaux.

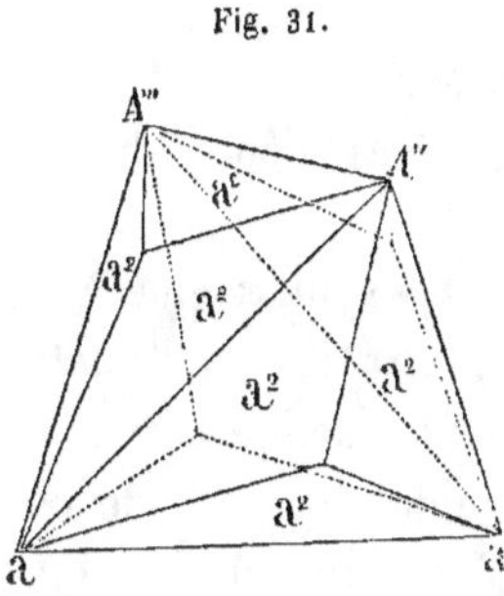

Fig. 31.

Du tétraèdre pyramidal. — Le cuivre gris, dont la forme la plus habituelle est le tétraèdre, se présente assez fréquemment sous celle d'un tétraèdre portant une pyramide triangulaire sur chaque face. La figure possède alors 12 faces, ce qui l'a fait désigner par Haüy sous le nom de cuivre gris dodécaèdre.

Ce nom, qui indique seulement le nombre des faces du solide, pourrait induire en erreur, parce qu'il existe dans le système régulier, et même dans le cuivre gris, des modifications qui conduisent au dodécaèdre régulier. Je préfère par conséquent adopter pour ce cristal le nom de *tétraèdre pyramidal*, proposé par M. Gustave Rose, et qui donne une idée exacte de la forme de ce cristal représenté *fig. 31*.

On connaît deux espèces de tétraèdres pyramidaux.

Les inclinaisons de leurs faces sont : pour le premier,

$$109° \, 28', \text{ et } 146° \, 27';$$

Et pour le second ,

$$129° \, 31', \; 129° \, 31'.$$

Ces angles sont les mêmes que ceux des deux trapézoèdres les plus fréquents dans la minéralogie, dont les lois de dérivation sont indiquées par les expressions :

$$a : a : 1/2 \, a, \text{ et } a : a : 1/3 \, a. \quad \text{(Page 44.)}$$

Il résulte de cette comparaison, que ces deux solides doivent être considérés comme produits par des modifications triples placées sur les angles du cube, de deux en deux, de manière que leur intersection soit parallèle aux diagonales des faces de ce solide.

Cette dérivation est la même que celle des trapézoèdres (page 42) ; il en résulte que les tétraèdres pyramidaux ne sont en réalité que des demi-trapézoèdres.

Les triangles qui composent ce solide sont isocèles ; les arêtes qui en forment les bases sont les arêtes mêmes du tétraèdre.

Les angles sont de deux espèces : quatre symétriques à six faces occupent la place des angles du tétraèdre, et quatre trièdres correspondent aux faces de ce même solide.

On doit distinguer le tétraèdre pyramidal de droite de celui de gauche. Le *cuivre gris* de Sainte-Marie-aux-Mines, dans les Vosges, les présente réunis ; mais les faces de l'un de ces polyèdres sont plus marquées que celles de l'autre.

Des dodécaèdres pentagonaux. — Un troisième genre de polyèdre se trouve à l'état hémièdre ; c'est le cristal que nous avons désigné sous le nom d'*hexatétraèdre*, dont la forme est celle d'un cube surmonté d'une pyramide quadrangulaire placée sur chacune de ses faces.

Si dans ce solide on supprime douze faces en alternant, de manière que sur chaque arête il n'y ait qu'une modification, comme l'indique la *fig.* 32, sur laquelle on a ombré les douze faces restantes, il en résulte un solide composé de douze pentagones symétriques, *fig.* 33, auquel Haüy a donné le nom de *dodécaèdre pentagonal*, et que M. Rose a désigné par celui de *hémitétrakishexaèdre*, qui rappelle sa dérivation.

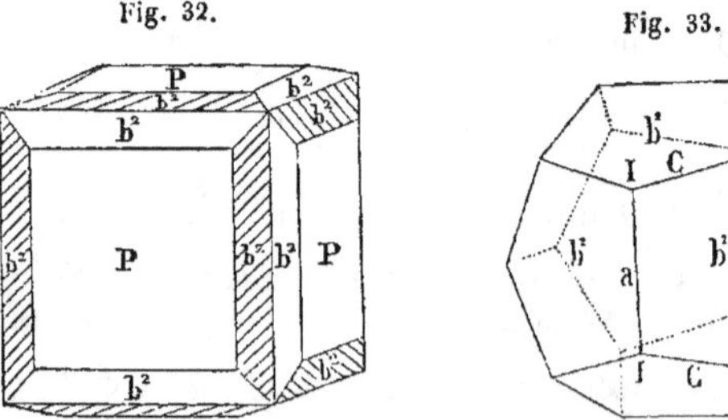

Fig. 32.   Fig. 33.

La minéralogie présente plusieurs dodécaèdres pentago-

naux, mais il n'en existe que deux qui dérivent d'hexatétraèdres connus.

Les dodécaèdres pentagonaux les plus habituels sont représentés par les expressions :

$$2\, a : a : \infty\, a.$$
$$3/2\; a : a : \infty\, a.$$
$$4/3\; a : a : \infty\, a.$$

On les observe dans la *pyrite de fer* et dans le *cobalt gris*.
L'inclinaison des faces de ces trois solides est :

$$126° 52'. . . 113° 35'.$$
$$112° 37'. . . 117° 29'.$$
$$106° 16'. . . 118° 41'.$$

Les deux premières espèces se retrouvent à l'état d'hexatétraèdre, notamment dans la *chaux fluatée*. Le premier de
ces dodécaèdres pentagonaux a été appelé *pyritoèdre* par plusieurs auteurs, parce que c'est principalement la *pyrite de fer*
qui présente cette forme ; il est le seul du genre de cristaux
hémièdres dont nous parlons en ce moment, qui se trouve
isolé et complet. Tous les autres sont subordonnés à des combinaisons de cristaux plus ou moins compliquées.

On doit encore distinguer le dodécaèdre pentagonal de
droite de celui de gauche.

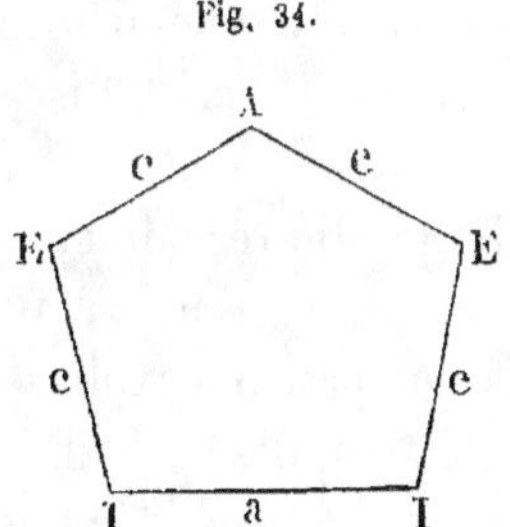
Fig. 34.

Les pentagones qui forment ce
solide sont symétriques. Ils ont
deux espèces d'arêtes : une arête
unique *a*, *fig.* 34, peut être considérée comme la base de ces polygo-
nes ; les quatre autres arêtes *c* sont
égales.

Leurs angles sont de trois espèces : l'angle A opposé à la
base est unique ; les quatre autres sont égaux, de deux en
deux.

Le dodécaèdre pentagonal comprend 30 arêtes, qui sont de
deux espèces : six arêtes *a* appartiennent aux bases des pen-

tagones et correspondent par leur position aux faces du cube ; vingt-quatre arêtes *c*, mais différemment placées de deux en deux.

Les angles solides sont également de deux espèces : douze irréguliers à trois faces A, dans lesquels une face présente son angle unique, et huit angles réguliers E, qui occupent la position des angles du cube.

Les faces opposées sont parallèles deux à deux.

Remarques sur les cristaux hémièdres. — L'existence des cristaux hémièdres est une anomalie aux lois de symétrie qui veulent que toutes les parties semblables d'un cristal soient modifiées de la même manière. Les minéralogistes se sont beaucoup occupés de cette question. Haüy a montré que dans presque tous les cas, à l'exception du système régulier, les cristaux qui échappent aux lois de la cristallisation présentent des propriétés physiques particulières, telles que l'électricité polaire, qui font concevoir qu'une force particulière a pour ainsi dire paralysé un certain nombre de faces. Cette observation remarquable, sans être une explication, fait comprendre cette anomalie. En effet, puisqu'en changeant le milieu dans lequel on fait cristalliser un sel, on change la forme secondaire sous laquelle il se dépose, et que toute modification à l'état physique de la dissolution opère un changement analogue, il est naturel de penser que l'hémiédrie doit être le résultat d'une force opposée à la cristallisation.

M. Delafosse, dans un mémoire qu'il a publié récemment, a remarqué avec raison que l'observation de Haüy était une concordance de circonstances, mais non pas une explication. Il pense que la dissymétrie que l'on suppose n'existe pas, mais que l'erreur tient à ce qu'on a une fausse idée des parties semblables ; Haüy et tous les minéralogistes supposent que des angles solides sont semblables quand leurs angles plans sont tous égaux et qu'ils sont placés à une égale distance de l'axe ; la similitude dont on parle n'est donc qu'une similitude géométrique ; mais il faut aussi que les circonstances physiques soient semblables, sans cela cette similitude n'est qu'apparente. Les parties semblables ainsi définies, M. Delafosse croit qu'il n'existe plus de dissymétrie, et que la considération des cristaux hémièdres est inutile. Pour ne parler que du cube, le seul type que nous ayons encore examiné, M. Delafosse dit qu'on peut dans certains cas, dans la *pyrite de fer,* par exemple, qui présente des cristaux hémiédriques de la forme ci-jointe *fig.* 35, considérer le cube comme la limite du prisme droit rectangulaire. Le cube serait dans ce cas composé de molécules intégrantes prismatiques, placées comme la *fig.* 36 l'indi-

Fig. 35.

Fig. 36.

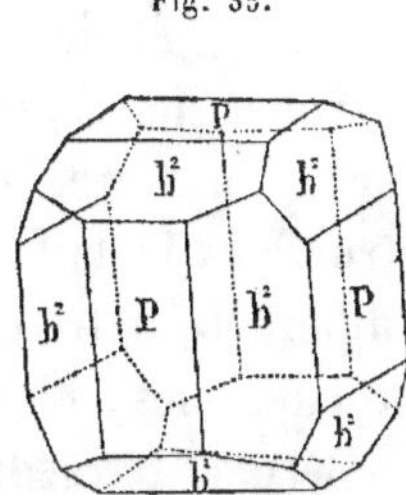

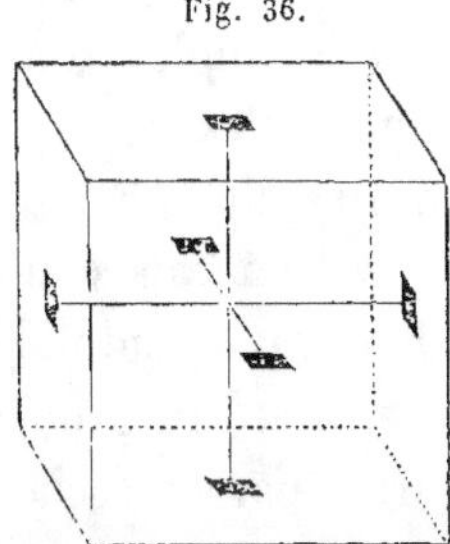

que. Alors les arêtes du cube, quoique égales, quoique semblablement disposées, ne seraient pas identiques sous le rapport physique, et la symétrie ne serait plus violée par le manque de douze des vingt-quatre faces de l'héxatétraèdre, car chaque arête étant différente, il n'y aurait plus la nécessité d'une face en retour.

Fig. 37.

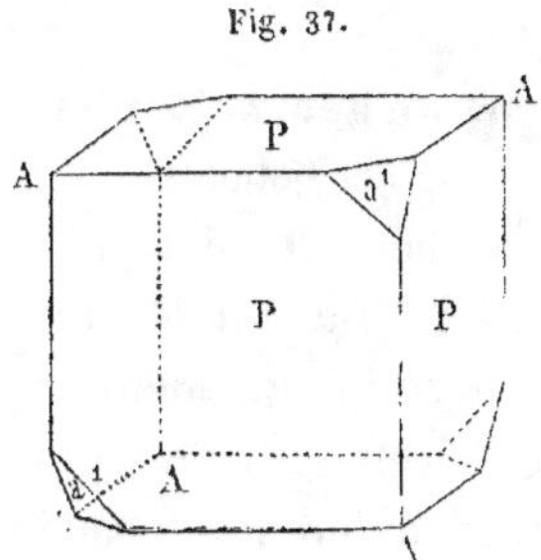

Dans quelques substances minérales, et principalement dans la *boracite,* la dissymétrie a lieu par la suppression de la moitié des faces sur les angles. Le cube (*fig.* 37) ne porte de troncatures que sur quatre angles en alternant ; dans les cristaux plus compliqués de cette substance , la même disposition a lieu. M. Delafosse remarque que si, au lieu de supposer le cube composé de molécules intégrantes cubiques, on le regarde comme formé de la réunion de molécules tétraèdres, l'identité géométrique des angles opposés existe toujours, mais que l'identité physique ne se retrouve pas dans tous les angles ; quatre sont formés de pointes de tétraèdres, tandis que les quatre autres le sont par des bases de ce même solide ; ils sont par conséquent dans une position inverse.

Cette différence physique explique la différence de cristallisation, et, suivant M. Delafosse, il n'y aurait plus la dissymétrie que nous avons signalée, puisque dans le cube de la *boracite* quatre angles sont d'une espèce, et les quatre autres d'une autre espèce. Cette explication ingénieuse fait disparaître l'anomalie, ou pour mieux dire, elle en donne une raison ; mais elle ne détruit pas le fait en lui-même. Si le clivage peut indiquer la différence entre un cube qui est le résultat du groupement de molécules cubiques et un cube formé par l'association de molécules tétraédriques, il n'en est pas de même du cube qui serait produit par la juxtaposition de molécules prismatiques. De plus, cette hypothèse, en donnant une explication du phénomène physique, ne peut nullement indiquer la génération des solides hémiédriques ; nous croyons donc utile de conserver en minéralogie le principe que Weiss y a introduit, lequel rattache d'une manière très-simple les cristaux dissymétriques aux lois générales qui président à la dérivation des formes secondaires sur les formes primitives.

Cristaux résultant de la réunion de plusieurs formes. — On trouve fréquemment les cubes ou les octaèdres en cristaux simples ; mais souvent aussi le même cristal présente une double forme, ou, autrement dit, on voit le cube portant des troncatures de l'octaèdre, et réciproquement ce dernier cristal porte sur ses angles des facettes carrées qui appartiennent au cube. En outre, parmi les différentes formes que nous avons décrites précédemment, plusieurs sont rarement complètes ; on n'en connaît pour ainsi dire que les rudiments ; elles se montrent à l'état de troncatures, placées soit sur les angles, soit sur les arêtes du cube ou de l'octaèdre ; c'est donc en consultant le nombre de ces facettes, qui existent sur un des éléments de la forme dominante, qu'on parvient à déterminer la modification à laquelle elles appartiennent ; ces combinaisons de formes ont reçu de Haüy des noms particuliers, circonstance qui apporte quelque difficulté dans leur étude, en empêchant de voir de suite la véritable nature de ces cristaux, formés de la réunion de plusieurs autres. En adoptant au contraire l'expression de forme dominante introduite dans la minéralogie par M. Brochant, on se rend immédiatement compte des différentes combinaisons que la nature nous offre.

Lorsque la forme générale est celle d'un cube, quelles que soient les facettes qui en modifient les arêtes, nous la désignerons sous le nom de cube, en ajoutant l'indication des facettes.

Un cube tronqué sur les angles par les faces de l'octaèdre est le *cubo-octaèdre*.

La *fig.* 10 (page 38), représentant le cube tronqué sur ses arêtes, est le *cubo-dodécaèdre*.

Fig. 38.

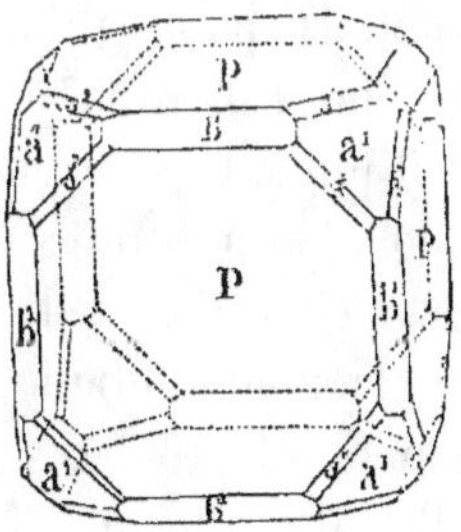

Quand la forme est plus compliquée, et qu'il est difficile de faire un mot double, on exprime ces formes complétement. La *fig.* 38, qui représente un cristal de *chaux fluatée*, est un cube portant sur ses angles un pointement quadruple, composé d'une face a^1 qui appartient à l'octaèdre, et de 3 faces a^2 appartenant à un *trapézoèdre* ; il présente en outre sur ses arêtes les faces b^1 du dodécaèdre ; ce cristal réunit donc quatre formes, mais le cube est dominant et lui donne son aspect général.

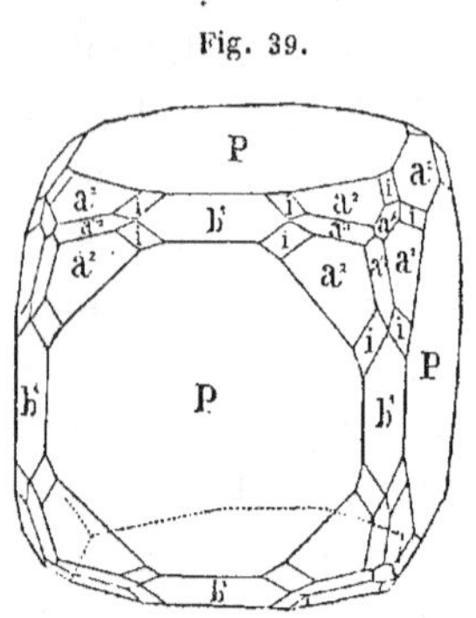

Fig. 39.

La *fig.* 39, quoique beaucoup plus chargée de facettes que la précédente, présente encore la forme générale du cube; elle contient, comme la précédente, les faces a^1 de l'octaèdre; b^1 du dodécaèdre; a^2 d'un trapézoèdre; a ½ d'un second trapézoèdre, et i d'un solide à 48 faces.

Lorsque le cube ne porte qu'un pointement de trapézoèdre, il est désigné par l'expression de *cube triépointé;* on se sert aussi du mot *émarginé* pour indiquer des troncatures sur les arêtes. On dit *dodécaèdre émarginé* ou *triémarginé;* dans le premier cas, la forme générale du cristal est un dodécaèdre rhomboïdal portant les traces du trapézoèdre; dans le second, le dodécaèdre présente à la fois sur ses arêtes les facettes du trapézoèdre, et des facettes appartenant à un solide à 48 faces.

L'examen de la figure conduira toujours à la connaissance de la forme; le seul soin est de se bien rendre compte de la disposition générale.

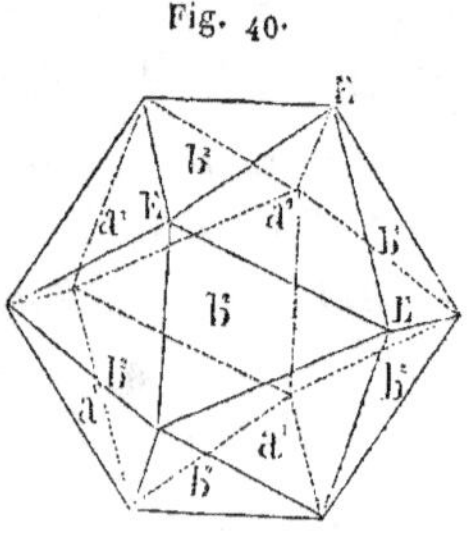

Fig. 40.

Il est cependant une forme sur laquelle il est nécessaire d'entrer dans quelques détails, parce qu'on n'en voit pas au premier abord la génération, et que de plus elle porte généralement un nom qui pourrait induire en erreur : c'est l'icosaèdre *fig.* 40. Comme son nom l'indique, ce cristal est composé de 20 faces; mais ces faces ne sont pas toutes égales, d'où il résulte que ce n'est point l'icosaèdre régulier de la géométrie. Il est le résultat de la réunion de deux formes connues, savoir : de douze faces appartenant au dodécaèdre pentagonal, et de huit faces de l'octaèdre. Pour rendre cette disposition évidente, nous remar-

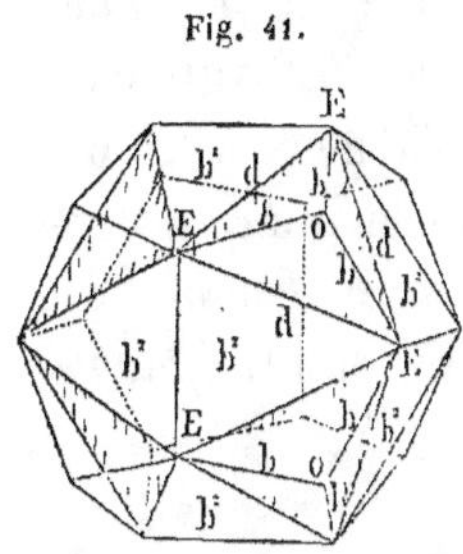

Fig. 41.

querons que le dodécaèdre pentagonal (*fig.* 41) se compose de 20 angles solides, douze E irréguliers et huit O réguliers, c'est-à-dire composés de trois angles plans égaux. Les trois arêtes *b* qui s'y réunissent sont en outre égales. Il en résulte que si l'on fait passer un plan par les trois angles E, il coupera les faces du dodécaèdre pentagonal suivant des lignes égales EE, puisqu'elles formeront toutes la base de triangles isocèles égaux EOE. Ce plan enlèvera donc une pyramide triangulaire, et donnera naissance à sa place à une face qui sera un triangle équilatéral. Si on fait la même opération sur chaque angle O, on ajoutera huit faces au solide, et comme il en contenait déjà douze, le cristal nouveau en contiendra vingt, savoir : douze anciennes appartenant au dodécaèdre pentagonal, et huit nouvelles représentant l'octaèdre régulier.

Les huit nouvelles faces sont, comme nous venons de l'indiquer, des triangles équilatéraux égaux entre eux ; les 12 anciennes sont des triangles isocèles, formés de deux arêtes *c*, communes avec les faces de l'octaèdre, et d'une arête *a* appartenant au dodécaèdre pentagonal, arête qui est précisément celle unique de son genre dans chaque pentagone du cristal primitif.

Les différentes formes hémiédriques se combinent entre elles et donnent lieu à des cristaux analogues à ceux que nous venons d'indiquer ; le *cuivre gris* en présente de nombreux exemples. Une remarque intéressante et dont on ne voit pas la raison, c'est qu'on ne connaît pas de combinaisons d'une forme hémiédrique à faces parallèles avec une forme hémiédrique à faces inclinées. Les deux genres de cristaux hémièdres se combinent avec des formes homoédriques.

Cristaux hémitropes.—Pour compléter l'énumération des différents cristaux du système régulier, nous devons encore mentionner les hémitropies que présente ce système. Une seule existe avec quelque fréquence. On l'observe dans le *spi-*

nelle, le *diamant* et le *fer oxydulé*. C'est la forme désignée par Haüy sous le nom d'*octaèdre transposé*. Elle consiste dans l'association de deux octaèdres adhérents par deux faces opposées de la pyramide, qui se présentent de manière à donner un angle rentrant (*fig.* 43). Pour mieux faire comprendre cette disposition, Haüy suppose que l'octaèdre primitif (*fig.* 42)

Fig. 42.   Fig. 43.

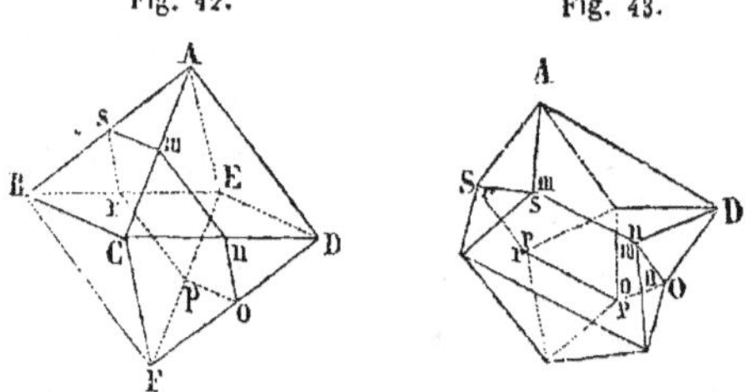

a été coupé en deux parties égales par le plan *m n o p r s* mené parallèlement à une face AED de l'octaèdre, il fait ensuite tourner la moitié du cristal d'un sixième de circonférence, de manière que *m* de la partie supérieure se confonde avec *n* de la partie inférieure. La coupe est un hexagone régulier ; les côtés sont donc égaux et tous les points *m*, *n*, *r*, *o*, *s*, se recouvrent exactement ; mais il naîtra d'un côté un angle rentrant (*nm*, *on*), et à l'opposé un angle saillant (*ms*, *sr*). Il existe ainsi trois angles rentrants et trois angles saillants.

Formes dominantes les plus fréquentes. — Parmi toutes les formes qui dérivent du système régulier, l'octaèdre, le cube, le dodécaèdre rhomboïdal et le trapézoèdre, sont de beaucoup les plus fréquentes ; les trois premières surtout se montrent dans un grand nombre de minéraux. Le tétraèdre, le dodécaèdre pentagonal et l'hexatétraèdre existent également isolés et complets ; mais les substances minérales qui se présentent sous cette forme sont peu variées. Quant aux autres cristaux, ils ne se trouvent ni isolés, ni complets ; ils existent pour ainsi dire en appendice sur le cube ou sur l'octaèdre, dont ils modifient plus ou moins profondément les angles ou les arêtes ; la largeur des facettes qu'ils comprennent n'est jamais assez considérable pour effacer la forme dominante.

DEUXIÈME TYPE CRISTALLIN.

PRISME DROIT A BASE CARRÉE.

Synonymie. Octaèdre à base carrée, Haüy. — Prismatique droit à base carrée, Beudant.
— Quadraoctaèdre, G. Rose. — Bino-singulaxe, Weiss. — Tétragonal, Naumann.

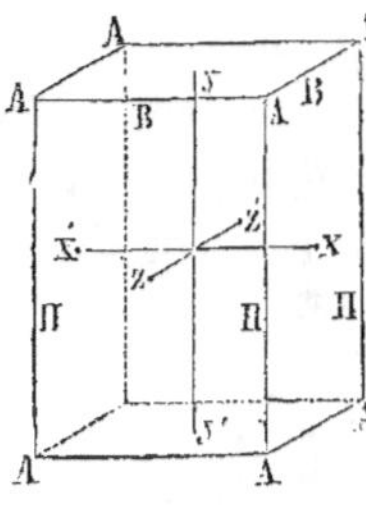

Fig. 44.

Dans le système cubique, les trois axes autour desquels sont disposées les faces, sont à angles droits et égaux entre eux. Supposons encore les axes rectangulaires, mais que l'un d'eux, l'axe vertical, change de longueur, les deux axes horizontaux restant égaux entre eux ; cette condition enlève au cristal une partie de sa régularité, qui devient alors seulement symétrique ; sa coupe horizontale est un carré, tandis que sa coupe verticale est un rectangle. Le solide est donc un prisme droit à base carrée, dont P (*fig. 44*) est la base, M, M, ses faces verticales.

Éléments du prisme à base carrée. — Dans ce prisme, les angles solides sont composés de trois angles plans, droits, et placés à égale distance du centre ; les angles sont donc à la fois égaux et dans une position identique. Nous les indiquerons par la lettre A.

Les arêtes sont au contraire de deux espèces.

Huit horizontales B, égales entre elles, situées à la même distance du centre, jouent dans le cristal toutes le même rôle.

Quatre verticales, différentes des arêtes de la base, sont égales entre elles et sont semblablement placées autour de l'axe vertical. Elles sont donc de même nature ; nous les représenterons par la même lettre H.

Il résulte de cette disposition que le prisme à base carrée, donne lieu à trois genres de modifications,

Soit a, la longueur des axes égaux,

h, celle de l'axe vertical.

Ces longueurs étant indéterminées, il peut exister un nombre indéfini de prismes à base carrée; c'est précisément cette différence dans les dimensions, qui différencie les substances minérales qui cristallisent sous la forme du prisme à base carrée. Plus tard nous ferons connaître le moyen de déterminer les dimensions de ces prismes; pour le moment, nous n'avons à nous occuper que des formes secondaires qui naissent sur cette forme primitive.

Nous remarquerons d'abord, que la base P coupe l'axe vertical à la distance c, et qu'elle est parallèle aux deux axes horizontaux. Quant aux faces verticales, c'est précisément l'inverse qui a lieu; ainsi leurs expressions sont :

$$\text{Pour la base P} \dots\dots \infty\, a : \infty\, a : h.$$
$$\text{Pour les faces M} \dots\dots a : \infty\, a : \infty\, h.$$

Modifications sur les arêtes.

a. **Sur les arêtes de la base.** — La symétrie exige que, si une face naît sur une arête, la même modification se représente sur chacune des arêtes de la base; dans ce cas, le cristal présente la forme d'un prisme carré (*fig.* 45), portant sur chacune de ses bases un pointement à 4 faces.

Si nous supposons que les faces se prolongent, elles se couperont suivant des lignes ee', ff, (*fig.* 46), parallèles aux

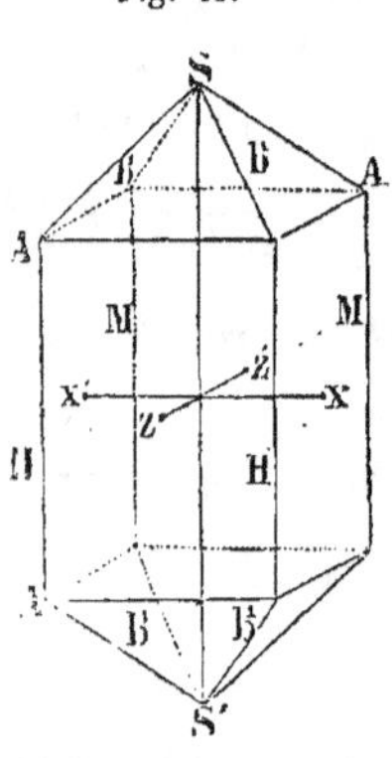

Fig. 45.

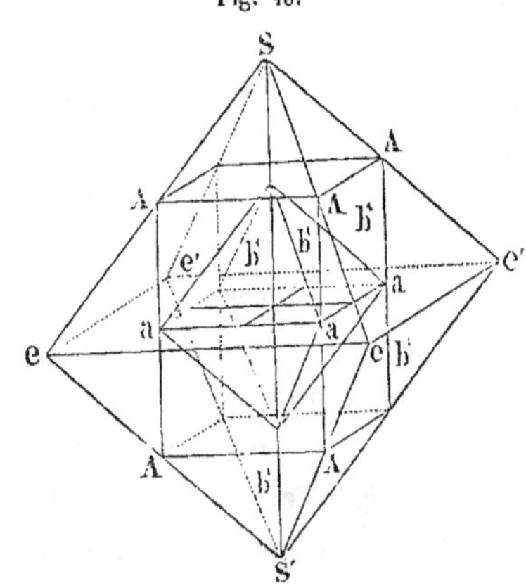

Fig. 46.

arêtes de la base, et, par suite, le solide nouveau dans lequel sera compris le prisme générateur, sera un octaèdre à base carrée.

Octaèdre à base carrée. — Il résulte de la construction même, que toutes les faces de cet octaèdre sont des triangles isocèles égaux; car les côtés S A, étant des lignes également inclinées par rapport à l'axe SS', sont égaux.

Nous remarquerons que nous n'avons soumis les plans qui forment l'octaèdre à base carrée ee', qu'à la seule condition d'être également inclinés à l'axe, condition qui résulte de la loi de symétrie ; on peut donc faire varier l'angle à volonté et produire ainsi un nombre illimité d'octaèdres à base carrée. Mais la nature s'est imposé, comme nous l'avons déjà vu, des limites fort restreintes, en ne produisant que des octaèdres qui se dérivent de la forme primitive par des lois simples. De sorte que si la *fig.* 47 représente une coupe du prisme à base carrée et des octaèdres placés sur ses arêtes, les faces de ces solides bc, $b'c$, $b''c$ viennent couper

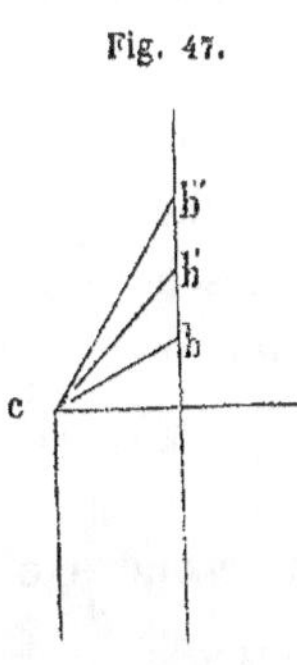

Fig. 47.

l'axe SS' à des distances proportionnelles, et qui s'expriment en général par des nombres simples comme 1, 2 et 3. On choisit l'une de ces longueurs pour la hauteur du prisme, et une fois cette donnée admise, les dimensions du cristal sont déterminées. Dans ce cas, l'octaèdre, au lieu d'être circonscrit, comme on l'a supposé à la *fig.* 45, est au contraire inscrit, ainsi que le représente la *fig.* 46. La hauteur du prisme, et celle de l'octaèdre dérivé qui a servi à déterminer les dimensions du prisme, sont les mêmes. La *fig.* 46 montre, en outre, que l'octaèdre circonscrit et l'octaèdre inscrit sont parallèles l'un à l'autre : le premier est placé sur le prisme en s'appuyant sur l'arête AA ; le second est mené par une arête aa, parallèle à AA', et située sur le milieu de la face du prisme. La modification est donc la même dans ces deux cas.

Dérivation du prisme sur l'octaèdre. — La position du prisme inscrit montre en outre qu'on peut faire dériver le prisme à base carrée, de l'octaèdre à base carrée, par des troncatures verticales placées sur chacune des arêtes de la base, et des troncatures horizontales sur les sommets de l'octaèdre. On aurait alors la disposition représentée *fig.* 48. On peut donc prendre à volonté le prisme à base carrée, ou l'octaèdre à base carrée comme forme primitive. Effectivement, Haüy et plusieurs minéralogistes allemands ont choisi cette dernière forme comme noyau primitif.

Fig. 48.

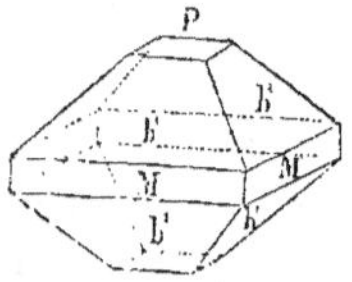

Les différents octaèdres à base carrée, qui naissent sur les arêtes, diffèrent entre eux par l'inclinaison de leurs faces. On les distingue en octaèdres obtus et octaèdres aigus, selon que leur axe vertical est plus petit, ou plus grand que leurs axes horizontaux.

L'octaèdre que représente la *fig.* 46 rencontre un des axes horizontaux à son extrémité ; il est parallèle au second axe horizontal, enfin il aboutit à l'extrémité de l'axe h.

Sa notation sera donc :

$$a : \infty\, a : h.$$

Celle d'un octaèdre quelconque de cette nature serait $a : \infty\, a : mh$, mh représentant la distance à laquelle la face de l'octaèdre vient couper l'axe, le nombre de ces octaèdres est, ainsi que nous l'avons dit, fort restreint.

Nombre des octaèdres placés sur les arêtes. — Ceux que l'on trouve habituellement ont pour notation :

$$
\begin{array}{lll}
\text{Octaèdre principal.} \ldots & a : \infty\, a : h. \\
\text{Octaèdres obtus.} \ldots \left\{
\begin{array}{l}
a : \infty\, a : 1/2\, h. \\
a : \infty\, a : 1/3\, h. \\
a : \infty\, a : 1/4\, h.
\end{array}
\right. \\
\text{Octaèdres aigus.} \ldots \left\{
\begin{array}{l}
a : \infty\, a : 2\, h. \\
a : \infty\, a : 3\, h. \\
a : \infty\, a : 4\, h.
\end{array}
\right.
\end{array}
$$

b. **Modifications sur les arêtes verticales**. — **Deuxième prisme à base carrée**. — Lorsque ces modifications sont tangentes aux arêtes du prisme, elles donnent lieu à un second prisme à base carrée *fig*. 49 ; car, dans ce cas, les traces de ce nouveau prisme sur la base sont parallèles aux diagonales, lesquelles sont égales entre elles et à angle droit.

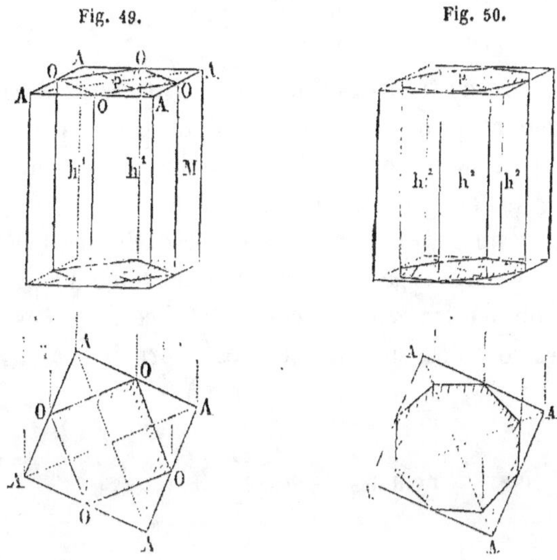

Fig. 49.   Fig. 50.

Les deux prismes sont donc placés l'un sur l'autre, de manière que leurs faces sont perpendiculaires. La notation de ce second prisme est :

$$a : a : \infty \ h.$$

parce que ses faces se coupent aux extrémités *o*, *o* des axes horizontaux, et qu'elles sont parallèles à l'axe vertical. Souvent les deux prismes carrés sont combinés ensemble ; ils donnent alors lieu à un prisme régulier à huit faces.

Prismes à 8 faces.—Lorsque les modifications sur les arêtes ne sont pas tangentes, la symétrie exige qu'il existe une face en retour, de sorte qu'il naît alors un biseau sur chaque arête, et il en résulte un prisme à 8 faces symétriques, *fig.* 50. Le nombre des prismes de cette espèce qui peut naître sur le prisme à base carrée est infini, mais en réalité il est très-faible. La nature nous en offre seulement 3 ou 4. Les prismes à 8 faces les plus communs, dont l'*étain oxydé*, le *zircon* et l'*i-docrase* nous offrent des exemples, ont pour expression :

$$a : 2\,a : \infty\,h.$$
$$a : 3\,a : \infty\,h.$$

Il est rare de trouver les prismes à 8 faces isolés ; ils sont ordinairement associés à l'un des deux prismes à 4 faces, et ils se présentent sous la forme de biseaux étroits, placés sur les arêtes de la forme dominante.

On remarquera que le nombre des faces des prismes appartenant au second type cristallin marche toujours par 4 : les prismes sont à 8 faces, à 12 faces et à 16 faces, etc. Les prismes à 12 faces sont des cristaux composés formés par la réunion d'un prisme à 4 faces et d'un prisme à 8 faces.

Modifications sur les angles.

Ces modifications peuvent avoir deux positions : la première, lorsque leurs traces sont parallèles aux diagonales de la base; la seconde, quand cette symétrie n'existe pas.

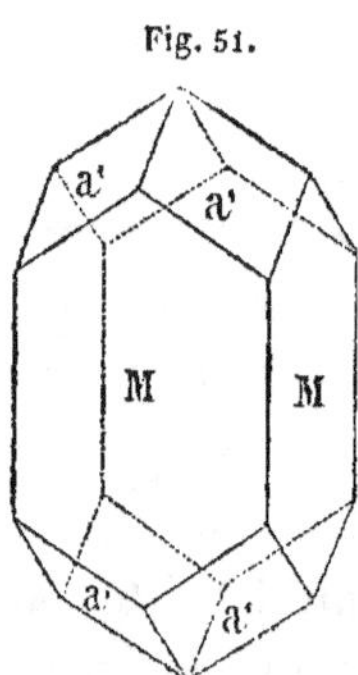

Fig. 51.

Octaèdres à base carrée placés sur les angles. —Dans le premier cas, il naît sur la base du prisme un pointement à quatre faces analogue à celui qui a lieu sur les arêtes. Ce pointement donne également naissance à des octaèdres à base carrée dont les arêtes de la base sont parallèles aux diagonales de la base du prisme ; la réunion de l'un des octaèdres avec le prisme produit un dodécaèdre rhomboïdal symétrique, *fig.* 51, composé de 8 faces appartenant au pointement, et de 4 faces du prisme.

Aucune condition géométrique ne limite le nombre de ce second genre d'octaèdre; mais la minéralogie n'en offre que trois ou quatre, dont deux seulement se trouvent avec fréquence. On les distingue, comme pour les octaèdres placés sur les arêtes, en octaèdres obtus et aigus; les lois de dérivation sont exactement les mêmes. Leurs traces sur le plan de la base étant parallèles aux diagonales, les faces de ces pointements couperont les trois axes; leur expression générale est donc :

$$a : a : mh.$$

Nombre limité des octaèdres. — Les notations des octaèdres que l'on trouve ordinairement sont :

$$\text{Pour les obtus. . .} \begin{cases} a : a : 1/2\ h. \\ a : a : 1/3\ h. \\ a : a : 1/4\ h. \end{cases}$$

$$\text{Pour les aigus. . .} \begin{cases} a : a : 2\ h. \\ a : a : 3\ h. \\ a : a : 4\ h. \end{cases}$$

L'*idocrase* et l'*anatase* offrent des exemples du pointement $a : a : \frac{1}{3}\ h$; l'*idocrase* et le *zircon* en possèdent de celui représenté par la formule $a : a : 3\ h$.

Des dioctaèdres. — Lorsque les modifications ne sont pas disposées parallèlement aux diagonales de la base, il naît sur chaque angle un biseau ; il se forme alors un pointement à huit faces à chaque extrémité du cristal. Si le nouveau solide était complet, si les faces du prisme générateur avaient disparu, il serait composé de seize faces, et il aurait la forme de deux pyramides à huit faces opposées par le sommet, ce qui l'a fait désigner par M. Gustave Rose sous le nom de *dioctaèdre*.

Les faces de ce solide sont des triangles scalènes. Prolongées, elles coupent les trois axes. Leur notation est donc $a : na : mh$. Les valeurs m et n sont toujours dans des rapports simples et rationnels; mais elles sont entières ou fractionnaires, suivant que les solides sont allongés ou raccourcis.

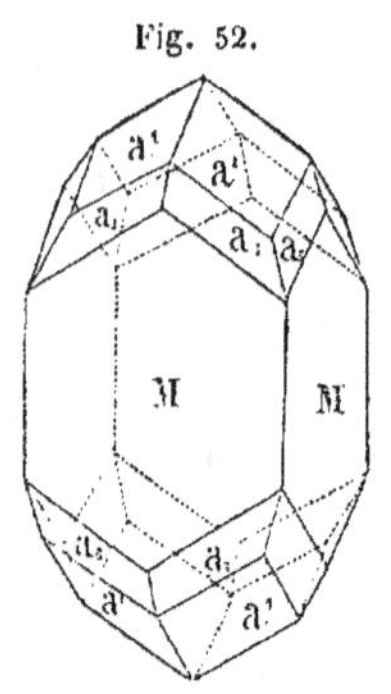

Fig. 52.

Les dioctaèdres n'ont jamais été trouvés en cristaux complets ; ils sont ordinairement, comme la *fig.* 52 l'indique, placés sous forme de troncatures a_5 a_5, disposées en zigzag sur des prismes à quatre faces surmontés d'un pointement sur les angles : le *zircon*, l'*étain oxydé* et l'*idocrase* en offrent des exemples.

Le dioctaèdre le plus fréquent dans le *zircon*, dont la *fig.* 52 donne le dessin, a pour notation :

$$a : 1/3\, a : h.$$

Dans l'*idocrase*, un de ces solides a pour expression :

$$a : 1/3\, a : 1/2\, h.$$

Ses arêtes sont parallèles aux diagonales des faces de la forme primitive.

Cristaux composés.

Les octaèdres à base carrée se présentent souvent seuls. Le *spinelle*, le *zircon*, l'*anatase* et plusieurs autres minéraux en offrent de nombreux exemples. Quelquefois aussi, mais assez rarement, on trouve des cristaux en prismes à base carrée, sans aucune modification ; le plus ordinairement cette forme porte des troncatures soit sur les angles, soit sur les arêtes, et fréquemment sa base est remplacée par un pointement à quatre faces. Pour déterminer ces cristaux, il faut en examiner la symétrie, ce qui est toujours facile en remarquant que le nombre des facettes de chaque modification est nécessairement quadruple. Ainsi, une face placée sur un angle doit se représenter sur chacun des huit angles du cristal ; de même une facette qui tronque une des arêtes de la base, ou une des arêtes du prisme, doit se trouver sur les quatre arêtes horizontales, ou sur les quatre arêtes verticales.

Les *fig.* 45 et 51 (pages 66 et 70), nous ont déjà montré la réunion du prisme avec des octaèdres placés soit sur les arêtes, soit sur les angles.

La *fig.* 52 offre la réunion de trois formes ; savoir : le prisme primitif, l'octaèdre a^1 placé sur les angles, et un dioctaèdre a_5 disposé en zigzag sur les arêtes d'intersection du prisme et de l'octaèdre.

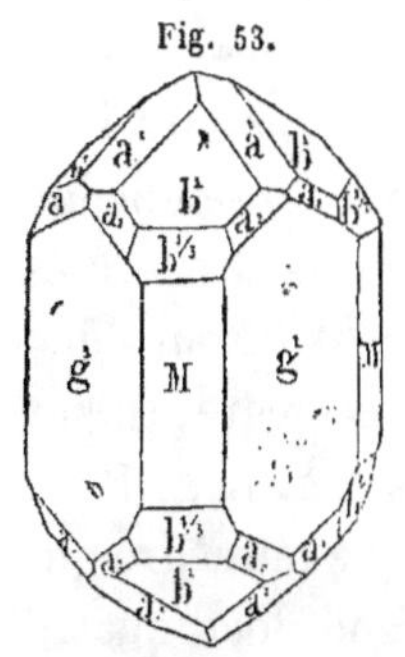

Fig. 53.

La *fig.* 53 , qui représente un cristal de *zircon* de la collection de M. Heuland, offre d'abord les faces verticales du primitif M, celles du prisme à base carrée, g^1, donné par des troncatures tangentes. Deux octaèdres à bases carrées b^1, $b^1/_5$, placés sur les arêtes, un octaèdre à base carrée a^2, placé sur les angles, enfin un dioctaèdre a_2.

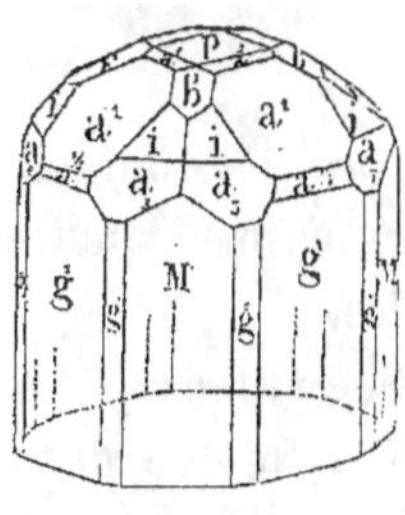

Fig. 54.

La *fig.* 54, qui appartient à l'*idocrase*, est encore plus complexe ; elle contient à la fois les deux prismes à base carrée M et g^1, un prisme à huit faces g^2, quatre octaèdres à bases carrées b^1, a^1, a^3 et $a^1/_5$, le premier sur les arêtes, les deux autres sur les angles, enfin deux dioctaèdres a_5, i, dont le dernier est placé d'une manière disymétrique.

Ce cristal d'idocrase, composé de quatre-vingt-deux facettes, présente néanmoins la forme générale d'un prisme.

Cristaux hémièdres.

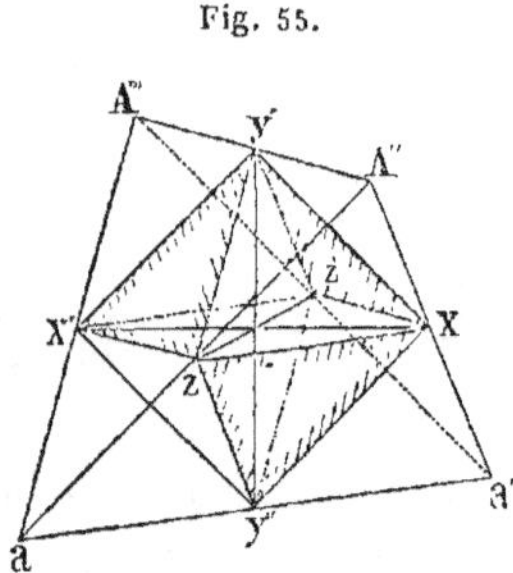

Fig. 55.

Le second système cristallin présente des exemples d'hémiédrie dans la *pyrite de cuivre;* ils résultent de la suppression de la moitié des faces dans l'un des octaèdres, qui donne alors un tétraèdre symétrique. Ce cristal se compose, comme le tétraèdre régulier, de quatre faces, de quatre angles et six arêtes.

Les faces sont des triangles isocèles. En effet, chaque face du tétraèdre, *fig.* 55, est semblable à la face de l'octaèdre qui lui a donné naissance, les trois côtés étant parallèles deux à deux. Les côtés $A'''a$, $A''a$ sont donc égaux entre eux, et doubles des côtés zy' de l'octaèdre. Quant au côté $A''A''' = 2zx$, il est différent des côtés $A''a$, $A'''a$. Il en est de même pour les autres faces du tétraèdre. Le tétraèdre qui correspond à l'octaèdre à base carrée comprend donc quatre arêtes d'une espèce et deux arêtes d'une autre.

Les angles solides de ce polyèdre sont à trois faces, égaux et irréguliers.

Il existe plusieurs tétraèdres de cette nature : l'un d'eux correspond à l'octaèdre placé sur les arêtes du prisme à quatre faces ; l'autre à l'octaèdre placé sur les angles.

Le prisme à base carrée produit moins de cristaux variés que le système régulier. A bien dire, il n'existe que deux formes dominantes, les prismes et les octaèdres ; dans tous les cristaux, l'aspect général est donné par l'une ou l'autre de ces formes.

Récapitulation des formes. En résumé, ce système comprend :

1° Un prisme à base carrée. . . . . $a : \infty\, a : \infty\, h.$

2° Un second prisme à base carrée, dont les faces sont pa-
rallèles aux plans diagonaux du premier. . . . . $a : a : \infty\, h.$
   Base de ces deux prismes. . . . . $\infty\, a : \infty\, a : h.$
3° Octaèdres sur les arêtes. . . . . $a : \infty\, a : mh.$
4° Octaèdres sur les angles. . . . . $a : a : mh.$
5° Prismes à huit faces. . . . . $a : na : \infty\, h.$
6° Dioctaèdres. . . . . $a : na : mh.$

TROISIÈME TYPE CRISTALLIN.

PRISME DROIT RECTANGULAIRE.

Synonymie. Octaèdre à base rectangle, Haüy. — Prismatique droit à base rectangle, Beudant. — Système binaire, Weiss.—Rhomboctaèdre, G. Rose.—Rhombique, Naumann.

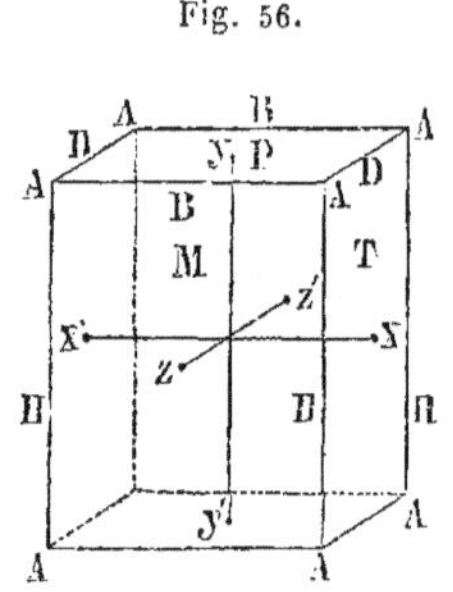

Fig. 56.

Les trois axes autour desquels les faces des cristaux sont ordonnées étant toujours rectangulaires, il reste à examiner le cas où les axes sont inégaux : le solide qui en. résulte est un prisme droit dont la base est un rectangle *fig.* 56.

Ce cristal se compose de quatre arêtes sur chaque base :

Deux longues B; Deux courtes D;

De quatre arêtes verticales H, égales entre elles et semblablement placées par rapport aux axes ;

De quatre angles trièdres A, égaux entre eux et semblablement· placés.

Le prisme rectangulaire droit possède donc quatre genres d'éléments donnant naissance à des modifications, savoir : trois espèces d'arêtes et une espèce d'angles. On remarquera que la symétrie diminue à mesure que l'on avance dans l'étude des différents systèmes cristallins, et cette diminution est graduelle. Dans le cube, il n'existait que deux éléments, les angles et les arêtes ; et dans le prisme à base carrée trois éléments : les angles et deux espèces d'arêtes.

D'après la disposition des faces du prisme rectangulaire, il est facile de voir que les notations qui les expriment sont :

$$\text{Par la base P.} \ldots \ldots \quad \infty\, b : \infty\, c : h.$$
$$\text{—} \qquad \text{M.} \ldots \quad b : \infty\, c : \infty\, h.$$
$$\text{—} \qquad \text{T.} \ldots \quad \infty\, b : c : \infty\, h.$$

Modifications sur les arêtes.

1° Sur les arêtes verticales. — Les faces qui naissent sur les arêtes peuvent, comme dans les systèmes précédents, être tangentes à ces arêtes, ou inégalement inclinées sur chacune d'elles.

a **Tangentes.—Prisme rhomboïdal droit.** — Dans ce cas, les faces produites sont parallèles aux plans diagonaux *fig.* 57, et donnent par leur ensemble un prisme droit dont la base est un rhombe, car les diagonales d'un rectangle étant égales, les côtés de la base du nouveau prisme sont égaux entre eux.

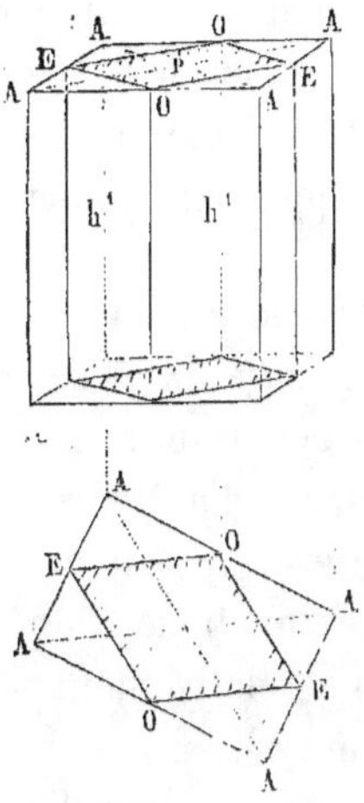

Fig. 57.

Le prisme rhomboïdal droit, produit par cette modification, est plus fréquent dans la nature que le prisme rectangulaire générateur : cette circonstance a engagé plusieurs minéralogistes à le prendre pour point de départ du troisième type cristallin. Si on prend pour axes de ce nouveau prisme des lignes qui joignent les milieux des faces, l'axe vertical serait alors perpendiculaire au plan formé par les deux autres, ceux-ci étant inclinés l'un sur l'autre. Cette circonstance démontre, ainsi que nous l'avons annoncé page 32, que cette disposition des axes ne crée pas un système nouveau.

Dans le prisme rhomboïdal droit :

Les quatre arêtes de la base sont égales et de même nature ;

Les arêtes verticales sont de deux espèces ;

Les angles sont également de deux espèces ; deux sont obtus, et les deux autres aigus.

La notation de ce prisme relativement au prisme droit est

Pour la base. . . . . . . ∞ b : ∞ c : h.
Pour les faces verticales. b : c : ∞ h.

b. **Modifications non symétriques.** — Les quatre arêtes verticales, étant à égale distance de l'axe, doivent éprouver à la fois la même modification. Mais il se présente ici une différence avec les systèmes précédents : c'est que les faces M et T n'étant pas de même nature, les modifications ne sont pas nécessairement doubles ; aussi il peut naître un biseau sur chaque arête verticale; mais c'est une simple faculté, et non pas une obligation, comme pour le prisme à base carrée. Lorsqu'il se produit un biseau, il appartient à deux modifications différentes.

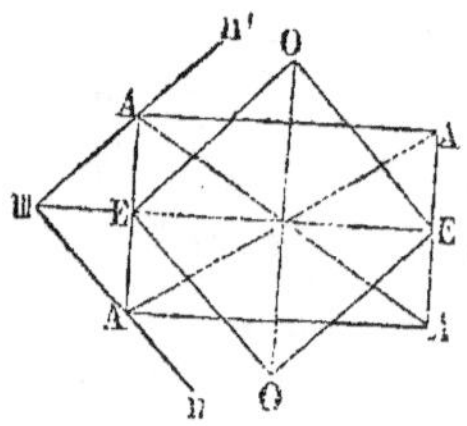

Prismes rhomboïdaux droits.— Soit, *fig.* 58, AA la base du prisme rectangulaire droit générateur ; supposons qu'il naisse, sur l'arête verticale qui se projette en A , un plan dont la trace *mn'* est inclinée d'une manière quelconque relativement à la diagonale AA, il devra se produire, sur l'autre arête A, un plan *mn* disposé exactement de la même manière, de sorte que les angles intérieurs *nm*E *n'm*E soient égaux. Menons par E, milieu du petit côté AA , des plans parallèles aux deux plans modifiants, et faisons la même chose sur les deux autres arêtes qui se projettent en A, nous construirons un prisme droit dont la base sera le rhombe E*o* E'*o'*; ainsi ce genre de modifications donnera naissance à des prismes rhomboïdaux en nombre infini, dont la notation sera :

$$b : mc : ∞ \, h,$$

m pouvant avoir une valeur quelconque. Seulement les lois qui régissent ces modifications rendent ce nombre fort peu considérable, 3 ou 4 environ, et la valeur de *m* est toujours simple, ou du moins peu compliquée, comme 1/2, 1/3, 2, 2/3.

Nous avons dit que la figure EO EO était un rhombe : pour le démontrer, il suffit d'observer que, par construction, l'angle OEE′=O′EE′. Si donc du centre d on abaisse une perpendiculaire sur EE, les longueurs EO EO seront égales, car elles forment l'une et l'autre l'hypothénuse de triangles rectangles égaux ; mais si on joint E′ aux points O et O′, on construira précisément les traces des deux plans en retour de EO et EO′ ; or, les deux triangles OEO′ et OE′O sont égaux, donc les quatre côtés EO , EO′ , E′O , E′O′ sont égaux , et la figure est un rhombe.

Fig. 59.

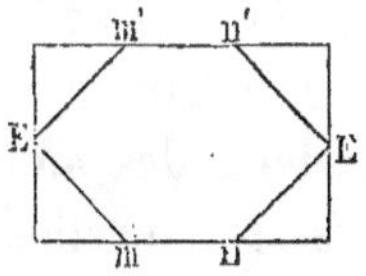

Si l'on ne prolonge pas les plans du nouveau prisme jusqu'à leur rencontre, il en résultera, comme la *fig.* 59 l'indique, un prisme à six faces, formé de quatre nouvelles faces et de deux anciennes ; mais ce cristal est composé, et nous devons en parler plus tard.

On obtiendrait de même un prisme à huit faces, en tronquant simplement les arêtes du prisme rectangulaire par des facettes qui , au lieu de se rencontrer en E, couperaient la face AA. Mais, dans ce cas, le prisme rectangulaire serait très-dominant.

Fig. 60.

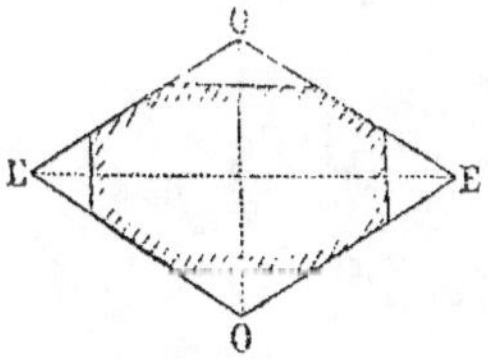

Lorsqu'on prend pour forme primitive le prisme rhomboïdal droit (*fig.* 60) au lieu du prisme rectangulaire, on obtient le prisme rectangulaire par des troncatures simultanées faites sur les arêtes verticales parallèlement aux plans diagonaux. Des troncatures sur les arêtes E seulement, ou sur les arêtes O également tangentes, donneraient naissance à des prismes à six faces symétriques. Enfin on aurait le prisme à huit faces , si les troncatures n'atteignaient pas leurs limites, ainsi que cette figure le représente.

Enfin des troncatures placées d'une manière non symétrique, soit sur les arêtes qui se projettent en E, soit sur celles qui se projettent en O, donneraient une série de prismes rhomboïdaux droits : dans le cas du prisme rhomboïdal droit, les faces étant égales, il faudrait placer, non des troncatures uniques, mais des biseaux sur chaque arête verticale.

2° Modifications sur les arêtes de la base.— Nous avons indiqué plus haut que les arêtes de la base étaient de deux espèces : les unes longues B , les autres courtes D. Les modifications sont donc de deux ordres.

Biseaux.—Placées sur les arêtes B, ou sur D, elles donnent simplement naissance à des biseaux qui recouvrent la base, et dont les *fig.* 61 et 62 montrent la disposition. Si on prenait pour base de ces prismes la face M pour la *fig.* 61, et la face T pour la *fig.* 62, on pourrait les considérer comme des prismes à six faces symétriques formés de deux des anciennes faces égales entre elles, et de quatre faces nouvelles appartenant au pointement.

Fig. 61.   Fig. 62.

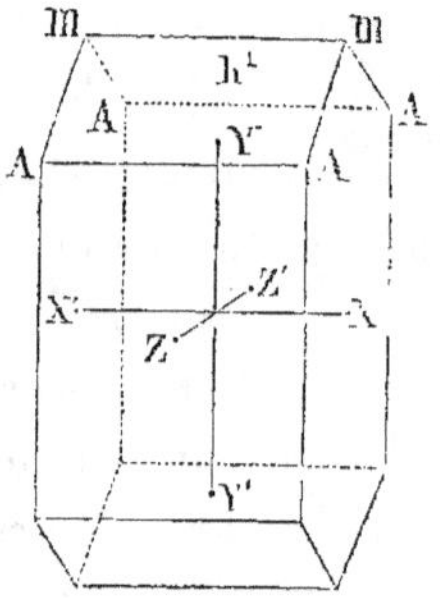

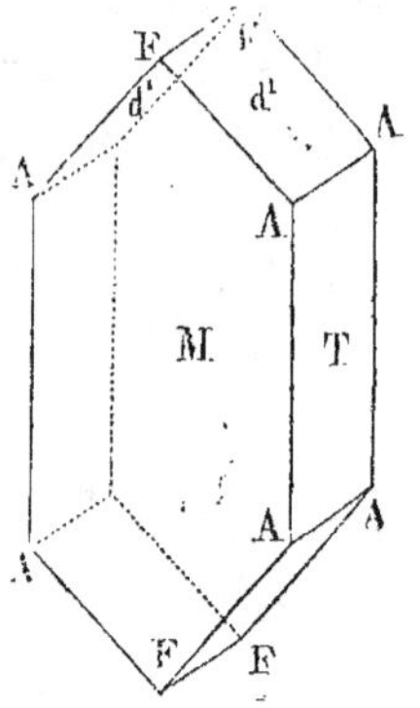

Les faces de ces biseaux sont parallèles à l'un des axes, le même qui est parallèle à l'arête sur laquelle ils sont placés. Ainsi la face A*mm*A est représentée par la notation :

$$\infty\, b : c : nh.$$

Tandis que celle du biseau AAFF est représentée par

$$b : \infty \; c : nh,$$

n ayant des valeurs quelconques ; mais ces valeurs sont ordinairement simples, et le nombre en est fort restreint. Dans plusieurs espèces elles sont 1/2 et 1/3.

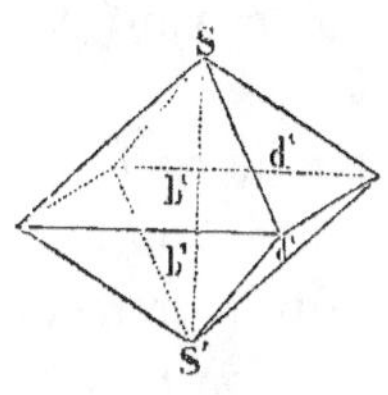

Fig. 63.

Octaèdre rectangulaire. — Lorsque les modifications ont lieu à la fois sur les arêtes B et D, le prisme est surmonté d'un pointement à quatre faces, qui donne naissance à des octaèdres rectangulaires, *fig.* 63 ; les octaèdres sont en même nombre que les modifications. Pour les désigner par une notation, il faut indiquer séparément les faces b^1 et les faces d^1.

C'est au moyen de ces modifications qu'on détermine la hauteur du prisme : elle est égale à la hauteur SS de l'octaèdre, *fig.* 63.

Modifications sur les angles.

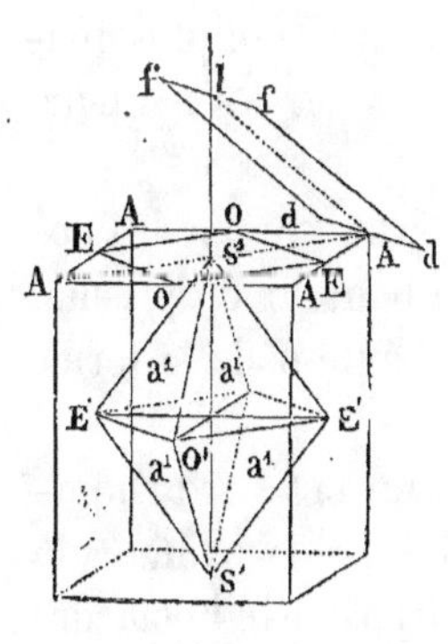

Fig. 64.

1º Parallèles aux diagonales de la base. — **Octaèdre rhomboïdal.** —Si par le point A, angle du prisme, on mène, *fig.* 64, un plan df, dont la trace coupe la base suivant une ligne dd parallèle à la diagonale opposée, les quatre angles étant égaux, il naîtra sur la base quatre faces semblables à df, qui se couperont en un point l. La base du prisme sera alors remplacée par un pointement à quatre faces. Si l'on suppose en outre que le pointement se rejoigne avec le pointement inférieur en faisant disparaître les faces verticales, il en résultera un octaèdre dont la base sera un rhombe semblable à celui EOEO, donné par la jonction des milieux des côtés du rectangle qui forme la base du prisme générateur ; ses faces seront des triangles scalènes tous égaux entre eux.

Les arêtes sont de trois espèces , quatre $s'o'$ terminales joignent les extrémités de l'axe principal et de l'axe c ; quatre $s\,E'$ terminales joignent les extrémités de l'axe principal à l'autre axe b ; enfin quatre arêtes latérales $E'\,o'$ formant par leur ensemble la base de l'octaèdre rhomboïdal.

Cette disposition des arêtes nous apprend que la coupe de ce solide par des plans diagonaux donne des rhombes ; on peut donc prendre pour axe principal celui qu'on veut. Ordinairement on choisit le plus allongé, à moins que quelques circonstances, comme celle d'un pointement quadruple placé seulement sur deux angles, ou des clivages, ne conduisent à en préférer un autre.

Les angles sont de trois espèces , de même que les arêtes, deux angles S occupent les sommets de l'octaèdre. Deux angles E et deux angles O, à quatre faces et symétriques, appartiennent à sa base.

L'octaèdre $ss'oE$ n'a été soumis qu'à la seule condition de passer par des lignes $E'O'$, parallèles aux diagonales ; on peut par conséquent faire varier sa hauteur et produire un nombre infini d'octaèdres de cette espèce. On en connaît au plus quatre ou cinq : les plus fréquents sont donnés par les hauteurs 1/2 et 1/3.

Les octaèdres à base rhombe peuvent servir, comme les octaèdres à base rectangle, à déterminer la hauteur du prisme. Seulement, quand on a fait choix de la hauteur de la forme primitive, on ne peut plus la changer.

Lorsqu'on prend pour point de départ un octaèdre rhomboïdal, la longueur $s\,l$ est considérée comme la hauteur du prisme. La *fig.* 64 , dans laquelle on a transporté l'octaèdre de manière que les faces du prisme soient tangentes aux angles de l'octaèdre rhomboïdal, montre qu'on entend par hauteur d'un prisme la moitié de la hauteur de l'octaèdre.

Cette même figure nous apprend, en outre, que lorsqu'on prend pour forme primitive l'octaèdre rhomboïdal, le prisme à base rectangle est produit par des troncatures tangentes sur les angles de cet octaèdre.

On aurait de même le prisme rhomboïdal *fig*. 57 (page 77), par des troncatures verticales passant par les arêtes $E'o'$ de l'octaèdre rhomboïdal, jointes à des troncatures horizontales sur le sommet s et s' de ce même octaèdre.

On peut donc prendre à volonté, dans le système qui nous occupe, pour forme primitive, le prisme droit rectangulaire, le prisme droit rhomboïdal, l'octaèdre à base rectangle ou l'octaèdre à base rhomboïdale. Le dernier solide est le plus généralement adopté : c'est celui qu'avait choisi Haüy. Plusieurs espèces minérales le présentent complet; il est surtout très-marqué dans le soufre, dont la plupart des cristaux affectent la forme d'un octaèdre rhomboïdal allongé.

L'octaèdre rhomboïdal inscrit dans le prisme coupe les trois axes à leurs extrémités ; et comme les faces de cet octaèdre sont toutes égales et également placées, elles sont représentées par la notation :

$$b : o : h.$$

Cette simplicité de notation, qui résulte de la symétrie du cristal autour de l'axe vertical, rend préférable l'adoption comme forme primitive de l'octaèdre rhomboïdal, ou du prisme rhomboïdal droit. Dans la nature, les prismes rhomboïdaux sont en outre plus fréquents que les prismes rectangulaires, et nous ne connaissons guère que le péridot dont les cristaux affectent cette dernière forme; mais la simplicité du passage d'un système cristallin à un autre nous fait penser qu'il est plus utile de considérer les trois cas que présentent les axes rectangulaires.

Les octaèdres rhomboïdaux placés sur les angles et parallèlement aux arêtes, coupent toujours les axes horizontaux aux distances b et c, mais ils coupent l'axe vertical à une distance variable. L'expression générale de ces prismes est donc :

$$b : c : nh,$$

n étant plus petit ou plus grand que l'unité. Le plus ordinairement il est plus petit, et les octaèdres les plus fréquents sont représentés par les expressions :

$$b : c : 1/2\,h. — b : c : 1/3\,h.$$

On remarquera que la symétrie qui existe entre les arêtes des octaèdres rhomboïdaux se retrouve dans les angles des octaèdres rectangulaires; si les quatre arêtes de la base du premier solide sont égales, les quatre angles du second présentent cette disposition, et réciproquement l'irrégularité des arêtes du second solide, qui sont de deux espèces, se reproduit dans les angles de la base de l'octaèdre rhomboïdal, qui sont également de deux espèces.

Fig. 65.

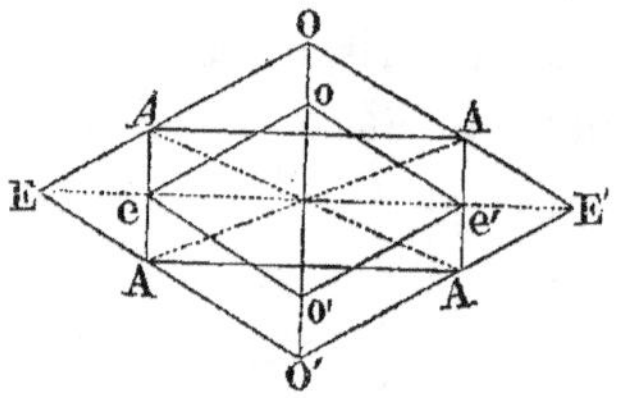

2° Modifications placées irrégulièrement sur les angles. — Ce genre de modifications donne lieu à une nouvelle série d'octaèdres rhomboïdaux : soit, *fig.* 65, EO la trace du plan modifiant, il en faudrait un en retour EO′, et par la même raison on aurait E′o et E′O′, de sorte que le quadrilatère EO E′O′ serait la base de ces nouveaux octaèdres. On démontrerait, comme pour les modifications sur les arêtes verticales (page 78), que cette figure est un rhombe. Si maintenant on construit, à partir du point e, milieu du côté AA, un rhombe parallèle à celui qui est extérieur au prisme, on verra facilement que les faces du nouvel octaèdre rhomboïdal coupent l'un des axes à son extrémité, et les deux autres à des distances quelconques; de sorte que chaque face est exprimée par la notation :

$$b : mc : nh,$$

m et n étant des nombres rationnels et simples, tantôt plus grands, tantôt plus petits que l'unité.

Résumé des formes simples. — Les différents cristaux qui appartiennent au troisième type, sont :

1° Le prisme rectangulaire droit. . . . .
$$\begin{cases} \text{Faces P. .}\ \infty\ b : \infty\ c : h. \\ \qquad\quad M. .\ b : \infty\ c : \infty\ h. \\ \qquad\quad T. .\ \infty\ b : c . \infty\ h. \end{cases}$$

2° Prisme rhomboïdal parallèle aux plans diagonaux.
$$\begin{cases} \text{Faces P. .}\ \infty\ b : \infty\ c : h. \\ \qquad\quad h. .\ b : c : \infty\ h. \end{cases}$$

3° Prismes rhomboïdaux droits placés sur les arêtes verticales.
$$\begin{cases} \text{Faces P. .}\ \infty\ b : \infty\ c : h. \\ \qquad\quad b : mc : \infty\ h. \end{cases}$$

4° Octaèdres rectangulaires. . . . . . .
$$\begin{cases} \text{Faces}\ b'. .\ b\ \infty\ b : c : nh. \\ \qquad\quad c'. .\ c\ bc : \infty\ c : nh. \end{cases}$$

5° Octaèdres rhomboïdaux parallèles aux diagonales. . . . . $b : c : nh.$

6° Octaèdres rhomboïdaux résultants de modifications inégalement inclinées. $b : mc : nh.$

Ces formes se réduisent à quatre espèces de prismes et deux espèces d'octaèdres ; mais pour se rendre un compte exact des différentes modifications, il est préférable de les isoler, ainsi qu'on l'a indiqué dans ce tableau.

Cristaux composés.

Les cristaux simples sont assez rares dans ce système ; on trouve cependant quelques octaèdres rhomboïdaux, et plusieurs prismes rhomboïdaux ; mais ordinairement les cristaux sont formés de la réunion de plusieurs modifications.

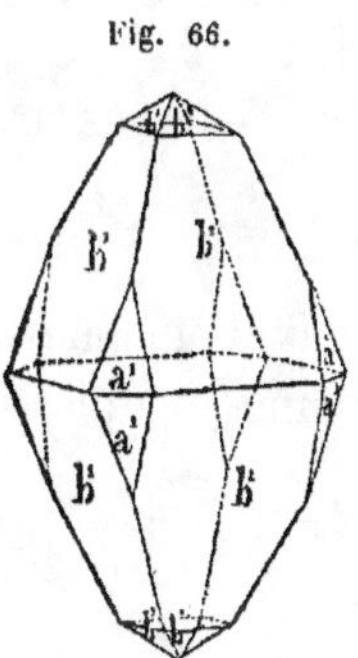

Fig. 66.

Souvent on voit plusieurs octaèdres rhomboïdaux pour ainsi dire entés l'un sur l'autre. Le soufre, que j'ai cité pour ses beaux octaèdres simples, est le plus souvent en octaèdre modifié (*fig.* 66). Les faces des octaèdres rhomboïdaux, dont les axes horizontaux sont dans le même rapport, forment des biseaux sur l'octaèdre principal, c'est-à-dire sur celui qui a servi à déterminer la hauteur du prisme, toutes les fois que l'axe vertical de cet octaèdre est plus petit que ceux des octaèdres modifiants ; ils donnent lieu, au contraire, à des pointements à quatre faces placés sur les angles terminaux, quand c'est l'axe de l'octaèdre principal qui est le plus grand. La *fig.* 66 montre cette double disposition.

Les *fig.* 67 et 68 rappellent les associations les plus fréquentes : la première appartient au *péridot*, la seconde à la *topaze.*

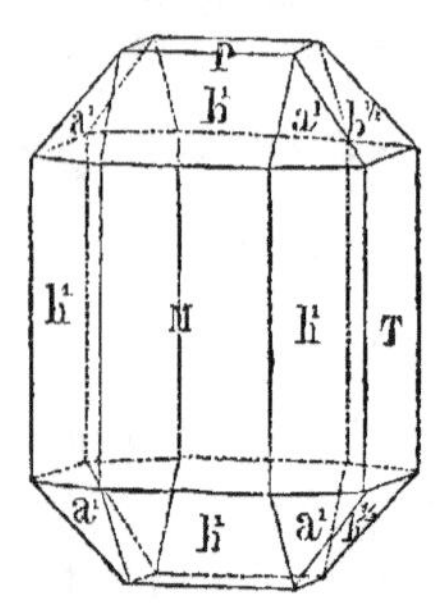

Fig. 67.

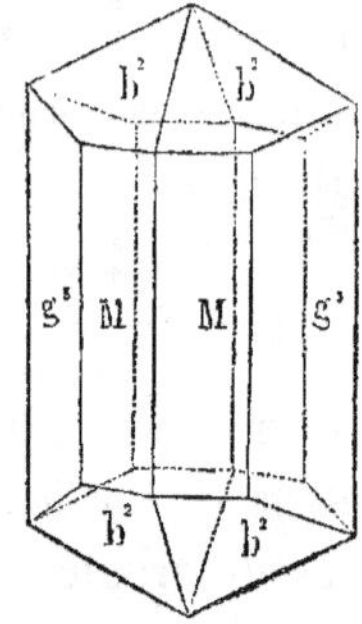

Fig. 68.

Fig. 69.

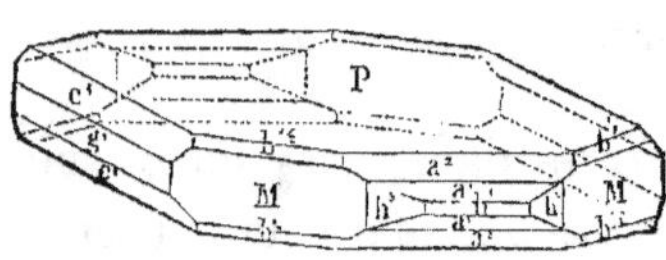

La *fig.* 69 représente un cristal de *baryte sulfatée* du Cumberland, qui existe dans la collection du Jardin-des-Plantes. Sa forme aplatie fait désigner ce genre de cristaux sous le nom de *table ;* elle représente en réalité un octaèdre rectangulaire fortement tronqué sur ses sommets par les bases des prismes.

Ce cristal, qui se compose de 34 faces, porte à la fois les faces suivantes :

Le prisme droit à base rectangle $h^1 g^1$.

Le prisme rhomboïdal droit MM parallèle aux diagonales.

Un prisme rhomboïdal droit h^3, donné par une modification inégalement inclinée sur la hauteur h.

Un octaèdre rectangle $(a^1 e^1)$.

Un biseau a^2 placé sur les arêtes longues.

Enfin un octaèdre rhomboïdal $b \, ^1/_2$.

Fig. 70.

La *fig.* 70, qui appartient à la *baryte carbonatée* et au *plomb carbonaté*, présente une régularité apparente qui pourrait induire en erreur. On pourrait croire que cette forme est un prisme régulier à six faces surmonté d'un pointement ; mais si on examine avec soin les angles, on reconnaît qu'ils sont de deux espèces. Il en est de même des faces du pointement.

En général, il faut avoir soin, non-seulement de consulter le nombre des faces, mais surtout leur position. Les cristaux en octaèdres rhomboïdaux, ou en prismes rhomboïdaux, ont toujours quatre faces égales ; mais les angles qu'ils forment entre eux sont en général très-différents. Deux sont aigus, et deux sont obtus. Cette disposition guidera toujours dans l'étude de ce type cristallin, l'un des plus importants par l'abondance des substances minérales qui l'affectent.

Cristaux hémièdres.

M. Gustave Rose annonce que le *sulfate de magnésie* et l'*acerdèse* présentent l'un et l'autre des cristaux offrant des indications d'un tétraèdre irrégulier, qui serait un demi-octaèdre rhomboïdal. Sa dérivation se fera exactement comme nous l'avons indiqué, page 74, pour le tétraèdre symétrique.

Les quatre faces de ce tétraèdre sont des triangles scalènes ; les six arêtes sont de trois espèces différentes ; les quatre angles sont à trois faces, et les trois arêtes qui se réunissent à leurs sommets sont toutes trois inégales.

Les cristaux hémièdres de ce type cristallin sont fort rares.

QUATRIÈME TYPE CRISTALLIN.

RHOMBOÈDRE.

Synonymie. Rhomboédrique, Beudant. — Ternosingulaxe, Weiss. — Hexagondodécaèdre, G. Rose. — Hexagonal, Naumann.

Les types précédents comprennent toutes les formes dont les axes sont perpendiculaires entre eux. Nous allons maintenant étudier les cristaux qui peuvent être rapportés à des axes obliques, en admettant successivement, comme pour les axes rectangulaires, différents rapports entre ces axes.

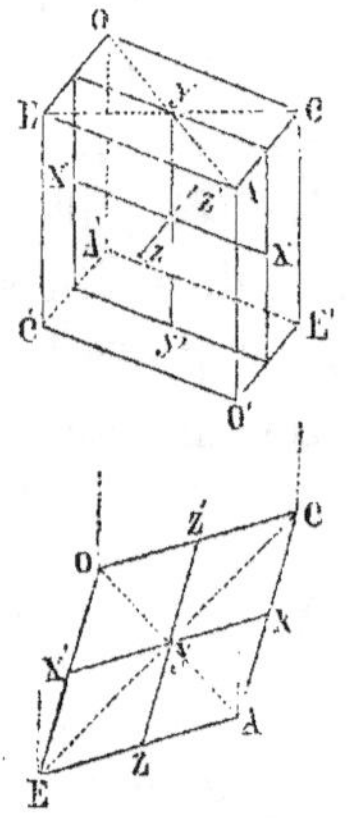

Fig. 71.

Supposons d'abord les trois axes égaux entre eux : soit, *fig.* 71, un prisme qui remplit cette condition ; il résulte nécessairement de cette disposition que les faces sont des rhombes égaux : en effet, les trois axes réunissant le milieu des faces opposées, si l'on fait passer un plan par les deux axes XX′ et YY′, il coupera le cristal suivant un rhombe, puisque les côtés sont parallèles aux axes, lesquels sont, par hypothèse, égaux entre eux ; mais ce rhombe est lui-même égal aux faces Ae′ et A′e du cristal : donc ces deux faces sont rhomboïdales.

Si l'on fait de même passer un plan par les axes XX′ et ZZ′, la coupe sera un rhombe égal à celui de la coupe verticale, les trois axes étant égaux entre eux. De plus, cette seconde coupe est parallèle aux bases : donc les bases, les deux faces verticales Ae^1 et A′e, sont toutes quatre des rhombes égaux. On démontrerait par le même moyen l'égalité des faces AeO′ et A′OE ; il en résulte que la condition d'avoir trois axes égaux entraîne comme conséquence que le cristal est formé de six rhombes égaux. Pour compléter la connaissance de ce polyèdre, il faut déterminer la nature de ses angles solides. Supposons, ainsi que la figure l'indique, que l'angle plan de la base EAe soit obtus, les angles EAO′ EAO′ seront également obtus ;

sans cela, le parallélisme des faces EAE, E¹O'e' n'aurait pas lieu, ce qui est la condition de tout cristal, à l'exception du tétraèdre. En effet, les arêtes du prisme étant verticales, la coupe horizontale donnerait un angle plus petit que E'Oe'; pour obtenir un angle égal, il faudrait prendre le plan incliné à l'axe en dessous du plan horizontal, et qui viendrait bientôt rencontrer la base inférieure.

Si l'angle plan EAe était aigu, les deux autres EAO' eAO', qui s'y réunissent, seraient également aigus. La seule manière d'associer six rhombes égaux est de les réunir par les angles obtus ou par les angles aigus, et, dans ce cas, on obtient deux rhomboèdres, l'un obtus, l'autre aigu.

L'angle solide A, et son opposé A', sont les seuls qui soient formés de trois angles plans égaux. Les autres angles du prisme sont composés de la réunion d'un angle obtus et de deux angles aigus.

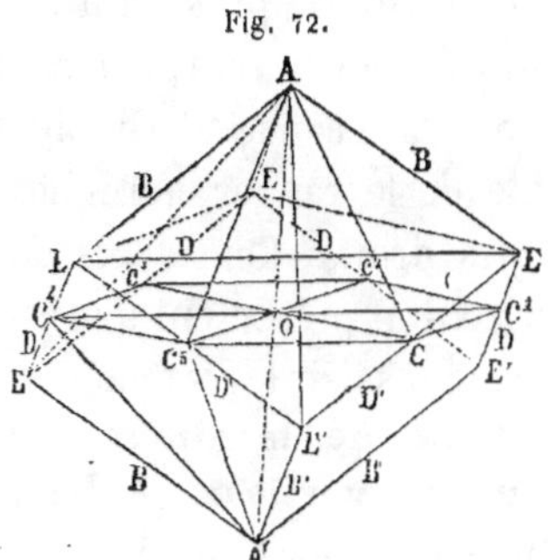

Fig. 72.

Il résulte de cette disposition que la diagonale AA' jouit d'une symétrie très-remarquable, qui donne au cristal des propriétés particulières. Pour la rendre plus sensible, plaçons le cristal de manière que cette diagonale soit verticale, ainsi que la *fig.* 72 le représente; les trois plans qui aboutissent à l'angle A sont également inclinés relativement à cette ligne, puisque les triangles AE'A' A'EA', qui mesurent leur inclinaison sur cette ligne, sont égaux; en effet, ils ont un côté commun AA'; les côtés AE, AE' sont égaux comme diagonales de rhombes égaux; enfin les troisièmes côtés sont égaux, comme appartenant aux rhombes dont se compose le cristal.

Les arêtes AE, AE, AE sont de même placées d'une manière symétrique autour de cette ligne. Car si on abaisse de leurs extrémités E des perpendiculaires sur la ligne AA', on construit des triangles égaux, composés d'un côté AE, d'un angle au sommet EAA[1] égal et d'un angle droit; les perpendiculaires sont par conséquent égales. Cette démonstration établit en outre que les angles E, E, E sont semblablement placés et qu'ils jouent le même rôle dans le cristal.

Les faces et les lignes qui se réunissent au sommet intérieur A′, sont dans une position identique relativement à la diagonale.

Symétrie du cristal autour de la diagonale. — Les faces, les arêtes et les angles du cristal sont par conséquent disposés d'une manière symétrique autour de la diagonale AA′; on peut dès lors la regarder comme l'axe essentiel du cristal, car elle communique à ce solide un caractère particulier, qui pourrait le faire considérer comme le cube des cristaux à axes obliques. Cette complète symétrie a engagé Haüy à le désigner sous le nom de *rhomboèdre*, qui rappelle son mode de formation.

Le nombre de substances minérales qui cristallisent dans le système rhomboédrique, la variété de cristaux qui s'y rattache, la symétrie des modifications qui s'en déduisent, avaient conduit Haüy à donner au rhomboèdre la seconde place dans sa méthode. Nous croyons préférable de le ranger après les types dont tous les axes sont à angles droits. Considérés de cette manière, les différents types cristallins présentent une espèce de passage qui en font plus facilement saisir les caractères.

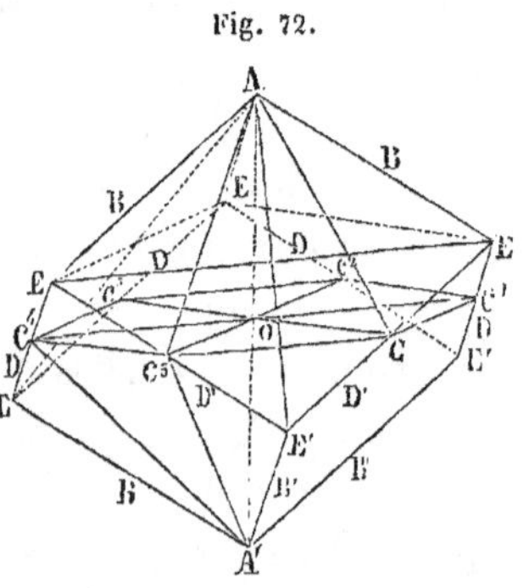

Fig. 72.

Choix de la diagonale pour axe vertical. — Dans l'étude que nous allons faire du rhomboèdre, nous abandonnerons les anciens axes pour le nouveau; mais il sera toujours facile de revenir à ceux-ci, en remarquant qu'ils font avec lui des angles égaux entre eux, égaux en outre à l'angle de ce nouvel axe avec les côtés B du rhomboèdre qui aboutissent aux sommets.

Axes horizontaux des minéralogistes allemands. — Pour définir complétement le rhomboèdre et les faces secondaires qui s'en déduisent, les cristallographes allemands le rapportent en outre à trois axes horizontaux faisant entre eux des angles de 60°, et compris dans le plan horizontal qui coupe l'axe vertical en son milieu. L'introduction de ces axes n'est pas indispensable ; la symétrie des faces est complète autour de l'axe vertical, et pour déterminer une face, il suffit d'indiquer l'élément du cristal sur lequel elle est placée, et l'angle qu'elle forme avec cet axe ; en outre, la considération de quatre axes n'est pas en rapport avec la division générale établie entre les cristaux ; elle forme même une exception à la méthode qu'on emploie pour déterminer un plan dans l'espace. Néanmoins, comme cette considération fait connaître des propriétés intéressantes du rhomboèdre, nous allons indiquer ces axes. Mais avant de le faire, il est nécessaire de déterminer la position de tous les éléments du rhomboèdre.

Eléments différents du rhomboèdre. — Nous donnerons aux faces de ce cristal le nom commun P ; les éléments dont elles se composent sont au nombre de quatre, savoir :

Deux angles sommets A et A' ;

Six angles latéraux E, E' ;

Six arêtes culminantes B et B'. Trois se réunissant au sommet supérieur A ; les trois autres au sommet inférieur A' ;

Six arêtes latérales C, disposées en zigzag autour de l'axe.

Les faces étant toutes semblables. Si on réunit les points E ensemble, on obtient un triangle équilatéral dont les côtés sont égaux aux grandes diagonales des rhombes. En outre, le plan de ce triangle est perpendiculaire à l'axe AA', puisque ses angles sont sur des lignes également inclinées à l'axe, et que leurs distances au sommet sont les mêmes.

La coupe horizontale est un hexagone régulier. — Un plan mené par le milieu O de l'axe coupera le cristal suivant un hexaèdre régulier. Soit $c, c^1, \ldots c^5$, l'intersection de ce plan et des six faces du rhomboèdre.

D'abord les lignes oc, oc^1, oc^2 et oc^3 qui réunissent le centre aux angles du polygone à six faces sont égales; car si nous considérons les lignes oc et , oc^v, elles font partie des deux triangles rectangles Aoc, Aoc^v égaux ; elles sont donc égales. Il en est de même pour les autres lignes oc^2, oc^3.

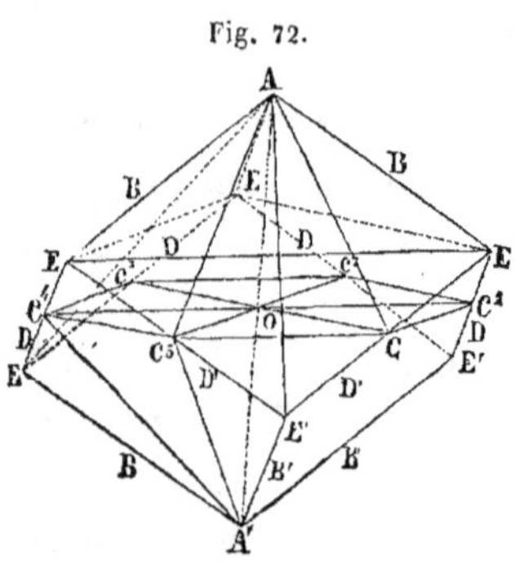

Fig. 72.

Les triangles Aoc, Aoc^v étant égaux, les obliques Ac, Ac^1, Ac^2, Ac^3 sont égales ; il en résulte que les triangles Acc^v, Acc^1, Acc^3, etc., sont isocèles et égaux, et par suite que leurs bases ont même longueur. Ainsi, en second lieu , les lignes c^vc, cc', $c'c^2$, etc., qui sont les traces du plan horizontal passant par le milieu O de l'axe, sont toutes égales entre elles ; de plus les diagonales qui les réunissent sont de même longueur, le polygone qui les constitue est donc un hexaèdre régulier.

Tous les côtés c^vc, cc' étant égaux, il est en outre évident que le plan qui passe par le milieu O de l'axe coupe les côtés du rhomboèdre en parties égales, car les triangles $c^vE'c$ et $cE'c$ sont égaux comme isocèles, ayant un côté égal $cc^v=cc'$, et l'angle au sommet égal.

Les diagonales de l'hexaèdre sont les axes horizontaux. — Les trois axes horizontaux dont nous avons parlé précédemment sont les diagonales de l'hexaèdre régulier ; il est évident qu'ils se coupent sous l'angle de 60°, puisqu'ils déterminent six nouveaux triangles égaux, et que l'angle du sommet de chacun d'eux est le sixième de quatre angles droits.

Rapportées à ces axes, les faces du rhombèdre ont pour notation :

$$a : a : \infty\, a : h.$$

a représentant la longueur des trois axes horizontaux, et h celle de l'axe vertical, ou la hauteur du rhomboèdre.

Les éléments différents du rhomboèdre étant au nombre de quatre, ce type cristallin admet quatre systèmes de modifications que nous allons étudier successivement.

1° MODIFICATIONS SUR LES ARÊTES CULMINANTES.

Les modifications peuvent être placées de deux manières, ou tangentiellement, ou inégalement inclinées sur chaque face.

a. **Modifications tangentes. — Rhomboèdre équiaxe. —** Des plans menés tangentiellement sur les arêtes AE feront avec l'axe AA′ précisément le même angle que ces arêtes font avec cette ligne; il naîtra donc par ce genre de modification trois plans également inclinés, qui donneront par leur intersection un solide de même nature que le solide générateur. La *fig.* 73, qui représente le rhomboèdre primitif sur lequel on a placé le solide dérivé, montre en effet que ce dernier est composé de six plans égaux et semblablement placés par rapport à l'axe, savoir : trois supérieurs qui se coupent en A, et trois inférieurs qui se coupent en A′; il constitue donc un rhomboèdre tangent au primitif, et dont l'axe est de même hauteur. Cette circonstance l'a fait désigner par Haüy sous le nom d'*équiaxe*, dénomination qui est généralement employée.

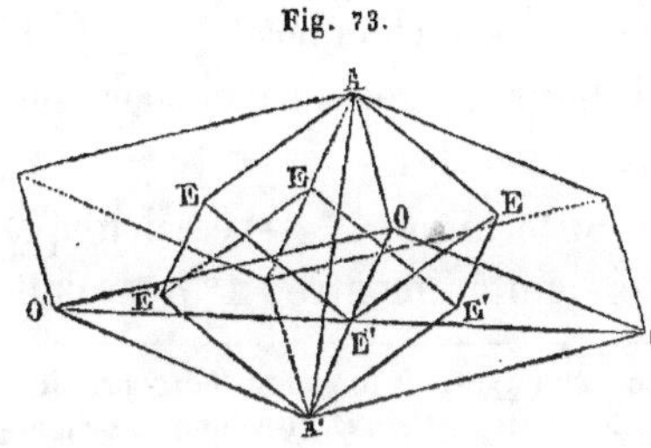

Fig. 73.

Sur le rhomboèdre équiaxe il peut se faire une nouvelle modification tangente, qui donnerait un rhomboèdre, tangent à son tour à l'*équiaxe*, et dont la hauteur serait la même. On peut donc obtenir une série de rhomboèdres tangents les uns aux autres, mais qui, placés de cette manière, seraient de plus en plus obtus.

Mais si au lieu de construire un rhomboèdre tangent au primitif, on suppose au contraire qu'il existe dans l'intérieur de ce dernier solide un rhomboèdre sur lequel le primitif soit tangent, on obtiendra une série intérieure de rhomboèdres devenant de plus en plus aigus. La chaux carbonatée nous présente une double série de rhomboèdres extérieurs et intérieurs, composée de quatre rhomboèdres tangents les uns aux autres; ce sont les quatre modifications désignées par Haüy sous les noms de *contrastant, inverse, primitif* et *équiaxe.*

Parmi ces rhomboèdres tangents, il en est un qui possède une propriété particulière, qui consiste en ce que ses angles dièdres sont égaux aux angles plans du primitif. Pour faire allusion à cette propriété, Haüy a désigné sous le nom d'*inverse* ce rhomboèdre qui est intérieur au primitif et sur lequel il est tangent. En général, deux rhomboèdres sont inverses l'un de l'autre quand leurs sections principales sont semblables, mais en positions renversées.

Relations entre l'équiaxe et le primitif.—Le calcul que nous donnons dans la note ci-jointe [1] montre : 1° que dans

---

[1] Dans la figure 73, qui représente l'équiaxe sur le rhomboèdre primitif, menons un plan passant par l'axe et les arêtes AE, A'E'. Il coupera le rhomboèdre suivant un parallélogramme AE A'E', que l'on désigne sous le nom de coupe principale. Ce même plan passera par l'arête A'O de l'équiaxe; car les faces A*o* et A'*o'* étant également inclinées sur les arêtes AE, se couperont précisément dans le plan qui passe par le milieu de la face AEEE', le même qui donne la coupe principale. Les diagonales du rhomboèdre primitif, et de celui qui s'en dérive par des plans tangents sur ses arêtes, seront dans ce même plan, et se projetteront suivant des lignes qui se coupent aux sommets. La *fig.* 74, représentant la coupe principale, AA' sera l'axe des deux rhomboèdres, AE' la diagonale du rhomboèdre primitif, A*o* le côté de l'équiaxe; A*o* A'*o'* sera par conséquent la coupe principale de l'équiaxe, et A'*o* la diagonale de cette coupe. Il faut comparer les diagonales AE' et A'*o*.

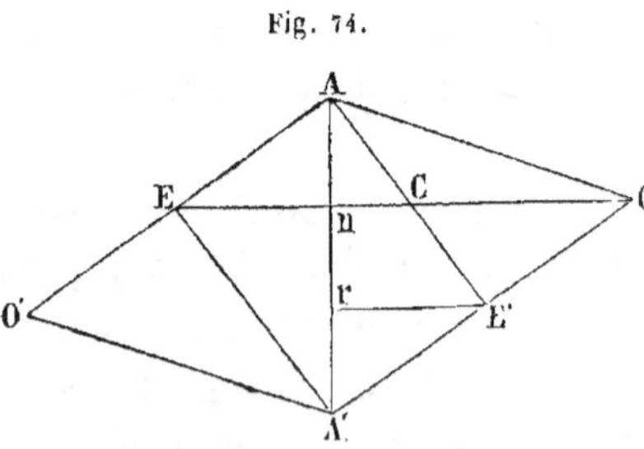

l'équiaxe la petite diagonale des faces, celle qui part du sommet, est double de la longueur de l'arête du primitif;

2° Que la grande diagonale, celle qui est horizontale, est double de la diagonale analogue du primitif.

Supposons le côté AE du rhomboèdre primitif égal à a, et la longueur de l'axe égale à h.

Abaissons une perpendiculaire du point E sur l'axe AA', elle le coupera en un point n situé au tiers de sa longueur; en effet, les trois points E, E, E, sont situés dans un plan horizontal, et si on trace les diagonales qui les réunissent, on dessine sur le rhomboèdre un triangle équilatéral perpendiculaire à l'axe AA'. Une ligne menée perpendiculairement du sommet E sur l'arête de ce triangle qui lui est opposée la coupera donc en son milieu, et se confondra, en outre, avec la ligne En; et comme AE' est l'autre diagonale, la ligne En prolongée tombera en c, milieu de AE'.

Or, les triangles A'E'r, AEn, étant égaux, An = A'r; de plus, les triangles ACn et AE'r étant semblables, on a Ac : An : : AE' : Ar; mais Ac = 1/2 AE'; il en résulte que An = 1/2 Ar; et comme A'r = An, la hauteur AA' est divisée en trois parties égales par les perpendiculaires abaissées des sommets E et E' sur l'axe du rhomboèdre. Ce résultat, inhérent à la nature même de ce cristal, se retrouve dans tous les rhomboèdres; c'est lui qui nous permettra de comparer les longueurs des diagonales du primitif et de l'équiaxe EE' et OO'. Il nous fournit, en outre, le moyen de déterminer, dans la figure 74, la position du sommet O. Nous avons vu que ce point doit se trouver sur le prolongement de A'E, puisque le plan coupant AA'E passe par l'arête AO; mais ce point doit être tel, qu'une perpendiculaire, abaissée sur l'axe AA', le coupe au tiers de sa longueur; il se trouvera donc sur le prolongement de En.

Il résulte de cette construction que les triangles AnE, A'on, sont semblables, et que la petite diagonale d'une des faces de l'équiaxe A'o

$$= \frac{A'n \times AE}{An} = \frac{\frac{2}{3}h \times a}{\frac{2}{3}h} = 2a.$$

Ainsi, premièrement, dans l'équiaxe, la petite diagonale d'une face est double de la longueur de l'arête du primitif.

Pour comparer les grandes diagonales entre elles, il faut les calculer, car elles n'existent pas dans la coupe principale.

Soit $o'o'$, fig. 73, la grande diagonale de l'équiaxe, le triangle rectangle $o'o$E' donnera $\overline{o'E'}^2 = \overline{oo}^2 - \overline{oE'}^2$; $o'E'$ étant la demi-grande diagonale, oo' le côté de l'équiaxe, $o n'$ la demi-petite diagonale $= a$, on obtiendra la longueur $oo' = Ao$, qui est dans cette expression, par le triangle Aon, fig. 74, qui donnera $\overline{Ao}^2 = \overline{An}^2 + \overline{on}^2 = \overline{An}^2 + \overline{4nE}^2$; mais $\overline{ne}^2 = \overline{AE}^2 - \overline{An}^2$, d'où $\overline{Ao}^2 = 4\overline{AE}^2 - 3\overline{An}^2 = 4a^2 - \frac{3}{9}h^2$.

Il en résulte que l'expression de la demi-grande diagonale de l'équiaxe $O'E^{2'} = 4a^2 - \frac{3}{9}h^2 - a^2 = 3a^2 - \frac{3}{9}h^2 = 3\left(a^2 - \frac{1}{9}h^2\right)$. Il ne reste plus maintenant qu'à calculer la valeur de la diagonale du rhomboèdre primitif pour la comparer à celle de l'équiaxe, ou, ce qui est la même chose, à transformer 'expression qu e nous venons d'obtenir en fonction de cette diagonale. Soit

Il résulte de cette relation une manière très-simple pour tracer l'équiaxe : il suffit de prolonger chacune des arêtes d'une quantité égale à elle-même pour obtenir les sommets des angles latéraux de l'équiaxe ; ainsi le point O, *fig.* 73, placé sur le prolongement de A'E à une distance A'O $= 2$A'E', sera l'angle de devant de l'équiaxe.

Cette même construction nous apprend, en outre, que les faces du rhomboèdre équiaxe rencontreront les axes horizontaux des minéralogistes allemands à des distances doubles des faces du primitif. Leur notation sera dans ce cas :

$$2\,a : 2\,a : \infty\,a : c.$$

Les résultats que nous venons d'indiquer sont indépendants de l'angle du rhomboèdre ; il s'ensuit que les propriétés qui s'en déduisent sont générales ; tous les rhomboèdres successifs placés tangentiellement les uns sur les autres forment par conséquent une série continue dans laquelle les diagonales sont entre elles comme les nombres $4 : 2 : 1 : \frac{1}{2} : \frac{1}{4}$. Dans la *chaux carbonatée*, on connaît la série $2 : 1 : \frac{1}{2} : \frac{1}{4}$. Cette même substance présente plusieurs autres rhomboèdres qui ne sont plus, il est vrai, tangents les uns aux autres ; mais on pourrait

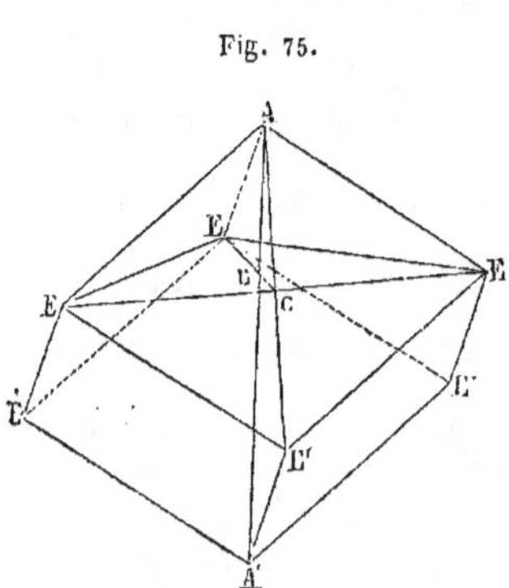

Fig. 75.

donc, *fig.* 75, A$c = \frac{1}{2}$ diagonale de la coupe principale $= p$; E$c = \frac{1}{2}$ diagonale horizontale, $= g$; on a le côté AE $= a = \sqrt{p^2 + g^2}$. Pour avoir $h =$ AA', on rappellera que A$n = \frac{1}{3}$AA' (*fig.* 74) ; mais A$n = \sqrt{\mathrm{A}c^2 - cn^2}$; et C$n = \frac{1}{3}$ de CE, il ne s'agit donc plus que d'obtenir l'expression de CE : pour cela, on remarquera que cette ligne appartient au triangle équilatéral EEE (*fig.* 75), et qu'elle est menée du sommet sur le milieu du côté opposé. L'expression de CE sera donc $\sqrt{3\,g^2}$; d'où A$n = \sqrt{p^2 - \frac{1}{3}\,g^2}$, et AA' $= 3$A$n = h = \sqrt{9p^2 - 3g^2}$. Mettant ces valeurs de a et de h dans l'expression de la grande diagonale de l'équiaxe O'E'$^2 = 3\,(a^2 - \frac{1}{9}\,h^2)$, on a O'E'$^2 = 3\,(p^2 + g^2 - \frac{1}{9}\,(9p^2 - 3g^2)$, expression qui devient en réduisant O'E'$^2 = 4\,g^2$, ou O'E' $= 2\,g$. Ainsi, la grande diagonale de l'équiaxe est double de celle du primitif.

cependant en former deux séries de cristaux qui se déduiraient les uns des autres, par des lois aussi simples que celles que nous venons de citer, en interpolant des rhomboèdres que la nature ne nous a pas encore offerts.

Enfin, quelques rhomboèdres de la chaux carbonatée échappent à cette loi, et sont complétement indépendants les uns des autres, mais ils sont produits par d'autres modifications que nous indiquerons bientôt.

b. **Modifications inégalement inclinées.**

Dodécaèdres triangulaires scalènes ou métastatiques. —Dans ce genre de modifications, chaque arête culminante donne lieu à deux faces, disposées d'une manière symétrique à droite et à gauche de cette arête. Le solide qui en résulte est à douze faces, savoir : six se coupant au sommet supérieur A, six au sommet inférieur A'.

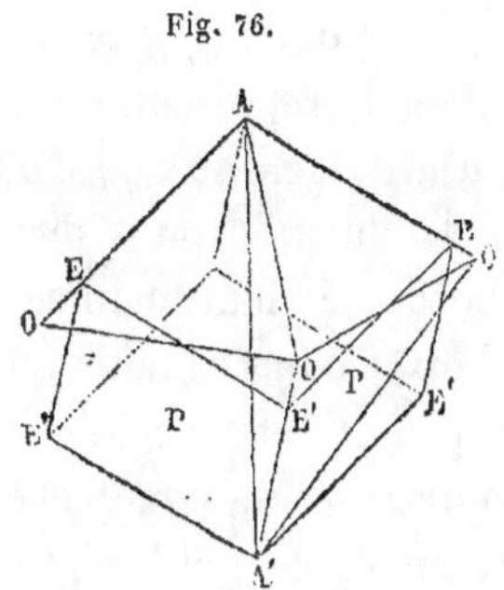

Fig. 76.

Les faces de ce cristal sont des triangles ; car les deux faces AOE, AOE, *fig.* 76, étant placées symétriquement à droite et à gauche sur les arêtes AE, AE, se rencontreront à égale distance de ces arêtes ; et leur intersection sera comprise dans la section principale AE'A'E, passant par la diagonale AE' et l'axe du cristal. La même symétrie se reproduisant au sommet inférieur, les deux faces placées sur les arêtes A'E', A'E' se couperont dans le plan passant par la diagonale A'E et l'arête AE. Ainsi trois faces seulement se couperont, les deux contiguës AEo, AEo, suivant l'arête Ao, et la face opposée A'OE ; elles donneront par leurs intersections des triangles scalènes AOO, AOO, A'OO.

Le solide qui résulte de modifications symétriques sur les arêtes du rhomboèdre, est donc un dodécaèdre triangulaire

7

scalène dont la base OOO est disposée en zigzag ; elle est la trace d'un rhomboèdre intérieur sur lequel le solide qui nous occupe pourrait dériver par un biseau placé sur les arêtes latérales.

Haüy a donné le nom de *métastatique* à un cristal de cette nature, qui se déduit par des biseaux sur les arêtes latérales du rhomboèdre primitif de la chaux carbonatée, et que nous ferons connaître, page 102. Ce nom a été généralisé et appliqué à tous les dodécaèdres triangulaires scalènes associés au rhomboèdre ; M. G. Rose et plusieurs minéralogistes allemands les désignent sous le nom de *scalénoèdre*.

Les métastatiques placés sur les arêtes culminantes sont en général écrasés ; leur hauteur est celle du rhomboèdre primitif, et six de leurs arêtes culminantes leur sont communes avec le rhomboèdre ; ces espèces de métastatiques sont très-rares, ceux qu'on connaît ne sont pas complets. Ils se présentent ordinairement sous la forme de pointements à six faces, placés sur l'angle sommet du rhomboèdre, ainsi que la *fig.* 90, qui se rapporte à une forme très-composée, le représente.

Passage du dodécaèdre triangulaire scalène au dodécaèdre triangulaire isocèle. — Si les modifications placées sur les arêtes culminantes du rhomboèdre étaient inclinées de manière qu'elles partageassent en deux parties égales l'angle compris entre la face du rhomboèdre primitif et celle du rhomboèdre équiaxe, le solide dérivé jouirait d'une symétrie particulière ; ses arêtes culminantes seraient égales, et le dodécaèdre serait composé de douze triangles isocèles. Sa base serait alors un hexaèdre régulier. La chaux carbonatée présente cette disposition dans une variété décrite par Haüy sous le nom de *sténonome*, et que nous avons dessinée dans les formes composées, *fig.* 90, page 115.

La position des faces de ce genre de métastatique nous apprend que chacune de ces faces prolongée coupe les trois axes horizontaux ; elles seront donc représentées par l'expression :

$$a : na : pa : h.$$

II. MODIFICATIONS SUR LES ARÊTES LATÉRALES.

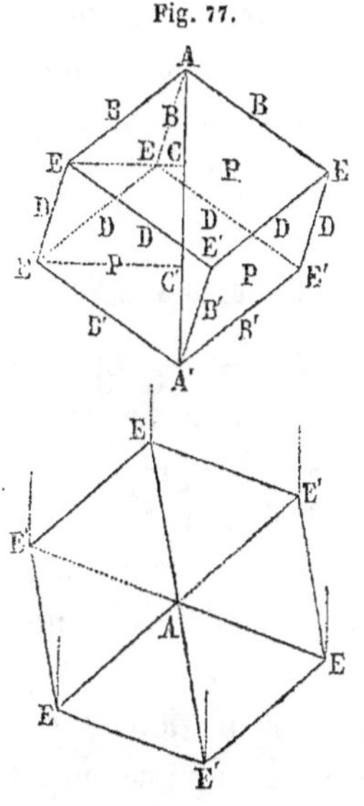

Fig. 77.

a. **Tangentes à ces arêtes.** — Les arêtes latérales du rhomboèdre sont disposées de telle sorte que leurs extrémités sont à égale distance de l'axe. Car si l'on abaisse des perpendiculaires des extrémités de l'une d'elles E′E′ sur l'axe AA′, *fig.* 77, les distances E*c*, E′*c*′ seront égales, puisque les triangles AE*c*, A′E′*c*′ sont égaux. Si donc l'on projette sur un plan horizontal les points E, E′, les longueurs AE, AE′ seront égales; les six côtés EE′ étant de plus égaux, la projection de ces arêtes donnera un héxaèdre régulier, puisque tous les côtés du polygone sont égaux entre eux, et que les lignes AE, A′E qui partent du centre A et réunissent les angles de ce polygone ont la même longueur.

Prisme à six faces, placé sur les arêtes latérales. — Les faces du rhomboèdre étant également inclinées à l'axe, il est évident que les plans menés tangentiellement sur les arêtes latérales seront verticaux, en sorte que l'hexaèdre régulier qui forme la projection du rhomboèdre sera précisément la trace du prisme qui naîtra sur ces mêmes arêtes. Dans ce cas, le solide qui aura lieu, *fig.* 78, sera composé de deux cristaux différents, du prisme régulier à six faces, et d'un pointement à trois faces,

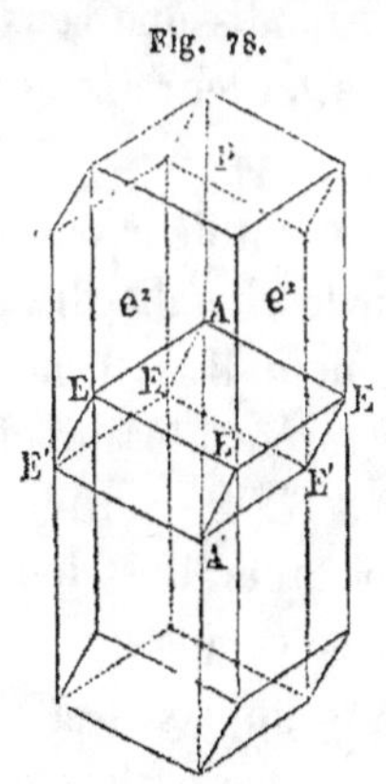

Fig. 78.

reste du rhomboèdre. Pour que le prisme à six faces soit complet, il faut ajouter une modification tangente sur les angles sommets que nous décrirons dans quelques pages.

Les faces s'appuyant exactement sur les arêtes, elles passeront par l'extrémité d'un axe et couperont deux axes horizontaux à la distance $2a$: enfin ces faces seront parallèles à l'axe vertical h. On a donc pour l'expression du prisme à six faces placé sur les arêtes latérales du rhomboèdre :

$$2a : 2a : a : \infty\, h.$$

b. Modifications inégalement inclinées sur les arêtes latérales.

Métastatiques placés sur les arêtes latérales. — Chaque arête donnera naissance à deux faces, et comme les arêtes latérales sont disposées d'une manière symétrique, il en résulte que l'intersection des plans qui naîtront sur les arêtes EE′ de la face qui est sur le devant, sera dans le plan de la coupe principale AEA′E′, et qu'elle rencontrera l'axe à une distance quelconque S.

Les polyèdres résultant de ce genre de modifications seront donc composés de douze triangles scalènes égaux ; ce seront des métastatiques analogues à ceux que les modifications inégalement inclinées sur les arêtes culminantes avaient déjà produits, seulement les premiers, ayant toujours le même axe que le rhomboèdre générateur, sont écrasés, tandis que ceux qui naissent sur les arêtes latérales sont aigus, et leur axe est plus long que celui du rhomboèdre.

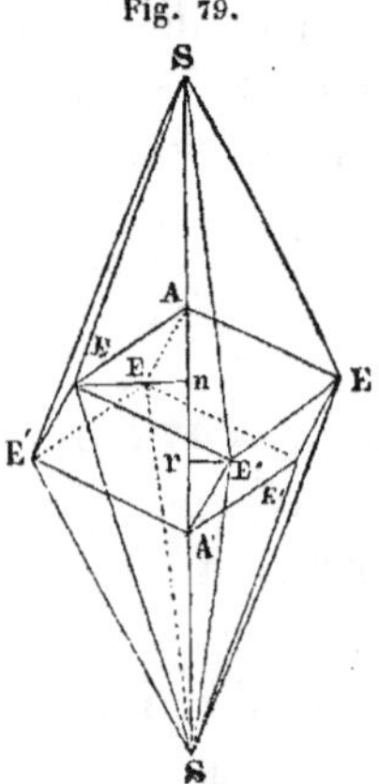

Fig. 79.

La *fig.* 79 représente un de ces métastatiques placés sur le rhomboèdre ; chacun des triangles dont il se compose a pour base une arête latérale, et deux triangles SEE′, S′E′E contigus s'appuient sur la même arête. Il est donc évident que ce cristal se compose :

1° De deux angles sommets S et S′ symétriques l'un de l'autre et formés de six angles plans égaux ;

2° De six angles latéraux à quatre faces, mais irréguliers, et parmi lesquels trois angles alternatifs sont plus rapprochés du sommet supérieur, et les trois autres du sommet inférieur, de même que cela a lieu dans le rhomboèdre lui-même ;

3° De douze arêtes culminantes, dont six longues et six courtes ;

4° De six arêtes latérales, qui se confondent par construction avec les arêtes latérales du rhomboèdre.

L'expression de ces métastatiques sera :

$$a : ma : na : ph.$$

Métastatiques plus ou moins allongés. — On fait varier le métastatique à volonté, en allongeant ou en raccourcissant sa hauteur SS′ ; cette modification donne donc lieu à un nombre illimité de solides de cette nature ; mais de même que les métastatiques qui ont le même axe que le rhomboèdre primitif ne sont qu'au nombre de deux ou trois, les métastatiques placés sur les arêtes sont également en nombre fort circonscrit ; cependant on en connaît une douzaine au moins dans la *chaux carbonatée*, et plusieurs se trouvent avec une grande fréquence.

Les métastatiques déterminent plusieurs rhomboèdres. — La plupart se déduisent par des lois assez simples ; pour quelques-uns elles sont compliquées, mais alors il est facile de les rapporter à un noyau hypothétique, sur lequel ils naissent avec simplicité ; en effet, les arêtes latérales du métastatique (*fig.* 79) sont les mêmes que les arêtes latérales du rhomboèdre, et les deux espèces d'arêtes culminantes du premier de ces solides correspondent aux arêtes culminantes de deux autres rhomboèdres ; de sorte que chaque métastatique détermine à la fois trois rhomboèdres différents qui ont avec lui une dépendance immédiate, et qui fréquemment même se trouvent dans la nature combinés ensemble sur le même cristal. Si donc le métastatique que l'on considère se déduisait par des lois compliquées du rhomboèdre sur lequel on l'a fait naître par certaines modifications, il serait placé d'une manière simple sur un rhomboèdre hypothétique en rapport soit avec les arêtes latérales de ce métastatique, soit avec l'une des deux séries d'arêtes culminantes.

Propriétés particulières du métastatique de la chaux carbonatée. — Parmi les différents métastatiques qui peuvent naître sur le rhomboèdre, la chaux carbonatée en offre un fort remarquable dans lequel la longueur de l'axe est triple de celui du rhomboèdre, comme la *fig.* 79 le représente. L'angle obtus de chacune des faces du métastatique est en outre égal à l'angle plan du rhomboèdre, et par suite l'angle compris entre les deux faces adjacentes SEE′, SEE′ du métastatique est égal à l'angle dièdre de deux faces du rhomboèdre opposées par le sommet. Nous démontrons dans la note ci-jointe [1] la première de ces propriétés. La seconde en est une

---

[1] Pour démontrer l'égalité de l'angle obtus SEE′ du métastatique avec l'angle plan obtus du rhomboèdre, il suffit de chercher les expressions des cosinus de ces deux angles et de les comparer.

Pour obtenir l'angle plan SEE′, il faut connaître les trois côtés de ce triangle : l'un d'eux, EE′, est égal au côté du rhomboèdre ; les deux autres peuvent être considérés comme les hypothénuses de deux triangles rectangles SEn, SE′r, *fig.* 79, que l'on obtient en abaissant des perpendiculaires En, E′r, sur l'axe.

Or, nous avons vu (page 95) que si dans la coupe principale du rhomboèdre AE′A′E on mène des angles E, E′ des perpendiculaires sur l'axe, on divise cet axe en trois parties égales ; donc dans le triangle SE′r, Sr = AS

Fig. 79.

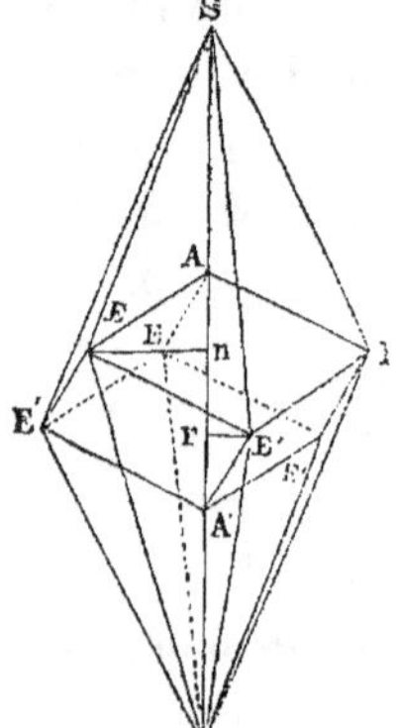

$+ \frac{2}{3}$ AA′ : mais par hypothèse dans le métastatique SA = AA′ = h ; donc Sr = $h + \frac{2}{3} h = \frac{5}{3} h$. Quant à S$n$, il sera égal à $h + \frac{1}{3} h = \frac{4}{3} h$. Dans le rhomboèdre, les trois angles E, E, E, déterminent un triangle équilatéral ; donc les perpendiculaires abaissées de chacun des sommets se coupent au même point n, et toutes les longueurs En, En, En, sont égales.

Quant à cette longueur En, nous l'avons déjà trouvée (page 95) en calculant les propriétés de l'équiaxe. Appelons-la d pour le moment, nous remplacerons plus tard cette lettre par sa valeur.

On a donc :

$$\text{SE}' = \sqrt{\overline{\text{S}r}^2 + \overline{\text{E}n}^2} = \sqrt{\left(\tfrac{5}{3} h\right)^2 + d^2}.$$

$$\text{SE} = \sqrt{\overline{\text{S}n}^2 + \overline{\text{E}'r}^2} = \sqrt{\left(\tfrac{4}{3} h\right)^2 + d^2}.$$

conséquence nécessaire. En effet, en supprimant les faces in-
férieures du métastatique, il reste au point E un angle solide

---

Dans le triangle SEE', on connaît donc les trois côtés ; on aura le cosinus
SEE' par la formule :

$$\text{Cos. A} = \frac{b^2 + c^2 - a^2}{2\,b\,c},$$

a étant le côté opposé à l'angle A, b et c les deux autres côtés. Dans cet
exemple,

$$a = \text{S'E} = \sqrt{(\tfrac{5}{3}\,h)^2 + d^2}\,;\; b = \text{SE} = \sqrt{(\tfrac{4}{3}\,h)^2 + d^2}\,;\; c = \text{EE}' = f.$$

On a par conséquent :

$$\text{Cos. A} = \frac{(\tfrac{4}{3}\,h)^2 + d^2 + f^2 - (\tfrac{5}{3}\,h)^2 - d^2}{2\sqrt{(\tfrac{4}{3}\,h)^2 + d^2} \times f}.$$

Expression qui devient en effectuant les carrés , et réduisant :

$$\text{Cos. A} = \frac{f^2 - h^2}{2\sqrt{\tfrac{16}{9}\,h^2 + d^2} \times f}.$$

Nous avons trouvé antérieurement, page 96, pour les valeurs de h , de d et
f en fonction, des demi-diagonales p et g.

$$h = \sqrt{gp^2 - 3\,g^2} \qquad d = \sqrt{\tfrac{1}{3}\,g^2} \qquad f = \sqrt{p^2 + g^2}.$$

Cos. A devient , après la substitution des valeurs de d , f et h,

$$\text{Cos. A} = \frac{p^2 + g^2 - gp^2 + 3\,g^2}{2\sqrt{\tfrac{16}{9}.\,(gp^2 - 3\,g^2) + \tfrac{1}{3}\,g^2} \times \sqrt{p^2 + g^2}},$$

et après avoir fait les réductions :

$$= \frac{4\,g^2 - 8\,p^2}{2\sqrt{16\,.\,9\,p^2 - 48\,g^2 + 12\,g^2} \times \sqrt{p^2 + g^2}}$$

$$= \frac{2\,(g^2 - 2\,p^2)\,9}{2\sqrt{16\,p^2 - 4\,g^2}\,\sqrt{p^2 + g^2}}$$

d'où en réduisant :

$$\text{Cos. A} = \frac{g^2 - 2\,p^2}{\sqrt{4\,p^2 - g^2}\,\sqrt{p^2 + g^2}}.$$

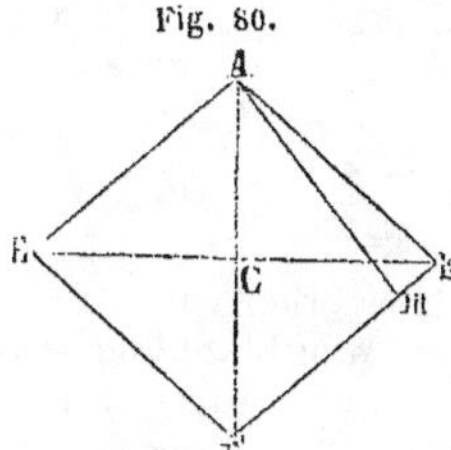

Il faut maintenant calculer les angles plans de
la forme primitive. Pour les obtenir, soit, *fig.* 80,
la face du rhomboèdre : si nous abaissons du
sommet A une perpendiculaire Am sur le côté
opposé, elle représentera le sinus de l'angle
plan AEm, en supposant que le rayon soit égal
à AE ; par suite, mE sera le cosinus de cet
angle. Les cosinus des deux angles plans étant
égaux sauf le signe, la valeur que nous trou-
verons devra être égale , sauf les signes.

Pour avoir Am, j'observerai que le triangle AEE' = AEE ; car ils ont une partie com-

à trois faces, composé également comme le sommet du rhomboèdre, savoir : 1° un angle plan obtus E'EE', appartenant au rhomboèdre ; 2° deux angles plans obtus SEE' égaux entre eux, et par hypothèse égaux à l'angle plan du rhomboèdre ; il en résulte nécessairement que les angles dièdres de l'angle solide E doivent être les mêmes que les angles dièdres du rhom-

---

mune ACE, et une partie égale ACE = ECE'. Il en résulte donc que $\frac{1}{2}$ Am × EE', qui représente la solidité du premier de ces triangles, est égal à $\frac{1}{2}$ Ac × EE, qui est l'expression de la solidité du second ; et par suite on a l'équation

$$Am \times EE' = Ac \times EE.$$

D'où
$$Am = \frac{Ac \times EE}{EE'} \, ;$$

expression qui devient, en mettant à la place des lignes AC, CE, EE', leurs valeurs en fonctions des diagonales $Am = \sqrt{\dfrac{4\,g^2\,p^2}{g^2+p^2}}$. On a donc

$$AE : Am :: p^2 + g^2 : 2\,gp.$$

D'un autre côté, le triangle AmE donne $mE = \sqrt{\overline{AE}^2 - \overline{Am}^2}$;

donc $Af : mE :: g^2 + p^2 : \sqrt{(g^2+p^2)^2 - 4\,p^2 g^2} :: g^2 + p^2 : \sqrt{g^4 - 2\,p^2 g^2 + p^4} :: g^2 + p^2 : \pm(g^2 - p^2)$; Af représentant le sinus, mE sera le cosinus. On a donc :

$$\text{Cos. A} = \frac{\pm(g^2 - p^2)}{p^2 + g^2}.$$

Le signe + appartient au cosinus où le rhomboèdre est obtus, et le signe — à celui où le rhomboèdre est aigu.

Dans la chaux carbonatée, $p = \sqrt{2}$; $g = \sqrt{3}$.

Dans ce cas, la valeur du cosinus devient $\dfrac{\pm 1}{5}$.

L'expression du cosinus de l'angle obtus du métastatique, qui est

$$\text{Cos. A} = \frac{g^2 - 2\,p^2}{\sqrt{4\,p^2 - g^2}\,\sqrt{p^2 + g^2}},$$

devient, par la substitution des valeurs de p et g,

$$\text{Cos. A} = \frac{3 - 4}{\sqrt{8 - 3}\,\sqrt{2 + 3}} = \frac{-1}{\pm 5},$$

valeur identique avec la précédente, ce qui prouve la propriété énoncée.

L'expression du cosinus nous offre une propriété remarquable du rhomboèdre ; elle consiste en ce que, dans cette espèce de solide, le cosinus de l'angle est toujours une quantité rationnelle, pourvu que les carrés des expressions des deux diagonales soient eux-mêmes des quantités rationnelles.

boèdre ; c'est cette propriété remarquable qui a conduit Haüy à donner à ce cristal le nom de *métastatique*, parce qu'il offre, pour ainsi dire, un transport des angles du primitif sur cette variété particulière du dodécaèdre à triangles scalènes. Les autres solides de cette nature ne sont pas, à proprement parler, des métastatiques, mais comme leur forme est analogue et qu'il est toujours facile de les considérer comme le résultat d'une modification sur les arêtes latérales d'un rhomboèdre, nous avons cru devoir généraliser cette expression en l'appliquant à tous les dodécaèdres triangulaires scalènes associés au rhomboèdre. Cette manière de considérer ces cristaux a aussi le grand avantage d'une simplicité dans les solides associés au rhomboèdre qui se réduisent à quatre, savoir :

1° Des rhomboèdres ;

2° Deux prismes réguliers à six faces ;

3° Des métastatiques ;

4° Des dodécaèdres triangulaires isocèles.

III. MODIFICATIONS SUR LES ANGLES SOMMETS.

Fig. 81.

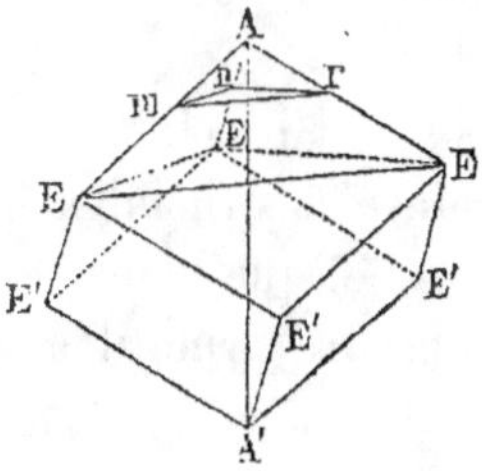

a. **Tangentiellement à cet angle.** — Cette modification donne lieu à une petite face triangulaire *mnr* placée horizontalement sur le sommet, puisque l'axe est vertical ; c'est un triangle équilatéral (*fig.* 81) semblable à celui qui est donné par la réunion des trois angles E, E, E, extrémités des arêtes culminantes.

Base de prismes à six faces. — Cette face est précisément la base du prisme à six faces que des modifications tangentes sur les arêtes latérales ont donné. Nous avons indiqué, en parlant de cette modification, que, pour qu'elle fût complète, il était nécessaire d'ajouter la troncature sur les angles sommets.

b. **Modifications inégalement inclinées sur les angles sommets.** — La position des faces qui naissent sur l'angle du rhomboèdre peut être astreinte à une certaine symétrie, ou placée d'une manière tout à fait irrégulière.

Dans la première hypothèse, nous supposerons que son intersection sur les faces du rhomboèdre soit parallèle à la diagonale horizontale ; dans la seconde, que la position de cette intersection soit disposée d'une manière quelconque.

Rhomboèdres secondaires naissant sur le sommet du primitif. — Lorsque l'intersection est parallèle à la diagonale horizontale, il naît sur le sommet de ce cristal un pointement à trois faces placées symétriquement, qui produit par son intersection avec le pointement inférieur un rhomboèdre, dont les angles latéraux sont placés dans deux plans perpendiculaires à l'axe.

On pourra retrouver, par ce moyen, des rhomboèdres que l'on obtiendrait d'autres modifications. On aurait, par exemple, l'équiaxe par des faces placées sur le sommet, de manière que les angles de ces nouvelles faces avec l'axe soient égaux aux angles des arêtes culminantes du primitif sur l'axe ; seulement, cet équiaxe sera disposé, relativement au primitif, d'une manière différente de l'équiaxe qui naît sur les arêtes, et les faces de ces deux rhomboèdres équiaxes feront entre elles des angles de 60 degrés.

Cet exemple fera comprendre que, suivant l'inclinaison qu'on donnera aux faces, on reproduira ainsi des rhomboèdres déjà obtenus par d'autres modifications, et que le même solide secondaire peut dériver du rhomboèdre primitif de plusieurs manières différentes.

Lorsque les modifications sur les angles ne seront pas soumises à la symétrie que je viens d'indiquer, le sommet sera alors surmonté d'un pointement à six faces qui sera généralement dû à un métastatique, mais qui pourra aussi appartenir à un dodécaèdre triangulaire isocèle. La disposition des nouvelles faces sera analogue à un biseau sur les angles latéraux dont nous allons bientôt parler.

IV. MODIFICATIONS SUR LES ANGLES LATÉRAUX.

a. **Modifications tangentes. — Prisme régulier à six faces.** — Les plans qui résulteront de cette modification seront verticaux et devront être également inclinés sur les deux arêtes latérales qui se réunissent aux angles E. Leurs traces sur le plan horizontal seront par conséquent perpendiculaires aux lignes AE, AE′, etc., qui sont les projections des plans verticaux passant par l'axe du cristal et par ses angles latéraux. Si donc on mène par chaque point E, E′, etc., des perpendiculaires aux lignes AE, AE′, on construira l'intersection sur le plan horizontal du nouveau cristal donné par des modifications tangentes. Les lignes AE, AE faisant entre elles des angles de 60 degrés, ainsi que nous l'avons démontré page 99, les lignes *mm, mm,* feront le même angle, et par suite le solide résultant de cette modification sera un prisme régulier à six faces, circonscrit au rhomboèdre.

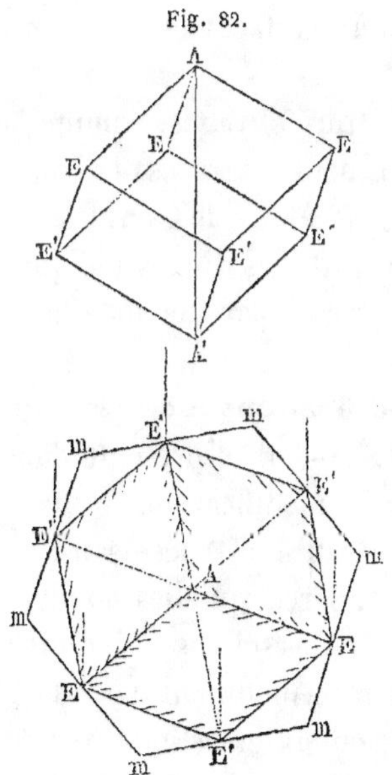

Fig. 82.

Déjà nous avons obtenu un prisme à six faces régulier par des modifications tangentes sur les arêtes latérales. Ces deux prismes, quoique entièrement analogues, et qu'il est impossible de distinguer quand ils sont complets, du moins par leur aspect, jouent dans la cristallisation un rôle différent ; ils sont placés l'un par rapport à l'autre, ainsi que la *fig.* 82 le montre, de manière que les angles du premier correspondent au milieu des arêtes du second. Il résulte de cette disposition qu'en adoptant la notation de M. Rose, le premier sera représenté par l'expression

$2a : 2a : a : \infty\ h$, tandis que le second le serait par $a : a\ \infty\ a : \infty\ h$; car deux des lignes qui représentent les axes horizontaux des auteurs allemands, passent par le milieu des côtés E, E', et le troisième est parallèle au côté $m\ m$ du prisme.

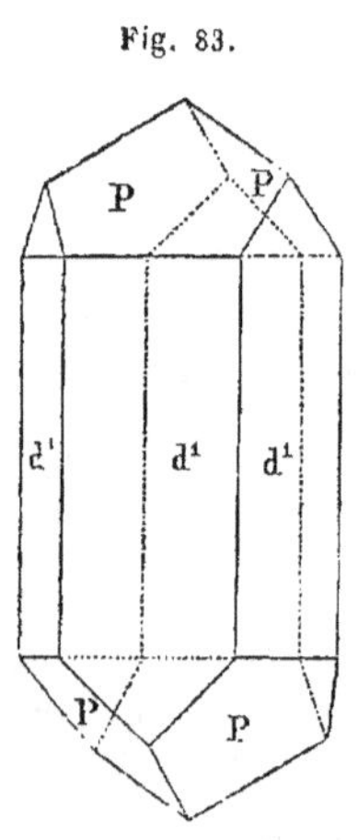

Fig. 83.

Dans les cristaux composés, la différence entre les deux prismes est très-prononcée; nous avons en effet vu, *fig.* 78, que le rhomboèdre forme sur le premier prisme un pointement à trois faces disposé de telle façon que les faces du rhomboèdre s'appuient sur les arêtes du prisme; dans la modification qui nous occupe, le rhomboèdre est au contraire placé sur les faces du prisme hexaèdre, de manière que leur intersection est une ligne horizontale, ainsi que le représente le cristal *fig.* 83, qui est formé par la réunion du second prisme à six faces et du rhomboèdre générateur.

Lorsque les minéraux admettent trois clivages, comme la *chaux carbonatée*, les stries qui marquent les traces des lames sont horizontales, dans le prisme placé sur les angles du rhomboèdre : elles forment au contraire des lignes obliques aux angles du prisme à six faces produit par une modification sur les arêtes du rhomboèdre.

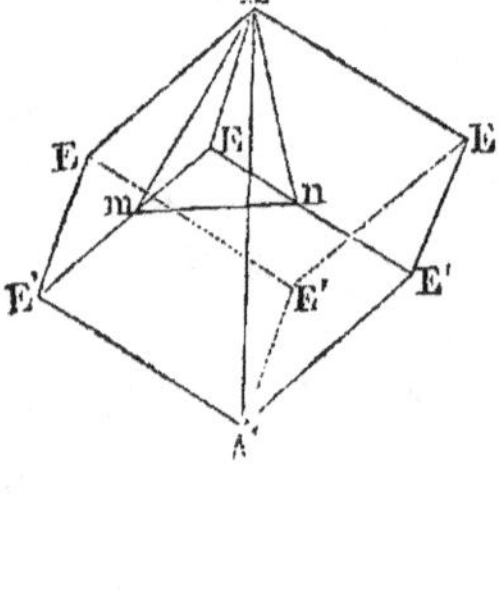

b. **Modifications inclinées sur les angles.** — Il se présente dans ce genre de modifications des circonstances qu'il est nécessaire de distinguer, parce qu'elles donnent naissance à des solides différents :

1° Le plan modifiant peut être tel que son intersection avec le plan du dessous soit parallèle à la diagonale horizontale E'E' :

Fig. 84.

2° Cette trace ayant une direction quelconque, la trace sur le plan latéral AE′ peut être parallèle à la diagonale AE′;

3° La modification peut s'appuyer sur une ligne joignant l'axe et l'angle latéral sur lequel la modification a lieu;

4° Enfin les traces de la face secondaire peuvent n'être soumises à aucune des conditions précédentes.

Lorsque la face modifiante coupe le plan de dessous suivant une ligne parallèle à la diagonale EE′, il naît une seule face sur chaque angle, et le solide qui en résulte, composé de trois faces culminantes également inclinées à l'axe, est un rhomboèdre.

Dans ce genre de modification, un cas particulier se présente : il a lieu lorsque la face modifiante passe par le sommet et qu'elle divise les côtés contigus EE′ en deux parties égales ; le rhomboèdre qui en résulte est identique avec le rhomboèdre générateur ; seulement il est disposé de manière que ses faces font des angles de 60 degrés avec celles du primitif.

Quand ces deux rhomboèdres existent ensemble, ils donnent alors naissance à un dodécaèdre triangulaire isocèle, dont six faces appartiennent au rhomboèdre primitif et les six autres faces au rhomboèdre dérivé.

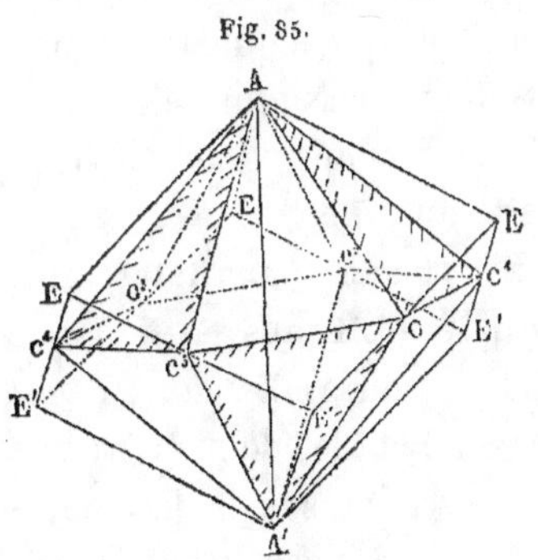

Fig. 85.

Pour rendre cette disposition plus visible, j'ai ombré dans la *fig.* 85 les nouvelles faces, tandis que celles appartenant au rhomboèdre primitif sont restées en blanc.

Ces deux rhomboèdres sont dits *inverses* l'un de l'autre, parce que les arêtes de l'un correspondent aux diagonales de l'autre. Il faut bien distinguer cette valeur du mot *inverse* de celle que Haüy attribue au rhomboèdre qu'il appelle *inverse* dans la *chaux carbonatée* : dans ce cas, l'*inverse* est un rhomboèdre inscrit dans le primitif.

La chaux carbonatée possède cette association de deux rhomboèdres égaux, placés d'une manière symétrique ; c'est la variété que Haüy a désignée sous le nom de *trihexaèdre*, laquelle est composée d'un prisme à six faces surmonté d'un pointement à six faces.

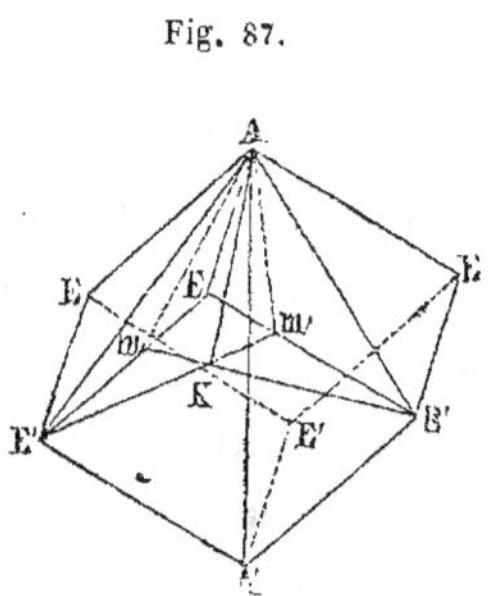

Fig. 86.

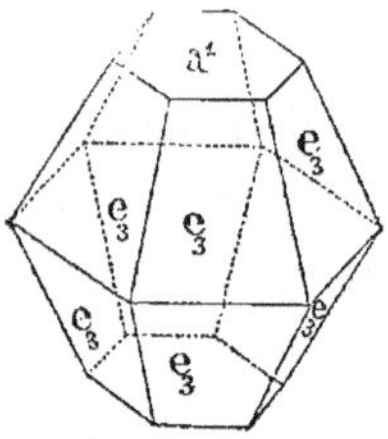

Chaque rhomboèdre peut avoir son inverse, et comme l'association de deux rhomboèdres de même angle, mais placés inversement, donne toujours naissance à un dodécaèdre triangulaire isocèle, il en résulte que le nombre des solides de cette sorte est infini comme le nombre de rhomboèdres. La nature en présente effectivement plusieurs espèces, particulièrement dans le *fer oligiste* et dans le *corindon* : la *chaux carbonatée* en offre trois variétés. La *fig.* 86 représente un cristal de fer oligiste de l'île d'Elbe, dans lequel les sommets du dodécaèdre sont remplacés par les bases des prismes à six faces.

Ces dodécaèdres triangulaires isocèles, appelés par **M. Rose** *bi-rhomboèdres*, lui servent de type pour le système qui nous occupe : nous verrons en effet dans le chapitre que nous consacrerons à la comparaison des systèmes cristallins des principaux auteurs, qu'il est très-facile de faire dériver tous les cristaux associés au rhomboèdre de cette forme.

2° **Traces parallèles aux diagonales obliques.** — Lorsque la modification AmE', *fig.* 87, est placée sur l'angle, de manière que son intersection sur la face adjacente AEE'E soit parallèle à la diagonale AE', la symétrie exige qu'il se fasse une seconde modification Am'E' passant par la diagonale AE' de la face située à gauche. Dans ce

Fig. 87.

cas, il naît deux faces sur chaque angle ; le solide qui en résulte est donc un dodécaèdre triangulaire, dont AKE', AKE, sont les deux faces contiguës. La ligne AE' a généralement une inclinaison différente de AK, et par suite les triangles sont scalènes ; le solide est donc un métastatique analogue à ceux que nous avons obtenus par d'autres modifications.

La position des traces mE', $m'E'$, n'étant assujettie à aucune condition, on peut obtenir des métastatiques en nombre infini. Plusieurs minéraux, entre autres la *chaux carbonatée* et l'*argent rouge*, présentent beaucoup de cristaux de cette nature ; cependant le nombre en est fort restreint, et la plupart d'entre eux peuvent se déduire par des lois simples, soit du rhomboèdre primitif, soit d'un noyau hypothétique, ainsi que nous l'avons déjà annoncé en parlant des autres genres de modifications.

Le troisième cas est analogue au second ; il suffit, pour les réunir, de mener par le sommet un plan parallèle à celui qui naîtra sur la ligne joignant le sommet à un point de l'axe, il donne par conséquent lieu à des métastatiques. Nous l'avons cité, parce qu'il est indiqué par plusieurs auteurs.

3° **Modifications irrégulièrement placées sur les angles.** — Lorsque la face qui naît sur l'angle du rhomboèdre n'est soumise à aucune condition, ce sont encore des dodécaèdres triangulaires scalènes qui résultent de ce genre de modifications. Ces dodécaèdres peuvent donc varier à l'infini : il en existe d'aigus et d'obtus. Pour concevoir ces divers solides, nous remarquerons qu'il y a deux sortes de limites : l'une est fournie par la condition que l'inclinaison formée à chaque angle par les deux facettes soit plus petite que 180°, l'autre qu'elle soit plus grande que l'inclinaison mutuelle des faces du rhomboèdre de part et d'autre de l'arête du sommet.

Dans le premier cas, les deux facettes se réuniraient en une seule, et donneraient lieu aux différents rhomboèdres que l'on obtient par une troncature placée sur les angles latéraux parallèlement à la diagonale horizontale de la face opposée de l'angle que l'on considère.

Dans le second, les facettes se confondraient avec les faces du rhomboèdre.

En récapitulant les différents cristaux qui appartiennent au type rhomboédrique, on voit, ainsi que nous l'avons annoncé, que, malgré la grande variété de modifications auxquelles ce type donne naissance, on obtient seulement quatre genres de formes dominantes.

1° Des *rhomboèdres;*

2° Des dodécaèdres triangulaires scalènes ou *métastatiques;*

3° Deux *prismes réguliers à six faces;*

4° Des dodécaèdres triangulaires isocèles ou *bi-rhomboèdres.*

Ces quatre formes dominantes peuvent se diviser en deux catégories.

La première comprend les rhomboèdres, dont les faces, quoique toutes égales, se groupent par trois, et les métastatiques qui, par la disposition en zigzag des arêtes latérales et la réunion de leurs arêtes culminantes en deux espèces, se lient intimement aux rhomboèdres.

La seconde renferme les deux prismes à six faces, et les dodécaèdres triangulaires isocèles, dont les faces semblables sont au nombre de six.

La nature a presque toujours suivi cette division dans le phénomène de la cristallisation; cette circonstance a engagé les minéralogistes, tout en réunissant ces différents solides sous un même type, à ne pas les prendre indifféremment pour forme primitive.

Dans la *chaux carbonatée*, la *chabasie*, la *tourmaline*, etc., le nombre des modifications est ordinairement triple; aussi prend-on pour forme primitive de ces minéraux le rhomboèdre.

Dans les cristaux de *chaux phosphatée*, *d'émeraude*, de

cuivre sulfuré, le nombre des facettes est sextuple ; il en résulte que le prisme à six faces représente mieux leur système cristallin que ne le ferait un rhomboèdre.

Le nombre et les faces du clivage sont presque toujours en rapport avec la division que nous venons d'énoncer. Dans la *chaux carbonatée*, il existe en effet trois clivages égaux et également inclinés à l'axe, qui conduisent au rhomboèdre. Dans la *chaux phosphatée*, les clivages sont verticaux et parallèles aux faces du prisme régulier à six faces ; quelquefois cette substance présente, en outre, le clivage parallèle à la base de ce même prisme.

Le groupement des faces secondaires que nous venons d'énoncer n'est pas absolu : le *corindon*, dont les clivages conduisent au rhomboèdre, offre des cristaux en dodécaèdres triangulaires isocèles, qui appartiennent plus spécialement aux minéraux dont la forme primitive est le prisme régulier à six faces. Nous dirons, en outre, que ce dernier solide existe avec une grande abondance dans des minéraux, que leurs clivages conduisent à faire regarder comme dérivant d'un rhomboèdre.

Cristaux composés. — Les minéraux qui appartiennent au type rhomboédrique présentent un grand nombre de cristaux variés. Rarement ces cristaux sont simples ; cependant la chaux carbonatée, qui est la substance la plus riche en variétés de cristaux, est quelquefois en rhomboèdres ou en prismes à six faces, sans mélange d'autres facettes. Le plus ordinairement, les cristaux que l'on trouve dans la nature affectent des formes composées, c'est-à-dire dans lesquelles il existe plusieurs cristaux groupés ensemble. Haüy a donné à chaque forme isolée, et à chaque forme résultant de la combinaison de plusieurs autres, des noms différents. Cette multiplicité de noms apporte une grande difficulté à l'étude de la minéralogie et surtout de la cristallographie ; c'est une des raisons qui font que peu de personnes savent se rendre compte des formes cristallines. Pour éviter cet inconvénient, nou croyons qu'il convient de ne donner de noms particuliers qu'à chaque facette différente. Quant aux cristaux composés de plusieurs modifications réunies, il faut les désigner par la forme qui domine. La *fig.* 88, par exemple, appelée *bi-binaire* par HAUY, est un prisme à six faces surmonté du métastatique ordinaire, et terminé par le rhomboèdre primitif. En ayant soin de décomposer de cette manière les cristaux composés, il est toujours facile de reconnaître le système cristallin d'une substance, et de se rendre compte des formes

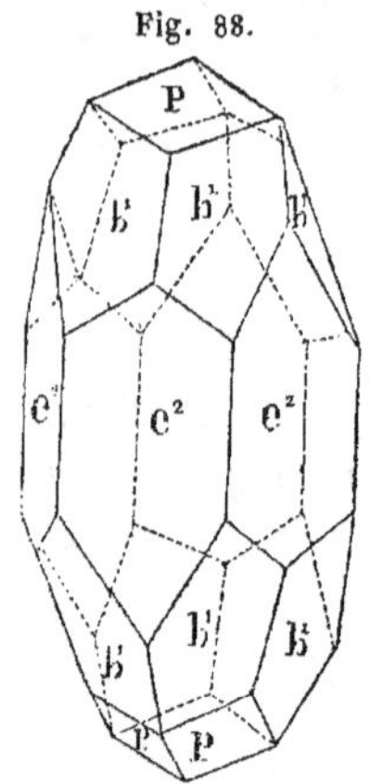

Fig. 88.

variées, quelquefois en nombre considérable, qu'elle présente. La chaux carbonatée, par exemple, possède plus de huit cents cristaux, décrits par M. le COMTE DE BOURNON. Ce nombre, quelque considérable qu'il soit, peut encore beaucoup augmenter ; car les différentes combinaisons qu'on peut former avec les quarante-cinq ou cinquante facettes connues de cette espèce, s'élèveraient à un nombre immense.

Les deux exemples suivants, qui contiennent plusieurs des facettes que l'on retrouve le plus habituellement, suffiront pour faire comprendre la marche que l'on doit suivre dans les cristaux, même les plus chargés de facettes.

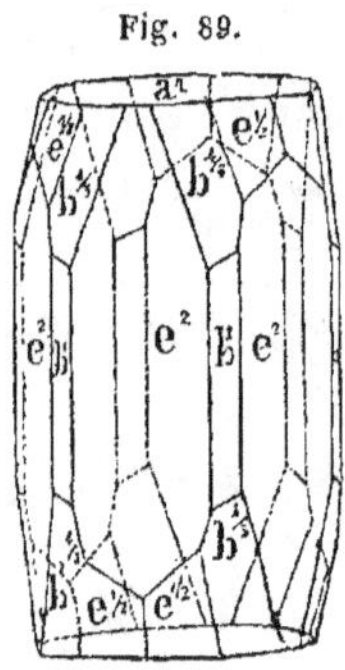

Fig. 89.

On décrit souvent le prisme à douze faces comme un cristal particulier, mais c'est une forme composée, donnée par la réunion des deux prismes à six faces qui naissent sur le rhomboèdre par des plans tangents sur les arêtes ou sur les angles. La *fig.* 89, qui représente un échantillon de chaux carbonatée du Derbyshire, offre un exemple de la réunion des deux prismes. Les faces e^2 appartiennent au prisme hexagonal donné par la troncature des angles, et les faces d^1 appartiennent au prisme à six faces naissant sur les arêtes : ce cristal renferme, en outre, deux métastatiques $d\,^4/_3$ et $e\,^1/_2$. Le premier placé sur les arêtes latérales du rhomboèdre, le second produit par une modification symétrique sur les angles latéraux.

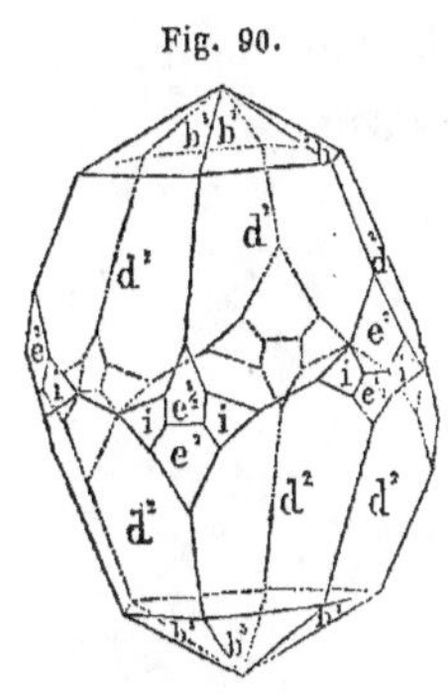

Fig. 90.

La *fig.* 90, qui affecte la forme générale d'un métastatique ordinaire d^2, fournit l'exemple d'un dodécaèdre isocèle triangulaire b^3 disposé en pointement sur chaque extrémité du cristal : ses arêtes d'intersection avec le métastatique d^2 sont horizontales, caractère particulier qui rappelle la symétrie des modifications qui lui donnent naissance. Cet échantillon de chaux carbonatée, également d'Angleterre, présente en outre de petites facettes e^2 du prisme à six faces tangent aux angles, d'un rhomboèdre $e\,^3/_2$, et d'un métastatique i donné par une modification inégalement inclinée sur les éléments du primitif.

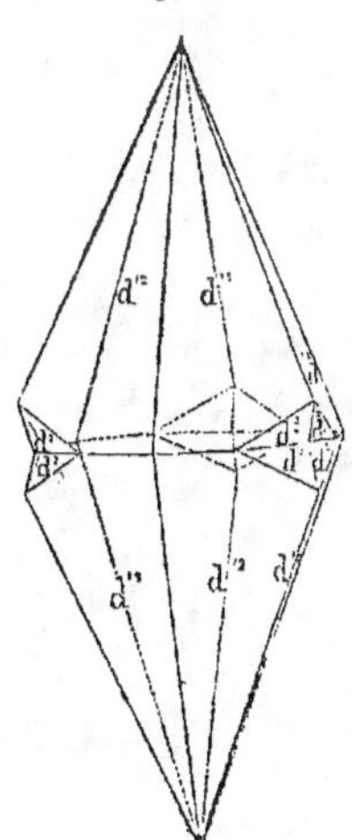

Fig. 91.

Cristaux hémitropes. — Il existe dans le système qui nous occupe plusieurs genres d'hémitropies ; dans quelques cristaux, le plan suivant lequel l'hémitropie a lieu, est parallèle à la section principale du rhomboèdre, mais dans la plupart il est perpendiculaire à l'axe.

La *fig.* 91 représente le métastatique qui a subi une hémitropie perpendiculairement à l'axe et par son milieu ; les faces en retour donnent lieu à trois angles rentrants composés de petits triangles en regard.

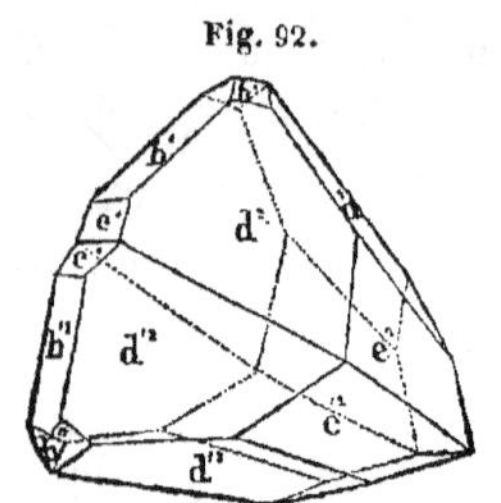
Fig. 92.

La *fig.* 92, qui appartient à une variété de chaux carbonatée du Cornouailles, représente une hémitropie parallèle au plan diagonal passant par un des angles supérieurs E. L'angle rentrant, composé des petites faces e^1 appartenant au rhomboèdre placé sur l'angle E, décèle la symétrie de cette forme.

CINQUIÈME TYPE CRISTALLIN.

PRISME RHOMBOÏDAL OBLIQUE.

Lorsque dans un cristal à trois axes obliques, deux de ces axes sont égaux entre eux, les côtés de la base sont nécessairement égaux, et ses coupes transversales sont des rhombes. Pour exprimer cette propriété, on a donné au solide qui la possède le nom de prisme *rhomboïdal oblique*. Cette disposition communique au cinquième type cristallin une certaine symétrie, qui avait engagé Haüy à le désigner par l'expression de *prisme oblique symétrique*.

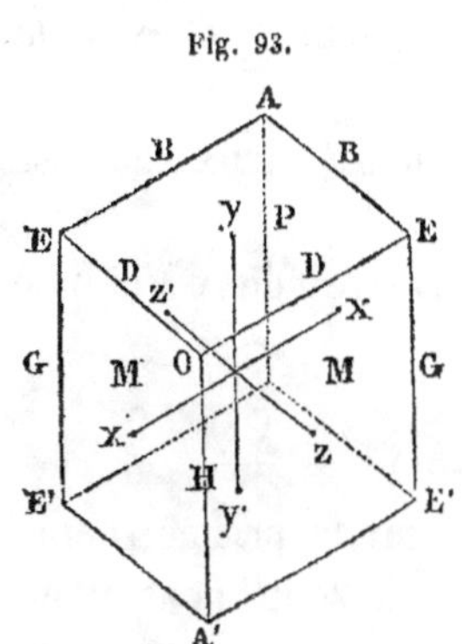

Les deux axes XX′, ZZ′, égaux entre eux, étant désignés par a, et l'axe vertical par h, la notation de chacune des faces verticales sera :

$$a : \infty\, a : \infty\, h,$$

celle de la base sera :

$$\infty\, a : \infty\, a : h.$$

Les minéralogistes allemands, et notamment M. Rose, adoptent pour les trois axes de ce solide la ligne verticale yy' ou h, et les deux diagonales Ao, EE, de la base. Dans ce cas, l'une d'elles EE est perpendiculaire sur les deux autres ; elle est d'abord perpendiculaire sur Ao par construction, puisque ces deux lignes sont les diagonales d'un rhombe ; mais, en outre, le plan diagonal Ao, A′o′ étant vertical, les points E sont situés aux extrémités d'obliques égales, et par suite la ligne qui les réunit est horizontale.

Dans le prisme oblique rhomboïdal, les côtés de la base sont tous égaux entre eux, mais leur position relativement à l'axe vertical est différente. Les deux qui se réunissent à l'angle O placé en avant sont d'une espèce, et les deux AE placés en arrière sont d'une autre espèce.

Quant aux angles solides, celui O placé en avant est composé, lorsque l'angle des faces MM est obtus, de trois angles obtus, tandis que l'angle A, qui lui est opposé, est formé d'un angle obtus et de deux angles aigus : une différence analogue aurait lieu si le prisme était aigu.

Les deux angles E sont, au contraire, semblables entre eux, puisqu'ils sont composés d'angles plans égaux, et que la diagonale qui les joint est horizontale. Il résulte de cette disposition que le prisme rhomboïdal oblique renferme sept éléments différents, savoir :

Deux angles A, opposés à l'extrémité d'une diagonale.

Deux angles O,   *id.*

Quatre angles E ; deux à la base supérieure, deux à la base inférieure.

Quatre arêtes B ; deux à la base supérieure, deux à la base inférieure.

Quatre arêtes D ; deux à la base supérieure, deux à la base inférieure.

Deux arêtes verticales H.

Deux autres arêtes verticales G.

Les modifications qui peuvent naître sur le prisme rhomboïdal sont par conséquent au nombre de sept ; nous allons les examiner successivement.

1° MODIFICATIONS SUR L'ANGLE A.

Les troncatures placées sur l'angle A peuvent se présenter dans trois circonstances différentes, que l'on trouve effectivement dans le *pyroxène*.

a. La trace sur la base peut être parallèle à la diagonale EE : cette disposition est la plus fréquente. Le *pyroxène*, le *feldspath*, l'*albite*, en présentent de nombreux exemples.

b. La trace sur la base ayant une direction quelconque, celles sur les faces latérales M peuvent être parallèles à la diagonale de cette face, opposée à l'angle A. Ce genre de modification se trouve également dans le *pyroxène* et le *feldspath*.

c. Enfin, les modifications sont placées d'une manière irrégulière, sans être astreintes à aucune loi. Le *pyroxène* nous offre encore des facettes produites par ces modifications que Haüy a désignées par le nom de *mixtes* ou d'*intermédiaires*, parce qu'effectivement elles ne sont en réalité placées ni sur les angles, ni sur les côtés du prisme.

a. **Modification parallèle à la diagonale de la base**. — Dans ce cas, il naît une face qui tronque l'angle A ; le cristal est alors surmonté de deux faces : l'une P est la partie restante de la base, l'autre a^1, *fig. 94*, est la nouvelle face. Celle-ci peut être inclinée plus ou moins, et dans ce cas elle vient couper l'axe vertical à une distance plus ou moins grande.

Fig. 94.

Biseaux sur l'angle. — Dans ce genre de modification, la base domine presque toujours. Cependant quelquefois la largeur de la facette modifiante est presque égale à celle de la base, et dans ce cas, le prisme est surmonté d'un véritable biseau. La plupart des espèces minérales qui cristallisent en prisme rhomboïdal oblique présentent effectivement plusieurs biseaux ; mais ils sont rarement en nombre supérieur à 3 ou 4, et les lois qui président à leur génération sont ordinairement fort simples.

Dans le *pyroxène*, on connaît deux biseaux qui viennent couper l'axe h à des distances 1 et 2, et leur notation est a^1, a^2.

Le *feldspath* en offre trois : les facettes qui les produisent coupent l'axe aux distances 1/2, 1 et 2. Leur notation est $a^{\frac{1}{2}}$, a^1, a^2.

Dans le *pyroxène*, un de ces biseaux est placé de manière à former une face horizontale ; lorsque cette facette acquiert une certaine étendue, le prisme paraît droit ; mais quand il existe des modifications sur les arêtes de la base en même temps, on est bientôt détrompé, parce que si le prisme était véritablement droit, les quatre arêtes de la base seraient égales et le cristal devrait avoir quatre facettes semblables, tandis que dans le pyroxène ces facettes sont simplement doubles.

b. **Modification parallèle à la diagonale** EO′ **de la face** M. — Soit *cnr* le plan qui produit cette modification, l'inspection de la figure montre que, pour que les lois de symétrie soient observées, il doit naî-

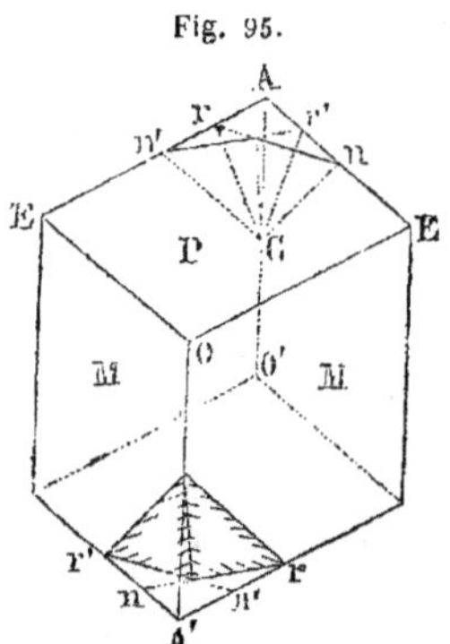

tre une seconde face en retour *cn′r′*, placée sur la face M de gauche, de la même manière que *cnr* l'est sur M située à droite. Ces deux faces donneront lieu à un biseau dont l'intersection *cf* se projettera sur l'arête AO′ du prisme. Sur la *fig*. 95, destinée à faire voir la manière dont cette modification s'engendre, on a ombré les deux facettes placées sur l'angle opposé A′, afin de montrer leur position d'une manière plus distincte.

Le *pyroxène* offre un exemple de cette modification; la face qui en résulte coupe l'axe à une distance 3.

c. **Modifications placées d'une manière irrégulière**. — La ligne *cn* n'est plus parallèle à la diagonale Eo′, mais, à l'exception de cette circonstance, la disposition de la figure est la même; c'est encore un biseau qui résulte de cette modification; seulement il est placé d'une manière irrégulière sur les faces, et pour exprimer sa notation, il est nécessaire d'indiquer les distances auxquelles ses deux facettes coupent les axes ou les côtés. Haüy décrit trois variétés de biseaux de ce genre dans le pyroxène.

2° MODIFICATIONS SUR L'ANGLE O.

La position de cet angle étant analogue à celle de A, on conçoit qu'on doit retrouver des modifications de même nature : effectivement, il existe plusieurs substances minérales qui en offrent des exemples ; cependant ils sont rares, et le plus ordinairement l'angle A est seul tronqué.

3° MODIFICATIONS SUR LES ANGLES E.

Ces deux angles étant de même espèce, les facettes qui les remplacent ont lieu sur chacun d'eux ; elles peuvent se présenter avec les circonstances que nous avons indiquées sur l'angle A, et dans ce cas, elles donnent naissance à des biseaux différents.

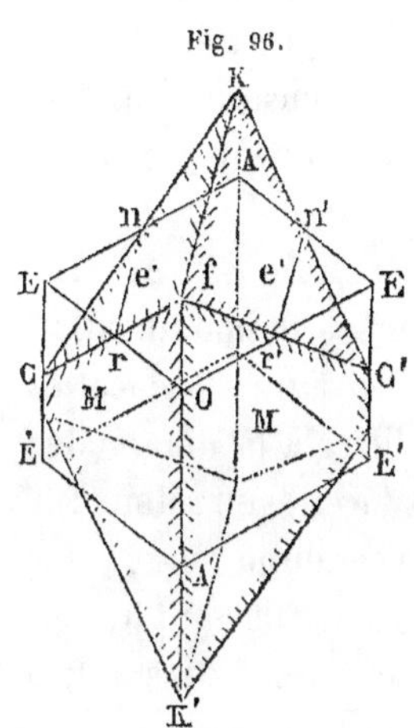
Fig. 96.

a. **Modification parallèle à la diagonale** A*o* **de la base.** —Soit *cnr*, *c'n'r'*, *fig.* 96, les plans des troncatures qui naissent sur les angles E, et *rn*, *r'n'* leurs traces sur la base. En prolongeant ces plans jusqu'à leur rencontre *fk*, on construit un biseau sur la base ; celle-ci disparaît entièrement lorsque les faces M, M sont prolongées jusqu'à ce biseau ; l'intersection du biseau est parallèle à la diagonale AO, et de plus, elle se trouve dans le plan vertical déterminé par les arêtes AO', OA'. Cette circonstance donne beaucoup de symétrie à ce cristal, dont chaque face se représente à droite et à gauche de la coupe principale avec une position analogue. Deux faces semblables naîtraient sur les angles inférieurs E', E'.

Suivant l'inclinaison des nouvelles faces *cfk*, *c'fk*, le prisme sera surmonté d'un biseau plus ou moins obtus. Le *pyroxène* est une des substances qui présentent le plus de modifications de cette nature. M. Levy, dans la description qu'il a donnée de la collection de M. Heuland, en fait connaître quatre. Elles sont remarquables par la simplicité des lois qui président leur dérivation ; elles sont telles , que les distances auxquelles les faces de ces biseaux viennent successivement couper l'axe, sont entre elles comme les nombres 1, 2, 4 et 6. On pourra donc exprimer ces faces par les symboles e^1, e^2, e^4, e^6, l'exposant représentant la hauteur de ces modifications. Haüy et M. Levy expriment ces facettes par les fractions 1, $\frac{1}{2}$, $\frac{1}{4}$, $\frac{1}{6}$. Dans ce cas, ils prennent pour l'unité la hauteur du prisme, tandis que c'est la diagonale horizontale qui nous a servi de point de départ.

Dans quelques substances minérales, ce biseau existe en même temps que la base. Le cristal est alors terminé par trois faces ; mais elles ne constituent pas précisément un pointement, parce que la base forme une troncature sur l'arête du biseau, et que les trois faces ne se coupent pas en un point.

b. **Modifications parallèles à la diagonale** EA′ **des faces latérales.** — Le biseau qui naît par cette modification n'est plus symétrique comme celui qui résulte des facettes dont les traces sur le biseau sont parallèles à la diagonale ; quelquefois, mais rarement, il existe des facettes en retour : le *pyroxène*, qui forme l'un des meilleurs types du prisme rhomboïdal oblique, en présente un exemple ; mais ils sont rares ; la plupart des troncatures sur les angles sont assujetties à être parallèles à la diagonale AO de la base.

Les modifications parallèles à la diagonale AE′ de la face placée sur le derrière du cristal donnent des biseaux analogues.

Enfin, si les facettes naissant sur l'angle ne sont assujetties à aucune loi, on obtient encore un biseau dont l'arête d'intersection sera également comprise dans le plan vertical formé par la coupe principale, mais cette arête ne sera plus parallèle à la diagonale AO.

Ces biseaux sont moins rares que les précédents, cependant on n'en connaît que peu d'exemples.

4° ET 5° MODIFICATIONS SUR LES ARÊTES VERTICALES.

Les arêtes verticales sont de deux espèces : les unes H sont situées à l'extrémité de la petite diagonale ; les autres G à l'extrémité de la grande. Elles sont par conséquent à des distances différentes de l'axe, et doivent être modifiées séparément.

Les facettes qui naissent sur ces arêtes sont toujours verticales ; mais les unes sont parallèles au plan diagonal qui leur est opposé, les autres sont placées sans lois apparentes sur le cristal.

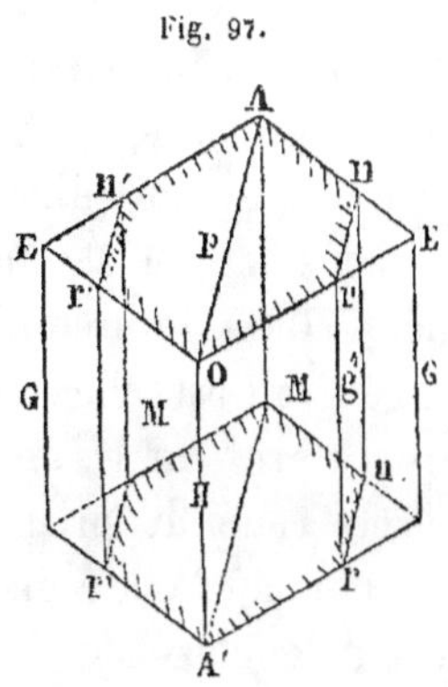

Fig. 97.

a. **Modifications parallèles au plan diagonal. — Prismes à six faces symétriques.** —Soient d'abord, *fig.* 97, des facettes *rn*, *r′n′* naissant sur les arêtes G , parallèlement au plan diagonal AOA′O′ : le solide qui en résultera sera un prisme oblique à six faces symétriques, composé de quatre faces M, et de deux faces g^1.

Si , au lieu d'avoir choisi les arêtes G , nous eussions tronqué les arêtes H, nous aurions obtenu un second prisme à six faces oblique symétrique, composé encore de quatre faces M, et de deux faces h^1, parallèles au plan diagonal EEE′E′.

Ces deux prismes à six faces existent séparément dans le *pyroxène* et dans l'*amphibole ;* ils sont fort différents l'un de l'autre par leur aspect. Celui obtenu par la troncature des arêtes H est aplati, tandis que le prisme donné par les facettes parallèles au plan AA′ est d'apparence plus régulière. Cette différence est en rapport avec l'angle du prisme ; plus l'angle des faces de devant est ouvert, plus le prisme est aplati, lorsque les troncatures ont lieu sur les arêtes qui y aboutissent.

Fig. 98.

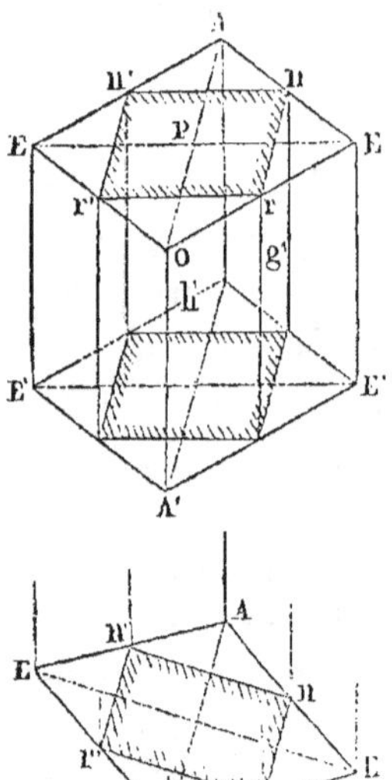

Prisme rectangulaire. — Quand les troncatures sur les arêtes verticales et parallèles aux plans diagonaux ont fait disparaître le prisme rhomboïdal, ce cristal devient un *prisme rectangulaire oblique fig.* 98. On le connaît dans quelques espèces minérales, notamment dans le *pyroxène.*

Prisme à huit faces. — Le plus ordinairement les deux troncatures h^1 et g^1 existent en même temps que les faces primitives; il en résulte alors un prisme à huit faces, dont l'aspect est fort différent, suivant que les faces M, M ou g^1 et h^1 dominent. Dans le premier cas, sa forme générale est celle d'un prisme oblique rhomboïdal, avec des troncatures sur les arêtes verticales; dans le second, elle affecte celle du prisme oblique rectangulaire que nous venons d'indiquer. Cette disposition tient à ce que les deux plans diagonaux de tout prisme rhomboïdal sont perpendiculaires entre eux.

Dans plusieurs espèces minérales, le prisme rectangulaire domine, notamment dans le *diopside*. M. Beudant et quelques auteurs ont pris ce prisme pour point de départ du cinquième système cristallin; dans ce cas, les modifications sont inversées, attendu que les arêtes de la base de l'un correspondent aux angles de l'autre, et que les faces verticales du premier remplacent les arêtes verticales du second.

b. **Modifications placées d'une manière quelconque.** — Si l'on mène un plan sans aucune loi sur l'arête H, la symétrie du cristal exige qu'un second plan en retour se produise en sens inverse. C'est donc un biseau vertical qui naît sur l'arête H; et comme il y a deux arêtes H, l'une sur le devant du cristal correspondant à l'angle O, l'autre sur le derrière et aboutissant à l'angle A, ce sont donc quatre nouvelles faces qui s'ajoutent aux quatre faces M primitives, et le prisme devient à huit faces.

Les modifications de cette nature sont assez nombreuses ; toutefois il est rare qu'elles ne soient pas assujetties à des lois simples ; le plus ordinairement elles sont données par des plans tangents sur les arêtes d'intersection nn, rr, des faces du prisme rhomboïdal et du prisme rectangulaire. Lorsqu'il existe plusieurs biseaux, ceux-ci se déduisent de la même manière sur les arêtes d'intersection du premier biseau avec les faces du prisme ; de sorte qu'en appelant h^1 la face du prisme rectangulaire parallèle au plan diagonal EE', h^2, h^3 seront des biseaux successifs qui auront lieu sur l'arête H. Il est rare qu'il y ait plus de trois biseaux. Dans ce cas même, le prisme est cannelé et cylindroïde ; ce qui se conçoit facilement, puisque le nombre des faces est de vingt-six, en supposant, ce qui est fort rare, qu'il n'y ait pas de modification sur les arêtes G. Ces dernières sont susceptibles, comme H, des modifications g^1, g^2, g^3.

6° ET 7° MODIFICATIONS SUR LES ARÊTES DE LA BASE.

Nous rappellerons que les arêtes de la base sont de deux espèces : celles de devant D, et celles de derrière B. On doit donc étudier successivement les modifications qui ont lieu sur chacune d'elles. Toutefois, leur position étant semblable, ce qu'on aura dit pour les unes fera également connaître ce qui a lieu sur les autres, car les facettes qui naîtront seront analogues.

Prenons pour exemple les arêtes D : les modifications peuvent être tangentes à ces arêtes, ou diversement inclinées. Cette supposition est inutile, parce que les facettes qui naîtront seront de même nature ; seulement le biseau qu'elles formeront sera plus ou moins incliné sur la base. Ce biseau ne constituera qu'une simple bordure, si les facettes qui le composent sont très-étroites ; au contraire, il ferait disparaître la base dans le cas où elles prendraient de l'extension.

La *fig.* 99 montre un biseau étroit, la *fig.* 100 représente un biseau large et ayant fait disparaître la base. Dans cette dernière figure les deux bases sont remplacées par un biseau, de manière que le cristal est complet.

Fig. 99.   Fig. 100.   Fig. 101.

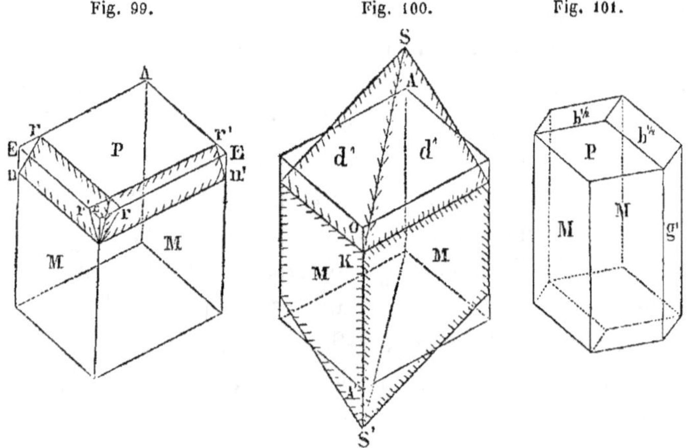

On aurait des biseaux analogues sur les arêtes de derrière B.

Le nombre de biseaux placés sur les arêtes s'élève rarement à plus de trois ou quatre. Dans le *pyroxène*, qui est une des substances les plus riches en facettes, il existe deux biseaux sur les arêtes D, placés sur le devant, et trois sur les arêtes B. Aucun de ces biseaux n'est tangent à ces arêtes ; mais ils se dérivent tous par des lois simples ; savoir : sur D, on a $d\,\frac{1}{2}$, $d\,\frac{1}{4}$; sur B, ils sont représentés par $b\,\frac{1}{2}$, $b\,\frac{1}{4}$, $b\,\frac{1}{6}$.

Pointement à trois faces. — Dans plusieurs minéraux, et principalement dans l'*amphibole*, le biseau $b\frac{1}{2}$ placé sur les arêtes existe en même temps que la base ; dans ce cas, le cristal est surmonté d'un pointement à trois faces, ainsi que le représente la *fig.* 101. Mais ses faces sont d'ordres différents, ce qu'on aperçoit facilement à leur inclinaison, et par suite on ne saurait les confondre avec le pointement triple qui caractérise le rhomboèdre. Cette observation est nécessaire, parce que les faces g^1, produites par une troncature sur les arêtes verticales G, transforment le prisme rhomboïdal en un prisme à six faces, et lui communiquent une certaine symétrie.

Pointements à quatre faces. — Assez fréquemment il existe à la fois des biseaux sur les arêtes D et sur les arêtes B ; dans ce cas, le cristal est surmonté d'un pointement à quatre faces, représenté *fig.* 102.

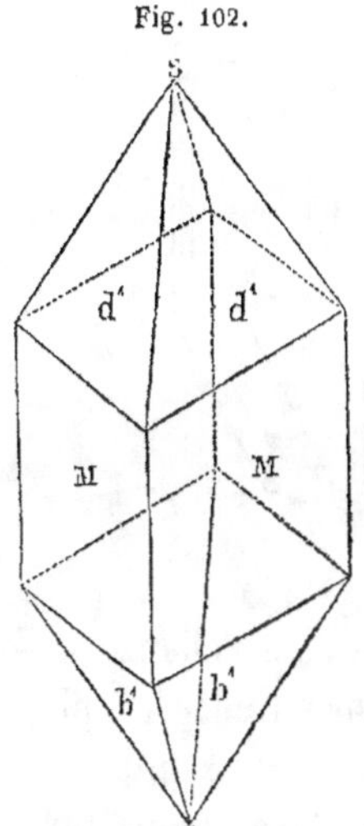

Fig. 102.

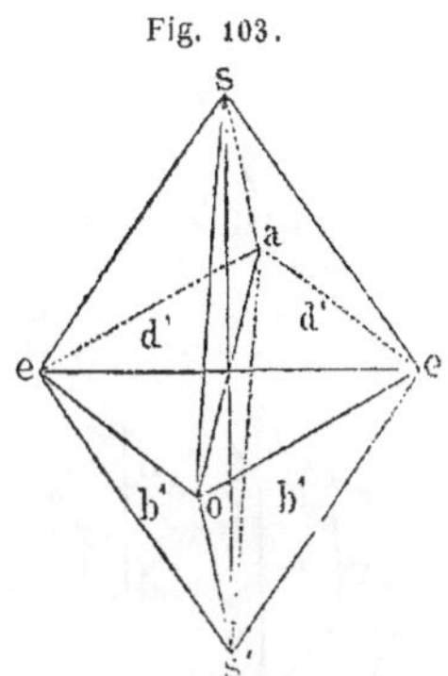

Fig. 103.

Octaèdres scalènes symétriques. — Enfin, dans plusieurs minéraux, les faces du prisme ont disparu et le cristal prend, par la réunion des pointements inférieurs et supérieurs, la forme d'un octaèdre, *fig.* 103, composé de huit triangles scalènes.

Les trois lignes *ao*, *ee* et SS', qui en forment les axes, représentent, les deux premières, les diagonales de la base du prisme rhomboïdal, la troisième en est la hauteur. D'après cette construction, l'axe *ee* est perpendiculaire aux deux autres. Il en résulte que si l'on tourne le cristal de manière à mettre l'axe *ee* vertical, cet octaèdre aura une certaine symétrie, parce que son axe sera perpendiculaire au plan de la base. Cette circonstance le différencie complétement de l'octaèdre irrégulier auquel nous verrons que le sixième type cristallin donne lieu.

Cristaux composés. — Les substances qui cristallisent sous la forme du prisme rhomboïdal oblique se présentent rarement en cristaux simples. Dans la plupart des cas, les modifications que nous venons de décrire se combinent ensemble et donnent naissance à des cristaux plus ou moins chargés de facettes, mais dans lesquels la forme prismatique est ordinairement très-dominante.

Fig. 104.

Fig. 105.

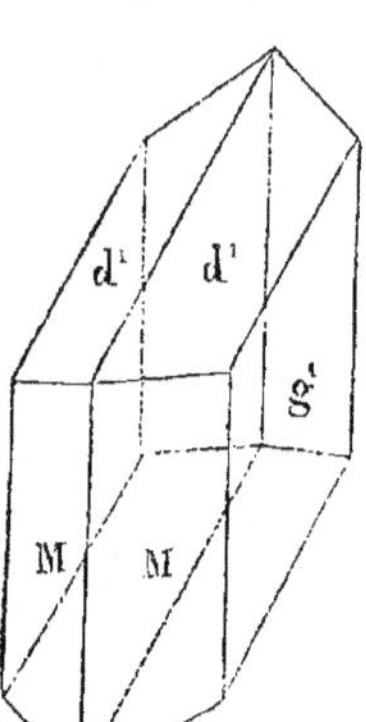
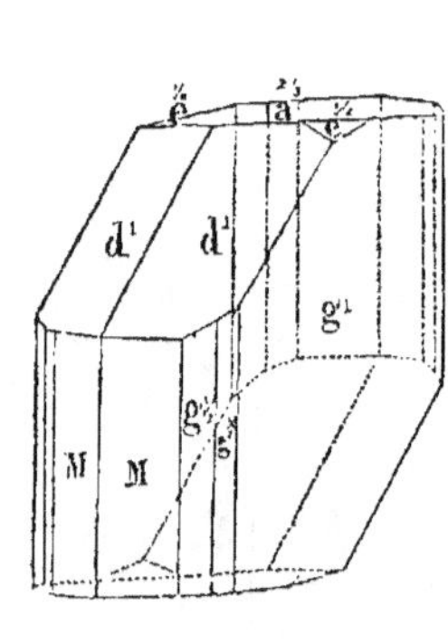

Les *fig.* 104 et 105, qui appartiennent à la chaux sulfatée, fournissent deux exemples des dispositions les plus fréquentes dans les cristaux composés ; elles représentent le prisme générateur fortement aplati par une large troncature sur les arêtes G. L'élargissement que subit le cristal lui donne l'apparence d'une table bordée sur les arêtes de sa base. Le clivage facile de la chaux sulfatée, suivant cette même face, rend cette disposition encore plus prononcée. Dans la *fig.* 104, la base est simplement remplacée par un biseau placé sur deux de ses arêtes ; dans la *fig.* 105, à ce biseau il s'ajoute une troncature sur l'angle A, de petites facettes sur les angles E, et plusieurs modifications parallèles à l'arête verticale H, qui donnent au prisme une apparence cannelée.

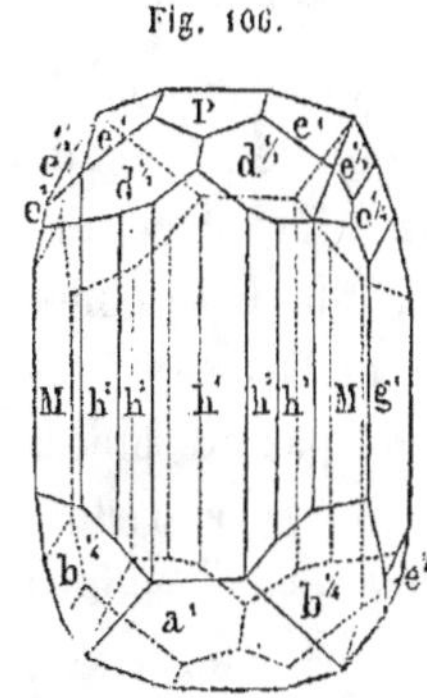

Fig. 106.

La *fig*. 106 appartient au pyroxène. Malgré le nombre de facettes assez considérable qu'elle présente, la
forme prismatique est encore dominante. Cette disposition est un des
caractères du système qui nous occupe.
Les lettres symboliques qui désignent
les faces du cristal *fig*. 106, montrent
qu'il contient le prisme primitif P, M; le
prisme rectangulaire h^1g^1 placé sur les
arêtes verticales, parallèlement aux
arêtes verticales, parallèlement aux
plans diagonaux; deux autres prismes à quatre faces h^2 et h^3,
un biseau $d^{\frac{1}{2}}$ placé sur les arêtes de devant, un biseau $b^{\frac{1}{2}}$ placé
sur les arêtes de derrière, enfin trois biseaux e^1, $e^{\frac{1}{2}}$, $e^{\frac{1}{4}}$ qui
s'appuient sur les angles latéraux.

Cristaux hémitropes. — On connaît plusieurs espèces
d'hémitropies dans les substances qui cristallisent en prisme
rhomboïdal oblique; le feldspath en présente de nombreuses.
Il y en existe surtout deux très-fréquentes, l'une parallèle au
plan diagonal EE′, l'autre qui a lieu suivant la coupe principale
AOA′O′; cette dernière offre une circonstance remarquable
qu'il est nécessaire de signaler, parce qu'elle sert à distinguer le feldspath de l'albite, substances dont tous les caractères ont de grandes analogies.

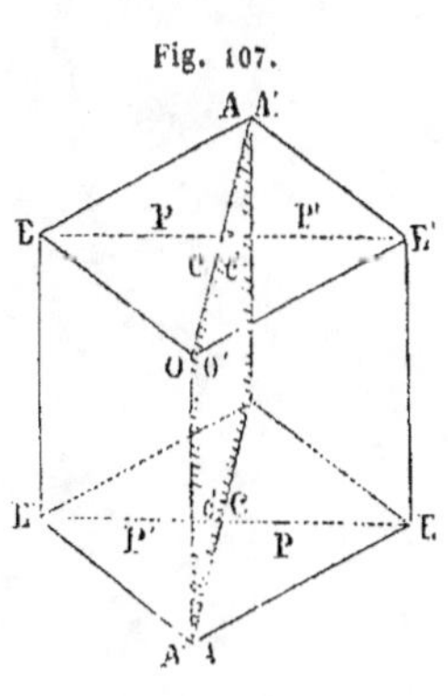

Fig. 107.

Elle consiste en ce que dans un
prisme oblique rhomboïdal, le plan
diagonal AO′A′O, *fig*. 107, est perpendiculaire au plan EE′E′E, et que
par suite les deux prismes triangulaires AA′E′, AA′E, dans lesquels le
cristal se décompose, quand on mène
le plan diagonal, sont identiques;
si l'on suppose donc que celui de
droite décrive une demi-circonfé-
rence de manière que l'angle A′ s'ap-

plique sur A, on aura effectué une hémitropie dans le cristal ; mais il n'aura éprouvé aucun changement apparent. En effet, la ligne EE′ qui se composera de la demi-diagonale EC, et de la demi-diagonale E′C appartenant à la base inférieure, sera toujours une ligne droite, et par suite la nouvelle base composée de la moitié de la face P et de la moitié de la face P′, sera plane. Si les deux plans diagonaux n'avaient pas été placés à angle droit, comme cela a lieu dans le sixième type cristallin, l'hémitropie aurait présenté un angle rentrant. Mais si les faces sont planes, le clivage n'est pas continu, et on le voit s'arrêter au plan diagonal, de sorte qu'il existe sur la base une ligne qui la partage en deux et révèle l'existence d'une hémitropie dans le cristal.

SIXIÈME TYPE CRISTALLIN.

PRISME OBLIQUE NON SYMÉTRIQUE.

Lorsque les trois axes obliques sont inégaux, il n'existe plus de symétrie dans le cristal ; il se présente sous la forme d'un parallélogramme obliquangle, dont les coupes ne sont soumises à aucune loi, et, pour mettre une opposition marquée avec les différentes formes qui appartiennent aux systèmes précédents, Haüy a donné à ce cristal le nom de *prisme oblique non symétrique*, qui résume ses propriétés. Dans ce prisme, tous les éléments sont différents.

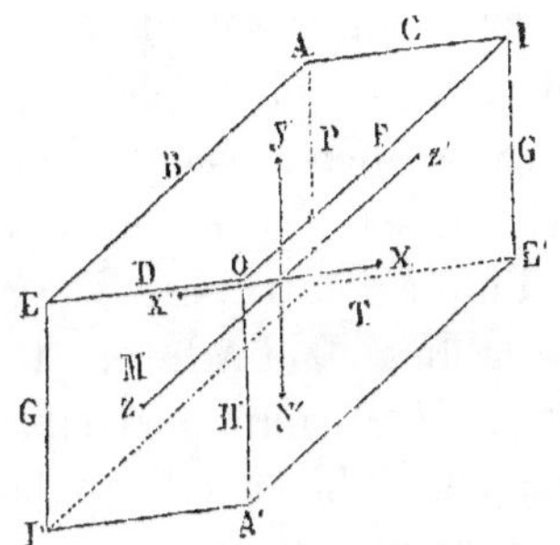

Fig. 108.

Les angles solides sont formés d'angles plans différents, de sorte que les quatre angles sont indépendants les uns des autres : il en est de même des quatre arêtes de la base. Quant aux arêtes verticales, elles sont de deux espèces, H et G ; il y a donc dans ce type cristallin dix éléments différents, savoir :

Quatre espèces d'angles ;

Six espèces d'arêtes.

Il en résulte que ce système cristallin admet dix genres de modifications. Mais en même temps que le nombre d'espèces de modifications augmente, elles deviennent plus simples, parce qu'elles ne se multiplient pas sur chaque face, et qu'elles ne donnent lieu qu'à de simples troncatures, ainsi qu'on l'observe dans la *fig*. 109, qui appartient à l'*axinite*. Elle porte quatre facettes différentes : l'une sur l'angle *t*, les trois autres sur les arêtes *b*, *c* et *h*.

Fig. 109.

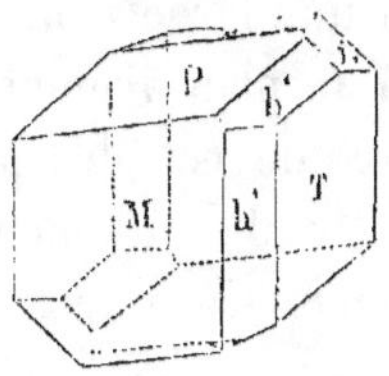

Dans quelques substances, il existe des modifications analogues sur les arêtes correspondantes, de sorte qu'au premier abord, les cristaux qui les offrent paraissent avoir une certaine symétrie, et qu'on pourrait les rapporter au prisme rhomboïdal oblique ; mais si on mesure les angles de ces faces, on reconnaît bientôt qu'elles appartiennent à des modifications différentes. L'*albite* est un des exemples les plus saillants de cette symétrie apparente, aussi la distinction de cette espèce a-t-elle échappé à la sagacité de Haüy, qui l'avait confondue avec le *feldspath* : c'est l'observation de l'hémitropie parallèle au plan diagonal AO A'O' (*fig.* 108) qui a éclairé M. Rose et M. Lévy sur la véritable cristallisation de cette substance, et leur a montré sa différence avec le feldspath. En effet, dans ce cas, les deux prismes triangulaires AA'C', AA'E, ne se rapportent pas exactement l'un à l'autre, et il se forme un angle rentrant le long de la diagonale AO, par le rapprochement des faces P et P'. La *fig.* 110, qui appartient à l'*albite*, montre cette disposition ; elle suffit à elle seule pour caractériser le sixième type cristallin. Nous ajoutons deux autres figures appartenant à l'*albite*, pour montrer que cette symétrie apparente se reproduit dans tous les cristaux de cette substance ; elle résulte du peu de différence entre les angles des parallélogrammes qui en forment les faces verticales.

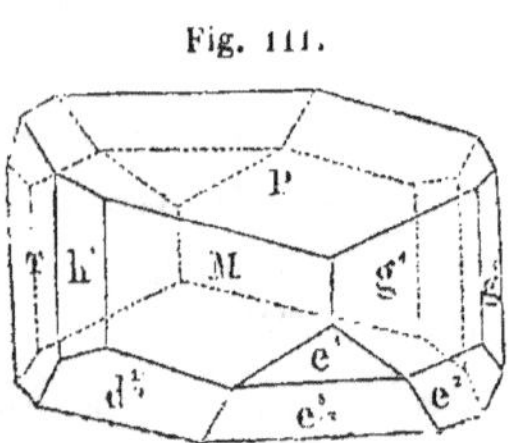

Fig. 110.

Fig. 111.

Le cristal représenté *fig.* 111 ressemble à un prisme rhomboïdal oblique portant une large troncature parallèle à un plan diagonal, et ayant en outre une seconde troncature sur les arêtes de cette même modification ; mais si on mesure les angles, si on consulte le clivage, on reconnaît que les faces qui paraissent semblables sont réellement différentes, et que le prisme n'est point rhomboïdal. Cette symétrie apparente est heureusement rare ; mais quand elle existe, il faut beaucoup de soin pour connaître la véritable forme de la substance.

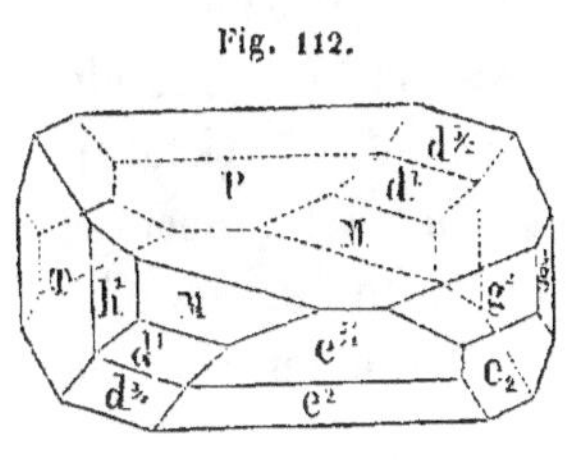

Fig. 112.

Dans la *fig.* 112, appartenant encore à *l'albite*, la même disposition symétrique existe pour quelques facettes. Ainsi, la face verticale h^1 est représentée par celle marquée g^1 ; les deux faces M et d^1, placées à gauche du cristal, trouvent leurs correspondantes apparentes dans les faces g^3 et c^2 ; mais la facette $d^{3/2}$, qui ne se représente pas sur le côté droit du cristal, décèle immédiatement la nature de la forme primitive de l'albite.

Plusieurs autres substances, notamment le *labrador*, se trouvent dans des circonstances analogues à *l'albite;* mais pour la plupart des minéraux appartenant à ce système, comme *l'axinite*, le *cuivre sulfaté*, la différence de valeur entre les angles de la forme primitive révèle tout d'abord le défaut de symétrie ; il est rare que dans les cristaux, même compliqués, la forme prismatique ne soit pas saillante.

Octaèdres scalènes non symétriques. —Le prisme oblique non symétrique peut donner naissance à des octaèdres par des troncatures simultanées sur les quatre arêtes des bases, ou sur les quatre angles. Ces octaèdres sont à triangles scalènes ; ils diffèrent des octaèdres que nous avons signalés dans le prisme rhomboïdal oblique, par l'absence de toute symétrie qui se révèle par la différence de nature de ces triangles. Il en résulte que les coupes sont des parallélogrammes, tandis que dans l'octaèdre scalène associé au prisme rhomboïdal oblique, deux coupes donnent des rhombes.

Le système de notation des formes dérivant du prisme oblique non symétrique consiste, comme pour les autres systèmes, à indiquer les distances où les faces viennent couper l'axe ; mais cette notation simple, quand un certain nombre de faces jouent le même rôle, devient compliqué dans le système cristallin qui nous occupe, parce qu'il faut donner l'expression de chaque face séparément.

Nous verrons plus tard que cet isolement de chacune des faces du prisme oblique non symétrique apporte une grande difficulté pour la connaissance exacte du système cristallin des substances qui s'y rattachent. Il faut, en effet, mesurer au moins cinq angles plans pour calculer les différents éléments de la forme primitive, ce qui rend sa détermination souvent incertaine.

COMPARAISON

ENTRE

LES PRINCIPAUX TYPES CRISTALLINS.

Les six types cristallins que nous avons décrits dans le chapitre précédent embrassent les différentes combinaisons possibles des axes, autour desquels des plans doivent s'ordonner pour former un cristal ; ils comprennent par conséquent toutes les formes que la nature peut offrir : il est donc naturel de penser que, quelle que soit la manière dont on expose les types cristallins des minéraux, on doit retomber exactement sur les divisions faites par Haüy pour leur classification. Les noms différents employés par plusieurs cristallographes allemands pourraient faire croire qu'il n'en est pas ainsi ; nous allons consacrer quelques pages à établir l'identité de leurs types avec ceux de Haüy, en exposant succinctement leur nomenclature. Cet examen aura en outre l'avantage de faire ressortir les différents points de vue qui ont servi de base aux nomenclatures les plus en usage ; il sera un complément utile à l'étude des cristaux, et en fera connaître quelques propriétés nouvelles.

Nous commencerons par faire remarquer que la méthode d'exposition que nous avons suivie n'est pas celle adoptée par Haüy ; nous avons cru utile de rapporter tous les cristaux à des prismes, tandis qu'il fait plus généralement usage des octaèdres. Nous avons été guidé dans ce choix par l'espèce de passage que nous avons déjà signalé et qui consiste à faire varier successivement le rapport des axes et les angles qu'ils font entre eux. Nous ajouterons que, dans la nature, les cristaux affectent presque toujours la forme prismatique ; enfin, que les calculs qui servent à déduire les formes secondaires des formes primitives, se font ordinairement par la considération des prismes. Pour rendre la comparaison que nous voulons établir plus rapide, nous réunirons les différentes nomenclatures en un tableau.

TABLEAU COMPARATIF

Types d'après la méthode

1º CUBE.	2º PRISME DROIT à base carrée.	3º PRISME DROIT rectangulaire.
Deux sortes d'éléments.	*Trois sortes d'éléments.*	*Quatre sortes d'éléments.*
Une espèce d'angle.	Une espèce d'angle.	Une espèce d'angle.
Une espèce d'arête.	Deux espèces d'arêtes.	Trois espèces d'arêtes.
Formes dérivées.	*Formes dérivées.*	*Formes dérivées.*
Octaèdre régulier.	Octaèdres à base carrée.	Prisme droit rhomboïdal.
Dodécaèdre rhomboïdal régulier.	Deux prismes à base carrée.	Octaèdres rectangulaires.
Trapézoèdres.	Dioctaèdres.	Octaèdres rhomboïdaux.
Hexatetraèdres.	Tétraèdres symétriques.	Prisme hexagonal symétrique.
Octohexaèdres.		Tétraèdre irrégulier.

Tétraèdres réguliers.
Tétraèdres pyramidaux.
Dodécaèdres pentagonaux.

Types de

1º OCTAÈDRE RÉGULIER.	3º OCTAÈDRE à base carrée.	4º OCTAÈDRE à base rectangle.

Nota. Les numéros indiquent l'ordre adopté par Haüy.
Le rhomboèdre, qui est le quatrième système dans cet ouvrage, est le second pour Haüy.

Types d'après

1º TÉTRAÉDRIQUE.	3º PRISMATIQUE DROIT à base carrée.	4º PRISMATIQUE DROIT à base rectangle.

Systèmes cristallins suivant

I. SPHÉROÉDRIQUES.	II. BINO-SINGULAXE.	III. SYSTÈMES
a. Homosphéroédriques.	*a.* Homoèdre.	*a.* Binaire.
b. Hémisphéroédriques.	*b.* Hémièdre.	
Tétraedriques.		
Pyritoédriques.	Deux dimensions étant égales	*Troisième système.*
Les trois dimensions étant toutes égales entre elles.	entre elles, la troisième différente des deux autres.	Les trois dimensions

Types des systèmes cristallins

IV. SYSTÈME TESSULAIRE.	II. SYSTÈME PYRAMIDAL.	»
Trois axes de double réfraction en équilibre.	Un seul axe	

Types des systèmes cristallins

1º RÉGULIER.	2º QUADRA-OCTAÈDRE.	4º RHOMB-OCTAÈDRE.
Trois axes égaux et rectangulaires.	Trois axes à angles droits. Deux égaux.	Trois axes rectangulaires inégaux.

Types des systèmes cristallins

1º TESSÉRAL.	2º TÉTRAGONAL.	3º RHOMBIQUE.

exposée dans cet ouvrage.

4° RHOMBOÈDRE.	5° PRISME OBLIQUE rhomboïdal.	6° PRISME OBLIQUE non symétrique.
Quatre sortes d'éléments.	*Sept sortes d'éléments.*	*Les dix éléments distincts.*
Deux espèces d'angles.	Trois espèces d'angles.	Quatre espèces d'angles.
Deux espèces d'arêtes.	Quatre espèces d'arêtes.	Six espèces d'arêtes.
Formes dérivées.	*Formes dérivées.*	*Formes dérivées.*
Rhomboèdres. Métastatiques. Deux prismes hexagonaux réguliers. Dodécaèdres triangulaires isocèles.	Prisme oblique rectangulaire. Prisme hexagonal symétrique oblique. Octaèdres scalènes à base rhombe.	Prismes obliques non symétriques. Octaèdres scalènes à base de parallélogramme.

Haüy.

2° RHOMBOÈDRE.	5° PRISME à base oblique symétrique.	6° PRISME à base oblique non symétrique.

M. Beudant.

2° RHOMBOÉDRIQUE.	5° PRISMATIQUE OBLIQUE à base rectangle.	6° PRISMATIQUE OBLIQUE à base de parallélogramme obliquangle.

M. Weiss, professeur à Berlin.

SINGULAXES.		IV. TERNO-SINGULAXE.
		a. Senaire H.
b. Bino-unitaire.	*c.* Unitaire.	*b.* Ternaire ou rhomboédrique H.
		Quatrième système.
Cinquième système.	*Sixième système.*	Une dimension à laquelle trois autres éga'es entre
	étant toutes différentes.	elles sont perpendiculaires.

d'après M. Mohs, de Vienne.

I. SYSTÈME RHOMBOÏDAL.	III. SYSTÈME PRISMATIQUE.
de double réfraction.	Deux axes de double réfraction.

suivant M. G. Rose, de Berlin.

3° HEXAGON-DODÉCAÈDRE.	5° OCTAÈDRE.	6° Sans autre désignation que le numéro d'ordre.
Trois axes horizontaux, à 60° Un avec vertical.	Trois axes inégaux, un d'eux perpendiculaire sur les deux autres.	Trois axes inégaux et obliques.

suivant M. Naumann, de Freyberg.

4° HEXAGONAL.	5° MONOCLINOÏDRIQUE.	6° DICLINOÏDRIQUE. 7° TRICLINOÏDRIQUE.

Le système de Haüy ayant été notre guide, nous n'avons aucune explication à donner sur sa nomenclature. Nous remarquerons seulement, pour les personnes qui pensent que Haüy n'a pas employé la considération des axes, que les quatre premiers types sont au contraire exclusivement basés sur cette méthode.

Système de M. Beudant. — Le tétraèdre régulier qui sert de point de départ au premier système est le demi-octaèdre. En supposant une troncature tangente sur chacun des angles de ce solide, ainsi que nous l'avons fait page 54, on ajoute au tétraèdre quatre nouvelles faces parallèles à celles existantes, et on le transforme en octaèdre régulier. Dès lors tous les autres cristaux qui appartiennent à ce système en découlent naturellement. M. Beudant a préféré le tétraèdre à l'octaèdre régulier, à cause de la simplicité de sa forme.

La symétrie du rhomboèdre a engagé M. Beudant à lui donner, comme Haüy l'avait fait, la seconde place dans sa classification des types cristallins.

Pour les quatre autres systèmes, M. Beudant adopte les prismes au lieu des octaèdres, ainsi que nous l'avons fait nous-même ; les détails dans lesquels nous sommes entré justifient ce choix, et montrent l'identité entre les octaèdres et les prismes ; seulement, pour Haüy, les prismes sont des formes secondaires naissant sur les octaèdres ; pour M. Beudant et pour moi, c'est l'inverse qui a lieu.

Système de M. Weiss. —La classification de M. Weiss, qui remonte déjà à plus de trente ans, a été adoptée par presque tous les minéralogistes de l'Allemagne. Les types de M. Weiss sont exactement les mêmes que ceux de Haüy ; mais cet illustre professeur, qui nous paraît seul avoir ajouté des découvertes importantes, aux travaux cristallographiques de Haüy, a fondé ses divisions sur la considération des axes, qui a l'avantage de relier entre elles toutes les propriétés physiques des cristaux.

M. Weiss fait quatre grandes divisions :

1° *Sphéroédriques ;*

2° *Bino-singulaxes ;*

3° *Singulaxes ;*

4° *Terno-singulaxes.*

La première comprend tous les corps réguliers. L'expression *sphéroédrique*, qui la désigne, est empruntée au caractère particulier des formes régulières d'être, comme la sphère, ordonnées par rapport à un centre. Si l'on prend par exemple l'octaèdre, tous ses angles sont à égale distance d'un point donné par l'intersection des diagonales, de sorte qu'on peut circonscrire une sphère à l'octaèdre ; on pourra de même inscrire une sphère tangente aux huit faces de ce solide, et une troisième tangente à ses douze arêtes.

Le cube, le dodécaèdre rhomboïdal, le tétraèdre, sont dans les mêmes conditions. Le nom de *sphéroédrique* est donc la traduction d'une des propriétés les plus remarquables des formes du premier système cristallin. Il en résulte comme conséquence, que les trois axes qui se coupent au centre sont rectangulaires et égaux.

M. Weiss, ainsi que nous avons déjà eu occasion de le faire remarquer, a montré que le dodécaèdre pentagonal de la pyrite de fer est un demi-cristal appartenant à un polyèdre qui aurait vingt-quatre faces s'il était complet ; généralisant cette belle observation, M. Weiss a fait dans son système sphéroédrique deux sous-divisions : l'une, désignée sous le nom de *homosphéroédrique*, comprend tous les cristaux complets ; l'autre, appelée *hémisphéroédrique*, se rapporte au tétraèdre, aux dodécaèdres pentagonaux et aux demi-solides à quarante-huit faces dont on connaît quelques exemples dans la blende et le cuivre gris.

La *seconde division* se rapporte aux cristaux dont les trois axes sont rectangulaires entre eux et dans lesquels deux axes sont égaux et différents du troisième. Cette structure fondamentale a été traduite par l'expression de *bino-singulaxe ;* il est évident qu'elle appartient à l'octaèdre à base carrée, dans lequel les trois axes sont perpendiculaires l'un sur l'autre. Deux horizontaux, étant parallèles aux côtés de la base de l'octaèdre, sont par conséquent égaux ; le troisième vertical est de longueur variable, suivant que l'octaèdre est plus ou moins allongé.

Le système *bino-singulaxe* comprend des tétraèdres symétriques qui sont, comme les tétraèdres réguliers, des demi-octaèdres. Le *cuivre pyriteux* en offre un exemple. Cette circonstance a engagé M. Weiss à faire dans ce système deux divisions analogues à celles adoptées pour les cristaux sphéroédriques. Il y a donc des cristaux *bino-singulaxes homoèdres* et des cristaux *bino-singulaxes hémièdres*.

La *troisième division* est désignée sous le nom de *singulaxes*. Cette expression annonce que les trois axes fondamentaux autour desquels les faces des cristaux sont ordonnées, jouent chacun un rôle différent. Effectivement, ils sont tous inégaux. Toutefois, malgré cette inégalité, il existe encore entre eux de certaines conditions qui conduisent à faire trois sous-divisions sous les noms de *a singulaxe binaire, b singulaxe bino-unitaire, c singulaxe unitaire*.

Les cristaux qui se rapportent à la division *singulaxe binaire* sont ceux pour lesquels les trois axes sont droits, mais tous trois inégaux entre eux. On voit de suite que cette division correspond à l'octaèdre à base rectangle, et au prisme à base rectangle.

Les cristaux réunis sous le nom de *singulaxe bino-unitaire* présentent un axe perpendiculaire sur les deux autres ; de sorte que, quoique les trois axes soient différents par leur longueur, et que sous ce rapport les cristaux soient singulaxes, il y en a deux entre lesquels il existe une relation qui justifie l'expression de bino-unitaire. Les conditions que je viens de rappeler sont celles qui distinguent le prisme rhomboïdal oblique.

M. Weiss, remarquant que dans ce système les modifications sur les arêtes de la base sont simplement doubles au lieu d'être quadruples, et que les modifications sur les angles sont simples au lieu d'être doubles, annonce qu'on peut considérer le prisme rhomboïdal oblique comme un demi-prisme rhomboïdal droit. Dans ce cas, le dernier de ces solides donnerait lieu à une division en homoèdre et hémièdre, comme nous l'avons déjà fait pour les systèmes précédents, ou, pour nous servir de l'expression même de M. Weiss [1], « le système *bino-unitaire* serait, par rapport au système *binaire,* ce qu'est le « système *hémi-sphéroédrique* par rapport au système *homo-sphéroédrique.* » M. Weiss ajoute qu'en effet le système binaire possède une certaine tendance à l'hémiédrie, car on observe que parmi les trois paires de faces qui lui sont propres, toujours l'une ou l'autre devient dominante.

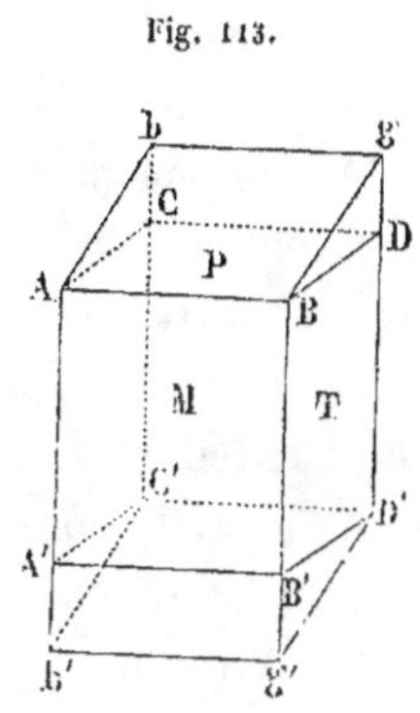

Fig. 113.

C'est en supposant que l'une de ces paires de faces s'élargit de telle manière qu'elle donne la forme au cristal, que M. Weiss passe du système binaire au système bino-unitaire. Pour bien faire comprendre la pensée du célèbre professeur de Berlin, soit, *fig.* 113, un prisme rectangulaire droit ABCD, appartenant au troisième système ; s'il naît sur l'arête AB une modification, il devra s'en faire une semblable sur CD, qui lui est opposée et qui joue le même rôle dans le cristal. Mais supposons que par suite de l'hémiédrie, cette seconde face vienne à manquer et qu'elle ait lieu sur C'D', tandis qu'elle manquerait sur A'B', il est évident que le prisme rectangulaire droit sera changé en un prisme rectangulaire oblique AB*bg*, C'D'*b'g'* qui, suivant M. Beudant, caractérise le cinquième système que j'ai désigné sous le nom de prisme rhomboïdal oblique symétrique. La transformation du troisième système en cinquième se fera donc par une simple suppression de faces, par une hémiédrie ; il est évi-

---

[1] Compte-rendu de l'Académie de Berlin, 1814, page 296.

dent qu'en prenant maintenant pour point de départ le prisme rectangulaire oblique A*bg*B, C'*b*'*g*'D', dont les arêtes AB et B*g* sont semblables, et en supposant de même qu'un biseau qui naît sur une de ces arêtes ne se reproduise pas sur l'autre, on obtiendrait par ce moyen un prisme oblique non symétrique.

Il résulte de cette considération que le caractère essentiel des cristaux réunis sous le nom de *singulaxes* est, suivant M. Weiss, d'avoir trois axes rectangulaires inégaux. Mais pour les *formes singulaxes binaires*, les cristaux sont homoèdres ; ils ne sont que hémièdres pour les *singulaxes bino-unitaires*.

Appliquant cette même considération aux cristaux pour lesquels les modifications sont simples, c'est-à-dire disposés de telle façon, que les quatre angles et les quatre arêtes de la base sont différents, M. Weiss en conclut que ceux-ci sont des cristaux hémièdres, de cristaux hémièdres déjà eux-mêmes. Cette considération entraîne nécessairement comme conséquence que les cristaux sont des quarts de cristaux à trois axes rectangulaires inégaux.

Cette théorie séduisante, et qui a l'avantage de réunir sous un même groupe tous les cristaux qui ont deux axes de double réfraction, n'est pas d'accord avec les faits qui se rapportent à l'hémiédrie ; aussi les élèves mêmes de M. Weiss ont-ils abandonné cette partie de la classification des cristaux de leur maître. Si on se rappelle en effet ce que nous avons exposé sur les cristaux hémièdres, on verra que les faces supprimées sont contiguës et jamais parallèles ; et il en doit être ainsi, car si on supprimait deux faces parallèles dans un cristal simple, le polyèdre ne serait pas fermé, et par conséquent il n'y aurait pas de cristal. On ne connaît donc pas un seul exemple de la suppression des faces parallèles, tandis que ce sont précisément des faces parallèles que M. Weiss suppose manquer pour passer du prisme rectangulaire droit au prisme rectangulaire oblique, et de celui-ci au prisme oblique non symétrique.

Quelle que soit du reste l'opinion que l'on se forme d'une partie du travail du célèbre professeur de Berlin, il n'en résulte pas moins que sa division correspond terme pour terme aux types cristallins de Haüy.

Le système *singulaxe bino-unitaire* a, comme le *prisme oblique rhomboïdal*, un axe perpendiculaire sur les deux autres, ces deux-ci étant obliques entre eux.

Quant au *singulaxe unitaire*, les trois axes sont en réalité obliques entre eux, en sorte qu'il jouit des mêmes propriétés que le *prisme oblique non symétrique*.

Il résulte de cette discussion sur la position des axes, que les trois groupes compris dans la grande division des *singulaxes* correspondent exactement aux troisième, cinquième et sixième types que nous avons décrits.

M. Weiss a été conduit à réunir ces différents systèmes en une grande division, parce que tous les cristaux qui y appartiennent possèdent une propriété physique commune, c'est d'avoir deux axes de double réfraction. Ce lien commun est certainement très-remarquable, aussi avons-nous été pendant longtemps incertain si nous n'adopterions pas l'ordre de ce célèbre professeur ; mais nous avons pensé que l'espèce de symétrie et de passage que nous avons établi par la simple variation des axes, présentait plus de facilité pour l'étude que le caractère optique que nous venons d'énoncer, et sur lequel nous donnerons bientôt quelques détails.

La quatrième division de M. Weiss porte le nom de *terno-singulaxe ;* elle comprend des cristaux à quatre axes, savoir : trois axes horizontaux égaux, faisant entre eux un angle de soixante degrés et un vertical unique. Cette propriété entraîne nécessairement après elle, comme conséquence, que les cristaux ont trois faces égales correspondantes aux trois axes horizontaux, et ordonnées d'une manière identique autour de l'axe vertical ; c'est le *rhomboèdre*. Nous rappellerons qu'effectivement nous avons montré, page 91, que lorsqu'on coupe un rhomboèdre par un plan perpendiculaire à son axe et passant en son milieu, la section est un hexagone régulier ; les diagonales de cet hexagone sont précisément les trois axes horizontaux que M. Weiss considère, et que tous les minéralogistes allemands ont adoptés après lui.

Types cristallins de M. Mohs. — Les quatre divisions adoptées par M. Mohs sont une reproduction fidèle de celles de M. Weiss. Le langage élégant de ce célèbre professeur, l'emploi heureux des caractères extérieurs, ont donné aux leçons de M. Mohs un grand éclat dans toute l'Allemagne. Le Traité de Minéralogie, dont il a publié deux éditions en 1820 et 1821, a justifié par son mérite la réputation du professeur de Freyberg ; mais il est résulté de la popularité que M. Mohs a su donner à son nom, que beaucoup de personnes ont pensé que la division des systèmes cristallins exposés dans son ouvrage lui était propre. En consultant les dates, on voit que, dès 1809, M. Weiss avait publié un mémoire où ses idées sur les axes et sur l'hémiédrie dans les cristaux sont entièrement exposées, et qu'en 1815, il a réuni tous ses résultats dans un tableau général des systèmes cristallins, inséré dans les Mémoires de l'Académie de Berlin [1].

La seule différence consiste dans la nomenclature adoptée, M. Weiss s'étant servi des relations géométriques des axes.

Les expressions par lesquelles M. Mohs désigne les quatre divisions, sont empruntées à la nature des formes.

Le *premier système* porte le nom de *rhomboïdal ;* il comprend le rhomboèdre et les formes qui s'en dérivent.

Le *deuxième système*, appelé *pyramidal*, correspond exactement à l'octaèdre à base carrée. La dénomination de ce système est fondée sur ce que l'octaèdre peut être considéré comme le résultat de deux pyramides opposées par leur base, et que le plus ordinairement les cristaux se présentent sous la forme pyramidale.

Le *troisième système*, désigné par l'expression de *prisma-*

___

[1] *Des Divisions naturelles des systèmes cristallins*, par C.-S. Weiss, Mémoires de la classe de physique de l'Académie de Berlin, 1815.

tique, comprend à la fois l'octaèdre à base rectangle, le prisme oblique symétrique, et le prisme oblique non symétrique. Dans ces trois systèmes, les arêtes et les angles de la base ne jouant pas le même rôle, cette face est simplement modifiée par des biseaux ; il en résulte que la forme pyramidale n'est plus qu'accidentelle, tandis que tous les cristaux sont, au contraire, prismatiques.

La réunion de ces différents systèmes en une seule grande division est motivée par la propriété optique que nous avons déjà signalée, en parlant des divisions de M. Weiss, c'est la double réfraction. Ainsi, dans la première et la seconde division, tous les cristaux jouissent de la double réfraction et ne présentent qu'un seul axe.

Dans le troisième système, les cristaux ont deux axes de double réfraction.

Dans le quatrième système, M. Mohs admet qu'il existe trois axes de double réfraction, correspondant aux trois axes du cristal ; mais que ces axes de double réfraction étant en équilibre, cette propriété optique n'est pas sensible. Les divisions de M. Mohs sont donc en rapport avec le nombre des axes de double réfraction 1, 2 et 3 ; c'est pour cette raison que les corps réguliers de la géométrie, que tous les cristallographes ont placés en tête de la minéralogie à cause de la complète régularité de leurs formes et de leurs modifications, occupent, au contraire, la dernière place dans le système de M. Mohs. Le nom de *tessulaire*, qu'il leur a donné, est emprunté à la forme cubique que présentent les dés à jouer.

Nomenclature de M. G. Rose. — Ce célèbre professeur, quoique de l'école de M. Weiss, a abandonné la division en quatre grands groupes, que nous venons de faire connaître. Ses types cristallins, au nombre de six, ne présentent donc même pas la différence essentielle qui existait entre ceux de M. Weiss et de Haüy ; mais il a conservé entièrement la considération des axes de son maître, en fondant cependant sa nomenclature sur la forme extérieure des cristaux.

Le premier type de M. Rose est le système régulier, dans lequel existe la division d'homoèdre et d'hémièdre.

Le second type porte le nom de *quadraoctaèdre*, traduction en un seul mot de l'octaèdre à base carrée.

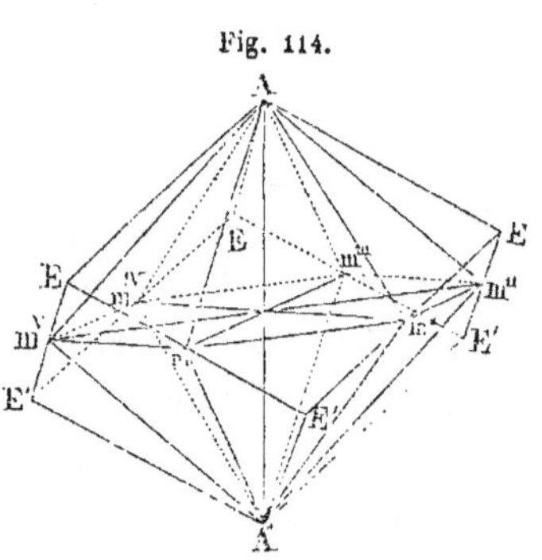

Fig. 114.

Le troisième est désigné par l'expression d'*hexagon-dodécaèdre*, qui signifie dodécaèdre dont la base est un hexagone régulier ; c'est le système rhomboïdal. Pour établir cette identité, nous reproduirons ici, *fig.* 114, la disposition que nous avons obtenue page 90, en joignant dans un rhomboèdre les milieux des arêtes latérales aux deux angles sommets, par des lignes Am, Am'... A$'m$, A$'m'$, etc. Nous avons démontré, page 92, que la section mm' ...m^v qui en résulte est un hexagone régulier ; on obtiendra donc, en réunissant les angles de ce polygone aux sommets du rhomboèdre, un dodécaèdre rhomboïdal isocèle, dont la base sera un hexagone régulier ; c'est le solide pris par M. Rose pour point de départ de son troisième type cristallin.

On remarquera que six de ces triangles appartiennent au rhomboèdre primitif, et que les six autres sont des faces nouvelles placées sur les angles latéraux du rhomboèdre. Sur les six nouvelles faces, trois se réunissent au sommet supérieur A, et les trois autres au sommet inférieur A' : il en résulte qu'elles font avec l'axe le même angle que les anciennes ; de plus, elles sont semblablement placées ; elles constituent donc un rhomboèdre égal au premier, mais situé d'une manière inverse, c'est-à-dire que les arêtes de l'un correspondent aux faces de l'autre. On peut donc supposer le dodécaèdre rhomboïdal isocèle, comme formé de deux rhomboèdres qui se sont pénétrés ; aussi est-il appelé par M. Weiss *bi-rhomboèdre*. Si dans ce cristal on prolonge six faces deux à deux, de manière à faire disparaître les six autres, on reproduit le rhomboèdre primitif. Ce dernier cristal peut donc être considéré comme hémièdre du dodécaèdre rhomboïdal isocèle, ou, pour me servir de l'expression de M. Rose, de l'*hexagon-dodécaèdre*. Comme on peut varier la hauteur AA' à volonté, on aura sucessivement tous les rhomboèdres possibles.

Les deux prismes à six faces sont donnés par des troncatures tangentes sur les six angles $m, m'... m^v$, ou sur les arêtes horizontales qui les joignent. Les métastatiques seraient le résultat de modifications sur les arêtes Am, Am', etc. La dérivation de toutes les formes secondaires a donc lieu de la manière la plus facile sur l'hexagon-dodécaèdre.

La méthode adoptée par M. Rose, pour la dérivation du système rhomboïdal, a l'avantage de bien faire ressortir la différence entre les cristaux dont toutes les modifications sont sextuples, de ceux dont les modifications sont triples. Les uns, appartenant à l'*hexagon-dodécaèdre*, sont des cristaux homoèdres ; les autres, dépendant du rhomboèdre, sont des cristaux hémièdres ; et comme la nature a presque toujours admis deux groupes dans le système rhomboédrique, tous les minéralogistes ont senti le besoin de faire une sous-division dans ce système : c'est cette considération qui a engagé Haüy à regarder comme des formes primitives distinctes le *rhomboèdre* et le *prisme à six faces régulier*.

Les trois axes horizontaux de M. Weiss et des auteurs allemands qui ont écrit depuis ce célèbre professeur, sont les diagonales mm''', $m'm^{iv}$, $m''m^v$ de la base de l'hexagon-dodécaèdre. Ces diagonales, d'après la propriété de l'hexagone régulier, sont égales entre elles, et se coupent sous l'angle de 60 degrés.

Le quatrième système de M. Rose est désigné sous le nom de *rhomboctaèdre*, qui veut dire octaèdre à base rhomboïdale; c'est la forme dérivée de l'octaèdre à base rectangle de Haüy, par des troncatures tangentes sur les arêtes culminantes de ce dernier cristal. Il y a donc simple inversion dans la manière de présenter les derniers cristaux de ce système. La forme primitive de M. Rose est la dérivée de Haüy, et réciproquement la forme primitive de Haüy est la dérivée de M. G. Rose.

Le cinquième système porte simplement le nom d'*octaèdre*. Nous avons en effet montré, page 127, que le prisme rhomboïdal oblique donne lieu, par des troncatures sur chacune des arêtes de ses bases, à un octaèdre scalène jouissant d'une certaine symétrie qui consiste en ce que deux des coupes données par des plans diagonaux sont des rhombes.

Enfin le sixième et dernier système ne porte d'autre désignation que son numéro d'ordre ; mais la propriété d'avoir trois axes obliques inégaux caractérise le prisme rhomboïdal oblique non symétrique.

On remarquera qu'à l'exception du rhomboèdre, qui forme dans toutes les nomenclatures que nous venons de parcourir un système à part, M. Rose a décrit les cinq autres types comme des octaèdres réguliers ou plus ou moins symétriques, afin de mettre en évidence les trois axes qui régissent tous les cristaux.

M. Naumann. — C'est également sur la considération des axes qu'est établie la classification des systèmes cristallins de ce professeur. Il considère d'abord trois axes rectangulaires et trois axes obliques ; puis successivement les positions que trois axes peuvent prendre entre eux : savoir, tous trois rectangulaires, un perpendiculaire sur les deux autres, un seul faisant un angle droit, enfin les trois axes obliques entre eux ; enfin dans ce cas, c'est-à-dire lorsque les angles sont obliques, les différentes circonstances qui peuvent exister entre les axes relativement à leur longueur et aux angles qu'ils font entre eux. Cette considération conduit M. Naumann à admettre sept systèmes cristallins au lieu de six.

Le premier est le *tesséral*, emprunté du mot grec *tessera*, qui veut dire dé à jouer ; ce système est caractérisé par trois axes rectangulaires , égaux entre eux ; il comprend tous les corps réguliers.

L'expression de *tétragonal*, donnée au second, rappelle que les cristaux qui s'y rapportent ont quatre côtés égaux. Ce système n'est autre que l'octaèdre à base carrée, caractérisé par trois axes à angles droits, dont deux égaux, le troisième inégal.

Le troisième système est désigné par l'expression de *rhombique ;* c'est le rhomboctaèdre de M. Rose, et l'octaèdre à base rectangle de Haüy.

Le mot *hexagonal*, qui caractérise le quatrième système, est emprunté au prisme à six faces, l'une des formes dérivées du rhomboèdre. La seule différence entre la nomenclature de M. Naumann et celles que nous venons de parcourir brièvement, consiste dans le cinquième , le sixième et le septième système. M. Naumann les désigne sous le nom général de *klinoïdrique,* qui veut dire angle oblique ; puis il le fait précéder des syllabes *mono, di* ou *tri*, suivant que les axes du cristal présentent un, deux ou trois angles obliques.

Le cinquième système, dans lequel un axe est perpendiculaire sur les deux autres, ne possède qu'un angle oblique et porte le nom de *monoclinoïdrique ;* il correspond au prisme rhomboïdal oblique ; en effet, lorsqu'on place ce prisme de manière que ses arêtes latérales soient verticales, l'une des diagonales de la base devient horizontale, et elle représente l'axe perpendiculaire sur les deux autres.

Les sixième et septième systèmes cristallins, ou *diclinoïdrique* et *triclinoïdrique*, correspondent au prisme oblique non symétrique ; la circonstance d'avoir un angle droit est un cas particulier, qu'on peut toujours se procurer au moyen d'une modification sur l'un des angles du prisme, et, sous ce rapport, il n'y a aucun intérêt à faire cette division.

Résumé. — La comparaison succincte qui précède établit l'identité complète entre les types des systèmes cristallins des Haüy et ceux des minéralogistes de l'école allemande. Ces types correspondent exactement les uns avec les autres, et ils sont tous fondés sur la loi de symétrie dans les cristaux. Bientôt nous aurons l'occasion de faire voir que les relations entre les formes fondamentales ou primitives et les formes secondaires, qui complètent la cristallographie théorique, appartiennent également à Haüy, et que le mode de les présenter est le seul changement qu'elles aient éprouvé.

Cette identité, qu'il nous a paru juste de faire ressortir, parce qu'elle semble avoir été oubliée par quelques personnes, ne nous empêche pas de reconnaître tout le mérite des différents points de vue qui ont servi de base à chacune des nomenclatures des types cristallins. La considération des axes de M. Weiss, et surtout sa théorie de l'hémiédrie, sont du plus haut intérêt. Ces belles découvertes ont comblé une lacune dans la cristallographie, mais ce sont les seules importantes à ajouter aux travaux du fondateur de cette science.

DES RELATIONS

LES FORMES TYPES ET LES FORMES DÉRIVÉES.

THÉORIE DES DÉCROISSEMENTS; SON EMPLOI POUR LA DÉTERMINATION DE CES RELATIONS.

Une dissolution saline abandonnée à elle-même, une dissolution de sel marin, par exemple, s'évapore et donne bientôt naissance à des cristaux. Si toutes les circonstances restent les mêmes, la dissolution produira toujours des cristaux identiques; mais si une circonstance vient à varier, si l'on ajoute à la liqueur une certaine quantité d'alun, par exemple, les cristaux de sel changent de forme, mais ce changement, limité dans des bornes étroites, est tel, que les cristaux continuent à appartenir au même système cristallin. Dans l'exemple qui nous occupe, les cristaux seront des octaèdres réguliers, des cubes, des dodécaèdres rhomboïdaux, etc., suivant les eaux mères dans lesquelles la cristallisation aura lieu.

Les considérations géométriques que nous avons exposées dans le chapitre précédent ont montré la position de ces différents cristaux les uns par rapport aux autres, et, dans l'exemple que nous venons de citer, nous avons supposé que l'octaèdre naissait sur le cube par des troncatures qui ont lieu sur chacun de ses angles. Mais la nature ne procède pas ainsi : elle ne forme pas d'abord des cristaux pour en retrancher les angles ; au contraire, dès qu'on voit des cristaux apparaître, ils affectent la forme qu'ils doivent posséder lorsqu'ils seront plus gros. La supposition de troncatures n'est qu'un moyen de se rendre compte de la position relative des différentes formes.

Le sel marin offre une circonstance intéressante, c'est que lorsque les cristaux qu'il donne par l'évaporation sont en octaèdres, ceux-ci sont formés d'une accumulation de petits cubes. Guidé par ce fait remarquable, et surtout par sa belle découverte du tissu lamelleux que possèdent beaucoup de substances minérales, Haüy a supposé que les formes dérivées, ou, comme il les appelle, les *formes secondaires*, naissent sur la *forme primitive* par une application de lames composées de petits cristaux analogues à la forme primitive. Ces plaques, moins larges que les cristaux sur lesquels elles s'appliquent, décroissent suivant une certaine loi, et donnent lieu par leur ensemble à ces formes secondaires. Quelques exemples feront comprendre facilement l'ingénieuse théorie des décroissements de Haüy. Avant de l'exposer, nous ferons remarquer que si la nature même nous offre quelques exemples, comme dans la chaux fluatée, où les cristaux secondaires sont le résultat du groupement de cristaux de la forme primitive placés suivant une loi déterminée, le plus ordinairement il n'en est pas ainsi. Presque toujours, quand on fait cristalliser des sels, le cristal, quelque petit qu'il soit, possède la même forme secondaire qu'il doit avoir lorsqu'il aura acquis sa grosseur. Il se compose donc, pour ainsi dire, d'une suite de boîtes de même forme, qui se superposent en s'enchâssant exactement les unes sur les autres.

Malgré cette différence habituelle entre l'observation et la théorie, la considération des décroissements est du plus haut intérêt ; si elle ne coïncide qu'avec quelques faits, elle rend compte de la structure lamelleuse des cristaux, qui semble n'être qu'une application successive de lames. Ces considérations de physique moléculaire ont guidé Haüy dans tous ses travaux ; il est probable que, sans leur secours, il eût difficilement découvert, comme purement empiriques, les lois fondamentales de la cristallographie, et peut-être eût-il laissé la science au point où l'avaient amenée ses devanciers.

La considération des décroissements possède, en outre,

l'avantage d'établir une relation entre la forme primitive et les formes secondaires ; enfin , elle fournit des moyens faciles de déterminer les lois qui servent à faire dériver ces formes les unes des autres.

Des décroissements. — Pour donner une idée exacte de la théorie des décroissements , prenons un cristal cubique de *sel gemme*, qui possède des clivages disposés dans le sens des trois faces du cube ; divisons-le en lames suivant ces trois directions, et poussons la division aussi loin que possible, elle aura nécessairement un terme ; et si nos organes étaient assez délicats pour atteindre ce terme , nous arriverions à des corpuscules quelconques, que nous ne pourrions plus sous-diviser ultérieurement, sans séparer les molécules de chlore et de sodium dont ils sont les assemblages. La supposition la plus naturelle que l'on puisse faire , est que la route que l'on vient d'indiquer est celle qui conduit à ce terme , c'est-à-dire qu'au delà du point où l'on cesse de pouvoir exécuter la division, le sel gemme se divise encore dans trois sens perpendiculaires , et que les corpuscules dont on vient de parler seraient des cubes. Cette division mécanique, poussée à l'extrème, donne ce que Haüy appelle des *molécules intégrantes* , bien différentes des *molécules principes*, des *molécules élémentaires* du corps , qui seraient, dans le cas présent, de sodium et de chlore.

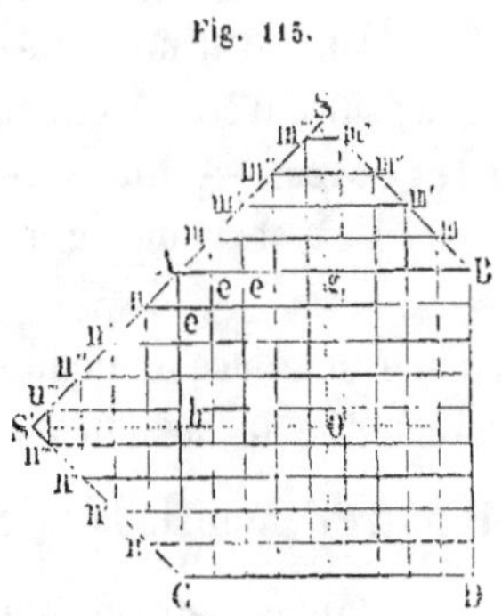

Fig. 115.

Supposons que, dans la *fig.* 115, j'aie effectué cette division en molécules intégrantes ; les traces des plans de clivage se couperont à angle droit , et donneront naissance à des carrés , dont chacun représente la coupe d'une molécule cubique , résultat de la division mécanique du sel gemme poussée à l'extrème. Je place sur la face AB du cube des plaques successives *mm*, *m'm'*, *m"m"*, *m'''m'''*, dont l'épaisseur est égale à celle d'une molécule, et dont la largeur est diminuée à droite et à gauche d'une molécule, de sorte que si AB en contient neuf, *mm* n'en contient plus que sept, et *m'm'* cinq ; bientôt on arrive à une plaque composée d'une seule molécule, sur laquelle on ne peut plus en placer de nouvelles.

Les molécules étant censées très-petites, l'escalier formé par les plaques successives est insensible, et on peut supposer que l'ensemble des arêtes *mm, m'm', m"m", m'''m'''* forme la face d'un cristal secondaire naissant sur l'arête du cube ; la longueur A*e* de la molécule étant égale à la hauteur *me*. Des plaques *nn, n'n'*, etc., placées sur l'autre face A*c*, suivant la même loi, donneront un plan qui sera le prolongement de AS ; de sorte que la face secondaire sera tangente sur l'arête A du cube ; le nombre d'arêtes de ce solide étant de douze, il en résulte que nous construirons par ce procédé un dodécaèdre rhomboïdal régulier.

La *fig*. 116 (voir la planche page 156) est une perspective destinée à montrer la position des faces SAA'S'. S'A'A"S" du dodécaèdre sur le cube. Pour que la figure soit plus compréhensible, nous avons placé des plaques seulement sur trois des faces du cube ; il n'existe donc que deux faces complètes de docécaèdre ; les triangles SA*a*, S'A*a"*, S'A"*a"*, ne sont que des demi-faces.

Haüy indique la loi de dérivation de ce dodécaèdre, en disant que ses faces naissent par un décroissement d'une rangée en hauteur, et d'une rangée en largeur sur l'arête du cube.

Notation des décroissements sur les côtés. — Pour représenter les lois de décroissement, Haüy s'est servi de signes symboliques qui les rappellent.

Supposons que B désigne l'arête du cube, *d* la face du dodécaèdre, la notation par laquelle Haüy caractérise la face du dodécaèdre est $\frac{B^1}{d}$; elle consiste à écrire la lettre *d*, nom de la face secondaire, au-dessous de celle B, en mettant au-dessus de cette dernière lettre le chiffre 1, indicatif du nombre de rangées soustraites en hauteur ; le nombre de rangées en longueur, pouvant toujours être considéré comme de une, ne se marque pas.

S'il y avait deux rangées soustraites en largeur et une en hauteur, comme sur la *fig.* 117, e étant le nom de cette face, sa notation serait $\mathrm{B}^{\frac{1}{2}}_{e}$. Le chiffre 1/2 exprime ici non pas le nombre exact de rangées soustraites, mais le rapport entre les rangées en hauteur et celles en largeur : il est évident que s'il y en a deux en largeur sur une en hauteur, c'est comme

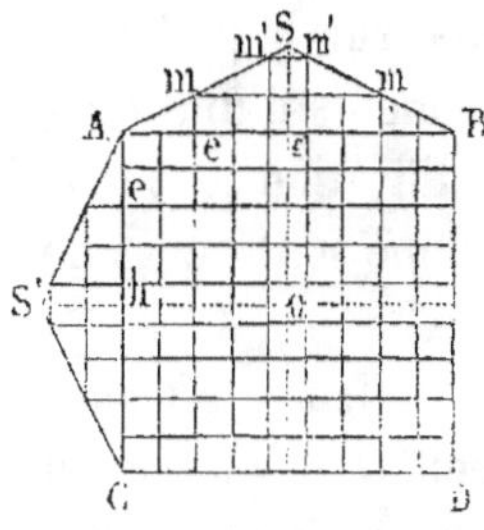

Fig. 117.

si leur nombre était de 1 sur 1/2. Lorsque les nombres de rangées soustraites en largueur et en hauteur ne sont pas multiples l'un de l'autre, la notation qui l'exprime est fractionnaire ; s'il y avait trois rangées en hauteur sur deux en largeur, on exprimerait la face par $\mathrm{B}^{\frac{2}{3}}_{x}$. Ce genre de décroissement est appelé *mixte*, tandis que les deux premiers exemples que nous avons indiqués sont des décroissements simples.

Dans la *fig.* 117, les faces AS et AS' ne se confondent plus ; il se forme alors, sur chaque arête du cube, un biseau, et le solide qui naît est à vingt-quatre faces. Dans la nature, souvent douze de ces faces manquent ; il en résulte, dans ce cas, un dodécaèdre particulier qui a reçu le nom de *pentagonal*, à cause de la forme de ses faces.

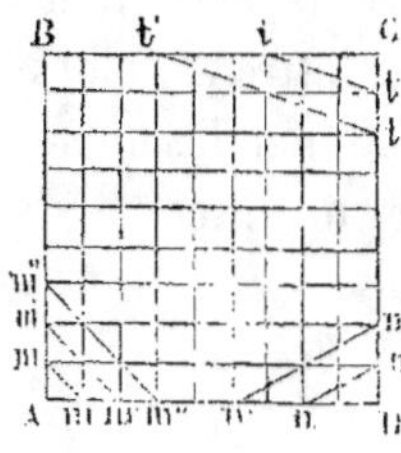

Fig. 118.

Notation des décroissements sur les angles. — Les modifications sur les angles ont lieu d'une manière analogue : soit, *fig.* 118, ABCD la base du cube ; les traces successives des décroissements par une rangée seront les lignes mm, $m'm'$, $m''m''$, etc., parallèles à la diagonale ; les lignes nn, $n'n'$ seront les traces de décroissement par deux rangées en largeur sur une en longueur placées sur l'angle D ; enfin, les lignes tt, $t't'$ seront celles de décroissements sur l'angle C, produites par une rangée en longueur sur trois en largeur.

La perspective, *fig*. 119, montre un cube sur lequel tous les angles sont remplacés par des décroissements d'une rangée.—Les plans qui résultent de cette modification sont tangents sur les angles, et les faces qu'elle donne sont celles de l'octaèdre régulier.

Lorsque la face qui produit le décroissement n'est plus tangente aux angles de l'octaèdre, elle peut être placée sur l'angle A, de manière à ce que sa trace soit parallèle à la diagonale de la base. Sa notation sera $\overset{1}{\underset{x}{A}}$ ou $\overset{2}{\underset{x}{A}}$, suivant son plus ou moins d'inclinaison, x représentant la facette dérivée.

La face qui naît sur l'angle D, et dont nn est la trace, *fig*. 118, sera indiquée par l'expression $\overset{2}{\underset{y}{D}}$ le chiffre 2 étant à la gauche de la lettre pour montrer que le décroissement est à gauche. On remarquera que cette facette coupera la face du cube qui se projette suivant la ligne CD parallèlement à la diagonale.

La face dont la trace est tt, sera marquée par l'expression $\underset{z}{C^3}$, le nombre 3 étant à droite.

Il est inutile de faire remarquer que nous avons mis aux angles du cube des lettres différentes, afin que la figure fût plus facile à comprendre : les angles de ce solide étant tous identiques, doivent être indiqués par la même lettre A ; alors les trois décroissements dont nous venons de donner les notations auraient dû être exprimés de la manière suivante :

$$\overset{1}{\underset{x}{A} }\ ;\ \overset{2}{\underset{y}{A} }\ ;\ \underset{z}{A^3}.$$

Dodécaèdre rhomboïdal naissant sur les arêtes du Cube
par un décroissement d'une rangée en hauteur sur une rangée en largeur.

Fig. 116.

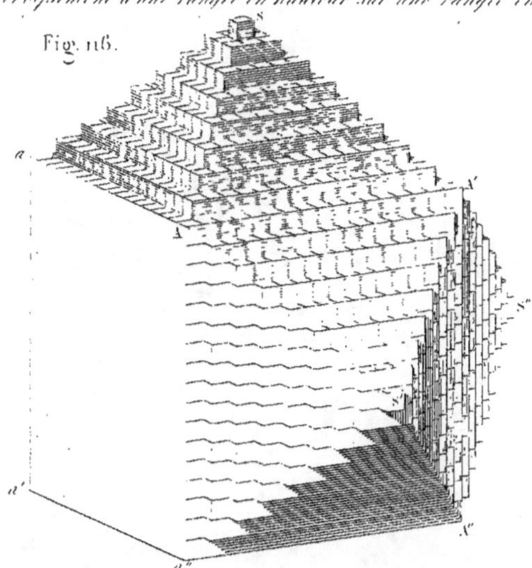

L'octaèdre régulier naissant sur les angles du Cube
par un décroissement d'une rangée en hauteur sur une rangée en largeur.

Fig. 119.

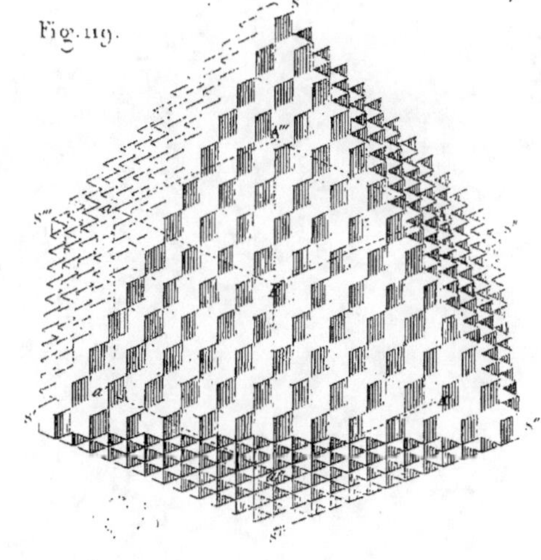

Dans les prismes dont les angles sont différents, on indique chaque angle par la lettre spéciale qui le distingue. Dans le prisme rhomboïdal oblique, par exemple, il y aura des modifications sur les angles A, O et E.

Les arêtes sont également de plusieurs espèces et donnent lieu à des modifications différentes. Ainsi, dans le prisme rhomboïdal oblique il existe deux systèmes d'arêtes ; lorsque les modifications se développent sur celles de devant, ordinairement désignées par la lettre H, les décroissements qui les représentent seront indiqués par les signes ^{1}H ou H^2, suivant que la facette naîtra à gauche ou à droite de cette arête en coupant les côtés à une distance 1 ou 2.

Quand les facettes des cristaux dérivés ne sont placées ni sur les angles ni sur les arêtes, ce qui a lieu lorsque leurs traces ne sont parallèles ni à l'une des diagonales des faces du cristal, ni à aucune de ses arêtes, le décroissement qui les produit est dit *intermédiaire*. Pour l'exprimer on indique les distances auxquelles les facettes coupent les trois arêtes du prisme ; l'expression

$$\left(\begin{array}{ccc} ^1\text{B} & \text{C}^2 & \text{H} \\ z & & _3 \end{array} \right)$$

représentera une facette placée de manière qu'elle coupe l'arête B à une distance 1 sur la gauche ; l'arête C à une distance 2 sur la droite, et la hauteur à une distance 3 en dessous.

Notation de M. Weiss, et de M. Mohs. — La notation d'Haüy a pour but de rappeler le décroissement qui donne naissance à chaque face ; M. Weiss a substitué à cette idée théorique les distances auxquelles les faces secondaires coupent les axes ; il les a définies en cherchant pour ainsi dire les coordonnées, des points où elles rencontrent les axes. C'est une traduction de la même idée, seulement M. Weiss a remplacé les constructions géométriques de Haüy par des considérations algébriques, mais les nombres n'en sont pas même altérés.

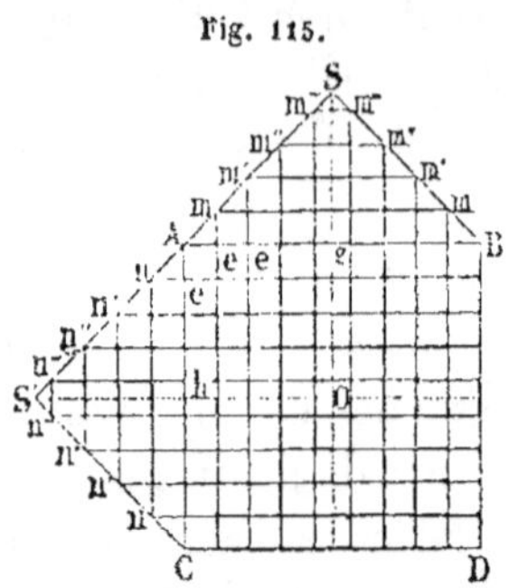

Fig. 115.

Soient, en effet, So, $S'o$ les axes du cube ; prolongés, ils passent à l'intersection des lignes AS et SB. Dans la *fig.* 115, $Sg = go$, car le triangle SAg est rectangle et isocèle ; et comme $Og = Ag$, puisque la figure est un cube, il s'ensuit que la distance Sg, à laquelle la face du dodécaèdre rhomboïdal vient couper l'axe, est égale à la longueur a de l'axe. Ainsi, on aura pour la notation de cette face, ainsi que nous l'avons déjà indiqué page 38, $a : a : \infty\, a$; le troisième axe étant horizontal se projette sur le point O, et ne rencontre pas la face du dodécaèdre.

La face de l'octaèdre régulier coupant chacun des axes à leur extrémité est représentée par $a : a : a$.

Pour la face du solide à vingt-quatre faces, *fig.* 117, le résultat est le même. Dans le triangle SAg, $Sg = \frac{1}{2}\, Ag$, puisqu'il y a deux molécules en largeur sur une en hauteur ; donc $Sg = \frac{1}{2}\, og = \frac{1}{2}\, a$. La notation sera donc pour la face mm', $\frac{1}{2}\, a : a : \infty\, a$.

Si on suppose que la notation de Haüy, au lieu d'indiquer le nombre de rangées soustraites en largeur et en hauteur pour passer du cube à l'octaèdre, désigne seulement les distances auxquelles cette face coupe les trois arêtes du cube qui se réunissent en A, la notation pour les axes aura exactement la même signification, car les côtés sont parallèles aux axes, et les distances auxquelles une facette secondaire coupe les axes, sont les mêmes que celles où elles rencontrent les côtés [1].

Les expressions qui indiquent les lois de dérivation ne diffèrent donc qu'en apparence, puisque, suivant la méthode de Haüy, on cherche les distances auxquelles les faces des solides

---

[1] Cette identité est rappelée avec plus de détail au paragraphe relatif au calcul des relations entre la forme primitive et les formes secondaires.

dérivés rencontrent les côtés pour en déduire le nombre de molécules soustraites, tandis que les minéralogistes allemands cherchent les distances auxquelles les mêmes faces coupent l'axe. Le second résultat est la conséquence du premier, et sa valeur numérique est la même.

M. Weiss, rapportant toutes les formes à des axes rectangulaires, n'avait pas appliqué sa notation à deux des formes les plus fréquentes, le prisme rhomboïdal oblique et le prisme oblique non symétrique. Les minéralogistes allemands, qui ont presque tous adopté l'emploi des axes, ont depuis étendu cette notation aux axes obliques, mais alors elle perd la simplicité géométrique et la facilité qu'elle apportait dans les calculs.

M. Mohs a établi pour chacun des six systèmes cristallins, des séries de formes secondaires dont tous les termes ont entre eux quelque relation simple, fondée sur certaines propriétés que présentent les cristaux qui composent ces séries ; sa notation consiste à désigner une modification par le numéro de la série à laquelle elle appartient, ainsi que le rang qu'elle occupe dans cette série.

Un inconvénient particulier à la méthode de M. Mohs, c'est que la même modification peut se trouver désignée par deux signes différents, et que deux formes différentes, quant à leur position par rapport à la forme primitive, peuvent être représentées par le même signe. Il semble aussi que l'observation d'une forme secondaire, dans une substance particulière, puisse introduire une nouvelle série dans le système de crstallisation auquel cette substance appartient.

Notation adoptée. — En résumé, la notation de M. Weiss est plus uniforme que celle de Haüy, mais elle n'est pas aussi simple : celle de M. Mohs, moins simple par elle-même, a en outre le grand inconvénient d'exiger que l'on connaisse les séries de formes qui lui servent de termes de comparaison, de sorte que le symbole ne suffit pas seul pour désigner une face.

La méthode de Haüy nous paraît être celle des trois que

donne l'idée la plus nette de la position des faces secondaires sur la forme primitive, et c'est surtout cette considération qui nous l'a fait préférer.

Aussi en ai-je constamment fait usage dans les figures qui précèdent, de manière que chaque lettre est l'expression symbolique de la loi qui l'a produite. J'ai seulement adopté quelques modifications proposées par M. Lévy, qui consistent à remplacer les lettres d, x, y, par la lettre même indiquant l'élément sur lequel a lieu le décroissement, mais avec un autre caractère, ce qui simplifie beaucoup le symbole ; ainsi, les faces $\dfrac{\overset{1}{B}}{d}$, $\dfrac{A^1}{x}$, $\dfrac{{}^2A}{y}$, sont exprimées par les signes $\overset{1}{b}$, a^1, ${}^2a$. La lettre i indique spécialement dans les figures les faces données par un *décroissement intermédiaire*, et c'est seulement dans le texte descriptif, qu'on indiquera les distances où ces faces coupent les côtés. Haüy fait entrer en outre dans l'expression de ces faces la lettre qui représente l'angle : il m'a paru préférable de le mettre toujours en fonction les trois côtés du prisme.

Des molécules intégrantes. Tous les cristaux peuvent se dériver de prismes, le rhomboèdre lui-même est un prisme ; on peut donc, en réalité, considérer tous les minéraux comme formés de particules prismatiques appliquées les unes sur les autres, et sans aucuns vides. Mais si, au lieu de prendre pour point de départ les prismes, on se sert des solides de clivage, les molécules intégrantes qui en résultent ne peuvent pas se ranger sans vides : tels sont le tétraèdre et l'octaèdre : en effet, les molécules qui ont cette forme doivent, par la cristallisation, se réunir symétriquement, c'est-à-dire de manière que les parties semblables de toutes les molécules soient semblablement dirigées : si l'on cherche à remplir cette condition avec des octaèdres ou des tétraèdres, on reconnaîtra qu'il faut les disposer de manière qu'ils se touchent par leurs arêtes ; mais, dans ce cas, il existera des vides tétraédriques pour le cristal formé de molécules octaèdres ; les vides

seront, au contraire, tétraédriques pour des molécules octaèdres.

Cette supposition de vides, à laquelle on est conduit par
l'assimilation de molécules d'un certaine forme, ne saurait
donner lieu à aucune objection sérieuse; car d'après la po-
rosité reconnue des corps, rien ne s'oppose à ce qu'on admette l'existence réelle de vides entre les molécules composantes d'un minéral, réunies symétriquement.

Le beau Mémoire de M. Biot sur la polarisation lamellaire
nous paraît prouver la présence de ces vides ; en effet, M. Biot
a reconnu que si certains minéraux cristallisés en corps réguliers dépolarisaient la lumière et donnaient des phénomènes
analogues à ceux de la double réfraction, contrairement aux
lois générales de l'optique des cristaux, cela tenait à leur
tissu lamelleux ; les lames dont ils se composent pouvant être
assimilées à des piles de glaces, qui produisent la polarisation
de la lumière par les petites couches d'air interposées.

PROBLÈMES DE LA CRISTALLOGRAPHIE.

Les détails qui précèdent montrent comment, en appliquant, d'après certaine loi, des lames décroissantes sur les
faces d'un prisme, on peut le transformer en un solide dérivé. C'est le problème inverse qui se présente en minéralogie. Les cristaux que l'on trouve dans la nature affectent
des formes plus ou moins variées : ordinairement la forme
primitive portant des facettes secondaires qui la voilent
en partie, quelquefois même qui la cachent entièrement et
donnent alors naissance à un solide particulier, dont au
premier abord on ne voit pas la relation avec la forme primitive. Il faut donc commencer par déterminer quelle peut
être cette forme, puis chercher les lois suivant lesquelles les
faces secondaires sont placées sur ce solide hypothétique.

Ces deux questions embrassent quatre problèmes dont les
énoncés sont :

1° Détermination de la nature de la forme primitive;

2° Détermination de ses angles;

3° Détermination de ses dimensions;

4° Recherches des lois de dérivation des formes secondaires sur la forme primitive.

Haüy a en outre constamment résolu le problème inverse, qui consiste à déterminer la forme secondaire, connaissant la loi de dérivation. Il avait pour but dans ce cinquième problème de rectifier la valeur des angles qu'il avait obtenus par l'observation, et qu'il regardait comme n'étant qu'approximatifs, les nombreuses observations qu'il avait faites, lui ayant appris que les lois qui président à la formation des formes secondaires sont généralement simples. Quand donc ses calculs le conduisaient à des nombres qu'un léger changement dans les angles simplifiait, il se donnait la loi de dérivation et il en concluait la valeur des angles rectifiés.

Ces cinq problèmes sont en réalité les seuls que la cristallographie se propose de résoudre. Beaucoup d'auteurs, et Haüy lui-même, en ont ajouté plusieurs autres qui ne sont en réalité que des problèmes de géométrie appliqués à des cristaux. Il a cherché le volume et la solidité de certains cristaux, le cas où quelques-uns d'entre eux deviennent des maxima. Ces problèmes sont en général simples, mais ils me paraissent avoir l'inconvénient de compliquer la cristallographie et de la faire regarder généralement comme une science difficile. Bornée à ses véritables attributions, elle est au contraire simple, et n'exige que la connaissance de la géométrie élémentaire et de la trigonométrie. Je la renfermerai dans ces limites, le but que je me propose dans ce traité étant de le rendre essentiellement pratique. Ce désir m'a également engagé à ne pas me servir de formules générales pour la résolution des problèmes précédents; mon expérience m'a appris que l'on saisit mieux un exemple numérique, que des calculs sur un cristal dont les dimensions sont exprimées par des quantités algébriques; il existe un autre avantage dans les exemples : c'est qu'ils présentent une grande variété, suivant les angles que la nature des cristaux nous permet de mesurer. Les calculs seraient toujours simples et très-courts, si on pouvait se procurer les angles qui en fournissent les éléments immédiats ; mais souvent on est obligé pour les obtenir de passer par une série de constructions intermédiaires qui rendent les calculs assez longs. Sous ce rapport, des exemples nous paraissent préférables ; ils deviennent des guides pour chaque cas, et ils ont en outre le grand avantage d'être isolés, tandis que dans les méthodes de calcul de Haüy, les formules s'appuyant toutes les unes sur les autres, l'on ne peut que très-difficilement faire immédiatement la détermination d'un cristal quelconque.

La cristallographie de M. W.-H. Miller, de Cambridge, traduite en français par M. de Sénarmont, ingénieur des mines, n'a pas cet inconvénient grave. Les formules données par ce savant professeur, remarquables par leur symétrie et par leur simplicité, se prêtent toutes à l'emploi des logarithmes ; les personnes qui désirent approfondir la géométrie des cristaux étudieront l'ouvrage de M. Miller avec beaucoup de fruit.

Malgré la préférence que nous accordons, dans la pratique de la minéralogie cristallographique, à l'usage des méthodes numériques, nous indiquerons à la suite de ce chapitre un exemple de l'emploi des formules ; nous choisirons de préférence le rhomboèdre, qui, malgré la symétrie remarquable de ses formes, exige cependant, par l'obliquité de tous ses angles, les méthodes les plus générales.

1° DÉTERMINATION DE LA NATURE DE LA FORME PRIMITIVE.

Ce problème est le premier qu'on doit toujours se poser lorsqu'on veut déterminer la nature d'une substance cristallisée. La connaissance des angles et des dimensions de la forme primitive, celle des lois de dérivation des formes secondaires, ne sont pas indispensables pour la détermination des minéraux; la nature de la forme primitive est au contraire un guide assuré pour faire cette détermination. Elle n'exige aucun calcul, il faut seulement se rappeler les lois de la symétrie, et l'inspection du cristal suffit pour la résolution de cette importante question.

Nous rappellerons à ce sujet que dans le système régulier, tous les angles étant identiques et toutes les arêtes jouant le même rôle, lorsqu'un angle ou une arête sera modifiée d'une certaine façon, les autres éléments analogues du cristal devront porter une modification semblable. Elles seront par conséquent au nombre de huit pour les angles et de douze pour les arêtes.

Dans le prisme à base carrée, les arêtes et les angles étant de deux espèces, les modifications seront toujours quadruples.

Pour le prisme droit rectangulaire, deux des arêtes de la base sont longues, deux sont courtes; les modifications sur les arêtes ne donneront donc lieu qu'à des biseaux, tandis que celles sur les angles seront quadruples.

Pour le système rhomboédrique, le nombre des facettes sera triple, quand la forme primitive sera le rhomboèdre; ce nombre sera sextuple, lorsqu'on devra prendre pour cette forme le prisme à six faces régulier, comme pour l'émeraude.

Dans le prisme rhomboïdal oblique, les modifications sont doubles sur les arêtes de la base, et doubles également sur les arêtes du prisme. Quant à celles placées sur les angles, elles sont doubles sur les deux angles analogues et simples sur les deux autres; cette différence dans la symétrie est précisément un guide assuré pour ce système cristallin.

Enfin les cristaux qui appartiennent au prisme oblique ne présentent plus aucune symétrie; les facettes placées soit sur les angles, soit sur les arêtes de ce prisme, sont toujours seules de leur espèce.

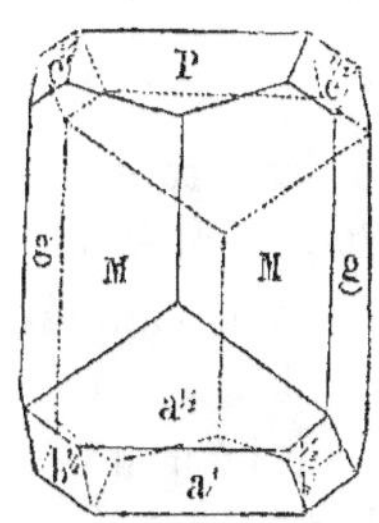

Fig. 120.

Ce résumé rapide de la symétrie des systèmes cristallins montre qu'il suffit de compter le nombre de facettes semblables pour déterminer la nature de la forme primitive. Un exemple le fera comprendre peut-être encore plus clairement : soit, *fig.* 120, un cristal de feldspath, que l'on rencontre très-fréquemment dans les terrains granitiques.

Ce cristal a la forme d'un prisme à six faces aplati, dont quatre faces M, M sont larges, et deux g sont étroites. Cette circonstance ne peut s'accorder qu'avec deux systèmes cristallins : le prisme rhomboïdal droit et le prisme rhomboïdal oblique. L'examen des faces a^1 et $a^1/_2$, qui sont placées sur un angle et dont les correspondantes n'existent pas sur l'angle opposé, achèvent de déterminer la forme qui est un prisme oblique ; en effet, dans le prisme rhomboïdal droit, les angles de la base sont toujours égaux deux à deux ; dans le prisme rhomboïdal oblique, au contraire, les angles de devant et celui de derrière sont d'espèces différentes. Les modifications sur l'un de ces angles ne se répètent pas sur l'autre.

Les facettes $e^1/_2$ et $b^1/_2$ viennent confirmer la détermination précédente. L'intersection de $e^1/_2$ sur P est parallèle à la diagonale ; ces facettes sont donc des modifications sur les angles de côté E. Quant aux faces $b^1/_2$, elles sont placées sur les arêtes de la base. Enfin les faces g sont parallèles au plan diagonal qui passe par les arêtes MM.

La symétrie de toutes les facettes a, $a^1/_2$, $e^1/_2$, $b^1/_2$, et g, relativement aux trois faces principales M, M et P, apprennent donc que la forme primitive est un prisme rhomboïdal oblique qui résulte de la réunion de ces trois faces.

2° DÉTERMINATION DES ANGLES DE LA FORME PRIMITIVE.

Pour les trois premiers systèmes cristallins, ce problème n'existe pas. Les angles plans de la forme primitive sont égaux aux angles dièdres des faces de cette forme ; ce sont ces angles qu'il faut déterminer ; pour le cube et le prisme à base carrée, ces angles sont droits ; ils le sont également pour le prisme à base rectangle ; mais dans le prisme droit rhomboïdal, qui appartient, comme le prisme à base rectangle, au troisième type cristallin, il faut nécessairement avoir l'angle dièdre de la face M sur M ; il résulte ordinairement de l'observation directe, c'est-à-dire qu'on mesure cet angle par le moyen du goniomètre.

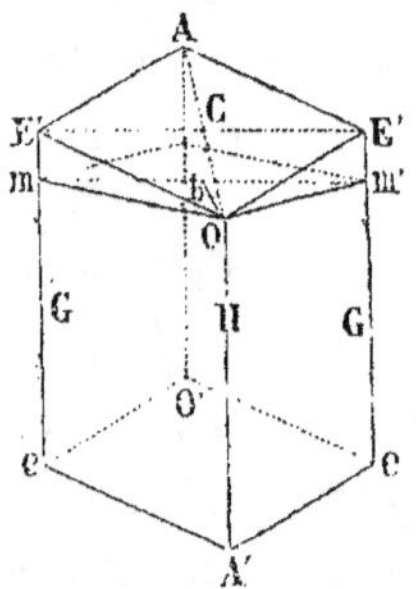

Fig. 121.

Pour les trois autres systèmes on est obligé d'avoir recours au calcul ; deux cas se présentent alors : le premier, dans lequel on connaît les angles dièdres des trois faces primitives P, M, M, plus un angle de la base sur une face secondaire placée sur l'arête H, parallèlement au plan diagonal EE*ee'*.

Le deuxième, dans lequel les angles dièdres de la forme primitive sont seuls donnés par le goniomètre.

Dans le premier cas, la question n'exige que la résolution de triangles rectangles.

Dans le second, il faut avoir recours à la trigonométrie sphérique, ou du moins cette méthode, qui est toujours la plus simple, et également presque toujours la plus courte et la plus facile.

Nous allons indiquer la marche que l'on suit dans la résolution de cette question, en renvoyant, pour les détails, à l'exemple que nous donnerons du pyroxène, dans un chapitre spécial.

1° Lorsqu'on connaît l'angle de la base P sur une face placée sur l'arête H, il est égal à l'angle AOA', formé par la diagonale AO, et cette même arête H. Dans ce cas, si on suppose la longueur AO=1, et qu'on mène un plan mOm' perpendiculaire à H, on a un triangle AOf, rectangle en f, dans lequel les angles sont connus ainsi qu'un côté : on en conclut par le calcul le côté of.

Cette nouvelle donnée permet de résoudre le triangle rectangle mof. En effet, dans ce triangle l'angle f est droit. L'angle $mof = \frac{1}{2}$ M sur M, donné par la question, et le côté of qu'on vient d'obtenir, complètent les conditions nécessaires pour résoudre le triangle. Sa résolution donnera alors la ligne $mf = \frac{1}{2} mm' = \frac{1}{2}$ EE.

Les deux diagonales AO et EE de la base sont par conséquent déterminées, et comme ces diagonales se coupent à angle droit, il s'ensuit que dans les triangles AEc, OEc, on connaît deux côtés et un angle, et que la résolution de ces triangles détermine les angles en A et en E de la base, c'est-à-dire ses angles.

Pour compléter la détermination des angles plans de la forme primitive, il reste à obtenir les angles mEO, m'EO des faces verticales. Les données que nous possédons suffisent, et il n'est plus nécessaire que de résoudre le triangle rectangle mEo dans lequel on connaît deux côtés. En effet, EO a été déterminé par la résolution du triangle Eco dans la recherche des angles plans de la base. mo a été obtenu par la résolution du triangle mof qui a donné la diagonale.

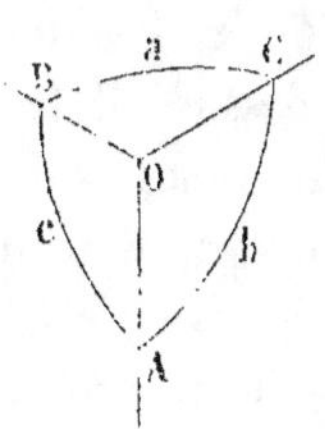

Fig. 121.

2° Si les angles dièdres, formés par les trois faces P, M, M, sont les seuls connus, il faut nécessairement avoir recours à la trigonométrie sphérique. Supposons dans ce cas que du point O comme centre, *fig. 121*, on décrive une sphère, les arêtes OA', OE, OE', qui appartiennent au prisme, perceront cette sphère en trois points qui détermineront sur sa surface un triangle sphérique ABc, dans lequel les trois angles dièdres sont connus. En effet, A = M sur M; B = P sur M; C = P sur M. Dans cet exemple, le triangle ABC est isocèle; la solution serait la même si les trois faces du prisme étaient différentes, c'est-à-dire si le prisme n'était point rhomboïdal.

Connaissant les trois angles dièdres, on déterminera les angles plans mesurés par les arcs a, b, c au moyen des deux formules.

$$\operatorname{Sin.} \tfrac{1}{2} a = R \sqrt{-\frac{\cos. \tfrac{1}{2}(A + B + c) \times \cos. \tfrac{1}{2}(B + c - A)}{\sin. B, \sin. c}}$$

$$\operatorname{Sin.} \tfrac{1}{2} b = R \sqrt{-\frac{\cos. \tfrac{1}{2}(A + B + c) \times \cos. \tfrac{1}{2}(A + c - B)}{\sin. A, \sin. c}}$$

Cette méthode, qui s'applique à tous les cas et qui n'exige d'autres angles que ceux des trois faces primitives, consiste dans le calcul de deux formules ; le cas précédent, qui suppose un angle que l'on ne peut obtenir que rarement, avait nécessité la résolution successive de trois triangles rectangles.

Le pyroxène nous offrira également un exemple de ce calcul. (Voir le chapitre consacré aux calculs cristallographiques.)

3° DÉTERMINATION DES DIMENSIONS DE LA FORME PRIMITIVE.

Les deux problèmes précédents ont fait connaître la nature et les angles de la forme primitive. Quand on veut déterminer les relations qui existent entre cette forme et les facettes secondaires qui sont pour ainsi dire entées dessus, il faut en connaître les dimensions. Cette détermination repose sur celle des facettes secondaires, car les cristaux n'ont pas de dimensions réelles, ils n'ont que des dimensions relatives, qui sont données par la distance à laquelle une de ces facettes secondaires coupe l'axe principal du cristal.

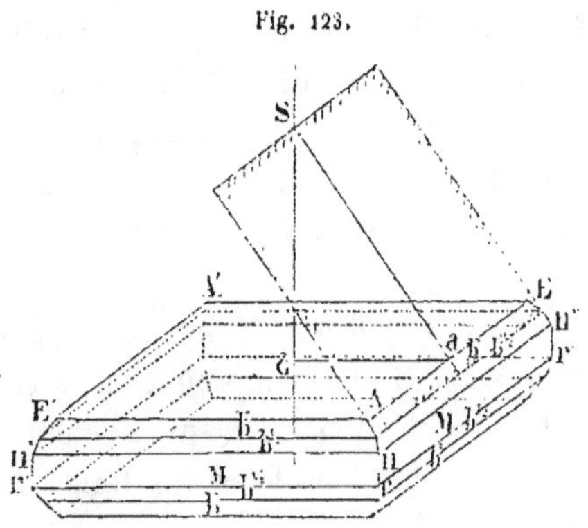

Fig. 123.

Pour faire comprendre cette idée sur laquelle reposent les lois de dérivation des formes secondaires, supposons que la *fig.* 123 représente un cristal de baryte sulfatée, dont les arêtes de la base sont remplacées par deux rangées de facettes b^2 et $b^{1/2}$.

Nous ferons d'abord remarquer que les facettes semblables étant en nombre quadruple, savoir : quatre facettes b^2 et quatre facettes $b^{1/2}$, et de plus que les angles plans de la base n'étant pas droits, la forme primitive est un prisme rhomboïdal droit; les arêtes nr, $n'r'$, $n''r''$, étant verticales, les faces M, M sont les faces primitives de ce prisme. Pour en déterminer les dimensions, prolongeons une des facettes, b^2 par exemple; elle coupera l'axe cc' prolongé à une certaine distance S. On prendra alors la longueur cS pour la hauteur du prisme; le triangle caS, donné par un plan perpendiculaire à l'arête AE, coupera la base suivant une ligne ac parallèle au côté AE'; on regardera la ligne comme la longueur du côté, et cette modification aura servi à déterminer à la fois la hauteur Sc du prisme et son côté AE'. Le prisme étant rhomboïdal, les deux côtés sont égaux; ainsi, dans ce cas, la forme primitive est complétement déterminée.

La face b^2 est par suite donnée par un décroissement en hauteur et un en longueur. On aurait pu se servir, pour déterminer les dimensions de la forme primitive, de la face $b^{1/2}$, ou de toute autre face; mais une fois qu'on a choisi une facette pour cette détermination, les lois qui donnent naissance aux autres facettes sont en fonction des dimensions obtenues.

Dans la *fig.* 123, l'angle de P sur $b^2 = 115°\ 33'\ 8''$. L'angle de P sur $b^1/_2 = 152° 25' 40''$. Il en résulte que la facette $b^1/_2$ coupe l'axe entre le point S et le point c. Le calcul montre que c'est à une distance $^1/_2$ cS. Dans ce cas donc, la face $b^1/_2$ est le résultat d'un décroissement d'une demi-rangée en hauteur et d'une en largeur, ou de deux en largeur et d'une en hauteur.

Le triangle cas est appelé *triangle mensurateur*; on remarquera qu'il est égal à la coupe d'une demi-molécule, car pour construire la coupe de la molécule intégrante, il suffit, par les points a et S, de mener des parallèles aux lignes ac et cS.

Lorsque les côtés sont égaux, comme dans les cinq premiers systèmes cristallins, une seule modification suffit pour déterminer les dimensions de la forme primitive. Dans le sixième système, il est nécessaire d'en connaître deux pour faire cette détermination ; nous donnerons ci-après les calculs relatifs à la greenovite, qui fourniront un exemple de ce système cristallin.

Nous remarquerons que beaucoup de substances cristallisent dans le même type cristallin : la *baryte sulfatée*, que nous avons prise pour exemple de la recherche des dimensions, cristallise sous la forme d'un prisme rhomboïdal droit, comme la *topaze* ou l'*arragonite*. Cependant, ces trois substances ont des systèmes cristallins différents, ce qui tient à ce que les dimensions des prismes ne sont pas les mêmes. Il faut donc bien différencier les expressions de type et système cristallin : le type est la nature de la forme, abstraction faite de la valeur des angles et de celle des dimensions ; le système cristallin d'une substance est l'ensemble des lois qui lient la forme primitive à la forme secondaire, et qui comprend par suite les angles et les dimensions de la forme primitive.

4° LOIS DE DÉRIVATION DES FORMES SECONDAIRES SUR LES FORMES PRIMITIVES.

La résolution du problème précédent conduit naturellement à la solution de celui que nous venons d'énoncer ; déjà même nous l'avons indiqué en partie, en remarquant que la face $b^{1/2}$, *fig.* 123, coupait la ligne *cs* à une distance égale à une demie de cette longueur. Effectivement, lorsque les facettes secondaires s'appuient sur une arête de la base, il suffit toujours de chercher la distance à laquelle cette face coupe la hauteur du prisme, qui correspond à son axe principal.

Fig. 124.

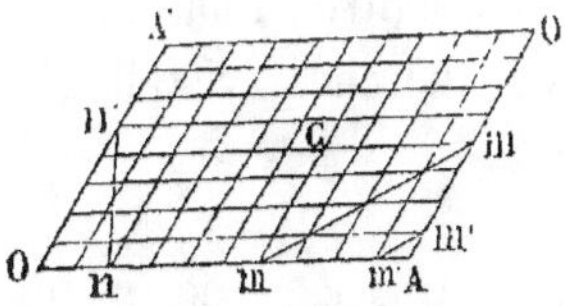

La loi des modifications sur les angles est également simple : soit en effet, *fig.* 124, une modification dont la trace *mm* est placée sur l'angle A. Dans ce cas, sa trace *mm* est parallèle à la diagonale *oo'*, ou, ce qui est de même, à la diagonale de la molécule intégrante *m'm'*. La loi de dérivation sera donc entièrement connue quand on aura déterminé la distance à laquelle cette face vient couper l'axe vertical qui se projette en *c*, point où les deux diagonales AA' et OO' se coupent.

Lorsque les modifications sont placées de manière à ce que leurs traces ne soient ni parallèles à la diagonale, ni aux arêtes, comme cela a lieu pour la face dont *nn'* est la trace, la distance à laquelle cette face coupe l'axe ne suffit plus ; il faut, pour qu'elle soit déterminée complétement, connaître à la fois cette hauteur, ainsi que les longueurs *on*, *on'* qui indiquent le nombre de molécules soustraites sur chacun des côtés. Dans la figure ci-contre, la face *nn'* est donnée par le décroissement de deux rangées en longueur sur cinq en largeur ; on voit donc que pour la déterminer il faudra chercher les longueurs *on* et *on'* et les comparer aux côtés de la base, pour savoir combien chacune de ces longueurs contient de molécules. Quant à la hauteur, on la suppose ordinairement égale à 1, car on peut toujours, par une distance $h=1$, mener un plan parallèle à la facette, et il suffira alors de chercher les distances auxquelles ce plan coupe les côtés. Si on le préfère, on prendra la distance 1 sur l'un des côtés.

Dans cet exemple, déterminer la loi de dérivation ou de décroissement, c'est donc chercher les distances auxquelles la facette secondaire coupe les deux arêtes de la base du prisme, et l'arête verticale qui y aboutit.

Nous donnerons, dans un chapitre particulier, un exemple de calcul pour chacun des systèmes cristallins; mais nous pensons nécessaire d'indiquer plus spécialement la méthode pour les corps réguliers, que les personnes qui étudient la minéralogie désireront sans doute connaître, quand même elles ne voudraient pas se livrer aux recherches cristallographiques un peu plus compliquées.

CALCUL DES LOIS DE DÉRIVATION DES FORMES SECONDAIRES QUI NAISSENT SUR LE CUBE.

1° Par des modifications placées sur les arêtes.

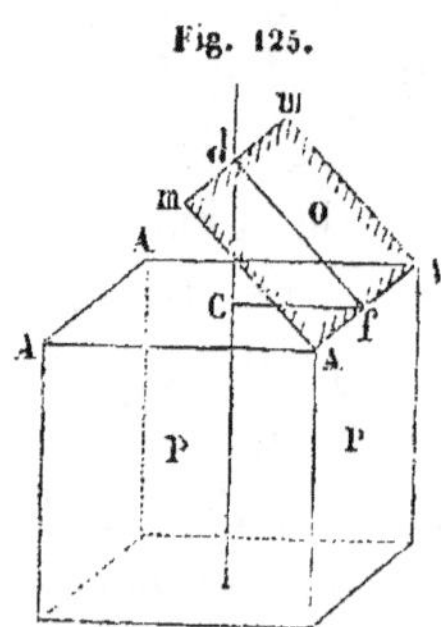

Dodécaèdre rhomboïdal régulier. Supposez que sur le cube *fig.* 125, la face *o* représente un plan tangent sur l'arête AA, qui donne naissance au dodécaèdre rhomboïdal. La mesure nous apprend que l'angle que fait la face de ce polyèdre avec celle du cube $=135°$; par le point *d* où l'axe perce la face *o* du dodécaèdre, menons un plan perpendiculaire à l'arête AA, l'angle *dfc* sera égal à $180°-135°=45°$.

Le triangle *dfc* est par conséquent isocèle, et $fc=dc$; mais *fc* peut être considéré comme le côté de la molécule dont *dc* est la hauteur; ainsi la face du dodécaèdre rhomboïdal est placée sur l'arête du cube, de manière qu'elle coupe la hauteur et le côté, chacun à une distance 1 ; elle est par conséquent donnée par un décroissement d'une rangée en hauteur et d'une rangée en largeur ; la loi qui la produit sera exprimée par b^1.

La face o, étant également inclinée sur l'arête AA, elle viendra couper l'axe horizontal à une distance $=cd$; ainsi il naîtra seulement une face sur chaque arête.

Dodécaèdre pentagonal. — Cette forme, fréquente dans le fer sulfuré, est telle que son angle sur la face du cube est égal à $153° 26' 5''$.

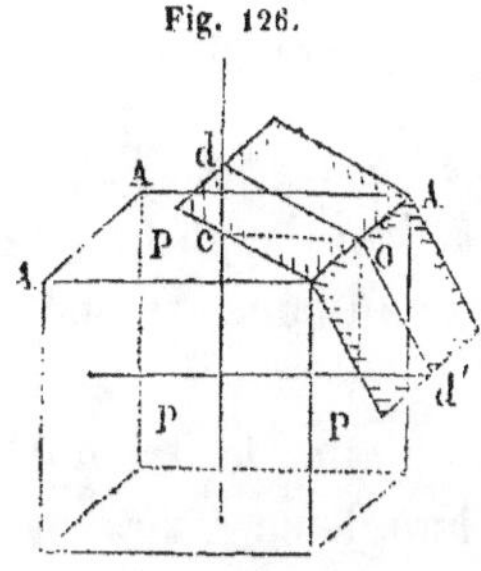
Fig. 126.

Traçons sur le cube, *fig.* 126, une des faces du dodécaèdre pentagonal, le triangle *doc* sera toujours le triangle mensurateur ; l'angle o aura pour valeur $o = 180° — 153° 26' 5'' = 26° 33' 55''$.

Supposons que le côté oc du triangle soit égal au côté de la molécule, et représentons-le par le nombre 1. Cherchons combien dc contiendra de hauteur de molécules, et comme la forme primitive est un cube, $B = H = 1$.

Dans le triangle *doc*, on a :

$$dc = \frac{oc \sin. o}{\sin d} = \frac{oc \sin. o}{\cos. o} = \frac{\sin. o}{\cos. o}$$

Pour calculer ce rapport, il faut prendre les logarithmes de sin. o et de cos. o, et les retrancher l'un de l'autre ; le logarithme qu'on obtiendra sera précisément celui de la hauteur dc :

Log. sin. o = Log. sin. $26° 33' 55'' = 9.6505184$
Log. cos. $26° 33' 55'' = 9.9515442$

D'où log. dc $= 0.6999742$

Or, le nombre auquel correspond ce logarithme = 0,50002 = $^1/_2$.

La distance à laquelle la face du dodécaèdre pentagonal coupe la hauteur est par suite égale à $^1/_2$, tandis que cette face coupe le côté à la longueur 1. La loi de décroissement qui donne la face de ce polyèdre est donc $b^1/_2$.

La hauteur dc étant moitié du côté, le plan du dodécaèdre pentagonal est inégalement incliné sur les deux faces contiguës du cube; il s'ensuit nécessairement qu'il devrait y avoir une face en retour; le solide dont la loi de décroissement est $b^1/_2$, est donc un solide à 24 faces, et par suite le dodécaèdre pentagonal n'est qu'un demi-cristal.

2° Lois de dérivation des facettes placées sur l'angle.

Fig. 127.

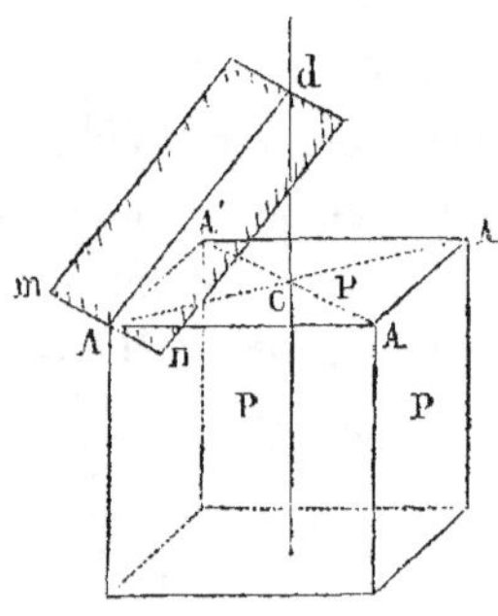

1° Octaèdre. Soit, *fig.* 127, o la face de l'octaèdre; l'angle qu'elle fait avec la base du cube est égal à 125° 15′ 52″.

dAc étant toujours le triangle mensurateur, l'angle en A sera encore égal à 180° — (125° 15′ 52″), = 54° 44′ 8″.

L'angle au sommet sera par suite de 35° 15′ 52″; dc étant supposé une hauteur de molécule, on aura le côté

$$Ac = \frac{\sin. \ 35° \ 15′ \ 52″}{\sin. \ 54° \ 44′ \ 8″}$$

Prenant les logarithmes,

On a log. sin. 35° 15′ 52″ = 9,7614398
log. sin. 54° 44′ 8″ = 9.9119542

D'où log. Ac = — 1.8494856

Cherchant le nombre auquel répond ce logarithme, on trouve que Ac = $\sqrt{^1/_2}$.

La figure montre que Ac est pris sur la diagonale ; cherchons la longueur du côté qui correspond à la portion de diagonale représentée par $\sqrt{1/2}$. Pour la déterminer, traçons sur la base du cube les deux diagonales. Dans le triangle ACA' rectangle en c, $AA^2 = A'c^2 + Ac^2 = 2Ac^2$, à cause de l'égalité des diagonales.

Mais $AA' = 1$, donc $AC = \sqrt{1/2}$.

Ainsi lorsque le côté de la molécule $= 1$, $\sqrt{1/2}$ correspond à la demi-diagonale de cette molécule, il en résulte nécessairement que la face de l'octaèdre coupe la hauteur et les côtés à une distance $= 1$, et par suite elle est placée sur l'angle par un décroissement d'une rangée en hauteur et d'une rangée en largeur. Sa notation sera a^1.

On remarquera que la face donnée par cette loi de décroissement étant également inclinée sur chaque face du cube, elle sera unique sur chaque arête du cube.

2° **Trapézoèdre**. — Le fer sulfuré présente un solide à 24 faces, appelé trapézoèdre, dont les traces sur chaque face du cube sont parallèles à la diagonale qui leur est opposée. Ces faces sont par conséquent placées sur l'angle du cube et doivent se calculer de la même manière que les faces de l'octaèdre.

L'angle de la face du trapézoèdre sur le cube $= 144°$ 44′ 8″.

La seule différence entre la position des facettes de ce solide et celle du trapézoèdre étant dans l'inclinaison sur le cube, nous pouvons nous servir encore de la *fig.* 127; seulement, dans ce cas, l'angle $dAc = 180° - 144°$ 44′ 8″ $= 35°$ 15′ 52″.

L'angle d au sommet $= 54°$ 44′ 8″.

Supposons, comme précédemment, que $dc =$ la hauteur d'une molécule $= 1$, nous aurons pour valeur de Ac dans le triangle mensurateur,

$$Ac = 1 . \frac{\sin. 54° \, 44' \, 8''}{\sin. 35° \, 15' \, 52''}$$

Prenant les logarithmes, on a :

$$\text{Log. sin. } 54° 44' 8'' = 9.9119542$$
$$\text{Log. sin. } 35° 15' 52'' = 9.7614398$$

D'où log. Ac $= 0.1505144$

et par suite $Ac = \sqrt{2}$.

Pour connaître à quelle longueur de côté correspond la partie de diagonale $Ac = \sqrt{2}$, on remarquera que nous avons trouvé tout à l'heure que la demi-diagonale est égale à $\sqrt{\frac{1}{2}}$, et $\sqrt{2} = 2\sqrt{\frac{1}{2}}$; donc Ac est égal à deux demi-diagonales, et comme à chaque demi-diagonale correspond une longueur de molécule, la face du trapézoèdre naît sur l'angle A, de manière qu'elle coupe le côté à une distance $= 2AA'$. On peut supposer avec Haüy qu'elle coupe les côtés à une longueur de molécule, et la hauteur à une demi-longueur, car le rapport n'est pas changé.

La loi de décroissement qui donne naissance à la face du trapézoèdre est donc telle, que sa trace est parallèle à la diagonale opposée à l'angle sur lequel elle est placée, et que les plaques de décroissement offrent un retrait d'une rangée en largeur sur une demie en hauteur; sa notation sera par conséquent $a^{\frac{1}{2}}$.

On remarquera que la facette qui naît sur la base du cube doit se représenter sur les trois faces qui se coupent à l'angle A. Il y aura donc trois facettes sur chaque angle, et le solide qu'elles constituent en contiendra vingt-quatre. Les trois faces sur chaque angle auront pour notation les signes $\overset{\frac{1}{2}}{a}, \overset{\frac{1}{2}}{a}, \overset{\frac{1}{2}}{a}$, la position du chiffre indiquant celle de la face du cube sur laquelle naît la modification.

Il existe sur le cube plusieurs trapézoèdres différents, celui dont nous venons de donner le calcul est le plus fréquent. Ce calcul sera le même pour tous les solides à vingt-quatre faces placées sur les angles. On en connaît huit, dont quatre seulement se présentent avec quelque fréquence; les distances auxquelles leurs faces coupent successivement l'axe ou la hauteur sont $\frac{1}{6} h : \frac{1}{4} h : \frac{1}{3} h . \frac{1}{2} h$. La simplicité de ces nombres se retrouve dans presque tous les autres systèmes cristallins, et c'est leur observation qui a conduit à cette belle découverte que j'ai déjà citée, que les faces secondaires naissent sur les faces de la forme primitive par des lois simples.

Solides à quarante-huit faces. — Outre les deux genres de modifications que nous venons d'étudier, il existe sur le cube des formes dont les traces ne sont parallèles ni aux côtés, ni aux diagonales de ce cristal. Ces faces sont, pour ainsi dire, placées dans une position intermédiaire; circonstance qui a engagé Haüy à désigner sous le nom de *décroissement intermédiaire* la loi qui les produit.

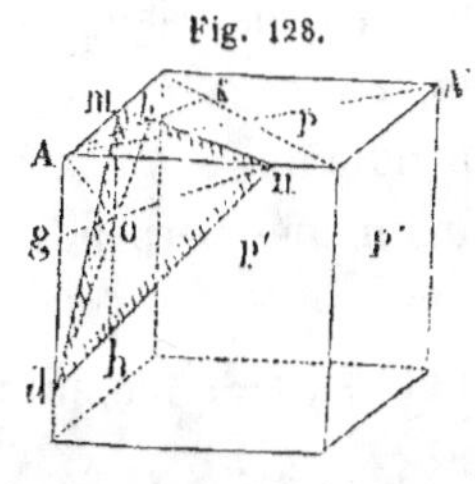

Soit *mn*, *fig.* 128, la trace du solide à quarante-huit faces : cette ligne étant inclinée relativement à la diagonale AA′, il devrait exister une autre face *m′ n′*, dans une position symétrique; la même chose se représentant sur chacune des faces du cube aboutissant à l'angle A, il y a donc six faces sur chaque angle, et par suite quarante-huit faces nouvelles.

Pour déterminer la modification dont *mn* est la trace, un angle ne suffit plus, il faut mesurer les angles de la facette nouvelle sur chacune des faces du cube; appelons *x* cette facette, et prenons les angles donnés pour un solide à quarante-huit faces appartenant à l'or natif, qui sont :

$$P \text{ sur } x = 108° \ 51' \ 20''.$$
$$P' \text{ sur } x = 107° \ 4' \ 30''.$$
$$P'' \text{ sur } x = 119° \ 6' \ 10''.$$

Dans ce cas, au lieu de prolonger la face *x* jusqu'à l'axe, nous pouvons considérer A*d* comme la hauteur du cube, et la loi de dérivation de la face *x* sera donnée par les longueurs A*d*, A*n*, A*m*, prises sur les trois arêtes du cube qui se coupent en A. Pour les obtenir, il faut construire successivement trois triangles qui contiennent à la fois une de ces arêtes et les angles que l'on a mesurés par le goniomètre.

Menons par l'arête Ad un plan Adb perpendiculaire à mn intersection de x et de la base du cube; l'angle dbK $=$ P sur x, d'où il résulte que A$bd=180$—P sur x, et par suite A$df=$ $90-(180-$ P sur $x)=$ P sur $x-90=108°\ 51'\ 20''$ $-90=18°\ 51'20''$.

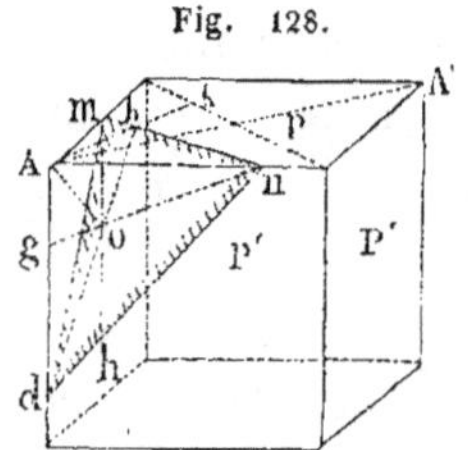

Fig. 128.

Faisant la même construction sur chacune des autres arêtes, c'est-à-dire menant par An, $fig.$ 128, un plan perpendiculaire sur dm, et par Am un autre plan perpendiculaire sur dn, on aura construit les trois triangles qui doivent donner les côtés Ad, Am, An; la perpendiculaire Ao sur le plan x sera l'intersection des trois plans menés perpendiculairement sur les côtés opposés.

Ces trois triangles étant rectangles donnent successivement les proportions suivantes :

$$A d \ : \ ao \ :: \ R \ : \ \sin. \ Ado \ :: \ R \ : \ \sin. \ 18°\ 51'\ 20''.$$
$$A n \ : \ ao \ :: \ R \ : \ \sin. \ Ano \ :: \ R \ : \ \sin. \ 29°\ 6'\ 10''.$$
$$A m \ : \ ao \ :: \ R \ : \ \sin. \ Amo :: \ R \ : \ \sin. \ 77°\ 4'\ 30''.$$
$$Ano = P'' \ \text{sur} \ x-90 \qquad = \qquad 29°\ 6'\ 10''.$$
$$Amo = P' \ \text{sur} \ x-90 \qquad = \qquad 77°\ 4'\ 30''.$$

Supposons la perpendiculaire A$o=1$, et remarquons que Ad étant prise sur la hauteur du prisme est une certaine fraction de la hauteur que nous représenterons par nh : par la même raison en appelant pour un moment les côtés de la base du cube B et c, on aura A$m=n'$B, A$n=n''c$.

Il en résulte que les proportions précédentes donnent :

$$A d = nh = \frac{R}{\sin. \ 18°\ 51'\ 20''}$$

$$A m = n'B = \frac{R}{\sin. \ 29°\ 6'\ 10''}$$

$$A n = n''c = \frac{R}{\sin. \ 77°\ 4'\ 30}$$

Pour avoir ces valeurs, il ne reste plus qu'à chercher les logarithmes.

On a pour Ad :

$$
\begin{aligned}
\text{Log. R} &= 10. \\
\text{Log. sin. } 18^\circ 51' 20'' &= 9.5094491 \\
\hline
\text{Log. A}d = \text{log. } nh &= 0.4905509 \\
\text{D'où } nh &= 3.094.
\end{aligned}
$$

Pour Am :

$$
\begin{aligned}
\text{Log. R} &= 10. \\
\text{Log. sin. } 29^\circ 6' 10'' &= 9.6869737 \\
\text{Log. A}m = \text{log. } n'B &= 0.3130263 \\
\text{D'où } n'B &= 2.056.
\end{aligned}
$$

Pour An :

$$
\begin{aligned}
\text{Log. R} &= 10. \\
\text{Log. sin. } 77^\circ 4' 30'' &= 9.9888548 \\
\text{Log. A}n = \text{log. } n''c &= 0.0111452 \\
\text{D'où } n''c &= 1.026.
\end{aligned}
$$

Les distances Ad, Am, An sont à un centième près comme les nombres 3, 2 et 1. Le décroissement qui produit, dans l'or natif, le solide à 48 faces, dont nous avons donné ci-dessus les angles, est donc un décroissement intermédiaire qui aurait pour notation :

$$B^2 \ H \ ^1C$$
$$3$$

Dans le cube, les trois côtés étant égaux, le symbole devient :

$$\overset{2}{B} \ B \ ^1B$$
$$\scriptstyle 3$$

Nous remarquerons que le calcul serait exactement le même si, au lieu d'un cube, nous avions opéré sur un prisme à base carrée, ou sur un prisme rectangulaire droit; car nous avons supposé les dimensions différentes; aussi les différents exemples que nous avons donnés sur le cube peuvent s'appliquer aux trois premiers systèmes cristallins. Ces calculs sont toujours très-simples, puisqu'ils se bornent à la résolution de triangles le plus ordinairement rectangles. Souvent cependant les calculs, sans être plus difficiles, sont plus longs, parce que le goniomètre ne fournit pas toujours les angles qui entrent immédiatement dans le calcul.

Cette circonstance nous engage à consacrer, après l'étude

des caractères physiques et des caractères chimiques, un chapitre particulier, à des exemples appartenant aux différents systèmes cristallins, le cubique excepté, en prenant les données que la mesure à fournies à Haüy.

5° DÉTERMINATION DES ANGLES QUE LES FACES D'UNE FORME SECONDAIRE FONT SUR CELLES DE LA FORME PRIMITIVE, LA LOI DE DÉRIVATION ÉTANT CONNUE.

Pour terminer tout ce qui se rapporte aux calculs des cristaux, il nous reste à parler du cinquième problème que Haüy se proposait presque toujours, au moyen duquel il rectifiait les angles qu'il avait obtenus par le goniomètre.

Ce problème est l'inverse du précédent, et nous l'appliquerons au solide à 48 faces, pour lequel nous venons de trouver que la loi de décroissement est 1, 2 et 3; ces nombres, quelque rapprochés qu'ils soient, ne sont pas cependant tout à fait exacts. Cherchons les valeurs que les angles de P sur x, P′ sur x et P″ sur x devraient avoir pour que la relation 1, 2 et 3 fût rigoureuse.

Dans ce cas, on aura :

$$A d = n h = 3\,H = \frac{R}{\sin.\ z} \quad \text{d'où} \quad \sin.\ z = \frac{R}{3\,H},$$

$$A m = n'B = 2B = \frac{R}{\sin.\ z'} \qquad \sin.\ z' = \frac{R}{2\,B},$$

$$A n = n''c = C = \frac{R}{\sin.\ z''} \qquad \sin.\ z'' = \frac{R}{C},$$

z, z' et z'' représentant les angles cherchés. Dans le cube, les trois côtés étant égaux, nous supposerons la valeur de H = B = C = 1. S'il s'agissait d'un prisme, les dimensions étant connues, on en mettrait la valeur numérique dans les trois équations. Pour résoudre cette question, il suffit de prendre, dans les Tables de Callet, les logarithmes des nombres 3, 2, 1, et de les retrancher des logarithmes du rayon.

Log. R	=	10.	Log. R	=	10.
Log. 3	=	0.4771213	Log. 2	=	0.3010300
Log. sin. z =		9.5228787	Log. sin. z' =		9.6989700

D'où z = 19° 44′ 55″, et z' = 30° 0′ 0″.

Ainsi les angles de P sur x, P′ sur x deviennent :

P sur x = 109° 44′ 55″, au lieu de 108° 51′ 20″.
P sur x' = 120° 0′ 0″   119° 6′ 10″.

La différence s'élève à environ 1 degré, et par les procédés inexacts que Haüy employait pour mesurer les cristaux, cette différence est assez faible; elle serait considérable pour le goniomètre à réflexion, si toutefois les cristaux étaient bien miroitants.

En terminant ces détails sur la manière d'établir les rapports entre les formes secondaires et la forme primitive, nous croyons devoir faire remarquer de nouveau, que la notation au moyen des axes se déduit naturellement des calculs précédents, et que les nombres n'en sont même pas changés.

La face du dodécaèdre rhomboïdal, rapportée aux axes du cube, serait :

$$a : a : \infty\, a,$$

expression qui, en langage ordinaire, veut dire que la face du dodécaèdre coupe deux axes à une distance a, et qu'elle est parallèle au troisième, c'est-à-dire qu'elle est produite par une rangée en hauteur sur une en largeur, et que la face s'appuie sur une arête.

La notation pour le dodécaèdre pentagonal est :

$$a : 1/2\, a : \infty\, a.$$

Il résulte de cette expression que la face qu'elle représente coupe un des axes à son extrémité ; par suite elle se déduit d'abord par un décroissement en largeur ; elle coupe le second axe à une distance $^{1}/_{2}$; il y a donc une demi-rangée en hauteur ; enfin elle est parallèle au troisième axe, ou, dans le langage de Haüy, elle s'appuie sur l'arête du cube.

L'octaèdre est représenté par l'expression :

$$a : a : a.$$

Ici le décroissement a lieu par une rangée en tous sens; effectivement, la face de l'octaèdre coupe les faces du cube suivant les trois diagonales, circonstance que Haüy indique en mettant dans trois sens autour de la lettre A, qui est le nom de l'angle du cube, le chiffre 1, valeur du décroissement; ainsi :

$$a : a : a \text{ est synonyme de } {}^{1}\overset{1}{A}{}^{1}$$

Pour le trapézoèdre, on écrit :

$$a : 1/2\, a : a \text{ au lieu de } \overset{\frac{1}{2}}{A}$$

Enfin, la face du solide à 48 faces, appartenant à l'or natif qui nous a servi d'exemple de calcul de décroissement intermédiaire, serait représentée par la notation :

$$a : 2\, a : 3\, a, \text{ au lieu de } B^2 \underset{3}{B} {}^{1}B.$$

MOYENS EMPLOYÉS

MESURER LES ANGLES DES CRISTAUX.

La détermination de la forme primitive et de ses dimensions est fondée sur la connaissance des angles que les faces des cristaux font entre elles ; pour les mesurer on se sert d'instruments qu'on appelle *goniomètres*. Le plus ancien, inventé par Carangeot, a reçu plus tard le nom de *goniomètre de Haüy*, et cet instrument, quelque imparfait qu'il soit, est devenu, entre les mains de cet homme célèbre, presque un instrument de précision, par la perfection avec laquelle il savait le manier. C'est avec les mesures qu'il lui a fournies, que Haüy a pu établir ces belles lois de symétrie qui régissent la forme générale des cristaux, et cette autre loi, non moins remarquable, qui réduit dans des limites très-étroites le nombre de cristaux, en astreignant les faces secondaires à se dériver des formes primitives par des relations simples.

Goniomètre de Carangeot. — Il se compose d'un demi-cercle ou rapporteur, *fig.* 129 (voir la planche, page 192), sur lequel sont fixées deux lames métalliques servant d'alidades ; l'une d'elles, *ab*, a une position fixe, elle forme le diamètre de l'instrument et en marque le zéro ; l'autre alidade *df* est mobile autour du centre et sert à mesurer l'angle dont on veut déterminer la valeur. L'opération consiste à appuyer l'une des deux faces du cristal comprenant l'angle cherché sur l'alidade fixe, et à faire mouvoir l'alidade mobile, jusqu'à ce qu'elle s'applique exactement sur l'autre face. Dans l'exemple que représente la *fig.* 129, cet angle est de 52° 40'.

Lorsque le cristal à mesurer est petit, ce qui est le cas le plus fréquent, il serait difficile de l'introduire entre les deux alidades, si elles étaient aussi allongées que le représente la figure 129 ; pour remédier à cet inconvénient, les deux alidades peuvent glisser longitudinalement, et de manière à réduire autant qu'on le désire la partie qui doit s'appliquer sur les faces du cristal.

L'alidade mobile peut s'allonger ou se raccourcir au moyen de la rainure *lm* qui y est pratiquée. Deux semblables rainures *gh*, *ik* existent sur l'alidade fixe *ab*, afin qu'elle puisse de même être avancée ou reculée le long des deux points fixes *c* et *e*. Ces deux alidades sont en acier, afin de bien conserver leurs formes.

Cette disposition donne la faculté d'appliquer une longueur assez considérable des alidades sur les deux faces de l'incidence à mesurer, si ces faces sont grandes, ou de n'en appliquer que les extrémités, si les faces sont petites.

Il arrive assez souvent que le cristal se trouvant engagé, soit sur d'autres cristaux, soit sur une gangue, l'extrémité *s* du demi-cercle empêche l'application exacte des alidades ; pour parvenir à l'effectuer, le demi-cercle est coupé en *t* en deux parties réunies à charnière. On peut donc, quand cela est nécessaire, replier la partie *st* du demi-cercle sur l'autre ; on la remet en place lorsque l'application des alidades a été faite, afin d'observer les degrés de l'angle mesuré. Pour que cette partie du demi-cercle qui est mobile soit solide, elle est maintenue par une petite branche d'acier *co*, fixée au centre, qui vient s'accrocher en *o* dans un bouton placé sous le demi-cercle. Lorsqu'on veut replier cette partie mobile, on décroche cette petite branche d'acier, et on l'écarte vers la partie fixe du demi-cercle en la faisant tourner autour du centre.

Goniomètre de M. Brongniart. — Dans cet instrument on a remplacé les deux dispositions que nous venons d'indiquer, en isolant les alidades du demi-cercle. Quand on

veut mesurer un angle on enlève les alidades de dessus
le goniomètre, on les applique sur les faces du cristal, et
on les reporte ensuite sur le demi-cercle pour lever l'angle
qu'on vient de mesurer ; une condition indispensable, c'est de
placer exactement le centre des alidades au centre du goniomètre , et une alidade sur son diamètre. Une construction
particulière de l'instrument donne le moyen d'obtenir toujours cette exactitude sans tâtonnement. On a pratiqué au
centre du demi-cercle un point saillant en avant , et à l'en-
tour un enfoncement cylindrique, puis sur le côté du diamètre une petite rainure ; en outre , l'axe des alidades est cylindrique et saillant, et il porte à son centre une petite cavité
ronde , qui doit s'appliquer sur le point saillant du demi-
cercle ; enfin , l'une des alidades porte une saillie destinée à
entrer dans la rainure.

Précautions à prendre. — Pour que la mesure obtenue
soit exacte, il faut : 1° que le plan de l'instrument soit perpendiculaire à la ligne d'intersection des deux faces que l'on
mesure ; sans cela l'angle obtenu ne serait plus l'angle de ces
faces, et varierait dans des limites très-étendues suivant l'inclinaison de l'instrument par rapport au cristal.

2° Que l'application des alidades sur les faces soit très-
rigoureuse.

Il faut beaucoup d'habitude pour remplir ces deux conditions ; quelquefois même la nature des cristaux s'y oppose en
partie ; tels sont ceux dont les faces présentent des aspérités ,
des lamelles qui empêchent les alidades de s'appliquer exactement sur leur surface ; enfin, presque toujours les cristaux sont
très-petits , et la surface d'application est trop peu étendue
pour que l'on puisse obtenir une mesure bien rigoureuse de
l'angle cherché.

Ces circonstances sont cause que les goniomètres d'application ne donnent que des angles approximatifs ; c'est par
cette raison que Haüy a cru nécessaire d'en corriger les
valeurs au moyen des lois de dérivation , ainsi que nous l'a-

vous indiqué page 180. Dans la plupart des cas, ces mesures approximatives suffisent, soit qu'on ait à reconnaître la nature d'un minéral, soit même qu'on veuille le décrire. Mais quand on étudie les propriétés physiques des cristaux, ces valeurs ne sont pas toujours suffisamment exactes; M. MALUS, dans ses belles expériences sur l'optique des minéraux, a senti le besoin d'angles rigoureux, et il a employé pour les mesurer la propriété que beaucoup de minéraux possèdent, d'avoir des faces planes et réfléchissantes; il s'en est servi comme de miroir, et il en a déterminé les angles au moyen d'un cercle répétiteur.

Mesure des angles par réflexion. — Le procédé de M. Malus, que nous allons décrire succinctement, a été le premier pas dans une voie nouvelle pour la mesure des cristaux. M. le docteur Wollaston en a compris toute l'importance, et son esprit ingénieux a trouvé le moyen de le rendre pratique et d'un usage facile; le goniomètre qu'il a inventé porte indifféremment les noms de *goniomètre de Wollaston* et de *goniomètre de réflexion*, il donne des mesures exactes à quelques minutes près. Son emploi est aussi commode que celui de Haüy, et les erreurs qu'une personne peu habituée au maniement des instruments peut commettre, sont moindres que dans le premier. Seulement il n'est pas toujours applicable; il faut que les faces soient réfléchissantes, et dans des cas nombreux elles ne le sont pas; mais aussitôt que les cristaux possèdent cette propriété, leur petitesse n'est pas un obstacle comme pour le goniomètre à réflexion, et on mesure avec une grande exactitude des cristaux d'un quart de millimètre de côté, lorsque leur surface est assez nette pour faire miroir.

Les goniomètres d'application et de réflexion ne se remplacent donc pas complétement l'un l'autre, ils ont chacun leur usage. Quand les faces sont mates, le premier est indispensable; mais le second est d'un usage plus fréquent, et comme il donne des mesures beaucoup plus exactes, il

faut l'employer toutes les fois que les circonstances le permettent.

Mesure des angles au moyen du cercle répétiteur. —
On prend un cercle entier gradué, muni d'une alidade mobile, et on le dispose horizontalement; on place à son centre un
cristal, de manière que l'intersection des faces de l'angle dièdre à mesurer soit à peu de distance du centre de rotation de
l'alidade, et qu'elle soit en même temps verticale. Cette dernière position doit être rigoureuse : on indiquera bientôt comment on parvient à s'en assurer.

On choisit dans la campagne un objet assez éloigné et vertical, tel qu'un clocher, etc. On observe, avec la lunette fixe,
l'image de cet objet réfléchie successivement sur chacune
des faces, en tournant l'alidade, et on modifie la position
du cristal jusqu'à ce que cette image réfléchie soit, dans l'un
et l'autre cas, verticale; ce dont on s'assure au moyen d'un
fil vertical qui est placé dans la lunette. Lorsque l'on a obtenu
cette verticalité pour l'une et l'autre image, on est parfaitement certain que les deux faces sont verticales, et par conséquent leur intersection l'est églement. Dès lors il est évident
que les deux faces, par le mouvement de l'alidade, décriront
le même angle qu'elle.

On opère dans un lieu découvert d'où l'on puisse apercevoir deux objets verticaux, p et q, *fig.* 130 (voir la planche,
page 192), éloignés du lieu d'où l'on observe d'environ
1000 à 1200 mètres, et qui soient dans des directions opposées; le cristal est placé en *adb* sur un support quelconque, où on le fixe avec de la cire, en donnant à l'intersection
d des deux plans *ad* et *bd*, dont on veut mesurer l'angle,
une position verticale; ce dont on s'assure dans le cours de
l'opération par les mêmes moyens que ceux indiqués ci-dessus.

Le cercle répétiteur est placé d'abord en *m*, à deux ou trois
décimètres de distance du cristal. Il doit être disposé horizontalement, et de manière qu'avec ses lunettes on puisse
observer l'image de l'objet p réfléchie dans la face du cristal

qui lui est opposée. On mesure alors successivement les angles *qmp* et *pme ;* on dérange ensuite un peu l'instrument, pour le placer en *n*, avec les mêmes précautions que dans sa première position, et on observe les angles *qnp* et *qng*.

Au moyen de la mesure de ces quatre angles, que l'on peut avoir répétée plusieurs fois, on peut conclure la valeur de l'angle cherché *adb*.

En effet, d'après la petite distance entre les deux positions *m* et *n* de l'instrument, et le grand éloignement des objets *p* et *q*, on conçoit que les deux angles mesurés *qmp* et *qnp* seront bien peu différents l'un de l'autre : on peut donc prendre la moitié de leur somme, et supposer que toutes les opérations ont été faites d'un même point *m ;* ce qui change la figure 130 en la figure 131, dans laquelle l'angle *qmp* sera cette valeur moyenne des deux angles *qmp* et *qnp* (*fig.* 130). Les deux angles *qmg* et *pme* (*fig.* 131) seront aussi dans ce cas sensiblement les mêmes que les angles *qng* et *pme* (*fig.* 130).

D'après la position relative, indiquée, des points *p* et *m* relativement au cristal, les lignes *pe* et *pm* forment entre elles un angle extrêmement petit ; on peut le regarder comme nul, et supposer les lignes *pe* et *pm* parallèles. De l'autre côté, on peut également supposer le parallélisme des lignes *qg* et *qm*.

Si maintenant on mène du point *m* les lignes *mr* et *mt*, parallèles aux côtés de l'angle cherché *adb*, l'angle *tmr* sera égal à cet angle *adb*. Or, d'après l'égalité entre l'angle de réflexion et l'angle d'incidence d'un rayon visuel, et les propriétés des parallèles, on trouve que cet angle *tmr*, c'est-à-dire l'angle cherché, est égal à l'angle *qmp*, moins la moitié de la somme des deux angles *pme* et *qmg* [1].

---

[1] En effet, on a, d'après les suppositions, $pem = 180° - pme$ et $pem = 180° - (dem + ber)$; donc $pme = dem + ber$; et comme $dem = ber$, on a $pme = 2\,dem$; mais $dem = emr$; donc $pme = 2\,emr$; donc l'angle $rmp = \frac{1}{2}pme$.

On prouverait, par un raisonnement tout à fait analogue, que de l'autre côté l'angle $tmq = \frac{1}{2}qmy$.

Mais la somme des deux angles rmp et tmq est précisément la différence

Sans doute les suppositions qui ont été faites amènent nécessairement des inexactitudes dans la mesure de l'angle ; mais M. Malus a calculé qu'en opérant sur des objets situés au moins à la distance indiquée, le maximum d'erreur dans la valeur de l'angle cherché ne pouvait être que d'environ 15 secondes.

Pour éviter les petites anomalies résultant de la courbure légère qu'ont fréquemment les faces des cristaux, M. Malus avait imaginé de noircir les deux faces de l'angle dièdre à mesurer, en ne laissant sur chacune d'elles qu'un espace éclatant très-étroit, et de répéter plusieurs fois l'épreuve sur d'autres points à différentes distances de l'intersection. Les résultats obtenus différaient, à la vérité, entre eux, mais extrêmement peu, et il en prenait la valeur moyenne.

On voit que l'on ne peut faire usage de cette méthode de mesurer les angles par réflexion que dans des circonstances particulières qu'on n'a pas toujours à sa disposition ; mais, d'un autre côté, comme on a souvent un cercle répétiteur pour d'autres usages, on peut s'en servir à défaut de l'instrument suivant.

Goniomètre à réflexion. — L'instrument inventé par Wollaston est d'un usage beaucoup plus général. Il consiste en un cercle entier, *fig.* 131 (voir la planche, page 192), divisé en degrés sur sa tranche, disposé verticalement sur un axe horizontal mobile *kf,* qui est assujetti par un support *mn*, reposant sur un pied horizontal *gh*. Ce cercle est muni d'un vernier *q*, qui est fixe et adapté au support

---

entre le grand angle qmp observé et l'angle tmr, ou son égal, l'angle cherché adb; donc $adb = qmp - (rmp + tmq)$, ou $adb = qmp - \dfrac{pme + qmg}{2}$.

Ou en général, si on nomme X l'angle dièdre à déterminer sur le cristal, A le grand angle observé entre les rayons visuels dirigés vers les deux objets, B l'angle observé entre le rayon visuel dirigé vers un objet et celui dirigé vers son image réfléchie dans une des faces de l'angle X, et C l'angle semblable pour le second objet, on a $X = A - \dfrac{B+C}{2}$.

mn; l'axe *kf* est creux et traversé par un second axe *tf;* l'un et l'autre peuvent tourner sur eux-mêmes au moyen des viroles *v* et *s*, avec cette différence que la petite virole *s* ne fait tourner que l'axe intérieur, l'axe extérieur et le cercle restant immobiles, au lieu que la grande virole *v* fait tourner à la fois l'axe extérieur et le cercle qui lui est adapté, et aussi l'axe intérieur.

Cet axe intérieur est prolongé en *f*, d'abord par une branche circulaire *fl* qui est brisée et peut se mouvoir en *d*. Son extrémité *l* est creuse et traversée par une tige ronde *ep*, qui peut s'avancer ou se reculer, et en même temps se mouvoir circulairement au moyen de la virole *u*. L'extrémité *p* est fendue de manière à recevoir une petite plaque de cuivre *c*.

C'est sur cette plaque *c*, ou à l'extrémité *p* de la tige *ep*, que l'on fixe, avec de la cire, le cristal **MT** sur lequel on veut mesurer un angle dièdre, et c'est pour pouvoir donner à volonté au cristal toutes les positions nécessaires que l'on a imaginé tous les mouvements que l'on vient de décrire dans le prolongement *fe*.

On conçoit qu'il faut placer le cristal de manière que l'intersection des deux faces dont on veut mesurer l'angle, soit d'abord à peu près parallèle à l'axe de rotation. On obtient ensuite ce parallélisme rigoureusement par des moyens que nous allons décrire.

Pour observer avec ce goniomètre, il faut le placer sur une table horizontale, et diriger le plan du cercle à peu près perpendiculairement à la face d'un bâtiment peu éloigné et offrant, comme cela est ordinaire, plusieurs lignes horizontales parallèles. La ligne extrême du toit et les barreaux des fenêtres sont d'un usage très-commode. On tourne alors le cristal par le moyen de la virole *s*, de manière à apercevoir sur une de ses faces **M** l'image réfléchie de la plus haute de ces lignes parallèles, puis on fait varier sa position, toujours au moyen de la virole *s*, de manière que l'œil observe à la fois cette ligne réfléchie et l'autre ligne inférieure de la fenêtre vue directement, coïncidant ensemble. Lorsqu'on y est parvenu, on fait la même opération sur l'autre face T, sans toucher au cristal, mais seulement en le faisant tourner par la virole *s*. Si la coïncidence a également lieu, on est assuré que l'intersection des deux faces M et T est bien parallèle à l'axe de rotation, et que le plan du cercle est perpendiculaire aux deux lignes de mire parallèles. Le plus souvent on ne réussit pas d'abord : les deux lignes ne peuvent être amenées à la coïncidence sur la seconde face T; on y voit l'image de la ligne réfléchie couper la ligne vue directement. Pour obtenir la coïncidence, on fait varier, soit la position du cristal sur son support au moyen des divers mouvements du prolongement *fe*, soit la direction du plan du cercle vers la fenêtre. Après quelques tâtonnements, dont on acquiert bientôt l'habitude, on parvient à trouver la véritable position, dans laquelle la coïncidence parfaite de la ligne réfléchie et de la ligne (parallèle à la première) vue directement, a lieu également sur l'une et l'autre face du cristal, ce qui est la condition essentielle pour l'exactitude de l'observation.

Alors, au moyen de la virole *v*, on met le cercle à zéro, et, au moyen de la virole *s*, on amène une des faces M du cristal à donner à l'œil la coïncidence indiquée. On fait tourner ensuite le cristal, et en même temps le cercle avec la virole *v*, de manière à obtenir la coïncidence sur l'autre face T. Il est évident que le cercle qui tourne aussi (comme on l'a dit) avec la virole *v*, doit marquer le nombre de degrés de la rotation qu'a subie le cristal pour que la face T vienne prendre la même position qu'avait la face M lorsque le cercle était à zéro.

Mais d'après ce qui a été dit ci-dessus, ce nombre de degrés n'est pas l'angle dièdre cherché, mais le supplément de cet angle.

En effet, si l'on suppose que l'angle *efd*, *fig.* 132 (même planche, page 192), représente la position de l'angle dièdre cherché lors de la première observation de l'image réfléchie sur la face *ef*, on conçoit que sa position sera *e'fd'* [1], lors de la

---

[1] Cela n'est pas rigoureusement exact, puisque, si le point *f* était le centre

seconde observation (celle de l'image réfléchie sur la face *df*) : il est donc évident que, pour l'amener à cette position, il faut que la face *fd* ait parcouru l'angle *dfd*, qui est le supplément de l'angle cherché *efd*. Si on veut obtenir une plus grande exactitude, il faut répéter la mesure de l'angle, comme on le fait ordinairement avec les cercles répétiteurs.

Pour rendre l'observation plus commode, on a adapté au support un ressort *r*, qui arrête le cercle aux deux points qui marquent à la fois zéro et 180° par le moyen de deux saillies qui existent dans l'intérieur du cercle. Ainsi, lorsqu'on est arrivé à l'un de ces points, on ne peut faire tourner le cercle, de 10° par exemple, qu'en l'amenant à 170°, et non en l'amenant à marquer 10°; pour lui faire marquer 10°, il faudrait lui faire subir une rotation de 170°. De cette manière, on est assuré de ne commettre aucune erreur, et d'avoir toujours directement sur l'instrument la quantité de degrés de l'angle cherché, ou le supplément de l'arc de rotation.

Cependant on peut, en cas de besoin, donner au cercle tous les mouvements que l'on veut, en soulevant le ressort.

Goniomètre de Mitscherlich. — Dans le goniomètre de Wollaston, l'œil n'a aucun point fixe où il puisse se placer ; M. Mitscherlich a remédié à cet inconvénient, en ajoutant une lunette qui rend, lorsque les faces du cristal sont très-réfléchissantes, l'observation plus facile en même temps que plus exacte ; malheureusement la lunette diminue si fortement la lumière, que dans beaucoup de cas on est obligé de la supprimer.

Outre cette disposition, M. Mitscherlich a ajouté à son instrument des vis de rappel, qui permettent d'arriver avec

de rotation, on ne pourrait pas, la lunette étant fixée, voir l'image réfléchie successivement sur l'une et sur l'autre face ; pour cela, il faut que le centre de la rotation soit entre *f* et *e*. Mais on l'a représenté tel qu'il est dans la figure, pour faire mieux concevoir la mesure de l'angle cherché.

C'est un inconvénient de ce goniomètre que la difficulté de trouver le centre de rotation convenable.

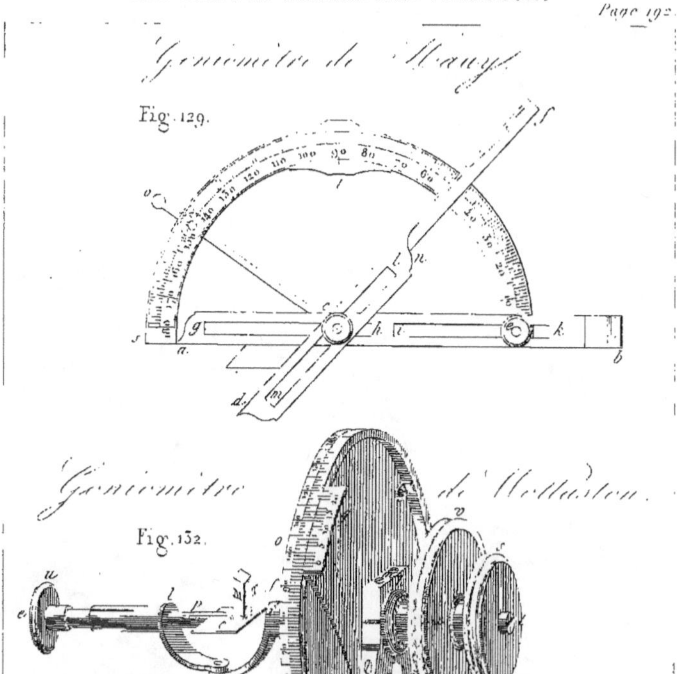

Goniomètre de Mauy.
Fig. 129.
Goniomètre de Wollaston.
Fig. 132.
Fig. 134.
Fig. 130.
Fig. 131.
Lemaitre del. et sc.

beaucoup d'exactitude à la mesure des angles des cristaux. Les mouvements de la main, quelque doux qu'ils soient, sont cependant toujours un peu brusques, et il est difficile d'amener l'image de la ligne réfléchie dans un contact parfait avec la ligne vue directement. Le mouvement micrométrique donne une grande précision à cette opération. L'instrument de M. Mitscherlich, sans être d'un usage pratique comme celui de M. Wollaston, est précieux dans beaucoup de cas : nous croyons devoir en donner la description.

La *fig.* 133 (voir la planche, page 196) en présente la perspective ; le limbe vertical porte, comme dans le goniomètre précédent, un axe creux, traversé par un autre axe destiné à supporter le cristal.

L'axe intérieur doit pouvoir tourner indépendamment de l'axe extérieur ; les deux axes doivent aussi pouvoir être liés d'une manière sûre. On voit en G une pince saisie entre une vis d et un ressort c ; en serrant la pince au moyen de la vis e, on rend le limbe immobile et indépendant du mouvement de l'axe intérieur. Le support du limbe porte un vernier fixe. Pour faire coïncider exactement les zéros du limbe et du vernier, après avoir amené à la main le zéro du limbe aussi près que possible du zéro de l'index, on serre la pince G, et, au moyen de la vis d, on fait marcher cette pince qui entraîne le limbe jusqu'à la parfaite coïncidence des deux zéros. Une loupe l, portée par une tige mobile, facilite la lecture des divisions du limbe.

Une pince semblable f, invariablement fixée à l'axe intérieur, sert à le lier à celui du limbe (*fig.* 133 et 134).

Lorsque la pince f est serrée, la vis k sert à produire un mouvement micrométrique de rotation pour l'axe intérieur.

Cet axe porte un appareil destiné à orienter le cristal au moyen de doubles mouvements combinés.

Le premier de ces mouvements doit amener le cristal sur l'axe de l'appareil : il se compose d'une coulisse mobile parallèlement à la vis L qui détermine son mouvement ; celle-ci porte une seconde coulisse qui se meut dans une direction perpendiculaire au moyen de la vis K. Ce double mouvement suffit pour amener la fourchette qui supporte la pièce M en un point convenable pour que le cristal soit sur l'axe ; mais il faut de plus que ses faces soient parallèles à cet axe. Pour cela cette fourchette (*fig.* 133, 135, 136, 137) porte à son extrémité antérieure une cavité demi-sphérique xx, où peut se mouvoir une demi-sphère t (*fig.* 135 et 136) munie d'une queue bifurquée qu'on voit passer dans le canal v qui traverse la calotte xx. Dans la bifurcation de cette queue, passe une vis r (*fig.* 133 et 135), portée elle-même sur une fourchette M, dont la queue inclinée est traversée par une vis s perpendiculaire à la vis r. Au moyen de ces vis qui entraînent la queue de la demi-sphère mobile, on voit qu'on peut faire tourner celle-ci de manière que sa section méridienne t pourra prendre diverses positions par rapport à l'axe. Cette demi-sphère porte un petit canal perpendiculaire à sa face t (*fig.* 135 et 136), dans lequel on introduit la queue y de la pince N (*fig.* 138). Cette pince, qu'on serre au moyen d'une clef, porte le cristal, et est entraînée par le mouvement de la demi-sphère à laquelle elle demeure liée.

Les deux vis r et s déterminent un double mouvement de rotation, et les deux vis K et L un double mouvement de translation ; il s'ensuit que l'on peut donner au cristal toutes les positions ; les orientations qu'il peut recevoir n'ont d'autres limites que celles de l'amplitude des mouvements que permet la construction de l'appareil.

Pour que l'œil vise dans une direction constante, le goniomètre porte une lunette H mobile sur un axe parallèle à celui du limbe. Son support est fixé au moyen de deux vis p, p, et peut se mouvoir parallèlement à l'axe afin d'amener la lunette vis-à-vis du cristal. Deux fils croisés sur l'axe de la lunette assurent la direction constante du rayon visuel. On se sert d'ailleurs de ce goniomètre comme de celui de Wollaston.

Le limbe étant fixé à zéro, on oriente le cristal au moyen des doubles mouvements portés par l'axe intérieur ; il faut, pour que l'orientation soit bonne, que l'image d'une ligne réfléchie successivement sur les deux faces de l'angle qu'on mesure, se projette sur une même ligne parallèle à la première. Cette coïncidence étant obtenue pour une des faces en se servant au besoin du mouvement micrométrique E (*fig.* 133), la pince *f* étant serrée, et la pince *e* desserrée, on fait tourner simultanément les deux axes de manière à obtenir la même coïncidence pour l'autre face ; on se sert alors du mouvement micrométrique G, après avoir serré de nouveau la pince *e*. L'angle qu'on lit à l'index est celui des normales ; dans l'instrument dessiné on obtient un angle à une demi-minute près.

Cet appareil ne laisserait rien à désirer s'il était d'un usage plus étendu ; malheureusement la lunette diminue tellement la lumière réfléchie par le cristal, qu'on ne peut employer ce goniomètre que pour des minéraux très-miroitants.

Goniomètre de M. Mohs. — Cet instrument n'est autre que le goniomètre de Wollaston retourné. Le cercle est placé horizontalement et l'arête du cristal est au contraire fixée sur le support dans le sens vertical. Les lignes dont on cherche la réflexion doivent être verticales. Du reste, cet instrument donne exactement les mêmes résultats.

Goniomètre de M. Adelmann. — Nous avons fait remarquer que l'on n'est pas toujours libre dans le choix de la nature du goniomètre : quand les cristaux sont mats, on est obligé d'avoir recours aux goniomètres d'application. Cette circonstance a engagé M. Adelmann, attaché aux collections de l'Ecole royale des mines, à réunir dans un seul instrument les deux méthodes de mesure. Son goniomètre présente en outre un perfectionnement notable pour la manière de faire coïncider les faces avec la lame d'acier qui, par son application, donne la mesure des angles.

Cet instrument consiste en un demi-cercle, *fig.* 140 (voir

la planche, page 200), fixé verticalement sur un socle en bois, et dont le diamètre est horizontal. Un axe *a* supporte à la fois une tige de cuivre *b* destinée à recevoir le cristal qu'on veut mesurer, ainsi qu'une règle *d* formant rayon à l'extrémité de laquelle est placé un nonius ; enfin une règle horizontale *k*, parallèle au diamètre du demi-cercle, s'élève et s'abaisse au moyen d'une crémaillère EE.

L'axe est double, comme dans le goniomètre de Wollaston, il est composé de deux cylindres, dont l'un creux est traversé par un cylindre plein. L'axe inférieur peut à volonté tourner seul, et dans ce cas, il ne met en mouvement que le cristal. L'autre entraîne à la fois la tige sur laquelle le cristal est placé, et la règle qui porte le nonius. Nous joignons en note [1] une légende qui indique les différentes parties de cet instrument de M. Adelmann.

Lorsqu'on veut s'en servir comme goniomètre d'application, on place le cristal, ainsi que la *fig.* 140 (voir la planche, page 200) l'indique, de manière que l'arête d'intersection des deux faces à mesurer soit parallèle à l'axe.

---

[1] A, socle en bois.

B, support du demi-cercle.

C, cercle divisé en degrés et un tiers.

D, support à crémaillère qui porte l'alidade.

E, crémaillère.

a, Cylindre en acier qui porte le support *b*.

b, support et tige sur laquelle est placé le cristal.

d, petite règle en acier qui porte le nonius.

e, nonius.

f, bouton pour monter ou descendre l'alidade.

g, vis pour arrêter l'alidade.

h, bouton pour tourner la tige qui porte le cristal.

i, vis pour arrêter le nonius.

J, vis pour arrêter la tige qui porte le cristal.

k, alidade en acier qu'on applique sur le cristal.

l, chariot qui monte et descend l'alidade.

n, axe double qui sert pour la mesure par réflexion.

o, vis au moyen de laquelle on fixe l'axe sur le demi-cercle.

P, première facette du cristal que l'on place d'abord parallèlement à l'alidade.

M, deuxième facette du cristal.

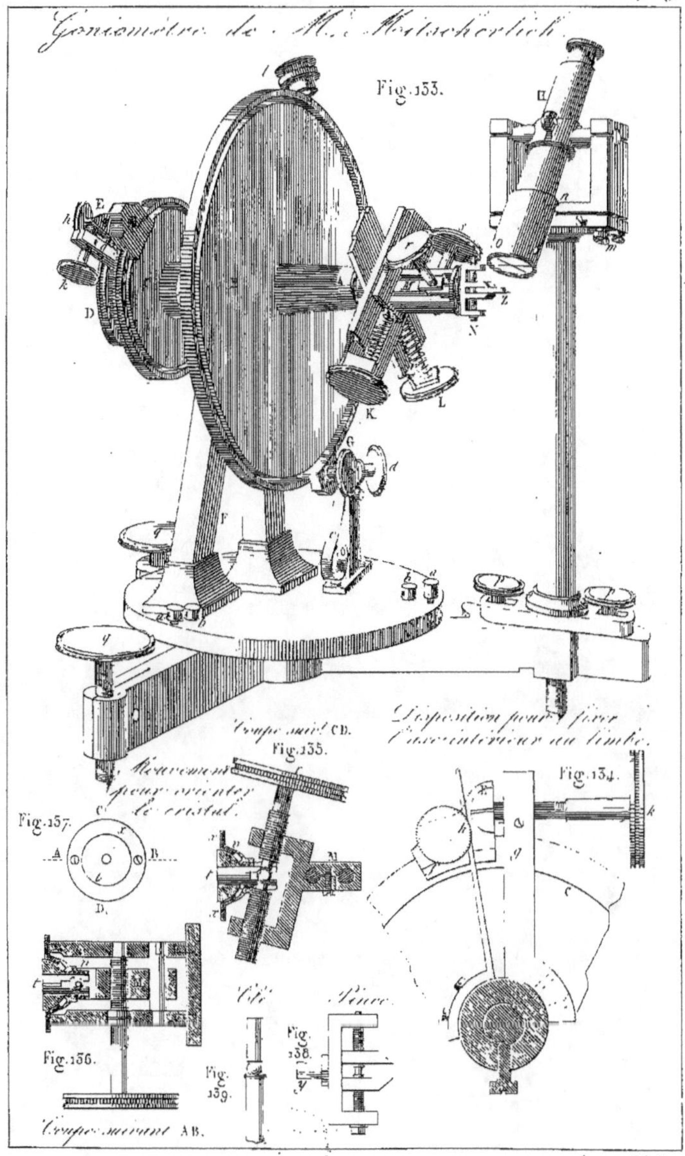

Goniomètre de M. Mitscherlich.
Fig. 133.
Fig. 135.
Coupe suiv.t CD.
Disposition pour fixer
l'axe intérieur au limbe.
Mouvement pour orienter
le cristal.
Fig. 137.
A B
D
Fig. 134.
Fig. 136.
Côté
Pince
Fig. 138.
Fig. 139.
Coupe suivant AB.
Lemaitre del. Sc.

Cette première opération faite, on amène la face P dans une position horizontale au moyen de l'axe que l'on fait tourner. On fait alors descendre la tige k jusqu'à ce qu'elle soit parfaitement en contact sur cette face. Dans cette opération, le nonius doit être à zéro, afin d'avoir un point de départ fixe; on relève alors la règle, puis on amène l'autre face M dans une position parfaitement horizontale. Pour exécuter ce mouvement, on desserre la vis i placée à l'extrémité du rayon mobile ai, elle décrit alors un arc qui est le supplément de l'angle cherché. Pour s'assurer que cette face M est horizontale, on abaisse de nouveau la règle k à son contact.

Si maintenant on veut mesurer le cristal par la réflexion, on commence par enlever la règle k, puis on place le cristal sur le support b, de manière que l'arête d'intersection des deux faces à mesurer soit parallèle à l'axe de l'instrument. On met le nonius à zéro, on rend mobile l'axe intérieur, puis on le tourne au moyen du bouton n, de manière à avoir sur la face P la réflexion d'une ligne qu'on prend pour *mire*, et qu'on projette sur une autre ligne horizontale vue directement.

Cette première opération faite, on cherche la réflexion sur la seconde face. Pour y parvenir, on commence par desserrer le nonius pour le rendre mobile, puis on fixe l'axe intérieur sur l'axe creux, par l'intermédiaire d'un bouton o placé sur l'axe. On tourne alors cet axe n, il entraîne dans son mouvement le cristal et le nonius ; on le tourne jusqu'à ce qu'on ait obtenu sur la seconde face M l'image de la ligne de mire, et que cette image se soit projetée sur la ligne directe qui a servi de point de départ dans la première opération. L'angle décrit par le nonius est précisément le supplément de l'angle cherché.

La simplicité du goniomètre de M. Adelmann le rend d'un emploi facile ; il a en outre l'avantage d'être d'un prix moins élevé que celui de M. Wollaston, quoiqu'il puisse à la fois servir pour la mesure par application et par réflexion.

Goniomètre de M. Babinet. — Nous terminerons cette

description des principaux instruments en usage pour mesurer les angles des cristaux par celle du goniomètre que M. Babinet a inventé récemment, qui présente en outre une application très-utile pour la mesure de l'indice de réfraction. Ce goniomètre, qu'on peut tenir à la main, ou fixer sur un pied, consiste, *fig.* 141 (voir la planche, page 200), en un cercle garni de deux lunettes, A et B, et une alidade D qui tourne au centre ; la lunette A est fixe et la lunette B est mobile ; elle est garnie d'un vernier V, qui marque les angles que l'on fait décrire à cette lunette. Au centre C se trouve un petit support susceptible de tourner sur lui-même, et sur lequel on fixe, avec de la cire molle, le cristal MT qu'on veut mesurer.

Les lunettes renferment chacune intérieurement deux fils croisés rectangulaires, qui sont placés au foyer de l'oculaire, et qui, la lunette étant tournée vers le jour, se trouvent ainsi éclairés par un faisceau de rayons parallèles. Ces fils remplacent dès lors, dans la lunette fixe, des points de mire placés à l'infini ; avant de se servir de l'instrument, il faut arranger chacune des lunettes, au moyen des tirages, de manière à voir distinctement les objets éloignés, afin qu'en amenant la lunette B vis-à-vis la lunette fixe A, on aperçoive les quatre fils.

Pour opérer avec cet instrument, il faut d'abord le régler ; ce que l'on fait en plaçant un des fils de la lunette fixe, parallèlement au plan du cercle ; l'autre lui est alors perpendiculaire. Pour cela, on tourne l'oculaire de la lunette B de manière que ses fils soient parallèles à ceux de la lunette A ; puis on déplace la lunette mobile de droite à gauche, et de gauche à droite, alternativement, pour voir ce qui arrive dans ces mouvements. Si les fils parallèles se rapprochent ou s'écartent l'un de l'autre, le parallélisme au plan du cercle n'a pas lieu ; pour l'obtenir, il faut tourner un peu les oculaires, puis recommencer le mouvement de droite à gauche et de gauche à droite : on arrive bientôt par ce tâtonnement à une position telle, que les fils ne changent pas de distance pendant le mouvement, et il est alors certain qu'ils sont parallèles au limbe. La vis G, placée au-dessous de la lunette fixe A, sert à l'élever ou à l'abaisser pour que la réflexion arrive bien sur les faces du cristal. On place alors le support sur le cristal au moyen de cire molle.

L'arête du cristal doit être perpendiculaire au plan du cercle; pour la placer ainsi, après avoir porté la lunette B à droite, par exemple, on tourne le support jusqu'à ce qu'une des faces du cristal réfléchisse les fils placés dans la lunette fixe qui servent de mire, et on amène l'image dans la lunette mobile. Si, en faisant aller et venir cette lunette, on n'aperçoit aucun dérangement au parallélisme que nous avons précédemment établi, la face est verticale; si le parallélisme est dérangé, on fait mouvoir le cristal sur la cire, de manière à le rétablir. Après avoir opéré sur une face, on tourne le support pour opérer sur l'autre. Si celle-ci ne dérange pas le parallélisme, elle est aussi verticale, et l'arête de jonction l'est également. Si le parallélisme est dérangé, on fait mouvoir le cristal sur la cire, jusqu'à ce qu'il soit rétabli, puis on vérifie la première face.

Mesure de l'angle. — On tourne d'abord un peu l'oculaire de la lunette mobile, pour que ses fils deviennent obliques sur ceux de la lunette fixe, par exemple à 45 degrés, ce qui donne plus de facilité pour observer les coïncidences dont on va avoir besoin. On met l'alidade sur 180° et la lunette mobile sur la partie opposée du cercle; on fait alors mouvoir le support du cristal, pour placer ce dernier de manière qu'une des faces, M par exemple, réfléchisse les fils de mire dans la lunette mobile, et amène le point de croisement des fils de cette dernière sur le fil vertical de la lunette fixe. Cela fait, on fait mouvoir l'alidade D jusqu'à ce qu'on amène l'autre face T du cristal à réfléchir de même les lignes de mire, et à effectuer la même coïncidence du point de croisement avec le fil vertical de A. Il n'y a plus alors qu'à lire l'angle cherché sur le limbe.

La lumière extérieure, qui tombe sur le cristal, est souvent plus forte que celle qui arrive par la lumière fixe, et il devient impossible d'apercevoir l'image des fils de mire perdue dans cette lumière. Pour remédier à cet inconvénient, il faut placer des écrans noirs autour du cristal, afin de le priver de toute lumière qui ne soit pas de la lunette fixe.

Goniomètre de M.ᵉ Adelmann.

Fig. 140.

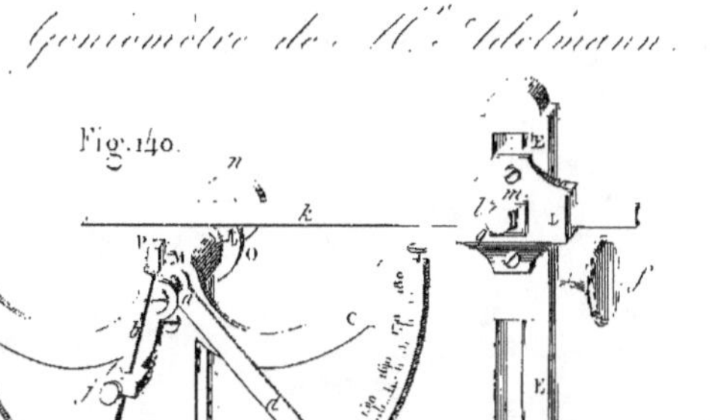

Goniomètre de M.ᵉ Babinet.

Fig. 141.

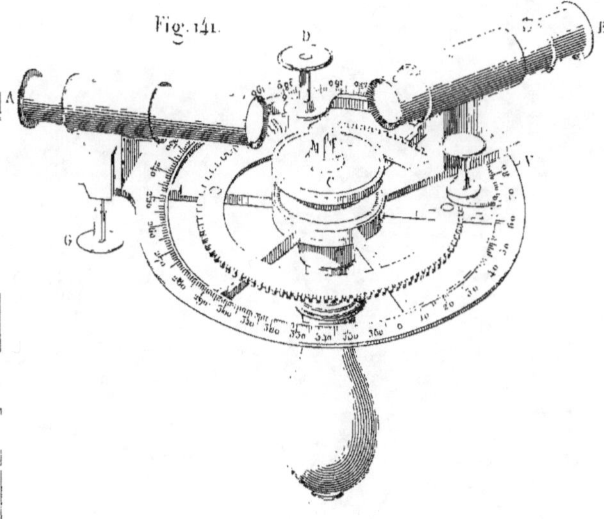

ANOMALIES

AUX LOIS DE LA CRISTALLISATION.

RELATIONS ENTRE LES FORMES SECONDAIRES ET LE MILIEU
DANS LEQUEL LA CRISTALLISATION S'OPÈRE.

———

Les lois qui régissent les cristaux éprouvent des anomalies de deux espèces.

Dans les premières, les relations entre la forme cristalline et la composition chimique, qui servent de base à la minéralogie, n'existent plus, ou semblent ne plus exister.

Dans les secondes, les lois de symétrie ne sont plus observées, et les modifications sont différentes sur des parties analogues d'un même cristal.

Ces dernières anomalies étaient déjà connues par Haüy, et pour la plupart d'entre elles, il avait même indiqué une relation physique très-intéressante, qui semblait lier l'électricité polaire à ces anomalies.

Du dimorphisme. — Un exemple des premières anomalies avait déjà été décrit depuis longtemps, lorsque Haüy fit la seconde édition de son Traité de minéralogie : c'est l'exemple de l'*arragonite* et de la *chaux carbonatée*, qui cristallisent sous des types différents et dont les formes sont par conséquent incompatibles, bien que leur composition atomique soit la même. Haüy eut la faiblesse de ne pas croire à cette anomalie. Un grand nombre de variétés d'arragonite contenant du carbonate de strontiane, il voulut absolument que l'arragonite fût un carbonate double de chaux et de strontiane, et que la loi qu'il avait établie entre la forme cristalline et la composition ne subît aucune atteinte. Ses prévisions s'étaient si souvent réalisées, que son opinion a prévalu quelques années encore après sa mort; M. Vauquelin, qui avait été à même de reconnaître à plusieurs reprises l'exactitude de la cristallographie et qui lui devait la découverte de la véritable nature de quelques minéraux, notamment celle du sulfate de strontiane, adopta l'opinion de Haüy. Ce fut l'importante découverte de la double forme du soufre par M. Mitscherlich qui ouvrit les yeux et changea les convictions ; on examina de nouveau la composition de l'arragonite, et on reconnut que si le plus grand nombre d'échantillons appartenant à cette espèce contiennent du carbonate de strontiane, quelques-uns cependant n'en renferment pas. Il y eut alors une réaction violente. Cette dérogation à la loi fondamentale de Haüy fut beaucoup exagérée, et la cristallographie en éprouva momentanément un profond échec, qui eut les conséquences les plus funestes sur l'étude de la minéralogie. Les caractères extérieurs furent abandonnés, et la minéralogie devint presque entièrement chimique. Une analyse isolée parut suffisante pour constituer une espèce. Il en résulta que beaucoup de variétés, que des mélanges même, furent élevés au rang des espèces les mieux constatées. Les personnes qui ne possédaient que peu de notions chimiques, ne sachant plus comment classer leurs collections, les abandonnèrent, et la minéralogie fut délaissée.

Depuis quelques années cet état de trouble scientifique est passé ; on s'est assuré que les anomalies sont peu nombreuses : le dimorphisme, qu'on avait regardé comme une loi générale, n'est plus qu'une exception remarquable. Les principes de Haüy, au lieu d'avoir le caractère absolu qu'il leur avait donné, sont devenus la règle générale qui régit les relations entre la composition chimique et la forme cristalline ; maintenant la plupart des minéralogistes consultent, autant que possible, le double caractère de la composition et de la forme, avant de prononcer qu'une espèce est nouvelle, et l'on peut dire avec certitude que, *lorsque des minéraux présentent une composition chimique identique, ils possèdent* GÉNÉRALEMENT *le même système cristallin ; et réciproquement, que lorsque des minéraux diffèrent dans leur composition chimique, leur cristallisation est* LE PLUS GÉNÉRALEMENT *différente.*

En effet, sur quatre cents à quatre cent cinquante espèces cristallines, dix ou douze environ présentent deux formes; celles connues jusqu'à ce jour sont :

Substances dimorphes.

1° Le *soufre*.

2° Le *diamant* et le *graphite*, tous deux composés exclusivement de charbon.

3° Oxyde de titane, qui se présente sous forme de prisme à base carrée dans le *rutile*, et sous celle de rhomboèdre pour la *brookite*.

4° Le *fer oligiste*, dont la forme la plus générale est le *rhomboèdre*, mais dont on a observé des cristaux à Framont, dans les Vosges, et au Pérou, en octaèdres réguliers.

5° Le sulfure de fer affecte également deux formes : la *pyrite* ordinaire est cubique, la *pyrite blanche* ou *sperkise* est en rhomboèdre.

6° La chaux carbonatée est en rhomboèdre dans le *spath d'Islande*, et en prisme rhomboïdal droit dans l'*arragonite*.

7° Le fer carbonaté présente la même répétition que la chaux carbonatée; le *fer spathique* est en rhomboèdre, la *junkérite* est en prisme droit rectangulaire.

8° Il en est probablement de même du *plomb carbonaté*; sa forme est le prisme rhomboïdal droit comme l'arragonite, mais on connaît du plomb sulfato-tricarbonaté, ou *leadhillite*, qui est en rhomboèdre.

9° L'*acide arsénieux*, dont la forme habituelle est l'octaèdre régulier, présente, suivant M. Wohler, la propriété de cristalliser en tables hexagonales très-minces [1].

10° A cette liste de minéraux, nous ajouterons quelques sels que M. Mitscherlich a reconnu avoir deux formes : ce sont

---

[1] *Annales de chimie*, tome LI, page 203.

le *sulfate de magnésie*, le *sulfate de zinc*, le *sulfate de nickel*, le *séléniate de zinc*, le *séléniate de nickel*, et le *mellitate d'ammoniaque*. Une circonstance très-remarquable qui se rattache à ces sels, c'est qu'ils passent d'une forme à une autre par l'action de la chaleur, ainsi qu'il résulte de l'expérience suivante due à M. Mitscherlich.

Passage d'une forme à une autre par la chaleur.— « Lorsqu'on expose des cristaux de sulfate de nickel, dit « ce chimiste célèbre [1], en prismes rhomboïdaux droits « dans un vase fermé en été à la lumière solaire, les parti- « cules changent de position dans leur masse solide sans que « l'état fluide ait lieu, et lorsqu'au bout de quelques jours on « brise les cristaux dont la forme extérieure n'est pas changée, « on les trouve composés d'octaèdres à base carrée qui ont « quelquefois la grosseur de plusieurs lignes ; j'ai pu même, « ajoute M. Mitscherlich, mesurer exactement les angles des « octaèdres à base carrée, dont les cristaux prismatiques « ainsi changés en pseudo-cristaux sont composés. »

Ces exemples de dimorphisme sont les seuls bien constatés, mais une considération intéressante, et qui semblerait établir une relation entre les deux formes que présente une même substance minérale en étendrait la liste de quelques noms.

Relations entre les deux formes des carbonates. — Les deux formes du carbonate de chaux, du carbonate de fer, et du carbonate de plomb sont de même nature ; le spath d'Islande, le fer spathique, et le plomb sulfato-tricarbonaté sont en rhomboèdres, tandis que l'arragonite, la junkerite et le plomb blanc sont en prismes rhomboïdaux droits. Si on étend cette règle à d'autres carbonates, tels que ceux de baryte et de strontiane, et que l'on regarde pour ainsi dire les deux formes comme les deux racines d'une équation du second degré, dont l'une étant connue, l'autre s'en déduit

---

[1] Des changements de formes cristallines qui sont produits par différents degrés de température dans les sulfates et les séléniates, par M. E. Mitscherlich (*Annales de chimie et de physique*, tome XXXVII, page 205).

nécessairement, il s'ensuivrait que les deux carbonates que nous venons d'indiquer rentreraient dans cette catégorie. On ne connaît pour le moment, pour les carbonates de baryte et de strontiane, que les formes analogues à l'arragonite ; mais ils devraient se retrouver avec la forme de la chaux carbonatée, et dans ce cas, ces deux minéraux feraient partie des substances qui obéissent aux lois de l'isomorphisme.

De l'isomorphisme. —Une autre circonstance, qu'on a regardée pendant quelque temps comme portant une atteinte aux relations générales qui existent entre la forme cristalline et la composition chimique, consiste en ce que des minéraux composés d'éléments différents ont une forme identique. Mais cette anomalie n'est qu'apparente, et la belle découverte de l'*isomorphisme* par M. Mitscherlich, de laquelle il résulte que certains corps simples, tels que la *magnésie*, *la chaux*, le *protoxyde de fer* et le *protoxyde de manganèse* ont la propriété de se remplacer en toute proportion, est devenue au contraire un auxiliaire puissant pour les idées théoriques de Haüy. Seulement la composition chimique ne s'apprécie plus de la même manière : avant la découverte de l'isomorphisme, elle était pour ainsi dire matérielle ; un minéral contenant de la chaux était composé d'une manière essentiellement différente d'un minéral renfermant du protoxyde de fer ; aujourd'hui leur composition peut être regardée comme analogue, si le fer joue le rôle de la chaux et la remplace, de sorte que des minéraux qui étaient jadis composés différemment et qui présentaient une anomalie aux relations entre la forme et la constitution chimique, admettent maintenant une même composition et rentrent dans la loi générale. Il est nécessaire d'expliquer cette idée par un exemple.

L'*augite*, que l'on trouve dans les volcans, et le *diopside*, qui forme des filons dans les schistes talqueux des Alpes, ont été réunis par Haüy en une seule espèce, sous le nom de *pyroxène*, par la simple considération de la forme ; leurs caractères extérieurs sont différents, leurs clivages même paraissaient les distinguer, la réunion que Haüy en a faite par la comparaison des angles paraissait forcée, et elle a trouvé, à l'époque du mémoire spécial qu'il a publié à ce sujet , un assez grand nombre d'incrédules. En effet, l'augite est noir, le diopside est vert-clair : la première substance présente des clivages difficiles suivant un prisme rhomboïdal oblique ; ceux de la seconde sont très-faciles, relativement à un prisme rectangulaire ; leur forme générale , en rapport avec leurs clivages, leur donne une physionomie complétement différente; enfin l'augite est composé de silice, de chaux et de fer; le diopside de silice, de chaux et de magnésie.

Compositions différentes devenues identiques par l'iso-morphisme. — La comparaison de ces éléments établissait donc, ou que la réunion de ces deux substances était fausse, ou que la composition chimique n'avait qu'une légère influence sur la forme ; l'isomorphisme est venu donner raison à Haüy; la composition de ces deux minéraux donne les résultats suivants :

Augite.		Diopside de Tamara.	
Silice.	49,01.	Silice.	54,83.
Chaux.	20,87.	Chaux.	24,76.
Protoxyde de fer. .	26,08.	Protoxyde de fer. ,	0,99.
		Magnésie.	18,55.

Ces résultats sont, comme nous l'avons annoncé, très-différents; mais si on cherche la relation atomique entre les éléments, la différence fait place à une identité de rapport remarquable. Pour l'obtenir, calculons les quantités d'oxygène contenues dans chacune de ces parties ; on trouve alors :

Augite.			Rapports.	Diopside.		
		Oxyg.			Oxyg.	
Silice.	49,01. .	25,46. .	4.	54,83. .	28,48. .	4.
Chaux.	20,87. .	5,86. .	1.	24,76. .	6,94. .	} 1.
Protoxyde de fer. .	26,08. .	5,93. .	1.	0,99. .	0,22. .	
Magnésie. . . .				18,55. .	7,18. .	1.

L'augite contient donc quatre atomes de silice pour un de chaux et un de protoxyde de fer; le diopside, quatre atomes de silice pour un de chaux et un de magnésie. En admettant, avec M. de Mitscherlich, que la magnésie soit isomorphe du protoxyde de fer, la composition devient identique, et la réunion de ces deux minéraux dans la même espèce est vérifiée par la composition chimique, comme elle avait été déterminée par l'examen des formes cristallines.

L'*amphibole*, l'*idocrase*, l'*épidote* nous offrent des exemples analogues; la *chaux carbonatée* elle-même présenterait des anomalies considérables de composition, si l'on n'avait pas égard aux relations atomiques qui existent entre les composants ; mais la considération de l'isomorphisme fait rentrer ces anomalies dans la règle générale.

ANOMALIES DANS LA SYMÉTRIE DES CRISTAUX.

Croisements. — Hémitropies. — Dans les principes généraux sur la cristallisation, nous avons déjà signalé deux anomalies apparentes qui ont lieu lorsque les cristaux présentent des angles rentrants. Nous avons indiqué, page 22, que cette circonstance tenait, ou à un croisement régulier de deux cristaux de même forme, comme dans l'*étain oxydé,* la *staurotide,* le *rutile* et l'*harmotome,* ou à la réunion de deux cristaux en sens inverse, disposition que nous avons décrite sous le nom d'*hémitropie,* qui a été donné par Haüy à ces singuliers cristaux. Dans l'un et l'autre de ces cas, les lois de la cristallisation sont observées; elles ne sont pas immédiatement visibles, mais leur étude révèle bientôt la symétrie de la cristallisation, et c'est même en invoquant cette loi qu'on peut rétablir chaque partie du cristal hémitrope dans sa position normale.

Fig. 142.

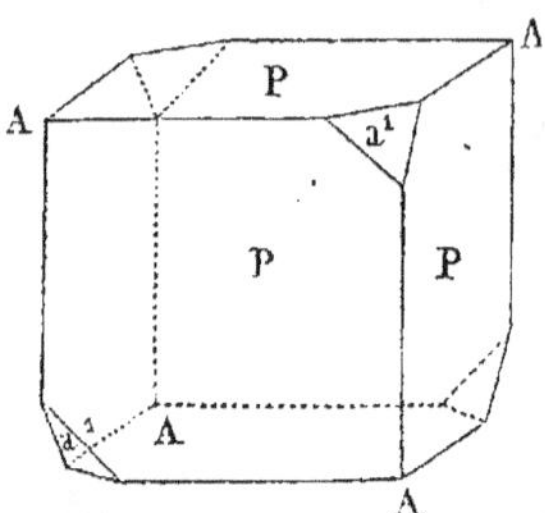

Défaut de symétrie dans les cristaux. — Il nous reste à parler d'une troisième anomalie qui est réelle, et pour laquelle on a proposé différentes explications. Dans les cristaux qui la montrent, les parties semblables ne sont pas modifiées d'une manière analogue, de sorte qu'il manque un certain nombre de faces, et que les cristaux sont incomplets. Quelques exemples feront comprendre cette anomalie. La *boracite*, qui cristallise en cube, possède des cristaux, représentés *fig*. 142, dans lesquels il existe une troncature sur quatre de ses angles, tandis que les quatre autres angles ne portent aucune modification. Dans d'autres cristaux appartenant à la même substance, quatre angles portent des pointements triples, tandis que les autres n'ont aucune facette. Les angles ainsi modifiés ne sont pas placés d'une manière indifférente : l'anomalie est soumise à une règle, et ce sont les angles opposés à une même diagonale du cube qui la présentent.

De l'hémiédrie. — La *pyrite de fer* est un des exemples les plus saillants de ce défaut de symétrie. Ce minéral cristallise en cube, comme la *boracite;* la moitié des modifications qui naissent sur les arêtes sont constamment supprimées, et les solides à vingt-quatre faces qui résultent de ce genre de modifications sont réduits à douze faces, et produisent le solide particulier qui a reçu le nom de dodécaèdre pentagonal. Comme dans la boracite, le manque de symétrie suit une certaine loi; ce sont les faces parallèles qui manquent, de sorte que les cristaux sont en réalité réduits à moitié. C'est cette observation qui a conduit M. Weiss à sa théorie de l'hémiédrie, qui, en faisant connaître les lois de cette anomalie, n'en explique en aucune manière la cause. La difficulté est donc éludée, mais nullement levée; nous pouvons même dire que l'ingénieuse idée de M. Weiss, utile pour la classification à établir entre les diverses formes cristallines, a l'inconvénient de faire croire que la nature est libre de produire à volonté des cristaux ou des demi-cristaux, tandis que toutes les observations prouvent au contraire que la matière est soumise à des lois fixes qu'elle ne saurait violer.

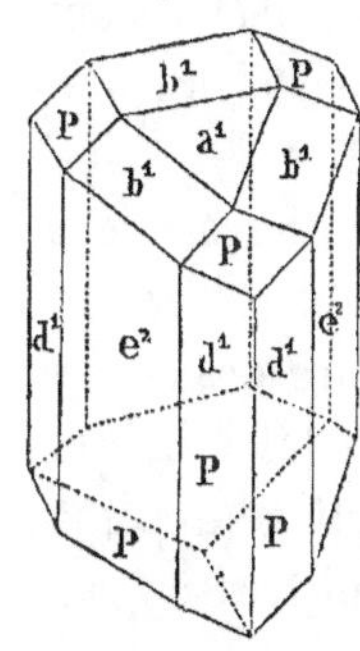

Fig. 143.

La tourmaline se présente dans des circonstances analogues ; sa forme, qui est un rhomboèdre, donne naissance à deux prismes réguliers à six faces et à une série de rhomboèdres secondaires. Dans l'un des prismes à six faces, trois faces manquent, ce qui donne au cristal une forme triangulaire, ainsi que la *fig*. 143 le représente ; en outre, les pointements sont modifiés d'une manière différente, et dans l'exemple que nous avons dessiné, le sommet supérieur porte sept faces, savoir: trois du rhomboèdre P, trois du rhomboèdre b^1, et la base a^1 du prisme à six faces : l'inférieure n'en possède que trois, qui appartiennent au rhomboèdre P. Dans cette substance, la plupart des cristaux sont hémiédriques, mais quelques-uns ne le sont pas ; ainsi le rhomboèdre P est complet. Le prisme à six faces placé sur les angles du primitif l'est également, tandis que le prisme à six faces qui naît sur les arêtes est constamment réduit à trois faces. La loi qui régit l'anomalie éprouve elle-même une anomalie, c'est-à-dire que généralement les faces parallèles manquent dans la plupart des formes secondaires de la tourmaline, et ses cristaux sont hémièdres ; mais pour quelques-uns, la symétrie est observée, et notamment pour le rhomboèdre primitif, qui est complet. Cette remarque importante apporte quelque difficulté dans les hypothèses qu'on peut faire pour expliquer la non-symétrie de cette substance.

Relation entre la dissymétrie et l'électricité polaire. — Haüy avait remarqué que plusieurs des substances qui présentent cette dissymétrie étaient électriques et possédaient en outre des pôles d'électricités différentes. Il en avait conclu que l'électricité et la cristallisation étaient deux forces en présence, et que la diversité des pôles nécessitait une différence dans la forme. Par cette hypothèse, les lois de cristallisation étaient respectées, en ce sens que les modifications appartenaient toujours au système cristallin de la substance; mais les forces électriques dérangeaient pour ainsi dire les facettes et les empêchaient de se former à chaque extrémité de cristal. Le nombre de substances qui affectent cette dissymétrie est si peu considérable, les propriétés physiques particulières que la plupart d'entre elles possèdent sont si remarquables, que cette explication nous paraît tout à fait dans la nature des choses. Le tableau ci-joint, dans lequel sont indiqués les minéraux qui échappent aux lois de symétrie, montre celles qui possèdent en outre des propriétés physiques particulières en rapport avec ces anomalies.

Minéraux dissymétriques.

Noms des substances.	Forme cristalline.	Propriétés particulières des substances.
Pyrite de fer.	Cube.	Aucune.
Cobalt gris.	Cube.	Aucune.
Cuivre gris.	Tétraèdre.	Aucune.
Zinc sulfuré.	Tétraèdre.	Aucune.
Boracite.	Cube.	Électrique et polaire.
Fer arséniaté.	Cube.	Électrique et polaire.
Cuivre pyriteux.	Prisme à base carrée.	Aucune.
Quartz.	Rhomboèdre.	Polarisation circulaire.
Tourmaline.	Rhomboèdre.	Électrique et polaire.
Chaux phosphatée.	Prisme régulier à six faces	»
Zinc silicaté.	Prisme droit rhomboïdal.	Électrique et polaire.

Condition d'identité des parties semblables d'après M. Delafosse. — Dans un Mémoire fort intéressant [1], présenté assez récemment à l'Académie par M. Delafosse, ce minéralogiste pense que les anomalies que nous venons de signa-

---

[1] Recherches sur la cristallisation considérée sous les rapports physiques et mathématiques (*Mémoires* présentés par divers savants à l'Académie des sciences et imprimés par son ordre, tome VIII, page 652, 1843).

ler ne sont qu'apparentes. Suivant son ingénieuse hypothèse, il croit qu'on a fait une fausse application de la loi de symétrie, et que les parties comparées comme semblables ne le sont pas. Cette erreur tiendrait, selon M. Delafosse, à ce que la définition, donnée par Haüy, des parties identiques est inexacte, parce qu'elle est incomplète. « Haüy, « dit-il, n'admet pour l'identité qu'une seule condition, une « condition purement géométrique, savoir : la ressemblance « de forme. Pour lui, deux angles dièdres ou solides d'un cris« tal sont identiques, quand ils sont géométriquement égaux ; « quant aux conditions de nature physique, il les passe sous « silence. Mais pourtant, suivant sa propre expression, la forme « polyédrique n'est que le fantôme du cristal, et celui-ci est, « avant tout, un corps matériel qu'on ne peut pas dépouiller « entièrement de ses propriétés physiques, lorsqu'il s'agit « surtout d'interpréter un phénomène qui dépend unique« ment des lois physiques auxquelles la matière obéit ; et s'il « arrive que deux parties d'un cristal géométriquement sem« blables aient d'ailleurs des structures ou constitutions mo« léculaires différentes, on ne peut plus dire dans ce cas, « qu'elles sont en tout point identiques.

« Il faut donc compléter la définition donnée par Haüy, en « ajoutant que les parties *semblables de forme* doivent être de « plus *physiquement identiques*, en sorte que l'identité absolue « comporte deux conditions, l'une *géométrique* et l'autre *phy« sique*. Alors, toutes les fois que la loi de symétrie paraîtra en « défaut, il y aura lieu d'examiner si ces parties ne cacheraient « pas sous cette ressemblance extérieure des propriétés physi« ques différentes. »

Ces conditions n'existent pas dans les minéraux dissymétriques. — M. Delafosse suppose que dans les différentes substances que nous venons d'énumérer, il existe une modification particulière de la structure interne, qui entraîne un changement de symétrie dans les parties extérieures du cristal, en sorte que l'anomalie signalée n'existe pas, et que pour ces minéraux, comme pour les autres, la loi qui régit les modifications, qui est un principe général de physique, n'éprouve aucune altération.

Pour bien faire comprendre cette nouvelle manière de considérer cette intéressante question, il est nécessaire de donner un ou deux exemples.

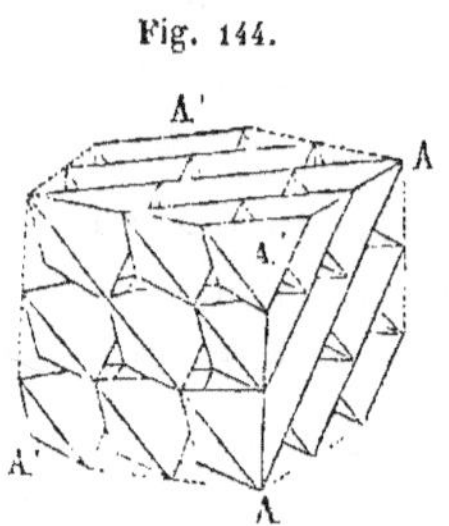

Fig. 144.

La BORACITE, dont nous avons donné le dessin *fig.* 142, page 208, affecte la forme d'un cube ; si on prend ce cube pour la molécule intégrante de la boracite, il est évident que les faces qui manquent sur quatre angles sont une dérogation aux lois cristallographiques, puisque, pour me servir de l'expression de M. Delafosse, tous les angles sont géométriquement et physiquement identiques ; mais si l'on suppose que la molécule intégrante est le tétraèdre régulier, et que l'on dispose des molécules de cette forme de manière à construire un cube, on aura un assemblage de tétraèdres, *fig.* 144, dont les axes sont parallèles entre eux ; mais on remarquera qu'ils tournent tous leurs pointes vers une des extrémités du cube, et leurs bases vers une autre extrémité. Il résulte de cette construction une sorte de polarité dans les sommets opposés du cristal qui ne se trouvent plus dans les mêmes conditions physiques, quoique formés des mêmes molécules ; il existe donc, dans ce cas, une différence physique entre les angles dont les caractères géométriques sont les mêmes. Ainsi, d'après le nouveau principe de M. Delafosse, il y a seulement entre eux une symétrie apparente, tandis que la symétrie réelle, basée sur l'identité absolue, n'existe pas, et par suite le manque des faces sur quatre angles, loin d'être une anomalie aux lois de la cristallisation, est une confirmation de celle qui régit la symétrie.

L'électricité polaire elle-même, si difficile à comprendre, devient une conséquence de cette disposition des molécules, et les fluides qui lui donnent naissance doivent éprouver des résistances diverses, suivant qu'ils parcourent les fils de molécules tétraédriques dans un sens ou dans un autre.

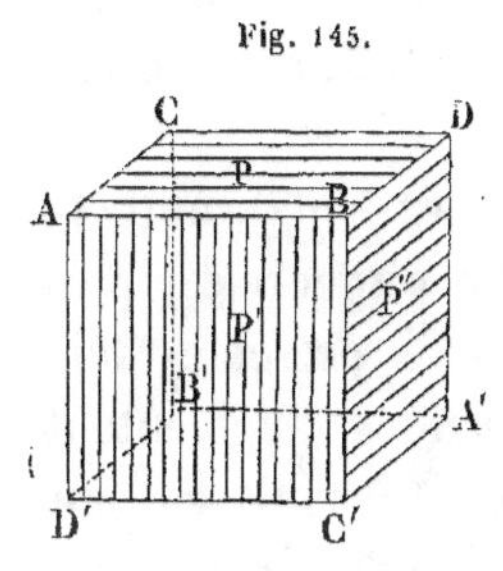
Fig. 145.

Pyrite de fer. — Nous choisirons pour second exemple la pyrite de fer, qui appartient également au système cubique ; dans cette espèce, nous avons déjà fait remarquer que le défaut de symétrie se présente sur les arêtes, au lieu d'être sur les angles comme dans la boracite.

Sa molécule est un prisme rectangulaire. — On ne peut donc plus prendre, dans ce cas, pour molécule intégrante, le tétraèdre, qui est un des éléments du système régulier. Aussi M. Delafosse suppose-t-il que le cube de la pyrite est formé par un assemblage de prismes rectangulaires droits ; dès lors les arêtes jouent un rôle différent, et il n'est plus nécessaire que les faces qui naissent sur la base du cube se reproduisent sur les côtés. Les stries que présente la pyrite cubique, *fig. 145*, et qui lui ont valu le nom de *triglyphe*, semblent à M. Delafosse une preuve évidente à l'appui de son opinion ; il regarde ces stries comme les traces de clivages différents, et par suite chacune des faces du cube serait différente. Cette supposition explique effectivement le défaut de symétrie ; mais elle est moins naturelle que pour la boracite, le prisme rectangulaire droit appartenant à un type cristallin essentiellement différent du cube.

De la tourmaline. — Lorsque les minéraux qui présentent les anomalies aux lois de symétrie cristallisent dans un système non régulier, on peut toujours supposer la molécule intégrante composée de deux pyramides placées en sens inverse. Pour la tourmaline, par exemple, M. Delafosse admet que le rhomboèdre, qui en est la forme primitive, est composé de deux tétraèdres droits à base équilatérale, donnés par un plan coupant mené diagonalement dans le rhomboèdre ; mais ces deux tétraèdres, géométriquement égaux, sont différents sous le rapport physique, et par suite l'identité physique réclamée pour que les modifications se reproduisent d'une manière symétrique sur les angles ou sur les arêtes, n'existe pas dans le rhomboèdre de la tourmaline.

L'hypothèse ingénieuse de M. Delafosse est sujette à quelques objections sérieuses ; elle nous paraît résoudre complétement les anomalies de la boracite : elle présente déjà des difficultés pour la pyrite ; ces difficultés augmentent pour la tourmaline, dans laquelle, ainsi que nous l'avons fait remarquer plus haut, il existe des rhomboèdres complets, combinés avec des rhomboèdres hémiédriques. Mais quand même cette hypothèse expliquerait d'une manière satisfaisante tous les cas d'hémiédrie que la nature minérale offre à notre observation, elle ne nous dispenserait pas de les étudier, car c'est en constatant la symétrie, ou la dissymétrie des cristaux, qu'on peut seulement fixer la nature de la molécule intégrante, et par suite celle de la forme primitive.

CAUSES

LA VARIATION DES FORMES SECONDAIRES,

ET RELATIONS ENTRE LES FORMES ET LES MILIEUX DANS LESQUELS LA CRISTALLISATION S'OPÈRE.

Les minéraux possèdent des systèmes cristallins particuliers en rapport avec leur composition ; mais s'ils sont astreints à cette loi, ils présentent un nombre assez considérable de cristaux secondaires qui semblent au premier abord détruire l'unité qui résulte de leur composition. Les chimistes et les minéralogistes ont, depuis longtemps, cherché à pénétrer ce mystère de la nature : les travaux de Le Blanc, de M. Gay-Lussac et de M. Beudant nous ont permis de résoudre en partie cette importante question, et si on ne peut pas toujours apprécier les causes qui font varier les formes secondaires, on est en droit de conclure qu'elles changent, avec le milieu dans lequel la cristallisation s'opère, et lorsque les circonstances physiques qui y président sont différentes.

Nous remarquerons d'abord que la cristallisation est due à des causes de même nature que celles qui président à tous les phénomènes chimiques. Les particules similaires des corps exercent l'une sur l'autre une attraction réciproque, une *attraction de cohésion* qui détermine leur réunion sous forme de cristaux. Cette action, lorsqu'un sel est en dissolution, est opposée à l'attraction de ce liquide pour les particules du sel, et elles ne se précipitent à l'état solide que lorsque cette dernière force est équilibrée par l'attraction de cohésion ; on dit alors que l'eau est saturée. Pour chaque sel le degré de saturation varie, et comme ce degré change ordinairement avec la température , on peut avoir des dissolutions à des états variés de concentration. Cette différence ne paraît avoir d'action que sur la netteté de la cristallisation, et non sur la forme secondaire des cristaux produits.

Quand une dissolution non saturée est abandonnée à elle-même , l'*évaporation* concentre la liqueur et détermine , au bout d'un certain temps, la formation de cristaux. Cette action ne paraît pas avoir d'influence sur la forme , mais elle en exerce une puissante sur la netteté des cristaux , et on remarque qu'une évaporation lente et tranquille favorise beaucoup la cristallisation.

La chaleur de l'air active cette évaporation , et par suite accélère la cristallisation ; mais elle ne paraît, ainsi que *les variations dans la pression barométrique*, n'avoir aucune influence sur la cristallisation des sels ; cependant, l'absence totale de cette pression produit des phénomènes remarquables , et certains sels , tels que le sulfate de soude, ne donnent pas de cristaux dans le vide, même en agitant la solution.

La température de la dissolution a une influence plus marquée, du moins quand elle s'élève au-dessus de celle de l'eau bouillante. Au-dessus de cette température, les formes secondaires changent. M. Beudant, dans les expériences qu'il a faites sur la cristallisation de l'alun[1], a remarqué que, pendant que ce sel donnait l'octaèdre pur, par l'évaporation à cent degrés d'une liqueur saturée , la même dissolution produisait en vase clos, à des températures supérieures à cent degrés , des cristaux en dodécaèdres réguliers ou en trapézoèdres, suivant le degré de la chaleur à laquelle elle était soumise.

A des températures très-basses on a obtenu des résultats analogues ; quant à ces dernières expériences, qui sont dues à M. Davy , on croit que la proportion d'eau de cristallisation n'était pas la même , et c'est à cette circonstance qu'on attribue le changement de forme.

---

[1] *Annales de chimie et de physique*, tome VIII.

Nous rappellerons, à cette occasion, les expériences de M. Mitscherlich, page 204, par suite desquelles des sels cristallisés et chauffés par la simple action solaire, ont changé même de types cristallins, expériences qui ont confirmé sa théorie du dimorphisme.

L'état électrique de la solution paraît avoir aussi une action sur la nature des formes. M. Beudant, qui a fait des expériences sur ce sujet, n'a remarqué que des différences dans la grosseur et la netteté des cristaux ; les solutions chargées de l'une ou de l'autre électricité ont toujours produit des cristaux plus petits que la même solution à l'état naturel ; il est probable que dans ces expériences, le courant électrique était trop fort et qu'il nuisait à l'arrangement moléculaire; mais depuis, on s'est servi de courants extrêmement faibles, et on a obtenu des cristaux de formes variées; aussi il n'y a maintenant aucun doute que, dans certaines circonstances, la nature de la forme secondaire ne soit déterminée par la tension électrique de la solution.

La nature des appareils produit une influence prononcée dans le phénomène de la cristallisation; par exemple, une solution cristallise plus promptement dans un vase de *poterie de grès*, que dans un vase de verre; comme on emploie toujours un vase sur lequel la solution n'exerce aucune action chimique, les différences ne peuvent être attribuées qu'à deux causes, ou au degré d'attraction plus grand que telle ou telle substance exerce sur le sel qui cristallise, ou au poli plus ou moins grand de la surface. Ces deux causes se reproduisent dans la nature ; les cristaux ne s'attachent pas sur les parties lisses que présentent certains filons, et lorsque ces gîtes minéraux traversent plusieurs couches d'une composition très-différente, on remarque souvent que les substances qui composent le filon sont sensiblement différentes, suivant les couches. Ainsi, à Kongsberg, le filon argentifère est plus riche dans les parties qui sont encaissées dans une couche pyriteuse. A Aldston-Moor, dans le Westmoreland, la même circonstance se reproduit pour les cristaux de galène, de blende et de calcaire.

Changements de formes avec la nature des eaux mères. — Les différentes circonstances physiques que nous venons de relater montrent déjà comment la nature peut produire des formes secondaires différentes dans des condition données ; mais par ces procédés on n'obtient que des différences , sans pouvoir établir de relation entre la forme et l'état de la dissolution , ce qui tient sans doute à ce qu'on ne peut pas à volonté reproduire exactement le même état.

Les mélanges chimiques que l'on peut faire en proportions déterminées donnent, au contraire, des résultats constants. On obtient des formes déterminées suivant les mélanges. Les premières observations sur ce fait remarquable remontent à 1788, et sont dues à Leblanc, médecin de monseigneur le duc d'Orléans ; ses expériences ont porté à la fois sur le sulfate d'alumine, le sulfate de fer, le sulfate de cuivre , le sulfate de zinc et l'alun.

Cette dernière substance cristallise dans le système régulier ; quand on prend des cristaux d'alun , et qu'on les fait cristalliser et dissoudre plusieurs fois, successivement, pour les purger de toutes matières étrangères , on obtient des cristaux octaèdres modifiés sur les arêtes, qui présentent par conséquent des rudiments de dodécaèdre régulier. Mais si , à la solution d'alun octo-dodécaèdre, on ajoute du phosphate ou du nitrate de soude, les cristaux que donne l'évaporation lente sont des octaèdres parfaitement purs.

La même liqueur , obtenue par la dissolution de cristaux d'alun octo-dodécaèdre mélangée de nitrate de cuivre, produit, par l'évaporation lente, des cristaux cubo-octaèdres.

On obtient la même forme cubo-octaèdre quand on ajoute à la liqueur de l'acide nitrique ; l'acide muriatique donne des cristaux cubo-icosaèdres.

Les formes sont relatives. Plusieurs autres mélanges produisent d'autres combinaisons de facettes, mais ces variations de formes ne sont que relatives, c'est-à-dire qu'elles ne sont constantes que pour une espèce particulière de forme dont le sel soumis à l'expérience est susceptible dans une solution ordinaire, et qu'elles sont d'un autre genre, si la forme produite par la solution ordinaire est différente.

Outre ces faits remarquables, qui établissent d'une manière positive l'influence du milieu dans lequel la cristallisation a lieu, il résulte des expériences de Leblanc qu'on peut même changer la forme, en changeant le milieu pendant que les cristaux se déposent, ou pour mieux dire, qu'on peut sur un noyau déterminé faire naître d'autres formes secondaires. Cette expérience intéressante vient, par la manière dont cette superposition s'opère d'une forme sur l'autre, entièrement à l'appui de la théorie des décroissements de Haüy, et nous croyons devoir la citer textuellement.

Superposition d'une forme secondaire sur une autre par le changement des eaux mères. — «Si dans la liqueur « qui fournit le cube, dit l'auteur [1], on soumet à l'accroisse- « ment un cristal d'alun ordinaire, c'est-à-dire un octaè- « dre, celui-ci passe au cube par une soustraction de rangées « de molécules au sommet des angles solides, de sorte que les « lames vont décroissant sur les faces triangulaires jusqu'à ce « que le cristal présente la nouvelle forme d'une manière com- « plète. Il suit de là que le centre de chacune des faces de « l'octaèdre correspond à un angle solide du cube dans lequel « il est inscrit. Le retour de cette dernière forme à l'octaèdre « s'opère dans le même ordre, c'est-à-dire par la soustraction « de rangées de molécules aux angles solides du cube. Mais il « arrive souvent dans ce cas que les soustractions se font sur « les arêtes en même temps qu'elles ont lieu sur les angles « solides, en sorte que les lames de superposition vont décrois- « sant tout à la fois suivant l'ordre qui rétablit l'octaèdre et

---

[1] Observations générales sur les phénomènes de la cristallisation, par M. Leblanc, chirurgien de son altesse royale monseigneur le duc d'Orléans (*Annales de physique*, tome XXIII, page 375, année 1788).

« suivant l'ordre qui produit le dodécaèdre à plans rhombes. »

Grossissement des cristaux dans un sens déterminé suivant leur position. — Cette expérience a conduit en outre Leblanc à une remarque très-intéressante, c'est que la position des cristaux qu'il introduisait comme noyaux dans une dissolution saline influait non sur la forme, c'est-à-dire sur le nombre et la disposition de leurs faces, mais sur le plus ou moins d'extension relative de ces faces, de sorte qu'il est parvenu à faire grossir des cristaux à volonté dans un sens ou dans un autre, en changeant leur position dans la solution. Cette expérience explique comment les cristaux naturels présentent souvent des élargissements considérables de facettes qui les déforment et rendent au premier abord leur détermination très-difficile.

Les *mélanges mécaniques* modifient aussi souvent les formes secondaires, et généralement ils donnent lieu à des cristaux simples. M. Beudant[1], auquel la science est redevable d'expériences sur ce sujet, distingue trois cas dans ces mélanges mécaniques aux dissolutions salines.

1° Si ces mélanges mécaniques sont en parties pulvérulentes extrêmement fines, et s'ils restent en suspension presque permanente dans la solution, la forme des cristaux est la même qu'elle eût été sans ce mélange; seulement on voit quelquefois les cristaux partagés dans leur intérieur par des couches parallèles de ces matières pulvérulentes.

2° Si le mélange mécanique se dépose au fond de la solution en particules très-fines et incohérentes, les cristaux qui se forment au milieu de ce dépôt ont une forme plus simple et plus régulière que celle qu'ils auraient prise dans une solution semblable tout à fait pure, ou même que celle qu'ils affectent dans les parties de la même solution au-dessus du dépôt. M. Beudant a constaté ce résultat sur l'alun et

---

[1] Sur les causes qui peuvent faire varier les formes cristallines d'une même substance minérale, par M. F. Beudant. (*Annales de chimie et de physique*, tome VIII, page 5.)

le sulfate de fer, en les faisant cristalliser au milieu d'un précipité de sulfate de plomb. Dans la nature, on a remarqué depuis longtemps que les cristaux de *quartz* mélangés mécani-
quement d'oxyde de fer terreux, ceux d'*axinite* mélangés de
paillettes de chlorite, et surtout ceux de *chaux carbonatée* qui
empâtent des grains de quartz ou de grès, ont une forme très-
simple et très-régulière.

3° Si le mélange mécanique est gélatineux, les cristaux qui
s'y déposent ne subissent aucun changement dans leur forme;
mais M. Beudant a constaté que les cristaux qui se déposent
sont toujours isolés et très-nets.

Les formes simples que l'on obtient par les mélanges mécaniques varient non-seulement avec la nature de ces corps,
mais même avec la proportion que les cristaux en renferment
à l'état de mélange. M. Beudant annonce que des cristaux
d'alun qui se déposaient dans une eau mère chargée de carbonate de plomb, affectaient, au commencement de la cristallisation, la forme d'octaèdres, puis celle de cubes.

Le passage de ces deux formes a été marquée par la précipitation de quelques cristaux cubo-octaèdres. Présumant
que cette circonstance tenait à ce que la composition de ces
cristaux, pour ainsi dire intermédiaire, était une moyenne
entre la composition des cristaux en octaèdre, et de ceux en
cube, M. Beudant fit dissoudre isolément chacune de ces trois
variétés de cristaux et les fit cristalliser de nouveau par une
évaporation spontanée.

La dissolution des cristaux octaédriques lui donna un grand
nombre de cristaux octaédriques parfaits et quelques cristaux
cubiques.

La liqueur formée par la dissolution de l'alun cubique
donna quelques cristaux octaèdres, puis un grand nombre
de cristaux cubiques.

Enfin, les cristaux cubo-octaèdres soumis à la même
épreuve ont donné à peu près autant de cristaux cubiques que
de cristaux octaèdres.

Ces expériences ont fait penser à M. Beudant que les cristaux composés, que la nature nous offre avec plus de fréquence que les cristaux simples, peuvent, dans certains cas, s'être formés dans des conditions analogues à celles qui ont présidé à la précipitation des cristaux d'alun.

Les mélanges mécaniques jouent donc un rôle considérable dans l'acte de la cristallisation; mais les mélanges chimiques paraissent y avoir encore une part plus large, ainsi que nous allons l'indiquer.

Cristaux contenant une quantité considérable d'un autre sel. — Une dernière circonstance que nous devons mentionner, c'est que des cristaux, en se déposant, entraînent souvent une proportion considérable d'un autre sel en dissolution dans les eaux mères, sans que le système cristallin auquel ils appartiennent soit altéré. Leblanc avait obtenu des cristaux ayant la forme du sulfate de fer qui contenaient moitié de leur poids de sulfate de cuivre. M. Beudant a constaté que ce mélange d'un sel au milieu des cristaux d'un autre sel, pouvait exister dans des proportions encore plus grandes. C'est ainsi qu'il a obtenu des cristaux mélangés ayant la forme du sulfate de fer qui contenaient 85 centièmes de sulfate de zinc, et d'autres dans lesquels la proportion s'élevait jusqu'à 90 centièmes de sulfate de cuivre [1]. Cette faculté d'association chimique de plusieurs substances avec conservation du système cristallin est d'un haut intérêt, parce qu'elle explique certaines anomalies que l'on observe dans la composition des minéraux.

Mais si, dans ces mélanges chimiques, une substance a la faculté de paralyser en quelque sorte la cristallisation d'une autre en la soumettant à la sienne, celle-ci n'en exerce pas moins une action sur elle; et cette action, quoique plus faible que celle de la substance qui donne la forme, se manifeste très-

---

[1] *Recherches tendantes à déterminer l'importance relative des formes cristallines et de la composition chimique dans la détermination des espèces minérales*, par F.-S. Beudant (*Annales des mines*, 1817, tome II, page 10).

souvent dans les cristaux par des *modifications de formes*, qui n'auraient pas eu lieu sans la présence de la substance mélangée. Lorsque toutes les autres circonstances sont semblables, ces modifications sont les mêmes dans le même mélange, et différentes dans les mélanges différents.

Ainsi, par exemple, les cristaux de sulfate de fer sont des rhomboèdres entièrement simples, s'ils sont mélangés de sulfate de cuivre ou de sulfate de nickel; des rhomboèdres tronqués au sommet, s'ils sont mélangés de sulfate de zinc ou de sulfate de magnésie; des rhomboèdres tronqués sur les angles latéraux, par un mélange de sulfate d'alumine.

Rapprochement entre la cristallisation des sels et les gîtes des minéraux. — Les expériences que nous venons de relater ne laissent aucun doute de l'influence des causes extérieures sur la cristallisation des sels; ces expériences sont d'autant plus intéressantes qu'elles sont la reproduction fidèle de la nature; ainsi les minéraux ont cristallisé tantôt au milieu d'eau tenant des substances en suspension, comme la chaux carbonatée de Fontainebleau qui est chargée d'une quantité considérable de sable quartzeux, tantôt dans un liquide contenant d'autres minéraux en dissolution. Cette action du milieu a été si puissante, que la forme secondaire sur laquelle on observe certaines substances suffit souvent pour en connaître le gisement. La chaux carbonatée en offre un exemple remarquable. Les cristaux de cette substance qui existent dans le filon d'Andréasberg au Hartz sont en prismes à six faces réguliers, sans modifications; la chaux carbonatée de Matlock en Derbyshire, est en métastatiques; celle de la mine de Nunleys, dans le même comté de l'Angleterre, est en métastatiques hémitropes chargés de facettes au sommet. Ces différentes mines, quoique exploitées pour le plomb, ont des gangues différentes, en sorte que l'influence du milieu se révèle par la forme des cristaux de chaux carbonatée. Cette influence est si grande, que les cristaux de chaux carbonatée inverse qui caractérisent le grès cristallisé de Fontainebleau, se retrouvent dans les Landes et à Bergerac, dans le département de la Dordogne, au milieu de sables tertiaires analogues à celui de Fontainebleau et dans des circonstances semblables. Dans ce dernier exemple, la proportion de sable empâté par la chaux carbonatée dépasse quelquefois 60 pour cent ; de sorte que la surface de cette variété de chaux carbonatée est sabloneuse, et qu'on la désigne improprement sous le nom de *grès cristallisé*.

Enfin, nous rappellerons que les échantillons d'un minéral qui proviennent d'un gisement déterminé, ont généralement la même forme secondaire. Lorsqu'on observe quelques variations, elles sont très-légères, et probablement alors elles tiennent à des causes extérieures, telles que la pression, la température, ou l'état électrique qui auraient varié dans les diverses parties de ce gîte.

Ces faits réunis aux expériences que nous avons rapportées nous permettent de conclure que la composition chimique impose aux minéraux le système cristallin qui leur est propre ; mais son action se renferme dans cette limite, et les nombreuses formes secondaires sous lesquelles se présente un même minéral sont le résultat des circonstances diverses au milieu desquelles la cristallisation s'opère.

DES CARACTÈRES PHYSIQUES.

MOYEN DE LES APPRÉCIER.

RELATION DE PLUSIEURS D'ENTRE EUX AVEC LA FORME CRISTALLINE
DES MINÉRAUX.

La séparation entre les caractères physiques et les caractères extérieurs est peu tranchée. La division que nous avons établie entre eux n'existe pas réellement, attendu que ces deux ordres de caractères se fondent l'un et l'autre sur les propriétés des minéraux ; mais elle facilite l'étude, et c'est le but qu'on doit se proposer dans toutes les sciences, et surtout dans les sciences naturelles, qui ne possèdent pas les définitions absolues des sciences exactes.

D'après la définition que nous avons donnée dans les préliminaires de cet ouvrage (page 3), les caractères physiques sont les propriétés des minéraux qu'on ne peut déterminer que par des expériences en général simples, mais qui exigent toujours l'emploi de quelques appareils particuliers. Ces caractères sont :

1° *La pesanteur spécifique ;*
2° *L'électricité ;*
3° *Le magnétisme ;*
4° *La double réfraction ;*
5° *L'élasticité ;*
6° *La dilatation.*

Nous ajouterons en outre, par appendice à l'électricité, quelques mots sur la phosphorescence des minéraux.

L'ordre dans lequel nous avons rangé ces caractères est relatif à leur emploi habituel. La double réfraction est le plus important des caractères physiques par sa liaison intime avec la cristallisation ; mais la difficulté que son observation présente dans beaucoup de circonstances le rend d'un usage peu usuel. La pesanteur spécifique n'exige au contraire qu'une opération très-simple, et c'est un guide certain que le minéralogiste consulte constamment.

De la pesanteur spécifique. — Les corps sous un volume donné ont des poids différents. Une pièce d'or pèse plus qu'une pièce d'argent du même volume. On appelle *poids spécifique* le poids particulier de chacun de ces corps. Lorsque les différences entre les poids spécifiques sont très-grandes, on peut en apprécier approximativement la différence en soupesant les corps dans la main; mais pour un grand nombre d'entre eux, dont les poids spécifiques sont rapprochés, on ne peut les distinguer que par des évaluations précises.

La pesanteur spécifique est liée d'une manière intime avec la composition chimique; de même que l'or pur et corroyé possède toujours le même poids spécifique, les minéraux cristallisés ont également des pesanteurs spécifiques déterminées, de sorte qu'on pourrait dresser une table des pesanteurs spécifiques qui servirait à reconnaître les minéraux. Seulement, pour que cette table eût une valeur réelle, il faudrait, d'une part, que les minéraux fussent toujours purs, et de l'autre, qu'ils eussent la même texture. Ces différences en apportent une dans le poids spécifique. D'après les expériences de M. Beudant, la chaux carbonatée cristallisée pèse 2,7130, tandis que de la chaux carbonatée lamellaire ne pèse que 2,7088. Ce caractère n'est donc pas absolu; mais l'exemple même que nous venons de citer montre que lorsque les minéraux sont purs, la différence due à l'état moléculaire est très-faible, et ne porte jamais que sur la troisième décimale. Renfermée dans ces limites, la pesanteur spécifique est un caractère très-précieux, et dans la plupart des cas, sa réunion avec un ou deux caractères extérieurs suffit pour distinguer une substance. Il est donc nécessaire que les personnes qui s'occupent de minéralogie sachent déterminer la pesanteur spécifique d'un corps.

Principe pour la détermination de la pesanteur spécifique.—La définition que nous avons donnée de la pesante

spécifique montre qu'elle n'est pas absolue, et que les pesanteurs spécifiques ne sont que relatives; on compare le poids
d'un volume donné d'un corps, au poids du même volume
d'un autre corps. La difficulté d'obtenir des volumes égaux
de corps solides a conduit naturellement à prendre pour
point de comparaison les liquides, qui, étant incompressibles,
jouissent de la propriété qu'un corps qu'on y plonge déplace
un volume égal à son propre volume, et par suite il perd en
poids, précisément le poids du liquide qu'il déplace. L'eau
étant le liquide le plus généralement répandu, et celui qu'on
peut amener le plus facilement à une pesanteur spécifique
uniforme, on l'a choisie de préférence à tout autre liquide.
Pour que toutes les pesanteurs spécifiques soient comparables,
on est convenu de ramener les évaluations à la température
de dix-huit degrés centigrades et à l'eau distillée. Les nombres indiqués dans les tables expriment donc que les corps
auxquels ils se rapportent sont deux fois, trois fois, etc.,
plus pesants que l'eau sous le même volume, ou qu'ils pèsent
la moitié, le tiers, etc., de ce liquide.

D'après le principe que nous venons d'énoncer, il y a
quelques lignes, qu'un corps plongé dans l'eau perd en poids
précisément le poids de son volume d'eau; pour en évaluer la
pesanteur spécifique, on le pèse d'abord dans l'air, puis on
le pèse dans l'eau; la perte qu'il éprouve donne le poids du
volume d'eau déplacé, et le rapport de ces deux poids est l'ex-
presssion de la pesanteur spécifique cherchée.

Soit donc P le poids d'un corps dans l'air, P′ son poids
dans l'eau; P — P′ sera le poids du volume d'eau déplacé, et
$\dfrac{P}{P-P'}$, l'expression de la pesanteur spécifique cherchée.

Balance hydrostatique.—Pour effectuer l'opération que
nous venons d'indiquer, on se sert de la balance hydrostatique, qui diffère de la balance ordinaire, en ce que l'un des
plateaux est armé, en-dessous, d'un crochet auquel on attache
un fil destiné à suspendre dans l'eau le corps dont on veut

obtenir la pesanteur spécifique. Cette méthode, la plus anciennement pratiquée, ne peut s'appliquer qu'à des corps d'un certain volume ; la difficulté de suspendre à un fil un corps très-petit, et l'impossibilité de se servir de ce procédé pour des corps en poudre, a conduit à en adopter plusieurs autres.

Aréomètre de Nikolson.—Cet instrument a été longtemps en usage, mais les bulles d'air qui s'attachent à sa surface, ainsi qu'à la surface du corps en expérience, occasionnent des erreurs qui peuvent, lorsque les corps sont en petits fragments, se faire sentir jusqu'à la seconde décimale ; cette circonstance a fait abandonner depuis une dizaine d'années l'aréomètre de Nikolson : nous pensons, en conséquence, qu'il est inutile de l'indiquer ici ; les personnes qui désireront en connaître la description la trouveront dans les différents traités de physique.

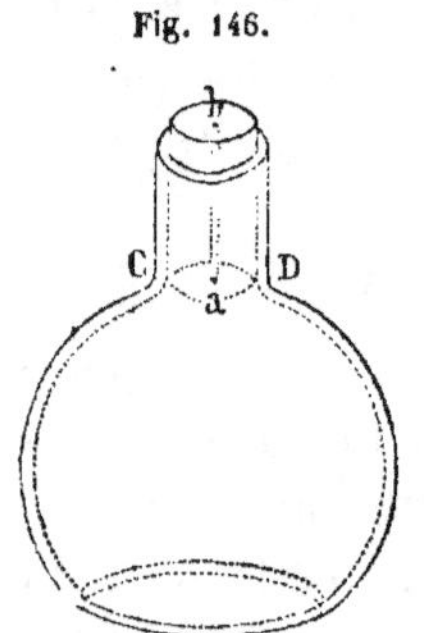

Flacon à volume constant. — Le moyen le plus commode et le plus généralement employé depuis quelques années par les minéralogistes, consiste à se servir d'un petit flacon (*fig. 146*), dont le bouchon *ab*, usé à l'émeri, s'enfonce exactement jusqu'à la ligne *cd*, de manière que le volume de la bouteille soit constant ; on a pratiqué en outre dans le bouchon un tube capillaire qui le traverse dans toute sa longueur suivant la ligne *ab* : si donc on remplit la bouteille, et qu'on pose ensuite le bouchon, en l'enfonçant jusqu'à la ligne *cd*, l'eau excédente sort par l'issue capillaire, et le volume d'eau compris dans la bouteille est constant.

Manière d'opérer.—L'opération consiste à peser d'abord le flacon plein d'eau, puis à prendre le poids du corps dans l'air. Enfin, on place le corps dans le flacon, et on remet le bouchon bien exactement, de manière que le flacon soit complétement plein ; il est évident que la quantité d'eau qui en est sortie est précisément égale au volume du corps; si on pèse donc la bouteille après que le corps y a été introduit, la différence des poids donne le poids du volume d'eau, et en cherchant le rapport du poids du corps au poids de l'eau, on obtient la pesanteur spécifique cherchée. Un exemple fera, du reste, mieux comprendre cette opération.

Supposons que la bouteille pleine d'eau distillée pèse 25$^{gr.}$45.

Que le poids dans l'air d'un fragment de cristal de chaux carbonatée $= 6^{gr.}$ 60.

On trouvera alors pour la bouteille avec le corps placé dedans $= 31^{gr.}$ 807.

Le poids de la bouteille et de la chaux carbonatée étant de 32$^{gr.}$ 05, la perte représentant le poids du volume d'eau déplacé est de 32,05—31,807 $=0,243$.

La pesanteur spécifique de la chaux carbonatée est donc égale à $\dfrac{6, 60}{0, 243} = 27,13$.

Il en résulte que le poids d'un mètre cube d'eau étant de 1,000 kilogrammes, celui d'un mètre cube de chaux carbonatée sera de 2,713 kilogrammes.

La seule précaution à prendre dans cette opération, est d'empêcher qu'il ne s'attache des bulles d'air à la surface du corps plongé dans l'eau; pour y parvenir, on peut chauffer légèrement le flacon, les bulles se dégagent, et on laisse ensuite l'eau reprendre la température de l'air ambiant.

Cette méthode est beaucoup plus exacte que les précédentes; on peut l'appliquer à des corps d'un gros volume, en variant les dimensions des flacons; on peut également s'en servir pour prendre la pesanteur spécifique des liquides; dans ce cas, il suffit de remplir successivement de liquides différents la même bouteille; les poids, en défalquant celui de la bouteille vide, donnent les pesanteurs spécifiques de ces liquides, l'un d'eux étant pris pour unité.

Lorsque les corps sont solubles dans l'eau, on substitue à

cet agent un liquide qui ne dissolve pas le corps ; pour prendre la pesanteur spécifique du sel gemme, par exemple, on le comparera à l'alcool à 36 degrés, qui n'a aucune action sur lui; on transformera ensuite la pesanteur spécifique comparée à l'alcool, avec celle qui en résulte, en prenant l'eau pour point de départ.

De la pesanteur spécifique absolue. — Nous avons remarqué au commencement de ce paragraphe sur la pesanteur spécifique, que sa valeur changeait légèrement suivant l'état moléculaire du corps : la chaux carbonatée cristallisée, par exemple, pèse un peu plus que la chaux carbonatée lamellaire, ou que celle à texture fibreuse. M. Beudant a constaté, par de nombreuses expériences, que lorsqu'on réduit ces différentes variétés de chaux carbonatée en poudre grossière, on retrouve la même pesanteur spécifique, laquelle diffère légèrement de la pesanteur spécifique que donnent des fragments de cristaux ; elle est de 27,23, au lieu de 27,13. Il a donné le nom de *pesanteur spécifique absolue* au résultat obtenu dans ce cas. Cette dernière considération présente de l'intérêt en ce qu'elle montre la différence qu'apporte la texture moléculaire à la pesanteur spécifique des corps, et qu'elle établit les limites de cette différence; mais elles sont si faibles que dans l'usage il est préférable d'étudier la pesanteur spécifique sur des minéraux en gros fragments; les résultats sont plus comparables aux indications données par les différents auteurs, l'opération est en outre plus facile, en ce sens, que les bulles d'air adhèrent beaucoup plus aux corps en poudre, qu'à ceux en fragments un peu grossiers.

DE L'ÉLECTRICITÉ.

Tous les minéraux sont susceptibles d'acquérir les propriétés électriques, soit par le frottement, soit par la chaleur ou par le contact. Mais on appelle *électriques*, dans le langage minéralogique, les minéraux qui peuvent devenir électriques sans être isolés. Cette propriété divise les substances minérales en

deux catégories distinctes : 1° les minéraux à l'aspect pierreux, vitreux ou résineux, qui sont électriques directement;
2° les minéraux ayant l'éclat métallique, qui, étant ordinairement conducteurs, doivent être isolés pour acquérir la propriété électrique.

Variation dans l'électricité des minéraux. — Dans chacune de ces deux grandes classes on peut établir des sous-
divisions correspondantes au genre d'électricité que la
substance développe, ainsi qu'à son intensité; le *diamant*
acquiert toujours l'électricité *vitrée* ou *positive;* le *soufre* et
le *succin* ont, au contraire, constamment l'électricité *résineuse* ou *négative*. Mais cette propriété n'est pas sujette à
des règles absolues, et si quelques minéraux, comme ceux que
nous venons de citer, sont caractérisés par la nature et l'intensité de leur vertu électrique, il n'en est pas de même de la
plupart des minéraux. Ainsi, pour une même substance, certains échantillons acquièrent des électricités opposées ; mais
c'est surtout l'intensité qui varie dans des limites très-étendues. Il est probable que ces différences tiennent à l'état des
surfaces. Toutefois, jusqu'à présent, les expériences n'ont
encore conduit à aucun résultat certain. Il en résulte que dans
la plupart des cas, la propriété électrique est un caractère de
peu de valeur, et on n'en fait usage que pour un fort petit
nombre de substances.

Minéraux ayant l'électricité polaire. — Parmi les minéraux électriques, quelques-uns présentent un phénomène
très-intéressant et qu'on étudie avec soin, c'est la propriété
qu'ils ont d'avoir des pôles, c'est-à-dire que l'une des extrémités présente l'électricité positive, pendant que l'autre
extrémité est électrisée négativement. Mais ce qu'il y a surtout
de remarquable dans cette propriété singulière, c'est qu'elle
est en rapport avec la cristallisation, ainsi que nous avons déjà
eu l'occasion de le faire remarquer (pag. 210) en parlant des
anomalies aux lois de symétric.

L'un des pôles est modifié d'une certaine façon, tandis que

l'autre pôle porte un autre genre de modification. La ligne qui joint les pôles s'appelle *axe électrique*. La tourmaline est le meilleur exemple que nous puissions donner de cette propriété; l'électricité s'y développe avec énergie, et la nature des pôles est facile à observer. En outre, ses cristaux, lorsqu'on les casse, deviennent, sous le rapport électrique, chacun un cristal complet; de sorte que les fragments placés les uns à côté des autres présentent des pôles différents.

M. Becquerel a apporté une précision dans l'étude des propriétés électriques des minéraux, qui modifie les idées que Haüy avait émises sur ce sujet. Notre célèbre cristallographe avait annoncé que les minéraux commençaient à s'électriser à une certaine température, variable de l'un à l'autre, et qu'ils continuaient à acquérir une vertu électrique de plus en plus forte, jusqu'à une certaine limite qu'on croyait également variable, passé laquelle l'électricité décroissait jusqu'à devenir nulle. Mais ce résultat tenait à la mauvaise méthode employée pour faire l'expérience, et M. Becquerel a montré que les choses ne se passaient pas ainsi. La vertu électrique commence bien à se manifester à des températures variables pour chaque minéral; du moment qu'elle se développe, l'intensité en augmente progressivement à mesure que la température devient plus forte, et cela indéfiniment; de sorte qu'il n'y a pas de limite où les phénomènes cessent, mais il faut que la température soit constamment ascendante; car s'il arrive qu'elle soit un moment stationnaire, toute trace d'électricité disparaît. Quand la température commence à décroître, l'électricité reparaît aussitôt; dans ce cas, les pôles ont changé de place; celui qui était positif quand la température était croissante devient négatif quand le minéral se refroidit, et réciproquement.

C'est ce dernier état électrique qu'on a seul observé, jusqu'aux expériences de M. Becquerel. On chauffait alors les pierres sur des charbons ou dans la flamme d'une bougie : il arrivait presque toujours, alors, qu'au moment où on les reportait vers l'électroscope pour essayer leurs propriétés électriques, la température devenait stationnaire. C'est même cette circonstance qui avait fait présumer que, passé une certaine température, l'électricité devenait nulle, et qu'il y avait une limite qu'il ne fallait pas dépasser.

Pour faire l'expérience de manière à éviter toute erreur, M. Becquerel suspend le minéral dont il veut éprouver l'électricité à un fil de soie non tordu, au milieu d'un matras rempli à peu près aux deux tiers de mercure. Il place ensuite ce matras dans une capsule de fer, dans laquelle il a mis aussi un peu de mercure, puis il expose la capsule au-dessus d'une lampe à l'esprit-de-vin. Par ce moyen, M. Becquerel parvient à chauffer graduellement tout l'appareil, et peut l'élever à telle température qu'il veut, ce dont il juge d'ailleurs par un thermomètre placé ainsi à l'intérieur du matras.

Les expériences de M. Becquerel font connaître la marche de l'électricité dans la tourmaline, mais elles n'établissent aucune relation entre la position des pôles et la forme cristalline. M. BRESWSTER, M. GUSTAVE ROSE et M. RIESS ont cherché si l'on ne pourrait pas déterminer *à priori* la nature de l'électricité des pôles par la disposition des facettes. Les détails cristallographiques dans lesquels il est nécessaire d'entrer pour faire comprendre les résultats obtenus par ces minéralogistes, nous engagent à renvoyer à la description des espèces ce qui est relatif à ce sujet intéressant. Ces recherches ont en outre conduit récemment[1] M. Riess et M. G. Rose à reconnaître que l'axe électrique ne se confond pas toujours avec l'axe cristallographique, et que si la plupart des minéraux *pyroélectriques* ont leurs pôles aux extrémités du cristal, il en est quelques-uns qui ont des pôles centraux. Je compléterai l'histoire générale des propriétés électriques des minéraux par un résumé succinct sur la position de leurs pôles et sur celle de leurs axes électriques.

---

[1] Mémoire sur les propriétés pyroélectriques des minéraux, par M. RIESS et G. ROSE, lu à l'Académie de Berlin, le 6 avril 1843.

Nature des pôles. — M. G. Rose fait remarquer d'abord que les pôles n'étant pas toujours placés aux extrémités du cristal, ainsi qu'on le supposait, on doit appeler *pôles* chaque couple de points opposés dans le cristal, où se manifestent les électricités contraires, et *axe électrique* la ligne qui joint deux pôles. Chaque pôle prend successivement les deux espèces d'électricité : ainsi un pôle qui, pendant qu'il est échauffé, manifeste une électricité d'une certaine espèce, cessera d'être électrique lorsque la température sera constante, et manifestera de l'électricité d'une espèce contraire lorsqu'il se refroidira. M. Rose nomme *pôle analogue électrique* celui dont l'électricité est de même signe que l'accroissement de température, et *pôle antilogue électrique* celui pour lequel elle est de signe contraire. Il résulte de cette définition que le pôle *analogue* d'un cristal sera positif quand il y aura élévation de température, et négatif quand il y aura diminution. Pour le pole *antilogue*, l'inverse aura lieu.

Méthode d'observation. — Dans leurs recherches, MM. Riess et G. Rose se sont servis de l'électroscope à pile sèche de Behrens, qui consiste en disques de cartons sur lesquels sont appliquées alternativement des feuilles d'or et une couche de manganèse.

Le cristal à essayer était placé à l'extrémité du support auquel est attachée la feuille d'or de l'électroscope. Dans cette opération, il y avait des causes d'erreur à éviter, car beaucoup de cristaux, comme l'*axinite*, la *topaze*, l'*émeraude*, deviennent très-facilement électriques par le frottement, et quand on ne met pas de pareils cristaux avec les plus grandes précautions contre le support, on obtient des signes d'électricité négative qui a été produite par le frottement du cristal contre la surface qui termine la boule de laiton.

Pour observer la pyroélectricité développée par le refroidissement, le cristal était échauffé dans un bain de plomb de chasse ; ce plomb, dont le grain avait été pris le plus fin possible, était placé dans une capsule de porcelaine, et en communication avec le réservoir commun ; de cette manière, toute l'électricité développée par l'échauffement du cristal, et aussi par son frottement contre le plomb, devait disparaître. En retirant avec précaution le cristal du bain de plomb, on pouvait éviter tout développement d'électricité dû au frottement ; cependant, quand on pouvait craindre qu'il n'en fût pas ainsi, on se débarrassait de l'électricité par frottement en plaçant aussitôt le cristal dans la flamme d'une lampe à l'esprit-de-vin : on sait, en effet, que ce moyen est le meilleur pour débarrasser un corps isolant de son électricité, et nous l'avons souvent employé.

Suivant que le cristal était plus ou moins gros, on le laissait plus ou moins longtemps dans le bain de plomb, dont la température était indiquée par un thermomètre.

Comme l'échauffement du cristal ne pouvait être aussi uniforme que son refroidissement, on faisait principalement les expériences pendant le refroidissement ; cependant pour les contrôler et les vérifier, on en a fait aussi quelques-unes sur l'électricité produite pendant l'échauffement ; pour cela, une extrémité du cristal était échauffée par une lampe à l'esprit-de-vin, tandis que l'autre, qui était froide, était placée contre le support de l'électroscope ; on obtenait ainsi l'électricité de l'extrémité du cristal qui était chauffée, et on observait qu'au bout d'un temps plus ou moins long, elle passait par zéro, puis changeait de signe pendant le refroidissement.

Quand le cristal avait plusieurs pouces de longueur, ce n'était pas son extrémité qui était échauffée, mais un point plus rapproché du contact avec le support. Cette méthode a été employée, même pour des cristaux très-petits et très-peu épais, dans lesquels l'électricité due au réchauffement ne se manifestait que peu de temps : pour des cristaux qui ont une certaine masse, il est facile d'observer, pendant plusieurs minutes, l'électricité due à l'échauffement ou au refroidissement. Quoi qu'il en soit, cette méthode par échauffement ne peut guère servir pour rechercher les pôles d'électricité, mais seulement pour vérifier quelle est la nature de l'électricité d'un pôle déjà déterminé à l'avance : aussi, comme on n'a jamais remarqué d'exception à cette loi, qu'à un changement de signe dans l'accroissement de la température correspondait un changement de signe dans la nature de l'électricité, c'est seulement dans quelques cas particuliers que l'on a essayé l'électricité du cristal par échauffement.

Il peut très-bien se faire qu'on reconnaisse par la suite, comme étant pyroélectriques, certains minéraux qui ne nous ont pas paru l'être; car l'intensité de l'électricité développée dans un cristal d'une même espèce est très-différente : en outre, la détermination des axes d'électricité ne peut pas se faire par de simples expériences sur le développement de l'électricité, mais il faut qu'on ait toujours recours à la cristallographie du minéral. L'électricité s'accumule aussitôt vers les angles et vers les arêtes même des corps, qui sont le moins conducteurs; on conçoit que ce sera une cause d'erreur dans la détermination des pôles, principalement pour les cristaux qui sont faiblement électriques, et pour lesquels il est nécessaire qu'il y ait accumulation d'électricité pour qu'elle soit sensible; de là résulte qu'on ne pourra souvent déterminer qu'approximativement la position des pôles, surtout de ceux qui sont en relation avec la forme extérieure du cristal.

Enfin, il faut encore observer que les cristaux sont toujours plus ou moins irréguliers et altérés, ce qui peut favoriser l'accumulation de l'électricité à certaines places, tandis que cette accumulation n'aurait pas lieu pour des cristaux parfaitement nets; on conçoit alors qu'il est possible que cela dérange très-notablement la position des pôles, et par conséquent, il faudra prendre la moyenne d'un grand nombre d'expériences pour la déterminer.

Après s'être mis à l'abri des causes d'erreur si variables qui résultent de l'accumulation de l'électricité, il faut encore éviter celles qui tiennent au mouvement et à la propagation de la chaleur dans le cristal; cette dernière cause d'erreur n'est pas une des moins importantes, et pour l'écarter, il est nécessaire de produire l'échauffement ou le refroidissement de la manière la plus égale et la plus simple possible.

Cristaux à pôles terminaux. — Conformément aux expériences de Haüy et de M. Becquerel, MM. Reiss et G. Rose ont reconnu que la tourmaline est à pôles terminaux, et que son axe d'électricité se confond avec son axe cristallographique; il en est de même du *silicate de zinc* et de la *scolézite*. Une circonstance intéressante se présente dans le groupement de ces deux minéraux : la scolézite est toujours en cristaux réunis par une de leurs extrémités sous forme de masses radiées. L'extrémité libre et divergente est le *pôle antilogue*, tandis que l'extrémité engagée et convergente est le pôle *analogue*. Dans la *calamine*, c'est l'inverse qui se présente, et les cristaux sont toujours engagés par le pôle *antilogue*.

Fig. 147.

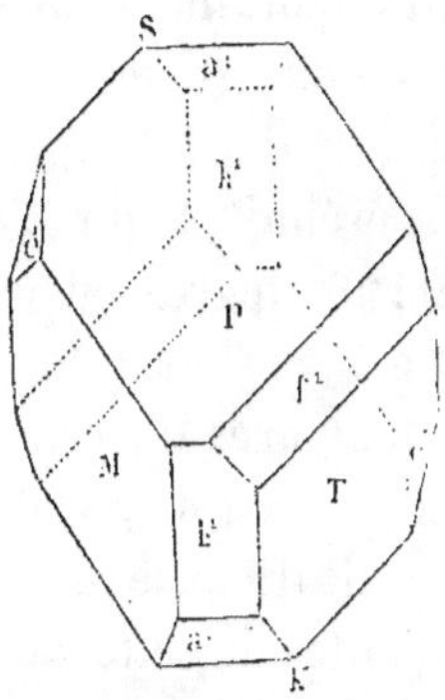

Cristaux à plusieurs axes d'électricité —L'axinite, qui cristallise en prisme oblique non symétrique, présente deux axes d'électricité, qui sont l'un et l'autre distincts des axes de cristallisation. D'après les observations de M. G. Rose, l'un d'eux se dirige de la face e^1 de gauche (*Fig.* 147) à l'angle trièdre aigu de droite *k*, formé par les plans P, T et a^1; le second, disposé en sens inverse, va de la face e^1 inférieure de droite à l'angle trièdre aigu de gauche S, qui est à la partie supérieure du cristal. Les faces e^1 sont les pôles *antilogues*, tandis que les pôles *analogues* sont près des angles aigus les plus prononcés. Il en résulte que les axes électriques ne traversent pas le milieu du cristal et qu'ils ne se confondent avec aucun axe cristallographique.

La recherche des pôles de l'axinite est difficile, parce qu'il se développe beaucoup d'électricité par le frottement; il est alors nécessaire de la détruire en chauffant le cristal à la flamme d'une lampe à alcool, ce qui retarde beaucoup les observations, puisqu'on détruit en même temps l'électricité pyroélectrique qui s'était déjà développée.

La boracite, qui cristallise en cube, est terminée différemment aux angles qui correspondent à l'extrémité des mêmes diagonales. Nous avons déjà indiqué (page 210) que Haüy avait constaté que cette circonstance se liait à l'électricité polaire, les angles opposés ayant des électricités différentes. Il en résulte nécessairement que la boracite possède quatre axes d'électricité se confondant avec les quatre diagonales. Le docteur Hankel a reconnu [1] qu'il existe trois autres axes qui se confondent avec ceux du cube. De sorte qu'il y a des pôles au centre de chaque face, et que les extrémités opposées des axes possèdent des électricités différentes. MM. Reiss et G. Rose ont vérifié ce fait important, duquel il résulte que la boracite possède sept axes d'électricité, se coupant tous au centre de figure.

Cristaux à pôles centraux. — La préhnite, qui cristallise en prisme droit rhomboïdal de 100 degrés environ, a offert à MM. Reiss et G. Rose un phénomène nouveau, qui consiste en ce que ce minéral possède deux axes d'électricité placés bout à bout, et se confondant avec la petite diagonale de la base. Il s'ensuit qu'au centre du cristal il existe un pôle *analogue commun*, et qu'aux deux extrémités de cette diagonale sont deux *pôles antilogues*. La préhnite a donc trois pôles; les auteurs de cette découverte ont caractérisé ce mode de distribution de l'électricité en désignant sous le nom de minéraux à *pôles centraux* ceux qui le possèdent.

La *topaze* offre un second exemple de ce phénomène; elle possède, comme la préhnite, deux axes d'électricité disposés en sens inverse l'un de l'autre, qui sont dans la direction de

---

[1] *Annales de Poggendorf*, t. L., p. 482.

la petite diagonale de la base du prisme. Les deux pôles *analogues* se trouvent au milieu de la diagonale ; les deux pôles *antilogues* sont aux arêtes du prisme qui correspondent aux angles obtus.

Pour démontrer cette loi de la distribution de l'électricité, MM. Reiss et G. Rose ont fait les recherches qui suivent : une topaze du Brésil, de 7 lignes de longueur et terminée par un pointement, était *analogue* à ce pointement, ainsi qu'à l'autre extrémité qui était brisée, tandis qu'elle était *antilogue* aux arêtes obtuses. Elle fut polie parallèlement au plan de troncature des arêtes obtuses jusqu'à ce que le plan de polissage passât par le centre du cristal : on obtint alors un prisme triangulaire isocèle ayant un angle obtus et deux angles aigus. On observa que la face polie était fortement *analogue* électrique dans toute sa longueur, tandis que l'arête correspondant à l'angle obtus était *antilogue;* d'un autre côté, les arêtes aiguës ne manifestaient aucun signe d'électricité.

Une topaze de 9 1/2‴ longueur, qui était analogue à ses deux extrémités, dont l'une était brisée, et antilogue à ses arêtes obtuses, fut polie suivant un plan tronquant une arête aiguë : dans toute la longueur de ce plan, on observa de l'électricité analogue, faible, mais cependant sensible.

Un morceau du même cristal ayant 5‴ fut au contraire tronqué suivant une arête correspondant à un angle obtus; dans toute son étendue, la face obtenue fut antilogue électrique.

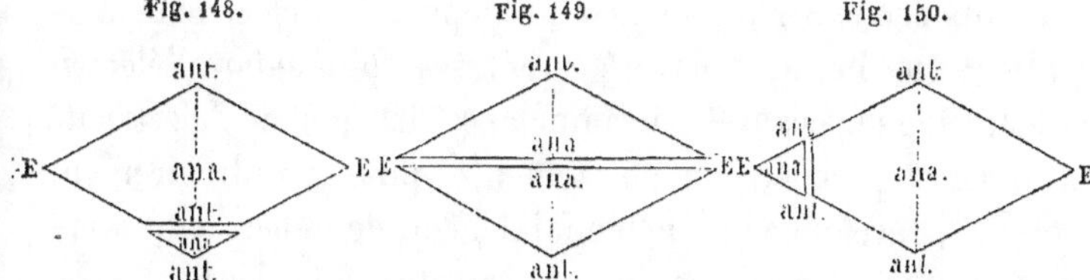

Ces expériences démontrent que dans la topaze un plan parallèle aux arêtes latérales et à la petite diagonale de la base (*fig.* 150), partage la topaze en deux parties ayant chacune trois pôles ; les deux faces produites par la troncature sont

analogues; dans le petit morceau, les deux faces latérale
sont *antilogues*.

Un plan parallèle aux arêtes latérales et à la grande diagonale partage la topaze en deux parties, dont la *plus petit*
possède deux pôles, la plus grande trois pôles. Les deux face
produites par la troncature ont des électricités contraires
analogue, pour les petits morceaux, la face de séparation es
antilogue pour les plus gros (*fig.* 148).

Quand le plan de séparation passe par la grande diagonale
de la base (*fig.* 149), on produit deux prismes triangulaires
ayant chacun deux pôles, et les deux faces de séparation son
toutes deux *analogues*. On connaît donc la distribution de
l'électricité dans le cristal, en le cherchant dans deux plans
parallèles aux deux diagonales.

Si on considère maintenant une topaze bien complète, composée d'un prisme à quatre faces, terminée de deux côtés par
un pointement à quatre faces, on ne devra pas obtenir de signe d'électricité à ses deux extrémités ; on aura de l'électricité *antilogue* sur toute la longueur des arêtes correspondant
aux angles obtus ; cette électricité diminuera à mesure qu'on
se rapprochera des arêtes aiguës où elle devra même disparaître complétement. On ne devra pas observer d'électricité
analogue à la surface du cristal.

Il arrive souvent que les cristaux de topaze présentent un
état électrique différent de cet état normal : ainsi, une brisure aux arêtes aiguës devra y développer de l'électricité analogue ; une brisure aux arêtes obtuses augmentera l'électricité antilogue. Les arêtes terminales se chargent de l'électricité
la plus rapprochée ; le pointement, qui est ordinairement
tronqué, développe lui-même faiblement de l'électricité analogue. Quand il y a une face de cassure, elle développe de
l'électricité analogue sur la grande diagonale ; quelquefois,
quand elle est trop près de l'angle obtus, on ne peut la reconnaître, mais en tout cas elle change l'état électrique de
l'arête la plus voisine. Si on observe maintenant que dans la

topaze le développement de l'électricité par la chaleur est très-faible, et que, dans beaucoup d'échantillons, il est nécessaire qu'il y ait accumulation, pour que l'électricité soit sensible; le peu d'exceptions à la règle que nous avons énoncée ne devront pas surprendre.

Electroscopes et électromètres. —— La feuille d'or fixée sur la pile de Behrens donne un électroscope très-sensible, mais il est d'un usage peu habituel; la méthode la plus généralement employée pour déterminer la nature de l'électricité des minéraux consiste en une aiguille en cuivre, portant à chacune de ses extrémités une petite sphère, grosse environ comme la tête d'une épingle. L'aiguille étant isolée, on lui donne une électricité déterminée, et on juge du genre d'électricité que possède le minéral, suivant qu'il attire ou qu'il repousse l'aiguille. Un cheveu fixé à l'extrémité d'un bâton de cire d'Espagne devient, lorsqu'on frotte cette cire avec du drap, un électroscope aussi simple que commode.

Quand on désire connaître l'intensité électrique, il faut se servir des électromètres à boules de moelle de sureau, en usage dans toutes les expériences de physique.

PHOSPHORESCENCE.

Nous plaçons à la suite de l'électricité, la propriété que présentent quelques corps de donner, quand on les frotte ou qu'on les chauffe, des lueurs plus ou moins vives dans l'obscurité; ce phénomène, en rapport avec les caractères optiques, doit, d'après les expériences de M. Becquerel, être considéré comme une conséquence de l'état électrique des corps, et c'est pour cette raison que nous le mentionnons à la suite des phénomènes électriques des minéraux. La phosphorescence est très-variée dans ses effets et dans son intensité; quelques échantillons de *chaux fluatée*, désignés sous le nom de *chlorophane*, sont phosphorescents à la température moyenne de notre climat, en sorte qu'ils brillent constamment dans l'obscurité ; d'autres n'ont besoin que de la chaleur de la main ; quelques-uns exigent la température de l'eau bouillante ; enfin, pour la plupart, il est nécessaire de les chauffer pour les rendre lumineux. Cette variation montre que la phosphorescence ne peut pas être employée comme caractère distinctif des minéraux ; car, d'une part, elle ne diffère dans des espèces distinctes que du plus ou moins d'intensité, et d'une autre, il y a souvent plus de différence entre les diverses variétés d'un même minéral, que d'une espèce minérale à une autre.

MAGNÉTISME.

Plusieurs corps ont la propriété d'agir sur le barreau aimanté et de le mettre en mouvement. Mais ce caractère est très-borné en minéralogie, parce que le fer seul se trouve dans la nature à un état où il puisse produire quelque effet. Il est vrai que, par la raison que ce caractère est limité, il devient certain, et le barreau aimanté décèle immédiatement la présence du fer oxydulé, soit dans une poussière, comme les sables volcaniques, soit dans une roche. Pour déterminer cette action, il suffit, ou d'approcher le minéral à essayer d'une aiguille aimantée, ou, si c'est une poussière, d'y promener le barreau dans tous les sens.

Le fer oxydulé fournit l'aimant naturel ; les échantillons qui jouissent de cette propriété présentent deux pôles, de sorte que lorsqu'on les approche successivement de la même extrémité de l'aiguille aimantée, ils l'attirent ou la repoussent, suivant le pôle de l'aiguille.

DE LA DOUBLE REFRACTION.

Les corps diaphanes exercent sur la lumière une action particulière, en vertu de laquelle tout rayon lumineux qui les traverse obliquement éprouve un changement de direction. Lorsque, au théâtre, on regarde les acteurs avec une lorgnette, on ne les voit pas à la place qu'ils occupent ; le rayon lumineux qui peint leur image sur le fond de notre œil éprouve une déviation en passant à travers les lentilles dont la lunette est armée, et ce rayon est brisé à son entrée dans la lunette. L'expérience si journalière que l'on fait en plongeant un bâton dans l'eau est de même nature : le bâton paraît brisé à la surface de l'eau. Cette apparence a fait donner au phénomène que nous venons d'indiquer le nom de *réfraction*, du mot latin *refringere*, briser. Toutefois, la déviation du rayon lumineux n'est pas brusque et instantanée comme une ligne géométrique qui se brise ; il est probable qu'il se courbe et s'incline par degrés avant d'arriver à sa nouvelle direction rectiligne ; mais si cette courbure se forme réellement, son étendue est si petite qu'il n'est jamais possible d'en constater l'existence.

Loi de la réfraction simple. — Chaque corps diaphane possède une puissance réfringente particulière, autrement dit, le rayon lumineux en le traversant s'infléchit plus ou moins. Sa déviation est en rapport avec la densité des milieux qu'il traverse. Aussi, quand il passe de l'air dans la plupart des corps, il se rapproche de la perpendiculaire au point d'immersion, comme s'il subissait une attraction de la part de ces corps. Le phénomène a lieu en sens inverse, lorsque le rayon lumineux repasse du corps réfringent dans l'air.

L'angle de réfraction est celui que forme le rayon brisé avec la normale menée au point où le rayon incident frappe la surface réfringente.

Le rayon incident et le rayon réfracté sont dans un plan perpendiculaire à la surface de réfraction, et pour la même substance, il existe un rapport constant entre le sinus de l'angle d'incidence et le sinus de l'angle de réfraction.

Valeur de l'indice de réfraction. — Ce rapport est ce qu'on appelle l'indice de réfraction ; on a donc pour chaque substance $n = \dfrac{\sin. a}{\sin. b}$, *n* étant l'indice de réfraction, *a* l'angle d'incidence, et *b* l'angle de réfraction.

L'indice de réfraction étant constant pour une même substance, il pourrait servir pour établir une distinction entre les différents corps. Il suffirait en effet de dresser des tables contenant le *pouvoir réfringent*, analogues à celles que l'on possède pour la pesanteur spécifique ou la dilatation. Mais ce mode de distinction ne pourrait servir que pour des substances chimiquement pures, car lorsqu'elles sont mélangées de matières étrangères, le rayon lumineux éprouve une déviation qui est la résultante des effets des différents éléments du corps que l'on soumet à l'expérience.

Angle minimum de déviation. — Il résulte en outre de la constance de l'indice de réfraction, que la déviation change avec l'obliquité du rayon incident, et qu'il existe un *minimum* dans l'angle de déviation; le calcul apprend que ce minimum a lieu lorsque les angles d'incidence et d'émergence sont égaux entre eux. La détermination de cet angle minimum est du plus haut intérêt, parce qu'elle donne un moyen facile d'évaluer l'indice de réfraction. On trouve en effet [1], ainsi

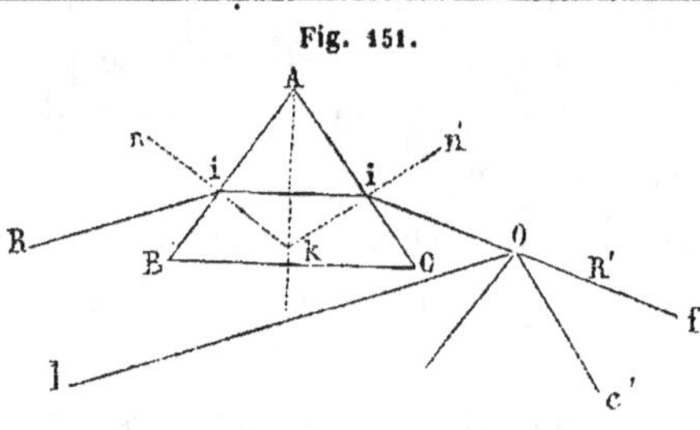

Fig. 151.

[1] Supposons qu'on ait taillé un prisme avec la substance dont on veut connaître la déviation minimum; soient AB et AC, *fig.* 151, les deux faces de ce prisme, R*i* le rayon incident, et R'*i*' le rayon émergent; la condition que l'angle d'incidence R*in* soit égal à l'angle d'émergence R'*i*'*n*', entraîne comme conséquence que les deux angles intérieurs *kih*, *ki*'*h*, soient égaux, puisque *kih* est l'angle réfracté de R*in*, de même que *ki*'*h* est l'angle réfracté de R'*i*'*n*'. Le triangle *iAi*' est donc isocèle, et, par suite, la ligne AK divise l'angle des faces AB et AC en deux parties égales.

L'angle de déviation est celui que l'image réfractée fait avec l'image directe quand l'objet est supposé infiniment loin.

Prenons sur le rayon réfracté un point O assez loin du prisme pour qu'on puisse voir directement l'objet, et son image vue par réfraction; soit *lo* la ligne qui est dirigée sur l'objet, sa distance étant considérable, cette ligne pourra être regardée comme parallèle au rayon incident R*i*, qui fera partie

que nous l'indiquons dans la note ci-jointe, que l'expression

de l'indice de réfraction est $n = \dfrac{\frac{d+p}{2}}{\sin. \ p/2}$,

d étant la déviation minimum, et p l'angle du prisme.

Détermination de l'indice de réfraction. — Les deux faces adjacentes d'un cristal peuvent être considérées comme constituant un prisme [1]; il en résulte qu'on peut se servir de

---

du même pinceau lumineux. L'angle $i'ol$ sera par conséquent l'angle de déviation; désignons-le par d.

Si maintenant, par le point o, je mène des lignes ob', oc' parallèles à la coupe du prisme, on a l'angle $i'ol = d = 180 - lob' - bo'c' - c'of$; mais $lob' = Rib = 90 - Rin = 90 - a$.

$b'oc' =$ angle du prisme $= p$.

$c'of = ci'o = Ri'B = 90 - a$.

D'où $d = 180 - (180 - 2a) - p$,

Ou $d = 2a - p$, et par conséquent $a = \dfrac{d+p}{2}$.

Nous avons trouvé ci-dessus que l'indice de réfraction ou $n = \dfrac{\sin. \ a}{\sin. \ b}$.

[1] **Relation entre l'indice de réfraction et l'angle minimum de déviation.** — Pour avoir sa valeur, il nous reste à connaître l'angle réfracté b; mais dans le cas du minimum de déviation, $b = kih = iAK$. En effet, dans le triangle rectangle AiK, l'angle $K = 90 - A$; dans le triangle rectangle kid, l'angle $K = 90 - i'$; donc $iAK = kih$; mais iAh est la moitié de l'angle p du

prisme. Ainsi, $b = 1/2 \ p$. Il s'ensuit que $n = \dfrac{\sin. \ a}{\sin. \ b} = \dfrac{\sin. \left(\dfrac{d+p}{2}\right)}{\sin. \ p/2}$.

Cette formule permet donc d'obtenir l'indice de réfraction, connaissant l'angle du prisme p et l'angle de déviation minimum d.

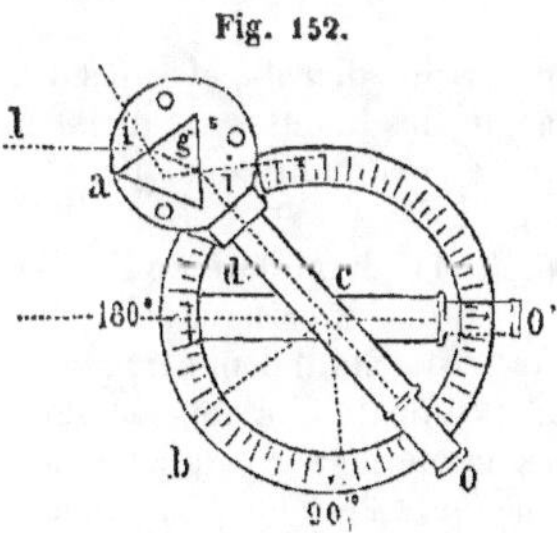

Fig. 152.

L'angle du prisme est donné par le goniomètre à réflexion; quant à la déviation minimum, on l'obtient facilement par le procédé suivant. On place, *fig. 152*, le prisme dont on veut obtenir la déviation, sur une plate-forme fixée à la lunette supérieure oc d'un cercle répétiteur : cette plate-forme est mobile sur son plan autour d'un axe vertical.

On dirige alors la lunette inférieure oc sur le point d'une mire éloignée dans la direction cl, et on fixe cette lunette dans cette position; ensuite, avec la lunette supérieure, on cherche l'image réfractée de la mire, ce qui est toujours facile si le prisme est placé bien verticalement. Aussitôt que l'image de la mire est venue tomber sous le fil de la lunette, on fait tourner en même temps le

l'angle minimum de déviation pour déterminer l'indice de réfraction des minéraux, sans qu'on soit obligé de les tailler. On connaît l'indice de réfraction d'un assez grand nombre de minéraux. Nous croyons devoir les relater dans le tableau suivant :

TABLEAU DES INDICES DE RÉFRACTION.

Noms des substances.		Indices de réfraction.
Plomb chromaté.		2,500 à 2,974.
Diamant.		2,439 à 2,755.
Soufre natif.		2,115.
Carbonate de plomb.		2,084.
Zircon.		1,950.
Grenat.		1,815.
Spinelle.		1,812.
Corindon bleu (saphir).		1,794.
Corindon rouge (rubis).		1,779.
Corindon blanc (saphir).		1,768.
Feldspath adulaire.		1,764.
Cymophane (chrysolite orientale).		1,760.
Boracite (magnésie boratée).		1,701.
Strontiane carbonatée.		1,700.
Chaux carbonatée.	Rayon ordinaire.	1,654.
	—extraordinaire.	1,483.
Arragonite.	Rayon ordinaire.	1,693.
	— extraordinaire.	1,535.
Sulfate de baryte.	L'un des rayons.	1,635.
	L'autre.	1,620.
Topaze jaune.	L'un des rayons.	1,640.
	L'autre.	1,632.

---

prisme au moyen de la plate-forme et la lunette, de manière qu'elle suive l'image.

Le mouvement qu'on donne au prisme change les incidences, et par suite l'angle de déviation, qui est représenté par l'angle des lunettes : la division tracée sur le limbe permet de la compter ; il suffit donc de faire quelques tâtonnements pour arriver à la déviation minimum.

Ce procédé très-simple n'exige que deux opérations, la mesure de l'angle du prisme et celle de la déviation. Quand on l'applique aux cristaux, presque toujours cette dernière opération suffit, l'angle du cristal étant connu *à priori*. Cette méthode n'est pas rigoureuse, en ce qu'elle suppose le rayon incident parallèle au rayon direct; mais cette erreur très-faible n'exerce qu'une influence légère sur la valeur de l'indice de réfringence. Pour l'obtenir rigoureusement, il suffit de calculer le triangle composé du rayon incident, du rayon réfracté et du rayon direct; il est alors nécessaire de faire trois observations, dont l'une, l'angle que le rayon incident fait sur la surface réfringente, est assez délicate.

Noms des substances.		Indice de réfraction.
Topaze blanche.		1,610.
Anhydrite	L'un des rayons.	1,624.
	L'autre.	1,577.
Euclase	Rayon ordinaire.	1,642.
	— extraordinaire.	1,663.
Quartz	Rayon ordinaire.	1,548.
	—extraordinaire.	1,558.
Sel gemme.		1,557.
Quartz agate calcédoine.		1,553.
Chaux sulfatée (pierre à plâtre).		1,525.
Quartz résinite (opale).		1,479.
Soude boratée (borax).		1,475.
Alun.		1,457.
Chaux fluatée.		1,436.

Ce tableau montre que les couleurs accidentelles que présentent certaines substances modifient toujours l'indice de réfraction, et généralement elles en augmentent la valeur. Le corindon blanc a pour indice 1,768, le corindon bleu 1,794, et le corindon rouge ou rubis 1,779. La topaze offre un exemple semblable ; celle qui est incolore a pour indice 1,610, tandis que pour la topaze jaune il est de 1,632.

Un autre fait très-intéressant, c'est que l'indice de réfraction n'est pas le même, lorsqu'une combinaison chimique cristallise dans deux systèmes différents; ainsi la chaux carbonatée a pour indices 1,654 et 1,483, tandis que pour l'arragonite ils sont 1,693 et 1,535. Il en résulte que la réfraction ne dépend pas uniquement de la nature propre des substances, mais que l'arrangement moléculaire exerce une certaine influence sur cette propriété.

Réfraction dans les cristaux. — Dans la plupart des substances cristallisées, la réfraction présente un caractère particulier; la lumière s'y divise généralement en œux faisceaux, dont l'un, que l'on nomme *faisceau ordinaire*, suit les lois ordinaires de la réfraction que nous avons indiquées ; tandis que l'autre, que l'on nomme *faisceau extraordinaire*, obéit à des lois très-différentes. Il résulte de cette propriété particulière, que, si l'on regarde un objet à travers un cristal qui la possede, on aperçoit deux images de cet objet.

Le spath d'Islande, par sa limpidité et le volume des fragments que l'on peut avoir, nous présente un moyen facile de vérifier cette propriété ; il suffit de placer un rhomboèdre de clivage de cette substance, par une de ses faces, sur les caractères d'un livre, ou sur un papier où l'on ait tracé une ligne d'encre, ou un point, pour les voir doubles, lorsqu'on les regarde par la face opposée.

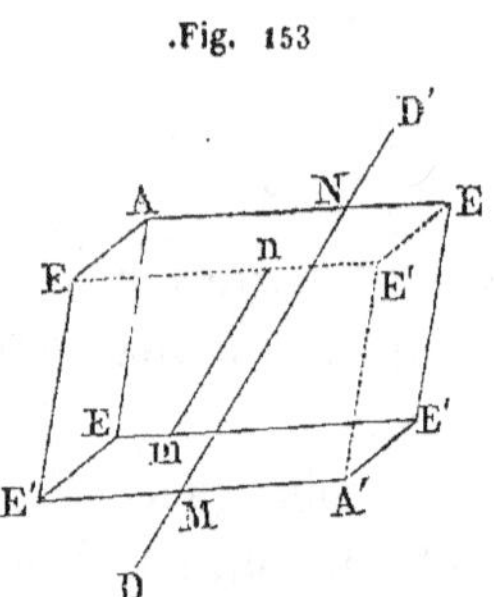

.Fig. 153

Position relative des deux images. — Les deux images changent de position relative avec le mouvement du cristal, et ne suivent par conséquent pas la même loi de réfraction ; soit *fig.* 153, par exemple, un rhomboèdre de chaux carbonatée d'au moins un pouce de côté : supposons que MN, *mn* soient les deux images de la raie que l'on observe, en regardant au travers de la face supérieure ; si l'on tourne le cristal sur la feuille de papier, de manière qu'il soit toujours en contact avec elle, on remarque que l'une des images de la raie, l'image MN, par exemple, ne change pas de position ; qu'elle se confond même avec la raie DD′ vue directement ; tandis que l'image *mn* s'en rapproche ou s'en écarte, suivant le sens dans lequel on tourne le cristal. Les deux images s'écartent, si l'on tourne de l'angle obtus de la face vers l'angle aigu, de sorte que lorsque la grande diagonale EE′ est parallèle à la ligne tracée sur le papier, l'écartement des deux images est le plus grand possible ; au contraire, quand cette ligne est parallèle à la petite diagonale AE′, les deux images se superposent et semblent n'en plus faire qu'une ; mais il est visible qu'elles existent à différentes hauteurs, et qu'elles sont seulement l'une et l'autre dans le plan de la section principale du rhomboèdre.

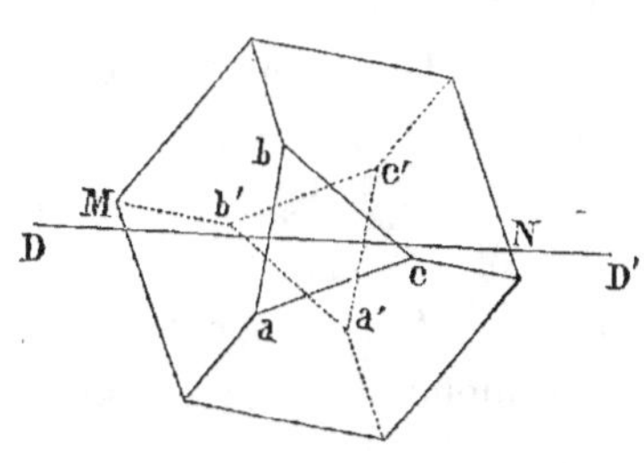

Fig. 154.

Loi que suit le rayon ordinaire. — L'observation précédente est importante, car elle montre que l'image principale a suivi les lois de la réfraction ordinaire, c'est-à-dire qu'elle est, avec la ligne directe, dans un plan perpendiculaire à la surface réfringente, et que la relation entre le sinus de l'angle d'incidence et de l'angle de réfraction est restée la même. Pour la seconde image, au contraire, le changement constant de position, indique avec évidence qu'elle est successivement dans des plans variés, et que la relation des sinus ne peut plus exister. D'après cette circonstance, la première image est nommée *image* ou *rayon ordinaire*, la seconde, *image* ou *rayon extraordinaire*.

Il est une position dans laquelle la raie ne présente pas deux images, c'est lorsqu'on regarde suivant l'axe du cristal. Pour rendre cette expérience plus facile, supposons qu'on ait taillé à chaque extrémité de l'axe (*fig.* 154) une petite face triangulaire *abc*, *a'b'c'* perpendiculaire à l'axe ; plaçons alors le cristal de manière que la face *a'b'c'* s'applique sur le papier portant la raie DD'. En regardant par la face *abc*, on n'observe plus qu'une seule image. Le même phénomène aurait lieu quand même on n'aurait pas taillé la petite face supérieure *abc*, les rayons lumineux continueraient leur route parallèlement à l'axe, et ils se réfracteraient dans l'air en une seule direction, suivant la règle des sinus. Il résulte des deux expériences que nous venons de rapporter, qu'il existe dans le spath une force particulière qui enlève au rayon ordinaire une partie de ses molécules et les repousse vers les angles, et que cette force répulsive qui produit la réfraction extraordinaire émane de l'axe, puisqu'elle ne devient nulle que lorsque le rayon réfracté lui est parallèle.

Ce qui confirme cette explication, c'est que si on regarde de manière que l'incidence soit oblique, le rayon se divise, puisqu'alors il forme un certain angle avec l'axe duquel la force répulsive émane. Mais la réfraction extraordinaire est la même tout autour de l'axe, ce qui nous montre que la force répulsive agit à partir de l'axe de tous les côtés également.

Cette action de l'axe du spath lui a fait donner le nom d'*axe de double réfraction*, qui se confond dans ce cas avec l'axe cristallographique.

Relation entre la double réfraction et les formes cristallines. — L'observation a prouvé qu'il en était ainsi pour tous les cristaux dont les axes sont symétriques ordonnés autour d'une ligne unique, tels que ceux qui dérivent du prisme à base carrée et du rhomboèdre. Ainsi pour le *zircon*, la *néphéline*, l'*idocrase, qui cristallisent en prisme à base carrée*, et pour le *corindon*, l'*émeraude*, la *chaux carbonatée*, dont les formes se rapportent *au rhomboèdre* et au *prisme à six faces régulier*, il existe une direction unique, suivant laquelle le rayon lumineux ne se divise pas en deux faisceaux différents. Cette direction unique est l'axe cristallographique.

Cristaux à un axe. — Les substances qui jouissent de cette propriété sont dites avoir la double réfraction à un axe. C'est sur cette similitude de propriété que M. Weiss, et M. Mohs, à son imitation, ont réuni dans une même catégorie les cristaux en prismes à base carrée, et ceux en prismes à six faces réguliers.

L'observation qui a dévoilé la propriété remarquable que nous venons de décrire, a montré, en outre, que les cristaux dont toutes les faces verticales ne sont pas ordonnées autour d'une ligne unique, comme le prisme droit rectangulaire, et les deux prismes obliques, qui forment le cinquième et le sixième cristallin, possèdent deux axes de double réfraction, c'est-à-dire qu'il existe dans l'intérieur de ces corps deux directions suivant lesquelles un rayon lumineux peut les traverser sans subir de division.

Enfin, les corps réguliers, tels que le *diamant,* le *grenat,* le *cuivre oxydulé,* ne possèdent pas la double réfraction ; il en résulte que, quelle que soit la direction des plaques que l'on taille dans ces substances, quelles que soient les faces par lesquelles on observe, l'on n'obtient jamais qu'une image des objets que l'on considère [1].

Position de l'axe dans les cristaux à un axe. — Ces expériences importantes, que l'on doit à M. Brewster, démontrent positivement que les phénomènes de la double réfraction dépendent immédiatement de l'arrangement des molécules des corps. Elles établissent une relation intime entre la forme cristalline des minéraux et leurs propriétés optiques. Mais il existe d'autres faits qui établissent de plus en plus cette conséquence. Pour les cristaux à un axe, l'axe de double réfraction se confond avec l'axe cristallographique.

---

[1] On a cru pendant longtemps qu'il existait des anomalies à cette loi. M. Biot, dans un Mémoire très-important sur *la polarisation lamellaire,* dont nous indiquerons plus bas les résultats, a montré qu'elles n'étaient qu'apparentes ; il établit en outre, par le raisonnement suivant, que ces anomalies ne peuvent pas exister.

Les cristaux réguliers ne peuvent avoir la double réfraction. — Les cristaux en corps réguliers sont des polyèdres constitués similairement autour de trois axes rectangulaires, se coupant en un point, également distant de toutes ses faces. « Un cristal homogène de cette nature, dit M. Biot, con- « struit sans discontinuité avec des polyèdres générateurs soumis aux condi- « tions précédentes, ne peut exercer la double réfraction moléculaire, soit à « un axe, soit à deux axes. En effet, la triple symétrie de ces générateurs « n'est que l'expression d'une symétrie pareille, existante dans la structure « intime du cristal, et manifestée jusque dans les accidents de sa configura- « tion externe. Donc, si l'on suppose la double réfraction à un axe, cet axe « unique étant donné, on pourra mener en chaque point du cristal deux au- « tres droites *au moins,* autour desquelles il sera moléculairement construit de « la même manière, et devra agir similairement sur les éléments lumineux : « ainsi les conditions absolues de polarisation et de vitesse, assignées à ces « éléments par la nature du phénomène, devront être réalisées à la fois au- « tour des trois droites en chaque point du cristal, ce qui implique contra- « diction. Si l'on suppose la double réfraction relative à deux axes, quand « ceux-ci seront donnés, on pourra toujours assigner deux autres couples de « droites *au moins,* autour desquelles le cristal sera constitué de la même « manière et devra agir similairement ; de sorte que, dans ce cas encore, la « multiplicité exigée par la triple symétrie exclura la possibilité de l'action « unique. » (*Mémoires de l'Académie des sciences,* année 1843, p. 645.)

Fig. 155.

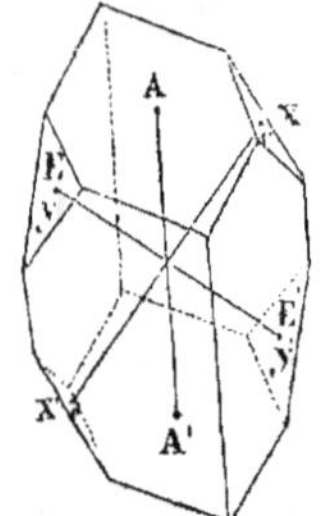

Position des axes dans les cristaux à deux axes. — Pour les cristaux à deux axes, il existe une relation semblable. En effet, les deux axes xx', yy' (*fig.* 155), déterminent un plan qui est toujours un de ceux autour desquels les faces secondaires sont symétriquement disposées, et qui contient l'axe cristallographique. En outre, la position des axes de double réfraction dans ce plan, est également symétrique, de telle façon que l'axe AA′ du cristal divise ordinairement en deux parties égales l'angle xx', yy' qu'ils forment entre eux. Dans la *fig.* 155, par exemple, appartenant à une variété de topaze, on voit les objets simples en regardant à travers les faces EE′ et les faces *ee′*. Les axes de double réfraction seront donc perpendiculaires à ces faces, ils déterminent un plan, dans lequel est situé l'axe AA′ du cristal.

Cette disposition peut, dans certains cas, servir à reconnaître la nature du système cristallin d'une substance dont les sommets sont trop oblitérés pour qu'on puisse savoir si le cristal est rectangulaire ou oblique. Il sera rectangulaire, si la ligne AA′ est parallèle aux arêtes; il sera oblique dans le cas contraire, et dans cette circonstance même, l'angle de la base sera donné par l'obliquité de l'axe AA′ sur les arêtes.

Les axes de double réfraction portent aussi le nom de *lignes neutres*.

Les deux rayons réfractés sont extraordinaires. — Outre la différence essentielle que nous venons de signaler entre les cristaux dont toutes les faces sont ordonnées par rapport à une ligne unique, et ceux pour lesquels les faces ne possèdent pas cette propriété, Fresnel en a découvert une autre, c'est que les faisceaux dans lesquels se divise un rayon lumineux sont tous deux réfractés extraordinairement; il en résulte que ni pour l'un ni pour l'autre la loi des sinus ne se vérifie.

Marche des rayons suivant deux coupes en rapport avec les axes. — La marche de la lumière est donc ici beaucoup plus compliquée que dans les cristaux à un axe ; mais il existe deux coupes dans le cristal, suivant lesquelles elle se simplifie, et présente des circonstances analogues.

Dans la première de ces deux coupes, donnée par le *plan perpendiculaire à la ligne moyenne* AA', et parallèle à *mm'*, l'un des deux rayons se conforme aux lois générales de la réfraction.

La seconde, perpendiculaire à la ligne *mm'*, dite *supplémentaire*, parce qu'elle divise en deux parties égales le supplément des axes, détermine dans le cristal une section pour laquelle l'autre des deux rayons qui naissent d'un rayon incident, se conforme aux lois générales de la réfraction.

Ces deux coupes fournissent le moyen de déterminer les indices de réfraction des deux rayons qui sont analogues au rayon ordinaire, et ainsi que l'indice du rayon extraordinaire des cristaux à un axe. Nous joignons en note le nom des minéraux pour lesquels l'angle des deux axes a été déterminé, ainsi que la valeur de ces angles [1].

[1] Noms des substances.	Angles.
Strontiane carbonatée.	6° 56'.
Mica (certains échantillons). .	6°.
Talc.	7° 24'.
Mica (certains échantillons). .	14° 0'.
Plomb carbonaté.	17° 30'.
Arragonite.	18° 18'.
Mica (certains échantillons). .	25°.
Cymophane.	27° 51'.
Mica (divers échantillons examinés par M. Biot.	30°. 31°. 32°. 34°. 37°.
Baryte sulfatée.	37° 42'.
Borax natif.	38° 48'.
Stilbite.	41° 42'.
Anhydrite.	44° 41'
Lépidolithe.	45°.
Topaze du Brésil.	49° à 50.
Strontiane sulfatée.	50°.

Les relations que nous venons de signaler entre la forme cristalline et la double réfraction sont dans beaucoup de cas des guides précieux pour reconnaître le type cristallin d'une substance minérale imparfaitement cristallisée, ou qui ne présente pas de modifications suffisantes pour l'établir. C'est par l'examen de la double réfraction que l'*essonite*, décrite par Werner comme une espèce, a été réunie au *grenat;* c'est également par l'étude des propriétés optiques que M. Brewster a rectifié le système cristallin de l'*euclase* et de la *mésotype*. La double réfraction permet en outre de déterminer le type cristallin d'une substance en lames ou même en plaques taillées, si elle est suffisamment translucide pour qu'on détermine la nature de ses propriétés optiques.

L'étude de cette propriété est beaucoup plus importante que celle de la réfraction simple; l'intensité de celle-ci varie avec les mélanges, ou la composition des corps liée d'une manière intime avec le système cristallin ; tandis que la nature de la double réfraction ne peut être altérée par de simples mélan-

Noms des substances.	Angles.
Comptonite.	56° 6'.
Chaux sulfatée.	60°.
* Dichroïte.	62° 16'.
Feldspath.	63°.
Topaze d'Aberdeenshire.	65°.
Disthène.	81° 48'.
Épidote.	84° 19'.
Chlorure de cuivre.	84° 30'.
Péridot.	87° 56'.
Sulfate de fer.	90°.

Les valeurs de ces angles sont constantes et déterminent les espèces. Cette observation conduirait à supposer que dans la topaze il y a deux espèces différentes, celle du Brésil et celle d'Écosse.

Mais d'après les expériences de M. Biot sur la polarisation lamellaire, que nous citerons bientôt, page 274, cette différence d'angle ne serait pas le résultat d'une différence d'espèce, que la composition et les caractères cristallographiques de la topaze du Brésil et d'Écosse repoussent, mais elle serait due à une variation dans le tissu lamelleux.

Les différences considérables signalées par M. Biot dans le mica tiennent peut-être en partie à cette cause; toutefois le mica est maintenant regardé comme un groupe d'espèces, et non comme une espèce bien déterminée.

ges. M. Biot, dont l'expression est toujours juste et heureuse, a caractérisé la différence des phénomènes de réfraction simple et de réfraction double d'une manière mathématique très-expressive, en disant que les premiers sont d'intégrale, et les seconds des effets différentiels.

Double réfraction positive ou négative. — Nous avons énoncé, il y a quelques lignes, que l'axe cristallographique exerce sur les molécules lumineuses une action qui sépare le rayon en deux. Dans le spath calcaire qui nous a servi d'exemple, cette action est répulsive, c'est-à-dire que le rayon extraordinaire est plus éloigné de l'axe que le rayon ordinaire. M. Biot a découvert qu'il existe des cristaux où le contraire a lieu; l'axe semble alors avoir un pouvoir attractif. Il a en conséquence divisé les cristaux doués de la double réfraction en deux classes, savoir : les cristaux à double *réfraction attractive* et à double *réfraction répulsive*. Plusieurs physiciens ont substitué à ces expressions celles de *positive* et *négative*, qui sont en effet plus commodes à énoncer, et surtout à écrire; elles sont en outre en rapport avec l'indication des signes employés pour les nombres et pour les angles.

La double réfraction *positive* ou *négative* est inhérente aux corps, et devient par suite une distinction importante. Cette considération nous engage à transcrire le nom des minéraux pour lesquels cette propriété a été constatée.

CRISTAUX A UN AXE ET A DOUBLE RÉFRACTION NÉGATIVE.

Chaux carbonatée (spath d'Islande).	Idocrase.
Dolomie.	Wernerite.
Fer carbonaté.	Mica (du Karnat).
Carbonate de zinc.	Plomb phosphaté.
Meionite.	Plomb arséniaté.
Sommervillite.	Plomb molybdaté.
* Édingtonite.	Cinabre.
Anatase.	Mellite.
Tourmaline.	Cuivre arséniaté.
Tourmaline rouge (rubellite).	Néphéline.
Corindon.	Argent rouge.
Émeraude.	Dioptase.
Chaux phosphatée.	Alun.

CRISTAUX A UN AXE ET A DOUBLE RÉFRACTION POSITIVE.

Zircon.	Magnésie hydratée.
Quartz.	Rutile.
Fer hydroxydé.	Oxahvérite.
Étain oxydé.	Schéelin calcaire.
Apophylite	Glace.

Distinction des cristaux positifs ou négatifs. — Pour reconnaître si la double réfraction est positive ou négative, il suffit de constater la position des images l'une par rapport à l'autre. On regardera donc à travers deux faces verticales du cristal dont on étudie les propriétés, un objet assez net, comme un paratonnerre, ou une cheminée se dessinant sur le ciel ; si l'image extraordinaire, est à droite de l'image ordinaire, le minéral est positif ; il est négatif dans le cas inverse. La netteté de l'image ordinaire la distingue suffisamment de l'image extraordinaire. Celle-ci est en outre constamment irisée, comme les objets que l'on regarde à travers une lunette qui n'est point achromatique. Bientôt nous indiquerons un autre moyen de reconnaître les cristaux positifs ou négatifs.

DE LA POLARISATION DE LA LUMIÈRE.

Les relations qui lient la forme cristalline à la double réfraction montrent combien il est intéressant de constater la marche de la double réfraction dans les minéraux. Mais son étude serait difficile si une propriété particulière de la lumière appelée *polarisation* ne nous fournissait un moyen pratique d'une facile application. Avant d'indiquer ces procédés, il est nécessaire de dire quelques mots sur la manière de polariser la lumière, et sur les propriétés qu'elle acquiert par cette opération.

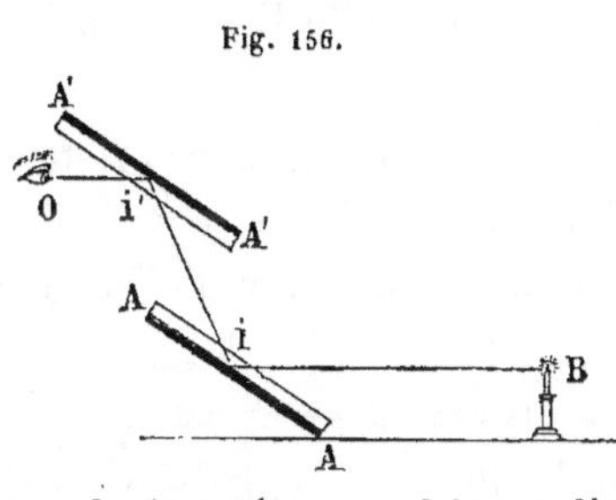

Fig. 156.

Polarisation avec une glace.—Supposons qu'un rayon lumineux BI (*fig.* 156) tombe sur une glace de verre polie et non étamée AA, en formant un angle de 35° 25′; ce rayon se réfléchira suivant une ligne droite II′, en faisant l'angle de réflexion égal à l'angle d'incidence. Mais la lumière ainsi réfléchie aura acquis des propriétés particulières, et suivant l'expression de Malus, elle sera *polarisée*[1]. Si maintenant on le reçoit dans un point quelconque de son trajet sur une autre glace A'A' également polie et non étamée, il y subira en général une seconde réflexion partielle; mais cette réflexion deviendra nulle si la seconde glace forme également un angle de 35° 25′ avec la droite II′, et si de plus elle est tournée de manière que la seconde réflexion se fasse dans un plan II'A' perpendiculaire au plan BIA, dans lequel la première réflexion s'est opérée.

Pour qu'il n'y ait pas de rayons étrangers à ceux polarisés, il faut mettre sur la glace AA un morceau de drap noir, ou bien se servir d'une glace noire, ainsi qu'on le fait généralement.

Si, pour répéter l'expérience de Malus, le rayon lumineux est une bougie allumée, on remarque qu'à mesure qu'on incline la seconde glace A'A', l'image de la bougie s'éteint, et qu'elle disparaît complétement lorsque la seconde glace fait l'angle de 35° 25′; l'affaiblissement de l'image de la bougie par la première glace montre que déjà la lumière était

---

[1] A l'époque de cette belle découverte, le système de l'émission de la lumière était le seul dominant; on croyait qu'elle était composée de molécules propres qui avaient des axes et des *pôles*, autour desquels leurs mouvements pouvaient s'accomplir sous certaines influences. Malus, en voyant que toutes les molécules de la lumière éprouvaient le même effet en se réfléchissant sur le verre sous l'angle de 35° 25′, supposa que leurs pôles étaient dirigés ou arrangés de la même manière, et donna alors le nom de *polarisation* à cette propriété.

polarisée en partie par cette glace; mais elle l'est complétement par la seconde.

Le verre n'est pas la seule substance qui ait la propriété de polariser la lumière, la plupart des minéraux la possèdent également; mais l'angle sous lequel le maximum d'effet a lieu est différent.

Angle de polarisation des minéraux. — Nous transcrivons le nom des minéraux pour lesquels cet angle maximum [1] a été déterminé. Dans beaucoup de cas, la connaissance de cet angle suffit pour reconnaître les espèces auxquelles ils appartiennent. Le *diamant*, par exemple, sur lequel on ne peut faire aucun essai quand il est taillé, est immédiatement distingué des pierres fausses, par cette observation.

Noms des substances.		Angles de polarisation.	
Verre.	35° 25′.	Chaux carbonatée.	31° 9′.
Chaux fluatée	34° 51′.	Spinelle.	29° 35′.
Chaux sulfatée.	33° 15′.	Zircon.	27° 0′.
Quartz.	33° 2′.	Soufre.	26° 15′.
Brucite.	32° 35′.	Diamant.	21° 59′.
Baryte sulfatée.	31° 31′.	Plomb chromaté.	21° 57′.
Topaze.	31° 26′.		

La disposition des glaces que nous avons indiquée serait d'un usage difficile; nous l'avons décrit de préférence, pour mieux faire comprendre la manière dont le phénomène se passe. L'instrument le plus commode est celui que M. Biot a employé dans toutes ses expériences sur ce sujet : il consiste en un tube de cuivre *fig.* 157, page 274), semblable à un tuyau de lunette, armé d'une glace de verre noir GN: un cercle gradué C permet de donner à la glace l'inclinaison convenable ; une vis placée à l'autre extrémité du pivot, autour duquel tourne la glace, sert à la fixer.

Au milieu du tube est un diaphragme d'une petite ouverture, qui a pour but de limiter le champ que l'instrument em-

---

[1] M. Brewster a trouvé une loi générale entre l'angle de polarisation et l'indice de réfraction, qui permet de calculer même l'indice des substances opaques ; elle consiste en ce que la tangente de l'angle de polarisation est égale à l'indice de réfraction.

brasse. L'extrémité supérieure se termine par un ajutage mobile P, s'appuyant sur un anneau AB, portant une division, de manière à connaître la position de la plaque qui est placée dans l'ajutage. Si on y met une seconde glace, il faut qu'elle soit inclinée sous l'angle de 35° 25'; et, dans ce cas, on voit que, sauf le tube, c'est une reproduction complète du premier appareil de Malus ; seulement ici le champ de l'instrument est borné, et l'on ne reçoit pas de lumière rayonnante dispersée dans l'atmosphère.

Quand on se sert de la lumière des nues, qui est la meilleure pour ce genre d'expérience, on voit l'image du diaphragme, et l'on juge facilement, à sa vivacité ou à sa faiblesse, de l'état de la lumière ; elle est complétement polarisée lorsque cette image a disparu.

La plupart des substances diaphanes polarisent la lumière à la manière des verres polis; on peut donc dans cet instrument remplacer les glaces par des plaques polies ; les deux plans de réflexion successifs doivent toujours rester rectangulaires; mais il faut présenter les lames suivant des angles divers, selon leur nature [1]. Dans l'appareil que représente la *fig.* 157 (page 274), on a supposé un prisme P bi-réfringent de spath.

---

[1] **Méthode pour mesurer l'angle de polarisation.** — Le goniomètre de Wollaston, que nous avons décrit, page 189, donne un moyen très-commode pour trouver l'angle de polarisation d'une substance ; la seule addition qu'il faille y faire consiste à appliquer sur le plan du cercle de cuivre, une des faces d'un prisme rectangulaire de verre, que l'on y fait adhérer solidement au moyen de quelque lut ; alors l'autre face du prisme devient perpendiculaire à ce plan, *fig.* 158. On pose l'instrument sur un support horizontal immobile ; par exemple, sur le chambranle d'une cheminée, et on l'y fixe de même avec un lut solide : cela rend le limbe vertical. On place sur son prolongement deux bougies allumées, l'une plus élevée, l'autre plus basse, et toutes deux assez éloignées pour que les dimensions du prisme et des pièces mobiles de l'axe soient très-petites comparativement à leur distance ; puis, faisant tourner le limbe avec le prisme qu'il porte, on tâche de faire coïncider l'image

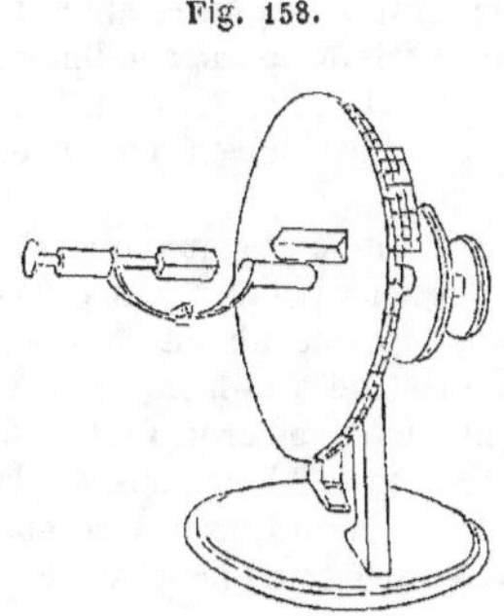

Fig. 158.

Caractères de la lumière polarisée. — Outre la propriété que nous venons de signaler de la lumière polarisée, qui consiste en ce qu'elle n'éprouve *aucune réflexion* en tombant sur une seconde lame de verre, quand le plan d'incidence sur cette seconde lame est perpendiculaire au plan d'incidence sur le premier ; elle en possède une seconde qui assimile la polarisation de la lumière à la double réfraction.

Cette seconde propriété est que, la *lumière polarisée* ne donne qu'*une seule image*, en passant à travers un prisme bi-réfringent, quand la section principale de ce prisme est parallèle ou perpendiculaire au plan de réflexion ; tandis qu'elle donne deux images plus ou moins intenses dans toutes les autres positions.

Une expérience très-simple montre l'identité que cette seconde propriété donne à la lumière polarisée, et à celle qui a été soumise à la double réfraction. Si l'on place un rhomboè-

---

réfléchie d'une des bougies avec l'image directe de l'autre. Cela doit être possible, si la surface du prisme a été exactement appliquée contre le limbe ; mais comme on peut n'avoir pas du premier coup placé tout à fait les bougies comme elles doivent l'être, on fera mouvoir l'une d'elles jusqu'à ce que cette condition soit remplie. Cette coïncidence étant obtenue, on applique sur l'axe le corps dont on veut étudier la polarisation, et l'on tourne les pièces qui le portent jusqu'à ce que la coïncidence des deux images ait lieu aussi sur sa surface, comme sur le prisme fixe. Alors la surface de la substance est, comme celle du prisme, perpendiculaire au limbe. Pour s'en assurer davantage, on fait tourner le limbe d'une certaine quantité, de 90° par exemple, et l'on essaye de rétablir la coïncidence des images sur la substance, par le seul mouvement de l'axe mobile ; cela doit être toujours possible, si toutes les parties de l'appareil sont bien disposées. Cette épreuve faite, on rétablit de nouveau la coïncidence des images sur le prisme en faisant tourner le limbe, et sur la substance en faisant tourner l'axe mobile. Alors les deux surfaces réfléchissantes deviennent exactement parallèles, et elles doivent continuer de l'être dans tout le reste de l'opération.

C'est là que l'observation commence. On tourne le limbe de manière que le plan des deux surfaces passe par le centre d'une des deux bougies : on y parvient en amenant la moitié supérieure de la flamme à coïncider sur le verre avec son image ; alors, si on n'a pas dérangé la substance, la même coïncidence doit avoir lieu sur la surface, et il convient de s'en assurer. Cette position sert de point de départ, et on lit sur le vernier fixe le numéro de la division auquel elle répond ; ensuite on fait tourner le limbe jusqu'à ce que l'image réfléchie de cette même flamme, vue sur la surface de la substance, soit entièrement polarisée, ce dont on s'assure en l'étudiant avec un prisme

dre de spath d'Islande sur une feuille de papier, sur laquelle on aura tracé un point noir, on obtiendra deux images, dont l'une est soumise à la réfraction ordinaire, et l'autre à la réfraction extraordinaire. Si sur ce premier rhomboèdre on en place un second, les deux images pénètrent dans la seconde et la traversent; mais suivant la position relative des deux rhomboèdres, on observe *deux* ou *quatre* images.

Analogie entre la double réfraction et la polarisation. — Si les deux rhomboèdres sont placés exactement dans la même position relative, c'est-à-dire si toutes leurs faces, et par conséquent *leurs sections principales sont parallèles*, on ne voit que deux images ; le contact n'est pas nécessaire, les deux rhomboèdres peuvent être placés à une certaine distance, pourvu que le parallélisme existe. Alors le rayon qui provient de la réfraction ordinaire du premier cristal se réfracte ordinairement dans le second, et de même, celui qui provient de la réfraction extraordinaire du premier cristal, se réfracte dans le second extraordinairement.

---

achromatique de spath d'Islande, auquel on adapte un verre concave si l'on a la vue trop courte. Quand on est arrivé à la polarisation totale, ou au moins la plus complète que la substance puisse opérer, on lit de nouveau sur le vernier fixe, le numéro de la division du limbe, d'où retranchant la première lecture, on a l'arc parcouru, c'est-à-dire l'angle formé par les rayons incidents avec la surface de la substance au moment de l'observation. Par exemple, en opérant ainsi sur un morceau de baryte sulfatée poli par l'art, et partant successivement de l'une et de l'autre bougie, M. Biot annonce qu'il a obtenu les résultats suivants :

	1re bougie.	2e bougie.
Départ.	48° 35'	196°
Polarisation complète. .	16° 10'	164°
	32° 25'	32°

On ne peut guère espérer une plus grande conformité, parce que, même dans les substances qui polarisent le mieux la lumière, la disparition de l'image extraordinaire, dans le prisme rhomboïdal, n'est pas fixée à une valeur mathématique de l'inclinaison ; elle a lieu encore dans une petite étendue avant et après avec une perfection à peu près égale, du moins en employant le degré de lumière que j'ai supposé. Il faut donc que les observations comparées, faites sur chaque bougie, s'accordent aussi entre elles dans les limites d'écarts que ce genre d'expériences comporte, et l'on prendra la moyenne des deux résultats.

Si maintenant, l'un des rhomboèdres étant fixe, on donne à l'autre un mouvement de rotation, de manière que les faces qui reçoivent les images restent parallèles, on voit, aussitôt que les sections principales ne sont plus parallèles, apparaître *quatre images*. Chacun des rayons émergents du premier cristal se divise en deux, en traversant le second. De là résultent les quatre images, deux ordinaires, deux extraordinaires, dont les intensités varient avec la position du second cristal, et dépendent par conséquent de l'angle compris entre les deux sections principales. Bientôt après avoir vu les images s'écarter, on les voit se rapprocher, et lorsque les sections principales sont devenues perpendiculaires, elles se réunissent de nouveau et l'on n'aperçoit plus que deux images. Mais leurs rôles sont, pour ainsi dire, changés ; l'image qui provient de la réfraction ordinaire du premier cristal est réfractée extraordinairement par le second, et réciproquement l'image extraordinaire du premier cristal est réfractée ordinairement par le second.

En continuant le mouvement, la séparation des images s'opère de nouveau ; les quatre images reparaissent jusqu'à ce que le second rhomboèdre redevienne parallèle au premier [1].

La lumière polarisée par une glace aurait eu précisément le même effet, en étant reçue sur un rhomboèdre de spath ; seulement, dans ce cas, il n'y aurait eu qu'une ou deux images, suivant la position de la section principale du rhomboèdre, par rapport au rayon polarisé.

Cette expérience importante prouve qu'il existe dans le spath d'Islande deux plans de polarisation perpendiculaires l'un sur l'autre, et qui correspondent aux plans diagonaux du rhomboèdre. La même chose a lieu dans tous les cristaux à un axe, et bientôt nous indiquerons l'usage de cette propriété pour l'étude de la double réfraction.

---

[1] Cette expérience est plus marquée avec le soleil ; on le dirige dans le tube au moyen d'un héliostat, et l'on peut recevoir les images sur un écran.

Polarisation de la lumière par la tourmaline.—Pour ce minéral, cette propriété est absolue ; la lumière polarisée, en tombant sur une plaque de tourmaline dont l'axe est parallèle au plan de réflexion, *s'éteint* complétement, ou du moins en grande partie ; elle se transmet au contraire avec une intensité croissante, à mesure que l'axe de la tourmaline approche d'être perpendiculaire au plan de réflexion. Cette propriété de la tourmaline est très-commode pour trouver le plan de polarisation ; il suffit de recevoir un rayon polarisé sur une plaque de cette substance, et quand il s'éteint complétement, il en résulte que le plan de polarisation est parallèle à la plaque. Lorsqu'au contraire le rayon a son maximum d'intensité en traversant la tourmaline, son plan de polarisation est perpendiculaire à l'axe de la plaque.

L'action remarquable de la tourmaline sur la lumière polarisée, est précisément celle que les physiciens ont employée pour reconnaître si une substance possède la double réfraction, et si cette double réfraction est à un axe ou à deux axes.

Lorsqu'on prend deux plaques de tourmaline taillées parallèlement à l'axe, et qu'on les place l'une sur l'autre dans leur position naturelle, comme cette substance est diaphane, les plaques laissent passer la lumière. Mais si l'on tourne l'une des plaques BB, la lumière qui passe à travers est polarisée en partie, et l'espace C compris entre les deux tourmalines s'éteint successivement ; enfin, lorsque les deux plaques sont à angle droit, comme dans la *fig.* 159, cet espace est entièrement obscur, quand les tourmalines polarisent complétement ; pour quelques-unes cette action n'est pas absolue, elles laissent alors passer une certaine quantité de lumière.

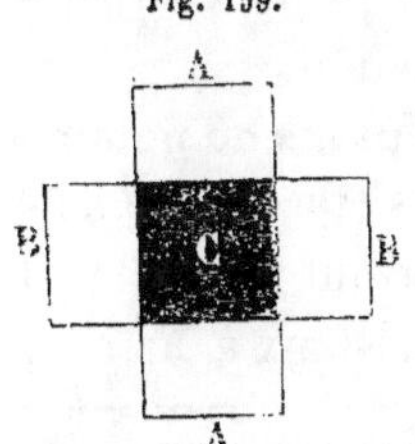

Fig. 159.

Emploi de la tourmaline pour reconnaître les substances douées de la double réfraction. — Si maintenant on interpose entre les deux plaques de tourmaline un cristal jouissant de la double réfraction, le rayon polarisé, en traversant ce cristal, sera dévié de sa route ; le plan de polarisation aura tourné, et le rayon n'étant plus perpendiculaire à la surface d'émergence, il ne sera plus dans la position convenable pour être polarisé; la lumière sera donc rétablie, et la partie qui était obscure redeviendra transparente.

Cette expérience simple suffit donc pour distinguer les minéraux possédant la double réfraction de ceux qui ne jouissent pas de cette propriété, et par suite pour déterminer, même sans l'étude des formes, les substances cristallisant dans le système régulier, que nous avons indiquées plus haut comme n'étant pas bi-réfringentes.

Cristaux à un axe.—L'action des tourmalines ne se borne pas à révéler la double réfraction; elle donne en outre le moyen de distinguer les substances qui ont un axe de celles qui en ont deux. En effet, dans les premières, la partie devenue claire présente une série d'anneaux colorés, traversés généralement[1] par une croix noire, qui s'épanouit à ses extrémités sous la forme d'un pinceau (*fig.* 160, voir la planche, p. 272).

Cristaux à deux axes.—Pour les substances à deux axes, les anneaux colorés sont seulement traversés par une barre noire (*fig.* 161, page 272). La forme des anneaux, qui est circulaire pour les cristaux à un axe, est presque toujours elliptique pour les cristaux à deux axes. Cependant, on peut obtenir des anneaux circulaires en taillant la plaque perpendiculairement à un des axes de double réfraction.

Relation entre les lignes noires et les plans de polarisation. — Les lignes noires représentent les traces des plans de polarisation, ou les lignes neutres, suivant lesquelles il n'y a pas de lumière transmise. Dans les cristaux à un axe,

---

[1] Cette règle souffre quelques exceptions : M. BIOT a montré depuis longtemps que les *bérils*, bien qu'ils n'aient qu'un axe, n'offrent jamais ou presque jamais la croix noire nettement formée. L'*apophyllite* a présenté une exception analogue à M. BREWSTER ; enfin, récemment, M. DESCLOIZEAUX a découvert une anomalie semblable dans l'*trinite*, ou cuivre arséniaté en rhomboèdre.

nous venons de dire que ces deux plans de polarisation sont rectangulaires entre eux. Pour les substances à deux axes, chaque système ne possède qu'un plan de polarisation, ce qui est indiqué par la ligne noire ; mais ces cristaux admettent deux systèmes d'anneaux; de sorte qu'en faisant varier l'inclinaison de la plaque entre les deux tourmalines, on obtient successivement les deux systèmes d'anneaux ; le centre de chacun de ces systèmes indique le prolongement de l'axe autour duquel il se produit. On remarque alors que les lignes noires qui traversent chacun des systèmes d'anneaux sont dans des sens opposés ; de sorte qu'en réunissant les deux figures, on a à la fois la trace des deux systèmes.

Des lemniscates du carbonate de plomb. — Pour quelques substances dont les axes sont fort rapprochés, on peut voir les deux systèmes à la fois; alors les anneaux sont réunis par une courbe extérieure qu'on appelle *lemniscate*. Le *sel de Rochelle* (nitrate de potasse) montre ce phénomène d'une manière très-distincte. Il est encore visible dans le *carbonate de plomb*, dont l'angle des axes est de 17° 30'. Les deux systèmes d'anneaux sont elliptiques, et la trace des lignes neutres forme les deux branches opposées d'une hyperbole. La figure 162 (page 272) indique la position des anneaux, des lignes neutres, ainsi que les lemniscates propres au carbonate de plomb.

Lorsque l'angle des axes est plus grand que 20 ou 25 degrés, on ne peut plus voir simultanément les deux systèmes d'anneaux dans le champ de l'instrument.

Les anneaux colorés sont également visibles quand les deux plaques de tourmaline sont parallèles entre elles, au lieu d'être perpendiculaires; dans ce cas même, on distingue encore les cristaux à un axe des cristaux à deux axes, par la croix et la barre; mais les anneaux sont complémentaires de ceux qu'on obtient par des plaques perpendiculaires, et la croix et la barre se dessinent en blanc (*fig.* 163). Dans le mouvement, de la direction perpendiculaire à celle parallèle, les plaques de tourmaline deviennent obliques ; on voit alors la croix noire s'altérer successivement ; les anneaux se déplacent, et il s'opère peu à peu un renversement dans tout le système (*fig.* 160 *bis*), pour passer de la fig. 160 à la fig. 163 (p. 272).

Pour manœuvrer commodément les deux plaques de tourmaline, on les monte dans des anneaux, et on les dispose sous la forme d'une pince qui se ferme d'elle-même (*fig.*164).

Pour s'en servir, il suffit de placer la plaque ou le cristal que l'on examine dans cet appareil. On peut étudier directement les cristaux à un axe, lorsqu'ils présentent des faces perpendiculaires à l'axe, comme dans la *chaux carbonatée*, et l'*émeraude ;* ainsi que les cristaux à deux axes, quand ils possèdent des clivages perpendiculaires à la ligne moyenne des deux axes, comme la *topaze*, le *mica ;* ou bien encore lorsqu'ils ont des faces dans cette direction, ainsi que cela a lieu pour la *baryte sulfatée* et l'*arragonite*. Pour les autres minéraux, il est nécessaire de tailler des plaques dans les directions que nous venons d'indiquer.

Plusieurs autres substances polarisent la lumière à la manière de la tourmaline ; mais leur action étant généralement faible, elle seraient d'un emploi incommode.

Dimensions des anneaux colorés. — Le phénomène des anneaux colorés, produits par la polarisation, est analogue à celui que donne l'interposition des lames minces d'air entre deux plaques de verre ; les dimensions de ces anneaux varient avec l'épaisseur de ces plaques, de sorte que, pour une même substance, des plaques d'égale épaisseur donnent toujours des anneaux colorés de même diamètre. Cette circonstance fournirait un moyen de distinction entre les substances, s'il était facile de les tailler en plaques d'une épaisseur parfaitement identique.

Application aux hémitropies. — L'étude du diamètre des anneaux est trop restreinte pour qu'elle conduise à la connaissance de la nature des minéraux ; elle est au contraire d'un usage pratique très-commode pour reconnaître les hémitropies dans les pierres taillées, où aucune strie, aucune indication extérieure ne les dévoilent. Il suffit de placer la plaque dans la pince à tourmaline, successivement sur une face et sur l'autre. S'il n'existe pas d'hémitropies, ce changement n'en opère aucun dans le diamètre des anneaux. Dans le cas contraire, l'hémitropie divisant, pour ainsi dire, la plaque en deux plaques accolées, d'épaisseurs diverses, on verrait, par cette interversion, des anneaux de dimensions différentes ; ce qui tient à ce que dans un cas on voit les anneaux que donne la plaque supérieure, dans l'autre, les anneaux de la plaque inférieure. En mesurant exactement la dimension des deux séries d'anneaux, on peut même déterminer par cette observation la position du plan d'hémitropie.

Hémitropie longitudinale. — Si l'hémitropie, au lieu d'être placée sur l'épaisseur de la plaque, était dans le sens de sa longueur, ce moyen ne pourrait plus servir. La coloration différente que prennent les deux parties de la plaque, sous le polariscope ou avec l'appareil de Noremberg [1], l'indiquerait immédiatement ; la plaque paraîtrait alors séparée en deux segments par une ligne qui la traverserait dans toute sa longueur ; un d'eux affecterait une certaine couleur, tandis que l'autre en offrirait une différente.

Polarisation circulaire du quartz. — Le quartz a besoin d'être en plaques extrêmement minces, pour laisser apercevoir une ombre bleuâtre de la croix, produite par les traces des plans de polarisation. Si la plaque a une certaine épaisseur, la croix

---

[1] L'appareil de Noremberg consiste en une glace non étamée, placée sous l'angle de 35° 25', et soutenue par deux montants. La lumière, après avoir été polarisée, est renvoyée verticalement par un miroir horizontal. Un support, placé à une certaine hauteur, est destiné à recevoir les plaques dont on étudie les caractères optiques. Enfin, on applique dans une gorge, pratiquée à la partie supérieure de l'instrument, une glace noire sous l'angle de la polarisation ; cette glace peut tourner dans la gorge.

On peut substituer à cette glace une analyseur quelconque.

disparaît entièrement, et la surface de l'anneau intérieur présente une teinte due à l'épaisseur de la plaque. Si même on augmente cette épaisseur, les anneaux disparaissent complétement, et la plaque n'offre qu'une seule teinte sur toute sa surface ; cette teinte est en rapport avec l'épaisseur de la plaque, de sorte qu'on peut tailler des plaques de quartz donnant sous le polariscope, le rouge, le jaune orangé, etc. Si même on taille une plaque de manière qu'elle présente en creux une calotte sphérique, elle donnera sous l'appareil des cercles différemment colorés, chaque cercle correspondant à une épaisseur particulière de la plaque.

Outre cette circonstance particulière, le quartz en présente une autre fort remarquable, qui a été découverte d'abord par Fresnel, et qui, étudiée plus tard par M. Biot, a reçu de lui une extension des plus importantes pour la science ; elle consiste en ce que la couleur qui est au centre des anneaux colorés d'une plaque de quartz, que l'on soumet à l'action de la tourmaline, change de teinte lorsqu'on donne un mouvement de rotation à la plaque. Cette propriété a reçu le nom de *polarisation circulaire* ou *rotatoire*. Le changement de teinte est graduel, et il a lieu suivant une loi déterminée. Quand on soumet une plaque de quartz à un prisme bi-réfringent, les deux images que l'on obtient présentent des couleurs complémentaires ; ce dont on s'assure en faisant appliquer l'une sur l'autre une portion des deux images, car la partie commune est blanche. On se sert pour cette expérience du tube à polarisation décrit ci-dessus, page 258. Pour rendre cette expérience plus facile, M. Soleil a construit un instrument particulier (*fig.* 157, page 274), dans lequel il met comme objectif une plaque de quartz taillée perpendiculairement à l'axe, et dans l'ajutage qui sert d'oculaire, un prisme bi-réfringent.

Les deux images sont complémentaires. — En faisant tourner le prisme bi-réfringent, les couleurs de l'image du diaphragme changent, en marchant vers l'une ou l'autre extrémité du spectre, sans cesser d'être complémentaires. Si l'image ordinaire donne le vert, par exemple, quand la section principale du prisme est dans le plan primitif de la polarisation, elle passera du vert au bleu, à l'indigo, etc. En tournant le prisme vers la droite, les mêmes couleurs reparaissent à l'extrémité de chaque diamètre ; elles sont également les mêmes aux extrémités des deux diamètres perpendiculaires entre eux ; mais alors les teintes sont inversées, ce qui est une conséquence de ce que les couleurs sont complémentaires. La *fig.* 165, page 272, rappelle cette disposition. On y voit quatre fois le retour des mêmes images, dont deux en sens inverse.

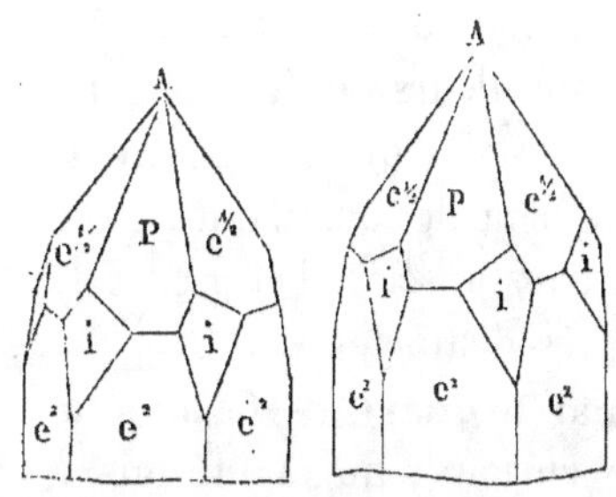

Fig. 166.

Relation entre la polarisation circulaire du quartz et sa dyssimétrie de cristallisation. — Outre l'intérêt que la polarisation circulaire du quartz présente pour la physique, elle en offre un très-grand en minéralogie par sa relation directe avec la cristallisation ; certains cristaux de quartz portent des faces trapéziennes (*fig.* 166) placées sur les angles compris entre les faces du prisme et les faces de la pyramide. Ces faces, que Haüy a appelées *plagièdres*, devraient être doubles, mais elles ne sont jamais que simples ; seulement, certains cristaux portent le plagièdre à droite, tandis que d'autres le portent à gauche. La polarisation circulaire indique cette différence ; et si l'on place ensemble sur l'appareil de Noremberg deux plaques de quartz appartenant à des cristaux plagièdres à droite et plagièdres à gauche, les mêmes couleurs se succéderont en sens inverse, c'est-à-dire qu'il faudra, par exemple, faire tourner de gauche à droite l'une des plaques, pour avoir une certaine succession de couleurs ; tandis que ce sera de droite à gauche qu'il faudra donner à la seconde plaque le mouvement de rotation pour obtenir la même série de couleurs.

Cette propriété donne le moyen de reconnaître à quel genre de cristaux appartiennent des plaques de quartz taillé ; mais ce qu'elle a de plus remarquable, c'est que la polarisation circulaire exclusive au quartz est peut-être la cause physique de la dissymétrie que cette substance présente dans sa cristallisation ; et, en joignant ce phénomène à l'électricité polaire, que possèdent la *tourmaline*, la *boracite*, etc., il serait possible que cette dyssimétrie fût toujours occasionnée par une propriété physique particulière.

La polarisation circulaire donne en outre le moyen de reconnaître les hémitropies et les pénétrations fréquentes des cristaux, qu'aucunes stries extérieures ne révèlent. Les plaques qui les contiennent présentent des couleurs variées, dont les contours indiquent la limite des cristaux qui se pénètrent. M. Biot possède une plaque dans laquelle un plagièdre de droite est complétement encastré dans un cristal plagièdre de gauche, et dont les limites sont très-distinctes.

Franges parallèles données par le quartz.—Ce minéral présente en outre un phénomène curieux, qui a été mis à profit par Savart pour découvrir la plus légère trace de lumière polarisée. Cette circonstance nous engage à le décrire. Lorsqu'on présente à un rayon polarisé une lame de cristal de roche, taillée de manière que l'une de ses faces soit parallèle à l'axe, et l'autre peu inclinée, le prisme très-allongé qu'elle forme donne, même à l'œil nu, des bandes rouges et vertes, pourvu que l'on regarde d'un peu loin, et que l'épaisseur du prisme, près de son sommet, ne dépasse pas un tiers, ou la moitié d'un millimètre. Les bandes parallèles sont plus vives quand on les regarde avec la tourmaline, et il est facile de reconnaître qu'elles atteignent leur maximum d'éclat, quand la section principale du prisme fait avec le plan de polarisation un angle voisin de 45 degrés.

Des lames obliques à l'axe présentent par leur croisement des bandes analogues ; d'après cette propriété, lorsqu'on a travaillé une lame de cristal de roche, de quatre ou cinq millimètres d'épaisseur, de manière que ses faces soient bien parallèles entre elles, et parallèles en outre à l'une des faces de la pyramide qui termine ordinairement les cristaux naturels, et qu'ensuite on coupe cette lame, pour en superposer les deux moitiés en croisant la ligne de section, le système qui en résulte donne dans la pince à tourmaline, des bandes parallèles très-vives. Si ces bandes sont dans le plan de polarisation de la lumière qui a traversé la première tourmaline, elles présentent au milieu une bande noire entre deux bandes blanches, et se colorent ensuite de chaque côté (*fig.* 167, page 272). C'est le contraire quand elles sont perpendiculaires au plan primitif de polarisation : on observe alors une bande blanche entre deux noires et toutes les couleurs précédentes sont renversées.

Polariscope de Savart. — C'est sur ce phénomène qu'est fondé le polariscope de Savart. Cet appareil, qui est extrêmement sensible pour découvrir les moindres traces de lumière polarisée, se compose des deux quartz obliques et croisés dont nous venons de parler, sur lesquels on ajoute une tourmaline dont l'axe divise en deux parties égales l'angle des sections principales des deux quartz. En plaçant la tourmaline devant l'œil, et en regardant au travers de ce système, on distingue des bandes dès que la lumière incidente en contient quelques portions polarisées. Il suffit alors de voir la direction de la bande lorsqu'elle est le mieux marquée, pour avoir la direction du plan de polarisation.

Franges hyperboliques produites par les cristaux à un axe. — M. Delezenne, qui a fait un grand nombre d'observations intéressantes sur la polarisation, a constaté que tous les cristaux à un axe, taillés en lames à faces parallèles à l'axe, et d'une épaisseur convenable, donnent non plus des bandes parallèles comme le quartz, mais quatre systèmes de bandes hyperboliques très-bien caractérisées, surtout quand on les observe avec la lampe monochromatique.

Lorsqu'au lieu de soumettre à l'expérience un seul cristal, on prend par exemple des lames de cristal de roche épaisses de sept ou huit millimètres, légèrement prismatiques, parallèles à l'axe et posées l'une sur l'autre de manière que les axes soient croisés. On observe ainsi quatre systèmes de bandes hyperboliques régulières (*fig.* 168, page 272). Pour apercevoir distinctement les hyperboles, il faut, après avoir mis les deux prismes dans la pince à tourmaline, approcher l'œil trèsprès, car, aussitôt que l'on regarde à une distance un peu grande, les hyperboles dégénèrent en bandes parallèles.

Mesure de l'écartement des axes de double réfraction. Nous avons annoncé que l'angle compris entre les deux axes de double réfraction que les cristaux des 3ᵉ, 5ᵉ et 6ᵉ systèmes cristallins possèdent, était constant pour une même substance. Leur détermination est donc importante pour le minéralogiste. Un appareil, inventé par M. Soleil, donne un moyen facile de l'évaluer, pour les plaques épaisses.

Cet appareil, dont la *fig.* 169, page 274, rappelle la disposition générale, consiste en une glace noire GN placée sous l'angle de la polarisation qui remplace une des tourmalines, et par le moyen de laquelle la lumière vague des nuées se trouve polarisée. Elle est alors renvoyée dans le tube inférieur de l'appareil, et traverse une lentille AB qui réunit les rayons parallèles à son foyer. A ce foyer est une pince C, sur laquelle on adapte la plaque du minéral dont on veut connaître l'angle des axes. De ce point, les rayons lumineux vont traverser une autre lentille DF placée dans le tube supérieur, qui les rend de nouveau parallèles; une troisième lentille MH les reçoit alors et les fait converger en T, où se trouve une lame de tourmaline qui sert d'oculaire.

La pince C peut recevoir un mouvement de rotation au moyen de la rondelle K, de manière qu'on puisse incliner plus ou moins la plaque à examiner, dans un sens ou dans un autre. Un cercle gradué I donne le moyen de connaître l'angle dont on fait tourner cette plaque; celle-ci possède un mouvement sur son plan entre les pinces qui permet de lui donner la position la plus commode pour l'observation

Immédiatement en dehors de la glace noire, se trouvent deux

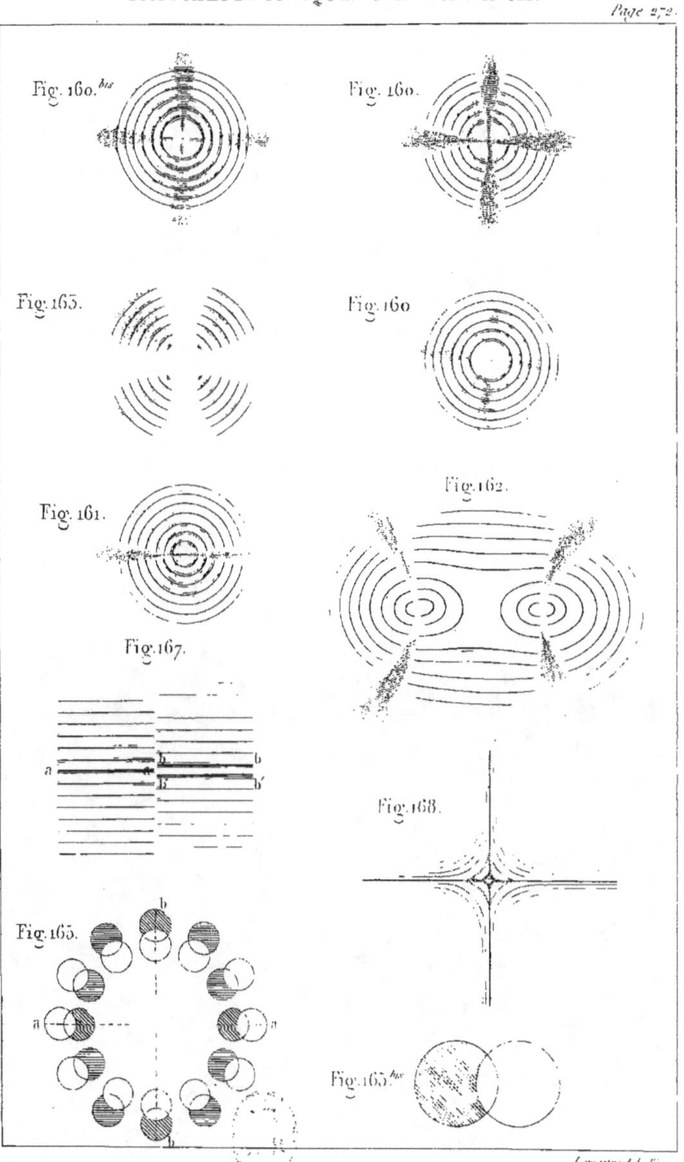

Lemaitre del. Sc.

fils croisés rectangulaires, qui serviront à donner le point de départ fixe pour les images des anneaux.

Pour se servir de cet appareil, la première opération consiste à placer la plaque de manière que le plan de polarisation soit perpendiculaire aux deux lignes horizontales qui forment la croisée des fils. On fait donc mouvoir la pince c jusqu'à ce qu'on aperçoive le premier système d'anneaux. Soit MN (fig. 170; page 274) l'image du fil vertical, EF, PG celles des deux fils horizontaux, fils qu'on peut rapprocher ou écarter à volonté, afin qu'ils embrassent les anneaux. On sera assuré que la plaque est perpendiculaire au plan de polarisation, quand la ligne noire qui coupe les anneaux en deux sera parallèle au fil vertical, de sorte que lorsqu'on fait mouvoir la plaque et que l'un des systèmes d'anneaux se transporte de c en c', A'B' reste parallèle à MN, et à la même distance de cette ligne.

En continuant à tourner la plaque au moyen de la virole V placée au limbe, le second système d'anneaux D, dont le centre est la trace du second axe, vient à son tour se placer dans la lunette; si le plan de polarisation est perpendiculaire au plan des axes, la ligne ab, qui divise en deux le second système d'anneaux, est parallèle à MN. Dans le cas contraire, il faut la ramener dans cette position.

Pour y parvenir, on a à sa disposition :

1° Le mouvement du plan qui porte les fils;

2° Le mouvement qu'on peut donner à la plaque, soit en la faisant tourner à la main, soit en l'inclinant dans la pince qui la contient;

3° On peut également modifier la position de la plaque, en faisant mouvoir tout le système qui la porte, au moyen d'une large virole K qui sert d'axe de support au limbe de l'instrument.

Pour mesurer la valeur de l'angle compris entre les deux axes, il suffit d'amener le centre des deux systèmes d'anneaux qui les représentent, successivement dans la même position, et l'angle décrit sera l'angle des axes de double réfraction.

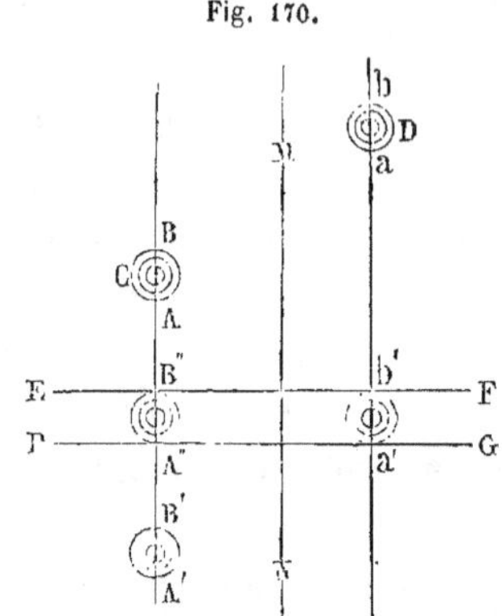

Fig. 170.

M. Soleil commence par placer un des systèmes d'anneaux en A″B″, de manière qu'il soit exactement compris entre les deux fils, la ligne A″B″ étant verticale. Il marque l'angle, puis il fait mouvoir la plaque. On voit bientôt le second système d'anneaux *ab* paraître dans le haut du champ de l'instrument. On le fait successivement descendre jusqu'à ce qu'il vienne en *a'b'* et qu'il soit compris entre les deux fils horizontaux. L'angle décrit sera précisément l'angle cherché.

Le mouvement de rotation de la plaque se donne par le limbe, qui peut tourner sur son axe comme dans le goniomètre de Wollaston.

On peut n'avoir qu'un seul fil horizontal ; et, dans ce cas, on amènera les anneaux sur ce fil, de manière qu'il les coupe exactement en deux parties égales.

Mesure des axes pour des lames minces.—Lorsque les minéraux ont besoin, pour être transparents, d'être réduits en lames minces, l'appareil que nous venons de décrire ne peut plus servir. Les anneaux ont alors des dimensions si considérables, qu'on ne pourrait jamais en saisir les contours.

Dans ce cas, pour mesurer l'angle que les deux axes font entre eux, on présente, dans un appareil installé dans une chambre obscure, les lames au rayon polarisé, premièrement sous l'incidence normale, puis sous des incidences obliques ; on amène progressivement dans l'œil toutes les teintes successives des différents anneaux ; et leur exacte disparition, précédée ainsi que suivie du retour des teintes pareilles, sert à mesurer avec une extrême précision l'angle compris entre les rayons *émergents* qui passent par les deux axes du cristal ;

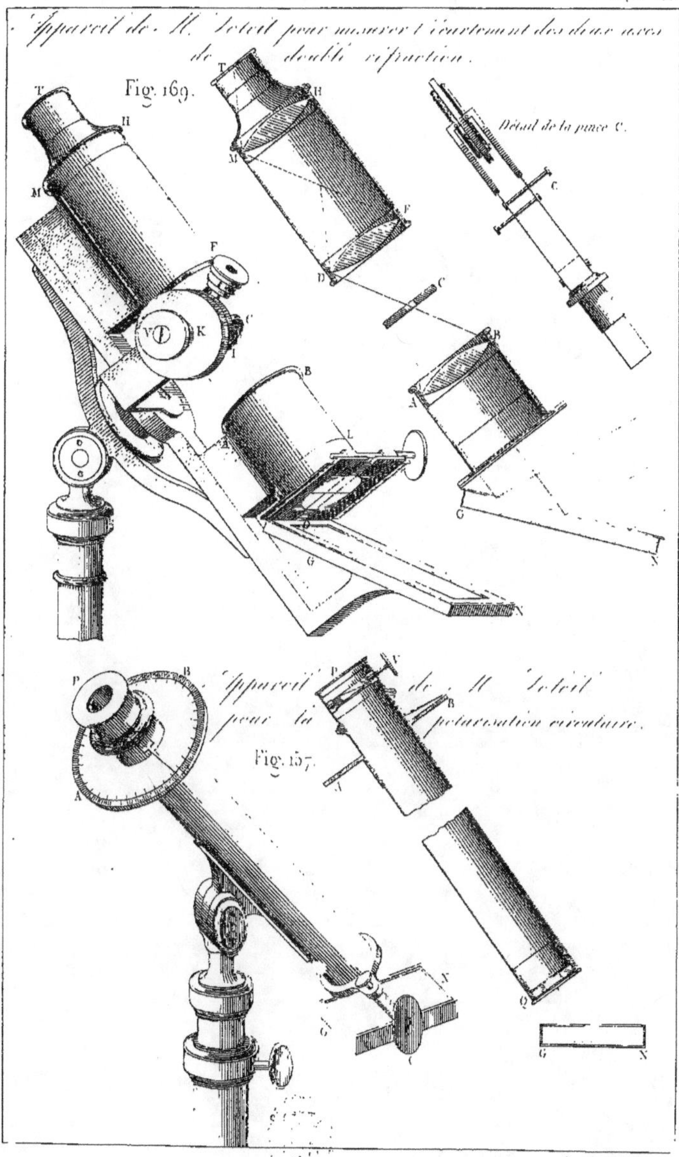

Lemaître del. et sc.

d'où l'on conclut par le calcul l'angle *intérieur* que ces axes comprennent, en ayant égard à la déviation que le pouvoir réfringent de la lame leur imprime.

De la polarisation lamellaire. — Les lois si remarquables qui établissent entre la forme cristalline et la double réfraction une relation intime présentaient quelques anomalies apparentes, dont la physique ne savait pas rendre compte. M. Brewster avait annoncé que certaines substances cristallisées dans le système régulier, entre autres la *boracite;* l'*analcime*, et quelquefois le *sel gemme*, donnaient des phénomènes de double réfraction ; d'où il résultait, ou que la forme de ces substances était mal connue, ou que la double réfraction présentait des anomalies, comme quelques-unes des lois de la nature. Plusieurs minéralogistes avaient la pensée que peut-être le système cristallin de la *boracite* était mal connu; mais pour l'*analcime* et le *sel gemme*, aucun doute n'était permis. Les modifications symétriques de l'analcime dans ses divers cristaux, le clivage triple et si net du sel gemme, la régularité des cristaux artificiels de cette substance, étaient des caractères trop marqués pour que leur forme ne fût pas certaine. M. Biot, guidé par la théorie, ne pouvait concevoir ces anomalies. Un raisonnement simple, et que nous avons déjà eu l'occasion de citer (p. 251), lui montrait avec évidence qu'une substance qui cristallise dans le système régulier ne pouvait posséder la double réfraction. Il étudia donc successivement les minéraux pour lesquels ces anomalies étaient indiquées, et bientôt il s'aperçut que le fait n'était pas constant, et que, lorsqu'il existait, il devait tenir à une cause particulière. Enfin M. Biot remarqua qu'il y avait une liaison entre le pouvoir de polarisation de plusieurs des substances considérées comme anomales et le clivage qu'elles présentaient. Il pensa alors qu'il pouvait y avoir de l'analogie entre ce phénomène et celui qu'une pile de glaces exerce sur la lumière. Les nombreuses expériences que M. Biot a faites sur ce sujet ont confirmé ses prévisions et l'ont conduit à la théorie de la *polari-*

sation lamellaire, dont il a exposé les lois dans un mémoire publié il y a deux ans.

Ce grand travail faisant disparaître les différentes anomalies apparentes qui semblaient porter atteinte à la relation qui unit la forme cristalline aux propriétés optiques des minéraux, nous croyons utile d'en faire connaître sommairement les principaux résultats.

L'alun en octoaèdre dépolarise la lumière. — Les cristaux d'alun ont fait la base principale du mémoire de M. Biot; les autres substances qu'il a étudiées ne sont pour ainsi dire qu'une application des mêmes faits.

En interposant devant un prisme de Nicol, un cristal octaèdre d'alun enfermé dans un tube métallique, fermé par des glaces à faces parallèles, et entouré d'une solution saturée de même nature, ce cristal dépolarise la lumière et rend la glace visible, excepté dans deux positions rectangulaires entre elles, qui sont celles où les plans menés par son axe, perpendiculairement à ses faces, deviennent respectivement parallèle et perpendiculaire au plan de la polarisation primitive.

Influence des sections principales. — Le rayon polarisé traverse le cristal sans être modifié, quand le plan de polarisation coïncide avec les sections principales de l'octaèdre, ou leur est perpendiculaire. En effet, si on amène le cristal d'alun dans une de ces positions, en tournant convenablement le tube qui le renferme, le plan paraîtra noir. Mais pour peu qu'on détourne le tube vers la droite ou vers la gauche, les quatre triangles qui forment là projection des faces du cristal s'illuminent d'une lueur blanche, laquelle croît en intensité jusqu'à ce que les plans normaux, ou les faces aient tourné de 45 degrés. Au delà de ce terme, l'action de l'octaèdre s'affaiblit par les mêmes périodes, elle redevient nulle quand la rotation a accompli un quadrant complet; après quoi les phénomènes recommencent de la même manière. Ainsi pendant ce mouvement de rotation autour de son axe, le cristal d'alun agit comme ferait une plaque de boracite ou de cristal de roche, dont la section principale coïncidrait avec les plans normaux aux faces latérales, ou leur serait perpendiculaire. Pour rappeler cette analogie, M. Biot désigne ces plans normaux aux faces, sous le nom de *sections principales* de l'octaèdre d'alun.

L'action de l'alun est faible, quand on l'étudie dans le sens qui vient d'être indiqué, et il serait difficile d'en suivre les différents degrés d'énergie, sans un artifice de physique qui rend les moindres nuances manifestes. Il consiste à mettre entre l'octaèdre d'alun et le prisme de Nicol une lame très-mince de chaux sulfatée, placée fixement dans un azimuth de 45° autour du plan de polarisation primitif du rayon incident. Le rayon polarisé la colore de teintes en relation avec son épaisseur. Le cristal d'alun, vu à travers cette plaque, s'illumine de couleurs brillantes dues à l'action simultanée de la lame et du cristal. Pour rendre cette expérience très-sensible, on choisira la lame de chaux sulfatée dans des conditions de minceur telle, que sa teinte propre soit le plus rapidement et le plus vivement modifiable. Cette épaisseur correspond au nombre 21 de la table que Newton a dressée de la sensibilité des anneaux colorés, laquelle donne pour teinte réfléchie le gris de lin, ayant pour complément le jaune verdâtre. Car la moindre augmentation d'épaisseur fait descendre cette teinte à un bleu foncé, puis à un vert de pré très-vif; tandis que la moindre diminution la fait monter au rouge de sang, puis au rouge écarlate des œillets.

Les choses étant ainsi disposées, quand le cristal d'alun est placé de manière que l'une des sections principales de l'octaèdre soit dans le plan de polarisation primitif, ce qui rend l'autre section principale perpendiculaire à ce même plan, alors l'action dépolarisante de l'alun étant nulle, la lame de chaux sulfatée conserve sa teinte propre; mais aussitôt qu'on tourne le cristal, la couleur change, et la projection carrée de l'octaèdre se partage en quatre triangles égaux ; et quand une de ses sections principales est à 45 degrés du plan de polarisation primitif, alors l'une d'elles coïncide avec la section principale LL de la lame de chaux sulfatée (*fig.* 171), et les faces de l'octaèdre qui y correspondent se présentent sous la forme des triangles rouges ; l'autre section est perpendiculaire, et les triangles qui forment les projections des deux autres faces de l'octaèdre sont verts. L'action exercée par le cristal d'alun s'ajoute donc à celle de la chaux sulfatée pour le fuseau où sont situés les triangles verts, elle s'en retranche dans le fuseau où se forment les triangles rouges : phénomène analogue à celui qu'exercerait un cristal doué de la double réfraction.

Clivages parallèles aux faces de l'octaèdre. — L'étude de la structure intime des octaèdres d'alun montrant qu'ils sont formés de lames successives superposées, M. Biot a comparé leur action à celle d'une pile de glaces. Toutefois, une grande différence se présente, c'est que, dans ce dernier cas, la polarisation n'est pas chromatique comme pour le cristal d'alun : « Mais cela tient à ce que, pour l'alun, dit M. Biot, « chaque fuseau octaédrique enlève seulement à la polarisa- « tion primitive un groupe d'éléments lumineux associés sui- « vant certaines conditions de réfrangibilité ; leur imprime « généralement un sens de polarisation distinct de celui de la « pile artificielle, et communique tant à ce groupe qu'au « groupe complémentaire, certaines dispositions persistantes, « en vertu desquelles ils se polarisent ultérieurement dans les « lames minces douées de la double réfraction moléculaire, « comme s'ils avaient déjà traversé une lame d'un pouvoir « défini. »

Expérience pour rendre plus sensible l'action suivant une face.—Les cristaux d'alun possèdent des lames sur chacune de leurs faces ; si donc la comparaison établie entre l'action de cette substance sur la lumière et celle d'une pile de glaces est juste, comme le pouvoir polarisant d'un système lamellaire croît avec la longueur du trajet que la lumière y parcourt, on doit pouvoir rendre un système dominant sur les autres en taillant, dans les cristaux d'alun, des plaques parallèles aux faces. Effectivement, M. Biot, ayant préparé des plaques dans le sens d'une des faces des cristaux d'alun octaèdre, a observé :

1° Qu'elles ne modifient pas le rayon polarisé lorsqu'il traverse ces plaques sous l'incidence normale, et loin de ses bords ; dans ce cas, elles n'altèrent en aucune manière la couleur propre de la lame sensible de chaux sulfatée ;

2° Que sous l'incidence oblique, les plaques d'alun modifient au contraire considérablement la couleur des lames de chaux sulfatée ; en effet, ces plaques ont fait descendre les teintes résultantes, par addition, jusqu'au vert bleuâtre dans le troisième ordre d'anneaux, et les ont fait remonter, par soustraction, dans le second ordre, jusqu'au rouge jaunâtre : amplitude plus grande que celle que M. Biot eût observée pour aucun des octaèdres complets.

L'alun sans ammoniaque n'agit pas. — Cette seconde expérience montre l'influence du système lamellaire sur la propriété dépolarisante de l'alun ; mais ce qui l'établit d'une manière encore plus précise, c'est la différence qui existe entre certains cristaux d'alun, dans leur aptitude à produire ces phénomènes, selon qu'ils contiennent ou qu'ils ne contiennent pas d'ammoniaque. Ainsi les cristaux les plus nets d'alun préparés par M. PELOUZE, et entièrement exempts de cet alcali, sont complétement inactifs, même sur les lames de chaux sulfatée les plus sensibles ; tandis que tous les petits cristaux d'alun ammoniacal, même ceux qui ne contiennent que six à sept millièmes de cette substance, donnaient des effets très-prononcés. Ce résultat est d'autant plus singulier, que le sulfate de potasse et le sulfate d'ammoniaque sont isomorphes. Ainsi l'alun a pour composition un équivalent de sulfate d'alumine et vingt-quatre équivalents d'eau, unis à un autre équivalent de sulfate de potasse, de sulfate d'ammoniaque, ou de ces deux sulfates réunis. La présence d'une certaine quantité de sulfate d'ammoniaque, qui n'a aucune action sur la forme, en a probablement sur la texture. Cette circonstance, du reste, ne doit pas surprendre, puisque, d'une part, les formes secondaires sont en rapport avec les eaux mères dans lesquelles la cristallisation a lieu, et que de l'autre, dans les minéraux, les clivages varient quand la composition, atomiquement la même, n'est pas identique sous le rapport des éléments. C'est ce qui a lieu pour le pyroxène et le diopside, et pour certaines variétés de chaux carbonatée, qui admettent des clivages supplémentaires.

L'action du sel gemme est analogue. — Le sel présente une reproduction complète des phénomènes de l'alun; cette substance possède des clivages cubiques, et M. Biot a constaté également que c'est le système lamellaire qui produit la dépolarisation qui, du reste, n'est pas constante dans tous les échantillons; certaines variétés de sel ne la lui ont pas offerte, entr'autres des cristaux de sel cubiques parfaitement limpides obtenus dans le laboratoire de l'École Polytechnique.

Sel trempé. — Mais outre les phénomènes communs à l'alun, le sel gemme a offert à M. Biot une circonstance remarquable qui a pu induire les physiciens en erreur dans l'étude de quelques échantillons; cette circonstance est d'autant plus intéressante, qu'elle a un certain rapport avec le gisement du sel; c'est que des échantillons de sel des Pyrénées et de Bex lui ont donné des phénomènes analogues à ceux que des verres trempés développent quand on les soumet à la lumière polarisée. M. Biot a pu les reproduire artificiellement en trempant le sel, c'est-à-dire en le refroidissant brusquement par une goutte d'alcool, après l'avoir chauffé fortement sur une plaque de tôle.

Action des glaces trempées. — Pour bien faire comprendre ces résultats, nous rappellerons qu'une plaque de glace n'a aucune action sur la lumière polarisée, mais la même glace dépolarise la lumière après avoir été trempée; elle donne alors des dessins colorés analogues à certaines fi-

gures que présentent quelques minéraux. Ce qui distingue ces
phénomènes de ceux de la polarisation, c'est qu'ils sont en relation avec la forme extérieure de la glace; les dessins d'une
glace carrée sont différents de ceux de glaces oblongues, rhomboïdales, ovales, etc.; de plus, si on casse une de ces glaces,
les dessins changent, chaque fragment en présentant de particuliers, et qui sont en rapport avec la direction de la cassure. Pour des cristaux bi-réfringents, la forme des plaques
n'influe pas sur les phénomènes optiques ; dans l'alun, le sel
non trempé, il est de même, mais le sel refroidi brusquement
se trouve dans des conditions exactement analogues à celles
du verre trempé; les dessins changent avec la forme extérieure,
comme si l'arrangement moléculaire interne était le résultat
de l'ébranlement donné par la percussion.

**Relation entre le sel ayant subi la trempe et son gise-
ment.** — Nous remarquerons que le sel des Pyrénées, ainsi
que le sel de Bex, qui donnent ces singuliers phénomènes,
appartiennent à des dépôts anormaux, et que toutes les circonstances géologiques qui les accompagnent ont fait regarder
leur origine comme en rapport avec l'arrivée au jour de certaines roches ignées. On comprendrait dès lors que quelques
parties de ce dépôt aient pu être refroidies brusquement et
offrir des phénomènes de trempe. Ce résultat optique est donc
une confirmation des recherches des géologues modernes, et
il nous a paru intéressant de l'indiquer.

Résumé sur les substances cristallisées régulièrement.
— La *chaux fluatée*, l'*amphygène*, l'*ammoniaque muriatée*,
l'*analcime* et la *boracite* ont donné à M. Biot des phénomènes
à peu près analogues à ceux de l'alun. Il en résulte que
la propriété d'agir sur la lumière polarisée, que l'on avait reconnue dans certains cristaux appartenant au système régulier, ne leur serait pas propre et exceptionnelle. « Tous, dit
« M. Biot, en seraient susceptibles, non moléculairement,
« mais comme agrégation de masses d'un volume fini, dis-
« tribuées en systèmes distincts avec un ordre régulier d'ap-

« position. D'après cela, quand la symétrie des formes ex-
« ternes d'un cristal indiquera une forme génératrice
« pareillement symétrique, on ne devra pas exiger comme
« une condition nécessaire que le cristal total n'agisse point
« sur la lumière polarisée, mais seulement que son action, si
« elle se manifeste, ne soit point moléculaire, ce que l'on
« pourra toujours constater en observant les lois physiques
« qu'elle suit. Inversement, lorsqu'on verra qu'un cristal mo-
« difie la lumière polarisée, on ne devra pas inférer de cette
« seule apparence que sa forme génératrice est dissymétrique;
« mais il faudra étudier les lois de l'action, pour savoir si elle
« appartient à la masse totale ou aux molécules constituantes
« considérées dans leur individualité. »

L'apophylite simule quelquefois deux axes. — D'a-
près les lois ordinaires de la double réfraction, l'*apophylite*,
dont la forme est le prisme à base carrée, ne doit présenter
qu'un axe de double réfraction.

Cependant, quand on soumet une plaque d'apophylite de
Feroé perpendiculaire à l'axe de cristallisation, qui dans ce cas
est également l'axe optique, à l'action de la lumière polarisée, la manière dont les teintes extraordinaires s'y dégradent,
d'abord quand on incline les plaques, et leur évanouisse-
ment sur une certaine incidence, simulent presque complétement les effets que produisent les cristaux à deux axes. En
effet, la lumière polarisée, transmise dans le plan de ces lignes et alternativement de part et d'autre de l'une d'elles,
amène un point neutre intermédiaire. Cette ressemblance
avait fait supposer à M. le docteur Brewster que les plaques
d'apophylite de Feroé agissant ainsi, possédaient réellement
deux axes de double réfraction moléculaire, et constituaient
conséquemment une espèce particulière, différente de celles
qui ne produisent pas de telles alternatives.

Ce phénomène est dû à un système lamellaire. — Les
expériences de M. Biot, que nous avons ci-dessus rapportées,
ont fait penser à ce célèbre physicien que la polarisation la-

mellaire simulait peut-être cette anomalie; il a en conséquence repris toutes les expériences de M. Brewster sur cette question intéressante, et il en a en outre fait d'autres analogues à celles qu'il avait exécutées sur l'alun. Ces expériences ont confirmé les prévisions de M. Biot, et rendu toute leur généralité aux belles lois d'optique minéralogique.

L'apophylite possède, outre le clivage si facile parallèle à sa base, et qui lui a fait donner son nom, des stries indiquant également un tissu lamellaire dans le sens des quatre faces qui en forment le pointement. M. Biot admet donc [1] qu'il existe un axe de double réfraction moléculaire attractif coïncidant avec l'axe du prisme primitif; plus, deux ordres de systèmes lamellaires, l'un perpendiculaire à cet axe et existant toujours avec des degrés inégaux d'intensité; les autres occasionnels et composés de lames dirigées obliquement à cet axe. « Le « caractère attractif de l'axe, dit-il, est ici une circonstance « très-importante; car étant normal au système lamellaire « transversal qui existe toujours, et qui agit dans la direction « de ses propres lames avec le caractère attractif, il en résulte « que dans toutes les positions possibles des cristaux d'apo- « phylites, ces deux genres d'action s'exercent toujours sur « la lumière polarisée *simultanément* et en *opposition*, comme « feraient des lames douées de réfractions moléculaires de « même nature, dont les sections principales seraient croisées « rectangulairement. Si le pouvoir moléculaire de double « réfraction et de polarisation exercé par l'apophylite était « très-énergique, cette opposition pourrait ne pas produire de « résultats sensibles, ou n'en produire que dans les directions « de transmission très-voisines de l'axe. Mais l'excessive fai- « blesse du pouvoir moléculaire de double réfraction dans l'a- « pophylite laisse toujours sensible l'action du système lamel- « laire transversal qui lui est opposée. Ainsi, les modifications « que l'on observe dans la lumière polarisée transmise, sont

---

[1] *Mémoires de l'Académie des sciences*, t. XVIII, p. 681.

« dues à la différence de ces causes contraires, ayant des inten-
« sités comparables et s'exerçant sans doute avec des lois dis-
« semblables sur les rayons lumineux de diverse réfrangibilité.
« On a donc, pour la polarisation, un cas analogue à celui que
« présentent dans la réfraction ordinaire deux prismes de
« même angle, mais inégalement dispersifs, que l'on oppose-
« rait l'un à l'autre angulairement. Et comme la dispersion
« résultant d'un pareil assemblage diffère totalement des
« lois habituelles que suit ce phénomène dans un seul prisme
« d'une substance quelconque, de même l'opposition des
« forces polarisantes de l'apophylite doit, selon toute vrai-
« semblance, associer les rayons lumineux inégalement ré-
« frangibles sur les directions de polarisation, tout autrement
« que ne le font les corps cristallins dans lesquels le pouvoir
« de double réfraction moléculaire est seul actif ou prédo-
« minant. »

La lumière polarisée suivant l'axe n'éprouve aucune modification. — Un cristal d'apophylite pyramidale dans le-quel la lumière polarisée a été transmise suivant son axe, a donné des phénomènes analogues à l'alun ; ainsi en tournant le cristal sur son axe, de manière que les plans réfringents des faces latérales coïncident ou soient perpendiculaires avec le plan de polarisation primitif, le rayon polarisé transmis n'éprou-vait aucune modification, même en l'étudiant avec le secours de la lame sensible. Dans toute autre position, au contraire, il était modifié, et la portion de lumière enlevée à la polari-sation primitive augmentait progressivement avec l'écart, jus-qu'à un maximum qu'elle atteignait quand les plans réfringents formaient un angle de 45° avec le plan de polarisation. Dans cette position, représentée *fig.* 172, la projection du cristal, ob-servée directement, s'illuminait d'une clarté légèrement bleuâ-tre, et avec la lame de chaux sulfatée elle se voyait partagée par des lignes noires en quatre segments, dont deux opposés, A et B, étaient rouges, et les deux autres, D et E, étaient verts. Ce dernier était fortement échancré, parce qu'un cristal voisin avait empêché le développement complet de cette quatrième face de la pyramide.

Action sensible du tissu lamellaire. — Pour rendre évidente l'action de la polarisation lamellaire, menons par l'axe du cristal un plan LL qui forme un angle de 45 degrés avec le plan de polarisation primitif, et inclinons peu à peu la plaque suivant ce plan LL, en la faisant tourner autour de ED comme charnière, et pour achever de définir le sens du mouvement, supposons que le segment A s'éloigne aussi de l'œil, tandis que le segment B s'en rapproche; cela ne changera pas le *sens* de l'action polarisante de ces deux segments, qui restera toujours le même que celui d'une lame à double réfraction attractive ayant sa section principale perpendiculaire à LL. Seulement, l'intensité de cette action croîtra pour A, parce que ses lames constituantes deviendront plus obliques aux rayons transmis, et décroîtra pour B, par la cause contraire. Mais l'obliquité donnée à la plaque aura encore un autre effet, qui sera de développer son pouvoir de polarisation moléculaire, lequel s'exercera dans le plan LL, où l'axe s'incline. Comme ce pouvoir est de nature attractive, il agira en opposition à celui des segments A et B, avec une intensité d'abord très-faible, qui croîtra à mesure que l'axe s'inclinera davantage. Enfin ce mouvement développera aussi l'action du système lamellaire normal à l'axe, laquelle s'ajoutera à celle des segments A et B; de sorte qu'il y aura opposition entre leurs sommes et le pouvoir dépendant de l'axe.

Ces considérations théoriques se vérifient complétement : l'éclat des segments A et B s'affaiblit dès que l'on commence à incliner l'axe; puis on voit la lumière sur B s'éteindre, et bientôt après celle de A disparaît.

Imitation de l'action du tissu de l'apophylite au moyen du mica. — M. Biot a imité artificiellement l'action polarisante du tissu lamellaire, en plaçant sur une plaque d'alun, taillée parallèlement à la face de l'octaèdre, une lame mince de mica à un axe attractif; les conditions d'action se sont ainsi trouvées les mêmes, et la succession des apparences optiques a été pareille. Cette dernière expérience nous paraît ne laisser aucun doute sur le pouvoir polarisant des lames de l'apophylite. Si l'on se rappelle, en outre, que tous les cristaux de cette substance n'avaient pas offert à M. Brewster l'existence de deux axes, on en conclura naturellement que les échantillons qui affectent cette apparence la doivent à la différence de structure lamelleuse, différence reconnue dans plusieurs substances minérales.

Nous terminerons l'examen des propriétés de l'apophylite, en donnant (*fig.* 173 et 173) les dessins remarquables que les cristaux d'apophylite de Feroë présentent, lorsqu'on fait arriver un faisceau de lumière polarisée perpendiculairement aux faces du prisme. La singulière symétrie des lignes d'égale teinte que l'on observe, rappelle celles qui distinguent les verres trempés; mais la cause en est différente, car la disposition de ces dessins persiste quand on les casse, tandis que pour les verres trempés, les dessins changent avec la forme extérieure des fragments. Il est probable qu'ici encore les deux causes que nous avons signalées, le pouvoir moléculaire de l'axe du cristal et l'action du tissu lamelleux, sont en jeu, et que ce sont elles qui déterminent ces dessins, dont la régularité ne peut être l'effet du hasard.

La figure 174 a été donnée, il y a bientôt trente ans, par M. Brewster, dans les *Mémoires de la Société royale d'Édimbourg.* La figure 173 est le résultat des observations de M. Biot sur de très-petits cristaux venant de Feroë, qu'il a amplifiés au moyen d'une disposition particulière de loupe.

Nécessité de tenir compte de l'action du tissu lamellaire dans l'optique des cristaux. — Les belles expériences que nous venons de rapporter introduisent un élément nouveau dans l'optique des minéraux, qui avait été négligé jusqu'ici. Peut-être les différences qu'on observe entre les angles des deux axes de double réfraction de quelques substances, notamment dans la topaze et dans le mica, tiennent-elles à l'action

DE LA POLARISATION LAMELLAIRE.

Fig. 171.
L
L
M
Fig. 171. bis
L
L
Fig. 172.
L
E
A
B
D
L
M
Fig. 172. bis
Fig. 173.
Fig. 174.

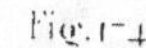

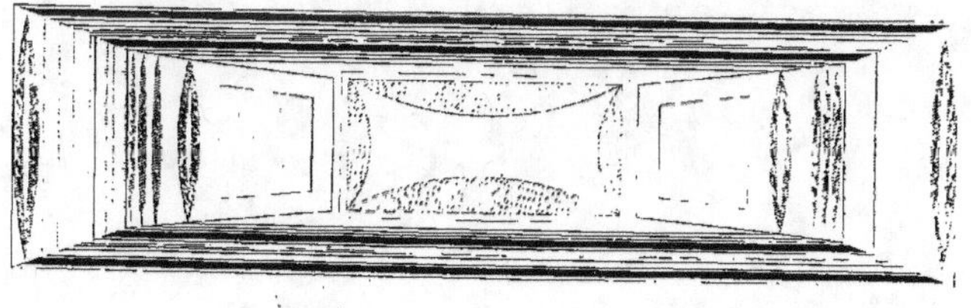

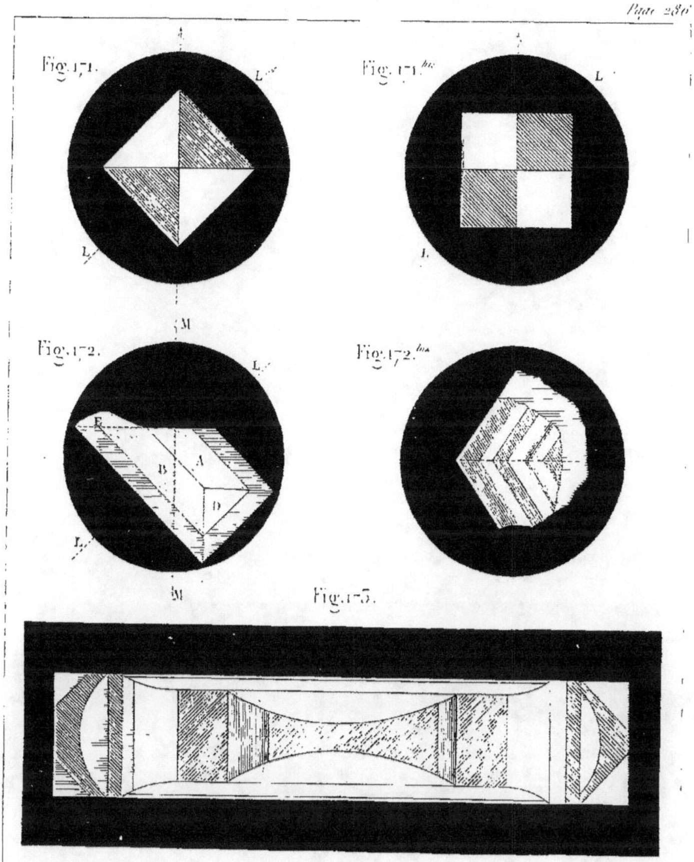

de la polarisation lamellaire, nulle ou du moins plus faible dans une variété que dans une autre.

Peut-être aussi la polarisation lamellaire a-t-elle une influence directe sur la double réfraction attractive et répulsive. M. Biot semble disposé à l'admettre : « L'action de la polari- « sation, dit-il, peut accroître l'intensité du pouvoir molécu- « laire quand il est répulsif, et l'affaiblir quand il est attractif, « de manière à en présenter une indication inexacte quand on « le conclut des seuls phénomènes apparents de la polarisation.»

Des astéries. Le *saphir*, le *grenat*, donnent par réflexion et par réfraction devant une lumière vive, une étoile brillante à six rayons. Plusieurs autres minéraux produisent également des étoiles à branches plus ou moins nombreuses. M. BABINET a montré que des réseaux présentent des phénomènes analogues. Si donc l'on compare les réseaux aux traces de clivage dans les cristaux, il en résulte que l'astérisme est lié avec la forme cristalline, et qu'il en est une conséquence.

Les expériences de M. Babinet sur les réseaux consistent à tracer sur le verre des stries parallèles très-serrées. Si on regarde la lumière d'une bougie au travers, on voit des deux

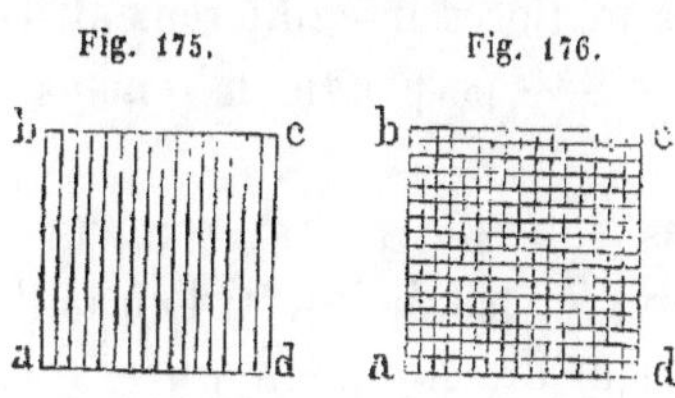

Fig. 175. Fig. 176.

côtés de la flamme une bande lumineuse perpendiculaire à la direction des stries, quand il n'en existe que dans un sens (*fig.* 175), ou deux bandes lumineuses croisées à angles droits, lorsqu'on trace sur le verre des stries dans deux directions perpendiculaires (*fig.* 176); il se forme donc, dans ce cas, une étoile à quatre rayons, ce qu'on peut voir en regardant une lumière à travers un linge fin. Avec trois séries de stries, on a une étoile à six rayons, et généralement on observe autant de bandes lumineuses qu'il existe de directions de stries.

Des structures semblables dans les minéraux produisent les mêmes effets. Le *quartz asbestifère*, désigné sous le nom d'*œil de chat*, présente ces effets d'une manière saillante; il en est de même du gypse fibreux et de la chaux carbonatée fibreuse.

Ces résultats sont entièrement conformes à ce qui existe dans les cristaux de saphir, dont la plupart offrent trois séries de stries parallèles aux diagonales de la base du prisme à six faces; ces stries sont tellement prononcées qu'elles persistent même dans les plaques polies des corindons de la Chine, et l'on aperçoit sur un grand nombre d'entre lles trois séries de lignes parallèles qui se coupent sous l'angle de 60°, angle qui est précisément le même que celui de l'astérie à six rayons.

Cercle parhélique. — Toutes les substances astériques produisent encore un autre phénomène qui tient aux systèmes de stries parallèles à l'axe, déterminées par les arêtes des molécules prismatiques composantes, sur lesquelles la lumière se réfléchit aussi en traversant la pierre. Ce phénomène consiste en un cercle lumineux passant par la flamme qui sert de point de mire, et auquel on a donné le nom de *parhélique*. Non-seulement il a lieu dans les substances cristallisées, mais il se voit encore dans toutes les matières irrégulièrement fibreuses, ou à fibres parallèles, taillées perpendiculairement à la direction.

Couronnes. — Lorsque les substances sont composées uniformément de fibres régulières et parallèles, si l'on taille des plaques perpendiculaires à leur direction, on voit à travers ces plaques une couronne circulaire autour de la lumière qu'on prend pour point de mire. Les couronnes sont plus ou moins grandes, suivant la grosseur des fibres, qu'on peut parvenir à évaluer rigoureusement par la mesure du diamètre des cercles.

Dichroïsme. — Il existe encore une propriété de la lumière en rapport avec la cristallisation, qui consiste en ce que les minéraux qui la possèdent donnent des couleurs différentes quand la lumière les traverse parallèlement ou per-

pendiculairement à l'axe : la *cordiérite*, la *tourmaline*, présentent cette propriété à un haut degré, et la différence des
teintes est très-prononcée; la cordiérite, par exemple, est d'un
beau bleu saphir dans le sens de l'axe, d'un gris verdâtre sale
dans l'autre direction. On remarque que généralement les
substances qui cristallisent dans le système régulier, sont *unichroïtes*, ou autrement dit qu'elles donnent toujours la même
couleur, quel que soit le sens dans lequel les rayons lumineux
les traversent. Les minéraux qui n'admettent qu'un axe de
double réfraction sont *dichroïtes*. Quant aux minéraux à deux
axes de double réfraction, ils offrent des couleurs qui varient
suivant l'angle sous lequel on les examine; on pourrait alors
les désigner sous le nom de *polychroïtes*. Parmi ces teintes,
deux sont dominantes, et les autres sont ordinairement des
mélanges des deux couleurs principales.

Les couleurs ne sont pas complémentaires, et ne suivent
aucune loi. Dans beaucoup de minéraux, le *dichroïsme* n'est
pas visible, ce qui tient à ce que la différence des teintes n'est
pas assez marquée pour être appréciable, ou quelquefois à la
nature de la matière colorante qui est interposée sans cristallisation.

ÉLASTICITÉ.

Cette propriété des corps est ordinairement évaluée soit par
la hauteur à laquelle ils rebondissent quand on les laisse tomber, comme une bille d'ivoire, par exemple, sur un plan de
marbre, soit par l'allongement momentané qu'ils peuvent
prendre, ainsi que cela a lieu pour la gomme élastique. Quelques minéraux ont en outre la propriété, quand ils sont en
lames minces, de se laisser plier sur eux-mêmes, en reprenant leur position aussitôt qu'on cesse de comprimer ces lames. Le mica en offre l'exemple le plus saillant. Certaines
dolomies sont également douées de cette propriété, mais à
un très-faible degré. On désigne ces minéraux par l'expression de *flexible* et *élastique*. Considérée sous ce point de vue,

l'élasticité ne joue dans les minéraux qu'un rôle très-secondaire; un fort petit nombre la possède, et dans bien peu de cas il est utile de l'indiquer. Mais M. SAVART, dont le génie inventif a créé une science presque nouvelle en étudiant les vibrations des corps sonores, a reconnu que dans les minéraux l'élasticité était intimement liée à la forme cristalline. Cette propriété, de même que la double réfraction, pourrait donc servir à la classification des minéraux, si elle était d'un emploi facile. Malheureusement, les minéraux se prêtent difficilement à ce genre d'expérience; il faut, comme pour l'étude des propriétés optiques, qu'ils soient cristallisés, qu'aucune macle ne dérange la disposition symétrique des molécules; mais il faut, en outre, que les plaques soient assez grandes et assez résistantes pour qu'on puisse en développer les vibrations. Quant à présent, l'élasticité n'est que d'une faible utilité pratique; sa considération est au contraire du plus haut intérêt par sa relation intime avec la cristallisation.

Etude de l'élasticité par les vibrations. — M. Savart a imaginé d'étudier l'élasticité, par la nature des vibrations que l'on peut produire dans des plaques de substances cristallines, taillées suivant des directions en rapport avec la forme : pour mettre en vibration les molécules dont se composent ces plaques, il les supporte au centre, et leur imprime le mouvement par le moyen d'un coup d'archet appliqué sur leur travers; la plaque rend alors un son particulier. Si, en outre, on a saupoudré sa surface de sable très-fin, le mouvement vibratoire que l'on a imprimé se communique au sable; il se dispose alors suivant des lignes droites ou des courbes, auxquelles M. Savart a donné le nom de *lignes nodales*.

Disposition des lignes nodales.—La forme de ces lignes est en rapport avec la position de la plaque dans le cristal. La nature de ces lignes appelées *nodales*, la valeur du son, qui représentent l'élasticité, décèlent donc et la nature de la forme cristalline et même la position des plaques dans le cristal. Il en résulte qu'on peut, en enlevant successivement, dans une masse cristalline informe, des plaques sous des angles connus, déterminer le système cristallin d'une substance , ainsi que la direction de son axe.

Dans les corps homogènes, l'élasticité est la même dans tous les sens. — Lorsque les corps sont homogènes et non cristallins, l'élasticité est la même dans toutes les directions; et si l'on prend une plaque circulaire bien égale d'épaisseur, le système des lignes nodales diamétrales, qu'on produira par la vibration, pourrait se placer dans toutes les directions, et les lignes nodales circulaires seraient exactement concentriques autour de la lame; mais si la symétrie que l'on suppose est altérée, soit par la forme de la lame, soit par la structure du corps, les choses ne se passeront plus de la même manière. Les lignes nodales diamétrales ne pourront plus se placer indifféremment suivant la position du lieu d'ébranlement, et les lignes circulaires seront des courbes d'une autre espèce. De là il résulte que pour reconnaître si un corps présente le même degré d'élasticité dans tous les sens, il faut toujours le tailler en plaques circulaires bien égales d'épaisseur, parce qu'alors on n'aura plus que les variations occasionnées par la structure.

Etude spéciale du quartz. — Les expériences de M. Savart ont uniquement porté sur le quartz [1] et sur la chaux carbonatée, qui cristallisent l'un et l'autre en rhomboèdres. La similitude des résultats qu'il a obtenus conduit naturellement à supposer qu'ils seraient les mêmes pour tous les minéraux appartenant au système rhomboédrique.

La forme générale du quartz est un prisme régulier à six faces surmonté d'un pointement à six faces : trois de ses faces sont ordinairement très-dominantes, et si on les suppose prolongées de manière à faire disparaître les trois autres, on con-

---

[1] *Recherches sur l'élasticité du cristal de roche par le moyen des vibrations sonores* , par M. Félix SAVART.
Annales de chimie et de physique, t. XL, première série, p. 113.

struit sur le prisme le rhomboèdre, qui est regardé par Haüy comme la forme primitive du quartz.

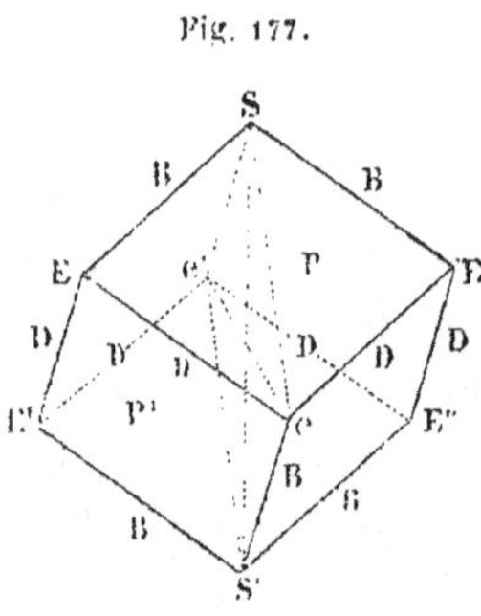

Fig. 177.

Soit *fig.* 177 ce rhomboèdre. Les premières expériences ont consisté à tailler des plaques perpendiculaires à l'axe SS; ces plaques, prélevées sur des cristaux différents, les uns provenant du Dauphiné, les autres de Madagascar, ont toujours donné les mêmes résultats. Les lignes nodales ont consisté en deux systèmes de lignes rectangulaires (*fig.* 178) se coupant l'un l'autre sous l'angle de 45°. Le son qui correspond à chacun de ces systèmes est sensiblement le même; d'où il suit que l'élasticité d'une telle plaque est identique dans toutes les lignes diamétrales.

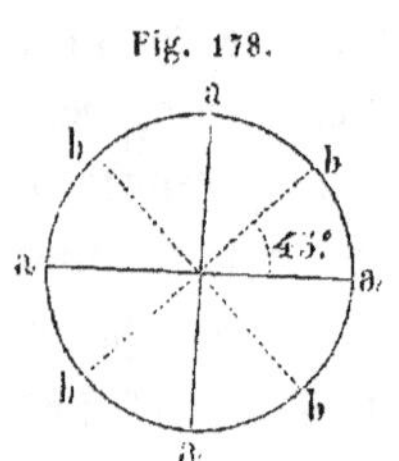

Fig. 178.

2° Des plaques taillées suivant l'axe du prisme et perpendiculairement aux faces du rhomboèdre ont encore donné des lignes nodales rectangulaires. Mais l'intervalle entre les sons des deux systèmes est alors fort grand. Dans le quartz, le son le plus grave étant *ut*, le second est le *sol* de la même octave.

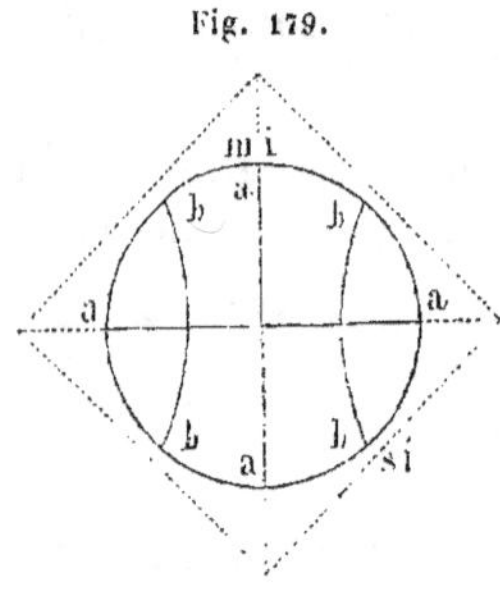

Fig. 179.

3° Des plaques taillées parallèlement aux faces du rhomboèdre primitif donnent un système de lignes nodales rectangulaires (*fig.* 179) et un système hyperbolique. Le système rectangulaire est placé sur les diagonales de la face du rhomboèdre et forme les axes du système hyperbolique : l'ouverture de l'hyperbole varie avec la nature de la substance.

Quant au son, le plus grave a lieu suivant les diagonales du rhombe.

4° Les plaques taillées parallèlement au second rhomboèdre donnent, comme celles parallèles au premier, un système de lignes nodales rectangulaires, et l'autre hyperbolique, comme dans le cas précédent. Mais l'ouverture de l'hyperbole est très–différente ; les sommets (*fig.* 180) en sont beaucoup plus rapprochés que dans le cas précédent, et les sons sont inversés, c'est-à–dire que le son grave est donné par le système hyperbolique, lequel, dans la lame précédente, produit le son aigu.

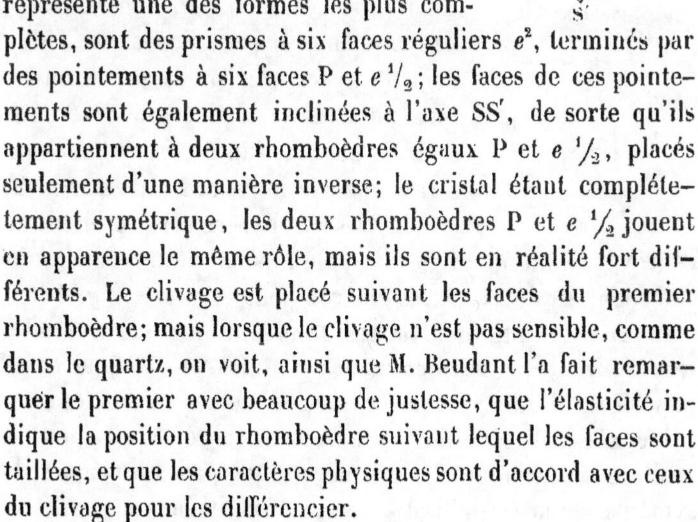

Fig. 180.

Fig. 181.

Les cristaux de quartz, dont la *fig.* 181 représente une des formes les plus complètes, sont des prismes à six faces réguliers e^2, terminés par des pointements à six faces P et $e\,{}^1/_2$; les faces de ces pointements sont également inclinées à l'axe SS', de sorte qu'ils appartiennent à deux rhomboèdres égaux P et $e\,{}^1/_2$, placés seulement d'une manière inverse ; le cristal étant complétetement symétrique, les deux rhomboèdres P et $e\,{}^1/_2$ jouent en apparence le même rôle, mais ils sont en réalité fort différents. Le clivage est placé suivant les faces du premier rhomboèdre ; mais lorsque le clivage n'est pas sensible, comme dans le quartz, on voit, ainsi que M. Beudant l'a fait remarquer le premier avec beaucoup de justesse, que l'élasticité indique la position du rhomboèdre suivant lequel les faces sont taillées, et que les caractères physiques sont d'accord avec ceux du clivage pour les différencier.

Distinction des deux prismes à six faces par la disposition des lignes nodales.—5° et 6°. De même qu'il existe deux rhomboèdres égaux, mais seulement placés d'une manière inverse, dans le système cristallin rhomboédrique, il existe également deux prismes à six faces, placés de manière que les côtés de la base du premier sont parallèles aux lignes qui joignent deux à deux les angles de la base du second. Lorsque ces deux prismes sont complets, comme on le voit dans la chaux carbonatée, on ne saurait, au premier abord, les distinguer ; et s'ils existaient dans le quartz, il n'y aurait pas de différence entre eux, puisque les clivages sont insensibles : la disposition des lignes nodales les met en évidence.

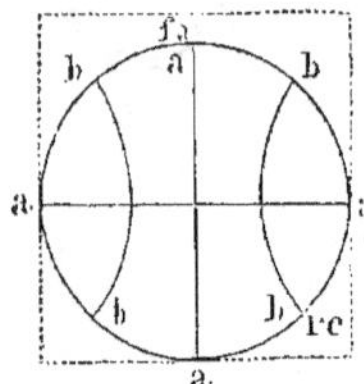

Fig. 182.

Dans le premier prisme à six faces, celui sous lequel le quartz se présente habituellement, le système rectangulaire correspond à l'axe du cristal et à la base du prisme à six faces (*fig*. 182). Le système hyperbolique a pour axes les lignes nodales rectangulaires.

Quant aux plaques taillées parallèlement aux faces du second prisme à six faces, elles donnent deux systèmes hyperboliques (*fig*. 183), dont les hyperboles ont la même ouverture, mais qui rendent des sons différents. Pour le quartz, l'un de ces systèmes est caractérisé par le *ré*, et l'autre par le *fa*.

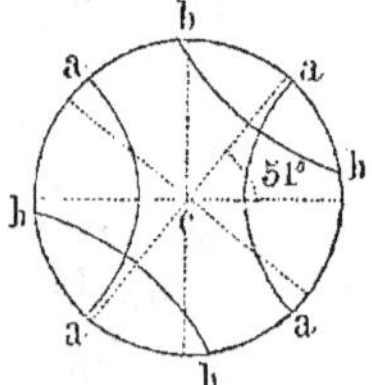

Fig. 183.

Les axes des hyperboles se croisent au centre, suivant un angle variable avec la nature de la substance ; il est de 51 degrés environ pour le quartz (*fig*. 183).

Toutes les plaques levées dans une position symétrique donnent les mêmes lignes nodales. — 7° Pour compléter cette étude, après avoir levé des plaques suivant les faces principales des cristaux de quartz, M. Savart en a pris dans des positions quelconques ; il a remarqué que pour ces plaques, la symétrie de la cristallisation se reproduit dans la symétrie des lignes nodales, et par l'identité de son qu'elles rendent ; en sorte que des plaques sciées dans une direction déterminée autour de l'axe, passant, par exemple, par une des arêtes de la base du prisme, et faisant un angle de n degrés avec l'axe, n ayant toujours la même valeur, ont donné des lignes nodales toujours identiques entre elles; les lois de la symétrie de la cristallisation se retrouvent donc entièrement dans les lois de l'élasticité.

DE LA DILATATION DES MINÉRAUX.

La chaleur fait éprouver à tous l s corps un mouvement moléculaire, par suite duquel les corps se dilatent lorsqu'on les chauffe, et se contractent au contraire, quand leur température s'abaisse. Pour des corps homogènes, le mouvement moléculaire est uniforme et le même dans tous les sens. Il était naturel de penser que les minéraux suivaient d'autres lois relativement à la dilatation; en effet, il résulte de quelques expériences de M. Mitscherlich, que dans les minéraux l'action de la chaleur est en relation avec les axes.

Lois de la dilatation en rapport avec les axes. — Selon ce célèbre chimiste[1], les cristaux qui n'ont qu'une réfraction simple se dilatent également dans tous les sens : l'action de la chaleur n'altère pas leurs angles.

Les cristaux dont la forme primitive est un rhomboèdre, ou un prisme à six faces régulier, se comportent, dans les directions transversales, tout autrement que dans la direction de l'axe principal. Les trois axes perpendiculaires à celui-ci se dilatent également.

Les cristaux dont la forme primitive est un octaèdre rectangulaire ou rhomboïdal, et en général tous ceux qui ont deux axes de double réfraction, se dilatent différemment dans

---

[1] *Relation entre la forme des cristaux et leur dilatation par la chaleur*, par M. Mitscherlich.
Annales de chimie et de physique, t. XXXII, p. 111.

leurs trois dimensions, et de manière que les petits axes se dilatent à proportion plus que les grands.

M. Mitscherlich a étudié successivement le *spinelle* et la *blende*, qui cristallisent dans le système régulier; la *chaux carbonatée*, la *magnésie carbonatée*, le *fer carbonaté*, la *dolomie*, qui appartiennent au système rhomboédrique; l'*arragonite*, qui cristallise en prisme droit rhomboïdal, enfin la *chaux sulfatée*, dont la forme primitive est le prisme rhomboïdal oblique.

Les travaux sur la dilatation des minéraux étant peu nombreux, et aucun ouvrage français ne les ayant fait connaître, nous pensons qu'on lira avec intérêt quelques détails sur les expériences de M. Mitscherlich[1].

Méthode d'expérimentation. — La méthode employée ordinairement pour déterminer la dilatation des corps exige l'emploi de grandes barres; elle ne saurait donc s'appliquer aux corps cristallisés, dont les dimensions sont en général fort petites; mais comme les angles des cristaux varient par suite de l'inégale dilatation dans les différents sens, il suffit de mesurer l'angle des cristaux, à mesure qu'on en élève la température. C'est cette propriété que M. Mitscherlich a mise en usage; il a fixé le cristal en expérience sur un goniomètre, de telle façon qu'il fût facile de l'enlever et de le remettre dans sa position, en assez peu d'instant pour que le refroidissement puisse être considéré comme nul. Le cristal était chauffé au moyen d'un bain de mercure.

Une expérience simple, et qu'on peut répéter en peu d'instants, avait montré d'abord qu'il y avait dilatation inégale dans différents sens; elle consiste à couper deux cristaux de *chaux carbonatée* de telle manière qu'une face plane soit parallèle à l'axe dans l'un des cristaux, et perpendiculaire dans l'autre. Ces deux plans étant placés à côté l'un de l'autre, on les appuie contre une tringle fixe, et on trace dessus une ligne qui in-

---

[1] *Annales* de Poggendorf. 1827.

dique une longueur commune. Après les avoir plongés dans du mercure échauffé, les deux raies cessent de se correspondre. Cette expérience, qui montre d'une manière évidente la différence de dilatation, ne donne qu'un aperçu très-faible sur la valeur de ce phénomène, tandis qu'on l'apprécie exactement par le goniomètre.

Variation de l'angle du rhomboèdre de la chaux carbonatée par la chaleur.—La moyenne de plus de vingt opérations a donné, pour l'angle de la chaux carbonatée à 8° Réaumur, 105° 3′ 59″. En trempant successivement dans le mercure chauffé, M. Mitscherlich obtint :

Degrés de chaleur.	Valeur des angles.	Différence de température d'une opération à l'autre.	Différences correspondantes dans les angles.
A 8° R.	105° 3′ 59″		
72°	104° 57′ 23″ ½	64°	6′ 36″
82°	104° 56′	72°	7′ 27″
127°	104° 51′	82°	11′ 59″ ½
131°	104° 52′ 25″	127°	12′ 34″ ½

nombres qui donneraient, pour 80°, une différence de 8′ 8″.

Les mesures de l'angle aigu confirment ces résultats. En voici les valeurs :

Degrés de chaleur.	Valeur des angles.	Différence de température d'une opération à l'autre.	Différences correspondantes dans les angles.
A 8 R.	74° 55′ 15″		
131°	75° 9′ 15″	123°	0° 14′ 0″
71°	75° 1′ 50″	63°	6′ 35″
73°	75° 2′ 45″	65°	7′ 30″
70°	75° 2′ 25″	62°	6′ 50″

ce qui donne, pour 80°, une différence de 9′ 1″.

La moyenne de ces deux séries d'observations, faites sur des échantillons purs et limpides, donne, pour une différence de 80° dans la température, 8′ 34″ ½.

La dilatation du rhomboèdre est la même dans toutes les

directions perpendiculaires à l'axe.—Pour apprécier maintenant la dilatation dans les différents sens, M. Mitscherlich a mesuré à des températures variées les trois angles égaux du rhomboèdre ; il a reconnu que ces angles avaient éprouvé la même variation, d'où il suit que le rhomboèdre se comporte relativement à la chaleur de la même manière dans toutes les directions perpendiculaires à l'axe.

Le *quartz*, cristallisant en prisme hexaèdre régulier, offrait un moyen facile de vérifier ce résultat. En effet, l'angle de 120° du quartz a varié à peine d'une ou deux secondes pour des différences de température de plus de 100°.

Dans l'arragonite, la dilatation est en rapport avec les axes. — Pour étudier si la dilatation était la même suivant des axes différents M. Mitscherlich a opéré ensuite sur l'*arragonite*, dont la forme est le prisme rhomboïdal droit, et qui a par conséquent trois axes rectangulaires inégaux.

Voici les résultats :

Température.	Angles des faces latérales?
14° R.	116° 11′ 46″ $\frac{1}{2}$
114°.	119° 15′ 28″ $\frac{1}{3}$

La différence en plus a été, pour 100°, de 3′ 41″ $\frac{3}{4}$; elle serait donc, pour 80° Réaumur, de 2′ 46″.

L'inclinaison des faces terminales devient plus aiguë.

		Différence.
De 7° à	112° R. . . . 105°.	7′ 15″
	106°. . . . . . 99°.	6′ 45″
	130°. . . . . . 123°.	8′ 32″ $\frac{1}{2}$
	123°. . . . . . 116°.	8′ 17″ $\frac{1}{2}$
	73°. . . . . . 66°.	4′ 15″
	71°. . . . . . 64°.	4′ 25″

En prenant la somme, on a, pour 573° Réaumur, une variation de 39′ 30″, et par suite, pour 80°, la variation est de 5′ 29″.

La forme cristalline a une influence directe. — La dilatation est par conséquent différente sur chacun des axes ; il résulte, en outre, de l'observation précédente, que la dilatation est plus considérable suivant le petit axe, qui représente aussi la direction suivant laquelle les molécules sont les plus rapprochées.

On remarquera que la *chaux carbonatée* ayant une composition identique avec l'*arragonite*, la dilatation n'est pas exclusivement en rapport avec la nature des corps, mais l'arrangement moléculaire exerce sur la chaleur, comme sur les propriétés optiques, une influence considérable.

Après avoir constaté la différence d'action de la chaleur suivant les différents axes de l'arragonite, M. Mitscherlich a recherché quelle était l'influence de la longueur relative des axes. Dans ces nouvelles expériences, il a étudié la dilatation dans des carbonates à bases isomorphes, savoir : un carbonate double de fer et de magnésie, un carbonate de fer et de manganèse et une dolomie.

Le carbonate double provenait de Pfitschthal [1].

L'inclinaison de deux des faces du rhomboèdre est à 14° de 107° 22′ 32″. En élevant la température, M. Mitscherlich a reconnu que cet angle devient plus aigu, ainsi qu'il résulte des expériences suivantes :

	Température.	Différ.	Dimin. de l'angle.
De 18° à	126° ou pour 108° . . .		4′ 37″ $\frac{1}{2}$
	121° . . . . . 103° . . .		4′ 32″ $\frac{1}{2}$
	121° . . . . . 103° . . .		4′ 12″ $\frac{1}{2}$
	122° . . . . . 104° . . .		4′ 47″ $\frac{1}{2}$
		418°	18′ 10″
Ce qui fait pour . . .	80°		3′ 29″

Pour le fer spathique d'Ehrenfriedersdorf [2], dont l'angle à

---

[1] Composé d'après Magnus.

Carbonate de fer	15,59	
Carbonate de magnésie . .	82,91	99,69.
Carbonate de manganèse . .	1,19	

[2] Composé de :

Carbonate de fer	59,99	
Carbonate de manganèse	40,66	100,65.

16° est de 107° 0′ 2″, la diminution a été trouvée de 2′ 22″ pour 80°. Enfin, pour la dolomie, cette variation est de 4′ 6″.

Influence de la longueur relative des axes sur la dilatation. — En résumé, les variations pour une augmentation de température de 80° sont donc :

Pour la chaux carbonatée. . . . 8′ 34″ ½
dolomie. . . . . 4′ 6″
magnésie carbonatée. . 3′ 29″
fer carbonaté. . . . . . 2′ 22″

le rapport des axes est :

Dans la magnésie carbonatée,

De   1 : 2,136.

Dans la chaux carbonatée,

De   1 : 2,028.

Si l'inégalité de la dilatation des cristaux dépendait seulement des longueurs relatives des axes, elle serait la moindre possible dans la chaux carbonatée, et il n'y aurait qu'une minute de différence pour les quatre rhomboèdres.

La chaux carbonatée plus dilatable que le plomb. — Les mesures avec le goniomètre ne donnent que l'augmentation relative, c'est-à-dire la quantité dont les plaques s'accroissent davantage dans une direction que dans une autre. Dans la chaux carbonatée, où le changement de l'angle est de 8′ ½ pour 80° Réaumur, l'accroissement relatif est de 0,00342 suivant l'axe principal ; cette dilatation est plus grande que celle du plomb, qui est de tous les corps solides celui qui se dilate le plus. Ce résultat surprenant engagea M. Mitscherlich à prier M. Dulong de déterminer, concurremment avec lui, la dilatation de cette substance. Pour y parvenir, ils remplirent un tube de verre, de poussière de chaux carbonatée ; il en contenait environ 800 grammes. On effila l'une des extrémités du tube, et on ferma l'autre aussitôt que la substance fut introduite. Cette expérience donna, pour la dilatation de 0° à 80° Réaumur, 0,00196 du volume de la chaux carbonatée. M. Mitscherlich ayant trouvé que la dilatation était de

0,00342 dans une direction, il fallait que, tandis que le cristal se dilatait dans un sens, il se contractât dans les directions perpendiculaires à celles-ci.

La chaux carbonatée se contracte suivant les axes horizontaux. — Pour vérifier ce résultat inattendu, M. Mitscherlich fit tailler deux plaques de chaux carbonatée, l'une parallèle à l'axe, et l'autre perpendiculaire; leurs faces étant parfaitement parallèles, il les plaça sur le plateau d'un sphéromètre, et il mit le tout dans un vase rempli d'eau que l'on pouvait chauffer, et dont la surface était couverte d'huile pour éviter le refroidissement. Ayant mesuré avec le sphéromètre l'épaisseur des plaques, il trouva que la plaque parallèle à l'axe avait $13^{mm}\cdot 263$, et celle perpendiculaire était de $0^{mm}\cdot 010$, plus mince à la température de $12°\frac{1}{2}$ cent. Mais à 83°, elle était au contraire plus épaisse de $0^{mm}\cdot 020$. Donc, pour une augmentation de $70°\frac{1}{2}$ cent., un morceau de chaux carbonatée de l'épaisseur indiquée se dilate de $0^{mm}\cdot 003$ de plus dans la direction de l'axe que dans toute autre, et par suite pour 100° cent., la variation est de 0,00321; le goniomètre avait indiqué 0,00342, concordance presque absolue.

Il restait à connaître la marche que la chaleur imprimait à la dilatation dans l'autre sens. Pour y parvenir, M. Mitscherlich a fait tailler une plaque parallèle à la section principale, ainsi qu'une lame de verre de la même épaisseur; en les soumettant toutes deux ensemble dans un bain d'eau dont on pouvait élever la température, il reconnut qu'à $15°\frac{1}{2}$ centigrades, la plaque de chaux carbonatée était plus épaisse de $0^{mm}\cdot 007$, et à 93°, elle était au contraire plus mince de $0^{mm}\cdot 019$. Ainsi pour 100 degrés centigrades, le verre se dilatait de $0^{mm}\cdot 0336$ de plus que la chaux carbonatée, dans une direction perpendiculaire à l'axe.

Dilatation absolue de la chaux carbonatée. — L'épaisseur de la lame de verre étant de $23^{mm}\cdot 657$, il s'ensuit que le verre s'était dilaté de 0,001421 de plus que la chaux carbonatée. Or, d'après Dulong, la dilatation du verre est seulement de 0,000861 ; la chaux carbonatée s'est donc contractée de 0,00056 dans la direction indiquée. Comme on a trouvé que dans le sens de l'axe principal elle se dilate de 0,00342 en plus que dans l'autre, la dilatation réelle suivant cet axe est de 0,00286. Le volume calculé d'après ces éléments donne pour la dilatation absolue de la chaux carbonatée 0,001737, au lieu de 0,001961, valeur obtenue par l'expérience. Ces résultats sont plus exacts qu'on ne pourrait l'attendre d'observations aussi compliquées.

DES CARACTÈRES CHIMIQUES.

MÉTHODES POUR LES CONSTATER.

NOTATION CHIMIQUE. — INDICATION SOMMAIRE DU CALCUL DE LA COMPOSITION ATOMIQUE.

Les minéraux cristallisés peuvent presque toujours être déterminés par le seul examen de la forme; mais lorsque les minéraux sont à l'état compacte, il faut nécessairement avoir recours à la composition chimique pour en connaître la nature. La *craie*, le *marbre de Carare*, le *marbre de Flandre*, ne sont réunis au *spath d'Islande* que par la composition identique que présentent ces trois minéraux, d'apparence si différente. La composition est donc le caractère le plus important par sa constance et par sa liaison avec les autres propriétés des minéraux. Mais la détermination exacte des éléments d'une substance, et son *analyse* rigoureuse, exigent la connaissance de la réaction des différents corps les uns sur les autres, et ne peut être exécutée que par un chimiste exercé. Nous ne considérons donc pas l'analyse comme un caractère chimique, quoique ce soit une des bases de toute détermination d'espèces. Nous ne rangerons sous la dénomination de *caractères chimiques* que les *épreuves promptes et faciles* qui donnent des indications sur la nature des éléments des minéraux, sans en faire connaître exactement les proportions.

Renfermés dans ces limites étroites, les caractères chimiques sont du domaine essentiel du minéralogiste, et leur étude est absolument indispensable pour la reconnaissance de certains minéraux, pour lesquels des caractères extérieurs ne suffiraient pas. Nous rappellerons néanmoins que la minéralogie étant une des branches de l'histoire naturelle, il faut employer autant que possible l'étude de ces derniers caractères, et n'avoir recours aux épreuves chimiques que lorsqu'elles sont indispensables, ou que leur emploi, d'un usage très-simple, donne un résultat immédiat, comme l'effervescence par les acides.

Les genres d'épreuves en usage en minéralogie, au nombre de quatre, sont la *solubilité dans l'eau*, *l'action des acides*, celle des *alcalis*, enfin les épreuves par le *feu*.

Nous y ajouterons *l'analyse mécanique*, qui consiste à réduire un minéral cristallin ou grenu en poussière grossière, afin d'en isoler les différentes parties, soit par un triage à la main, soit par le lavage à la sébile, qui, mettant en jeu la pesanteur spécifique des différentes parties du minéral, sépare les cristaux de nature différente et permet d'en étudier la forme et les caractères généraux.

L'analyse mécanique a permis à M. Cordier de séparer ainsi les différents éléments du basalte, et il en a fait un usage constant dans son important travail relatif à la nature et à la classification des roches.

Epreuves par l'eau. — Limitées exclusivement aux sels solubles, tels que le *sel gemme*, les *sulfates de fer*, de *cuivre*, de *magnésie*, etc., elles fournissent presque toujours un caractère très-saillant et qui conduit immédiatement à leur détermination.

On peut indiquer la proportion dont l'eau se charge d'un sel; mais la circonstance essentielle à constater, c'est la solubilité même, ainsi que le goût qui est propre à chaque sel et le caractérise presque toujours ; par exemple, le *sel gemme* est simplement *salé; le sulfate de fer* est *styptique* et *astringent; le sulfate de magnésie* est amer.

Quelques minéraux pierreux, comme la chaux sulfatée, sont légèrement solubles dans l'eau; mais cette propriété est si faible, que ce n'est pas un caractère à employer pour reconnaître ce minéral.

Epreuves par les acides. — Les observations que nous avons faites sur l'analyse chimique doivent faire présumer qu'il n'est pas question, dans ces épreuves, de constater les différents effets que les acides peuvent produire sur les miné-

raux, mais simplement ceux qui fournissent un caractère facile de reconnaissance.

Quand on traite un minéral par les acides, on distingue :

1° S'il est soluble ou insoluble dans les acides;

2° S'il s'y dissout avec ou sans effervescence;

3° S'il se dissout entièrement, ou s'il laisse un résidu
terreux ou gélatineux.

Dans le premier cas, l'action des acides peut être lente ou
rapide. La liqueur qui en résulte peut être colorée, ou incolore.

Il est indispensable d'indiquer chacune de ces circonstances, car souvent elles suffisent pour conduire à la détermination d'une espèce minérale; en effet, une solution verte appartient presque toujours à un minéral cuprifère; une solution
rose caractérise le cobalt.

Pour les substances qui se dissolvent avec effervescence, il
faut distinguer la nature et l'intensité de l'effervescence; le
cuivre natif, le *cuivre pyriteux*, et en général les métaux natifs, les combinaisons métalliques non oxydées, ainsi que certains oxydes au minimum, donnent, lorsqu'ils se dissolvent
dans l'acide nitrique, une effervescence de gaz acide nitreux
qui devient caractéristique; la *pechblende,* par exemple, est
immédiatement distinguée du *wolfram* par cette épreuve. Il
est donc essentiel de distinguer si l'effervescence est accompagnée d'odeur et si le gaz qui s'en échappe est coloré.

Dans la plupart des cas, l'effervescence est sans couleur ni
odeur; elle caractérise alors les carbonates, qui se dissolvent
tous dans les acides, en abandonnant l'acide carbonique qu'ils
contiennent. Mais il existe une grande différence dans cette
action : pour la *chaux carbonatée,* l'effervescence est tellement
vive et rapide, que lorsqu'on fait une analyse de cette substance, il faut avoir soin de verser l'acide goutte à goutte afin
qu'il n'y ait pas de déperdition de matière. Pour la *dolomie,*
l'effervescence est au contraire très-lente ; ordinairement
même, elle ne commence qu'une minute ou deux après que la

substance en poudre a été plongée dans l'acide. Cette différence dans la vivacité de l'effervescence suffit pour reconnaître immédiatement ces deux substances qui ont une grande analogie entre elles, et qu'on ne distingue l'une de l'autre qu'avec beaucoup d'habitude.

Quelques substances sont solubles seulement en partie, en laissant un résidu plus ou moins abondant ; enfin, pour plusieurs autres, l'attaque est complète, mais on voit nager dans la dissolution une masse gélatineuse transparente qui a quelque analogie avec un nuage, lorsque la partie gélatineuse est peu abondante. Cette propriété appartient à certains *hydrosilicates ;* la partie gélatineuse est due à de l'hydrate de silice qui flotte dans la liqueur. On reconnaît à ces caractères plusieurs minéraux, tels que la *néphéline,* la *méonite,* etc.

Les minéraux qui se dissolvent en laissant un résidu, doivent en général cette propriété à des mélanges ; dans certains cas, l'indication de ce résidu est importante ; elle suffit en effet pour distinguer la pierre à chaux hydraulique de celle qui donne de la chaux grasse. L'hydraulicité est d'autant plus intense que la proportion d'argile est plus considérable, pourvu cependant que la pierre donne de la chaux qui fuse ; dans ce cas il est utile d'indiquer, au moins approximativement, la quantité d'argile.

Outre les expériences que nous venons d'énoncer, il est quelquefois utile de rechercher la présence d'un élément dans la liqueur. Cette recherche se rapproche beaucoup de l'analyse chimique, et il ne faut la faire que lorsque la réunion des caractères habituels au minéralogiste font défaut. Mais ces circonstances sont rares, et on les indiquera à la fois dans le chapitre de cet ouvrage consacré à la dicotomie, ainsi que dans la description des espèces.

Epreuves par les alcalis. — Elles sont très-peu nombreuses, et on les emploie fort rarement. Cependant elles sont utiles pour séparer certains minéraux, comme le chlorure d'argent qui est soluble en entier dans l'ammoniaque caustique. Une lessive de potasse peut aussi être employée dans certains cas pour dissoudre de la silice gélatineuse.

Epreuves par le feu. —— On se propose dans ces épreuves de constater les changements qu'une température plus ou moins élevée fait éprouver aux minéraux. Ces épreuves sont de deux sortes :

1° On calcine les minéraux, ou on les torréfie, pour savoir s'ils renferment une substance volatile ;

2° On cherche s'ils ont la propriété de se fondre, et on étudie les résultats de la fusion.

Les principales substances volatiles que les minéraux contiennent sont l'*eau*, l'*oxygène*, le *mercure*, le *soufre*, l'*arsenic*, etc. La recherche de ces substances consiste dans une simple calcination ; on peut l'exécuter ou à l'air libre ou dans des tubes ouverts à une de leurs extrémités, et terminés à l'autre par un renflement ; c'est dans cette espèce de boule que l'on met la substance à essayer. Après y avoir introduit une certaine quantité de substance, qu'il est toujours bon d'avoir pesée, on la chauffe graduellement soit sur des charbons, soit à la flamme d'une lampe à esprit-de-vin. Bientôt l'élément volatil se dégage, et souvent il se condense en partie sur les parois du tube, de manière qu'on peut en apprécier la nature.

La température à laquelle il faut chauffer la substance, le temps pendant lequel on doit continuer cette opération, varient avec la composition du minéral et son état d'agrégation. On ne peut rien indiquer de positif à cet égard, mais il faut toujours conduire l'opération avec lenteur, afin de ne pas produire de déflagration et de ne pas casser le tube, ce qui aurait lieu infailliblement si la température était trop brusque.

Dans le cas où le minéral à essayer contiendrait à la fois de l'eau et de l'oxygène, comme plusieurs minéraux de manganèse, il faudrait absolument recueillir l'eau, afin de connaître s'il y a perte en oxygène, et à quelle proportion elle s'élève. Pour y parvenir, on adapte au tube d'essai un second tube contenant du chlorure de calcium sec; l'eau en vapeur, en passant à travers ce sel, s'y assimile, et l'augmentation de poids du chlorure de calcium indique la quantité d'eau qui s'est évaporée. On comprend qu'il a fallu s'assurer, par une pesée antérieure, du poids exact du chlorure et du tube qui le contient.

On ne doit pas, pour cette opération, se servir de la flamme d'une bougie, parce qu'elle pourrait donner une certaine quantité de noir de fumée qui s'attacherait au tube et qui en altérerait le poids.

Essais au chalumeau. — Quelques minéraux sont fusibles à la simple flamme d'une bougie, tels sont le *bismuth natif*, *l'argent sulfuré*, la *cryolithe,* etc. Mais le plus ordinairement cette température ne leur fait éprouver aucune altération, et il est nécessaire de l'élever, pour obtenir des réactions qui indiquent leur nature. Pour y parvenir, on s'est d'abord servi d'une lampe alimentée par un soufflet, analogue à celle des émailleurs. Mais l'embarras de ces appareils, la difficulté d'obtenir un courant d'égale force, une flamme d'une intensité constante, ont fait préférer le *chalumeau à souder;* c'est un tube en métal effilé à un bout, avec lequel on dirige un courant d'air vif sur la flamme de la bougie, et qui produit une température assez élevée pour mettre en fusion un grand nombre de minéraux.

On peut donc, par ce moyen, étudier d'abord si un minéral est fusible ou infusible; on apprécie en outre approximativement son degré de fusibilité par le temps qu'il met à se fondre, par la grosseur des fragments qu'on peut employer, et par la température que l'on produit. Mais ces essais ne seraient que d'une bien faible valeur, si l'on ne pouvait constater que la fusibilité même; ce qu'il est surtout important d'étudier, ce sont les circonstances qui accompagnent cette opération.

En effet, quelques minéraux, comme les *arséniures*, éprouvent, avant de se fondre, une espèce de grillage, et donnent des fumées ainsi qu'une odeur particulière qui décèlent leur nature.

Plusieurs se boursouflent au feu ; tels sont la plupart des hydrates, quelques minéraux qui contiennent de l'acide borique, etc., comme la *tourmaline*.

Outre les observations qui précèdent la fusion, il faut encore constater la nature du produit. Tantôt c'est un *verre transparent*, un *émail* ou une *scorie* : ces verres ou ces émaux peuvent être incolores ou colorés ; et comme chaque métal communique au bouton d'essai une teinte particulière, on comprend de quel intérêt il est d'examiner la couleur de ce bouton.

Malgré les indications précieuses que nous venons de relater, les essais au chalumeau seraient encore d'une utilité restreinte, si l'on se bornait à l'action isolée de la chaleur. Mais on facilite la fusion en ajoutant certains fondants, et on obtient ainsi des émaux ou des verres, dont la couleur dévoile la nature de la substance ; le *fer chromé*, par exemple, qui n'éprouve aucune altération au feu, donne, avec le borax, un verre de couleur émeraude qui le caractérise.

On ajoute donc, dans certains cas, des flux qui déterminent la fusion des minéraux, et surtout qui rendent sensibles les teintes propres aux oxydes métalliques que contiennent ces minéraux ; mais, en outre, on se sert de quelques réactifs pour réduire les minerais métalliques, ou pour les suroxyder. Cette dernière opération est très-utile quand les différents oxydes d'un même métal ont des couleurs variées qui servent à les distinguer.

Le *cuivre*, par exemple, donne, quand il est au minimum d'oxydation, des verres ou des émaux vert émeraude assez analogues à ceux que produisent les minerais de chrôme ; mais si on fait passer l'oxyde au maximum, on obtient un émail rouge brique, que le chrôme ne possède pas ; cette double circonstance caractérise les minerais cuivreux, et les dis-

tingue immédiatement de toutes les autres substances minérales.

Les principales réactions chimiques que l'on pratique ordinairement avec le chalumeau, seront indiquées à la description des minéraux; nous n'aurons donc pas à nous en
occuper pour le moment: nous donnerons seulement un aperçu
général sur l'opération elle-même et sur les agents que l'on
emploie. Nous conseillons aux personnes qui se livrent à la
culture de la minéralogie d'étudier l'important traité du
chalumeau par M. BERZÉLIUS [1], ainsi que l'ouvrage publié plus
récemment par MM. PLATTNER et HASKORT [2] sur ce sujet; ils y
trouveront décrites les principales réactions que les différents
minéraux produisent au chalumeau, soit seul, soit avec l'addition de certains réactifs.

Du chalumeau. — L'instrument dont les bi-
joutiers se servent pour souder est un simple tube
effilé à son extrémité et recourbé; le chalumeau
du minéralogiste, quoique basé entièrement sur le
même principe, présente deux modifications importantes : la première est l'addition d'un réservoir a (*fig.* 184) destiné à condenser l'humidité
de l'haleine, qui finirait par gêner l'opération lorsque le chalumeau ne porte pas cette disposition ; la
seconde est un petit ajutage en platine bg, une
espèce de tuyère qui est ajoutée à l'extrémité du
tube. En changeant l'ajutage, on fait varier la
température ; plus le dard est fin, plus la température est élevée. Il est nécessaire que cette
tuyère mobile soit en platine, afin qu'elle ne puisse ni s'oxyder, ni se fondre.

Fig. 184.

Pour rendre le chalumeau plus portatif, on le dispose de

<hr>

[1] *De l'emploi du chalumeau dans les analyses chimiques et les détermi-
nations géologiques*, par M. BERZÉLIUS; traduit du suédois, par F. FRESNEL.
1821.

Die Probirkunst mit dem Lœthrohre oder Anleitung. Leipsig, 1835.

manière que le tube t par lequel on souffle, la chambre a et le petit tube bg, que l'on introduit dans la flamme, puissent se démonter. Cette disposition permet, en outre, de nettoyer le chalumeau plus facilement, et de faire sortir l'humidité qui s'est rassemblée dans la chambre de condensation.

Des supports. — Pour exposer la pièce d'essai à l'action du dard du chalumeau, il faut la fixer sur un support. Les anciens minéralogistes se servaient pour cet usage exclusivement d'un charbon; ils pratiquaient une espèce de petit creuset sur sa surface, au moyen de la pointe d'un couteau, et ils plaçaient dans cette cavité le fragment à essayer. Le choix du charbon est de quelque importance : il ne faut pas que son tissu soit lâche ; dans ce cas, la substance fondue pénétrerait dans les cavités qu'il présente, et l'essai serait manqué. Aujourd'hui, le charbon est rarement employé ; on y a substitué la pince de platine, ou le fil de même métal.

Fig. 185.

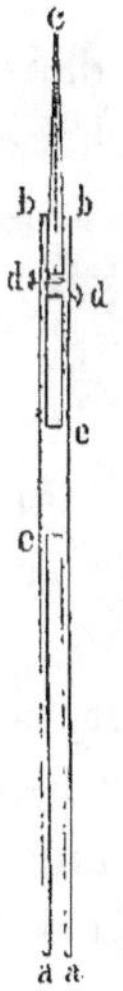

La pince de platine (*fig.* 185) présente une mâchoire à chacune de ses extrémités : l'une d'elles a ne saisit les objets que quand elle est pressée par la main; l'autre, à ressort c, est naturellement fermée, et il faut, pour l'ouvrir, appuyer sur les petits boutons d : elle est armée de deux petites lames de platine bc, effilées à leur extrémité, afin de soutirer moins de chaleur quand on l'expose à la flamme du chalumeau.

La pince exige toujours que les fragments, ou les paillettes que l'on essaye, aient une certaine grosseur ; on ne peut pas, en outre, l'employer pour les substances qui décrépitent. A différentes époques, on a substitué à la pince, dans ces circonstances, une petite cuiller de platine, ou une lame extrêmement mince du même métal, dans laquelle on enveloppait les petits fragments de la substance décrépitante. Ce dernier procédé, qui donne d'assez bons résultats, est dû au célèbre Wollaston.

Fil de platine. — Gahn, qui avait reconnu le peu d'utilité des cuillers, substitua à leur emploi le fil de platine, qui est devenu d'un usage général et qui remplit presque toutes les conditions. On prend un fil de platine, de deux pouces et demi à trois pouces de long, que l'on recourbe par un bout en forme de crochet, et c'est ce crochet qui sert de support. Pour s'en servir, on l'humecte avec la langue, et on l'enfonce dans le flux qui s'y attache ; après quoi, on fond celui-ci à la lampe, de manière à le convertir en une goutte qui s'y fige et s'arrête dans la courbure ; on humecte ensuite la pièce d'essai pour la faire adhérer au fondant, préalablement solidifié, et on chauffe le tout ensemble. On obtient ainsi une masse isolée que l'on peut examiner commodément, sans avoir à redouter les illusions qui naissent quelquefois sur le charbon, du jeu des couleurs, alors que la boule d'essai se détache sur un fond noir.

Si l'on ne voulait pas employer de flux, on réduirait en poudre la substance à essayer, et on la fixerait après le fil par le même moyen.

Cette méthode atteint si parfaitement son but, que, dans la plupart des cas, le fil de platine doit être préféré au charbon de bois, et notamment toutes les fois que l'on veut produire la réduction d'un oxyde métallique. Quant aux oxydations, elles doivent toutes être faites sur le fil de platine ; nous remarquerons, à cette occasion, que le platine n'est nullement attaqué par le sel de phosphore ; ainsi, on peut également s'en servir quand l'essai exige l'emploi de ce réactif.

Capsules en terre à porcelaine. — A ces supports, nous ajouterons les capsules en terre à porcelaine, inventées par M. le Ballif, devenues si utiles entre les mains de M. Danger, qui les a perfectionnées en leur donnant une cuisson moindre que celle de la porcelaine, mais suffisante pour résister à l'action des acides. Ces capsules ont l'avantage d'étendre, pour ainsi dire, le bain de borax qui sert à l'essai, et d'en rendre les couleurs plus vives. La manière dont elles se détachent sur la porcelaine, fait surtout qu'on apprécie beaucoup mieux les teintes des différents oxydes, que lorsqu'on a un globule épais placé au bout du fil de platine. M. DANGER a, en outre, porté dans les essais au chalumeau, un esprit d'exactitude et d'invention qui lui permet de distinguer en peu de minutes, et par des réactions successives, six à huit métaux mélangés ensemble. Nous indiquerons plus bas la manière dont il se sert du borax.

Du combustible. — Toute flamme est bonne pour les essais au chalumeau, pourvu qu'elle ne soit pas trop petite. On se sert indifféremment d'une chandelle, d'une bougie ou d'une lampe. La chandelle a l'inconvénient de couler et de donner une fumée assez épaisse : l'emploi de la bougie est meilleur. M. Berzélius préfère de beaucoup la flamme de la lampe ; elle développe une chaleur supérieure à celle de la bougie, et, pour quelques essais, celle-ci ne donne pas un assez bon feu ; cependant, comme on trouve presque partout de la bougie, qu'on peut, du reste, l'emporter facilement en voyage, on peut dire que c'est le combustible le plus ordinairement employé pour les essais au chalumeau.

Des réactifs. — Lorsqu'on veut renfermer les essais au chalumeau dans le domaine seul de la minéralogie, le nombre de réactifs que l'on emploie est peu considérable ; il augmente quand on se propose, comme MM. Plattner et Haskort. de faire de véritables analyses par la voie sèche. Il en est quatre seulement qui nous paraissent indispensables; ils suffisent pour presque tous les essais, et ce sont à peu près les seuls dont M. Berzélius indique les réactions dans son traité du chalumeau. Ce sont :

1.° Le *borax*, ou borate de soude ;

2° La *soude*, ou carbonate de soude ;

3° Le *sel de phosphore*, ou phosphate double de soude et d'ammoniaque ;

4° Le *nitre*, ou nitrate de potasse.

1° **Le borax.** — On emploie ce réactif pour la dissolution ou la fusion d'un grand nombre de substances. Suivant que la matière à dissoudre est pulvérulente ou granuliforme, on la répand sur le borax à l'instant du boursouflement, ou on la fixe sur la boule résultant de la fusion de ce réactif, au moyen de l'humectation. M. Berzélius recommande de se servir de préférence d'une paillette, parce que l'emploi de la poudre ne permet pas de distinguer avec certitude les parties de la matière d'essai non attaquées par le fondant, de certaines substances indissolubles qui peuvent s'y trouver engagées.

On examine si la fusion s'opère avec lenteur ou facilité, sans mouvement apparent ou avec effervescence; si le verre résultant de la fusion prend couleur, et si cette couleur est autre sous un feu d'oxydation que sous un feu de réduction. Enfin, l'on remarque si la coloration augmente par le refroidissement, et si dans la même circonstance le verre conserve ou perd sa transparence.

L'emploi du borax est fondé sur sa tendance à former des combinaisons fusibles. D'une part, il dissout les bases, et forme avec elles un sel double avec excès de base, lequel est fusible; de l'autre, il dissout les acides, au nombre desquels on range la silice, et forme également avec eux des sels fusibles. Comme tous les sels conservent ordinairement leur transparence après le refroidissement, on juge d'autant plus sûrement la couleur particulière que lui communique le corps dissous. C'est principalement pour les essais avec le borax, que M. Danger emploie ses capsules en porcelaine; il commence par calciner le borax, pour en chasser toute l'eau de cristallisation. Il fait cette opération sur un charbon qui ne doit avoir servi à aucune expérience antérieure, afin d'éviter les mélanges qui pourraient avoir lieu sans cette précaution.

Lorsque le borax, placé sur le charbon, est fondu par le dard du chalumeau, il applique sur la perle obtenue la capsule de porcelaine, il chauffe ensuite la capsule à blanc, et, si elle conserve quelques taches, il la remplace par une autre.

Après avoir ainsi fixé le borax sur sa capsule, M. Danger y ajoute à plusieurs reprises de très-petits fragments de borax hydraté, de manière à former un bain qui couvre toute la capacité de la capsule. Il prolonge l'insufflation jusqu'à ce que le bain, dont la surface a été salie par le charbon, entraîné par le jet du chalumeau, devienne parfaitement limpide; s'il conservait une teinte quelconque due à la présence d'une substance étrangère, il faudrait refaire un autre bain : ainsi il faut, pour être sûr de son résultat, faire l'essai de la capsule et du bain.

En mettant en jeu la différence de fusibilité des métaux, leur différence d'oxydation ou de sulfuration, on reconnaît facilement les différents métaux que contient un minerai; on distingue ainsi successivement, avec quelque habitude, le *fer*, la *manganèse*, le *cobalt* et le *nickel*. Pour que les réactions successives aient toute leur pureté, il faut avoir la précaution de changer l'essai de bain, aussitôt que la coloration obtenue commence à changer de ton : le nouveau bain présentera une teinte mixte, qui bientôt fera place à la nouvelle teinte produite par l'oxydation de la substance qui n'avait pas encore réagi.

2° **De la soude.** — On prend indifféremment, pour les essais au chalumeau, le carbonate ou le bicarbonate de soude, auxquels on donne improprement le nom de *soude;* une condition indispensable que ce réactif doit remplir, c'est d'être exempt d'acide sulfurique.

L'emploi de la soude a pour but, 1° de reconnaître si les corps combinés avec cette substance sont fusibles ou infusibles; 2° de favoriser la réduction des oxydes métalliques.

Dans le premier cas, elle remplace le borax; mais ce réactif est de beaucoup préférable, parce qu'un assez grand nombre de combinaisons de soude sont infusibles à une haute température, tandis que nous venons de voir que presque toutes celles de borax sont au contraire fusibles.

Pour la réduction des oxydes métalliques, la soude est indispensable ; on découvre par son intermédiaire des quantités de métal réductible si petites, qu'elles échappent aux meilleures analyses faites par la voie humide. Quelle est l'action de la soude? On ne le sait pas encore précisément, mais le fait est incontestable. En effet, si l'on place sur un charbon une petite partie d'oxyde d'étain natif ou artificiel, un souffleur exercé saura en tirer, avec quelque effort, un petit grain métallique ; mais si on y ajoute un peu de soude, cette réduction s'opérera sans difficulté et si complétement, que. lorsque l'oxyde sera pur, la totalité se transformera en étain métallique.

3° **Du sel de phosphore**. — C'est un phosphate double de soude et d'ammoniaque : par l'action de la chaleur, l'ammoniaque se dégage, et il reste le phosphate acide de soude, qui agit principalement au moyen de l'acide phosphorique libre. L'excès d'acide qu'il contient s'empare de toutes les bases, et forme avec elles des sels doubles plus ou moins fusibles, dont on examine la transparence et la couleur. En conséquence, ce fondant s'applique plus particulièrement à la détermination des oxydes métalliques, dont il fait ressortir les couleurs caractéristiques beaucoup mieux que le borax.

Le sel de phosphore est, en outre, un bon réactif pour les silicates ; par lui, la silice est mise en liberté, et apparaît dans le sel de phosphore liquéfié sous la forme d'une masse gélatineuse.

4° **Nitre**. — L'usage de ce réactif est très-borné, et son objet est d'achever l'oxydation des substances dont une partie a résisté à l'action de la flamme extérieure. On ajoute le nitre aussitôt qu'on a fini de souffler, on l'enfonce dans la boule d'essai, et on l'y maintient un instant. La masse fondue se boursoufle alors, et devient écumeuse ; il n'y a plus lieu à souffler après la tuméfaction de la matière d'essai, parce que c'est alors que la réaction se manifeste le mieux.

Conduite de l'essai. — Lorsqu'on souffle au chalumeau, ce ne sont pas les organes de la respiration qui agissent, ils ne pourraient soutenir un travail aussi continu; ce sont les joues qui font ici l'office de soufflets; la bouche se remplit d'air, et, par la contraction des muscles des joues, cet air passe dans le chalumeau. Cette opération, quelque simple qu'elle soit en elle-même, présente au commencement une certaine difficulté, qui provient de l'habitude que l'on a de faire agir en soufflant tous les muscles qui servent à l'expiration.

La chose à laquelle on doit s'attacher d'abord, est de tenir sa bouche pleine d'air durant une assez longue alternative d'aspiration et d'expiration ; lorsque l'on sait entretenir le courant d'air d'une manière continue, il reste encore une étude à faire, c'est celle qui a pour objet de produire un bon feu en soufflant sur la flamme de la lampe ou de la bougie. Ceci exige la connaissance de la flamme et de ses diverses parties.

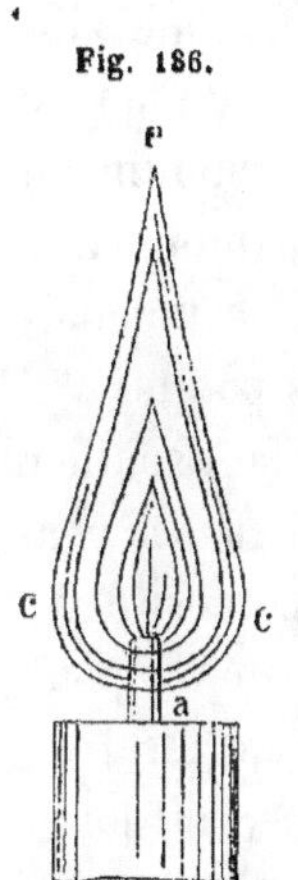

Fig. 186.

Nature de la flamme. — Si l'on considère attentivement la flamme d'une chandelle, on y remarque plusieurs divisions inégales, parmi lesquelles on peut en distinguer quatre. On voit à sa base, *fig.* 186, une petite partie d'un bleu sombre *ac*, qui s'amincit à mesure qu'elle s'éloigne de la mèche, et disparaît entièrement là où la surface extérieure de la flamme s'élève verticalement. Au milieu de la flamme est un espace obscur *ad*, qu'on aperçoit au travers de l'enveloppe brillante. Cet espace renferme les gaz émanés de la mèche, lesquels n'étant point encore en contact avec l'air, ne peuvent pas se consumer. Autour de cet espace est la partie brillante de la flamme, ou la flamme proprement dite. Enfin au dehors de celle-ci on aperçoit, en regardant attentivement, une dernière enveloppe *ce*, peu lumineuse, et dont la

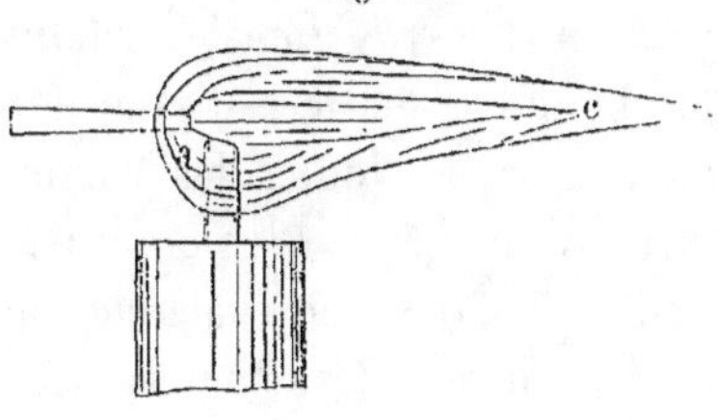

Fig. 187.

plus grande épaisseur correspond au sommet de la flamme brillante. C'est dans cette partie extérieure que la combustion des gaz s'achève, et que la chaleur est la plus intense. Si l'on dirige le bec du chalumeau dans le milieu de la flamme (*fig.* 187), on voit apparaître devant l'ouverture du bec une flamme bleue *ac*, longue et étroite, qui est la même que *ac* dans la figure 186, mais sa position relative a changé : au lieu d'environner la flamme, elle est maintenant concentrée dans son intérieur, où elle forme un petit cylindre. Vers l'extrémité antérieure de cette flamme bleue est le lieu de la plus haute température, de même que dans la flamme non activée par le chalumeau. Mais tandis que, dans celle-ci, ce lieu était une zone, il se réduit maintenant à un point incomparablement plus chaud, et capable de fondre ou de volatiliser des substances sur lesquelles la flamme, livrée à elle-même, n'a qu'une action insensible. Cet énorme accroissement de température tient à ce que le chalumeau verse, sur un petit espace situé au milieu de la flamme, une masse condensée du même air qui, auparavant, ne touchait que sa surface, et s'étendait librement à tous les points.

Pour atteindre le maximum de chaleur, il ne faut souffler ni trop fort, ni trop doucement. Dans le premier cas, la chaleur est enlevée aussitôt que produite par l'impétuosité du courant d'air ; dans le second, il n'arrive pas assez d'air pour un temps donné. Une température élevée est nécessaire, soit lorsqu'on veut éprouver la fusibilité des corps, soit lorsqu'on doit réduire certains oxydes métalliques qui perdent difficilement leur oxygène, tels que les oxydes de fer et d'étain.

Outre la fusion, on a souvent besoin, dans les essais au chalumeau, de produire l'*oxydation* et la *réduction* de certains minerais. Pour les oxyder, on chauffe la matière d'essai devant la pointe extrême de la flamme, où toutes les parties combustibles sont bientôt saturées d'oxygène. Plus on écarte la flamme, et mieux l'oxydation s'opère ; une chaleur trop forte produit souvent le phénomène inverse, surtout lorsque le support est du charbon. L'oxydation est le plus active pos-sible au rouge naissant. Il faut, pour ce genre d'essai, que le bec du chalumeau ait une ouverture plus large que dans les autres cas.

Pour opérer la *réduction*, on se sert d'un bec fin, qu'il ne faut pas engager trop avant dans la flamme. Par ce moyen, on donne naissance à une flamme plus brillante, résultat d'une combustion imparfaite, et dont les parties non encore consumées enlèvent l'oxygène de la matière d'essai. L'on re-gardait autrefois la flamme bleue, comme la flamme propre à la réduction des oxydes ; mais cette opinion est erronée : « C'est véritablement, dit M. Berzélius, la partie brillante de la flamme qui produit la désoxydation : on la dirige sur la pièce d'essai, de manière à ce qu'elle l'environne également de tous côtés, et la mette à l'abri du courant de l'air. »

Le point le plus important, dans les essais pyrognosti-ques, est la faculté de produire à volonté l'oxydation et la réduction ; l'oxydation est si facile que, pour l'effectuer, il suffit du précepte ; mais la réduction exige une assez grande pratique, et la connaissance des divers modes de conflagra-tion. Une manière très-avantageuse de s'exercer à faire un bon feu de réduction est de faire fondre un petit grain d'étain et de le porter au rouge blanc sur du charbon, de telle sorte que sa surface conserve toujours l'éclat métallique ; l'étain a tant de disposition à s'oxyder, qu'aussitôt que la flamme com-mence à se convertir en un feu d'oxydation, il se forme de l'oxyde d'étain qui recouvre le métal d'une croûte infusible.

COMPOSITION DES MINÉRAUX.

Nous avons vu précédemment que lorsqu'on fait cristal-liser un sel, de l'alun, par exemple, dans des eaux mères de natures différentes, les cristaux que l'on obtient affectent des formes variées, quoiqu'appartenant au système cristallin par-ticulier à l'alun. Cette différence tient, en partie, à ce que le sel se charge d'une certaine quantité des matières contenues dans les eaux mères, et on ne peut l'en débarrasser que par plusieurs dissolutions et cristallisations successives. Ce que nous effectuons ainsi dans nos laboratoires, la nature l'exécute également dans la production des minéraux, et il est rare qu'ils soient complétetement purs. Cette circonstance apporte une grande difficulté à la connaissance exacte de la composition des minéraux. Il y a peu d'années encore, on n'avait aucun moyen d'apprécier les mélanges, et l'on prenait pour la composition des minéraux les éléments matériels résultant de l'analyse.

La théorie des proportions chimiques, en montrant que les corps simples se combinent entre eux en proportions définies pour former des sels, a fait penser que les minéraux devaient être astreints à une loi analogue. Depuis les travaux de M. Berzélius sur ce sujet, on ne prend plus, pour la composition des minéraux, les simples résultats de l'analyse ; on cherche la relation qui existe entre le nombre d'atomes que chacun d'eux contient, et si ce rapport est simple, s'il appartient à celui qui caractérise la substance, tous les éléments fournis par l'analyse en sont des composants essentiels. Dans le cas contraire, le minéral présente un mélange d'éléments qui lui sont étrangers. Un exemple fera comprendre facilement cette distinction.

Le spath d'Islande est composé de

$$
\left.\begin{array}{ll}
\text{Acide carbonique} & 43,71 \\
\text{Chaux.} \ldots \ldots \ldots & 56,29
\end{array}\right\} 100,00.
$$

Une pierre à chaux de Souliac dans la Dordogne contient :

$$
\left.\begin{array}{ll}
\text{Acide carbonique} & 35,41 \\
\text{Chaux.} \ldots \ldots \ldots & 45,59 \\
\text{Argile.} \ldots \ldots \ldots & 15,40 \\
\text{Oxyde de fer.} \ldots & 3,60
\end{array}\right\} 100,00.
$$

En comparant les éléments que donnent ces analyses, on y remarque une grande différence, et si certains caractères ne nous apprenaient pas que la seconde substance est une pierre à chaux comme la première, la composition de ces deux minéraux pourrait les faire regarder comme appartenant à des espèces distinctes ; un certain nombre de substances nouvelles faites dans ces derniers temps ne présentent pas autant de différence, et leur séparation n'est pas plus exacte.

Composition atomique. —Si, au lieu de se borner à la comparaison matérielle des nombres, on cherche leur rapport atomique, la question se présente sous un autre jour, et bientôt l'on s'aperçoit que la pierre de Souillac est un calcaire mélangé d'argile et d'oxyde de fer. Cette substance a donc cristallisé dans une eau ocreuse chargée d'argile, et elle s'en est assimilé une certaine proportion. Pour déterminer la composition atomique, il suffit de chercher laquantité d'oxygène que la chaux et la silice contiennent dans chacune de ces analyses.

La chaux est composée de

> Calcium. . . 71,91.
> Oxygène. . . 28,09.

L'acide carbonique contient :

> Charbon. . . 27,65.
> Oxygène. . . 72,35.

Au moyen de ces données, on trouve, pour les deux analyles précédentes, les relations suivantes d'oxygène :

Spath d'Islande.		Oxyg.	Rapp.	Calc. de Souillac.		Oxyg.
Acide carbonique. .	43,71	31,62	2	35,41	25,58	2
Chaux.	56,29	15,81	1	45,59	12,80	1
				Argile.	15,40.	
				Oxyde de fer. .	3,60.	

Ainsi, le spath d'Islande contient un atome de chaux sur deux d'acide carbonique ; la pierre de Souillac présente précisément la même relation ; la seule différence est dans le mélange de matières étrangères. J'ai choisi exprès un exemple où ce mélange est pour ainsi dire palpable ; souvent on a quelques difficultés à le constater ; c'est précisément ce qui donne de l'incertitude pour l'admission dans la classification, d'espèces non cristallisées. Il faut, dans ce cas, que des analyses faites sur des échantillons provenant de localités différentes, reproduisent la même relation atomique. Dans l'exemple qui nous occupe, il est évident que, lors même que l'on ne connaîtrait pas la chaux carbonatée cristallisée, le retour de la relation si simple d'un atome de base contre deux atomes d'acide serait suffisante pour établir l'espèce *chaux carbonatée*, et qu'elle serait parfaitement déterminée.

Sans entrer dans des détails de chimie, qui doivent trouver principalement place dans les ouvrages spéciaux sur cette science, nous allons indiquer ce qu'on entend par un atome, la manière de calculer les compositions atomiques, enfin la méthode que l'on emploie pour représenter par une espèce de formule la composition des minéraux, sans être obligé d'en écrire les éléments.

Corps simples à l'état natif. — Les différents objets que les règnes organiques ou inorganiques offrent à notre observation se composent d'éléments désignés sous le nom de *corps simples*, qui se combinent dans des proportions variées ; le nombre de ces corps simples est de cinquante-quatre [1]. Quelques-uns se trouvent à l'état libre dans la nature : on les désigne alors par le mot *natif*, pour les distinguer des corps simples obtenus artificiellement. Ce sont :

Oxygène.	Or.
Azote.	Platine.

---

[1] *TABLEAU des corps simples rangés d'après le principe électro-négatif.*

Oxygène.	Bore.	Étain.	Bismuth.	Yttrium.
Hydrogène.	Silicium.	Or.	Plomb.	Glucium.
Nitrogène	Tantale.	Platine.	Cadmium.	Aluminium.
Soufre.	Tellure.	Osmium.	Lantane.	Magnésium.
Sélénium.	Arsenic.	Iridium.	Nickel.	Calcium.
Phosphore.	Chrome.	Palladium.	Cobalt.	Strontium.
Chlore.	Molybdène.	Rhodium.	Zinc.	Barium.
Brome.	Vanadium.	Mercure.	Fer.	Lithium.
Iode.	Tungstène.	Argent.	Manganèse.	Sodium.
Fluor.	Antimoine.	Cuivre.	Zirconium.	Potassium.
Carbone.	Titane.	Urane.	Cérium.	

Soufre.	Palladium.
Chlore.	Mercure.
Carbone.	Argent.
Tellure.	Cuivre.
Arsenic.	Bismuth.
Antimoine.	Fer.

Les autres corps simples n'ont pas encore été trouvés à l'état natif.

Les minéraux autres que ceux qui constituent les éléments que nous venons de citer sont formés par la combinaison des corps simples réunis deux à deux, trois à trois, etc., et donnent naissance à des combinaisons binaires, ternaires, etc.

Les minéraux sont moins nombreux que les combinaisons possibles des corps simples. — Le nombre des combinaisons possibles est presque infini ; mais la nature, qui s'est renfermée dans des bornes si restreintes pour le nombre de cristaux que présente le règne minéral, en les astreignant à se dériver des formes primitives par des lois simples, s'en est également donné pour les combinaisons chimiques : en effet, nous ne connaissons que peu de minéraux formés d'éléments quaternaires ; la plupart sont simplement binaires, et même le nombre de ces combinaisons est encore restreint par deux conditions que la nature s'est imposées.

Corps simples formant un élément essentiel des minéraux. — La première, c'est que sur les cinquante-quatre corps simples que nous avons cités, treize seulement sont toujours un des éléments essentiels des combinaisons naturelles ; ce sont :

L'oxygène.	Le tellure.
Le soufre.	L'arsenic.
Le sélénium.	L'antimoine.
Le chlore.	L'or.
Le fluor.	L'osmium.
Le carbone.	Le mercure.
Le silicium.	

Lois des combinaisons des corps simples. — La seconde condition consiste en ce que les combinaisons du règne inorganique se font par des lois simples ; un atome d'un élément se combine avec un ou plusieurs atomes d'un autre élément; il en résulte que dans la plupart desminéraux, l'un des éléments peut être représenté par l'unité. La proportion la plus habituelle après celle-ci est la réunion de deux atomes d'un élément avec trois atomes d'un autre élément; dans les combinaisons que présente le règne minéral, formées par des affinités très-faibles, qui ont agi avec lenteur et en repos, l'on rencontre quelquefois des atomes composés du troisième et du quatrième ordre, dans lesquels trois atomes d'un corps sont réunis avec quatre atomes d'un autre. Ce sont les seuls qui soient encore connus. Cette loi est complétement en rapport avec celle que nous avons précédemment signalée, sur la disposition des molécules intégrantes des cristaux.

Les corps étant formés d'éléments indécomposables, doivent l'être de particules dont la grandeur ne se laisse plus ultérieurement décomposer, et qu'on appelle indifféremment *molécules*, *équivalents chimiques*, *atomes*. Il existe deux espèces très-différentes de ces particules, les unes *élémentaires*, les autres *composées*.

Les *atomes élémentaires* expriment une idée différente de celle de molécule intégrante, employée en minéralogie; celle-ci a une forme géométrique déterminée, qui varie pour chaque minéral; mais, en outre, elle présente les mêmes éléments que le corps même; ainsi la molécule intégrante de carbonate de chaux est composée d'acide carbonique et de chaux, dans les proportions qui constituent ce minéral, tandis que cette molécule intégrante se divise en atomes chimiques élémentaires de trois espèces, l'oxygène, le carbone et le calcium.

Des atomes. — La grandeur des atomes échappe à nos sens, et la matière continue à être divisible jusqu'à ce que chaque particule cesse d'être appréciable; mais là aussi cesse notre pouvoir pour en déterminer la forme; cependant, toutes les probabilités bien considérées, il est naturel de nous représenter les corps élémentaires sous une forme sphérique, parce

que c'est celle que la matière affecte lorsqu'elle n'est pas soumise à l'influence des forces étrangères.

Atomes élémentaires ; — atomes composés. — Quant aux
atomes des corps composés, nous devons nous les figurer sous
une forme déterminée autre que la sphérique, et entièrement
dépendante du nombre des atomes élémentaires et de leur
position réciproque. Mais ici encore il existe une différence
avec la molécule intégrante, et pour nous servir du même
exemple que nous venons déjà de citer, la chaux carbonatée
est composée de deux atomes binaires d'acide carbonique et
d'un atome de chaux, tandis que dans la molécule intégrante
cette séparation n'est pas faite. Enfin l'acide carbonique et la
chaux se décomposent en atomes élémentaires; savoir l'acide
carbonique en un atome de carbone et deux d'oxygène, et la
chaux en un atome de calcium et un d'oxygène.

Les deux éléments qui entrent dans la composition des
combinaisons binaires jouissent d'une propriété très-remarquable ; elle consiste en ce que lorsqu'on soumet à l'action
d'une pile galvanique un oxyde quelconque, la base se porte
au pôle négatif, et l'oxygène se porte au pôle positif. Comme
on sait que les électricités de même nature se repoussent, on
a donné le nom de corps *électro-négatifs* à ceux qui se rendent au pôle positif, et réciproquement d'*électro-positifs* à
ceux qui vont au pôle opposé; l'oxygène est le seul qui se
rende constamment au pôle positif; aussi est-il dans le système électro-chimique le seul corps dont les rapports électriques soient constants; les autres varient en ce sens qu'un
corps peut être négatif à l'égard d'un second, et positif à l'é-
gard d'un troisième; le soufre, par exemple, et l'arsenic sont
positifs relativement à l'oxygène, et négatifs par rapport aux
autres métaux.

Parmi les treize corps que nous avons cités plus haut, et
qui forment un des éléments essentiels des composés binaires,
il en est deux qui se présentent avec une grande fréquence ;
ce sont l'*oxygène* et le *soufre*. Le premier, surtout, se re-

trouve à chaque pas; il forme des oxydes et des acides; toutes les roches qui composent la croûte du globe sont à l'état d'oxyde. La chaux, la silice, l'alumine, etc..., bases essentielles des pierres à chaux, des pierres à plâtre, du granit, etc..., sont des oxydes de calcium, de silicium ou d'aluminium.

Des combinaisons binaires.—Les combinaisons sulfurées sont également fort abondantes. Elles constituent un grand nombre de minerais utiles; mais ces combinaisons, les plus fréquentes après les oxydes, ne sont qu'une exception relativement à ces derniers, et chacun sait que les mines métalliques sont clairsemées sur le globe, de loin en loin, dans quelques contrées privilégiées.

Des combinaisons ternaires.—Les composés ternaires résultent en général de combinaisons binaires qui ont un élément commun; la pierre à chaux est composée de chaux et d'acide carbonique, et chacun de ses éléments est binaire; la plupart des combinaisons ternaires sont formées de deux corps oxygénés, comme dans l'exemple que nous venons de citer, ou de deux combinaisons sulfurées. Cette nouvelle circonstance restreint de plus en plus le nombre des combinaisons naturelles. De même que certains corps simples entrent exclusivement dans la composition des composés binaires, c'est également un petit nombre de combinaisons binaires qui donnent naissance aux composés ternaires et forment des espèces de familles : *l'acide carbonique*, par exemple, en se combinant avec les bases et les oxydes métalliques, produit des *carbonates*; il en est de même de *l'acide sulfurique*, etc... Cette circonstance diminue le nombre des combinaisons ternaires qui pourraient avoir lieu.

Les combinaisons ternaires se décomposent en combinaisons binaires.— L'étude de la composition des minéraux se borne donc à celle des combinaisons binaires qui peuvent se former, et comme le nombre en est restreint par des lois simples, ce sont ces lois elles-mêmes qu'il faut connaître. L'expérience est le seul guide qu'on puisse invoquer, et ces

lois résultent de la comparaison des analyses ; il est nécessaire que nous en donnions quelques exemples pour faire
comprendre comment on est parvenu à les établir.

Le soufre se combine à l'oxygène dans plusieurs proportions, et donne naissance à des acides plus ou moins oxygénés. Les trois principaux sont :

	Soufre.	Oxygène.
L'acide hyposulfureux composé. .	201,20	100
L'acide sulfureux.	100,56	100
L'acide sulfurique.	67,06	100

Lois simples qui régissent les combinaisons. — Les rapports entre les proportions de soufre combinées avec l'oxygène, dans ces trois acides, sont comme les nombres 3, 2
et 1 ; si l'on veut connaître, au contraire, combien une certaine quantité de soufre absorbe d'oxygène pour passer à ces
différents degrés d'oxydation, il faut rendre le nombre qui
représente le soufre, le même dans ces trois combinaisons, ce
qu'on fait en multipliant la quantité de soufre de l'acide sulfureux par 2, et celle de l'acide sulfurique par 3. Les analyses
précédentes deviennent alors :

	Soufre.	Oxygène.
Acide hyposulfureux.	201,20	100
Acide sulfureux.	201,12	200
Acide sulfurique.	201,18	300

Si nous considérons le nombre constant 201,20 comme
l'atome de soufre, et le nombre 100 comme l'atome de l'oxygène, il en résulte que

L'acide hyposulfureux contient un atome de soufre et un
d'oxygène ;

L'acide sulfureux un atome de soufre et deux d'oxygène ;

L'acide sulfurique un atome de soufre et trois d'oxygène.

La loi qui régit les combinaisons du soufre et de l'oxygène
est aussi simple que possible[1], puisqu'elles sont entre elles

---

[1] L'acide hyposulfurique présente une exception à la simplicité des autres
combinaisons oxydées du soufre ; il est formé de 100 d'oxygène et de 80 de

comme les nombres naturels 1, 2 et 3; la plupart des combinaisons naturelles affectent une semblable simplicité, et sont, comme nous l'avons déjà annoncé, analogues à celles qui régissent la dérivation des faces secondaires des cristaux sur la forme primitive. Quelques autres exemples établiront cette vérité d'une manière plus positive.

	Plomb.	Oxygène.
L'oxyde plombique contient. .	1294,50	100
Le sur-oxyde plombique. . . .	747,37	100

En prenant la même quantité de plomb ,

Le premier devient. .	1294,50	100.
Le sur-oxyde.	1294,74	200.

Le sur-oxyde contient par conséquent, pour une quantité de plomb donnée, le double d'oxygène : le rapport de ces deux oxydes est donc ::1:2.

Le cuivre qui possède trois oxydes offre les compositions suivantes :

	Cuivre.	Oxygène.		Cuivre.	Oxygène.
Oxyde cuivreux. . . .	791,36	100	ou	791,36	100
Oxyde cuivrique. . . .	395,78	100		791,56	200
Sur-oxyde cuivrique. .	197,88	100		791,52	400

Le rapport entre les quantités d'oxygène que contiennent ces oxydes est 1, 2 et 4, un terme de la proportion continue manque; mais ce rapport est néanmoins d'une grande simplicité.

Presque toutes les combinaisons sont astreintes à ces lois remarquables. Le soufre, en s'alliant avec le cuivre, donne deux sulfures, dont les compositions sont, pour le premier, 393,39 de cuivre et 100 de soufre, et pour le second, 393,38 et 200 de soufre. Le second se dérive donc du premier en doublant la quantité de soufre. Les sels nous offri-

---

soufre, nombre qui est les 3/5ᵉ de 201,20. Mais plusieurs circonstances conduisent à penser que l'acide hyposulfurique est une combinaison ternaire formée d'acide sulfurique et d'acide sulfureux , également en proportions définies.

raient des circonstances analogues. En généralisant ces exemples ainsi que l'expérience nous l'apprend, on admet que, dans les combinaisons des corps oxydés, le nombre des atomes de l'oxygène de l'un des oxydes est un multiple par un nombre entier de celui des atomes d'oxygène de l'autre, et que dans les combinaisons des sulfures, le nombre des atomes de soufre de l'un est également un multiple du nombre des atomes du soufre dans l'autre. On ne connaît dans ce moment d'autre exception à cette règle que celle des acides du phosphore, d'azote et d'arsenic, qui sont du reste soumis à une autre loi également fixe.

Poids des atomes. — Ces mêmes exemples nous fournissent l'occasion de faire connaître comment on obtient le poids des atômes de chaque substance, bien que les atomes soient, comme nous l'avons dit plus haut, insaisissables à nos sens. On peut, en effet, supposer que la quantité fixe de soufre 201,20, qui se combine successivement avec 100, 200 et 300 d'oxygène pour former les acides hyposulfureux, sulfureux et sulfurique, soit le poids de l'atome de soufre, 100 représentant l'atome de l'oxygène; on dira alors qu'un *atome de soufre* se combine avec 1, 2 ou 3 *atomes d'oxygène* pour donner lieu aux trois acides précédents. C'est là effectivement le sens qu'on attache au mot *atome* en chimie; sa valeur n'est pas absolue; elle exprime simplement un rapport.

M. Berzélius, qui a réuni en un corps de doctrines tous les travaux de Richter et de Berthollet sur la composition chimique, et qui en a fait l'admirable théorie atomique, a pris l'oxygène pour point de départ de la détermination des atomes des différents corps simples ou composés, et il a représenté par 100, ainsi que nous venons de le dire, le poids de l'*atome de l'oxygène*. Dalton, qui le premier avait établi une semblable comparaison, s'était servi de l'hydrogène pour base de ses calculs, parce que le poids atomique de ce corps est le plus petit de tous; la plupart des chimistes anglais ont suivi les traces de leur illustre compatriote, et dans plusieurs ouvrages sur la composition des minéraux, tous les calculs sont faits d'après cette donnée.

Le choix de l'oxygène est préférable, parce que la plupart des corps étant des oxydes ou des combinaisons avec les oxydes, en adoptant cette base, les calculs se trouvent singulièrement simplifiés. Il suffit alors en effet d'ajouter les nombres 100, 200, 300, etc., pour avoir le poids des oxydes; mais outre cette circonstance importante, les relations atomiques sont beaucoup plus simples en composant les différents corps simples avec l'oxygène que lorsqu'on les établit avec l'hydrogène. Ces raisons, l'une et l'autre si puissantes, ont engagé la plupart des chimistes à adopter l'oxygène pour base de tous les calculs atomiques, et quelques ouvrages anglais sont les seuls où ces calculs soient exécutés en prenant l'hydrogène pour terme de comparaison.

Dans les exemples que nous avons donnés, le nombre 201,20 représenterait l'atome du soufre, et par suite les nombres 301,20; 401,12, 501,18 seraient les atomes des acides hyposulfureux, sulfureux et sulfurique.

De même le poids de l'atome de cuivre étant 791,36 [1], les atomes des oxydes cuivreux, cuivrique et sur-oxyde de cuivre seraient 891,36, 991,56, et 1191,52.

Les relations remarquables que nous venons d'indiquer se représentent dans la plupart des minéraux; c'est par leur étude qu'on parvient à distinguer la véritable composition des substances minérales de leur composition apparente, telle qu'on l'obtient par l'analyse.

Notation chimique.— Les relations atomiques qui existent entre les différents éléments essentiels des minéraux four-

---

[1] Dans les tables, au lieu des nombres 791,36, 891,36, 991,56, et 1191,52, qui représentent les atomes du cuivre de l'oxyde cuivreux, de l'oxyde cuivrique et du sur-oxyde cuivrique, on trouve, pour le poids des atomes de ces quatre corps, les valeurs 395,70, 445,79, 495,70, et 595,70 qui n'en sont que la moitié. Cela tient à ce que, pour que les calculs soient plus faciles dans certains cas, M. Berzélius a pris pour atomes la moitié seulement des valeurs ci-dessus trouvées.

nissent donc le meilleur moyen de les désigner, sinon de les reconnaître. Mais comme ces relations ne sont pas appréciables à la simple lecture des analyses, M. Berzélius a eu l'heureuse idée de les représenter par des espèces de formules, qui montrent immédiatement les rapports particuliers à chaque espèce. Ces formules peuvent, à leur tour, être traduites en nombres, de sorte qu'avec leur secours il est facile de retrouver les éléments constitutifs auxquels elles se rapportent.

Indiquons d'abord la notation, avant d'exposer la méthode de construire les formules, et de repasser de celles-ci aux analyses.

Tous les minéraux étant formés par la réunion de corps simples, il suffit de choisir un signe particulier pour l'atome de chacun de ces corps. La plupart des minéralogistes sont d'accord pour adopter pour signe, les initiales des noms latins de chaque corps. Quand les noms de plusieurs corps ont la même initiale, on y ajoute la première lettre qui ne leur est pas commune. C signifie carbone; Cl, chlore; Cr, chrome; Cu, cuivre; Co, cobalt; Ca, chaux.

Le nombre des atomes est désigné par des chiffres; un chiffre à gauche multiplie tous les atomes placés à sa droite, jusqu'au premier signe +, ou jusqu'à la fin de la formule, si elle ne possède qu'un terme; les chiffres placés à droite de la lettre en haut, à la manière des exposants algébriques, multiplient seulement les poids atomiques placés à gauche; par exemple, SO^3 signifie un atome de soufre et trois atomes d'oxygène, combinaison qui constitue un atome d'acide sulfurique, tandis que $2SO^3$ représente deux atomes de ce même acide. S^2O^5 signifie deux atomes de soufre et cinq atomes d'oxygène, expression qui est celle d'un atome d'acide hyposulfurique, et $2S^2O^5$ représente deux atomes du même acide.

Pour simplifier les formules, M. Berzélius a substitué aux atomes doubles du radical un signe particulier, il met une barre sur la lettre : ainsi S signifie un atome, et $\bar{S}$ un double atome de soufre. L'expression de l'atome de l'acide hyposulfurique devient alors So^5.

Les atomes composés du premier ordre sont désignés comme il suit : $Cuo + So^3$ exprime un atome d'oxyde cuivrique, plus un atome d'acide sulfurique, ou un atome de sulfate cuivrique. $Feo^5 + 3So^5$ s'applique par la même raison à l'atome de sulfate ferrique.

Des formules chimiques. ——Lorsqu'il s'agit d'exprimer la composition d'un sel double, c'est-à-dire d'un atome composé du second ordre, la formule deviendrait de cette manière longue et obscure; et comme ces atomes du second ordre ne sont ordinairement que des oxy-sels ou des sulfo-sels, il est facile d'indiquer le nombre des atomes d'oxygène par des points qui se placent au-dessus de la lettre qui représente le radical. On peut également indiquer le nombre des atomes de soufre par des virgules.

Pour les composés ternaires comme pour les sulfates cuivrique et ferrique, on place les signes des deux composés binaires l'un à côté de l'autre.

Au moyen de ces modifications, les formules précédentes deviennent :

$$L'acide\ sulfurique\ \ .\ \ .\ = So^3\ devient\ \overset{...}{S}.$$

$$L'acide\ hyposulfurique = S^2O^3.\ \ .\ \ .\ \ .\ \overset{..}{\underset{...}{S}}.$$

$$Le\ sulfate\ cuivrique.\ \ .\ = Cuo + So^3.\ \ .\ \ .\ \overset{.}{C}\overset{..}{S}.$$

$$Le\ sulfate\ ferrique.\ \ .\ \ .\ = \overset{...}{Feo^5} + 3So^3 = \overset{..}{F}\ \overset{.}{S}.$$

Dans ce dernier exemple, l'exposant 3 mis à la droite de l'acide sulfurique indique, de même que dans le sulfate de fer, qu'il existe trois atomes d'acide sulfurique unis à un atome double d'oxyde ferrique.

Pour les combinaisons dans lesquelles il entre plusieurs bases, on les écrit à côté les unes des autres, en les séparant par le signe $+$. L'alun, par exemple, composé de sulfate, de potasse, de sulfate d'alumine et d'eau, est représenté par la formule

$$\dot{K}\,\overset{..}{S}{}^3 + \overset{...}{A}l\,\overset{..}{S}{}^3 + 24\,\overset{.}{H},$$

qui exprime que ce sel contient un atome de sulfate de potasse $= \dot{K}\,\overset{..}{S}{}^3$, un atome de sulfate d'alumine $= \overset{...}{A}l\,\overset{..}{S}{}^3$, plus 24 atomes d'eau $= 24\,\overset{.}{H}$.

Ces formules indiquent rigoureusement et avec détail la composition des corps, mais elles présentent plusieurs inconvénients : il est difficile de les lire, quand les bases existent, comme dans l'alun, à des degrés d'oxydation différents ; il faut, en outre, une certaine habitude pour faire à l'instant le petit calcul nécessaire pour comparer l'oxygène de l'acide à celui de la base. Enfin, dans quelques cas, on n'est pas assez sûr du degré d'oxydation pour l'affirmer par un nombre de points qui l'indique.

Des formules minéralogiques. — Les raisons que nous venons d'indiquer ont conduit M. Berzélius à substituer pour la plupart des minéraux, aux formules précédentes, qu'il a appelées *chimiques*, des formules désignées sous le nom de *minéralogiques*, dans lesquelles il supprime les signes d'oxydation ; quand il y a deux oxydes, il désigne le plus élevé par une capitale, et le plus bas par une petite lettre : ainsi F signifie l'oxyde de fer au maximum, et *f*, l'oxyde au minimum.

$\overset{.}{C}\,\overset{...}{S}$ représentant la formule chimique du sulfate cuivrique, CS^3 en sera la formule minéralogique : on voit que, dans ce cas, on exprime seulement le rapport de l'oxygène de la base à celui de l'acide, sans s'occuper du degré d'oxydation de ces deux éléments.

La formule chimique de l'alun $\dot{K}\overset{..}{S}{}^3 + \overset{...}{A}l\,\overset{..}{S}{}^3 + 24\,\overset{.}{H}$, transformée en formule minéralogique, devient :

$$KS^3 + 3\,AS^3 + 24\,Aq.$$

Pour effectuer cette transformation, il suffit de diviser

par le nombre qui représente la quantité d'oxygène de la base la moins élevée ; ici ce nombre est 1 :

$$\dot{K}\,\ddot{S}\ \text{devient}\ KS^3\ ;\ \ddot{A}t\,\ddot{S}^3\ \text{devient}\ 3AlS^3.$$

Dans ce dernier terme, le coefficient 3 est le facteur commun des proportions d'oxygène de l'alumine et de la silice.

Le rôle des coefficients dans ces formules est changé : dans les signes chimiques, ils donnent le rapport entre les nombres d'atomes de l'un et de l'autre composant binaire. Dans les formules minéralogiques, ils expriment seulement le rapport entre la quantité d'oxygène de la base et la quantité d'oxygène de l'acide. Construite de cette manière, la formule n'est plus que l'expression du fait que présente l'analyse, et quoiqu'elle ne soit qu'une modification de la formule chimique, elle est indépendante de tous les changements qui pourraient arriver à celle-ci par suite de modifications dans les nombres atomiques d'oxygène, des corps oxygénés.

Transformation d'une formule chimique en une formule minéralogique. — On peut facilement repasser des signes minéralogiques aux signes chimiques, et réciproquement : il suffit de rétablir le degré d'oxydation de chaque base, et de conserver les mêmes rapports. Reprenons la formule minéralogique de l'alun, que nous venons d'obtenir, $KS^3 + 3AS^3 + 24Aq$; dans le premier terme, la potasse contient un atome, et la silice trois ; il devient donc $\dot{K}\,\ddot{S}$; quant au second, il est évident que $3AS^3$ sera remplacé par $\ddot{A}t\,\ddot{S}^3$.

Prenons pour second exemple la formule $fP + 3mn\,P^2 + 6Aq$, représentant un phosphate double de manganèse et de fer, qui a reçu le nom d'*huréaulite*.

Le premier terme est un phosphate de fer, dans lequel le rapport de l'oxygène de la base à l'oxygène de l'acide est de 2 : l'acide phosphorique contenant 5 atomes, et le protoxyde de fer seulement 1. Pour conserver cette relation, il faut mettre au fer un exposant 5; le premier terme devient donc $\dot{F}^5\ \overset{...}{\ddot{P}^2}$; par la même raison, le second terme $3mn\ P^2$, transformé en signe chimique, sera $3\dot{M}n^8\ \overset{...}{\ddot{P}^2}$, expression dans la quelle la relation reste également 2. Quant au troisième terme $6Aq$, il deviendra $30Aq$, car tous les autres termes ayant été multipliés par le chiffre 5, il faut, pour conserver la même relation entre le nombre des atomes d'eau et ceux des autres éléments, multiplier par le même facteur 5, qui a été introduit dans les deux premiers termes : la formule chimique de l'huréaulite est donc

$$\dot{F}^5\ \overset{...}{\ddot{P}^2} + 3\dot{M}n^5\ \overset{...}{\ddot{P}^2} + 30Aq.$$

Transformation des analyses en formules. — Quand on cherche la composition d'un corps, on en prend une certaine quantité, et les résultats obtenus expriment des poids; il faut, pour les mettre sous la forme de formule, transformer ces poids en nombres atomiques.

Composés binaires. — Nous allons donner quelques exemples, en commençant par les composés binaires.

Supposons d'abord que l'analyse d'un oxyde de plomb ait donné :

$$\left.\begin{array}{l}\text{Plomb.} \dots\ 86,62 \\ \text{Oxygène.} \dots\ 13,38\end{array}\right\}\ 100,00.$$

Pour transformer ces résultats en atomes, on peut supposer que le plomb obtenu 86,62 représente un atome de plomb, et l'on cherche le nombre d'atomes d'oxygène contenu dans 13,38. On a donc la proportion : $86,62 : 1294.50$, poids de l'atome de plomb $: : 13,38 : x$, d'où $x = 199,99$. Ce nombre ne diffère de 200, qui représente deux atomes d'oxygène, que par une quantité infiniment petite; on peut donc regarder l'oxyde dont nous avons donné l'analyse comme contenant un atome de plomb pour deux atomes d'oxygène. C'est donc un *bi-oxyde* représenté par la formule $\ddot{P}$. Les nombres obtenus par l'analyse ne correspondant pas exactement à la supposition d'un atome à deux, et si l'on voulait connaître exactement ces nombres, il faudrait résoudre la proportion inverse, dans laquelle les trois termes connus sont :

1494,50, somme de l'atome de plomb et des deux atomes d'oxygène : 100, somme de l'analyse en centièmes :: 200, poids des deux atomes d'oxygène : x, quantité d'oxygène en centièmes. On trouve alors :

$$x = \frac{20000}{1494,5} = 13,3873,$$

nombre dont les quatre premiers chiffres sont égaux au résultat de l'analyse : les proportions atomiques qui représentent la composition de l'oxyde de plomb sont par conséquent :

		Au lieu de.
Plomb. . .	86,6127	86,62
Oxygène. .	13,3878	13,38
	100,0000	100,00

Prenons pour second exemple la *galène*, sulfure de plomb natif correspondant à l'oxyde plombique et dont la composition est :

Plomb. . . .	86,55.
Soufre. . . .	13,45.

En supposant, de même que nous venons de le faire, que le nombre 86,55 corresponde à un atome de plomb, on a la proportion :

$$86,55 : 1294,50 :: 13,45 : x = 201,16.$$

La valeur de $x = 201,16$ représente exactement l'atome de soufre, qui est 201,17. Le galène contient donc un atome de soufre pour un de plomb; il en résulte que ce sulfure a pour formule l'expression PS.

On remarquera que ce sulfure présente exactement la même composition atomique que l'oxyde plombique. Cette relation se retrouve pour la plupart des métaux, et c'est une loi presque générale qu'à chaque oxyde correspond un sulfure.

Composés ternaires. — Prenons maintenant l'analyse du *cuivre pyriteux*, qui contenant du soufre, du cuivre et du fer, fournira un exemple d'un composé ternaire non oxygéné. La composition de ce minéral, d'après M. H. Rose, est :

$$\left.\begin{array}{l} \text{Soufre.} \ldots \ 35 \\ \text{Cuivre.} \ldots \ 35 \\ \text{Fer.} \ldots \ 30 \end{array}\right\} \ 100,00.$$

Pour connaître le rapport atomique qui lie ces trois éléments entre eux, il faut simplement chercher combien chacun d'eux contient d'atomes de leur nature; il est évident que, pour avoir le nombre d'atomes de soufre que contiennent les 35 pour 100 de soufre que donne l'analyse du cuivre pyriteux, il suffit de diviser ce nombre par la valeur de l'atome du soufre, qui est 201,17; on aura, par le même procédé, le nombre d'atomes de fer et de cuivre. Il suffit donc d'exécuter les trois divisions indiquées par les équations suivantes :

$$\frac{35}{201,15} = 0,173; \ \frac{35}{395,70} = 0,088; \ \frac{30}{339,21}; = 0,088;$$

395,70 étant le poids de l'atome du cuivre, et 339,21 celui du fer.

Calcul des sulfures. — En comparant les trois nombres 0,173, 0,088, 0,088, qui représentent les quantités d'atomes de soufre, de cuivre et de fer qui entrent dans la composition de la pyrite de cuivre, on remarque que le cuivre et le fer y sont en quantités égales, et que le nombre d'atomes du soufre est double. Si on suppose donc que ce minéral contienne un atome de cuivre, il en contiendra un de fer et deux de soufre. Sa composition sera alors :

$$C, F, 2S;$$

En supposant que le soufre se partage également sur les deux radicaux, la pyrite de cuivre sera composée d'un atome CS, plus un atome FS, ce qu'on écrira ainsi :

$$CS + FS.$$

Calcul pour les combinaisons oxygénées. — Pour les combinaisons oxygénées, on peut employer la méthode que nous venons d'appliquer aux sulfures, mais il en existe une plus simple. Nous allons les comparer l'une et l'autre.

Soit l'analyse de la *dolomie* à transformer en formule :

$$\text{Acide carbonique.} \ldots \quad 46,60.$$
$$\text{Chaux.} \ldots\ldots\ldots \quad 30,00.$$
$$\text{Magnésie.} \ldots\ldots \quad 21,12.$$

On prendra, comme nous venons de faire, le poids de l'atome de chacun de ces trois éléments, et on divisera les nombres représentant l'acide carbonique, la chaux et la magnésie, par le poids de leur atome respectif, pour déterminer la relation atomique qui existe entre les éléments. On a :

$$\frac{46,60}{275,01} = 0,1694\ ; \quad \frac{30}{712,04} = 0,0420\ ; \quad \frac{21}{516,70} = 0,0401.$$

Les trois quotients 0,1694, 0,0420, 0,0401 sont presque exactement comme les nombres 4, 1, 1. Il en résulte que dans la dolomie, il existe quatre atomes d'acide carbonique contre un atome de chaux et un atome de magnésie. En supposant que l'acide se partage également entre chaque base, la formule minéralogique de ce minéral sera :

$$CaC^2 + MgC^2.$$

En indiquant les atomes d'oxygène, sa formule chimique aura pour expression :

$$\dot{C}a\ddot{C} + \dot{M}g\ddot{C}.$$

Les formules minéralogiques expriment la relation atomique de l'oxygène contenu dans les éléments de l'analyse. Il est évident, dans l'exemple que nous venons de calculer, que la chaux en contient un, la magnésie un et l'acide carbonique quatre.

La seconde méthode employée pour transformer les analyses en formules, consiste à mettre immédiatement en regard cette relation. Pour y parvenir, il suffit de chercher la quantité d'oxygène contenue dans chaque élément donné par l'analyse.

Reprenons la composition de la dolomie, et mettons à côté de chacun des éléments la quantité d'oxygène qu'ils contiennent. Nous aurons :

		Oxygène.	Rapports.
Acide carbonique. .	46,60	33,71	4.
Chaux.	30,00	8,41	1.
Magnésie.	21,12	8,14	1,

Le rapport de l'oxygène que renferment ces trois éléments est précisément 4 : 1 : 1, le même que nous avions trouvé entre le nombre d'atomes.

Cette dernière méthode est un peu plus courte, surtout quand on se sert des tables que M. H. Rose a calculées pour cet effet. On a en outre l'avantage de prévenir quelques erreurs que l'on pourrait faire par l'autre méthode relativement aux atomes doubles.

Quelquefois, au lieu de chercher le nombre d'atomes élémentaires que contient un composé ternaire, ainsi que nous venons de le faire pour la dolomie, il est nécessaire de déterminer immédiatement la relation entre les atomes binaires. Dans l'exemple de la dolomie, cette recherche serait plus longue, parce que l'acide carbonique de la chaux et de la magnésie s'obtenant par une seule opération, il faudrait d'abord calculer chaque carbonate ; mais quand les composés binaires sont donnés immédiatement, le calcul est au contraire plus court, et on juge plus facilement de leurs rapports.

Supposons qu'on ait les éléments suivants, qui représentent la composition du plomb carbonaté rhomboédrique :

$$\left.\begin{array}{l}\text{Carbonate de plomb. . . . . 72, 70} \\ \text{Sulfate de plomb. . . . . 27, 20}\end{array}\right\} 100,00$$

Le poids de l'atome de carbonate de plomb = 1670,94
Le poids de l'atome de sulfate de plomb = 1895,66

On a donc :

$$\frac{72,70}{1670,94} = 0,043 ; \quad \frac{27,30}{1895,66} = 0,014.$$

Les quantités 0, 043, et 0, 014 étant comme les rombres

3:1, il en résulte que le plomb rhomboédrique est formé de 3 atomes de carbonate de plomb unis à un atome de sulfate, composition qui sera représentée par l'expression :

$$3Pbc^2 + Pbsu^8,$$

Pbc^2, et $Pbsu^3$ étant les formules minéralogiques du plomb carbonaté et du plomb sulfaté.

Combinaisons oxygénées quaternaires.—Prenons pour dernier exemple l'*alun*, dont nous avons indiqué la formule il y a quelques pages, et cherchons de suite la quantité d'oxygène de chacun de ses éléments. La composition de ce sel est :

		Oxygène.	Rapports.
Acide sulfurique. .	33,76	20,209	12.
Alumine.	10,82	5,053	3.
Potasse.	9,95	1,686	1.
Eau.	45,47	40,217	24.

Les tables nous apprennent que les sulfates sont des sels à trois atomes. Prélevant donc trois atomes d'acide sulfurique pour saturer l'atome de potasse, il en restera neuf pour les trois atomes d'alumine; la formule minéralogique de l'alun sera, par suite :

$$KS^5 + 3AS^3 + 24\,Aq.$$

Pour obtenir la formule chimique de ce sel, il faut y faire entrer la quantité d'atomes d'oxygène que chaque base contient. On a alors :

$$\overset{.}{K}\overset{...}{S} + \overset{..}{Al}\overset{..}{S^5} + 24\,\overset{.}{H}.$$

Transformation d'une formule en une analyse en poids. Il nous reste maintenant à résoudre le problème inverse : étant donnée une formule, trouver les nombres en centièmes qui en représentent l'analyse. Pour effectuer cette transformation, il faut connaître l'état d'oxydation de chacun des éléments qui entrent dans l'analyse. Si donc on a une formule minéralogique, on la traduira d'abord en formule chimique, et ce sera seulement cette dernière qu'on pourra reproduire sous la forme d'analyse.

Soit par exemple la formule minéralogique $CaC^2 + MgC^2$ que nous avons trouvée ci-dessus pour la dolomie, nous commençons par rétablir l'indication des atomes d'oxygène, et cette formule devient alors, dans le langage chimique :

$$\dot{C}a\ddot{C} + \dot{M}g\,\ddot{C}.$$

La dolomie contient donc deux atomes d'acide carbonique, un atome de chaux et un de magnésie. Mettant à la place de ces atomes leur valeur numérique, on aura :

$$
\begin{aligned}
2\ddot{C} &= 552,87 \\
\dot{C}a &= 356,02 \\
\dot{M}g &= 258,35 \\
\hline
&\ 1167,24
\end{aligned}
$$

Pour effectuer la transformation en centièmes, on supposera que la somme des éléments, 1167,24, représente le nombre 100, et les proportions en centièmes de l'acide carbonique de la chaux et de la magnésie seront données par la résolution des trois proportions suivantes :

$$
\begin{aligned}
1167,24 &: 552,87 :: 100 : x = 47,364 \\
1167,24 &: 356,02 :: 100 : x = 30,502 \\
1167,24 &: 258,35 :: 100 : x = 22,134 \\
\hline
& \qquad\qquad\qquad\qquad\quad 100,000
\end{aligned}
$$

Cette transformation rectifie la composition de la dolomie. La comparaison de l'analyse et du résultat atomique montre, au reste, que la différence est presque nulle :

	Analyse.	Proportions atomiques.
Acide carbonique. .	46,60	47,364
Chaux.	30,00	30,502
Magnésie.	21,12	22,134
	97,72	100,000

Observations sur les mélanges. — Les indications qui précèdent suffisent pour résoudre les différentes questions relatives à la composition atomique des minéraux; le calcul des mélanges se fait exactement par les mêmes procédés ; on les apprécie par le plus ou moins de simplicité que présentent les formules, en admettant ou en rejetant certains éléments. La difficulté est, du reste, souvent très-grande, parce qu'un corps est, dans quelques circonstances, à la fois à l'état de combinaison et à l'état de mélange; c'est cette difficulté qui a conduit à admettre comme espèces des minéraux qui ne sont que le mélange de deux espèces connues. C'est également à cette circonstance que l'on doit les différences que l'on remarque entre les formules adoptées par les différents auteurs pour quelques minéraux. Hâtons-nous d'ajouter que l'incertitude ne porte que sur un petit nombre d'espèces, et sur les moins importantes. En effet, pour les minéraux qui se retrouvent avec fréquence, les analyses faites sur des échantillons provenant de localités éloignées, et quelquefois de gisements différents, se corrigent les unes les autres, et leur comparaison fournit le moyen d'en établir la véritable composition.

FORMULES GÉNÉRALES

POUR TROUVER

LES LOIS DE DÉCROISSEMENTS QUI PRÉSIDENT

AUX

FACES SECONDAIRES DU SYSTÈME RHOMBOÉDRIQUE.

J'ai déjà annoncé que dans les calculs cristallographiques je préférais résoudre chaque exemple numérique en particulier, plutôt que de recourir à des formules générales dans lesquelles il n'y avait plus qu'à substituer les angles propres au cristal que l'on étudie. Le plus ordinairement, la résolution directe du cas particulier que l'on examine est plus simple, mais en outre les formules générales ne dispensent pas des calculs trigonométriques que j'indiquerai bientôt, car c'est seulement dans des cas fort rares que l'observation fournit les données immédiates des formules. Pour se procurer ces données, on est presque toujours obligé de passer par des séries de triangles sphériques analogues à celles qu'il faut résoudre quand on recherche directement les éléments des cristaux ; néanmoins l'étude des formules générales est intéressante, parce qu'elle révèle certaines propriétés des cristaux qui échapperaient à l'examen des cas particuliers : c'est surtout pour le rhomboèdre, dont j'ai déjà eu l'occasion de faire connaître quelques propriétés remarquables, que les formules présentent cet intérêt. Je vais en conséquence consacrer ce chapitre à la recherche des formules propres à déterminer les lois du décroissement des différents solides secondaires qui naissent sur le rhomboèdre. Je m'appuierai, dans cette recherche, du

Mémoire important que M. Lévy a inséré sur cette question dans le *Journal d'Edimbourg*[1].

Je rappellerai que le système rhomboédrique donne naissance à quatre genres de formes :

1° Des *rhomboèdres;*

2° Deux *prismes hexagonaux réguliers;*

3° Des *métastatiques*, ou dodécaèdres triangulaires scalènes;

4° Des *dodécaèdres triangulaires isocèles* ou bi–rhomboèdres.

Ces quatre genres de formes se réduisent à deux, les *rhomboèdres* et les *métastatiques*.

Les *prismes à six faces* peuvent en effet être considérés comme des rhomboèdres dont les arêtes se coupent à l'infini, et les formules embrassent ce cas particulier; quant aux *dodécaèdres triangulaires isocèles*, ils sont formés de deux rhomboèdres inverses, et par suite les lois qui président à ces cristaux sont les mêmes que celles qui donnent naissance aux rhomboèdres dont ils se composent.

<h3 style="text-align:center">1° DÉRIVATION DES RHOMBOÈDRES.</h3>

Le problème que je me propose de résoudre, est de trouver une formule générale qui indique la loi de décroissement d'un rhomboèdre placé d'une manière quelconque sur le primitif. Ce problème est l'inverse de celui qu'Haüy a développé dans son Traité de cristallographie. Il y donne, page 290, vol. 1er, des formules pour calculer les angles que forment entre elles les faces d'un rhomboèdre secondaire, ou l'angle de ce même rhomboèdre avec les faces d'une autre modification, dont on connaît l'indice de décroissement. Cette question avait pour Haüy une grande importance, parce que, ayant

---

[1] *Remarques sur les différents modes de notation de Weiss, Mohs et Haüy*, par A. Lévy. Edimburgh philosophical Journal, n° 23, janvier 1825, page 70.

posé en principe la simplicité des lois de décroissement, il corrigeait les angles par cette méthode. Mais cette question n'est
pas la véritable que le minéralogiste ait à résoudre; en outre,
lorsque le parallélisme des bords ne suffit pas pour déterminer
à priori les indices de la modification dont on étudie la loi,
elle exige la substitution dans la formule de nombres successifs, qui donne à cette méthode du vague et de l'incertitude.

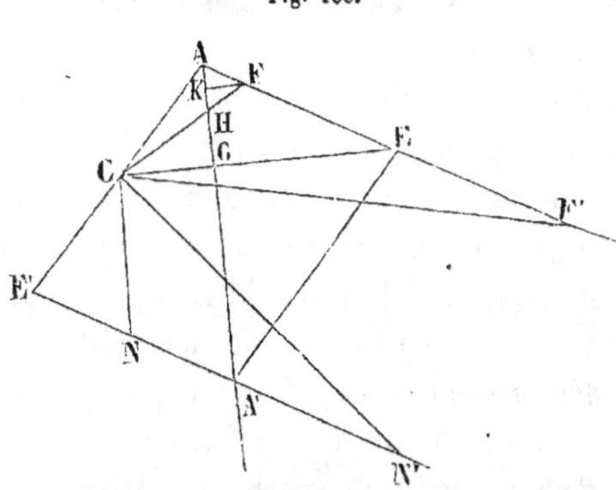

Fig. 188.

Soit $AE'A'E$, (*fig.* 188) la section du rhomboèdre. Du point C placé sur le milieu de la diagonale AE', menez une ligne parallèle à la face du rhomboèdre secondaire. Cette ligne occupera une des quatre positions CF, CF', CN, CN'.

Dans les deux premiers cas, le rhomboèdre secondaire résulte d'un décroissement sur l'angle sommet du primitif; la
seule différence qui existe entre ces deux rhomboèdres, c'est que
pour celui dont la face est parallèle à CF, le nombre de rangées
en largeur est plus grand que celui des rangées en hauteur, et
que l'inverse a lieu pour le rhomboèdre parallèle à CF'. Si donc
a^n est l'indice de ces rhomboèdres, $n > 1$ dans le premier cas
et < 1 dans le second.

Les proportions suivantes indiquent les relations entre les
côtés du primitif, et la distance à laquelle la face du secondaire le coupe, et par suite la loi même de décroissement.

$$AE : AF :: n : 1, \text{ ou } AE : AF' :: n : 1.$$

Des rhomboèdres parallèles aux lignes CN, CN' sont produits par des décroissements sur l'angle inférieur E'; et son indice est E^n, $n < 2$, ou > 2.

On a pour ces deux rhomboèdres les équations

$$E''A' : E'N : : n : 1 ; \quad E'A' : E'N' : : n : 1.$$

Les formules relatives aux rhomboèdres naissant sur l'angle E peuvent se déduire des deux premières, en supposant n négatif, ce qui devient évident, sur la figure même, en prolongeant les lignes CN et CN' jusqu'à ce qu'elles rencontrent le côté AE, à gauche du sommet A.

Il résulte de ces détails, qu'il suffit de considérer la première de ces quatre positions, puisque les rhomboèdres qui se rapportent aux trois autres s'en déduisent, soit en faisant varier la valeur de n, soit en changeant le signe dont elle est affectée; et comme je n'ai assujetti le tracé de la ligne CF à aucune condition particulière, l'expression que nous obtiendrons pour sa loi de décroissement s'appliquera à tous les rhomboèdres secondaires naissant sur le primitif.

Si du point C je mène la ligne CG perpendiculaire sur l'axe AA', son prolongement passera nécessairement par le point E, puisque cette ligne CE est précisément la perpendiculaire abaissée du sommet du triangle équilatéral formé par les trois angles E, E, E du rhomboèdre primitif, sur l'un des côtés de ce triangle (page 94).

Les triangles semblables AKF, AGE, donnent

$$AK : AG : : AF : AE, \text{ d'où } AK : AG : : 1 : n, \text{ et par suite } AK = \frac{AG}{n};$$

$$\text{mais } KG = AG - AK = \frac{(n-1)\,AG}{n};$$

$$\text{de même } KF = \frac{GE}{n} = \frac{2CG}{n}; \quad KH = \frac{2GH}{n}. \quad KG = KH + HG = GH + \frac{2GH}{n}$$

$$= \frac{(n+2)\,GH}{n}.$$

Égalant les deux expressions de KG, on a

$$\frac{(n-1)\,AG}{n} = \frac{(n+2)\,GH}{n}, \text{ ou } AG : GH : : n+2 : n-1.$$

Les deux triangles ACG, GCH donnent

$$AG : CG :: R : \text{tang. } CAG.$$
$$GH : CG :: R : \text{tang. } CHG.$$
$$\text{D'où } AG : GH :: \text{tang. } CHG : \text{tang. } CAG.$$
$$\text{Ou tang. } CHG : \text{tang. } CAG :: n + 2 : n - 1.$$

Mais la ligne CG est parallèle à un plan mené sur le sommet du rhomboèdre perpendiculairement à l'axe; ce plan est donné par un décroissement par une rangée sur l'angle, son indice sera a^4. Appelant (a^n, a^1) l'angle compris entre cette modification et le rhomboèdre CF; (P, a^1), l'angle compris entre la modification horizontale et la face P, on aura $CHG = (a^n, a^1 - 90)$; $CAG = (Pa^1 - 90)$.

D'où il résulte que la proportion qui contient les tangentes des deux angles CHG et CAG, devient :

$$\text{Tang. } ((\overset{n}{a}, a^1) - 90) : \text{tang. } ((P, a^1) - 90) :: n + 2 : n - 1 \ldots (1).$$

Valeur du décroissement en fonction des tangentes. — $(a^n, a^1)(P, a^1)$. —Cette proportion donne :

$$\frac{n + 2}{n - 1} = \frac{\text{tang. } ((\overset{n}{a}, a^1) - 90)}{\text{tang. } ((P, a^1) - 90)} = p \ldots (2).$$
$$\text{D'où } n = \frac{p + 2}{p - 1}.$$

Aussi, quand on connaît les angles $(a^n a')$ et $(P a')$, il suffit de remplacer leur valeur dans cette formule, et on obtiendra l'expression de n.

Je remarquerai que l'observation directe donne rarement l'angle $(a^n a^1)$, et que, pour l'obtenir, il faut d'abord calculer l'angle de la coupe principale du rhomboèdre a^n, calcul presque aussi long que la détermination immédiate de la loi de décroissement.

Si l'on fait $n = 1$, l'équation (2) donne $\frac{3}{0}$ ou l'infini. Effectivement, l'angle $a^n a^1$ est nul, et le numérateur devient tang. $90 = \frac{1}{0}$. Le rhomboèdre secondaire se réduit dans ce cas à un plan perpendiculaire à l'axe.

Prismes à six faces. — Si $n. = -2$. L'équation (2) devient :

$$\frac{0}{-3} = \frac{\text{tang.} \left((\overset{-2}{a,a^1}) - 90 \right)}{\text{tang.} \left((P,a^1) - 90 \right)},$$

et par suite tang. $(\overset{-2}{a,a^1}) - 90 = 0$.

L'angle $\overset{-2}{a,a^1}$ est donc $= 90$. On a , dans ce cas, le prisme à six faces régulier.

Le plus ordinairement, l'observation donne l'angle de P sur P, et celui de a^n sur a^n; il est facile de transformer l'équation (1) de manière à ce qu'elle ne contienne que ces deux angles.

Pour effectuer cette transformation, il suffit, étant donné un rhomboèdre, de chercher la tangente qu'une de ses faces fait avec un plan mené perpendiculairement à son sommet, ou avec tout plan parallèle à celui-ci; le plan EEE (*fig.* 189), qui réunit les trois angles solides du rhomboèdre, remplit cette condition; nous rappellerons en outre que le triangle qu'il intercepte (Voir page 95) sur le rhomboèdre est équilatéral.

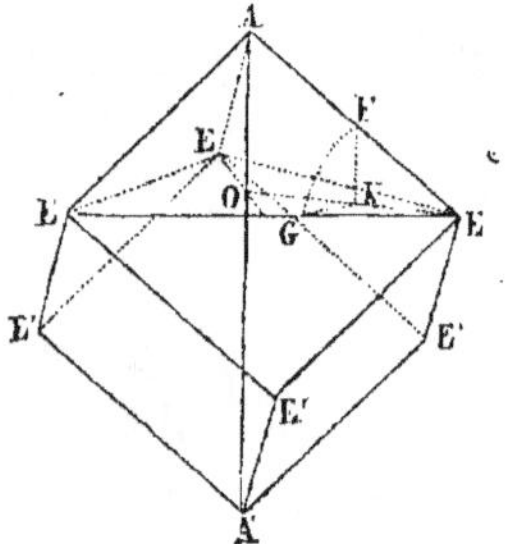

Fig. 189.

Si maintenant on mène par l'arête AE et l'axe un plan AEO, il divisera l'angle du rhomboèdre en deux parties égales; or, dans le triangle sphérique FGK, l'angle FGK $= (180 - P\,a')$. On a donc :

Sin. FGK $=$ sin. $(Pa^1) =$ cos. $(90 - (Pa^1)) =$ cos. $(Pa^1) - 90)$.

Mais d'après un principe de trigonométrie :

Sin. FGK $= \dfrac{\text{cos. } \frac{1}{2}\,(P,P)}{\text{cos. KG}}$; or, KG $= 30°$; donc cos. KG $= \dfrac{\sqrt{3}}{2}$, et sin. FGK

devient $= \dfrac{2\,\text{cos. }\frac{1}{2}\,(P,P)}{\sqrt{3}}$; d'où cos. $(P,a^1) - 90°) = \dfrac{2\,\text{cos. }\frac{1}{2}\,(P,P)}{\sqrt{3}}$.

Cette valeur du cosinus, de l'angle $(P\,a^1 - 90)$, qui est précisément celui de la formule (1), nous permet d'obtenir celle du sinus du même angle, et par suite de la tangente qui entre dans la formule que nous venons de citer. En effet, on sait que :

$$\text{Sin.}^2\, a + \cos.^2\, a = 1 ;$$

$$\text{donc sin.}^2\, (P,a^1 - 90) = 1 - \frac{4 \cos.^2 \frac{1}{2} (P,P)}{3} = \frac{3 - 4 \cos.^2 \frac{1}{2} (P,P)}{3}$$

$$= \frac{1 + 2\,(1 - \cos^2 \frac{1}{2} (P,P))}{3}.$$

Mais on sait que $\cos.\, 2x = \cos.^2 x - \sin.^2 x = 2 \cos.^2 x - 1$; donc $1 - 2 \cos^2 x = -\cos.\, 2x$.

Substituant cette valeur dans $\sin.^2 (P,a^1 - 90)$, on a :

$$\text{Sin.}^2\, (P,a^1) - 90) = \frac{1 - 2 \cos.\, (P,P)}{3}.$$

Multipliant les deux termes du second membre par sin. (PP), on a :

$$\text{Sin.}^2\, (P,a^1) - 90 = \frac{\sin.\,(P,P) - 2 \cos.\,(P,P) \sin.\,(PP)}{3 \sin (P,P)}$$

$$= \frac{\sin.\,(P,P) - \sin.\, 2 (P,P)}{3 \sin.\,(P,P)}$$

$$= \frac{\sin. \left\{ \dfrac{3 (P,P)}{2} - \dfrac{(P,P)}{2} \right. - \sin. \left\{ \dfrac{3 (P,P)}{2} + \dfrac{(P,P)}{2} \right.}{6 \sin. \dfrac{(P,P)}{2} . \cos. \dfrac{(P,P)}{2}}$$

$$= \frac{- 2 \cos. \dfrac{3(P,P)}{2} . \sin. \dfrac{(P,P)}{2}}{6 \sin. \dfrac{(P,P)}{2} . \cos. \dfrac{(P,P)}{2}} = \frac{- \cos. 3 \dfrac{(P,P)}{2}}{3 \cos. \dfrac{(P,P)}{2}}.$$

Cette transformation s'obtient au moyen des relations suivantes, dans lesquelles on fait :

$$a = \frac{2 (P,P)}{2} ; \quad b = \frac{(P,P)}{2}.$$

$$\text{Sin.}\, (a + b) = \sin.\, a \cos.\, b + \sin.\, b \cos.\, a.$$
$$\text{Sin.}\, (a - b) = \sin.\, a \cos.\, b - \sin.\, b \cos.\, a.$$

qui donnent :

$$\text{Sin.}\, (a - b) - \sin.\, (a + b) = - 2 \cos.\, a \sin.\, b.$$

Nous avons donc :

$$\text{Sin.}^2\,(\text{P},a^1) - 90) = \frac{- \cos.\,\dfrac{3\,(\text{P,P})}{2}}{3\,\cos.\,\dfrac{(\text{P,P})}{2}}$$

$$\text{Cos.}^2\,(\text{P},a^1) - 90 = \frac{4\,\hat{\cos}.^2\,\tfrac{1}{2}\,(\text{P,P})}{3}$$

D'où :

$$\text{Tang.}^2\,(\text{P},\ a^1) - 90 = \frac{\text{sin.}^2\ (\text{P},a^1) - 90)}{\cos.^2\ (\text{P},a^1) - 90)} = \frac{- \cos.\,\dfrac{3\,(\text{P,P})}{2}}{4\,\cos.^3\,\dfrac{(\text{P,P}}{2}} \ldots (3).$$

Expression du décroissement en fonction des angles $(a^n\,a^n)$ **et** (P, P.). — La formule (1), qui nous a donné l'expression de n, devient, en élevant ses membres au carré, et en substituant aux tangentes les expressions qui résultent de la formule (3) :

$$\frac{\text{Cos.}\,3\left(\dfrac{\overset{n}{a},\overset{n}{a}}{2}\right)}{4\,\cos.^3\left(\dfrac{\overset{n}{a},\overset{n}{a}}{2}\right)} \ : \ \frac{\cos.\,3\left(\dfrac{\text{P,P}}{2}\right)}{4\,\cos.^3\left(\dfrac{\text{P,P}}{2}\right)} \ :: \ (n+2)^2 : (n-1)^2\,(4).$$

Cette dernière proportion, facilement calculable en logarithmes, donne donc la valeur de n lorsque les angles du rhomboèdre primitif et les angles du rhomboèdre secondaire sont les seuls connus.

Cette formule montre qu'il existe toujours deux rhomboèdres ayant le même angle, mais l'un est produit par un décroissement en hauteur, et l'autre par un décroissement en largeur.

Soit en effet q le quotient du premier terme de la proportion (4) par le second terme. On aura :

$$\frac{(n+2)^2}{(n-1)^2} = q. \quad \text{D'où}\ \frac{n+2}{n-1} = \pm\sqrt{q}.$$

Il existe donc deux valeurs de n ; c'est-à-dire qu'un rhomboèdre dont l'angle est $(a^n,\,a^n)$ est connu, peut être donné de deux manières différentes sur le primitif; et si nous appelons n' l'indice correspondant à la première valeur et n'', l'indice correspondant à la seconde, nous aurons :

$$\frac{n'+2}{n'-1} = +\sqrt{q}; \quad \frac{n''+2}{n''-1} = -\sqrt{q}. \quad \text{D'où } n'' = \frac{4-n'}{2n'+1}.$$

Des rhomboèdres de même angle peuvent être produits par des décroissements d'ordres différents.—Il résulte de cette expression, que quand n' est positif et moindre que 4, n'' est également positif et moindre que 4; c'est-à-dire qu'à un rhomboèdre produit par un décroissement en largeur moindre que quatre rangées, sur l'angle supérieur du primitif, correspond un rhomboèdre ayant exactement les mêmes angles, et produit par un décroissement en hauteur sur le même angle supérieur.

Si n' est plus grand que 4, n'' est négatif, c'est-à-dire qu'à un rhomboèdre produit par un décroissement en largeur de plus de quatre rangées sur l'angle supérieur, correspond un autre rhomboèdre, mesurant les mêmes angles, produit par un décroissement en hauteur, sur l'angle inférieur du primitif.

Ces différents résultats, ainsi que ceux qui résulteraient des valeurs négatives de n', peuvent se vérifier par des considérations géométriques.

Les formules précédentes peuvent également servir à trouver l'indice d'un rhomboèdre secondaire par rapport à un autre rhomboèdre secondaire qu'on regarderait comme primitif.

Décroissement d'un rhomboèdre secondaire sur un autre rhomboèdre secondaire. — Lorsque les incidences de ces deux rhomboèdres secondaires sont connues, la formule (4) donne immédiatement la quantité cherchée.

Si les indices n', n'' de ces rhomboèdres, par rapport au primitif, sont connus, il faut déterminer l'indice n''' du second par rapport au premier. La formule (4) nous en offre encore le moyen.

En effet, cette formule donne :

$$\frac{\operatorname{Cos.}^{3}\left(\dfrac{\overset{n'\,n'}{a,\,a}}{2}\right)}{\operatorname{Cos.}^{3}\left(\dfrac{\overset{n'\,n'}{a,\,a}}{2}\right)} = \frac{(\,n'+2\,)^{2}}{(\,n'-1\,)^{2}} \times \frac{\cos.^{3}\left(\dfrac{\mathrm{P,P}}{2}\right)}{\cos.^{3}\dfrac{(\mathrm{P,P})}{2}}.$$

On aura par la même raison, pour la relation entre le second rhomboèdre et le primitif :

$$\frac{\operatorname{Cos.}^{3}\left(\dfrac{\overset{n''\,n''}{a,\,a}}{2}\right)}{\operatorname{Cos.}^{3}\left(\dfrac{\overset{n''\,n''}{a,\,a}}{2}\right)} = \frac{(\,n''+2\,)^{2}}{(\,n''-1\,)^{2}} \times \frac{\cos.^{3}\left(\dfrac{\mathrm{P,P}}{2}\right)}{\cos.^{3}\dfrac{(\mathrm{P,P})}{2}}.$$

n''' désignant l'indice du rhomboèdre n'' par rapport au rhomboèdre n', on aura également entre les angles de ces deux rhomboèdres la relation :

$$\frac{\operatorname{Cos.}^{3}\dfrac{\overset{n''\,n''}{a,\,a}}{2}}{\operatorname{Cos.}^{3}\dfrac{\overset{n''\,n''}{a,\,a}}{2}} : \frac{\cos.^{3}\left(\dfrac{\overset{n'\,n'}{a,\,a}}{2}\right)}{\cos.^{3}\dfrac{\overset{n'\,n'}{a,\,a}}{2}} :: (\,n'''+2\,)^{2} : (\,n'''-1\,).$$

En remplaçant, dans cette proportion, les deux premiers termes par leurs valeurs, on obtient la nouvelle proportion :

$$\frac{(\,n''+2\,)^{2}}{(\,n''-1\,)^{2}} : \frac{(\,n'+2\,)^{2}}{(\,n'-1\,)^{2}} :: (\,n'''+2\,)^{2} : (\,n'''-1\,)^{2}\dots\dots(5).$$

$$\text{D'où } n''' = \frac{n'n''+n''-2}{n'-n''} \text{ et } n'' = \frac{-(\,n'n'-4\,n'+5\,n''-2\,)}{2\,n'n''+n'+n''-4}.$$

Les formules (2), (4) et (5) résolvent donc toutes les questions qui peuvent se présenter entre le rhomboèdre primitif et le rhomboèdre secondaire, quand on connaît soit les angles de ces rhomboèdres secondaires, soit les indices de décroissement des deux rhomboèdres secondaires par rapport au primitif. En effet, la formule (2) fait connaître la loi de décroissement d'un rhomboèdre secondaire, lorsqu'on connaît l'angle que ce rhomboèdre fait avec le primitif; la formule (4) donne l'expression de cette même loi, lorsqu'on connaît l'angle du primitif et l'angle du rhomboèdre secondaire.

Enfin, la formule n° 5 permet d'établir la loi de décroissement d'un rhomboèdre secondaire, par rapport à un autre rhomboèdre secondaire.

La détermination du décroissement d'un rhomboèdre secondaire relativement à un autre décroissement secondaire a quelquefois beaucoup d'intérêt; dans la *chaux carbonatée*, par exemple, certaines facettes naissent sur le primitif par des lois très-compliquées, tandis que les lois deviennent simples lorsqu'on rapporte ces modifications à un noyau hypothétique.

2° DÉRIVATION DES MÉTASTATIQUES.

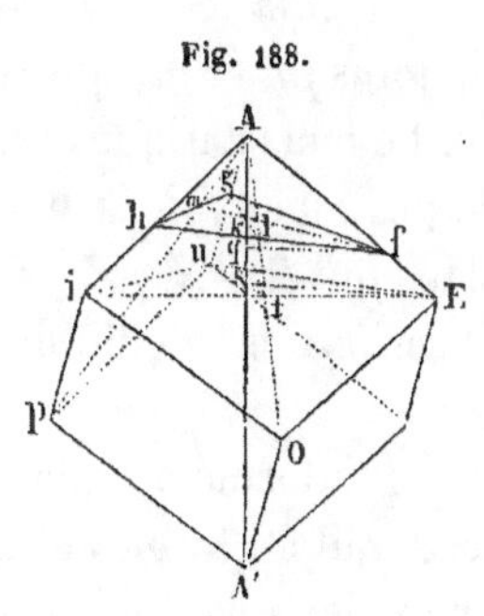

Fig. 188.

Pour compléter la détermination des solides secondaires qui naissent sur le rhomboèdre, il nous reste à chercher les formules relatives au métastatique. Soit AA′ EI (*fig.* 188) le rhomboèdre primitif, et supposons que le plan *fgh*, placé d'une manière quelconque, soit la trace d'une des faces du métastatique donné par le décroissement intermédiaire qui a pour signe $(\frac{1}{x}, \frac{1}{y}, \frac{1}{z})$, les lignes A*f*, A*h*, A*g* étant respectivement égales aux longueurs ($^1/x$, $^1/y$, $^1/z$). Le problème à résoudre consiste à déterminer ces longueurs. En faisant varier successivement les valeurs de ces trois inconnues, on obtiendra des métastatiques produits soit sur les angles, soit sur les arêtes du primitif.

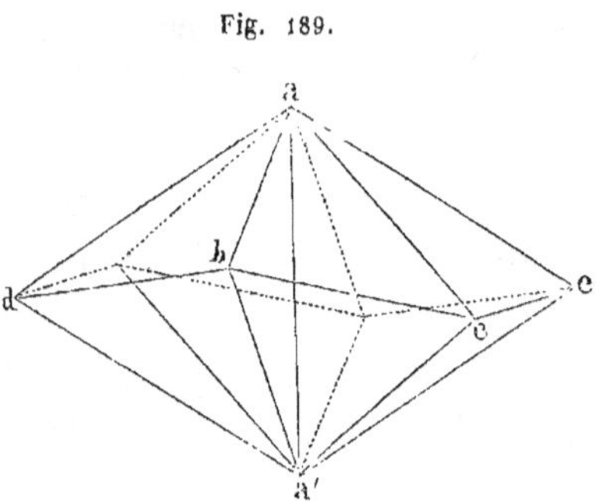

J'appellerai i l'angle des deux faces *abd*, *abc*, du métastatique qui se coupent suivant la ligne *ab* (*fig.* 189).

i' l'angle des deux faces *abc*, *ace*, dont la rencontre forme une arête située dans la même direction qu'un des bords supérieurs du rhomboèdre.

Il suffit, pour déterminer la loi de décroissement de la face *fmg* (*fig.* 188), d'établir une relation entre les deux angles et les trois côtés A*f*, A*h* et A*g*, qui permette de déterminer leur longueur en fonction des deux angles que nous venons d'indiquer.

Je mène les diagonales AO, A*p*, soient l et m leurs points de rencontre avec les traces *fh* et *gh*; je joins *fm* et *gl*, qui se couperont en k sur l'axe du rhomboèdre. Le métastatique et le rhomboèdre ayant même axe, l'angle des plans *fgh* et *f*KA$'$ est égal à $\frac{1}{2}\,i$; de même l'angle des plans *fgh* et *fk*A$' = \frac{1}{2}\,i'$. En outre, l'angle des deux plans *fk*A$'$ et *lk*A$'$ est de 60 degrés.

Si nous considérons un triangle sphérique formé des plans *fkl* ou *fgh*, *f*KA$'$ et *l*KA$'$, dont le sommet serait en K, on aura, entre les angles que je viens d'indiquer, les relations suivantes :

$$\text{Cos. } \tfrac{1}{2}\,i \text{. Sin. } fKl = \cos. fKA' \sin. lKA' - \tfrac{1}{2}\sin. fKA'. \cos. lKA'.$$
$$\text{Cos. } \tfrac{1}{2}\,i'. \text{ Sin. } fKl = \cos. lKA'. \text{Sin. } fKA' - \tfrac{1}{2}\sin. lKA'. \cos. fKA'.$$

$$\text{D'où} \quad \frac{\cos. \tfrac{1}{2}\,i'}{\cos. \tfrac{1}{2}\,i} = \frac{2\,\text{tang. } fKA' - \text{tang. } lKA'}{2\,\text{tang. } lKA' - \text{tang. } fKA'}$$

Il suffit maintenant, dans cette équation, de changer la valeur des tangentes *f*KA$'$ et *l*KA$'$, en fonctions des côtés x, y,

z, pour avoir une relation entre ces côtés et les cosinus des angles du métastatique, qui permette de déterminer ces côtés, et par suite la loi de décroissement de ce solide.

Je remarquerai en outre qu'il est nécessaire de déterminer seulement la valeur de la tangente fKA′, car en y changeant x en z et z en x, on aura la tangente gKA′, qui, par le changement de son signe, deviendra celle de lKA′.

Pour y parvenir, j'abaisse des points f et E des perpendiculaires fq, Es, sur AA′, la tangente fKA′ $= f$K$q = \dfrac{fq}{\mathrm{K}q}$; il suffit donc de déterminer ces deux lignes. Supposons la longueur A$s{=}a$ et E$s{=}p$. On a :

$$A q : A s :: A f : A E :: {}^{1}/x : 1 ; \text{ d'où } A q = \frac{a}{x}.$$

$$fq : E s :: A f : A E :: {}^{1}/x : 1 ; \text{ d'où } fq = \frac{p}{x}.$$

$$\text{D'où tang. } f\mathrm{KA}' = \frac{p/x}{\mathrm{K}q}.$$

$$\text{Mais K}q = A q - A K = \frac{a}{x} ;$$

$$\text{D'où tang. } f\mathrm{KA}' = \frac{\dfrac{p}{x}}{\dfrac{a}{x} - AK} \ldots . (6).$$

La question revient donc à déterminer la longueur AK, qui est égale à $\dfrac{3a}{x + y + z}$, ainsi qu'on va le démontrer :

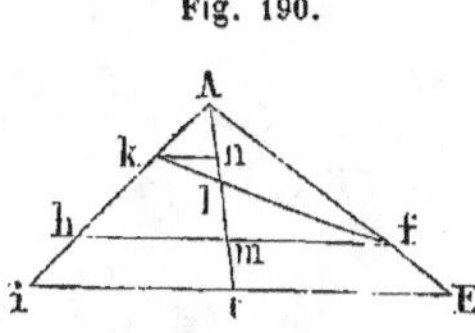

Fig. 190.

Pour rendre la figure plus facile à comprendre, je tracerai à part le triangle AEi (*fig.* 190) ; je mène de son sommet une ligne quelconque At et une seconde ligne fK dans une position indéterminée.

Je suppose qu'on connaisse les rapports AE:Af; Et:Ei; Ai:AK. On veut déterminer le rapport At : Al.

Pour cela, par les points f et K, je mène des parallèles fH, Kn à la base, et je cherche la valeur du rapport Al : At.

$$\text{On a } Al = Am - ml, \text{ d'où } \frac{Al}{At} = \frac{Am}{At} - \frac{ml}{At} = \frac{Af}{Ae} - \frac{ml}{At}.$$

Les triangles flm, lnk, donnent :

$$ml : ln :: fm : nk. \text{ D'où } ml : (ml + ln) \text{ ou } mn :: fm : fm + nk,$$

$$\text{et par suite } ml = \frac{mn \times fm}{fm + nk}; \text{ mais } mn = At - An - ml;$$

$$\text{d'où } ml = \frac{mn \times fm}{fm + nk} = \frac{(At - An - ml)\,fm}{fm + nk}.$$

Dans les triangles Ank et Ati, on a :

$$An : At :: Ak : Ai, \text{ d'où } An = \frac{At \times Ak}{Ai}.$$

Ces valeurs donnent :

$$mt : Ae - Af :: At : Ae ; \text{ d'où } mt = \frac{(Ae - f)\,At}{Ae}.$$

$$fm : Et :: Af : AE; \text{ d'où } fm = \frac{Af \times Et}{Ae}.$$

$$nk : ti :: AK : Ai; \text{ d'où } nk = \frac{Ak \times t_i}{Ai}.$$

Remplaçant dans l'expression $ml = \dfrac{mn \times fm}{fm + nk}$, les valeurs de ses différents éléments,

$$\text{on a : } \quad ml = \frac{\dfrac{Et.Af}{AE} \cdot \left(At - \dfrac{At.Ak}{Ai} - \dfrac{(AE - Af)\,At}{AE} \right)}{\dfrac{Et.Af}{AE} + \dfrac{ti,Ak.}{Ai}}$$

Le rapport $\dfrac{lm}{At}$ devient :

$$\frac{lm}{At} = \frac{\dfrac{Et.Af}{AE}\left(1 - \dfrac{Ak}{Ai} - \dfrac{AE. - Af}{AE}\right)}{\dfrac{Et.Af.Ai + ti.Ak.AE}{AE + Ai}} = \frac{\dfrac{Et.Af}{AE}(Af.Ai - AE.Ak)}{Et.Af.Ai + ti.Ak.AE}$$

On a donc :

$$\frac{Al}{At} = \frac{Af}{AE} - \frac{\dfrac{Et.Af}{AE}(Af.Ai - AE.Ak)}{AE.Af.Ai + ti.Ak.AE} = \frac{ti.Af.Ak.AE + Et.Af.AE.Ak}{AE\,(Et.Af.Ai + ti.Ak.AE)}$$

Réduisant, il vient :

$$\frac{Al}{At} = \frac{Af . Ak\,(El . + ti)}{El . Af . Ai + ti . Ak . AE} .$$

Réduisant et retournant le rapport :

$$\frac{At}{Al} = \frac{El . Af . Ai + ti . Ak . AE}{Af . Ak . Ei} = \frac{Ai , El}{Ak . Ei} + \frac{AE , ti}{Af . Ei} = \frac{Ai}{Ak} \times \frac{El}{Ei} + \frac{AE}{Af} \times \frac{ti}{Ei} .$$

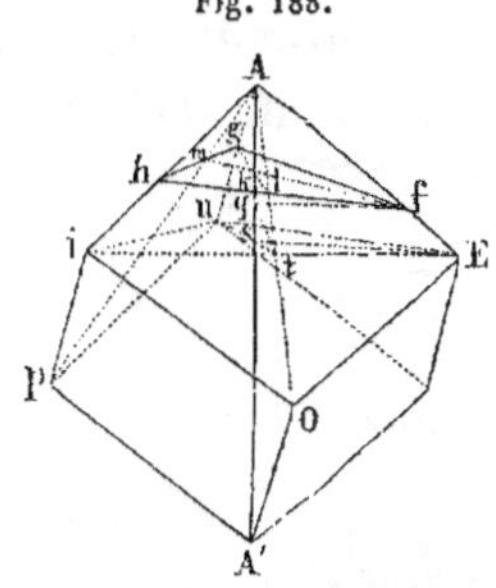

Fig. 188.

Cette égalité donne la valeur du rapport $\frac{At}{Al}$ en fonctions de rapports connus; elle fournit par suite le moyen de trouver la longueur AK.

En effet, dans le rhomboèdre, *fig.* 188, la diagonale AO coupe la base EI′ en deux parties égales; on connaissait en outre les rapports :

$$\frac{Af}{AE'} \quad \frac{Ah}{Ai} .$$

On a donc, d'après le théorème précédent :

$$\frac{At}{Al} = \frac{Ai}{Ah} . \frac{El}{Ei} + \frac{AE}{Af} . \frac{ti}{Ei} ; \text{ et comme } ti = \tfrac{1}{2} Ei, \text{ il vient } \frac{At}{Al} = \frac{Ai}{Ah} . \frac{1}{2}$$

$$+ \frac{AE}{Af} . \frac{1}{2}, \text{ ou } 2\frac{At}{Al} = \frac{Ai}{Ah} + \frac{AE}{Af} .$$

Je remarquerai en outre que dans le triangle Atu, la ligne tu est coupée au tiers de sa longueur au point s par l'axe AA′. On a par suite : $\dfrac{AS}{AK} = \dfrac{Au}{Ag} . \dfrac{1}{3} + \dfrac{At}{Al} . \dfrac{2}{3} ;$

$$\text{d'où } \frac{3AS}{AK} = \frac{2At}{Al} + \frac{Au}{Ag} = \frac{Ai}{Ah} + \frac{AE}{Af} + \frac{Au}{Ag} .$$

Or, $Ai = 1$, $AE = 1$, $Au = 1$,

d'où il résulte que $Af = \dfrac{1}{x}$, $Ah = \dfrac{1}{y}$, $Ag = \dfrac{1}{z}$; mais $AS = a$;

$$\text{donc enfin } \frac{3a}{AK} = x + y + z .$$

Ce qui donne pour la valeur de AK, $AK = \dfrac{3a}{x + y + z} ;$

expression que nous avions énoncée. Mettant dans la valeur de tangente fKA obtenue ci-dessus, celle de AK, on aura :

$$\text{Tang. } f\text{KA}' = \frac{p/x}{a/x - \dfrac{3a}{x+y+z}} = \frac{p/x}{\dfrac{a\,(y+z-2x)}{x\,(x+y+z)}} ;$$

$$\text{d'où tang. } f\text{KA}' = \frac{x+y+z}{y+z-2x} \times \frac{p}{a}.$$

De plus, l'angle lKA$' =$ AK$g = 180 - g$KA$'$; donc tang. lKA$' = -$ tang. gKA$' =$. Or, d'après la symétrie des figures, il est évident que l'on a tangente gKA$'$ en changeant dans tangente fKA$'$, x en z et z en x. Donc :

$$\text{Tang. } l\text{KA}' = -\frac{p}{a} \times \frac{x+y+z}{x+y+2z}.$$

Substituant ces tangentes dans le rapport de cos. $\frac{1}{2}\, i$: cos. $\frac{1}{2}\, i'$, on obtient :

$$\frac{\text{Cos. } 1/2\, i'}{\text{Cos. } 1/2\, i} = \frac{2 \text{ tang. } f\text{KA}' - \text{tang. } l\text{KA}'}{2 \text{ tang. } l\text{KA}' - \text{tang. } f\text{KA}'}$$

$$= \frac{2\dfrac{p}{a} \times \dfrac{x+y+z}{y+z-2x} - \dfrac{p}{a}, \times \dfrac{x+y+z}{x+y+2z}}{-\dfrac{2p}{a}, \times \dfrac{x+y+z}{x+y+2z} - \dfrac{p}{a}, \times \dfrac{x+y+z}{y+z-2x}}.$$

Ou en réduisant :

$$\frac{\text{Cos. } 1/2\, i'}{\text{Cos. } 1/2\, i} = \frac{y-z}{x-y} \dots\, (7)$$

Cette formule donne une relation très-simple entre les trois longueurs inconnues x, y, z, qui représentent le décroissement quand les deux angles i et i' sont connus. Si l'on n'avait pu obtenir par la mesure ces deux angles, et qu'on en possédât un autre i'', qui serait l'angle de deux faces du métastatique opposées suivant l'arête db, cette formule serait encore applicable, parce qu'il existe entre les trois angles du métastatique la relation suivante, au moyen de laquelle on pourrait déterminer le cosinus i ou cosinus i' :

$$\text{Sin. } 1/2\, i'' = \text{Cos. } 1/2\, i + \text{Cos. } 1/2\, i' \dots\, (8).$$

Loi de dérivation des métastatiques placés sur les bords supérieurs. — La formule (7), qui donne la valeur de x, y, z, en fonctions des cosinus, fait connaître immédiatement la loi de décroissement des métastatiques qui naissent soit sur les angles, soit sur les arêtes du primitif. Si on suppose d'abord $x = o$, $y = 1$, et $z = n$, la formule correspondra au cosinus du métastatique produit par n rangées en largeur sur les bords supérieurs du rhomboèdre, dont le signe est b^n. La formule devient :

$$\frac{\mathrm{Cos.}\ 1/2\ (b'^n,\ b'^n)}{\mathrm{Cos.}\ 1/2\ (b^n,\ b^n)} = n - 1.$$

sur les bords inférieurs. — En faisant dans la même formule $x = 1$, $y = o$ et $z = -n$, elle donne la loi de décroissement d'un métastatique naissant sur le bord inférieur par n rangées en largeur, dont le signe est d^n. La formule devient, dans ce cas :

$$\frac{\mathrm{Cos.}\ 1/2\ (d'^n,\ d'^n)}{\mathrm{Cos.}\ 1/2\ (d^n,\ d^n)} = n.$$

Sur les angles latéraux. — Enfin, en supposant $x = -1$, $y = 1$, $z = n$, la formule correspond à un métastatique produit par n rangées en largeur sur les angles latéraux du primitif; son signe est par conséquent e_n. La formule donne alors :

$$\frac{\mathrm{Cos.}\ 1/2\ (e'_n,\ e'_{nn})}{\mathrm{Cos.}\ 1/2\ (e_n,\ e_n)} = \frac{n-1}{2}.$$

Ces trois formules donnent immédiatement la loi du décroissement par une simple soustraction de deux logarithmes, quand deux des incidences des faces du métastatique sont connues.

Dodécaèdres isocèles. — Quand $n = 2$, la première donne :

$$\frac{\mathrm{Cos.}\ 1/2\ \left(b'^n,\ b'^n\right)}{\mathrm{Cos.}\ 1/2\ \left(b^n,\ b^n\right)} = 1.$$

D'où il résulte qu'un décroissement par deux rangées sur

les bords supérieurs produisent des dodécaèdres triangulaire isocèles.

Prisme hexagonal régulier.—Dans la seconde expression, les angles (d'^n, d'^n) et (d^n, d^n) sont égaux quand $n=1$, décroissement qui correspond au prisme hexagonal régulier.

Dans la troisième expression, les angles (e'_n, e'_n) et (e_n, e_n) sont égaux quand $n=3$, c'est-à-dire qu'un décroissement par trois rangées sur les angles latéraux produit des dodécaèdres triangulaires isocèles.

Pour toutes les autres valeurs de n, les facettes qui naîtront sur le rhomboèdre primitif appartiendront à des métastatiques.

Les formules précédentes nous apprennent en outre que le même métastatique peut dériver de plusieurs rhomboèdres différents, et par des décroissements intermédiaires, Haüy a toujours employé le noyau hypothétique sur lequel le cristal secondaire qu'il considérait naissait d'une manière simple.

Le même métastatique peut provenir de cinq rhomboèdres différents. — Supposons, par exemple, que le métastatique de la *fig.* 189 dérive d'un rhomboèdre dont les bords supérieurs correspondent aux lignes ad et ac par un décroissement sur les bords supérieurs; dans ce cas, $x=o$, $y=o$ et $z=n$. On a donc ·

$$\frac{\text{Cos. } 1/2 \left(b'^n, b'^n\right)}{\text{Cos. } 1/2 \left(b^n, b\right)} = n-1.$$

Mais on a également :

$$\frac{\text{Cos. } 1/2 \left(b', b'\right)}{\text{Cos. } 1/2 \left(b^n, b^n\right)} = \frac{y-z}{x-y}.$$

D'où il résulte que :

$$n-1 = \frac{y-z}{x-y} \text{ ou } n = \frac{x-z}{x-y}.$$

Ainsi, en même temps que le métastatique représenté par la *fig.* 189 dérive par un décroissement de n rangées sur le bord supérieur du rhomboèdre dont les bords supérieurs correspondent aux arêtes ad et ac, il est produit par un décroissement de $\frac{x-z}{y-z}$ rangées en largeur sur les bords supérieurs du rhomboèdre qui aurait des bords supérieurs suivant les lignes ad et bd.

Un raisonnement analogue prouve que le même métastatique naîtrait :

En troisième lieu, par $\frac{y+z-2x}{y-z}$ rangées en largeur sur les angles latéraux du rhomboèdre dont les diagonales obliques correspondraient aux lignes ad, ac.

En quatrième lieu, par $\frac{y+x-2z}{x-y}$ rangées en largeur sur les angles latéraux du rhomboèdre dont les diagonales obliques correspondent aux lignes ad et bd.

Enfin, en cinquième lieu, par $\frac{y-z}{x-y}$ rangées en largeur sur les bords inférieurs d'un rhomboèdre qui aurait ces bords inférieurs suivant les arêtes bd, bc et ac du métastatique.

Un métastatique détermine donc cinq rhomboèdres différents qu'on peut prendre pour noyau hypothétique, et puisqu'on trouve généralement pour x, y et z des nombres simples, il est clair, d'après la relation entre ces trois valeurs et les cosinus, que les lois de décroissement sur les formes hypothétiques seront également simples.

Métastatiques donnés par les décroissements intermédiaires.—Nous n'avons jusqu'à présent résolu la question que pour les décroissements placés soit sur les angles, soit sur les arêtes du rhomboèdre; pour déterminer la loi des décroissements intermédiaires, la formule

$$\frac{\text{Cos. } 1/2\, i'}{\text{Cos. } 1/2\, i} = \frac{y-z}{x-z} \ldots\ldots(7).$$

ne suffit plus, puisqu'elle est à trois inconnues; nous observerons d'abord qu'elle se réduit à deux, parce qu'on peut toujours supposer que le plan fgh passe par l'angle E, auquel cas $x=1$. Il ne reste donc en réalité que deux inconnues à déterminer, et pour y parvenir, il faut trouver une seconde équation dont ces inconnues feront partie.

Nous observerons, que nous venons de prouver que le métastatique peut être dérivé à la fois par un décroissement de n rangées sur les bords supérieurs du primitif, et par un décroissement de $\dfrac{y + x - 2z}{x - y}$ rangées en largeur sur les angles latéraux d'un rhomboèdre dont les diagonales obliques correspondent aux lignes ad et bd.

Quant à ce rhomboèdre hypothétique, il dérive par un décroissement de $\dfrac{2z}{x + y}$ rangées en hauteur sur l'angle supérieur du primitif. Mais l'angle de ce rhomboèdre secondaire peut être facilement déterminé au moyen des angles i et i', et par suite on connaîtra la loi n de décroissement qui lui donne naissance, car nous avons trouvé précédemment :

$$n = 2 \text{ tang. } 1/2 \left(e_n,\ e_n \right) \cos.\ 1/2\ (\text{P,P}).$$

e_n, e_n représentant l'angle de ce rhomboèdre hypothétique, (P, P), l'angle du primitif. On a donc les deux équations :

$$\frac{\text{Cos. } 1/2\ i'}{\text{Cos. } 1/2\ i} = \frac{y - z}{x - y} ; \quad \frac{2z}{x + y} = n.$$

En supposant, ainsi que nous l'avons indiqué, que l'un des côtés du décroissement soit égal à une longueur de molécule, ces équations deviennent :

$$\frac{\text{Cos. } 1/2\ i'}{\text{Cos. } 1/2\ i} = \frac{y - z}{1 - y} ; \quad \frac{2z}{1 + y} = n.$$

Ces expressions ne contenant plus que deux inconnues, donnent par leur résolution les valeurs du décroissement intermédiaire, d'où résulte le métastatique dont fgh est la trace sur rhomboèdre primitif.

CALCUL

DE DÉRIVATION DES FORMES SECONDAIRES

SUR LES FORMES PRIMITIVES.

J'ai indiqué, dans un chapitre précédent, les relations qui existent entre les formes primitives et les formes secondaires, ainsi que les moyens de calculer ces relations. J'ai même donné les calculs relatifs au système régulier, mais cet exemple ne suffit pas, attendu que la condition que présente le cube d'avoir tous ses angles droits et ses côtés égaux, communique au calcul de dérivation de ses formes secondaires une simplicité qui n'existe pas dans les autres systèmes cristallins.

Une circonstance qui complique encore ces calculs, c'est que souvent on ne possède pas les angles qui conduisent directement à la détermination des lois de dérivation, et qu'il faut passer par une série de triangles avant de résoudre celui qui fournit les relations cherchées.

Cette difficulté apparente rebute beaucoup de personnes qui regardent les calculs cristallographiques comme difficiles. Elle m'a engagé à donner un exemple de calcul pour chacun des systèmes cristallins; j'ai choisi, pour ces exemples, les espèces les plus répandues dans la nature, et pour qu'ils présentassent les différentes difficultés qu'on peut rencontrer dans la pratique, je me suis servi des seuls angles obtenus par l'observation, tels qu'on les trouve dans la minéralogie de Haüy.

Peut-être regardera-t-on ces exemples numériques comme superflus ; je l'avais pensé moi-même pendant quelque temps, mais plusieurs personnes qui ont suivi le cours de minéralogie que j'ai fait au Jardin des Plantes en remplacement de M. Brongniart, m'ont fortement engagé à insérer ces calculs dans le présent ouvrage. Je me suis rendu à leur observation, en pensant que ces exemples, étant réunis dans un chapitre particulier, formeront pour ainsi dire un appendice à la cristallographie, et qu'ils ne nuiront pas à l'intelligence du texte.

Les calculs relatifs au cube ayant déjà été donnés page 172, ainsi que je viens de le rappeler il y a quelques lignes, le premier exemple que je développerai sera relatif au second système cristallin.

PRISME A BASE CARRÉE.

L'idocrase offre, comme la plupart des substances minérales, des modifications placées sur les angles de la base et sur les diverses arêtes du prisme. Mais cette substance possède en outre des facettes données par des décroissements intermédiaires dont le calcul est un peu plus complexe que pour les autres modifications. Cette circonstance m'a engagé à choisir cette espèce pour premier exemple; l'abondance de l'idocrase justifie également ce choix.

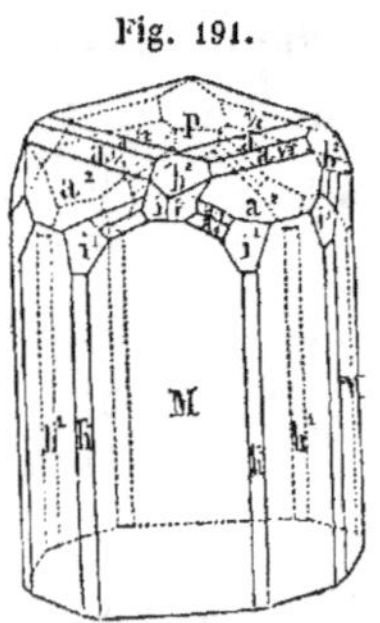

Fig. 191.

Soit (*fig*. 191) un prisme d'idocrase portant les principales facettes qui lui sont propres.

On remarquera d'abord que chaque espèce de facettes est quadruple ou qu'elle se représente suivant un nombre multiple de quatre, disposition qui caractérise le prisme à base carrée.

La nature de la forme primitive est donc connue par cette simple observation; pour la définir complétement, il faut en déterminer les angles plans et les dimensions.

Quant aux angles plans, il est évident qu'ils sont tous de 90°, le prisme étant droit et à base carrée.

Les dimensions des formes primitives n'étant pas absolues, mais simplement relatives, il suffit, pour les prismes à base carrée, d'avoir une seule modification pour les déterminer; en effet, en supposant le côté égal à une certaine valeur, la modification employée donnera la hauteur.

La plupart des cristaux d'idocrase possèdent la facette a^2 (C de Haüy), placée sur les angles; son éclat, généralement assez vif, permet de mesurer avec exactitude les angles qu'elle fait avec la base et les faces verticales. Nous choisirons donc de préférence cette facette pour point de départ.

D'après Haüy, les angles de cette facette sont :

P sur C = 142° 54'.
M sur C = 115° 15',

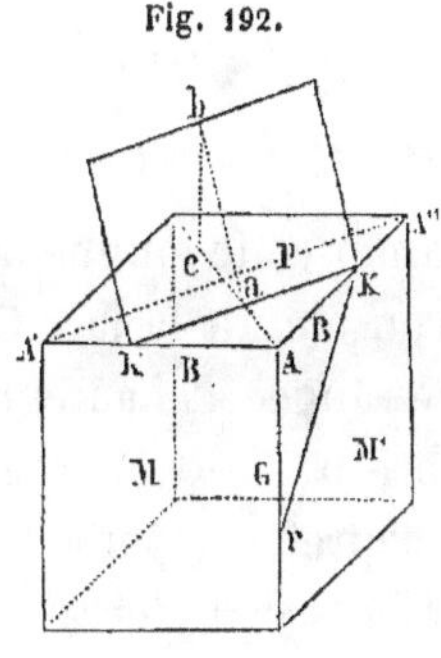

Fig. 192.

Soit kk' la trace de la modification c sur la face P ; comme elle est placée sur l'angle, cette trace doit être parallèle à la diagonale [1]; menons un plan abc perpendiculaire à cette ligne; il passera par l'autre diagonale, attendu que la base étant un carré, les deux diagonales sont à angle droit.

L'angle bac sera égal à 180°—(P sur c)=180°—142° 54'=37° 6'.

On aura, dans le triangle bac :

---

[1] La disposition de la figure révèle la position de la trace de la facette c sur la base. Mais si l'irrégularité du cristal ou la petitesse de ses faces ne permettaient pas de s'assurer du parallélisme de cette ligne avec la diagonale, on pourrait le démontrer par le calcul ; il suffit, pour cela, de considérer le triangle sphérique ABC, formé par les plans P, M, C, lequel est rectangle en A.

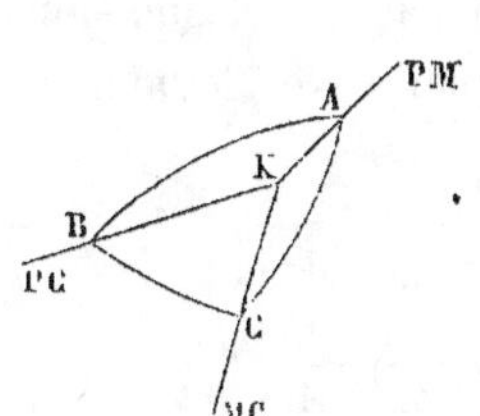

Fig. 193.

L'angle plan k sera l'angle C formé par PM et PC; il sera donné par la formule

$$\text{Cos. } c = \frac{K \cos. C}{\sin. B}$$

$bc : ac :: $ tang. $a : $ R. La longueur ac étant indéterminée, on peut la choisir de façon que sa valeur $= 1$; bc représentera alors la hauteur, et on aura :

$$\text{H} : 1 :: \text{tang. } 37° 6' : \text{R. D'où } \text{H} = \frac{\text{tang. } 37° 6'}{\text{R}}$$

Log. tang. 37° 6 = 9,8786907
Log.   R.   = 10
____
Log.   H.   = —1,8786907 = log. 0,7563.

On obtiendra le rapport de la hauteur au côté, par la considération du triangle Aak, qui donne :

$$\text{A}a : \text{A}k :: \text{sin. } k : \text{R; or. } k = 45°.$$

En supposant A$a = 1$, on aura :

$$\text{A}k = \frac{\text{R}}{\text{sin. } 45°}$$

Log. R   = 10
L. sin. 45° = 9,8494850
____
D'où log. A$k =$ 0,1505150 = L. 1,415.

Ak étant pris sur le côté, on peut regarder cette longueur comme représentant ce côté : si donc on considérait la face C comme produite par un décroissement d'une rangée, la hauteur du prisme serait représentée par le nombre 0,7563, tandis que la valeur du côté serait 1,415. Haüy a préféré, pour la simplicité des lois qui donnent les autres faces de l'idocrase, supposer la face C produite par un décroissement d'une rangée en hauteur et de deux en largeur, ainsi que le représente la *fig.* 194. Dans ce cas, il faut doubler la hauteur pour que la valeur de l'angle *bac* ne change pas. Les dimensions de la forme primitive deviennent alors :

Fig. 194.

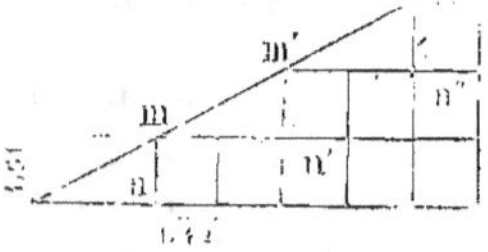

$$\text{Log. R cos. C} = \text{log. R cos. } 115° 15' = 19,6299890 -$$
$$\text{Log. sin. R} = \text{log. sin. } 112° 54' = 9,7804671$$
$$\overline{\phantom{\text{Log. sin. R} = \text{log. sin. } 112°}\ 9,8495219}$$

D'où $c = 135°$, et $k = 45$, angle que forme la diagonale d'un carré.

$$\text{H} = 1.512. \qquad \text{Et log. H} = 0,1797241.$$
$$\text{B} = 1,415 \qquad \text{log. B} = 0,1505150.$$

La facette C doit avoir pour symbole le signe a^2, ainsi qu'on le voit dans la *fig.* 191, où toutes les facettes sont indiquées par leurs lois de dérivation.

Faces sur l'angle. — Les faces r et n sont également placées sur les angles; le triangle mensurateur abc sera disposé de la même manière que pour la face c; la valeur de l'angle a sera seulement changée.

L'angle de r sur P étant de 108° 18′, l'angle $bac = 180°$—108° 18′$=71°$ 42′. On a donc :

$bc : ac :: $ tang. 71° 42′ : R. Soit toujours $ac = 1$, bc, qui est égal à nH, devient :

$$n\text{H} = \frac{\text{tang. 71° 42′}}{\text{R}}$$

Log. tang. 71° 42′ $=$ 10,4805417
Log. R $=$ 10

D'où log. nH $=$ 0,4805417,
et nH $=$ 3,023.

Ce nombre est double de H, donc $n=2$.

Face n. — L'angle de la face n sur P est de 165° 51″.

bac devient alors 14° 9′, et la loi de décroissement pour cette face est donnée par l'équation :

$$n\text{H} = \frac{\text{tang. 14° 9′}}{\text{R}}$$

Log. tang. 14° 9′ $=$ 9,4015910
Log. R $=$ 10

D'où log. nH $=$ —1,4015910,
et nH $=$ 0,252 $=$ 6H.

Il résulte de ces nombres que la face r est donnée par un décroissement d'une rangée en largeur sur deux en hauteur, ou, ce qui revient au même, $\frac{1}{2}$ en largeur et 1 en hauteur. Haüy adoptant cette dernière méthode de décroissement, la notation de la face r est A $\frac{1}{2}$: par la même raison, la notation de la face n est A $^1l_6$.

Les trois faces placées sur l'angle présentent donc les rapports :

$$\frac{\overset{2}{A}}{c}, \; \frac{\overset{\frac{1}{2}}{A}}{r}, \; \frac{\overset{\frac{1}{6}}{A}}{n}$$

et les signes de ces faces sont :

$$\overset{2}{a}; \; \overset{\frac{1}{2}}{a}; \; \overset{\frac{1}{6}}{a}.$$

Plusieurs auteurs, et notamment M. Lévy, prennent les rapports inverses : ils sont effectivement plus naturels, puisque ce sont ceux qui résultent des nombres.

Face y. — Outre ces trois modifications, placées sur les angles dont les traces sont parallèles à la diagonale de la base, l'idocrase en présente plusieurs autres également placées sur l'angle A, mais disposées de manière qu'elles coupent les faces verticales parallèlement à leur diagonale opposée à l'angle A.

Soit y une de ces modifications, dont les angles sont :

$$\text{P sur } y = 103° \; 37'.$$
$$\text{M sur } y = 161° \; 02'.$$

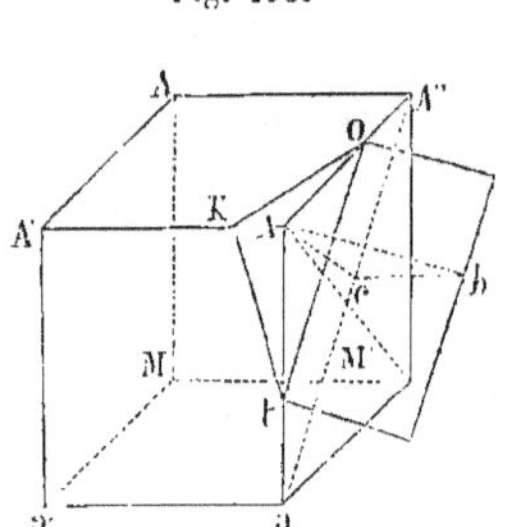

Fig. 195.

Une construction sur la face M, analogue à celle que nous avons faite sur la base pour trouver les lois des modifications c, r et n, résoudra la question; seulement, ici la face M n'étant plus un carré, les deux diagonales ne se couperont plus à angle droit, et le plan bAc, qu'on mènera perpendiculairement sur la trace ot, parallèle à la diagonale $A''a$, ne se confondra plus avec la seconde diagonale. Cette circonstance complique un peu le calcul, en obligeant à chercher d'abord la longueur Ac, ce qui ne peut se faire qu'après avoir obtenu les angles que la diagonale $A''a$ fait avec les côtés de la face M.

Le plan bAc étant perpendiculaire à la trace ot, mesurera

l'angle de M sur y, et l'angle A de ce triangle sera égal à 180°
— (P sur y)=180°—161° 2′=18° 58′.

Si la longueur Ac correspond au côté d'une molécule, bc
étant parallèle à AA, représentera la fonction de ce côté qui
donne la loi de décroissement sur la face P. On aura donc :

$$bc = nB = \frac{Ac\ \text{tang. A}}{R} = \frac{Ac\ \text{tang. } 18° 58′}{R}.$$

La question se réduit donc à avoir la longueur Ac qui est
donnée par le triangle rectangle Aca. Cette valeur est :

$$Ac = \frac{Aa\ \text{sin. } a}{R};$$

mais Aa = H = 1,512. Donc Ac $= \dfrac{1,512 \times \text{sin. } a}{R}.$

Quant à l'angle a, il résulte de la résolution du triangle
rectangle A″Aa, dans lequel on connaît les deux côtés Aa=H,
AA″=B. La proportion Aa : AC : : R : tangente a donne pour
cet angle :

$$\text{Tang. } a = \frac{AA″ \times R}{Aa} = \frac{B \times R}{H}.$$

Log. B × R = log. 1,415 × R = 10,1505150.
Log. H = log. 1,512   =   0,1797241.

D'où log. tang. a =   9,9707909.
Et a = 43° 4′ 30″.

Ac devient donc égal à : $\dfrac{1,512 \times \text{sin. } 43° 4′ 30″}{R}$

Log. 1,512   =   0,1797241
Log. sin. 43° 4′ 30″ =   9,8343922

            10,0141163
Log. R   =   10

D'où log. Ac   =   0,0141163

Il ne reste plus qu'à calculer l'expression

$$nB = \frac{Ac\ \text{tang. } 18° 58′}{R}$$

Log. Ac   =   0,0141163
Log. tang. 18° 58′ =   9,5361505

            9,5502668
Log. R   =   10

D'où log. nB =   — 1,5502668 = Log. de 0,355.

$$\text{Mais B} = 1{,}415 \text{ ; donc } n = \frac{0{,}355}{1{,}415} = \frac{1}{4}.$$

Ainsi la face y, placée sur l'angle A, de manière que sa trace soit parallèle à la diagonale $A''a$, est donnée par le décroissement d'une rangée sur $\frac{1}{4}$, ou de quatre rangées sur une, disposition qui s'exprime par la notation $A\frac{1}{4}$, et comme les deux faces M sont égales, et que la modification qui a lieu sur la face de droite doit se représenter sur la face de gauche, on écrira :

$$\frac{^{1/4}A^{1/4}}{y} \quad \text{ou } a^{1/4}.$$

Si l'examen de la *fig.* n'avait pas indiqué que la trace ot est parallèle à la diagonale $A''a$, le calcul aurait dévoilé cette disposition.

Modifications placées sur les arêtes. 1° Sur les arêtes de la base.

Fig. 196.

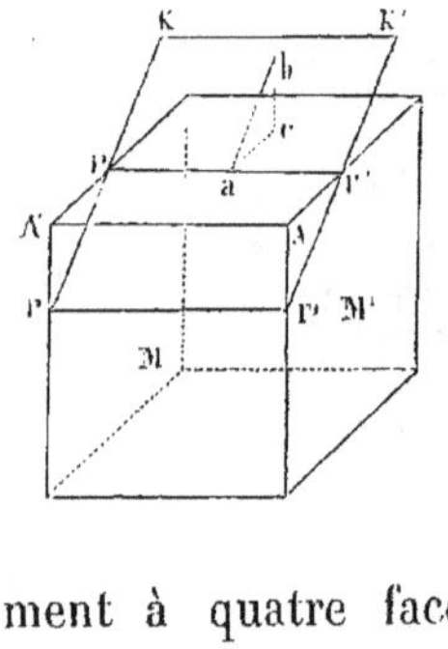

Les faces O forment une bordure sur les arêtes de la base du prisme, qu'elles entourent de tous côtés; lorsque ces faces sont peu développées, elles émoussent seulement ces arêtes, et l'on dit que le prisme est émarginé ; quand elles atteignent leurs limites, elles constituent un pointement à quatre faces qui remplacent la base ; il est peu d'échantillons où cette face ait complétement disparu, et presque toujours un petit carré fort brillant indique sa présence.

Pour obtenir la loi de décroissement qui donne naissance à la face O, on construira le triangle mensurateur abc, dans lequel ac est parallèle au côté, et bc à la hauteur. Si on suppose maintenant que bc soit égal à la hauteur d'une molécule, le nombre de côtés de molécules qui sera contenu dans la longueur ac indiquera la loi de décroissement qui préside à la face O.

$$\text{L'angle de P sur } o = 151° \, 52'$$
$$bac = 180° - (151° \, 52') = 28° \, 8'.$$

Le triangle bac donne :

$$ac = \frac{bc \times R}{\text{tang. } bac} = \frac{H \times R}{\text{tang. } 28° \, 8'}$$

$$\text{Log. } R \times H = 10,1797241$$
$$\text{Log. tang. } 28° \, 8' = 9,7281087$$

$$\text{D'où log. } ac = 0,4516154 = \text{Log. de } 2,829.$$

$$\text{Mais } ac = n,B \; ; \; \text{d'où } n = \frac{2,829}{1,415} = 2.$$

La face O est par conséquent donnée par un décroissement de deux rangées; son expression est :

$$\frac{B^2}{o} \text{ ou } b^2$$

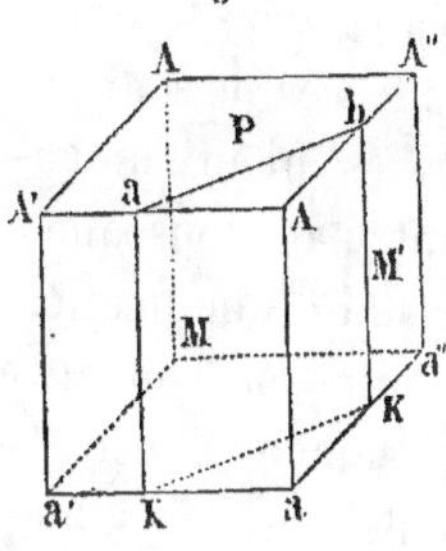

Fig. 197.

2° Modifications sur les arêtes verticales. — Les cristaux d'idocrase sont ordinairement cannelés par plusieurs séries de facettes verticales; il en est deux surtout qui existent presque constamment : ce sont celles indiquées par Haüy sous les noms de d et h. Leurs angles sont :

$$\text{M sur } d = 135°$$
$$\text{M sur } h = 153° \, 27'$$

La première face est évidemment tangente aux arêtes verticales; elle naît donc sur ces arêtes par un décroissement par une rangée, et sa notation est :

$$\frac{H^1}{d} \text{ ou } h^1$$

Pour calculer la seconde, il suffit de chercher les distances où sa trace coupe la base. Soit ab cette trace (*fig.* 197); puisque les faces h sont verticales, le triangle aAb, formé par cette trace et les côtés du prisme, sera le triangle mensurateur, et son angle baA sera le supplément de M sur h. On a donc la proportion :

$$A a : b A :: R : \text{tang. } 26^\circ 33'.$$

Si on suppose bA$=$B, on aura :

$$A a = n B = \frac{B \times R}{\text{tang. } 26^\circ 33'}$$

$$\text{Log. } B \times R = 10{,}1505150$$
$$\text{Log. tang. } 26^\circ 33' = 9{,}6986847$$

$$\text{D'où log. } n B = 0{,}4518303 = \log. 2{,}830,$$

$$\text{et par suite } n = \frac{2{,}830}{B} = \frac{2{,}830}{1{,}415} = 2.$$

Cette face est donc le résultat d'un décroissement de deux rangées, et est exprimée par :

$$\frac{H^2}{h} \text{ ou } h^2$$

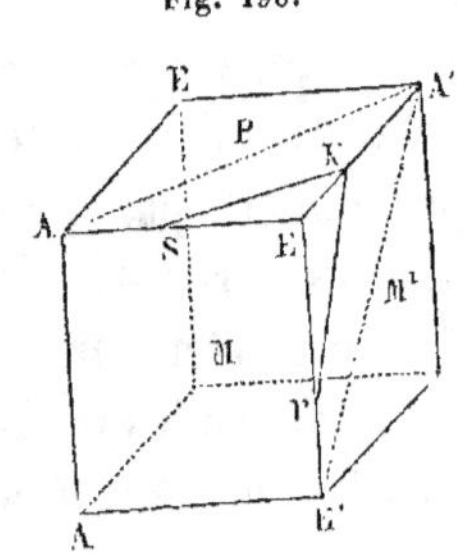

Fig. 198.

Facettes données par des décroissements intermédiaires.—Il existe dans l'idocrase trois facettes : z, x et s, dont les traces ne sont parallèles ni aux arêtes, ni aux diagonales ; elles sont par conséquent placées sur le cristal d'une manière indéterminée. Pour en connaître les lois de décroissement, il est nécessaire de calculer les trois longueurs Ek, Es et Er qu'elles interceptent sur les arêtes du prisme primitif, qui se réunissent en E.

La question consiste donc à chercher l'angle que ces traces font avec ces mêmes côtés, puis, s'étant donné à volonté la longueur d'un des côtés, on connaîtra les deux autres par la simple résolution des deux triangles rectangles Ekr, Eks.

Soit d'abord la face Z, dont on connaît les angles, avec les faces de la forme primitive :

$$P \text{ sur } Z = 129^\circ 55'$$
$$M \text{ sur } Z = 133^\circ 18'$$

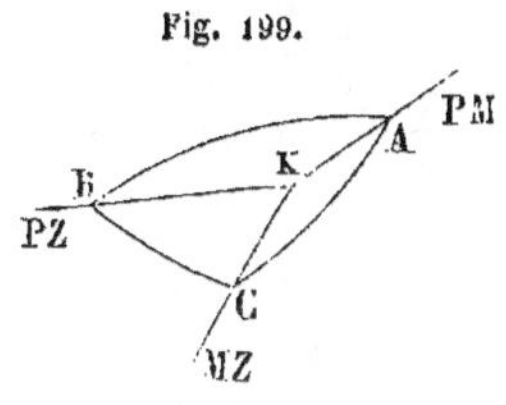

Soient ks et kr les traces de la face Z sur les faces P et M.

Il est facile de trouver les angles de ces traces avec les côtés du prisme; pour cela, supposons que k (*fig.* 199) soit le centre d'un triangle sphérique formé par les plans P, M, Z, dont les angles sont :

$$A = P \text{ sur } M = 90°.$$
$$B = P \text{ sur } Z = 129° \; 55'.$$
$$C = M \text{ sur } Z = 133° \; 18'.$$

Les angles cherchés sont b, c; on les obtiendra par les formules :

$$\text{Cos. } b = \frac{R \cos. B}{\sin. C}. \qquad \text{Cos. } c = \frac{R \cos. C}{\sin. B}.$$

Log. R cos. B = 19,8073136—	Log. R cos. C = 19,8362091 —
Log. sin. C = 9,8619958	Log. sin. B = 9,8847832
Log. cos. b = 9,9453178—	Log. cos. c = 9,9514259 —
D'où b = 151° 50′ 50″	c = 153° 24′ 10″

Mais les angles cherchés sont les suppléments de ceux que nous venons d'obtenir. On a donc :

$$
\text{Pour le triangle } kEs \;
\begin{cases}
E = 90°. \\
k = 26° \; 35' \; 50''. \\
s = 63° \; 24' \; 10''.
\end{cases}
\qquad
\text{Pour le triangle } Ekr \;
\begin{cases}
E = 90° \\
k = 28° \; 9' \; 10'' \\
r = 61° \; 50' \; 50''
\end{cases}
$$

pour avoir les longueurs Er, Ek, Es.

J'observe que dans le triangle Ekr, Er, qui est suivant la hauteur, est le plus petit côté; supposons-le égal à la hauteur d'une molécule $= H = 1$, on aura :

$$Ek = \frac{Er \sin. r}{\sin. k} = \frac{H \times \sin. 61° \; 50' \; 50''}{\sin. 28° \; 9' \; 10''}.$$

Log. H =	0,1797241
Log. sin. 61° 50′ 50″ =	9,9453172
	10,1250413
Log. sin. 28° 9′ 10″ =	9,6737803
	0,4512610 = log. 2,8266;

or $Ek = nB = 2,8266$. D'où $n = \dfrac{2,8266}{1,42} = 2$.

On aura de même Es par la proportion :

$$E s = \frac{E k \times \sin. k}{\sin. s} = \frac{n B \times \sin. 26^\circ 35' 50''}{\sin. 63^\circ 24' 10''}$$

Log. nB   = 0,4512610
Log. sin. 26° 35' 50'' = 9,6510024

                            10,1022634
Log. sin. 63° 24' 10'' = 9,9514230

                            0,1508404 = log. 1,4153.

D'où Es = n'B = 1,4153, et $n' = \dfrac{1,4152}{1,42} = 1$.

Ainsi, pour la face Z, on a les valeurs suivantes :

$$E k = 2,8266 = 2B.$$
$$E s = 1,4152 = B.$$
$$E r = 1,51 = H.$$

données que Haüy représente par la formule :

$$\left(\begin{smallmatrix} {}^1A^1, \ B^2, \ H^1 \\ z \end{smallmatrix} \right)$$

Fig. 200.

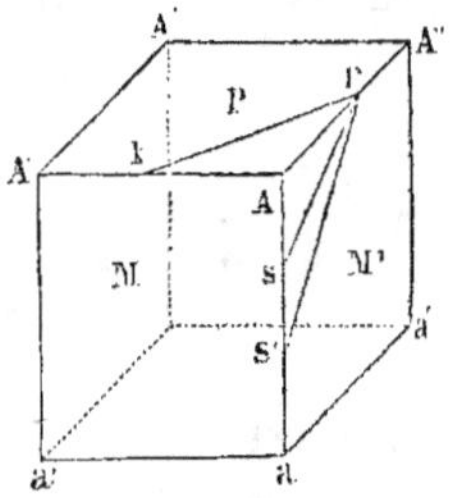

Face X. — Elle est également donnée par un décroissement intermédiaire.

L'observation n'a fourni que les angles de x sur M=152° 3', et de x sur la face C=115° 15'; et comme il est indispensable de connaître celui de x sur P pour obtenir les trois longueurs Ar, Ak et As, il faut calculer d'abord l'angle de la trace de x sur M, puis l'angle de x sur P. Soient rs' la trace de C sur M, rs la trace de x sur M, l'angle Ars' étant facilement connu, on aura Ars = Ars' — srs'; l'angle srs' sera donné au moyen du triangle sphérique Mcx. Pour avoir Ars, j'observe que dans le triangle sphérique de la note [1] page 365, qui nous a donné l'angle de la trace de C sur P, nous aurions eu l'angle de la trace sur M, en cherchant b, lequel est donné par la formule :

$$\text{Cos. } b = \frac{R \cos. B}{\sin. C}.$$

Log. R cos. B = 19,9017764 —
Log. sin. C = 9,9563870

Log. cos. b = 9,9453894 —; d'où b = 151° 51′ 52″,
et l'angle intérieur Ars' = 28° 8′ 8″.

Soit ABC un triangle sphérique composé des faces M, C et x.

$$A = C \text{ sur } x = 143° \ 12'.$$
$$B = M \text{ sur } c = 115° \ 15'.$$
$$C = M \text{ sur } x = 152° \ \ 3'.$$

Dans ce triangle, les trois angles solides étant connus, on a a par la formule :

$$\text{Sin. } 1/2 \ a = R \sqrt{\frac{- \cos. 1/2 \ A + B + C. \cos. 1/2 \ (B + C - A)}{\sin. B \sin. C}}$$

$$\frac{A + B + C}{2} = 205° \ 15'. \ . \ . \ \frac{B + C - A}{2} = 62° \ 3'.$$

$$\text{Log. } R^2 = 10,0000000$$
$$\text{Log. cos. } \frac{A + B + C}{2} = 9,9563870 -$$
$$\text{Log. cos. } \frac{B + C - A}{2} = 9,6708958$$

Log. sin. B = 9,9563870
Log. sin. C = 9,6708958

19,6272828

39,6272828 —
19,6272828

Donc log. (sin. 1/2 a)² = 20,0000000   20,0000000 —
Et log. sin. 1/2 a = 10,0000000
Et par suite 1/2 a = 90, et a = 180°.

L'angle obtenu étant le supplément de l'angle intérieur srs', ce dernier sera donc = 0°. D'où il suit que :

$$A rs = A rs' - S rs' = 28° \ 8' \ 8'' - o = 28° \ 8' \ 8''.$$

Ainsi, dans ce cas particulier, les deux faces c et x ont leurs traces parallèles sur la face M.

D'après le calcul que nous avons fait pour la face P, on en conclura donc que :

$$A r = 2B = 2,8266.$$
$$A s = H = 1,51.$$

Fig. 201.

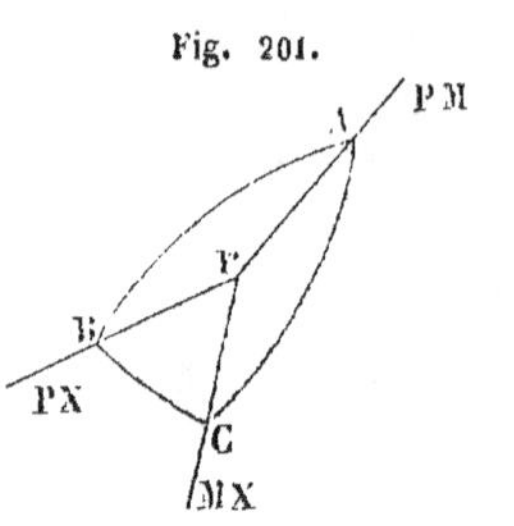

Pour obtenir Ak, il faut maintenant trouver l'angle de la trace de x sur P; pour cela, j'observe que si on construit le triangle sphérique P, M, x, on a :

$$A = \text{P sur M} = 90°.$$
$$C = \text{M sur } x = 152° \ 3'.$$
$$b = \text{M}x \text{ sur PM} = 151° \ 52'.$$

$$\text{Cos. B} = \frac{\cos. b \ \sin. C}{R} \ \ldots \ldots \ \text{tang. } c = \frac{\sin. b \ \tan. C}{R}.$$

Log. cos. b = 9,9453960—	Log. sin. b = 9,6735047
Log. sin. C = 9,6708958	Log. tang. C = 9,7247595 —
19,6162938—	19,3982642 —
D'où log. cos. B = 9,6162938—	Log. tang. c = 9,3982642 —
B = 114° 24′ 50″.	C = 165° 57′ 13″.

Ainsi, la face x fait, avec P, un angle $= 114°\ 24'\ 50''$, et l'angle intérieur $k r \text{A} = 14°\ 2'\ 47''$.

On a la valeur Ak par l'équation :

$$\text{A}k = \frac{\text{A}r \ \sin. \ r}{\sin. \ k.}$$

Et comme le triangle Akr est rectangle en A, on a :

$$A = 90 \, ; \ k = 14°\ 2'\ 47'' \, ; \ r = 75°\ 57'\ 13''.$$
$$\text{Log. } \text{A}r \ = \log. \ 2,8266 \qquad = 0,4512610$$
$$\text{Log. sin. } r = \log. \sin. 14°\ 2'\ 47'' = 9,3850830$$
$$9,8363440$$
$$\text{Log. sin. } k = \log. \sin. 75°\ 57'\ 13'' = 9,9868163$$
$$\text{Log. A}k \qquad = - \ 1,8495277$$
$$\text{D'où A}k \qquad = \qquad 0,7071.$$

$$\text{Mais A}k = n'\text{B} = 0,7071 \, ; \ \text{d'où } n' = \frac{0,7071}{\text{B}} = \frac{0,7071}{1,41} = 1/2.$$

La formule est donc :

$$\left(\text{A}^{1/2} \ \text{B}^2 \ \text{H}^1 \atop x \right)$$

Et comme la face x se reproduit des deux côtés de l'angle A, on l'exprime également par :

$$\left({}^{1/2}\text{A} \ \text{B}^2 \ \text{H}^1 \atop x \right)$$

Haüy, au lieu de cette expression, a adopté la notation
$^2\mathrm{A}\ ^2_x\mathrm{B}\ ^2\mathrm{H}^1$, qui paraît au premier abord différente ; mais
cela tient à ce qu'au lieu de prendre $^1/_2$ dans un sens et 1 dans
l'autre, il compte 2 et 1, rapport exactement le même ; il
nous paraît préférable de conserver les nombres donnés directement par le calcul.

Face S. — Cette face est déterminée par les angles M sur
S$=144°\ 44'$, C sur S$=150°\ 31'$.

On suivra la même marche que pour la face x ; on calculera d'abord un triangle sphérique composé des plans M, C et
S, dont les angles sont :

$$\mathrm{A} = \mathrm{C}\ \text{sur}\ \mathrm{S} = 150°\ 31' ; \quad \mathrm{B} = \mathrm{M}\ \text{sur}\ \mathrm{S} = 144°\ 44'.$$
$$\mathrm{C} = \mathrm{M}\ \text{sur}\ \mathrm{C} = 115°\ 15'.$$

qui nous apprend que la trace de S sur M est parallèle à celle
de C sur cette même face ; son angle est donc de $28°\ 8'\ 8''$.

Pour avoir la trace de S sur M, on considérera le triangle
sphérique rectangle composé des faces P, M, S. Les données
sont :

$$\mathrm{A} = \mathrm{P}\ \text{sur}\ \mathrm{M} = 90. \quad \mathrm{C} = \mathrm{M}\ \text{sur}\ \mathrm{S} = 144°\ 44'.$$
$$b = \mathrm{MS}\ \text{sur}\ \mathrm{MP} = 151°\ 52'.$$

On obtient :

$$\mathrm{A}k = n'\mathrm{B} = 0{,}9425 ; \quad n' = \frac{0{,}9425}{\mathrm{B}} = \frac{0{,}9425}{1{,}41} = 2/3.$$

Il en résulte que :

$$\mathrm{A}r = 2\mathrm{B} ; \quad \mathrm{A}\mathrm{K} = 2/3\ \mathrm{B} ; \quad \mathrm{A}s = \mathrm{H}.$$

La face S est donc représentée par la formule :

$$\left(\mathrm{A}^{\frac{2}{3}}\ \mathrm{B}^2\ \mathrm{H}^1 \atop \mathrm{S} \right) \quad \text{et} \quad \left(^{\frac{2}{3}}\mathrm{A}\ \mathrm{B}^2\ \mathrm{H}^1 \atop \mathrm{S} \right)$$

PRISME DROIT RECTANGULAIRE.

Dans ce système cristallin, les trois dimensions sont différentes; il faut par conséquent connaître une modification sur chacune des arêtes, ou sur un angle et une arête, pour déterminer les dimensions de la forme primitive.

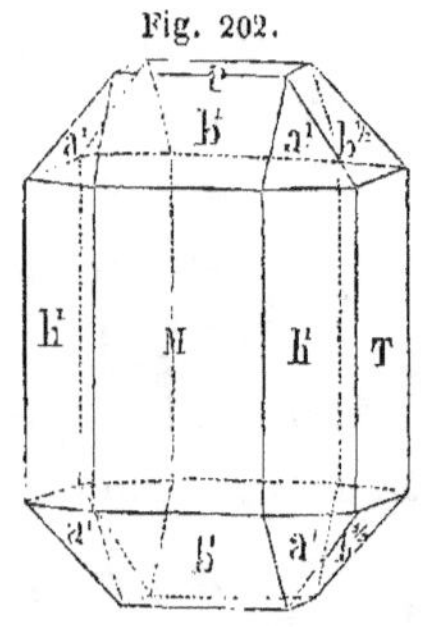

Fig. 202.

Je choisirai, pour exemple de ce système cristallin, le PÉRIDOT, qui présente à la fois des modifications sur les différentes arêtes et sur les angles, et dont la *fig.* 202 présente un des cristaux les plus complets.

Les données fournies par l'observation sont :

Modifications sur B.	*Modifications sur* G.
P sur h = 150° 31'.	M sur n = 155° 54'.
P sur k = 131° 29'.	T sur s = 131° 49'.
	M sur z = 119° 13'.
Modifications sur C.	*Modifications sur* A.
P sur d = 128° 20'.	P sur e = 125° 50'.

Détermination des dimensions.—On peut déterminer les dimensions au moyen d'une modification quelconque, mais il faut choisir celle qui donne les rapports les plus simples.

Prenons d'abord la face h qui est placée sur l'arête B; le prisme étant rectangulaire, il naîtra une face h sur les deux arêtes B qui jouent le même rôle dans le cristal; l'intersection de ces arêtes sera une ligne parallèle à B; la trace de ces plans sur la face P sera également parallèle à B.

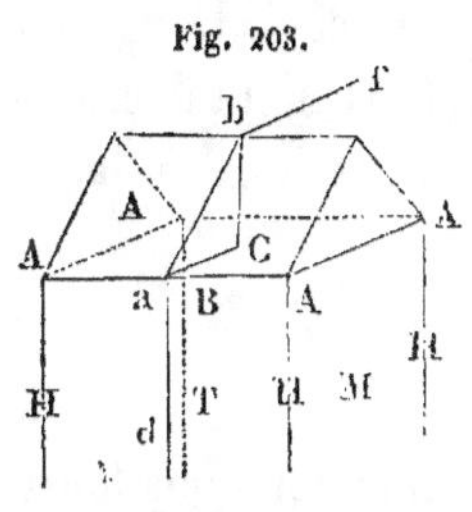

Fig. 203.

D'un point quelconque a, menez le plan abc perpendiculaire à l'arête B; l'angle bac sera donc l'angle du plan h et du plan T, et fba celui du plan h et de la base P. Son intersection ac avec la base sera parallèle au côté c, et la ligne bc menée perpendiculairement sur ac sera parallèle à la hauteur H.

L'angle P sur $h = 150°$ $31'$; les angles b et a du triangle abc seront donc $60°$ $31'$ et $29°$ $29'$. Ce triangle donnera par conséquent :

$$ac : bc : : \text{C} : \text{H} : : \text{sin. } 60° \; 31' : \text{sin. } 29° \; 29'.$$
$$\text{Log. sin. } 60° \; 31' = 9{,}9397682 = \text{log. de } 8705000.$$
$$\text{Log. sin. } 29° \; 29' = 9{,}6921155 = \text{log. de } 4921000.$$
$$\text{Donc C} : \text{H} : : 8705 : 4921 : : 87{,}05 : 49{,}21.$$

Si donc on suppose que le grand côté C soit représenté par 87, et que la hauteur le soit par 49, la face h naîtra sur l'arête B par un décroissement d'une rangée, et elle sera représentée par B.

Face K. — Cette modification est également placée sur l'arête B. Pour obtenir la loi de décroissement d'où elle résulte, je ferai exactement la même construction; les angles seulement seront différents.

K sur P $= 131°$ $29'$. D'où $b = 41°$ $29'$ $a = 48°$ $31'$. Le triangle abc donne :

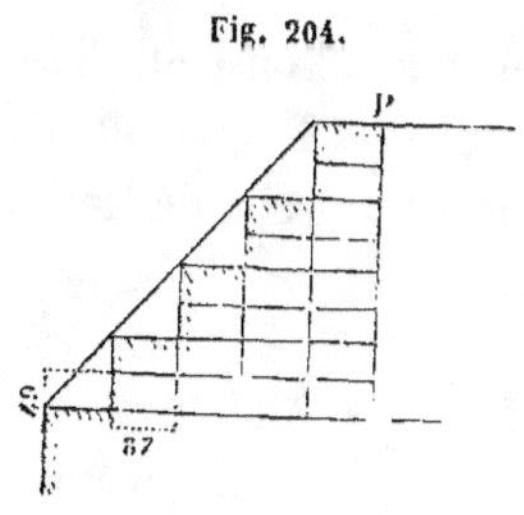

Fig. 204.

$$ac : bc : : \text{sin. } 41° \; 29' \; ; \; \text{sin. } 48° \; 31'.$$
$$\text{ou } nc : \text{H} : : \text{sin. } 41° \; 29' : \text{sin. } 48° \; 31'.$$
$$\text{Log. } \qquad 49° \; 21' = 1{,}6921155$$
$$\text{Log. sin. } 41° \; 29' = 9{,}8211217$$
$$\overline{\qquad\qquad\qquad\qquad 11{,}5132372}$$
$$\text{Log. sin. } 48° \; 31' = 9{,}8745679$$
$$\overline{\qquad\qquad\qquad\qquad 1{,}6386693}$$
$$\text{Donc log. } n \times 87{,}07 = 1{,}6386693 = \text{log. de } 43{,}518$$
$$n = \frac{43{,}518}{87{,}05} = \frac{1}{2}$$

Par conséquent, pour une hauteur $= 1$, le côté $= \frac{1}{2}$, ou pour une hauteur $= 2$, le côté $= 1$. Dans ce cas, le décroissement est donné par une rangée en largeur et deux en hauteur. La notation est donc :

$$\overset{\frac{1}{2}}{\mathrm{B}} \text{ ou } b^{\frac{1}{2}}$$

Modification sur le côté c.—Cette modification nous fournira le moyen de calculer la troisième dimension de la forme primitive, parce que le côté ac du triangle mensurateur, au lieu d'être parallèle à C, le sera à B.

$$\text{P sur } d = 128° \ 20' ; \text{ d'où } b = 38° \ 20' \ a = 51° \ 40'$$
$$ac : bc : : \mathrm{B} : \mathrm{H} : : \sin. 38° \ 20' : \sin. 51° \ 40'.$$

Mettons à la place de H sa valeur $49,21$, on aura :

$$ac = \frac{49 \times 21 \times \sin. 38° \ 20'}{\sin. 51° \ 40'}$$

$$
\begin{aligned}
\text{Log.} \quad 49,21 &= 1,6921155 \\
\text{Log. sin.} \ 38° \ 20' &= 9,7925566 \\
\hline
&\ \ 11,4846721 \\
\text{Log. sin.} \ 51° \ 40' &= 9,8945463 \\
\hline
&\ \ \ 1,5901258
\end{aligned}
$$

Donc log. $ac = 1,5901258 = $ log. de $38,916$.

Si l'on suppose que $\mathrm{B} = 38,916$, il en résultera que la face d naîtra sur l'arête C par un décroissement d'une rangée en hauteur et une en largeur : les molécules ayant pour hauteur le nombre $49,21$, et pour largeur le nombre $38,916$.

Les trois dimensions sont alors dans la proportion :

$$\mathrm{C} : \mathrm{H} : \mathrm{B} : : 87,05 : 49,21 : 38,916.$$

Haüy indique les nombres 25, 14 et 11, et l'on voit effectivement que si l'on suppose que $\mathrm{C} = 25$, C et B deviendront $14,13$ et $11,17$, nombres très-rapprochés de ceux de Haüy. il annonce en outre que la proportion

$$\mathrm{C} : \mathrm{H} : \mathrm{B} : : \sqrt{25} : \sqrt{8} : \sqrt{5} : : 5 : \sqrt{8} : \sqrt{5}$$

est encore plus rapprochée de la vérité. Pour obtenir les dimensions sous cette forme, il suffit de doubler les logarithmes des nombres 87,05 ; 49,2 et 38,92, et de chercher les nombres auxquels ils correspondent. On a :

2 log. 87,05 = 1,9397682 × 2 = 3,8795364 = log. de 7577.
2 log. 49,2 = 1,6921155 × 2 = 3,3842310 = log. de 2422.
2 log. 38,92 = 1,5901258 × 2 = 3,1802516 = log. de 1514.

Si l'on suppose effectivement que le nombre 2422 qui représente H^2 devienne 8, on trouvera pour C^2 et B^2 les nombres 25,01 et 5,0008, qui sont très-rapprochés de 25 et 5. On obtient alors la proportion de Haüy.

$$C : H : B :: 5 : \sqrt{8} : \sqrt{5}.$$

Mais celle que j'ai indiquée est plus exacte.

Modifications sur l'arête verticale

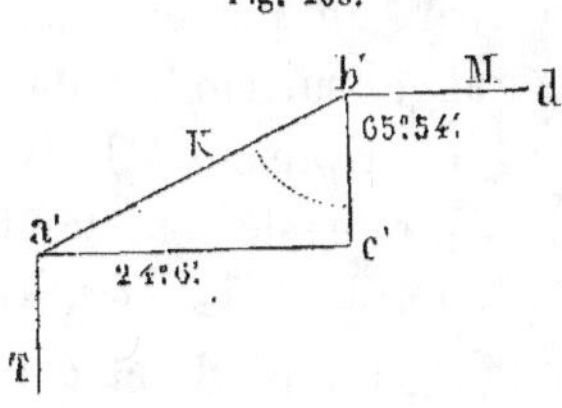

H. — Les quatre arêtes verticales étant placées d'une manière symétrique autour de l'axe, elles doivent être modifiées toutes quatre de la même manière.

Prolongeons les côtés C et B (*fig.* 205) jusqu'à leur intersection en A, qui est l'angle du solide primitif, ba sera le triangle mensurateur ; $b'a'$ représentera l'angle de la modification sur M. Supposons que cette face soit celle marquée n par Haüy.

M sur n = 155° 54' ; d'où a' = 65° 54' ; = b' 24° 6'.

On a dans le triangle $a'b'c'$.

$b'c' : a'c' :: \sin. 24° 6' : \sin. 65° 54'$

On remarquera que $a'c'$ est parallèle au côté C, et $b'c'$ au côté B. Supposons que $b'c'$ = B, alors $a'c' = n'c$.

Fig. 205.

Fig. 206.

La proportion devient :

$$B : n'c : : 38,92 : n'c : : \sin. 24^\circ 6' : \sin. 65^\circ 54'.$$

$$n'c = \frac{38,92 \times \sin. 65^\circ 54'}{\sin. 24^\circ 6'}$$

Log.   38,92   =   1,5901258
Log. sin. 65° 54'   =   9,9603919

                          11,5505177
Log. sin. 24° 6'   =   9,6110118

                          1,9395059 = log. de 87,00.

Donc $n'c = 87,00$, et comme C = 87,05 $n' = 1$.

Il en résulte que la face n est produite par une modification d'une rangée en hauteur sur une rangée en largeur placée sur l'arête H par rapport à la face M.

Face S. — T sur S = 131° 49'.

Le calcul donne :

$$n' = 0,501 = 1/2.$$

Le décroissement est donc de deux rangées suivant le côté B, et d'une suivant C.

Face Z. — M sur Z = 119° 13'.

Le calcul donne :

$$n' = \frac{21,776}{87,05} = 0,2501 = 1/4.$$

n' est donc sensiblement = 4, et par suite la face Z est donnée par un décroissement de 4 sur 1.

Modifications sur la face T. — J'ai cherché les lois de décroissement des facettes placées sur M ; celles des facettes placées sur T se calculeraient de la même manière, mais en outre elles s'en déduisent naturellement, ainsi qu'on le voit sur la figure ci-jointe.

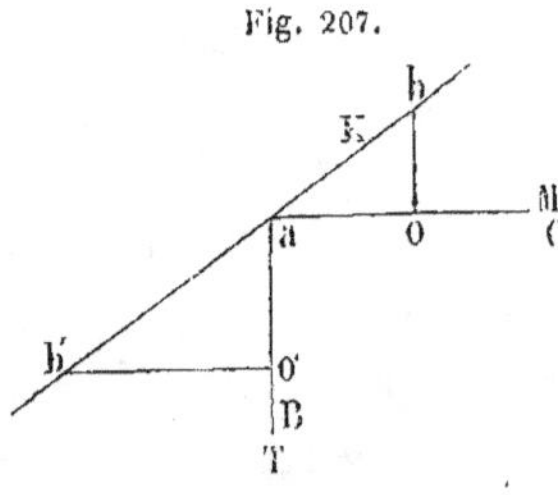

Soit par exemple une face n donnée par un décroissement par une rangée suivant B et deux suivant C relativement à la face M ; elle naîtra également sur la face T par un décroissement par une rangée suivant B et deux suivant C.

En effet, si l'on prolonge la face n, et qu'on prenne ao' $= ao$, les deux triangles aob et $ao'b'$ sont semblables et donnent :

$$ao : bo :: b'o' : ao' \; ; \; ao = 2bo \; ; \; \text{donc } b'o' = 2ao'.$$

Mais ao est parallèle à c, et ao' à B; par conséquent, la loi de décroissement qui donne la face n relativement à T est la même que celle qui a lieu sur M; Haüy la représente ainsi :

$$^2H^2.$$

Les trois faces n, s et z sont donc représentées par :

$$\frac{^1H^1}{n} \; , \; \frac{^2H^2}{s} \; , \; \frac{^4H^4}{k} \; .$$

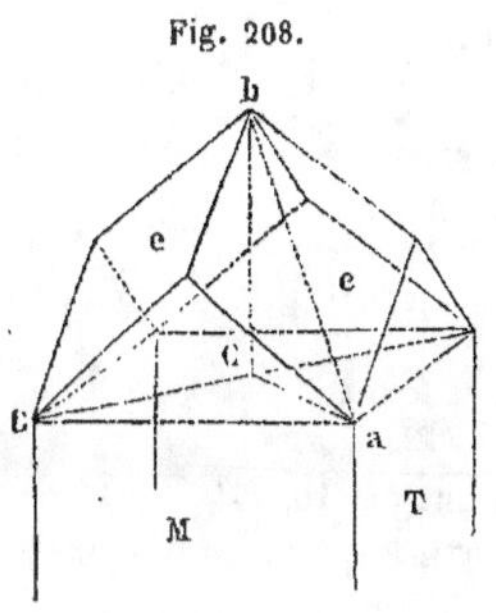

Fig. 208.

Modifications sur les angles.— Dans le prisme rectangulaire droit, les quatre angles solides des bases sont également placés par rapport à l'axe; il en résulte qu'ils doivent subir tous les mêmes modifications. La face E se représente donc sur chacun des angles de la base; son intersection avec cette base est parallèle à la diagonale, et par suite, c'est sur la face P qu'il faut chercher le décroissement.

La mesure a donné P sur E $= 125°\ 50'$; si l'on mène un plan abc perpendiculaire à la diagonale, l'angle bac sera le supplément de P sur E $= 180 — 125°\ 50' = 54°\ 10'$. Le triangle bac peut être regardé comme le triangle mensurateur; bc est parallèle à la hauteur H; l'angle c est droit. Ce triangle donnera donc :

$$ac : bc :: R : \text{tang. } 54°\ 10'.$$

Et en supposant $bc = H = 49,2$, on a :

$$
\begin{aligned}
&\text{Log. } R \times 49,2 &=&\quad 11,692155\\
&\text{Log. tang. } 54°\ 10' &=&\quad 10,1413981\\
\hline
& & &\quad 1,5507174
\end{aligned}
$$

D'où log. $ac = 1,5507174$, $ac = 35,54$.

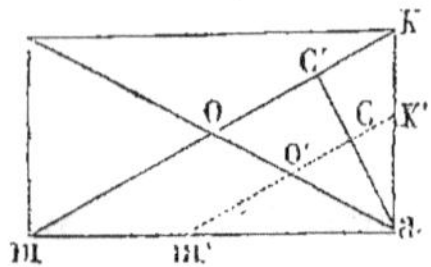

Fig. 209.

Mais l'on cherche, dans les décroissements, le rapport entre les côtés ou entre la diagonale et les côtés; celle-ci étant proportionnelle aux côtés, c'est donc le rapport entre bc et ao' qu'il faut se procurer. Pour l'obtenir, j'observe que dans le triangle koa les trois côtés sont connus.

D'abord $ka = 38{,}91$, $ko = ao$ (¹) $= 1/2$ diagonale $= 47{,}67$.

La formule sin. $1/2\ A = R \sqrt{\dfrac{(a+b-c)(a-b+c)}{2\,bc}}$

donne pour l'angle O sin. $1/2\ O = R \sqrt{\dfrac{a^2}{4\,b^2}} = \dfrac{R \times a}{2b}$.

Mais $a = 38{,}91$, $b = 47{,}67$.

Log. R $a = 11{,}5901258$

Log. 2 $b\ \ = 1{,}9792752$

D'où log. sin. $1/2\ O = 9{,}6108506$

$1/2\ O = 24°\ 5'\ 28''$, et $O = 48°\ 10'\ 56''$.

Le triangle cao' dans lequel $o' = o$, $c = 90$, $ac = 35{,}54$ donne :

$ac : ao' :: \sin. O' : R$; d'où $ao' = \dfrac{R \times ac}{\sin.\ 48°\ 10'\ 56''}$

Log. R $\times$ $ac\ \ = 11{,}5507174$

Log. sin. $48°\ 10'\ 56'' = 9{,}8723112$

Log. $ao'\ \ \ \ \ = 1{,}6784062 = $ log. de $47{,}68$.

On a donc $bc : ao' :: 49{,}2 : 47{,}68$.

Par conséquent, le triangle mensurateur est tel, que si sa hauteur égale la hauteur du prisme, le côté $ao' = {}^1/_2$ diagonale, et comme la demi-diagonale correspond au côté, le décroissement qui donne la face E est par une rangée en hauteur sur une rangée en largeur, ce que Haüy exprime par A¹.

(¹) La diagonale est donnée par le triangle rectangle mka.

$\overline{mk}^2 = \overline{ma}^2 + \overline{ak}^2 = (87{,}05)^2 + (38{,}91)^2$.

Log. $87{,}05 = 1{,}9397682$; log. $(87{,}05)^2 = 3{,}8795364$.

Log. $38{,}91 = 1{,}5901258$; log. $(38{,}91)^2 = 3{,}1802516$.

D'où $(87{,}05)^2 = 75{,}77$, $(38{,}91)^2 = 1514$.

$\overline{mk}^2 = 7577 + 1514 = 9091$, et log. $909, = 3{,}9586117$.

Log. $km = 1{,}9793058$, $km = 95{,}94$, $ok = 47{,}67$.

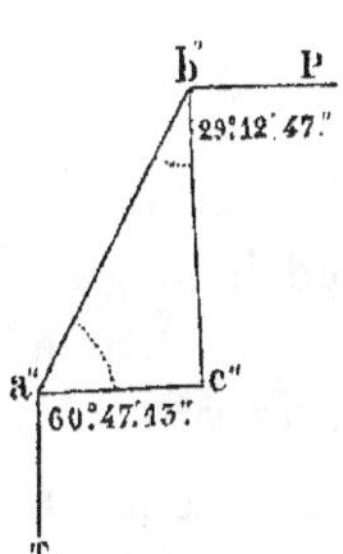

Fig. 210.

Correction des angles.—Lorsque Haüy n'obtenait pas un décroissement simple, mais que sa valeur était très-approchée de remplir cette condition; alors il corrigeait l'angle en donnant au décroissement une valeur déterminée. La face z placée sur l'arête H peut nous en fournir un exemple.

Nous avons trouvé, pour n', le nombre 0,2501 très-approché de $^1/_4$, et nous avons supposé que ce nombre était effectivement $^1/_4$, c'est-à-dire que la face Z était donnée par un décroissement de quatre rangées suivant B, et une parallèlement à C.

Cherchons quelle devrait être la valeur de M sur Z dans cette supposition.

Le triangle $a''b''c''$ (*fig.* 210) donne :

$$a''c'' : b''c'' :: n'c : B :: R : \text{tang. } a''.$$

$$n' = 1/4; \text{ d'où tang. } a'' = \frac{B \times R}{1/4\ C},$$

$$B = 38,91,\ C = 87,05.$$

$$\text{Log. } B \times R = 11,5901258$$

$$\text{Log. } \frac{C}{4} \quad = 1,3377082$$

$$\overline{}$$

$$10,2524176$$

$$\text{Log. tang. } a'' = 10,2524176; \text{ d'où } a'' = 60° 47' 13'',$$

$$\text{et P sur Z} = 119° 12' 47'',$$

valeur qui ne diffère de celle indiquée que de 13".

On peut donc admettre, sans sortir des limites d'erreur qui résultent de l'observation, que la face Z est produite sur l'arête H par un décroissement d'une rangée sur quatre.

PRISME DROIT RHOMBOÏDAL.

Le troisième type cristallin se présente le plus ordinairement sous la forme du prisme droit rhomboïdal; le grand nombre de modifications que présente la baryte sulfatée, qui appartient à ce système, m'engage à en donner les calculs.

D'après le nombre des éléments qui caractérisent le prisme rhomboïdal droit, il peut y avoir six ordres de modification, et la baryte les possède toutes. La *fig.* 211 présente un exemple des principales modifications.

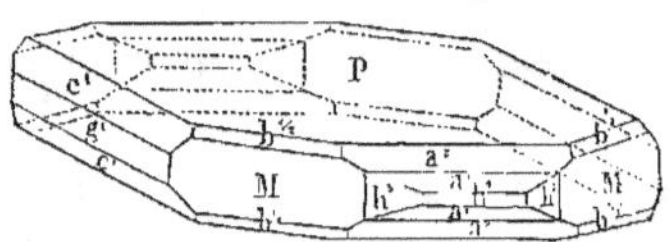

Fig. 211.

Les angles donnés par l'observation pour ces six genres de modification sont :

1° *Modifications sur les arêtes de la base.*

P sur z = 115° 33′ 8″.
P sur δ = 152° 23′ 40″.
M sur f = 124° 11′ 41″.

2° *Modifications sur les angles obtus.*

P sur d = 140° 59′ 21″.
P sur u = 121° 41′.
P sur l = 157° 56′ 59″.
P sur r = 162° 2′ 44″.

3° *Modifications sur les angles aigus.*

P sur o = 127° 5′ 13″.
r sur i = 138° 35′ 24″.
P sur ι = 130° 22′ 43″.

4° *Modifications sur les arêtes obtuses.*

M sur s = 140° 46′ 6″.
M sur λ = 155° 59′ 37″.
M sur t = 169° 19′ 43″.

5° *Sur les arêtes aiguës.*

M sur k = 129° 13′ 54″.
M sur n = 151° 26′ 21″.
M sur η = 160° 42′ 60″.

6° *Modifications intermédiaires.*

P sur y = 122° 48′ 29″.
M sur y = 142° 21′ 49″.
P sur μ = 142° 12′ 10″.
μ sur o = 153° 18′ 29″.

Détermination des dimensions de la forme primitive.— Dans le prisme rhomboïdal droit, les côtés de la base étant égaux, il suffit d'une seule modification pour en déterminer les dimensions.

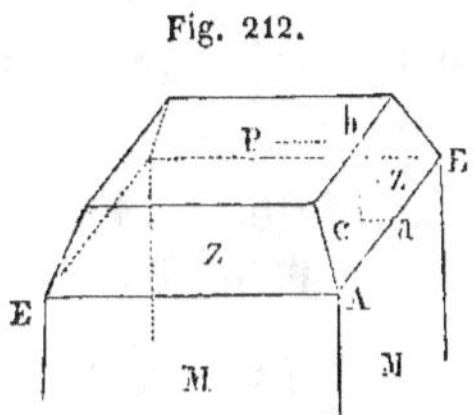

Fig. 212.

Modifications sur les arêtes de la base. — Prenons pour point de départ la face Z placée sur les arêtes de la base; menons un plan perpendiculaire à cette arête; il coupera les plans P et Z suivant un angle qui sera le supplément de P sur Z.

D'un point b, abaissons une perpendiculaire bc, et joignons ca. Le triangle bca sera un triangle mensurateur dans lequel bc sera parallèle à la hauteur H du prisme, et ca, perpendiculaire au côté B, en sera l'apothème.

L'angle du prisme ou M sur M = 101° 32' 13".
P sur Z = 115° 33" 8"; d'où a = 64° 26' 52", b = 25° 33' 8".

Le triangle abc donne :

$$ac : bc :: \text{R} : \text{tang. } 64° 26' 52''.$$

Supposons que le point b soit pris de manière que la distance $ac = 1$; la valeur de bc devient $\dfrac{\text{tang. } 64° 26' 52''}{\text{R}}$;

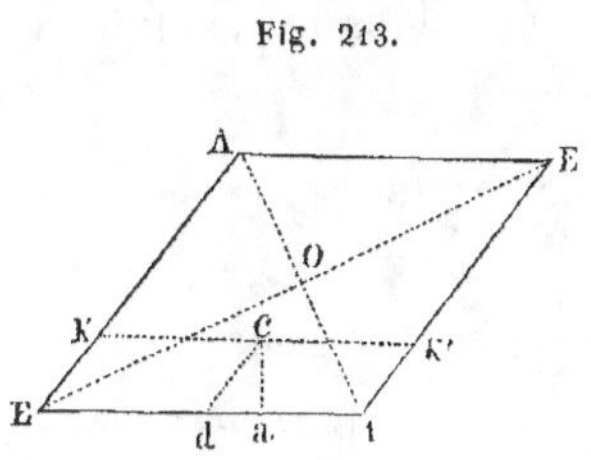

Fig. 213.

or, le log. de tang. 64° 26' 52" = 10,3204859, donc log. bc = 0,3204859, d'où bc = 2,0916 ; mais ac est perpendiculaire au côté AE de la base; pour avoir la partie du côté correspondant à sa longueur = 1, j'observe que si, par le point c, je mène une parallèle au côté AE', le triangle ACd est connu, car a = 90°, ac = 1, d = 78°, 27' 47". Donc :

$$cd = \frac{ac \times \text{R}}{\text{sin. } d} = \text{A}p'.$$

Log. $ac \times$ R   = 10,0000000
Log. 2in. 78° 27' 47"   = 9,9911340
———————
0,0088660

D'où log cd = 0,0088660 = log. de 1,0206.

Ainsi, la partie du côté qui correspond à $ac = 1$ est égale à 1,0206. Nous avons trouvé que la hauteur bc correspondante à cette valeur de cd est égale à 2,0916.

Si donc on supposait le côté B $= 1,0206$, la hauteur serait H $= 2,0916$. Dans cette hypothèse, la face Z serait donnée par un décroissement d'une rangée en hauteur sur une en largeur. Haüy a préféré doubler le côté, de sorte que la face Z est le produit d'un décroissement de deux rangées en hauteur sur une en largeur, ce qu'on écrit ainsi : $\dfrac{\frac{1}{2}\text{B}}{z}$. Les modifications qui résultent de ces dimensions sont plus simples; ce qui a engagé Haüy à les adopter de préférence.

Les côtés de la forme primitive de la baryte sulfatée sont alors :

$$B = 2,041, \quad H = 2,091.$$

Il en résulte que les faces verticales sont sensiblement des carrés.

Les demi-diagonales sont données dans le triangle AoE, rectangle en O, par les équations :

$$Ao : AE : : \sin. 39° 13' 33'' : R.$$
$$Eo : AE : : \sin. 50° 46' \ 6'' : R.$$

$$AE = B = 2,041 \quad \begin{array}{lr} \text{Log. } 2,041 & = \quad 0,3098966 \\ \text{Log. sin. } 39° 13' 53'' & = \quad 9,8010287 \\ \hline & 10,1109253 \end{array}$$

D'où log. Ao = 0,1109253 = log. 1,291.

$$\begin{array}{lr} \text{Log. } 2.041 & = \quad 0,3098966 \\ \text{Log. sin. } 50° 46' 6'' & = \quad 9,8890747 \\ \hline & 10,1989713 \end{array}$$

Log. Eo = 0,1989713 = log. 1,581.

Appelant D la grande diagonale et d la petite, on a :

$$1/2 \ D = 1,581, \ 1/2 \ d = 1,291.$$

Haüy donne ces rapports sous forme radicale, et il dit :

$$D : d : : \sqrt{3} : \sqrt{2}.$$
$$1/2 \ D : H : : 2 : \sqrt{7}.$$

D'après les valeurs que je viens d'obtenir, ces rapports seraient :

$$D : d : : 3,162 : 2,582.$$
$$1/2\ D : H : : 1,581 : 2,091.$$

Ces rapports sont identiques; seulement, ceux que j'ai obtenus sont exacts, tandis que ceux de Haüy ne sont qu'approchés. Pour mettre ces rapports sous la même forme, il suffit d'élever les nombres 3,162, 2,582 au carré, et d'indiquer ensuite l'extraction de la racine.

$$\text{Log. } 3,162 = 0,4999619\,;\ \log. (3,162)^2 = 0,9999238.$$
$$\text{Log. } 2,582 = 0,4119562\,;\ \log. (2,582)^2 = 0,8239124.$$
$$\text{D'où } (3,162)^2 = 9,9982\,;\ (2,582)^2 = 6,6667.$$

La première proportion devient donc :

$$D : d : : \sqrt{9,9982} : \sqrt{6,6667} : : \sqrt{3} : \sqrt{2}.$$

Le second rapport devient, en mettant à la place de $\sqrt{7}$ sa valeur :

$$1/2\ D : H : : 2 : 2,6518.$$

Si maintenant on suppose que 1,581 soit représenté par 2, 2,091 le sera par 2,0962 et la seconde proportion deviendra :

$$1/2\ D : H : : 2 : 2,645,$$

qui ne diffère du rapport 2 : 2,651 de Haüy que de 0,006.

Face ∂. — L'angle de cette modification, également placée sur les arêtes de la base, est :

$$P \text{ sur } \delta = 152^o\ 32'\ 40''.$$
$$\text{D'où } a = 27^o\ 27'\ 20'',\ b = 62^o\ 32'\ 40\ ''.$$
$$ac : bc : : R : \text{tang. } a\,;\ \text{d'où } ac = \frac{R \times bc}{\text{tang. } 27^o\ 27'\ 20\ ''}.$$

Mais bc est parallèle à la hauteur $=$ H. Supposons-le égal à la hauteur d'une molécule, on aura :

$$\text{Log. } R \times bc = \log. R \times 2,091 = 10,3204859$$
$$\text{Tang. } 27^o\ 27'\ 20'' \qquad\qquad = 9,7156537$$
$$\text{D'où log. } ac \quad = 0,6048322$$
$$\text{La valeur de } ac \text{ est donc} = 4,0256.$$

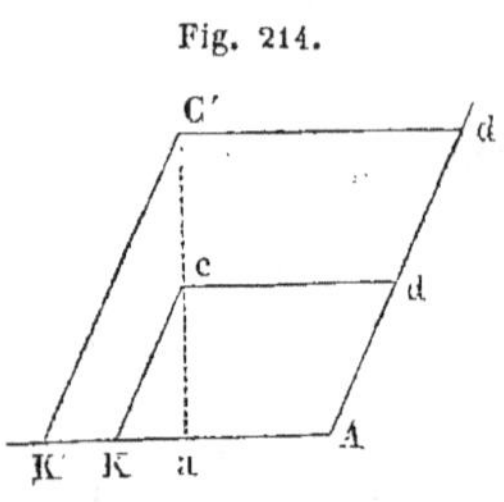

Fig. 214.

Les parties de côté interceptées par la ligne d'intersection des faces z, ∂, etc., placées sur les arêtes B, sont proportionnelles aux parties correspondantes ac, ac', etc., de l'apothème, ainsi qu'on le voit dans les triangles semblables akc, $ak'c'$, dans lesquels ck et $c'k'$, égaux à Ad et Ad', sont des portions du côté; on a :

$$ac : ac' : : ck : ck'.$$

Mais $ac = 2$, tandis que $ac' = 4$; il s'ensuit que $c'k' = 2\,ck$.

La face ∂ est donc donnée par un décroissement d'une rangée en hauteur sur deux en largeur. Sa notation est par suite :

$$\frac{B^2}{\delta} \text{ ou } b^2.$$

Face F. — M sur $f = 124° 11' 41''$, d'où $b = 55° 48' 19''$.

Le calcul donne $bc : ac :: 2{,}091 : 3{,}087$, rapport qui devient sensiblement $:: 2 : 3$. Ainsi, la face f est le résultat d'un décroissement de trois rangées en hauteur sur deux en largeur, ce que l'on exprime par :

$$\frac{\overset{\frac{3}{2}}{B}}{f} \text{ ou } \overset{\frac{3}{2}}{b}.$$

Modifications sur l'angle obtus. — Il existe cinq modifications sur l'angle obtus, dont les intersections sont toutes parallèles à la grande diagonale, circonstance que l'on exprime en disant qu'elles sont placées sur la base.

Commençons par la modification d, qui fait avec la face un angle de $140° 59' 21''$; je mène par l'angle A un plan perpendiculaire à la diagonale. Le prisme étant rhomboïdal, la trace du plan se confondra avec la petite diagonale AA. Prenons un point b, tel que la hauteur $bc = $ la hauteur d'une molécule $= H = 2{,}091$.

Fig. 215.

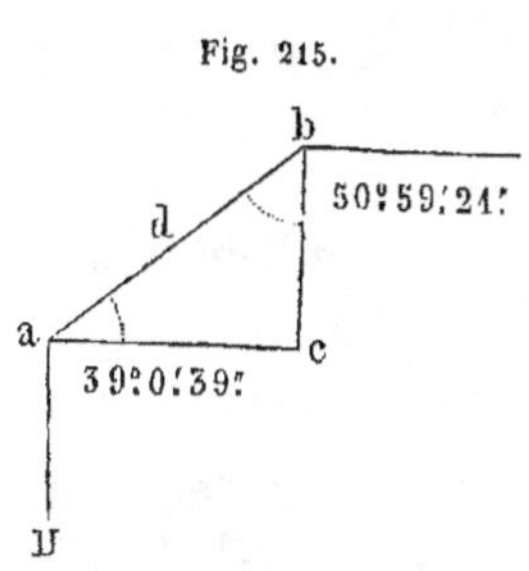

On a, dans le triangle abc, *fig*. 215 :

$$ac : bc :: \text{R} : \text{tang. } a; \quad a = 39^0\ 0'\ 39''.$$

$$ac = \frac{\text{R} \times bc}{\text{tang. } a} = \frac{\text{R} \times 2{,}091}{\text{tang. } 39^0\ 0'\ 39''}$$

Log. R × 2,091   = 10,3204859
Log. tang. 39⁰ 0′ 39 =   9,9085371

                              0,4119488

Log. ac = 0,4119488 = log. 2,582.

Cette longueur ac est double de la demi-diagonale, dont la valeur a été trouvée, page 388, de 1,291, et comme cette ligne se confond avec la diagonale à cause de la forme du prisme, il en résulte que la face d est donnée par un décroissement d'une rangée en hauteur sur deux en largeur, rapport que l'on représente par l'expression :

$$\frac{\text{A}^2}{d} \text{ ou } a^2.$$

Faces u, l, r et v.

P sur u = 121⁰ 41′, P sur l = 157⁰ 56′ 59″.
P sur v = 147⁰ 3′ 14″; P sur r = 162⁰ 2′ 44″.

Un calcul analogue à celui que nous avons fait pour la face d donne :

u... $ac = n \times \frac{1}{2} d = 1{,}2909$; d'où $n = 1$.
l... $ac = n \times \frac{1}{2} d = 5{,}164$; d'où $n = 4$.
r... $ac = n \times \frac{1}{2} d = 6{,}4549$; d'où $n = 5$.
v... $ac = n \times \frac{1}{2} d = 3{,}227$; d'où $n = 5/2$.

Ces quatre faces sont donc représentées par les notations :

$$\overset{1}{\underset{u}{\text{A}}}, \overset{4}{\underset{e}{\text{A}}}, \overset{8}{\underset{r}{\text{A}}}, \overset{5/2}{\underset{v}{\text{A}}} \text{ ou } a^1;\ a^2;\ a^5;\ a^{\frac{5}{2}}.$$

Modifications sur l'angle aigu. — Il existe également, dans la baryte sulfatée, cinq modifications sur cet angle, comme sur l'angle obtus, mais elles ne sont pas placées de la même manière : les intersections de trois d'entre elles avec la base P sont parallèles à la petite diagonale, tandis que les deux autres sont obliques à cette ligne. D'un autre côté, les intersections de ces deux dernières avec la face M sont parallèles à la diagonale de cette face. Il y a donc, sur l'angle E, trois modifications relatives à P et deux à M.

Les modifications sur P se calculent exactement de la même manière que celles qui existent sur l'angle obtus A.

Ces modifications sont indiquées par Haüy sous les lettres o, i, E.

Faces o, i et e. $\begin{cases} \text{P sur } o = 127^0\ 5'\ 13''; \quad i \text{ sur } i = 138^0\ 35'\ 24''. \\ \text{P sur } e = 130^0\ 22'\ 43''. \end{cases}$

On trouve successivement pour les faces :

$$o\ldots\ ac = n\tfrac{1}{2}\,\mathrm{D} = 1{,}5812;\ \text{d'où } n = 1.$$
$$i\ldots\ ac = n\tfrac{1}{2}\,\mathrm{D} = 0{,}79058;\ \text{d'où } n = 1/2.$$
$$e\ldots\ ac = n\tfrac{1}{2}\,\mathrm{D} = 1{,}7788;\ \text{d'où } n = 9/8.$$

Les notations de ces trois faces sont par conséquent :

$$\overset{\scriptstyle 1}{\underset{o'}{\mathrm{E}}}.\ \overset{1/2}{\underset{i'}{\mathrm{E}}}\ \overset{9/8}{\underset{\mathrm{E}}{\mathrm{E}}}\ \text{ou } e^1;\ e^{\tfrac{1}{2}};\ e^{\tfrac{9}{8}}.$$

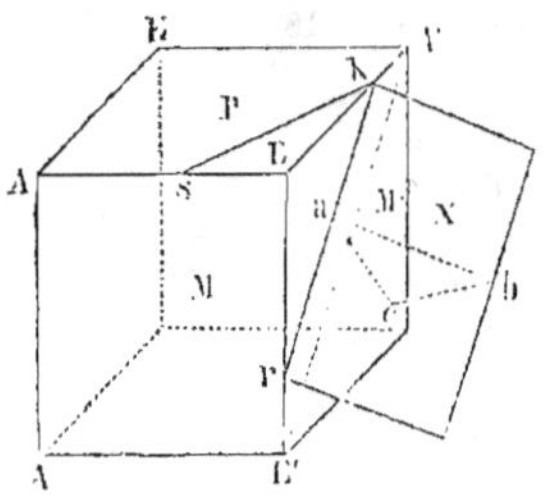

Fig. 216.

Modification de l'angle aigu relative à la face M. — La trace de la modification x sur la face M est parallèle à la diagonale de cette face; c'est donc par rapport à elle qu'il faut chercher le décroissement. Le prisme étant rhomboïdal, on ne peut plus faire la même construction que pour la face P, attendu que la perpendiculaire bc, qu'on abaisserait d'un point b sur le plan M, ne serait pas parallèle au côté AE, et par conséquent on n'aurait plus dans ce triangle une relation entre les côtés du prisme; on pourrait cependant obtenir cette relation en calculant les valeurs de bc et ac en fonction des côtés, mais il est plus simple de chercher directement les parties des côtés interceptées entre l'angle E et le plan de modification x, dont les traces sur M et P sont les lignes kr et ks. La ligne kr étant par hypothèse parallèle à la diagonale de la face M, il suffit de connaître les longueurs Ek et Es, ek représentant un certain nombre de côtés de molécules égal au nombre de hauteurs de molécules compris dans Er.

L'angle donné par Haüy est x sur $x = 129°\ 59'\ 32''$. Ce pointement étant mesuré au-dessus de la face P, il en résulte que P sur $x = 115°\ 0'\ 13''$.

Recherche de l'angle M sur x, et de la trace de la face x sur P. — Pour déterminer les lignes Ek, Es, il faut connaître les angles des triangles kEr, kEs. Ceux du triangle kEr sont facilement déterminés par la considération que kr est parallèle à A'E', diagonale de la face M, et que l'angle E $= 90$.

$$R : \text{tang.}\ r :: EE' : AE :: H : B :: 2{,}091 : 2{,}041.$$

$$\text{Tang.}\ r = \frac{R \times B}{H}.$$

Mais B $= 2{,}041$.
H $= 2{,}091$.

Log. $R \times B = 10{,}3908966$
Log. H $= 0{,}3204859$
—————————
Log. tang. $r = 9{,}9894107$

$$\text{Donc}\ r = 44°\ 18'\ 5''.$$

Les angles du triangle kEr sont par conséquent :

$$E = 90,\ r = 44°\ 18'\ 5'',\ k = 45°\ 41'\ 55''.$$

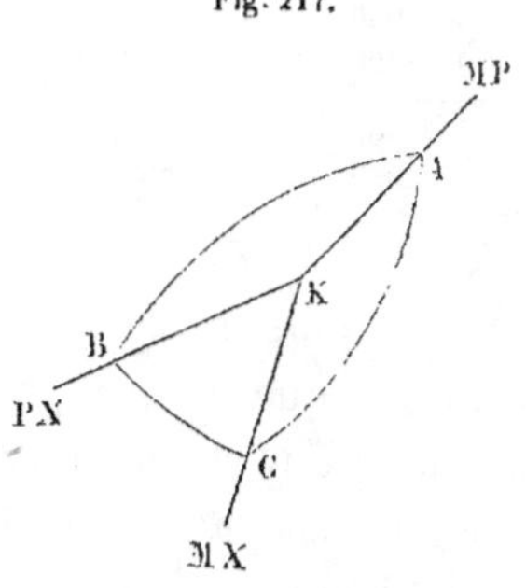

Pour avoir les angles du triangle ksE, j'observe qu'on peut regarder le point k comme le centre d'un triangle sphérique formé par les trois plans M, P, x, dans lequel on connaît trois éléments, savoir :

A $=$ P sur M $= 90°$.
B $=$ P sur x $= 115°\ 0'\ 13''$·
$b =$ supplément de $k = 134°\ 18'\ 5''$·

Ce triangle sphérique étant rectangle, on trouvera c et C par les formules :

$$\text{Sin. } c = \frac{\text{tang. } b \, , \, \text{cot. B}}{\text{R}}. \qquad \text{Sin. } C = \frac{\text{R} \, , \, \text{cos. B}}{\text{cos. } b}.$$

Log. tang. b = 10,0105918 —		Log. R cos. B = 19,6260071 —
Log. cot. B = 9,6687440 —		Log. cos. b = 9,8441250 —
19,6793358		Log. sin. C = 9,7818821
Log. sin. c = 9,6793358		

$$\text{D'où } c = 28^\circ \ 32' \ 54'', \text{ ou } 151^\circ \ 27' \ 6''.$$
$$C = 37^\circ \ 14' \ 28'', \text{ ou } 142^\circ \ 45' \ 32''.$$

c et C étant donnés par des sinus, on a deux valeurs, mais dans ce cas, il ne peut y avoir de doute. Ces deux angles sont $> 90^\circ$.

$$\text{Ainsi, M sur } x = 142^\circ \ 45' \ 32''.$$

Quant à l'angle k du triangle kEr, il est le supplément de l'angle c ; il est égal à 28° $32'$ $54''$. Pour avoir l'angle s, j'observe que l'angle E sur lequel est placée la modification x est l'angle aigu ; donc E $= 78^\circ$ $27'$ $47''$. Les trois angles du triangle kEs sont donc :

$$k = 28^\circ \ 32 \ 54''.$$
$$E = 78^\circ \ 27' \ 47''.$$
$$s = 72^\circ \ 59' \ 19''.$$

Supposons maintenant que dans le triangle kEs le petit côté $sE =$ le côté d'une molécule $= B = 2,041$, on aura :

$$Ek = Es \frac{\text{sin. } s}{\text{sin. } k} = \frac{\text{B. sin. } 72^\circ \ 59' \ 19''}{\text{sin. } 28^\circ \ 32' \ 54''}.$$

Log. B = log. 2,041 =	0,3098966
Log. sin. 72° 59′ 19″ =	9,9805700
	10,2904666
Log. sin. 28° 32′ 54″ =	9,6793369
Log. Ek =	0,6111297 = log. 4,084.

Ainsi E$k = 2$B ; il en résulte nécessairement que E$r =$ 2H. Donc la face x est placée de telle façon que si Es représente un côté de molécule E$k = 2$, elle est par conséquent le résultat d'un décroissement d'une rangée dans un sens et de deux sur la face M, ce qu'on exprime par E^2 ou e_2, le nombre 2 étant à droite de la lettre E.

Recherche de l'angle P sur c et de la trace de c sur P.

—Cette face est placée comme x sur la face M, c'est-à-dire que sa trace sur ce plan est parallèle à la diagonale, mais on connaît seulement M sur C $= 133°\ 31'\ 31''$. On a donc encore, dans le triangle kEr :

$$k = 45°\ 41'\ 55''.$$
$$E = 90°.$$
$$r = 44°\ 18'\ 5''.$$

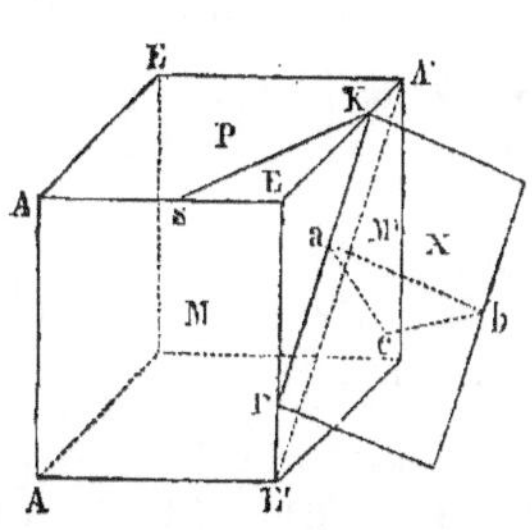

Fig. 216.

Il faut maintenant connaître l'angle k dans le triangle ksE que fait l'intersection ks du plan c avec les côtés de la base du prisme.

On obtiendra cet angle, ainsi que celui de P sur c, de même par un triangle sphérique rectangle en A, dont les données sont :

$$A = \text{P sur M} \qquad = 90°.$$
$$C = \text{M sur C} \qquad = 133°\ 31'\ 31''.$$
$$b = \text{supplément de } k = 134°\ 18'\ 5''.$$

On aura c et B par les formules :

$$\text{Tang. } c = \frac{\sin. b.\ \text{tang. C}}{R} \qquad \text{Cos. B} = \frac{\cos. b.\ \sin. C}{R}$$

Sin. b	= 9,8547163	Cos. b	= 9,8441245 —
Tang. C	= 10,0223705 —	Sin. C	= 9,8603823
	19,8770868 —		19,7045068 —
Log. tang. c =	9,8770868 —	Log. cos. B =	9,7045068 —

Tang. c et cos. B étant négatifs, ces angles sont $> 90°$.
$$\text{Donc B} = 120°\ 28'\ 6''.$$
$$c = 143°\ 0'\ 8''.$$

D'où il résulte que P sur $c = \text{B} = 120°\ 28'\ 6''$, et que l'angle k du triangle $kEs = $ suppl. de c. Les angles de ce triangle sont alors :

$$k = 36°\ 59'\ 52''.$$
$$E = 78°\ 27'\ 47''.$$
$$s = 64°\ 22'\ 21''.$$

La valeur de Ek devient :

$$E k = \frac{E s \sin. 64^0\ 32'\ 21''}{\sin. 36^0\ 59'\ 52''}.$$

$$\text{Soit } E s = B = 2,041.$$

Log. B	= 0,3098966
Log. sin. 64º 32' 21''	= 9,9556287
	10,2655253
Sin. 36º 59' 52''	= 9,7794071
Log. Ek	= 0,4861182 = log. 3,0627.

Ek contenant un certain nombre de côtés de molécules, soit n ce nombre; on a :

$$E k = n \times B = 3,0627.$$

$$\text{D'où } n = \frac{3,0627}{2,041} = \text{supplément } \tfrac{3}{2}.$$

Il en résulte donc que si E$s = 2$ B, E$k = 3$ B, et E$r = 3$ H; la face c est par conséquent donnée par un décroissement par deux rangées suivant EA, et trois rangées sur la face M, ce qu'on écrit :

$$E\ \tfrac{3}{2} \text{ ou } e\ \tfrac{3}{2}.$$

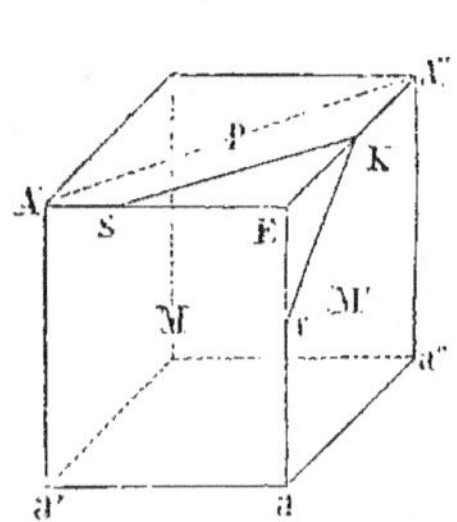

Fig. 218.

Des décroissements intermédiaires. — Les modifications y et μ ne remplissent plus la condition que leurs traces sur un des plans de la forme primitive soient parallèles à la diagonale d'une de ces faces. Il en résulte que ces faces ne sont pas disposées d'une manière symétrique sur l'angle E, et que, pour les déterminer, il faut absolument trouver les valeurs Ek, Es et Er représentant la relation entre les côtés et la hauteur des molécules, car, dans ce cas, il n'existe plus de relation constante entre la perpendiculaire abaissée de E sur kr et les côtés.

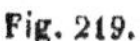

Fig. 219.

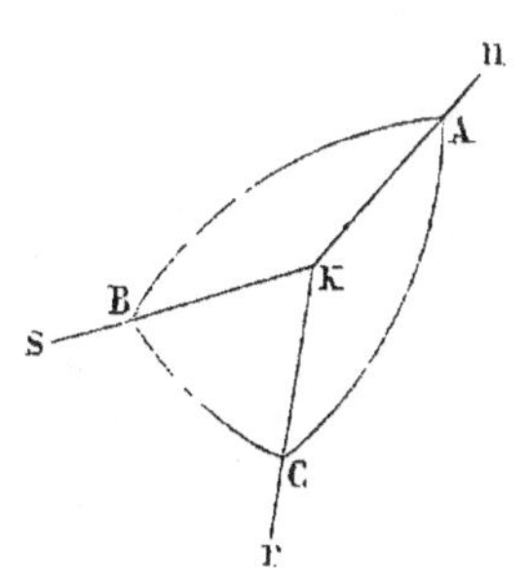

Recherche des traces de y sur les faces de la forme primitive. — Pour les modifications de cette nature, il est nécessaire d'observer au moins deux angles desquels elles fassent partie; un seul suffit lorsque les modifications sont placées sur les angles ou sur les côtés de la forme primitive, parce que cette seconde condition tient lieu d'un angle.

Soit par exemple la *face y*. Elle est déterminée par les deux angles ·

$$P \text{ sur } y = 122^0 \ 48' \ 29''.$$
$$M \text{ sur } y = 142^0 \ 29' \ 49''.$$

Supposons que le point k (*fig.* 219) soit le centre d'un triangle sphérique formé par les plans P, M. y. Les trois angles dièdres sont connus, et il faut trouver les angles plans b et c.

$$\text{Soit } A = P \text{ sur } M = 90^0.$$
$$B = P \text{ sur } y = 122^0 \ 48' \ 29''.$$
$$C = M \text{ sur } y = 142^0 \ 29' \ 49''.$$

Ce triangle sphérique étant rectangle, les angles b et c seront donnés par les formules :

$$\text{Cos. } b = \frac{R \cos. B}{\sin. C}. \qquad \text{Cos. } c = \frac{R \cos. C}{\sin. B}.$$

Log. R. cos. B = 19,7338602 —		Log. R cos. C = 19,8994489 —
Log. sin. C = 9,7844773		Log. sin. B = 9,9245327
Log. cos. b = 9,9493829 —		Log. cos. C = 9,9749162 —

$$\text{D'où } b = 152^0 \ 52' \ 18''.$$
$$c = 160^0 \ 42' \ 48''.$$

Il résulte des valeurs de b et c que les angles des triangles $k\mathrm{E}s$, $k\mathrm{E}r$ sont donc :

$$k\mathrm{E}s. \begin{cases} k = 19^0 \ 17' \ 12''. \\ \mathrm{E} = 78^0 \ 27' \ 47''. \\ s = 82^0 \ 15' \ 1''. \end{cases} \qquad k\mathrm{E}r. \begin{cases} k = 27^0 \ 7' \ 42''. \\ \mathrm{E} = 90^0. \\ r = 62^0 \ 52' \ 18''. \end{cases}$$

Supposons maintenant que dans le triangle kEs le petit côté Es soit égal au côté d'une molécule, et que E$k =$ un certain nombre de ces côtés, on aura :

$$\text{E}s : \text{E}k : : \sin. 19^0\ 17'\ 12'' : \sin. 82^0\ 15'\ 1''.$$
$$\text{B} : n\text{B} : : \sin. 19^0\ 17'\ 12' : \sin. 82^0\ 15'\ 1'.$$

$$\text{D'où } n\text{B} = \frac{\text{B} \times \sin. 82^0\ 15'\ 1''}{\sin. 19^0\ 17'\ 12''}.$$

$$\text{Log. B} = 0{,}3098966$$
$$\text{Log. sin. } 82^0\ 15'\ 1'' = 9{,}9960177$$
$$\overline{ 10{,}3059143}$$
$$\text{Log. sin. } 19^0\ 17'\ 12'' = 9{,}5189016$$
$$\text{Log. } n \times \text{B} = 0{,}7870127 = \log. 6{,}1237.$$

$$\text{D'où } n = \frac{6{,}1237}{2{,}041} = 3.$$

Si donc E$s =$ la longueur du côté d'une molécule, E$k = 3$ fois cette longueur.

Le triangle kEs donne pour Es :

$$\text{E}s = \frac{\text{E}k \times \sin. 27^0\ 7'\ 42'}{\sin. 62^0\ 52'\ 18''}.$$

$$\text{Log. E}k = 0{,}7870127$$
$$\text{Log. sin. } 27^0\ 7'\ 42' = 9{,}6589506$$
$$\overline{ 10{,}4459633}$$
$$\text{Log. sin. } 62^0\ 52'\ 18' = 9{,}9493840$$
$$\text{Log. E}s = 0{,}4965793 = \log. 3{,}1374.$$

Mais Es est dans le sens de la hauteur, et comme H $= 2{,}091$, il en résulte que si on fait E$s = n'$H,

$$n' = \frac{3{,}13}{2{,}09} = \text{sensiblement } \tfrac{3}{2}.$$

La face y est donc le résultat d'un décroissement intermédiaire tel, qu'il y a une molécule soustraite suivant Es, trois suivant Ek, $^5/_2$ et une suivant Er, ce que Haüy indique de la manière suivante :

$$\left(\text{E}^{\frac{3}{3}}\ \text{B}^3\ \text{H}^1 \atop y \right)$$

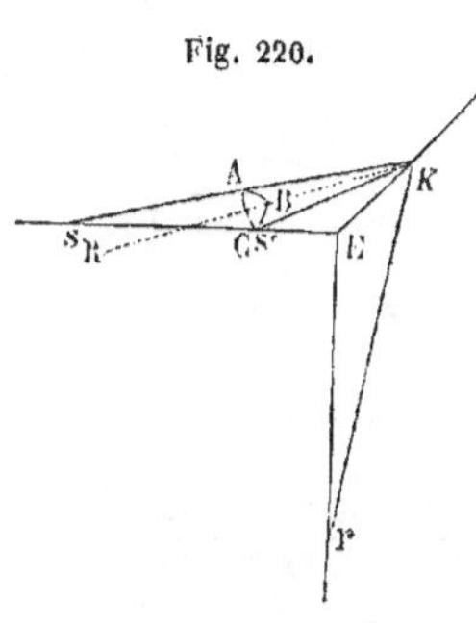
Fig. 220.

Recherche des traces de la face μ **sur** P **et** M, *étant donnés* P *sur* μ, *et le pointement o sur* μ.—La modification μ est placée comme y relativement aux faces de la forme primitive; les deux angles fournis par l'observation sont : 1° l'angle de μ sur la base; 2° l'angle de la face μ avec une facette o placée sur l'angle E, et par suite dont l'intersection est parallèle à la petite diagonale de la base.

La condition nécessaire pour déterminer les lois de ce genre de décroissement étant la connaissance des trois distances Ek, Er et Es prises sur les côtés du prisme , il faut obtenir l'angle de μ sur M, ce qui rendra le calcul un peu plus long.

Soit ks la trace de la face μ sur la base P, ks' celle de la face O, et kr la ligne d'intersection des facettes μ et o. Si l'on suppose que le point k soit le centre d'un triangle sphérique formé par les trois plans P, μ et o, le côté b représentera l'angle plan sks' compris entre les deux traces ks et ks' des facettes μ et o sur la base P, et comme la ligne ks' est parallèle à la petite diagonale de la base, son angle $s'k$E est connu, et par suite l'angle skE que fait la trace ks avec la ligne Ek sera déterminé. Soit donc :

$$A = \text{P sur } \mu = 142^0\ 12'\ 10''\dots\ 37^0\ 47'\ 50''.$$
$$B = \text{O sur } \mu = 153^0\ 18'\ 29''\dots\ 26^0\ 41'\ 31''.$$
$$C = \text{P sur } o = 127^0\ 5'\ 13''.$$

J'observerai d'abord que les faces μ et o sont dirigées toutes deux vers l'axe, et pour qu'elles se coupent, il faut que l'angle c soit aigu, tandis que A est obtus; l'angle au sommet sera également aigu; le triangle sphérique sera donc composé de P sur o, et des suppléments des deux autres angles.

Dans ce triangle sphérique, on connaît les trois angles dièdres. On aura l'angle b par la formule :

$$\text{Sin. } \tfrac{1}{2}\, b = R \sqrt{ \dfrac{ -\dfrac{\cos. A + B + C}{2} \times \dfrac{\cos. A + C - B}{2} }{\sin. A \times \sin. C.} }$$

$$\frac{A + B + C}{2} = 95^0\ 47'\ 17'. \qquad \frac{A + C - B}{2} = 67^0\ 35'\ 46'.$$

$$\text{Donc sin. } \tfrac{1}{2}\, b = R \sqrt{ -\dfrac{\cos. 95^0\ 47'\ 17'' \times \cos. 67^0\ 35'\ 46''}{\sin. 37^0\ 47'\ 50' \times \sin. 127^0\ 5'\ 13'} }$$

Sin. 37⁰ 47′ 50′ = 9,7873675	Log. R² = 20,0000000
Sin. 52⁰ 54′ 47″ = 9,9018511	Cos. 95⁰ 47′ 17′ = 9,0036711 —
	Cos. 67⁰ 35′ 46′ = 9,5810767
	38,5847478 —
19,6892186.	19,6892186
	18,8955292 —

La partie sous le radical étant précédée du signe —, on a donc :

$$\text{Log. } (\text{sin. } \tfrac{1}{2}\, b)^2 = 18,8955292.$$
$$\text{D'où log. sin. } \tfrac{1}{2}\, b = 9,4477646.$$
$$\text{Et par suite } \tfrac{1}{2}\, b = 16^0\ 17'\ 1'. \quad b = 32^0\ 34'\ 2'.$$

On peut prendre pour la valeur de l'angle skE, ou skE $+ b$, ou $s'k$E $- b$; mais l'inspection du cristal indique que l'angle skE $> s'k$E; ainsi, sa valeur sera $s'k$E $+ b$; or, ks' étant par hypothèse parallèle à la petite diagonale de la base, cet angle est égal à 50° 46′ 7″.

D'où skE $= s'k$E $+ b = 50^0\ 46'\ 7'' + 32^0\ 34'\ 2'' = 83^0$ 20′ 9″; et comme l'angle E $= 78° 27' 47''$, les trois angles du triangle skE sont :

$$E = 78^0\ 27'\ 47''.$$
$$k = 83^0\ 20'\ 9''.$$
$$S = 18^0\ 12'\ 4'.$$

Supposons maintenant que le petit côté de ce triangle soit égal à la longueur d'un côté de molécule, le second contiendra un certain nombre de fois cette même longueur, et on aura la proportion :

$$E k : E s : B : n B :: \sin. 18^0\ 12'\ 4'' : \sin. 83^0\ 20'\ 9'.$$

Log. B $=$ log. 2,041 $=$ 0,3098966
Log. sin. $83^0\ 20'\ 9''$ $=$ 9,9970555

$\overline{\qquad\qquad\qquad 10,3069521}$

Log. sin. $18^0\ 12'\ 4''$ $=$ 9,4946525

Log. nB $=$ 0,8122996 $=$ log. 6,4908.

$$n\text{B} = 6,4908 \quad n = \frac{6,4908}{2,041} = 3,1 \text{ à peu près } 3.$$

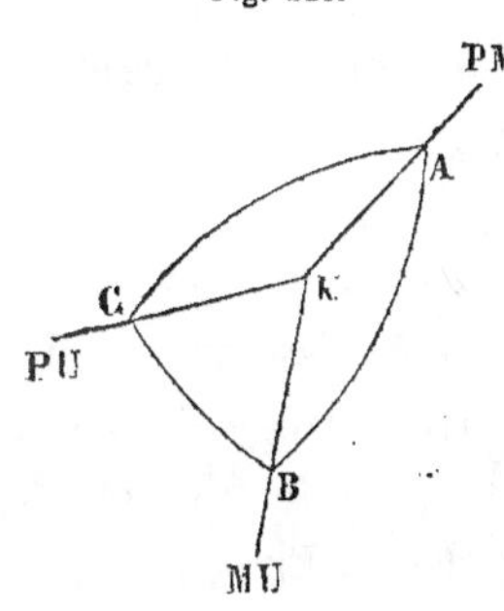

Fig. 221.

Si donc on suppose qu'il y ait un décroissement d'une rangée suivant EA′, il sera de trois rangées suivant l'autre côté du prisme.

Pour avoir maintenant le décroissement dans le sens de la hauteur, il faut calculer l'angle que la trace du plan μ fait avec les côtés de la face M. On se servira alors d'un triangle sphérique (*fig.* 221) composé des plans P, M et μ, dans lequel Ak est la ligne d'intersection des plans P et M, kC celle des plans P et μ, et kB de M et μ. On connaît donc :

A $=$ P sur M $=$ 90⁰.
C $=$ P sur μ $=$ 142⁰ 12′ 10″.
$b =$ suppl. de la trace de μ sur P $=$ 96⁰ 39′ 52′.

L'angle plan c sera précisément celui de la trace de μ sur M. Le triangle sphérique étant rectangle, cet angle sera donné par la formule :

$$\text{Tang. } c = \frac{\sin. b \ \text{tang. C}}{R.}$$

Log. sin. $b = \sin.\ 96^0\ 39'\ 52'' = 9,9970555$
Log. tang. C $=$ tang. $142^0\ 12'\ 10'' = 9,8896388$ —

$\overline{\qquad\qquad\qquad\qquad 19,8866943}$ —

D'où log. tang. $c = 9,8866943.$ —
Et $c = 142^0\ 23'\ 26''.$

Mais l'angle k du triangle kEr est le supplément de c, et de plus, comme dans ce triangle l'angle E est droit, ses trois angles sont :

$$E = 90^\circ.$$
$$k = 37^\circ\ 36'\ 34''.$$
$$r = 52^\circ\ 23'\ 26''.$$

Ce triangle donne par conséquent, pour la valeur de Er :

$$Er = \frac{R \cdot Ek}{\text{tang. } r} = \frac{R \times B}{\text{tang. } 52^\circ\ 23'\ 26''.}$$

$$\text{Log. } R \times B = 10{,}3098966$$
$$\text{Log. sin. } 52^\circ\ 23'\ 26'' = 10{,}1133027$$
$$\text{Log. } Er = 0{,}1965939 = \text{log. } 1{,}572.$$

Mais Er est dans le sens de la hauteur, et si l'on suppose que cette ligne soit égale à n'H, on aura :

$$Er = n'H = 1{,}572\ ;\ \text{d'où } n' = \frac{1{,}572}{2{,}091} = \frac{3}{4}.$$

La face μ est donc donnée par un décroissement d'une rangée suivant un côté de la base, trois rangées suivant l'autre côté, et de $^3/_4$ suivant la hauteur; cette fraction $^3/_4$ exprime aussi la relation des deux côtés Ek et Er.

Sa notation sera :

$$\begin{pmatrix} E^3_4\ B^3\ B' \\ \mu \end{pmatrix}$$

Modifications sur les arêtes verticales. — Les plans qui produisent ces modifications sont toujours parallèles à l'axe, de sorte qu'ils coupent les deux faces contiguës suivant des verticales; soit $kk'\ ss'$ (*fig.* 222) une de ces troncatures; pour déterminer sa position, il suffit de connaître la relation entre les côtés Ak, As, dont la valeur exprime la loi de décroissement.

Fig. 222.

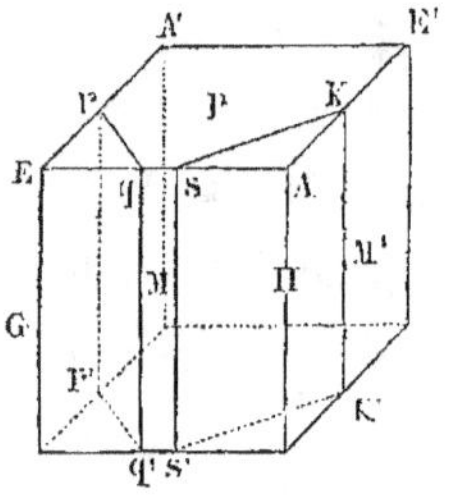

Dans la baryte sulfatée, les arêtes H et G sont d'espèces différentes, puisqu'elles ne sont pas à égale distance de l'axe; il peut donc y avoir des troncatures séparément sur ces arêtes, et lors même que les quatre arêtes verticales sont tronquées, elles le sont par des facettes différentes.

Modifications sur l'arête verticale obtuse. — Haüy in-

dique trois facettes différentes qu'il a désignées par les lettres
S, λ, t.

Face S. — M sur S $= 140°$ 46′ 6″. Comme la base P est
perpendiculaire sur les faces verticales, l'angle $k = 180°$ —
$140°$ 46′ 6″ $= 39°$ 13′ 54″. De plus, l'angle A $= 101°$ 32
13″; le troisième angle s est donc $= 39°$ 13′ 53″. Le triangle
kAs est par suite isocèle, et si l'on suppose A$k =$ B, As sera
aussi égal à B. Il résulte de cette disposition que la face S est le
résultat d'un décroissement par une rangée, ce que Haüy exprime par :

$$\overset{1}{\underset{s}{H}}{}^{1} \text{ ou } h^{1}.$$

Face λ. — M sur $\lambda = 155°$ 59′ 37″. D'où :

$$k = 24°\ 0'\ 23''.$$
$$s = 54°\ 27'\ 14''.$$

$$\text{Soit AS} = \text{B, on a A}k = n''\text{B} = \frac{\text{B} \times \sin.\ 54°\ 27'\ 14'}{\sin.\ 24°\ 0'\ 23''.}$$

Log. B	=	0,3098966
Log. sin. 54° 27′ 14″	=	9,9104378
		10,2203344
Sin. 24° 0′ 23″	=	9,6094190
Log. n''B	=	0,6109154 = log. 4,082.

$$\text{D'où } n'' = \frac{4,082}{2,41} = 2.$$

λ est donc donnée par un décroissement par deux rangées,
et sa notation est $^{2}H^{2}$ ou h^{2}.

Face T. — M sur $t = 169°$ 19′ 43″.

Le calcul donne :

$$n'' = \frac{10,206}{\text{B}} = \frac{10,206}{2,041} = 5.$$

La loi est donc $^{5}H^{5}$ ou H^{5}.

Modification sur l'arête aiguë. — Les faces qui en résultent sont analogues aux faces S et λ, seulement le segment
de la forme primitive qui est enlevé est sur l'angle aigu; soit
$rqr'q'$ (*fig.* 222) le plan de troncature, il faut calculer le rapport de Er à Eq. Il existe, dans la baryte sulfatée, également
trois faces sur l'arête aiguë comme sur l'arête obtuse. Ces trois
faces sont indiquées par Haüy par les lettres K, n et η.

Face K. — M sur K $= 129°\,13'\,54''$.

$$\text{D'où } \left. \begin{array}{l} r = 50°\;46'\;\;6'' \\ E = 78°\;27'\;47'' \\ q = 50°\;46'\;\;7'' \end{array} \right\} \; 180°.$$

Le triangle Erq est par conséquent isocèle, et le décroissement a lieu par une rangée; on l'exprime par $^1G^1$ ou g^1.

Faces n *et* η.

$$\text{M sur } n = 151°\,26'\,21''.$$
$$\text{M sur } \eta = 160°\,42'\,50''.$$

On trouve pour

$$n \ldots n'' = \frac{4,080}{2,041} = 2.$$

$$\eta \ldots n'' = \frac{6,123}{2,041} = 3.$$

La notation des faces placées sur l'arête aiguë est donc :

$$\underset{k}{^1G^1} \; ; \; \underset{n}{^2G^2} \; ; \; \underset{\eta}{^3G^3} \quad \text{ou } g^1; \, g^2; \, g^3.$$

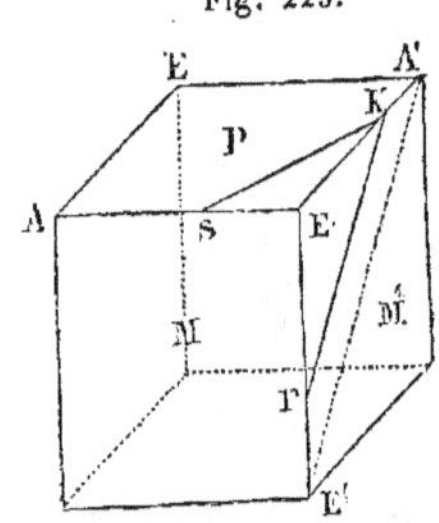

Fig. 223.

Correction des angles de P sur X et M sur X. — On sait que la face x est placée sur l'angle E, de telle façon que sa loi de décroissement sur la base est par deux rangées sur un côté et une rangée sur l'autre, et que son intersection avec la face M est parallèle à la diagonale opposée à l'angle E; cette loi de décroissement est représentée par E².

Soit ksr (*fig.* 223) le plan x. Par hypothèse, kr est parallèle à A'E et kE$=2s$E. De plus, l'angle sE$k=78°\,27'\,47''$. Au moyen de ces données, il est facile de connaître les angles que forment les traces ks et kr avec la ligne A'E. Alors on pourra concevoir un triangle sphérique ayant son sommet en k, et formé par les plans P, M, x. On connaîtra, dans ce triangle, l'angle P sur M, et les angles b et c, qui sont les angles que forment les traces de x sur

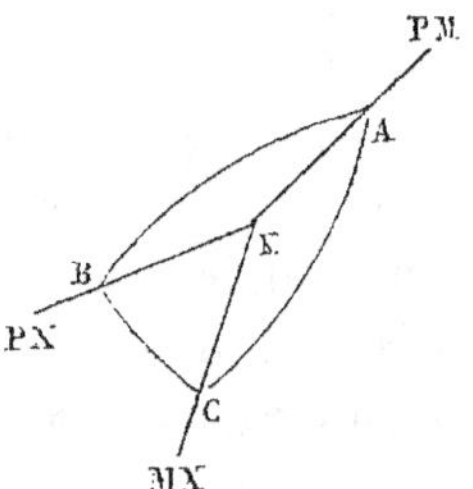

Fig. 224.

M et sur P avec la ligne d'intersection de ces deux traces de la forme primitive. On pourra donc résoudre complétement ce triangle et avoir par suite les angles de x sur P et sur M.

Pour obtenir l'angle k dans le triangle sEk, dans lequel on connaît l'angle E et les deux côtés adjacents, on se sert de la formule

$$a + b : a - b :: \text{cot. } 1/2 \, C : \text{tang. } 1/2 \, (A - B).$$

$b = Es = B = 2,041 ; \quad a = Ek = 2Es = 2B = 4,082 ;$
$^1/_2 \, C = {}^1/_2 \, sEk = 39° \, 13' \, 53''$, A et B représentant les angles que l'on cherche.

$$\text{Tang. } 1/2 \, (A - B) = \frac{(a - b) \, \text{cot. } 1/2 \, C}{a + b} = \frac{(2,041), \, \text{cot. } 39° \, 13' \, 43''}{6,123.}$$

$$
\begin{aligned}
\text{Log. } 2,041 \quad &= \quad 0,3098966 \\
\text{Log. cot. } 39° \, 13' \, 53'' &= \quad 10,0880478 \\
\cline{1-2}
&\quad \quad 10,3979444 \\
\text{Log. } 6,123 \quad &= \quad 0,7869643 \\
\cline{1-2}
&\quad 9,6109801 = \text{log. tang. } \left(\frac{s - k}{2}\right)
\end{aligned}
$$

Donc $\dfrac{s -}{2} = 22° \, 12' \, 43''$. Mais $\dfrac{k + s}{2} = 50° \, 46' \, 7''$.

D'où il résulte que
$$s = 72° \, 58' \, 50''.$$
$$k = 28° \, 33' \, 24''.$$
$$o = 78° \, 27' \, 47''.$$

La ligne kr étant parallèle à la diagonale AE', est donnée par l'équation

$$\text{Tang. } k = \frac{B \times H}{B} = \frac{R \times 2,091}{2,041} . \qquad
\begin{aligned}
\text{Log. R} \times 2,091 &= 10,3204859 \\
\text{Log. } 2,041 &= 0,3098966 \\
\cline{1-2}
&\quad 10,0105893
\end{aligned}$$

D'où $k = 46° \, 41' \, 55''.$

On a donc, dans le triangle sphérique :

$$
\begin{aligned}
A &= \text{P sur M} &&= 90°. \\
b &= \text{supplément de E}kr &&= 134° \, 18' \, 5''. \\
c &= \text{supplément de } sME &&= 151° \, 26' \, 36''.
\end{aligned}
$$

Ce triangle étant rectangle, B et C seront donnés par les équations :

$$\text{Tang. } B = \frac{R \, \text{tang. } b}{\text{sin. } c.} \quad ..... \quad \text{Tang. } C = \frac{R \, \text{tang. } c}{\text{sin. } B.}$$

$$\begin{aligned}
\text{Log. R, tang. } b &= 20{,}0105917 - \\
\text{Log. sin. } c &= 9{,}6794530 \\
\hline
\text{Log. tang. B} &= 10{,}3311387 - \\
\text{Log. R, tang. } c &= 19{,}7357880 - \\
\text{Log. sin. B} &= 9{,}8547141 \\
\hline
\text{Log. tang. C} &= 9{,}8810737 -
\end{aligned}$$

Tang. B et tang. C étant négatifs, B et C $>$ 90°.

Donc B = P sur x = 115° 0′ 34″.

C = M sur x = 142° 44′ 55″.

Ces angles obtenus par la mesure directe sont (pages 393 et 394) B=115° 0′ 13″. C=142° 45′ 32″. Les légères différences qui existent entre les angles obtenus par le calcul et par l'observation tiennent à ce que le rapport 2, qui est la loi de décroissement, n'est pas tout à fait exact; il faudrait, pour obtenir rigoureusement cette loi, faire dans les angles B et C les corrections que nous venons d'obtenir par le calcul.

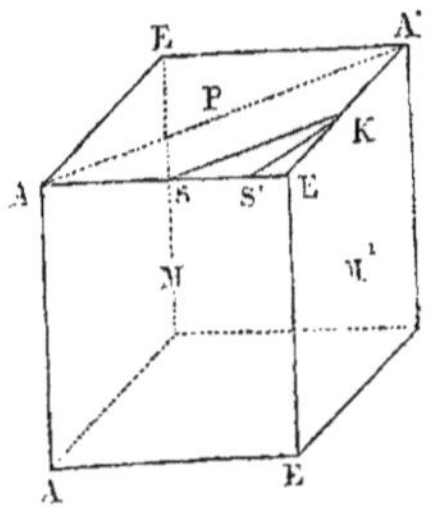

Recherche de l'angle de O sur Y. — Etant données de position, les faces o et y, toutes deux situées sur le même angle, trouver l'angle qu'elles forment entre elles.

Les deux faces o et y sont placées sur l'angle aigu E (*fig.* 225).

La trace de la face o est parallèle à la petite diagonale de la base. Elle fait avec P un angle de 127° 5′ 13″.

Fig. 225.

La trace de y sur P est oblique à la diagonale; elle fait un angle $s'k$E = 19° 17′ 12″, et P sur y = 122° 48′ 29″. Ordinairement, on n'a pas l'angle $s'k$E, la face y est seulement déterminée par les angles P sur y et M sur y. Dans ce cas, il est facile de calculer l'angle $s'k$E. (Voir page 397.)

On peut maintenant concevoir un triangle sphérique dont k sera le sommet, et qui sera composé des faces P, o, y; on connaîtra dans ce triangle les angles dièdres P sur o, P sur y, et l'angle plan sks', formé par les traces des plans y et o sur

P. Cet angle, en effet, $= skE - s'kE = 50° \ 46' \ 7'' - 19° \ 17' \ 12'' = 31° \ 28' \ 55''$.

J'observerai que les deux faces O et Y étant contiguës, l'angle des deux traces est le supplément de sks'. On a donc :

$$A \qquad = \qquad \text{P sur } o = 127° \ 5' \ 13'.$$
$$B \qquad = \qquad \text{P sur } y = 122° \ 48' \ 29''.$$
$$C = \text{suppl. angle } sns' = 148° \ 31' \ 5'.$$

Pour calculer C directement, on est obligé de se servir des formules :

$$\text{Cot. } \varphi = \frac{\cos. \ C, \ \tang. \ B}{R.} \qquad \cos. \ C = \cos. \ B \ \frac{\sin (A - \varphi)}{\sin. \ \varphi.}$$

Log. cos. C $= 9,9308476 -$	Log. cos. B $= 9,7338602 -$
Log. tang. B $= 10,1906726 -$	Log. sin. (A $- \varphi$) $= 10,0000000$
$20,1215202$	$19,7338602 -$
Log. R $\quad = 10.$	Log. sin. $\varphi \quad = 9,7803223$
Log. cot. $\varphi \quad = 10,1215202.$	Log. cos. C $\quad = 9,9535379 -$
D'où $\varphi \quad = 37° \ 5' \ 8''.$	D'où C $= 153° \ 57' \ 51'.$
Et A $- \varphi \quad = 99° \ 0' \ 5''.$	

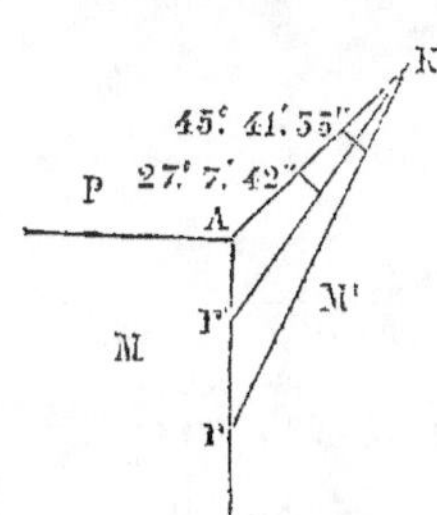
Fig. 226.

Pour faire le calcul sur la face M, on a $A = $ M sur $y = 142° \ 29' \ 49''$, $B = $ M sur $O = 120° \ 18' \ 0''$, $c = 160° \ 42' \ 48''$. Cette valeur de c est le résultat du calcul de la trace de y sur M, page 397.

Les faces Y et O sont du même côté, c sera obtus, et le supplément de $19° \ 17' \ 12'' = 160° \ 42' \ 48''$.

$$\text{Cot. } \varphi = \frac{\cos. \ c, \ \tang. \ B}{R.} \qquad \cos. \ C = \cos. \ B \ \frac{\sin. \ (A - \varphi)}{\sin. \ \varphi.}$$

L. c. $c = $ c. $160° \ 42' \ 48' = 9,9767780 -$	Log. cos. B $= 9,7028849 -$
L. tang. B $= $ t. $59° \ 42' = 10,2333249 -$	Sin. (A $- \varphi$) $= 9,9705985$
$20,2101029$	$19,6734833 -$
Log. cot. $\varphi \qquad = 10,2101029$	Sin. $\varphi = \quad 9,7199486$
D'où $\varphi = + 31° \ 39' \ 4''.$	Log. cos. C $= 9,9535347 -$
A $- \varphi = \quad 110° \ 50' \ 45''.$	D'où C $= 153° \ 57' \ 51'.$

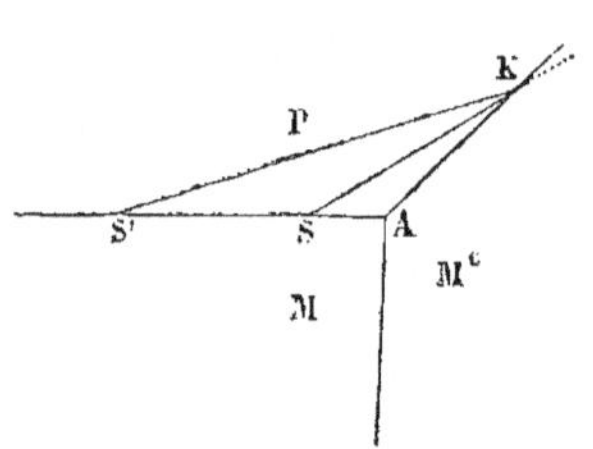

Fig. 227.

Recherche de O sur X, les deux facettes O et X étant déterminées.—Lorsque deux facettes sont placées sur l'angle du prisme, de manière que leurs traces sur une des faces de la forme primitive soient parallèles entre elles, il faut, pour déterminer l'angle de ces facettes l'une sur l'autre, chercher leurs traces sur une autre face.

Soient par exemple les deux faces o et x, dont l'intersection sur la face M' est parallèle à la diagonale; alors on cherche les traces de ces plans sur la base P. Nous avons trouvé, page 406, que la trace Ks de o sur P fait un angle de 50° 46′ 7″, et que la trace Ks' de x fait un angle de 28° 33′ 24″. L'angle interne sKs' (*fig.* 227) sera donc de 22° 12′ 43″; de plus, P sur $o =$ 127° 5′ 13″, et P sur $x =$ 142° 44′ 55″.

Supposons un triangle sphérique en K, composé des plans P, o et x. Les deux angles dièdres seront aigus, et l'angle compris entre les deux traces sera le supplément de 22° 12′ 45″.

$$A = \text{P sur } o = 52^0\ 54'\ 57''.$$
$$B = \text{P sur } x = 37^0\ 15'\ 5''.$$
$$c \qquad\qquad = 157^0\ 47'\ 17''.$$

Les formules qui donnent C sont :

$$\text{Cos. } \varphi = \frac{\text{Cos. } c,\ \text{tang. B}}{\text{R.}} \qquad \text{Cos. C} = \text{cos. B}\ \frac{\text{sin. } (\text{A} - \varphi)}{\text{sin. } \varphi.}$$

Log. cos. c = 9,9665134 —	Log. cos. B = 9,9009062
Log. tang. B = 9,8810640	Sin. (A — φ) = 9,9787748
‾‾‾‾‾‾‾‾‾‾‾‾	‾‾‾‾‾‾‾‾‾‾‾‾
19,8475774 —	19,8796810
og. cot. φ = 9,8475774 —	Sin. φ = 9,9125884 —
D'où φ = — 54° 51′ 15″.	‾‾‾‾‾‾‾‾‾‾‾‾
A — φ = 107° 46′ 42″.	Log. cos. C = 9,9670666 —

Cos. C étant négatif, C > 90 = 157° 58′ 4″.

La valeur de o sur x donnée par Haüy = 157° 0′ 23″.

La petite différence que l'on observe tient à celle qui existe entre l'angle calculé et l'angle observé, différence due à ce que le décroissement qui donne x n'est pas rigoureusement 2 , comme M. Haüy l'a supposé.

SYSTÈME RHOMBOÉDRIQUE.

Dans ce système cristallin, tous les côtés étant égaux, il n'est pas nécessaire de déterminer les dimensions de la forme primitive, mais il faut connaître les longueurs des diagonales; la plupart des calculs se rapportent à ces lignes.

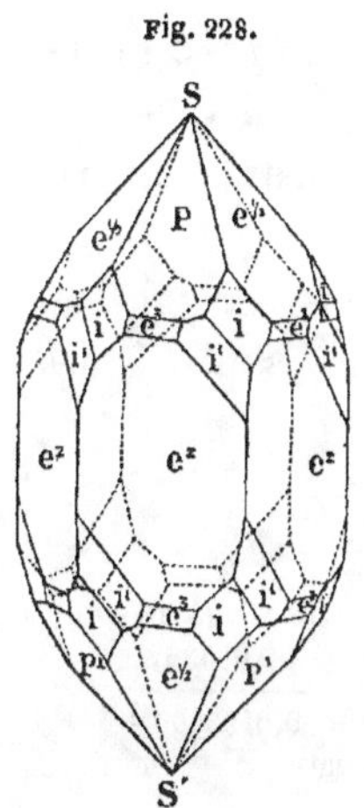

Fig. 228.

Nous prendrons pour exemple le QUARTZ, l'une des substances les plus répandues dans la nature et les mieux cristallisées. La *fig.* 228, qui représente un cristal appartenant à la collection du Collége de France, donne un exemple des principales modifications du quartz. Son pointement à six faces se décompose en deux rhomboèdres P et $e\ \frac{1}{2}$, identiques, mais placés en sens inverse. Quelques modifications, que nous verrons plus tard, conduisent à adopter pour forme primitive le rhomboèdre P, tandis que $e\ \frac{1}{2}$ serait un rhomboèdre dérivé.

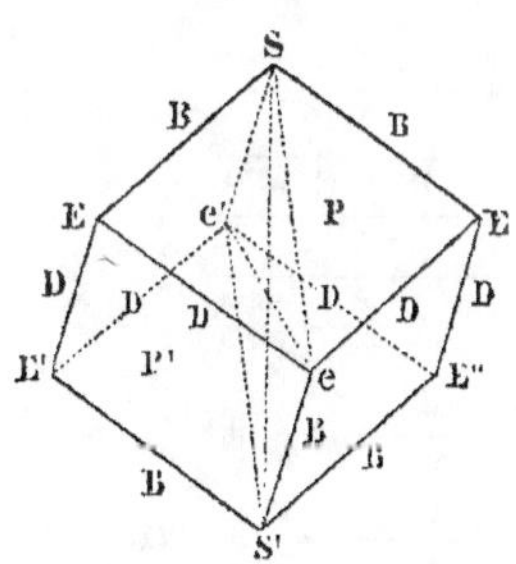

Fig. 229.

Angles plans. — Le gononiomètre donne l'angle des faces P l'une sur l'autre (*fig.* 229); pour compléter la connaissance de cette forme, il faut déterminer les angles plans des faces, ce qu'on obtiendra en construisant au sommet S du rhomboèdre un triangle sphérique composé des trois plans P [1]; mais dans

---

[1] Si on calcule les angles plans du rhomboèdre au moyen d'un triangle sphérique composé des trois plans culminants, on a :

$$A = B = C = 94°\ 24'.$$

On se servira alors de la formule :

ce cas il faudra avoir recours à un second triangle sphérique, pour la détermination des angles du plan diagonal; cette circonstance me fait préférer l'emploi d'un triangle sphérique composé de deux faces P et du plan diagonal SS', ee'. Soit *fig.* 229 ce triangle sphérique; on connaît dans ce triangle :

$$A = P \text{ sur } D = 90^\circ.$$
$$B = P \text{ sur } P = 94^\circ\ 24'.$$
$$C = \tfrac{1}{2} P \text{ sur } D = 47^\circ\ 12'.$$

Fig. 230.

En effet, le plan diagonal SS'ee' est perpendiculaire sur la face ESEe, et il divise en deux parties égales l'angle dièdre compris entre les faces ESe'E', ESe'E''.

Le triangle sphérique étant rectangle, on se servira, pour trouver les angles plans, des deux formules

$$\text{Cos. } a = \frac{\text{Cot. B, cot. C}}{\text{R.}} \qquad \text{Cos. } c = \frac{\text{R cos. C}}{\text{sin. B.}}$$

Log. cot. B = 8,8861850 —	Log. R. cos. B = 18,8849031 —
Log. cot. C = 9,9666157	Log. sin. C = 9,8655362
_______________	_______________
18,8528007 —	D'où log. cos. c = 9,0193669 —
D'où log. cos. a = 8,8528007	Ce cos. étant négatif, c = 96° 0' 7''.
Ce cos. étant négatif, a = 94° 5' 10''.	

Les angles plans sont donc :

$$\text{Sin. } \tfrac{1}{2} a = R \sqrt{\frac{\dfrac{-\text{cos. } A + B + C}{2} \cdot \dfrac{\text{Cos. } B + C - A}{2}}{\text{Sin. B, sin. C.}}}$$

$\dfrac{A + B + C}{2} = 141^\circ\ 36'.$	Log. R $= 20$
$\dfrac{C + B - A}{2} = 47^\circ\ 12'.$	Log. cos. $\dfrac{A + B + C}{2} = 9,8941462$ —
	Log. cos. $\dfrac{B + C - A}{2} = 9,8321519$
Divisant par 2 pour extraire la racine carrée, on a :	_______________
	39,7262981 —
	Log. sin.^{2} B $= 19,9974362$
Log. sin. $\tfrac{1}{2} a = 9,8644309$	_______________
D'où $\tfrac{1}{2} a = 47^\circ\ 2'\ 35''$. . . . . . . Et $a = 94^\circ\ 5'\ 10''$.	19,7288719

La valeur de l'angle plan est exactement la même que dans la méthode ci-dessus.

$$S = 94^0 \; 5' \; 10''.$$
$$E = 85^0 \; 54' \; 50'',$$

Les angles du plan diagonal sont :

$$eSe' = 94^0 \; 5' \; 10''.$$
$$Se'S' = 85^0 \; 54' \; 50''.$$

Détermination des diagonales de la coupe principale.
— Pour connaître complétement la forme primitive, il faut
déterminer la hauteur du rhomboèdre, ce qui revient à la détermination de la longueur des diagonales de la coupe principale. Le premier élément à connaître est la diagonale Ae
du plan P, qui forme un des côtés de cette coupe. Le triangle
Se, dans lequel les angles et le côté SE sont connus, donne
pour la longueur Se :

$$Se = \frac{SE \times \sin. E}{\sin. O.}$$

Soit SE $=$ **1**, on a :

$$Se = \frac{1 \times \sin. 85^0 \; 54' \; 50''}{\sin. \quad 47^0 \; 2' \; 35''.}$$

$$
\begin{aligned}
&\text{Log. 1} &&= 0 \\
&\text{Log. sin. } 85^0 \; 54' \; 50'' &&= 9,9988947 \\
&\text{Log. sin. } 47^0 \; 2' \; 35'' &&= 9,8644218 \\
\hline
&\text{Log. A}e &&= 0,1344729 = \text{log. } 1,36294.
\end{aligned}
$$

Pour obtenir les longueurs des diagonales de la coupe principale, il suffit de résoudre les triangles placés See', SS'e.

Dans le triangle See', on a :

$$e = 83^0 \; 59' \; 53'' ; \quad eS' = 1 ; \quad Se = 1,36294.$$

La formule qui servira à cet usage est :

$$a - b : a + b :: \text{tang. } \tfrac{1}{2} (A - B) : \text{tang. } \tfrac{1}{2} (A + B)$$
$$a + b = 2,36294 ; \quad a - b = 0,36294.$$
$$\frac{A + B}{2} = 48^0 \; 0' \; 3'' \; 30''.$$

$$
\begin{aligned}
&\text{Log. } (a - b) &&= - \; 1,5598348 \\
&\text{Log. tang. } \frac{A + B}{2} &&= 10,0455773 \\
\cline{3-3}
& &&9,6054121 \\
&\text{D'où log. tang. } \frac{a + b}{2} &&= 0,3734453 \\
\cline{3-3}
&\text{D'où log. tang. } \frac{A - B}{2} &&= 9,2319668
\end{aligned}
$$

$$\frac{A - B}{2} = 9^0 \; 41' \; 54''$$
et comme
$$\frac{A - B}{2} = 48^0 \; 0' \; 3''$$
$$A = 57^0 \; 41' \; 54''$$
et B $= 38^0 \; 18' \; 9''.$

Connaissant les angles A et D du triangle SeS', la proportion

$$SS' : S'e :: \sin. e : \sin. eSS' :: \sin. 83^0\ 59'\ 53'' : \sin. 36^0\ 12'\ 18''.$$

$$SS' = \frac{1 \times \sin. 83^0\ 59'\ 53''}{\sin. 38^0\ 18'\ 9''}$$

Log. 1 $= 0$
Log. sin. $83^0\ 59'\ 53'' = 9,9976128$; d'où SS' $= 1,6045$.
Log. sin. $36^0\ 12'\ 18'' = 9,7922635$

D'où log. AA' $= 0,2053493$

La grande diagonale ee' est donnée par le triangle See' dans lequel

$$Se' = 1 \text{ ; } Se = 1,46294 \text{ ; et } S = 96^0\ 0'\ 7'' \text{ ;}$$

D'où $a + b = 2,36294$; $a - b = 0,36294$, $\dfrac{A + B}{2} = 41^0\ 59'\ 56''$.

On a donc :

$$a + b : a - b :: \text{tang.} \frac{A + B}{2} : \text{tang.} \frac{A - B}{2}.$$

Ou, $2,36294 : 0,36294 :: \text{tang.}\ 41^0\ 59'\ 56'' : \text{tang.}\ \dfrac{A - B}{2}$.

Log. $0,36294$ $= -1,5598348$
Log. tang. $41^0\ 59'\ 56'' = 9,9493361$

$9,5091709$
Log. $2,46294$ $= 0,3734453$

D'où log. tang. $\dfrac{A - B}{2} = 9,1357256$

Il en résulte que $\dfrac{A - B}{2} = 7^0\ 47'$; combinant cette valeur avec celle de $\dfrac{A + B}{2}$, on a :

$$A = 49^0\ 46'\ 56''.$$
$$B = 34^0\ 12'\ 56''.$$

La longueur de la diagonale ee' est donnée par l'équation

$$ee' = Se'. \frac{\text{Sin.}\ 96^0\ 0'\ 7''}{\text{Sin.}\ 34^0\ 12'\ 56''} :$$

dans laquelle $Se' = 1$.

Log. sin. $96^0\ 0'\ 7'' = 9,9976128$
Log. sin. $32^0\ 29'\ 59'' = 9,7499742$

D'où log. ee' $= 0,2476386$
Et par suite ee' $= 1,768$.

Le côté du rhomboèdre étant 1, les diagonales de la coupe principale du quartz sont donc dans le rapport

$$1{,}6045 : 1{,}768.$$

Haüy donne, pour ce rapport, l'expression :

$$\sqrt{13} : \sqrt{15}.$$

Pour l'obtenir sous cette forme, il suffit d'élever au carré les nombres précédents, et de les mettre sous forme radicale; on a :

$$1{,}604 : 1{,}768 :: \sqrt{2{,}574} : \sqrt{3{,}128} :: \sqrt{13} : \sqrt{15}.$$

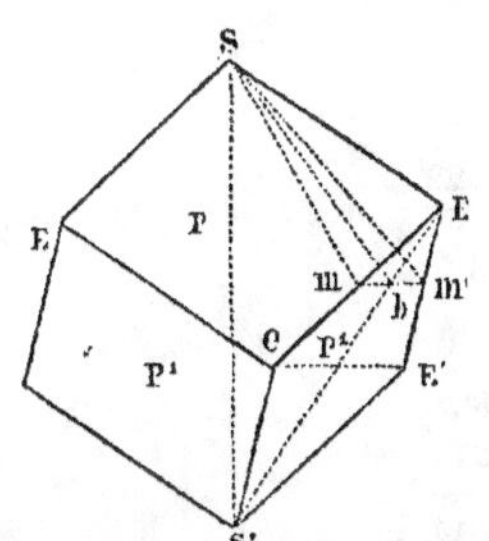

Fig. 231.

Détermination de la face $e^{1/2}$.
—Les faces $e^{1/2}$ qui sont placées sur trois angles E en alternant, font entre elles le même angle que les faces P ; elles constituent un rhomboèdre placé sur le premier sous un angle de 60°. Soient Sm et Sm' (*fig.* 231) les traces d'une des faces $e^{1/2}$.

Pour trouver la loi de décroissement de la face $e^{1/2}$, il faut calculer le triangle mensurateur SEb; on peut également calculer le triangle SEm, parce qu'il existe une relation simple entre la diagonale et le côté, telle qu'une demi-diagonale correspond à la longueur d'un côté. On peut donc prendre l'un pour l'autre; mais dans ce cas, la résolution du triangle SEm est plus simple, parce qu'elle dépend de celle du triangle sphérique formé par les plans P, P et $e^{1/2}$, lequel est isocèle.

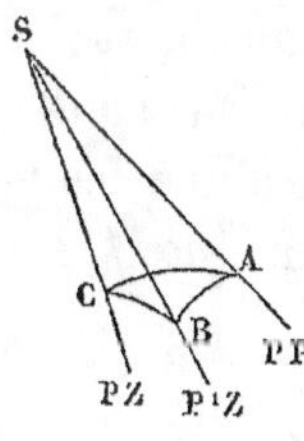

Fig. 232.

On a en effet, dans ce triangle (*fig.* 232) :

$$\begin{aligned} A &= P \text{ sur } P & &= 94° \ 24'. \\ B &= C = P \text{ sur } Z & &= 133° \ 48'. \end{aligned}$$

Il faut déterminer l'angle plan b compris par les arêtes

PP et Pe ¹/₂. On l'obtiendra par la formule propre aux triangles isocèles.

$$R \ \cos. \ B = \cot. \ B. \ \cot. \tfrac{1}{2} \ A.$$

Log. cot B = 9,9818030 —
L. cot. ½ A = 9,9666157
19,9484187 —

D'où log. cos. b = 9,9484187.—

Il en résulte que $b = 152^\circ \ 37' \ 28''$, et l'angle E$sm$ étant son supplément $= 27^\circ \ 22' \ 32''$.

Dans le triangle SmE, on a donc :

E $= 85^\circ \ 54' \ 50''$.
Esm $= 27^\circ \ 22' \ 32''$.
D'où $m = 66^\circ \ 42' \ 38''$.

Em sera déterminé par l'équation

$$Em = \frac{Es \ \sin. \ S}{\sin. \ m} = \frac{Es \ \sin. \ 27^\circ \ 22' \ 32''}{\sin. \ 66^\circ \ 42' \ 38''}.$$

dans laquelle ES $= 1$.

Log. sin. $27^\circ \ 22' \ 32''$ = 9,6625887
Log. sin. $66^\circ \ 42' \ 31''$ = 9,9630873

D'où log. Em = $-1,6995014$
Ou Em = 0,5007.

Em est par conséquent égal à la moitié du côté Ee; comme le triangle est isocèle, Em' sera de même égal au demi-côté EE'; donc, pour une longueur SE $= 1$; E$m =$ E$m' = $ ¹/₂. De plus, la ligne mm' sera parallèle à la diagonale Ee; le plan qui donne la face e ¹/₂ ou Z de Haüy naît donc sur l'angle E par un décroissement d'une rangée sur AE, et d'une demi-rangée sur Em et Em, ou, ce qui revient au même, de ¹/₂ sur l'angle. On écrira donc :

$$E_z \ \text{ou} \ e^{\frac{1}{2}}.$$

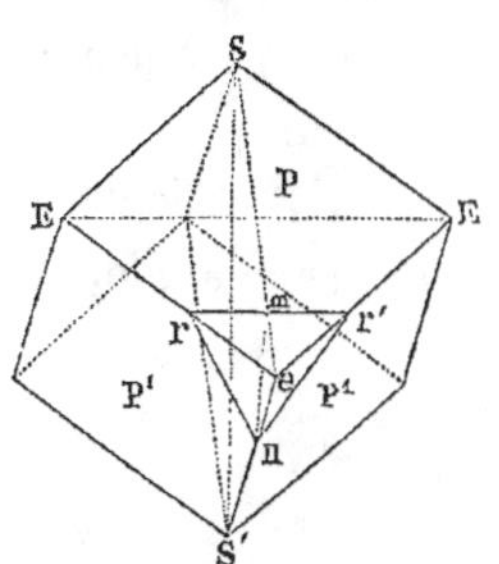

Fig. 233.

Détermination des faces du prisme à six faces. — Ce prisme est engendré par des modifications verticales r placées sur chacun des six angles latéraux E, E′, E″, e, $e′$, $e″$. La loi de dérivation est donc la même pour chacune d'elles, et il suffira de la calculer pour une seule.

Supposons que la ligne $rr′$ (*fig.* 233) soit la trace de la face r sur la face culminante P, et les lignes rn, $r′n$ les traces de la même facette sur P′ et P′.

Pour déterminer la loi de dérivation, je construis le triangle mensurateur men. On peut à volonté chercher le rapport $en : me$, ou celui $en : mn$; dans le premier cas, on calcule le rapport du côté à la diagonale de la face P; dans le second, du même côté à la diagonale de la coupe principale; or, ces rapports sont constamment les mêmes, et une demi-diagonale correspond toujours à la longueur d'un côté.

Soit P sur $r = 141° 40′$.

Comme le plan men est perpendiculaire sur la face P, on a, dans le triangle mensurateur :

$$emn = 180° - 141° 40′ = 38° 20′.$$
$$men = \text{angle de la coupe} = 83° 59′ 53″.$$
$$\text{D'où } enm = 57° 40′ 7″.$$

$$en : em :: \sin. m : \sin. n.$$
$$\text{Ou } \quad en : mn :: \sin. m : \sin. e.$$

Supposons que en représente la longueur du côté d'une molécule, on a $en = 1$.

$$em = \frac{1. \sin. n}{\sin. m}; \quad \text{ou } mn = \frac{1. \sin. e}{\sin. m}.$$

Log. sin. n	= 9,9268408	
Log. sin. m	= 9,7925566	
D'où log. em	= 0,1342842	

Log. sin. e	= 9,9976127	
Log. sin. m	= 9,7925566	
D'où log. mn	= 0,2050561	

Si l'on cherche les valeurs de ces lignes, on trouve :

$$Em = 1,3623 = \text{petite diagonale de la face P.}$$
$$mn = 1,6035 = \text{petite diagonale de la coupe principale.}$$

Donc, si la longueur $en = 1$, les longueurs er et er' seront égales à 2. Il en résulte que la ligne rr' est parallèle à la diagonale EE, et que la face r naît sur les angles e, par un décroissement sur l'angle, d'une rangée sur B et de deux rangées sur D et D, ou bien de deux rangées sur l'angle, ce qu'on écrit ainsi :

$$\underset{r}{\mathrm{E}^2} \text{ ou } e^2.$$

Faces placées sur les arêtes horizontales du prisme. — Les faces m et m', qui forment une bordure sur les arêtes du prisme à six faces, constituent une nouvelle pyramide à six faces plus obtuse que celle qui résulte des faces P et Z. Comme ces dernières, elles appartiennent à deux rhomboèdres différents.

Les traces des faces M sur les faces primitives P¹ sont parallèles aux traces des facettes r. La loi de décroissement se calculera par un triangle mensurateur analogue bcb (*fig.* 211), dont les angles seront la conséquence de l'angle de P sur $m = 152° 51'$.

Ces angles seront :

$$
\begin{aligned}
c &= 83° \quad\;\; 59'\; 53''.\\
b &= 180° - 152°\; 51' = 27°\; 9'.\\
\text{D'où } b' &= 68° \quad\;\; 51'\quad 7''.
\end{aligned}
$$

Ce triangle donne :

$$bc = \frac{b'c \sin. \, b'}{\sin. \, b'},$$

expression dans laquelle nous supposerons $b'c = $ le côté d'une molécule.

$$
\begin{aligned}
\text{Log. sin. } b' &= 9{,}9697193\\
\text{Log. sin. } b &= 9{,}6592700\\
\hline
\text{D'où log. } bc &= 0{,}3104493
\end{aligned}
$$

Il en résulte que $bc = 2{,}0438$, mais la longueur de la diagonale $Ae = 1{,}363$; donc $bc = Ae + \tfrac{1}{2} Ae = \tfrac{3}{2} Ae$; or, une demi-diagonale correspond à la longueur d'un côté; donc le décroissement est donné par une rangée suivant ee', et trois rangées suivant Ae, et comme la trace de m est parallèle à la diagonale, le décroissement est placé sur l'angle; il en résulte que son expression est :

$$\frac{E^3}{m} \text{ ou } e^3.$$

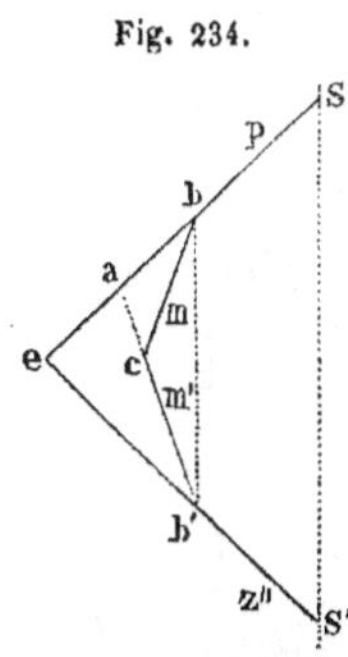

Fig. 234.

Faces M. — A chaque face m correspond en dessous une face m' placée symétriquement, mais en sens inverse; il faut donc trouver l'angle de m' sur P; le triangle mensurateur abc donnera encore la loi de décroissement.

Soit Sbcb'S' (*fig.* 234) la coupe du cristal passant par l'axe, et menée perpendiculairement à l'intersection des plans P et m; les lignes bc et $b'c$ représentent les faces m et m', et les angles Sbc, S'$b'c$ seront égaux aux angles de P sur m et de Z'' sur m'. Il en résulte que bac = l'angle de P sur m', dont nous avons besoin.

Or, les angles du polygone = 6 angles droits.

$$S = S' = \tfrac{1}{2} \text{ angle du plan diagonal.}$$
$$b = b' = P \text{ sur } m = 152^0\, 51'.$$
Donc bcb' = m sur m' = 6 droits − (A + A' + b + b')
$$= 540^0 - (96^0\, 0'\, 7'' + 152^0\, 51' + 152^0\, 51') = 138^0\, 17'\, 53''.$$

Il en résulte que l'angle bac = P sur m' = 111° 8′ 53″. Dans le triangle mensurateur acb', on a donc :

$$c = 83^0\, 59'\, 53''.$$
$$a = 68^0\, 51'\, 7''.$$
D'où b' = 27^0\, 9'.

Si l'on compare ces angles à ceux du triangle mensurateur formé pour la face M, on voit que les angles sont les mêmes, mais seulement ils sont inversés.

La valeur de l'apothème ae est donnée par l'équation

$$ae = \frac{eb' \sin. b'}{\sin. a},$$

dans laquelle nous supposerons $eb' = 1$.

$$\text{Log. sin. } b' = 9{,}6592700$$
$$\text{Log. sin. } a = 9{,}9697193$$
$$\text{D'où log. } ae = -1{,}6895507 = \text{log. de } 0{,}48928.$$

Si l'on compare cette longueur à celle de la demi-diagonale de la face P représentée par le nombre 0,68156, on voit qu'il est les $^5/_7$,

$$\text{car } 681 \times \frac{5}{7} = \frac{3405}{7} = 486.$$

La face m' naît donc sur l'angle e par un décroissement par cinq rangées sur sept, et elle est représentée par :

$$\overset{\overset{5}{\frac{}{}}}{\underset{m'}{e}} \quad \text{ou} \quad \overset{5}{e}.$$

Haüy remarque, dans son *Traité de cristallographie*, tome , page 372, que la loi de $^5/_7$ est celle qui régit toutes les faces placées en sens inverse comme m'.

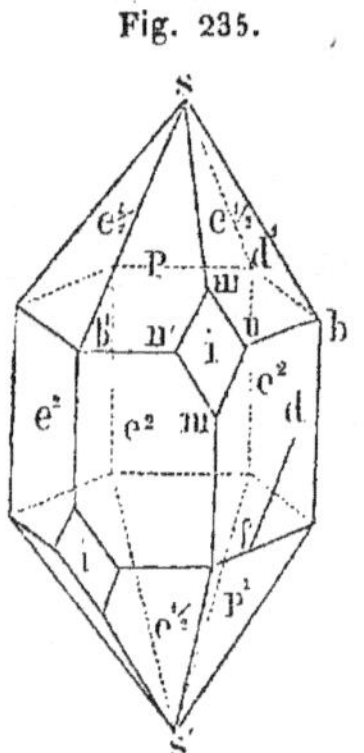

Fig. 235.

Détermination de la face 1.—Cette face, appelée *rhombifère* par Haüy, est placée sur trois des angles du prisme à six faces en alternant; il résulte de cette position, que cette face n'est pas le résultat d'une modification sur les angles comme les précédentes; aussi est-elle donnée par un décroissement intermédiaire; il faut donc, dans ce cas, chercher les traces de la face i sur les plans P et P', et trouver les longueurs des arêtes qu'elles interceptent.

Si l'on connaissait l'angle de i sur P et sur P', le calcul serait très-simple, mais malheureusement les cristaux de quartz sont rarement terminés à leurs deux extrémités, de sorte que la mesure directe ne donne pas l'angle de i sur P', il faut l'obtenir par le calcul. Toutefois, la position de la face i

en fournit les moyens. En effet, cette face est un rhombe (*fig.* 235) dont les traces sur P et $e\,^1/_2$ sont parallèles aux intersections de ces deux plans, de sorte que mn est parallèle à Sb et mn' à Sb'; on pourra donc facilement calculer l'angle mnb compris entre l'arête $e^2e^{\frac{1}{2}}$ et $ie^{\frac{1}{2}}$, et comme on connaît les angles de $e^{\frac{1}{2}}$ sur e^2 et de i sur e^2, on construira au point n un triangle sphérique composé des plans $e^{\frac{1}{2}}$, i et e^2 qui donnera l'angle bnm, formé par les traces de ie^2 et $e^2e^{\frac{1}{2}}$. Connaissant cet angle, par un point f de l'intersection P' et e^2, on mènera une parallèle à $m'n$, et on construira un troisième triangle sphérique en ce point, composé des plans e^2, P' et i, dans lequel on aura trois éléments, au moyen duquel on déterminera l'angle de P' sur i, que nous cherchons.

Il faudra enfin calculer un quatrième triangle sphérique composé des plans P, P' et i, dans lequel les trois angles dièdres seront connus. On en déterminera les angles plans, qui seront précisément les traces de la face i sur P et P'.

1° La première chose à faire est de déterminer l'angle compris entre l'arête Sb et bn. Pour y parvenir, j'observe que les faces $e^{\frac{1}{2}}$ et P sont également inclinées sur le plan horizontal bb' qui correspond à la base du prisme à six faces. Appelons H ce plan, on aura au point b un triangle sphérique (*fig.* 236) formé des plans P,

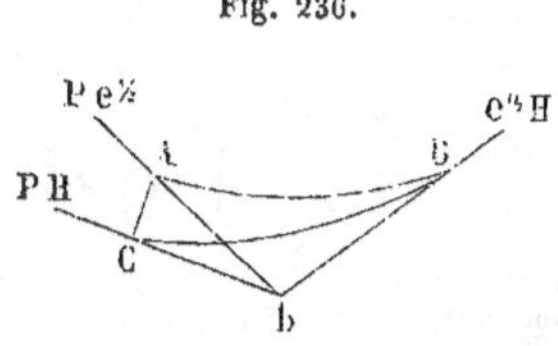

$e^{\frac{1}{2}}$ et H, et qui sera isocèle.

$$B = C = P \text{ sur } e^2 - 90 = 141^0\ 40' - 90^0 = 51^0\ 40'.$$
$$a = 120^0.$$

La formule qui donnera b est :

$$\text{Tang. } b = \frac{R,\ \text{tang.}\ \frac{1}{2}\ a}{\cos.\ B.}$$

$$\text{Log. R tang. } \tfrac{1}{2} a = 20{,}2385606$$
$$\text{Log. cos. B} = 9{,}7925566$$

$$\text{D'où log. tang. } b = 10{,}4460040$$
$$\text{D'où B} = 70^\circ\ 71'\ 52''.$$

2° La ligne mn étant parallèle à la ligne Sb, l'angle $mnb = 70^\circ\ 17'\ 52''$; faisant au point n (*fig.* 237) un triangle sphérique composé des plans $e\tfrac{1}{2}\,i,\ e^2$, on connaît dans ce triangle ·

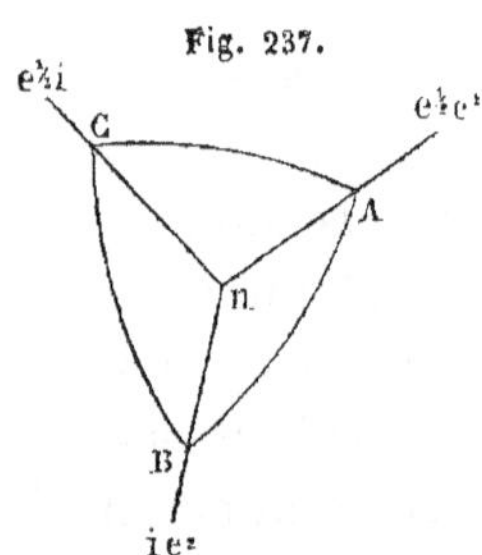

$$A = z'r' = 141^\circ\ 20'.$$
$$B = ir' = 142^\circ.$$
$$b = 70^\circ\ 17'\ 52''.$$

Pour résoudre ce triangle dans lequel on connaît deux angles A et B et un côté opposé à l'un d'eux, on a les formules :

$$\text{R tang. } \varphi = \text{tang. } b,\ \text{cos. A} ;\ \text{sin. } \varphi' = \frac{\text{tang. A, sin. } \varphi}{\text{tang. B}}.$$

$$c = \varphi + \varphi'.$$

φ et φ' étant des angles auxiliaires.

$$\text{Log. tang. } b = 10{,}4459878$$
$$\text{Log. cos. A} = 9{,}8925365\ -$$

$$\text{D'où log. tang. } \varphi = 10{,}3385243\ -$$
$$\varphi = 114^\circ\ 38'\ 20''.$$
$$\text{Log. tang. A} = 9{,}9031966\ -$$
$$\text{Log. sin. } \varphi = 9{,}9585416$$

$$19{,}8617082\ -$$
$$\text{Log. sin. B} = 9{,}8928098\ -$$

$$\text{Log. tang. } \varphi' = 9{,}9689284\ -$$
$$\text{D'où } \varphi' = -\ 68^\circ\ 31'.$$
$$\varphi + \varphi' = \begin{array}{l} 114^\circ\ 38'\ 20'' \\ -68^\circ\ 31'\ 7'' \end{array}$$

$$46^\circ\ 7'\ 13''$$
$$\text{Donc } bnm' = 46^\circ\ 7'\ 13''.$$

Fig. 238.

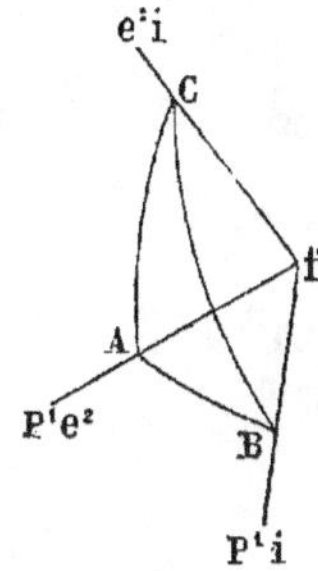

3° Menons fd parallèle à mn et faisons un triangle sphérique composé des plans P', e^2 et i (*fig.* 238); on connaît dans ce triangle :

$$A = P'e^2 = 141^\circ\ 40'.$$
$$C = ei' = 142^\circ.$$
$$b = P'i \text{ sur } r'i = 46^\circ\ 7'\ 13''.$$

$$R \cos A = \cos b . \tang A ; \theta' = C - \theta ; \cos B = \frac{\sin \theta' \cos A}{\sin \theta}.$$

Log. cos. b = 9,8408253
Log. tang. A = 9,8980104 —
____
19,7388357 —
D'où log. cos. θ = 9,738357 —
Et θ = 118° 43' 33".

θ' = C — θ = 23° 16' 27"
Log. sin. θ' = 9,5967414
Log. cos. A = 9,8945463 —
____
19,4912877 —
Log. sin. θ = 9,9429647
____
D'où l. Cos. B = 9,5483230 —
B = 110° 41' 53".

4° L'angle qu'on vient de trouver est celui de i sur P'; faisant donc un dernier triangle sphérique composé des plans P, P' et i, dans lequel on connaît les trois angles dièdres, on a :

$$A = P'i = 110^\circ\ 41'\ 53''.$$
$$B = PP' = 85^\circ\ 36'.$$
$$C = Pi = 151^\circ\ 7'.$$

Les formules dont on se servira pour avoir les angles plans, sont :

$$\sin \tfrac{1}{2} a = R \sqrt{\frac{- \cos \frac{A + B + C}{2} . \cos \frac{B + C - A}{2}}{\sin B . \sin C}}$$

$$\sin \tfrac{1}{2} c = R \sqrt{- \frac{\cos \frac{A + B + C}{2} . \cos \frac{A + B - C}{2}}{\sin A . \sin B}}$$

$$\frac{A + B + C}{2} = 173^\circ\ 42'\ 26''.$$
$$\frac{B + C - A}{2} = 63^\circ\ 0'\ 33''.$$
$$\frac{A + B - C}{2} = 22^\circ\ 35'\ 27'.$$

Log. R²   = 20

Log. cos. $\dfrac{A + B + C}{2}$ = 9,9973754 —

Log. cos. $\dfrac{B + C - A}{2}$ = 9,6569104

                 39,6542858 —

Log. sin. B. sin. C   = 19,6826901

                 19,9715957

D'où log. sin. ½ a   = 9,9857978

Log. sin. B =   9,9987181
Log. sin. C =   9,6839720

           19,6826901

½ a = 75° 25′ 35″.
a   = 150° 51′ 10″.
Ou 29° 8′ 50″.

On a pareillement :

Log. R²   = 20

Log. cos. $\dfrac{A + B + C}{2}$ = 9,9973754 —

Log. cos. $\dfrac{A + B - C}{2}$ = 9,9653296

                 39,9627050 —

Log. sin. A. sin. B   = 19,9697415

                 19,9929625

Log. sin. ½ c   = 9,9964817

Log. sin. A =   9,9710234
Log. sin. B =   9,9987181

          19,9697415

D'où ½ C =   82° 43′.
C = 165° 26′.
14° 34′.

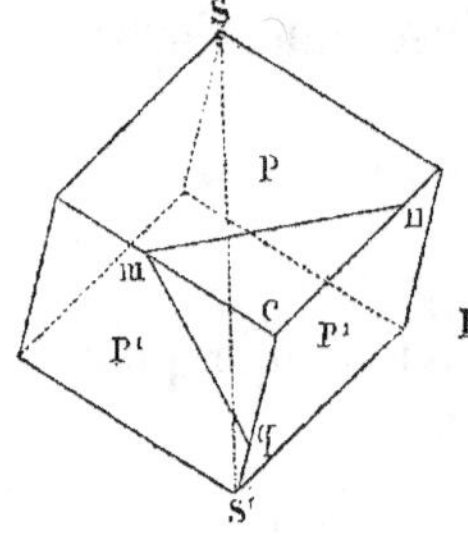

Fig. 239.

5° Soit maintenant (*fig. 239*) *mn* et *mq* les traces de *i* sur P et P′, on a :

Triangle *mne*.	Triangle *meq*.
e = 94° 5′ 10″.	e = 85° 54′ 50 .
m = 29° 8′ 50″.	m = 14° 34′.
D'où n = 56° 46′ 0″.	D'où q = 79° 31′ 10″.

$$me : en :: \sin. n : \sin. m.$$
$$me : eq :: \sin. q : \sin. m.$$

$en = \dfrac{me, \sin. m}{\sin. n.}$

Sin. m = 9,6875783
Sin. n = 9,9570594

     — 1,7305189
     = 0,52.

$eq = \dfrac{me, \sin. m}{\sin. q.}$ Soit me = 1

Sin. m = 9,4005489
Sin. q = 9,9926934

     — 1,4078555
     = 0,25.

me = 1   nombres dont — 4.
ne = 0,50   les   — 2.
qe = 0,25   rapports sont — 1.

$$\left(\begin{matrix} D^4, D^2, B^1 \\ i. \end{matrix} \right)$$

Cette notation indique que la face du rhombifère coupe les côtés aux distances 1, 2 et 4. Haüy fait entrer l'angle E dans la notation qu'il a adoptée, ce qui en change l'aspect. Je préfère, pour les décroissements intermédiaires, rappelei les longueurs sur les trois côtés des prismes; il est plus facile d'en comprendre la génération et de dessiner de suite la position de la facette à laquelle se rapporte le symbole.

M. Levy a adopté cette méthode dans la description qu'il a donnée de la collection de M. Turner. La notation qu'il a donnée pour le quartz rhombifère indique également que cette face coupe les côtés aux distances 1, 2 et 4.

Face X ([1]) ou i'. — Les calculs de cette face, quoique résultant, comme la face S, d'un décroissement intermédiaire, diffèrent notablement par la dissymétrie qu'elle présente.

1° Nous considérons d'abord le triangle sphérique formé au point m (*fig.* 240) par les plans P, r et x; dans ce triangle (*fig.* 241) les angles trièdres sont connus, on a :

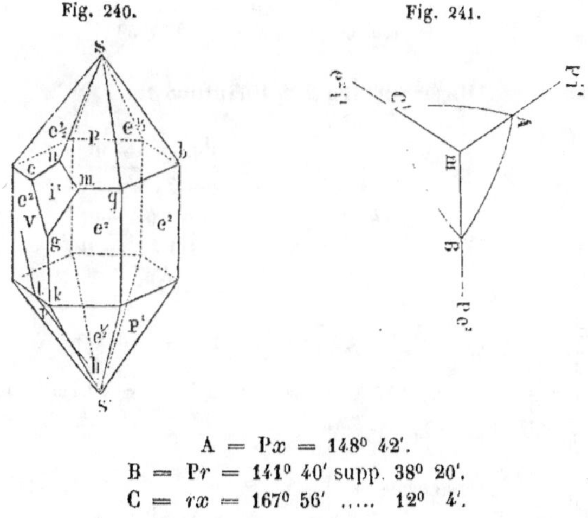

Fig. 240.   Fig. 241.

$$A = Px = 148° \ 42'.$$
$$B = Pr = 141° \ 40' \text{ supp. } 38° \ 20'.$$
$$C = rx = 167° \ 56' \ ..... \ 12° \ \ 4'.$$

$$\text{Sin. } \tfrac{1}{2} a = R \sqrt{\frac{-\cos. \ 1/2 \ (A+B+C) \ \cos. \ 1/2 \ (B+C-A)}{\sin. \ B. \ \sin. \ C.}}$$

____

(1) X est le nom donné à cette face par Haüy; sa notation symbolique est i'.

$$\tfrac{1}{2}\,(A + B + C) = 229^0\ 9' \dots 49^0\ 9'.$$
$$\tfrac{1}{2}\,(B + C - A) = 80^0\ 27'.$$

R^2	$= 20$	
Log. cos. $\tfrac{1}{2}$ (A+B+C) $= 9,8156315$ —	Log. sin. B $=$	$9,7925566$
Log. cos. $\tfrac{1}{2}$ (B+C—A) $= 9,2198680$	Log. sin. C $=$	$9,3202495$
$39,0354995$ —		$19,1128061$
$19,1128061$		
$19,9226934$ —		

Extrayant la racine carrée, et faisant attention qu'il y
a le signe — sous le radical, on a :

$$\text{Log. sin. } \tfrac{1}{2}\, a = 9,9613467.$$
$$\text{D'où } \tfrac{1}{2}\, a = 66^0\ 11'\ 0''\ 30'''.$$
$$a = 132^0\ 22'\ 1''.$$

2° Ayant déterminé l'angle gmq, on connaît l'angle mgk.

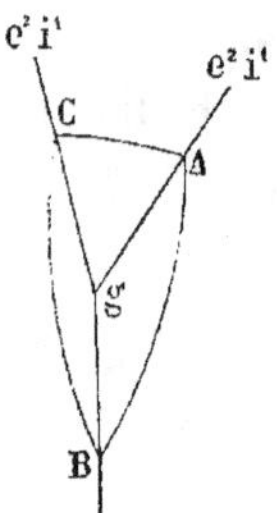

On peut alors construire en g un second
triangle sphérique (*fig* 242) composé des
plans e^2 , e^2 et i, dans lequel on connaît :

$$A = e^2 x = 167^0\ 56' \text{ suppl. } 12^0\ 4'.$$
$$B = e^2 e^2 = 120^0 \quad \dots \quad 60.$$
$$c = e^2 i \text{ sur } e^2 e^2 = 137^0\ 37'\ 59''.$$

On se servira des formules :

$$\text{Tang. } \frac{a - b}{2} = \text{tang. } \tfrac{1}{2}\, c \cdot \frac{\sin. \tfrac{1}{2}\,(A - B)}{\sin. \tfrac{1}{2}\,(A + B)}$$

$$\text{Tang. } \frac{a + b}{2} = \text{tang. } \tfrac{1}{2}\, c \cdot \frac{\cos. \tfrac{1}{2}\,(A - B)}{\cos. \tfrac{1}{2}\,(A + B)},$$

$$\text{et sin. } C = \frac{\sin. c, \sin. A}{\sin. a.}$$

$$\frac{A - B}{2} = 23^0\ 58'; \quad \frac{A + B}{2} = 143^0\ 58'.\ \tfrac{1}{2}\, c = 68^0\ 48'\ 59''.$$

Log. tang. $\tfrac{1}{2}\, c = 10,4116775$	Log. tang. $\tfrac{1}{2}\, c \quad = 10,4116775$
Log. sin. $\dfrac{A - B}{2} = 9,6087454$	Log. cos. $\dfrac{A - B}{2} = 9,9608426$
$20,0204229$	$20,3725201$
Log. sin. $\dfrac{A + B}{2} = 9,7695662$	Log. cos. $\dfrac{A + B}{2} = 9,9077740$ —
L. tang. $\dfrac{a - b}{2} = 10,2508567$	L. tang. $\dfrac{a + b}{2} = 10,4647461$ —
$\dfrac{a - b}{2} = 60^0\ 41'\ 50''.$	$\dfrac{a + b}{2} = 108^0\ 55'\ 50''.$

$$a = 169^\circ\ 37'\ 40''.$$

$$
\begin{aligned}
\text{Log. sin. } c &= 9{,}8285801 \\
\text{Log. sin. A} &= 9{,}3202495 \\
\hline
&\ 19{,}1488296 \\
\text{Log. sin. } a &= 9{,}2553745 \\
\text{Log. sin. C} &= 9{,}8934551\,;\ \text{d'où C} = 51^\circ\ 29'\ 7'', \\
&\qquad\qquad\qquad\quad\ \text{ou } 128^\circ\ 30'\ 53''.
\end{aligned}
$$

Fig. 243.

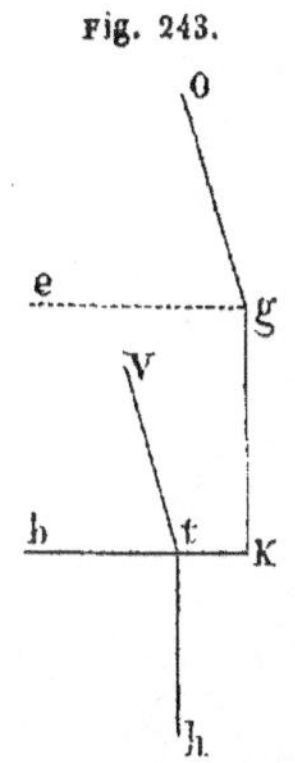

3° Connaissant l'angle de e_2 sur i'', et l'angle plan de $e_2 i''$ sur $e^2 e^2$, on peut construire un troisième triangle sphérique qui donnera l'angle de P' sur i''. Pour y parvenir, menons au point t (*fig.* 243), pris sur e^2P, une ligne tv parallèle à go, et supposons que th soit l'intersection de i'' sur P', on a :

$$oge = ogk - 90 = 79^\circ\ 37'\ 40''\,;\ vt\,b = oge.$$

Donc dans le triangle sphérique formé au point t par les plans P', i'' et r', on a :

$$
\begin{aligned}
\text{A} &= e^2 x = 128^\circ\ 30'\ 53''. \\
\text{B} &= \text{P}'e^2 = 141^\circ\ 40' \ldots.. \ 38^\circ\ 20'. \\
c &\qquad\ = 79^\circ\ 37'\ 40''.
\end{aligned}
$$

On se servira des formules :

$$\text{Cot. } \varphi = \frac{\cos.\ c,\ \text{tang. B}}{}\,;\ \cos.\ \text{C} = \cos.\ \text{B}\ \frac{\sin.\ (\text{A} - \varphi)}{\sin.\ \varphi.}$$

Log. cos. c = 9,2553745		Cos. B = 9,8945130 —	
Log. tang. B = 9,8980104 —		Sin. (A — φ) = 9,7043409	
19,1533849 —		19,5988539 —	
Log. cot. φ = 9,1533849 —		Sin. φ = 9,9956432	
D'où φ = 98° 6′ 8′.		Log. cos. C = 9,6032107 —	
A — φ = 30° 24′ 45″.		C = 113° 38′ 40″.	

4° Connaissant les angles dièdres de P sur i'' et de P' sur i'', il ne s'agit plus que de trouver les traces de i'' sur P et P'.

$$
\begin{aligned}
\text{Soit A} &= \text{P sur } i' = 148^\circ\ 42'\ \text{suppl. } 31^\circ\ 18'. \\
\text{B} &= \text{P sur P}' = 85^\circ\ 36'. \\
&= \text{P' sur } i' = 113^\circ\ 38'\ 40'' \ldots.\ 66^\circ\ 21'\ 20''.
\end{aligned}
$$

$$\text{Sin.} \tfrac{1}{2} a = \text{R} \sqrt{\frac{-\cos. \tfrac{1}{2}(A+B+C.)\, \text{Cos.}\tfrac{1}{2}(B+C-A)}{\sin. B.\, \sin. c.}}$$

$$\text{Sin.} \tfrac{1}{2} c = \text{R} \sqrt{\frac{-\cos. \tfrac{1}{2}(A+B+C)\, \text{Cos.}\tfrac{1}{2}(A+B-C)}{\sin. A.\, \sin. B.}}$$

$$\tfrac{1}{2}(A+B+C) = 173^0\ 58'\ 20''.\ \text{suppl.}\ 6^0\ 1'\ 40''.$$
$$\tfrac{1}{2}(B+C-A) = 25^0\ 16'\ 20''.$$
$$\tfrac{1}{2}(A+B-C) = 60^0\ 19'\ 40''.$$

Log. R²	= 20	Sin. B = 9,9987181
Log. cos. ½ (A+B) + C = 9,9975922—		Sin. C = 9,9619201
Log. cos. ½ (B+C) — A = 9,9563076		19,9606382
	39,9538998—	
	19,9606382	
	19,9932616	Sin. B = 9,9987181
Log. sin. ½ a = 9,9966308		Sin. A = 9,7156015
½ a = 82⁰ 52′ 20″.		19,7143196
a = 165⁰ 44′ 40″.		

$$\text{Log. R}^2 \qquad\qquad 20$$
$$\text{Log. cos.}\ \tfrac{1}{2}(A+B+C) = 9,9975922\ -$$
$$\text{Log. cos.}\ \tfrac{1}{2}(A+B-C) = 9,6946381$$

$$39,6922303\ -$$
$$19,7143196$$

$$19,9779107\ -$$
$$\text{Log.}\ \tfrac{1}{2}\,C \qquad = 9,9889553$$

$$\text{D'où}\ \tfrac{1}{2}c = 77^0\ 8'.$$
$$c = 154^0\ 16'.$$

Fig. 244.

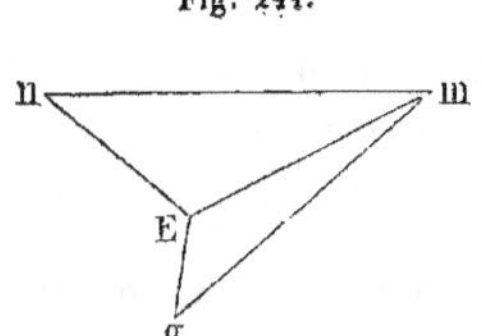

5° Soit *mn* (*fig.* 244) la trace de *i′* sur P et *mg* la trace de ce même plan sur P′, E un angle du rhomboèdre; dans le triangle *mEn*, on connaît.

$$E = 94^0\ 5'\ 9'';\ m = 25^0\ 44'.$$
$$\text{D'où}\ n = 60^0\ 10'\ 51''.$$

Dans le triangle E*mg* ·

$E = 85^\circ\ 54'\ 51''$; $m = 14^\circ\ 15'\ 20''$.

D'où $g = 79^\circ\ 49'\ 49''$.

$En : Em :: \sin.\ m : \sin.\ n$.

Soit $En = 1$; $= Em = \dfrac{En,\ \sin.\ n}{\sin.\ m.}$

Log. sin. $n = 9{,}9383191$

Log. sin. $m = 9{,}6376731$

Log. $Em = 0{,}3006460 = 1{,}9986$

$En = 1$;

$Eg : Em :: \sin.\ m : \sin.\ g$.

$Eg = \dfrac{En,\ \sin.\ m}{\sin.\ g.}$

Log. $Em = 0{,}3006460$

Log. sin. $m = 9{.}3913714$

$\overline{}\ 9{,}6920174$

Log. sin. $g = 9{,}9931230$

Log. $Eg = -\ 1{,}6988944 = 0{,}4999$

$Em = 1{,}9986$;

$Eg = 0{,}4999$.

Ces nombres sont encore dans le rapport 1, 2 et 4 comme pour le rhombifère, mais les côtés égaux sont dans des positions différentes. La notation de cette face sera :

$$\begin{pmatrix} D^2,\ D^4,\ B^1 \\ x. \end{pmatrix}$$, tandis que nous avons trouvé pour la face S ou $i\ (D^4, D^2, B^1)$.

PROBLÈME INVERSE.

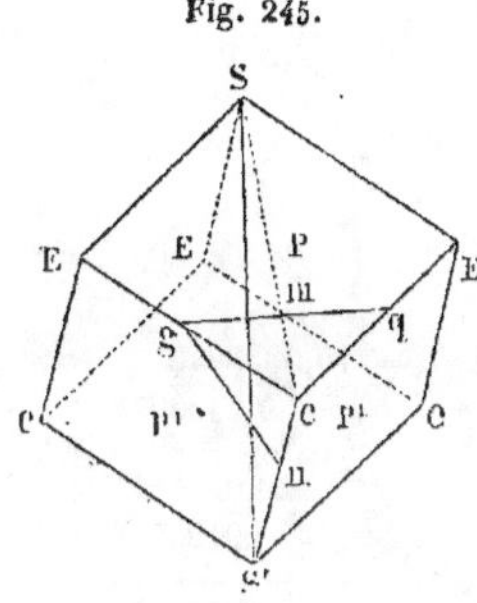

Fig. 245.

Les valeurs que nous avons obtenues pour les lois de décroissement ne sont pas absolues. On se propose quelquefois de trouver les angles qui répondent rigoureusement à ces lois.

Dans le cas de la face r, la loi de décroissement est une rangée en hauteur sur deux en largeur, de sorte que $en = 1$, $eg = 2$. L'angle $e = 85^\circ\ 54'\ 51''$.

Dans le triangle egn (*fig.* 245), on connaît donc un angle e et les deux côtés qui le comprennent; pour le résoudre, on se sert de la formule :

$$a + b : a - b :: \text{tang.}\ \tfrac{1}{2}\,(\text{A} + \text{B}) : \text{tang.}\ \tfrac{1}{2}\,(\text{A} - \text{B}).$$
$$a + b = 3;\ a - b = 1.\ \tfrac{1}{2}\,\text{A} + \text{B} = 47^\circ\ 2'\ 34''.$$

$$\text{Tang.}\ \frac{\text{A} - \text{B}}{2} = \frac{1 \times \text{tang.}\ 47^\circ\ 2'\ 34''}{3.}$$

Log. tang. $47^\circ\ 2'\ 34'' = 10{,}0309942$

Log. 3 $= 0{,}4771213$

Log. tang. $\tfrac{1}{2}\,(\text{A} - \text{B}) = 9{,}5538729$

$(\text{A} - \text{B}) = 19^\circ\ 41'\ 49''$, et $\tfrac{1}{2}\,(\text{A} + \text{B}) = 47^\circ\ 2'\ 34''$.

D'où $\text{A} = 66^\circ\ 44'\ 23''$; $\text{B} = 27^\circ\ 20'\ 45''$.

Fig. 246:

Connaissant l'angle $egn = 27° 20'$ $45''$, on peut construire au point g un triangle sphérique composé des plans P, P′ et $e^{\frac{1}{2}}$. Soit (*fig.* 246) ce triangle sphérique. On connaît dans ce triangle l'angle dièdre PP′ $= 85° 36'$; les angles plans $mge = 42° 57' 25''$ et $egn = 27°$ $20' 45''$.

Les données sont donc :

$$AC = PP' = 85° 36'. \qquad b = 27° 20' 45''. \qquad c = 42° 57' 25''.$$

On aura B et C par les formules :

$$\text{Tang.} \ \frac{C - B}{2} \ \text{cot.} = \tfrac{1}{2} A. \ \frac{\sin. \tfrac{1}{2}(c - b)}{\sin. \tfrac{1}{2}(c + b)}$$

$$\text{Tang.} \ \frac{C + B}{2} = \text{cot.} \ \tfrac{1}{2} A. \ \frac{\cos. \tfrac{1}{2}(c - b)}{\cos. \tfrac{1}{2}(c + b)}$$

$$\tfrac{1}{2} A = 42° 48' \ \ldots \ \frac{c - b}{2} = 7° 48' 20''.$$

$$\frac{c + b}{2} = 35° 9' 5''.$$

Log. cot. $\frac{1}{2}$ A = 10,0333843	Log. cot. $\frac{1}{2}$ A = 10,0333843
Log. sin. $\frac{1}{2}$ $(c - b)$ = 9,1329370	Log. cos. $\frac{1}{2}$ $(c - b)$ = 9,9959574
19,1663213	20,0293417
Log. sin. $\frac{1}{2}$ $(c + b)$ = 9,7602255	Log. cos. $\frac{1}{2}$ $(c + b)$ = 9,9125588
Log. tang. $\frac{1}{2}$ (C — B) = 9,4060958	Log. tang. $\frac{1}{2}$ (C + B) = 10,1167829
D'où $\frac{1}{2}$ (C — B) = 14° 17' 29''.	D'où $\frac{1}{2}$ (C + B) = 52° 36' 44''.

Les valeurs de C et B sont donc :

$$C = 66° 54' 13'', \qquad \text{ou.} \ldots \ 113° \ 5' \ 47''.$$
$$B = 38° 19' 15'', \ \ldots \ldots \ 141° 40' 45''.$$

On doit prendre, dans ce cas, les angles supplémentaires. Il en résulte que l'angle exact de P sur e^2, ou r, de Haüy, qui donne la loi de décroissement de 1 sur 2, est :

$$\text{P sur } r \text{ ou } e^2 = 141° 40' 45'',$$

Au lieu de celui de 141° 40′ trouvé par la mesure directe.

L'angle de P′ sur r ou e^2 est de $113° 5' 47''$.

PRISME RHOMBOÏDAL OBLIQUE.

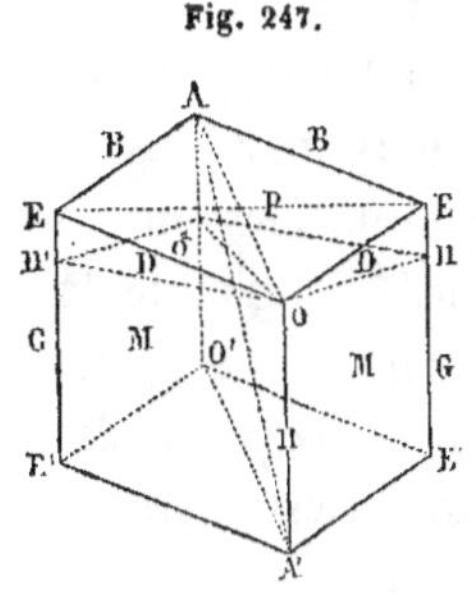
Fig. 247.

Dans ce système cristallin, la base est inclinée à l'axe, et la coupe est un rhombe; il en résulte nécessairement que les angles E (*fig.* 247), placés aux extrémités de la diagonale EE, sont de même espèce, tandis que les angles A et O sont différents, car les angles dièdres dont ils se composent sont suppléments les uns des autres. Il en est de même pour les arêtes de la base et les arêtes verticales. Il peut donc y avoir sept genres de modifications, indépendamment de celles désignées sous le nom d'intermédiaires, c'est-à-dire qui ne sont placées ni sur un angle ni sur une arête.

Ces modifications auront lieu :

1° Sur l'angle A; — 2° Sur l'angle O; — 3° Sur les angles EE;

4° Sur les arêtes de la base B qui se réunissent à l'angle A;

5° Sur les arêtes D correspondant à l'angle solide O;

6° Sur les arêtes verticales G qui correspondent aux angles E, E, placés à l'extrémité de la diagonale horizontale;

7° Sur les arêtes verticales H;

8° Enfin, dans une position mixte ou intermédiaire.

Le pyroxène possède des modifications sur ces différents éléments; et la *fig.* 248, appartenant à un cristal de diopside de la vallée d'Ala, en Piémont, les offre pour la plupart. Le peu de netteté de quelques-unes de ces faces fait que souvent il est difficile d'en mesurer les angles, et qu'on est obligé d'avoir recours à des transformations qui compliquent la question; cette espèce minérale est donc un des meilleurs exemples que l'on puisse donner des calculs cristallographiques.

Angles plans de la forme primitive. — Dans le prisme rhomboïdal oblique, la base étant inclinée à l'axe, il faut, pour en calculer les dimensions relatives, commencer par déterminer les angles plans. Lorsqu'on connaît l'angle de la base sur une face tangente sur l'arête H, il suffit de mener un plan perpendiculaire sur cette arête, il est alors facile de calculer les angles plans par la trigonométrie ordinaire ; mais cela est toujours beaucoup plus long que par la trigonométrie sphérique ; en effet, le triangle P, M, M, étant isocèle, on peut le décomposer en deux triangles rectangles en menant un plan diagonal MM, O, D, qui fera connaître directement les angles plans. Dans ce nouveau triangle sphérique (*fig.* 249), A $= 90°$, B $=$ P sur M $= 101°\ 5'$ et C $= {}^1/_2$, M sur M $= 43°\ 51'$; les angles plans seront $a =$ PM, MM ; $c = {}^1/_2$ PM, PM, et $b =$ angle de la diagonale sur MM.

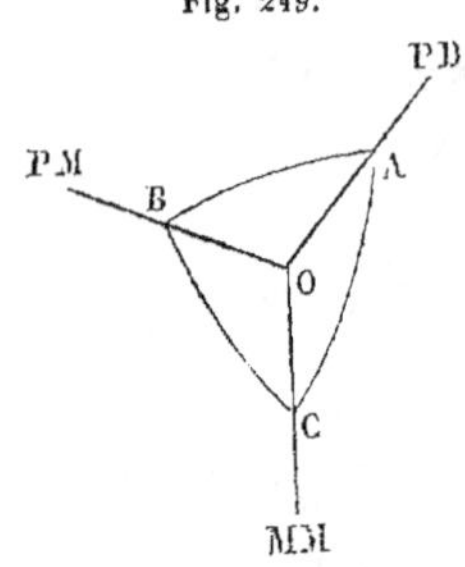

Fig. 248.

Fig. 249.

$$\text{Cos. } a = \frac{\text{cot. B, cot. C}}{R} ; \quad \text{cos. } c = \frac{R, \cos. C}{\sin. B}$$

Log. cot. B $=$ 9,2920326 —	Log. R, cos. C $=$ 19,8580292
Log. cot. C $=$ 10,0174384	Log. sin. B $\ \ =$ 9,9918233
$\qquad\qquad$ 19,3094510 —	Log. cos. $c\ \ =$ 9,8662059
Log. cos. $a =$ 9,3094510 —	et PM sur PM $= 0 = 85°\ 24'\ 34''$.
$a = 101°\ 45'\ 2''$,	$c = 42°\ 42'\ 17''$.

Les angles plans de la base sont donc :

$$\text{EOE} = 85°\ 24'\ 34'', \text{ et } 94°\ 35'\ 26'' ;$$

et ceux des faces verticales sont :

$$\text{O'OE} = 101°\ 46'\ 2'', \text{ et OEE'} = 78°\ 13'\ 58'$$

Fig. 250.

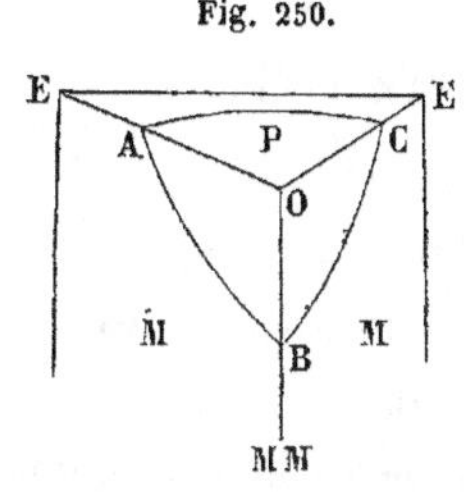

Détermination de l'angle de la base sur l'arète H. — Pour obtenir les angles de la base sur l'arète H et sur le plan diagonal AOHH, il faut considérer un triangle sphérique formé par les plans M, P, et le plan diagonal. On connaît dans ce triangle (*fig.* 250) :

A = P sur M = 101° 5'; $b = \frac{1}{2}$ o = 42° 42' 18".
C = angle plan Eoo' = 101° 45' 52"; B $\frac{1}{2}$ M sur M = 43° 51'.

On a l'angle a par l'éq. sin. $a = \dfrac{\sin. A, \sin. b}{\sin. B}$,

et C par celle, sin. C $= \dfrac{\sin. B, \sin. c}{\sin. b}.$

Sin. A =	9,9918233	Sin. B =	9,8405908
Sin. b =	9,8313684	Sin. c =	9,9918233
	19,8231917		19,8324141
Sin. B =	9,8405908	Sin. b =	9,8213884
Sin. a =	9,9826609	Sin. C =	10,0000257

valeurs qui donnent pour a et c :

$$a = 73° 55', \text{ ou } 106° 5', \text{ et } C = 90°.$$

L'angle a étant obtus, c'est 106° 5' qu'il faut prendre, valeur identique avec celle de P sur r que l'on obtient par la mesure directe et qui est de 106° 6'.

Quant à l'angle de P sur le plan diagonal, on voit qu'il est égal à 90°, ce qui du reste était facile à prévoir, car les diagonales EE étant perpendiculaires, l'angle de la base sur le plan diagonal est mesuré par l'axe et la diagonale EE.

DIMENSIONS DE LA FORME PRIMITIVE.

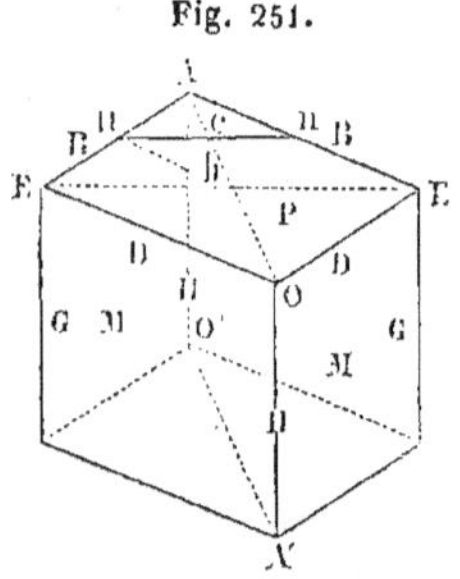

Fig. 251.

Pour calculer les dimensions, il suffit d'une modification sur un angle ou sur une arête de la base, attendu que la forme est rhomboïdale, et que par suite les côtés de la base sont égaux. Nous choisirons la face *t* placée sur l'angle A (*fig.* 251) et dont l'intersection est parallèle à la diagonale EE. Moyennant cette condition, il suffit de connaître l'angle de P sur *t* pour déterminer la position de la face *t*, et par suite les dimensions relatives du prisme.

$$\text{P sur } t = 147^\circ\,48'.$$

Menons un plan perpendiculaire à la trace *nn'* du plan *t* sur P, il se confondra avec le plan diagonal. Soit O*cb*O'A', la coupe produite par ce plan diagonal, l'angle *bc*O = P sur *t*. Traçons le triangle mensurateur A*bc*. Pour avoir la relation entre la hauteur et les côtés, il faut d'abord calculer le rapport de A*c* à A*b*, A*b* étant la hauteur et A*c* l'apothème ; l'angle *bc*A = $180^\circ - 147^\circ\,48' = 32^\circ\,12'$.

$$\text{CA}b = 180^\circ - \text{P sur H} = 180^\circ - 106^\circ\,5' = 73^\circ\,55'.$$

et par suite :

$$cb\text{A} = 73^\circ\,53'.$$

Le triangle A*cb* donne :

$$\text{A}b = \frac{a\text{C sin. } 32^\circ\,12'}{\text{sin. } 73^\circ\,53'}.$$

On peut prendre le point *c* de telle façon que A*c* = 1.

$$
\begin{aligned}
\text{Log. AC} \times \text{sin. } 32^\circ\,12' &= 9{,}7266264 \\
\text{Log. sin. } 73^\circ\,53' &= 9{,}9825871 \\
\hline
&= 1{,}7440393 = \text{log. } 0{,}55467.
\end{aligned}
$$

Cherchons maintenant la valeur du côté correspondant à l'apothème A $c = 1$. Le triangle Acn est rectangle, et la diagonale Ao divisant l'angle A en deux parties égales, les angles de ce triangle sont :

$$C = 90^\circ ; A = 43^\circ 51 ; n = 46^\circ 9'.$$

La valeur de An, qui représente le côté, est donc :

$$An = \frac{AC \times R}{\sin. n} = \frac{1 \times R}{\sin. 46^\circ 9'}$$

$$\text{Log. } 1 \times R = 10,0000000$$
$$\text{Log. sin. } 46^\circ 9' = 9,8580292$$
$$\text{Log. A}n = 0,1419708 = \text{log. } 1,3866.$$

Si nous supposons que la face t soit le résultat d'un décroissement par une rangée, il en résultera nécessairement que Ac et An représenteront les côtés de la molécule intégrante. On aura donc :

$$H = 5,5467. \qquad \text{Log. H} = 0,7440393.$$
$$B = 13,866. \qquad \text{Log. B} = 1,1419708.$$

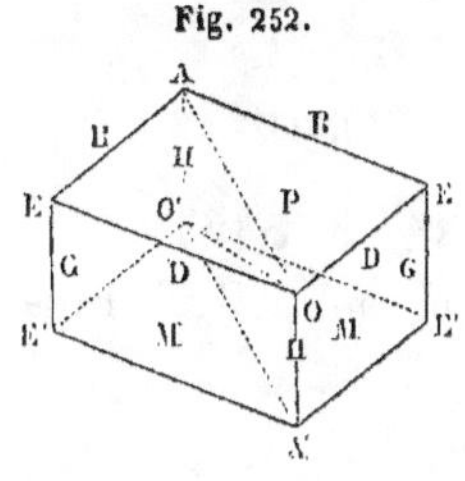
Fig. 252.

Rapport entre les dimensions et les diagonales. —Haüy ne donne pas les dimensions du pyroxène, il indique seulement que la ligne qui joint l'angle O, à son opposé au sommet O′ est perpendiculaire sur les arêtes verticales du prisme, et que cette perpendiculaire est avec ces arêtes dans le rapport de $\sqrt{12} : 1$.

Pour trouver ces rapports, je mène (*fig.* 252) la diagonale o'A′ et la ligne OO′. Dans le triangle OO′A on connaît l'angle A′$= 180^\circ$—P sur H$=73^\circ 55$. OO′$=$H$=5, 5467$ et O′A′ qui est la grande diagonale de la base; or, nous avons supposé que la demi-diagonale $= 10$; donc O′A′ $= 20$. On connaît, par conséquent, dans le triangle OO′A un angle compris entre deux côtés.

On aura les autres angles par la proportion :

$$a + b : a - b :: \tan. \tfrac{1}{2}(A + B) : \tan. \tfrac{1}{2}(A - B).$$

Dans ce triangle :

$$a = o'A' = 20 ; \quad b = oo' = H = 5,5467.$$

$$\frac{A + B}{2} = \frac{180 - 73^0\ 55'}{2} = \frac{106^0\ 5'}{2} = 53^0\ 2'\ 30''.$$

$$
\begin{aligned}
&\text{Log. } a - b &&= 1,1599580\\
&\text{Log. tang. } \tfrac{1}{2}(A+B) &&= 10,1235428\\
\hline
&&&11,2835008\\
&\text{Log. } a + b &&= 1,4073399\\
\hline
&&&9,8761609 = \text{log. tang. } \tfrac{1}{2}(A-B);
\end{aligned}
$$

D'où $\tfrac{1}{2}(A - B) = 36^0\ 56'\ 25'$. $\tfrac{1}{2}(A + B) = 53^0\ 2'\ 30''$. $A = 89^0\ 58'\ 55''$.

Ainsi l'on voit que l'angle $o'oA' = 89^0\ 59'$, valeur qui ne diffère que d'une minute de l'angle droit; on peut donc admettre que cet angle est réellement de 90°.

Le rapport entre oo' et oA' sera donné par l'équation :

$$oA' : oo' :: \sin. A' : \sin. O' :: \sin. 73^0\ 55' : \sin. 16^0\ 5'.$$

$$
\begin{aligned}
&\text{Log. } oo' = \text{log. H} &&= 0,7440393\\
&\text{Log. sin. } 73^0\ 55' &&= 9,9826600\\
\hline
&&&10,7266993\\
&\text{Log. sin. } 16^0\ 5' &&= 9,4425349\\
\hline
&\text{D'où log. } oA' &&= 1,2841644 = \text{log. } 19,238.
\end{aligned}
$$

Le rapport de $oA' : oo$ est donc :: $19, 238 : 5, 5467$.

Si l'on suppose maintenant avec Haüy que $oo' = 1$, le rapport devient $oA' : oo' :: 3, 467 : 1$.

Elevant $3, 467$ au carré, on trouve $12,02$.

On peut alors écrire le rapport précédent sous la forme :

$$oA' : oo' :: \sqrt{12,02} : 1,$$

laquelle ne diffère pas sensiblement du rapport $\sqrt{12} : 1$, admis par Haüy.

1° MODIFICATIONS SUR L'ANGLE A.

Les deux faces n et y sont placées sur l'angle A de la même manière que la face t; les formules qui conduisent à leurs lois de décroissement sont les mêmes.

$$\text{M sur } n = 90 ; \; r \text{ sur } y = 120°.$$

Le calcul donne :

Pour n...... $ab = 20,02$; d'où $n' = 2$.
Pour y...... $ab = n'D = 6,6685$; d'où $n' = \frac{2}{3}$.

Les faces sont donc représentées par les notations :

$$\underset{n}{A^2} ; \; \underset{y}{A^{\frac{3}{2}}} \text{ ou } a^{\overset{2}{}} ; a^{\overset{3}{2}}.$$

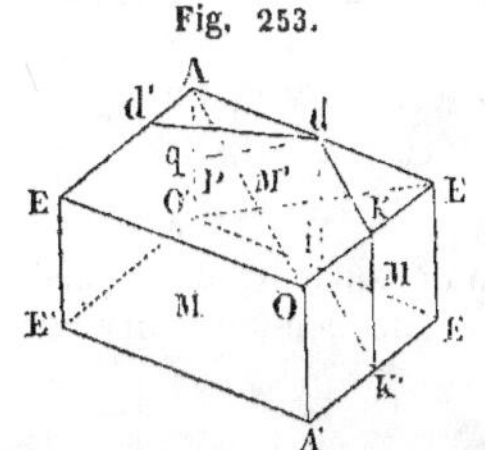

Fig. 253.

Modification sur l'angle A, placé sur la face M. — La face u a lieu encore sur l'angle A, mais son intersection avec P est une ligne oblique à la diagonale, tandis que sa trace sur la face M′ est parallèle à la diagonale opposée à l'angle A ; les deux faces M′ étant symétriques, une modification sur l'une d'elles doit se répéter sur l'autre; ainsi, il y aura deux faces u.

Ces faces sont données par les angles suivants :

$$r \text{ sur } u = 126° 36' ; \quad l \text{ sur } u = 114° 26'.$$

En outre, les deux faces l et r font ensemble un angle droit, condition qui, ajoutée aux angles, suffit pour déterminer d'une manière positive la position de la face u par rapport à M′ et P [1];

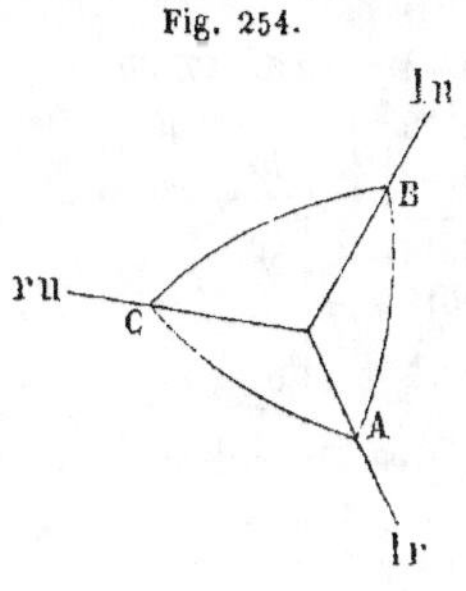

Fig. 254.

(1) **Calcul direct de la trace de** u **sur** M′. — Si on ne connaissait pas la forme primitive, on ne pourrait pas savoir que la trace de u sur M est parallèle à la diagonale O′E; il faudrait donc chercher l'angle de cette trace directement, ce qui est facile, en remarquant que la ligne M′l est parallèle à lr; donc l'angle lr, lu = Ml, lu : on aura l'angle lu, lr, au moyen du triangle sphérique l, u, r (*fig.* 254), dont les données sont : .

mais nous avons une condition de plus qui abrége les calculs et dont nous allons nous servir, c'est que la trace de u sur M est parallèle à la diagonale EA′.

Cette trace sera donc connue par le calcul de la diagonale O′E. Or, dans le triangle AO′E.

$$A = 78^\circ\ 14'\ 8''\ ;\ AO' = H = 5,5467 : AE = B = 13,866.$$

Pour calculer les angles AO′E et AEO′, on se servira de la formule $a + b : a - b : : \text{tang.}\ \tfrac{1}{2}\ (A + B) : \text{tang}\ \tfrac{1}{2}\ (A - B)$, qui donne les angles d'un triangle, quand on connaît deux côtés et l'angle compris. On aura alors :

$$a + b = 19,4127\ ;\ a - b = 8,3193\ ,\ \text{et}\ \tfrac{1}{2}\ (A + B) = 50^\circ\ 52'\ 56''.$$

$$A = l\ \text{sur}\ r = 90^\circ\ ;\ B = l\ \text{sur}\ u = 114^\circ\ 26'\ ;\ C = r\ \text{sur}\ u = 126^\circ\ 36'.$$
$$c\ \text{sera donné par l'éq. cos.}\ c,\ \sin.\ B = R\ \cos.\ C.$$

Log. R cos. C = 19,7754101 —   D'où $c = lr$, $lu = 130^\circ\ 54'\ 35''$.

Log. sin. B   =   9,9592528   Prenons maintenant le triangle sphé-

Log. cos. c   =   9,8161573 — rique M′, l, u, on connaît dans ce triangle (*fig 255*) :

Fig. 255.

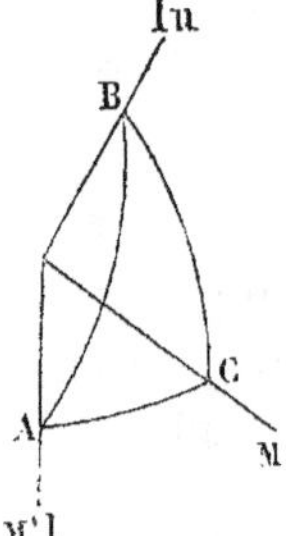

$$A = M'\ \text{sur}\ l = 136^\circ\ 9'\ ;\ B = l\ \text{sur}\ u = 114^\circ\ 26'\ ;\ c = M'l\ \text{sur}\ lu + 130^\circ\ 54'\ 35''.$$

On aura M′l sur Mu, ou la trace de u sur M par les équations

$$\text{Tang.}\ \frac{a - b}{2} = \text{tang.}\ \tfrac{1}{2}\ c.\ \frac{\text{Sin.}\ \tfrac{1}{2}\ (A - B)}{\text{Sin.}\ \tfrac{1}{2}\ (A + B)}\ ;$$

$$\text{Tang.}\ \frac{a + b}{2} = \text{tang.}\ \tfrac{1}{2}\ c.\ \frac{\text{Cos.}\ \tfrac{1}{2}\ (A - B)}{\text{Cos.}\ \tfrac{1}{2}\ (A + B)}$$

$$\tfrac{1}{2}\ c = 65^\circ\ 27'\ 1''.\ \tfrac{1}{2}\ (A - B) = 10^\circ\ 51'\ 50''.\ \tfrac{1}{2}\ (A + B) = 125^\circ\ 17'\ 30''.$$

L. tang. $\tfrac{1}{2}\ c$ = 10,3402979 | L. tang. $\tfrac{1}{2}\ c$ = 10,3402979 | D'où

L. sin. $\tfrac{1}{2}\ (A - B)$ = 9,2750378 | L. cos. $\tfrac{1}{2}\ (A - B)$ = 9,9921539 | $\dfrac{a - b}{2} = 26^\circ\ 36'\ 22'.$

19,6153357 | 20,3324518 |

L. sin. $\tfrac{1}{2}\ (A + B)$ = 9,9118081 | L. cos. $\tfrac{1}{2}\ (A + B)$ = 9,7617316 — | $\dfrac{a + b}{2} = 105^\circ\ 14'\ 20''.$

L. tang. $\tfrac{1}{2}\ (a - b)$ = 9,7035276 | L. t. $\tfrac{1}{2}\ (a + b)$ = 10,5707202 — | Et $a = 78^\circ\ 38'\ 4''.$

Ce nombre ne diffère que de 2′ de celui obtenu par le calcul de la diagonale.

$$\text{D'où tang.} \tfrac{1}{2}(A - B) = \frac{8{,}3193 \times \text{tang. } 50^\circ\ 52'\ 56''}{19{,}4127.}$$

$$
\begin{aligned}
&\text{Log. } 8{,}3193 && = && 0{,}9200868 \\
&\text{Log. tang. } 50^\circ\ 52'\ 56'' && = && 10{,}0898062 \\
\hline
& && && 11{,}0098930 \\
&\text{Log. } 19{,}4127 && = && 1{,}2880927 \\
\hline
&\text{Log. sin. } \tfrac{1}{2}(A - B) && = && 9{,}7218003
\end{aligned}
$$

D'où $\tfrac{1}{2}(A - B) = 27^\circ\ 47'\ 20''$, et comme $\tfrac{1}{2}(A + B) = 50^\circ\ 52'\ 56''$.

$$A = 78^\circ\ 40'\ 16''. \qquad B = 23^\circ\ 5'\ 36'.$$

Il en résulte que la trace dq fait avec la ligne AO' un angle A$qd = 78^\circ\ 40'\ 16''$.

Il faut maintenant calculer l'angle de M' sur u afin de pouvoir déterminer la trace de u sur P.

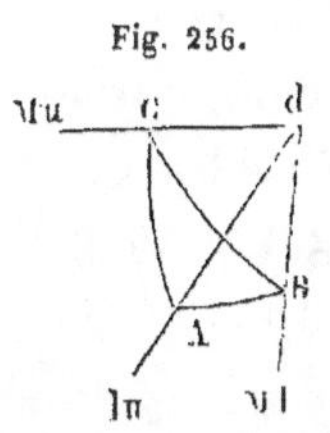
Fig. 256.

On obtiendra l'angle de M' sur u au moyen d'un triangle sphérique composé des plans M', l, u, dont le sommet sera placé au point d; la face l étant parallèle au plan diagonal AA'oo', soit dk la trace de l sur P, et di la trace de l sur M. L'angle $qdi = $ Aqd. On connaît donc dans le triangle sphérique M, l, u (*fig.* 256).

$$
\begin{aligned}
A &= l \text{ sur } u &&= 114^\circ\ 26'. \\
B &= M' \text{ sur } l &&= 136^\circ\ 9'. \\
a &= M'l \text{ sur } M'u &&= 78^\circ\ 40'\ 16''.
\end{aligned}
$$

Les formules qui donneront l'angle C sont :

$$\text{Cot. } \varphi = \frac{\cos.\ a \text{ tang. B}}{R} \ \dots\dots\ \text{Sin. } (C - \varphi) = \frac{\cos.\ A \sin.\ \varphi}{\cos.\ B}.$$

$$
\begin{array}{ll|ll}
\text{Log. cos. } a & = \ 9{,}2932311 & \text{Log. cos. A} & = \ 9{,}6166164\ - \\
\text{Log. tang. B} & = \ 9{,}9825616\ - & \text{Log. sin. } \varphi & = \ 9{,}9923991\ - \\
\hline
 & 19{,}2757927\ - & & 19{,}6090155\ + \\
\text{L. R.} & = 10 & \text{Log. cos. B} & = \ 9{,}8580292\ - \\
\hline
\text{Log. cot. } \varphi & = \ 9{,}2757927\ - & \text{Log. sin. } (C.\varphi) & = \ 9{,}7509863\ - \\
\text{D'où } \varphi & = -\ 79^\circ\ 18'\ 48''. & &
\end{array}
$$

$$(C - \varphi) = -\ 34^\circ\ 18'\ 23''.$$

D'où C $= -\ 34^\circ\ 18'\ 23'' + 79^\circ\ 18'\ 48'' = 45^\circ\ 0'\ 25''$, et $134^\circ\ 59'\ 35''$.

C étant donné par un sinus, on obtient deux valeurs; mais

la forme du cristal nous indique que c'est l'angle obtus qu'il faut prendre. Ainsi,

$$\text{M' sur } u = 134^\circ\ 59'\ 35''.$$

Calcul de la trace de u sur P. — Connaissant maintenant l'angle de M' sur u, et la trace de u sur M', pour avoir la trace de u sur P, il faut considérer un triangle sphérique composé des plans P, M', u. Les données sont :

$$A\ =\ \text{M' sur } u\ =\ 134^\circ\ 59'\ 35''.$$
$$B\ =\ \text{P sur M'}\ =\ 78^\circ\ 55'.$$
$$C\ =\ \text{PM' sur M'}u\ =\ 156^\circ\ 54'\ 24''.$$

On voit que l'angle c est le supplément de Adq que nous avons trouvé être de $23^\circ\ 5'\ 36''$.

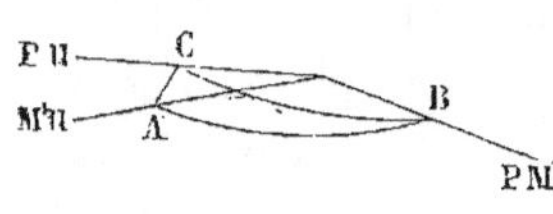

Fig, 257.

L'angle que forme la trace de u sur P est représenté dans le triangle sphérique (*fig.* 257) par a. Et comme dans ce triangle on connaît deux angles A et B et le côté compris, on aura a par les équations :

$$\text{Tang. } \tfrac{1}{2}(a-b) = \text{tang. } \tfrac{1}{2}\text{C.} \frac{\text{Sin. } \tfrac{1}{2}(A-B)}{\text{Sin. } \tfrac{1}{2}(A+B)}$$

$$\text{Tang. } \tfrac{1}{2}(a+b) = \text{tang. } \tfrac{1}{2}c. \frac{\text{Cos. } \tfrac{1}{2}(A-B)}{\text{Cos. } \tfrac{1}{2}(A+B)}$$

$$\tfrac{1}{2}c = 78^\circ\ 27'\ 12'';\quad \frac{A-B}{2} = 28^\circ\ 2'\ 20'';\quad \frac{A+B}{2} = 106^\circ\ 57'\ 30''.$$

Log. tang. $\tfrac{1}{2}c$ =	10,6898162	Log. tang. $\tfrac{1}{2}c$ =	10,6898162
Log. sin. $\tfrac{1}{2}$(A—B)=	9,6722028	Log. cos. $\tfrac{1}{2}$(A—B) =	9,9457669
	20,3620190		20,6355831
Log. sin. $\tfrac{1}{2}$(A+B) =	9,9806927	Log. cos. $\tfrac{1}{2}$(A+B)=	9,4649010 —
Log. tang. $\dfrac{a-b}{2}$ =	10,3813263	Log. tang. $\dfrac{a+b}{2}$ =	11,1706821 —

Tang. $\tfrac{1}{2}(a+b)$ étant négative, $\tfrac{1}{2}(a+b) = 90^\circ$.

On a donc :

$$\frac{a-b}{2} = 67^\circ\ 26'.$$

$$\frac{a+b}{2} = 93^\circ\ 51'\ 40''.$$

D'où $a = \text{P}u$ sur M'P $= 161^\circ\ 17'\ 40''.$

Dans le triangle Add', d est le supplément de a et l'angle A est l'angle plan aigu de la base; les trois angles de ce triangle sont par conséquent :

$$A = 85° \; 24' \; 36''; \quad d = 18° \; 42' \; 20''; \quad d' = 75° \; 53' \; 4''.$$

Pour avoir maintenant la loi de décroissement, il faut calculer les longueurs Aq, Ad et Ad'; mais la trace dq étant parallèle à la diagonale O'E, on voit que si nous supposons $Aq = H$, il en résultera que $A\,d = B$. Le triangle Add' donnera :

$$Ad' = \frac{Ad \times \sin. d}{\sin. d'} = \frac{B \times \sin. 18° \; 42' \; 26'}{\sin. 75° \; 53' \; 4''.}$$

$$\text{Log. B} = 1,1419708$$
$$\text{Log. sin. } 18° \; 42' \; 20'' = 9,5061055$$
$$\overline{10,6480763}$$
$$\text{Log. sin. } 75° \; 53' \; 4'' = 9,9866848$$
$$\overline{0,6613915 = \text{log. } 4,585.}$$

$$\text{D'où } Ad' = n.B = 4,585, \quad \text{et } n = \frac{4,585}{13,85} = \frac{1}{3}.$$

Ainsi on a $H = 1$; $B = 1$ et $B = \frac{1}{3}$; ou $H = 3$, $B = 3$, $B = 1$. Pour exprimer que la face u est placée sur l'angle, et du côté de la face M' de droite, on met A^3; le chiffre 3 étant sur la droite de la lettre A; pour la face u placée sur M' de gauche, on mettra ^3A. Cette double face sera donc représentée par l'expression $\cdot\,^3_u A^3$.

2° MODIFICATION SUR L'ANGLE SOLIDE O.

On ne connaît pas, dans le pyroxène, de modification sur l'angle O, quoique sa forme primitive en admette.

3° MODIFICATIONS SUR LES ANGLES SOLIDES E.

Les deux angles solides E, situés aux extrémités de la diagonale horizontale EE, sont de même nature; leur position relativement à l'axe du prisme est identique, et de plus ils sont composés des mêmes angles plans. Il résulte de cette symétrie que toutes les faces qui existent sur un des angles E se reproduisent sur l'autre.

Les modifications qui naissent sur les angles E peuvent avoir lieu, ou sur la base, ou sur l'une des deux faces latérales; le pyroxène en possède de ces différents ordres.

Modification sur l'angle E, placée sur la base. — La modification qui produit la facette i est sur l'angle E, et s'appuie sur la base, de sorte que son intersection avec cette face est parallèle à la diagonale AO. L'angle donné par l'observation est :

$$l \text{ sur } i = 139° \, 7'.$$

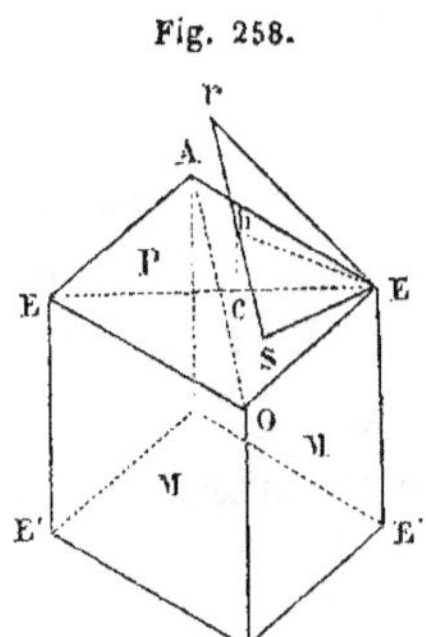

Fig. 258.

Mais la face l, qui est verticale, est elle-même parallèle à la diagonale Ao, de sorte que l'angle l sur $i = l$ sur la ligne EE'. Et comme les deux diagonales Ao et EE sont perpendiculaires entre elles, le plan EEE'E' ($fig.$ 258) coupera les faces P et i suivant deux lignes bE, CE, qui mesureront l'angle de P sur i; on aura donc P sur $i = 139°$ $7' — 90° = 49° \, 7'$.

Dans le triangle mensurateur bEC, la ligne bc peut être considérée comme la hauteur de la série des molécules, tandis que CE en sera l'apothème. Supposons que $bc = $ la hauteur d'une molécule $= $ H $= 5,5467$.

$$\text{Le triangle } b\text{E}c \text{ donne } CE = \frac{R \times bc}{\text{tang. } E} = \frac{R \times H}{\text{tang. } 49° \, 7'}$$

Log. R × H   = 10,7440393
Log. tang. 49° 7' = 10,0626235
Log. CE   = 0,6814157

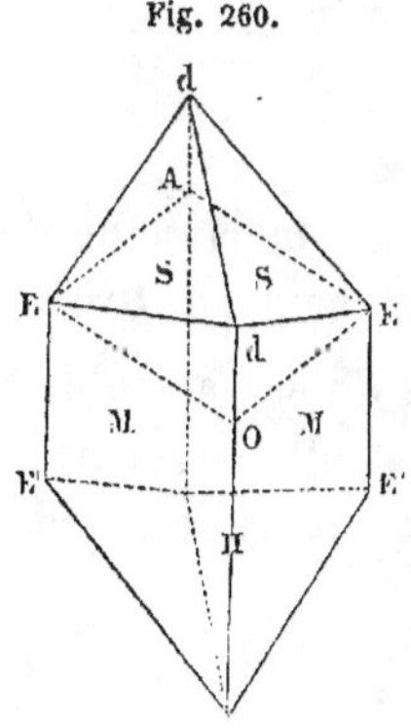

Fig. 259.

Pour avoir maintenant le rapport de la hauteur et du côté, du point c, où la verticale bc perce la base P, je mène la ligne cd (*fig.* 259) parallèle à AO.

Dans le triangle Ecd, Ed représente le côté correspondant à l'apothème Ec, on a :

$$\text{E}d = \frac{\text{R} \times \text{EC}}{\sin.\ \text{E}d\text{C}} = \frac{\text{R} \times \text{EC}}{\sin.\ 42^\circ 41' 18'}$$

$$\text{E}dc = \tfrac{1}{2}\ \text{EOE}.$$

Log. R × Ec = 10,6814157
Log. sin. 42° 41′ 18″ =   9,8313732

Log. Ed =   0,8500425 — log. 7,075.

Ed devant contenir un certain nombre n de fois le côté B, on a :

$$\text{E}d = n\text{B} = 7{,}075,\ \text{d'où } n = \frac{7{,}075}{\text{B}} = \frac{7{,}075}{13{,}86},\ \text{ou } n = \text{à peu près } \tfrac{1}{2}.$$

La face i' serait donc produite par un décroissement d'une rangée en hauteur et $\tfrac{1}{2}$ de côté. La formule qui la représente sera par conséquent :

$$\overset{\tfrac{1}{2}}{\underset{i}{\text{E}}} \text{ ou } \overset{\tfrac{1}{2}}{e}.$$

Fig. 260.

Modification sur l'angle E, parallèle au plan diagonal AOE′. — La face S (*fig.* 260) est placée sur l'angle E, de manière que sa trace sur M soit parallèle à la diagonale OE′; on a, pour la déterminer, l'observation des angles de S sur P et M, qui sont :

P sur S = 150°; M sur S = 121° 48′.

Et comme on connaît de plus l'angle de P sur M, on peut facilement déterminer la position des traces de la face S sur les deux faces de la forme primitive du pyroxène; il suffit de calculer les angles d'un triangle sphérique (*fig.* 261) composé des plans P, M et S.

Fig. 261.

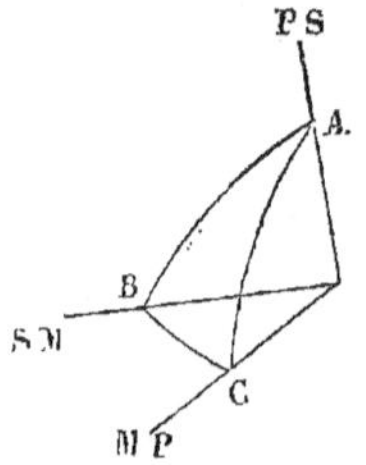

Soit A $=$ P sur S $=$ 150°; B $=$ M sur S $=$ 121° 48′; C $=$ P sur M $=$ 181° 5′. Les formules au moyen desquelles on détermine les angles plans, connaissant les trois angles solides, sont :

$$\text{Sin. } 1/2\, a = R \sqrt{ -\frac{\cos. \tfrac{1}{2}(A+B+C) \times \cos. \tfrac{1}{2}(B+C-A)}{\text{Sin. B , sin. C}} }$$

$$\text{Sin. } 1/2\, b = R \sqrt{ -\frac{\cos. \tfrac{1}{2}(A+B+C) \times \cos. \tfrac{1}{2}(A+C-B)}{\text{sin. A, sin. C}} }$$

1/2 (A+B+C) $=$ 186° 26′ 30″, 1/2 (B+C — A) $=$ 36° 26′ 30″.
1/2 (A+C—B) $=$ 64° 38′ 30″, Log. R² $=$ 10,0000000.

Log. sin. B $=$ 9,9293641   Log. cos. 1/2 (A+B+C) $=$ 9,9972494—
Log. sin. C $=$ 9,9918233   Log. cos. 1/2 (B+C—A) $=$ 9,9055056

         19,9211874   39,9027550—
                                    19,9211874

                 Log. (sin. $\tfrac{1}{2}a$)² $=$ 19,9815676—
                 D'où Log. sin. $\tfrac{1}{2}a$ $=$ 9,0907838

Log. sin. A $=$ 9,6989700   Log. cos. $\tfrac{1}{2}$(A+B+C) $=$ 9,9972494—
Log. sin. C $=$ 9,9918233   Log. cos. $\tfrac{1}{2}$(A+C—B) $=$ 9,6317259

         19,6907933   19,6289753—
                                    19,6907933

                 Log. (sin. $\tfrac{1}{2}b$)² $=$ 19,9381820—
                 D'où log. sin. $\tfrac{1}{2}b$ $=$ 9,9690910

Les valeurs sous le radical sont négatives, mais comme elles sont précédées du signe —, elles deviennent positives.

Les angles $^1/_2\, a$ et $^1/_2\, b$ étant le résultat d'une racine du second degré, ils devront être précédés du double signe $\pm$, et on choisira les angles d'après la forme du cristal. On trouve par les tables

Pour 1/2 $a =$ 78° 14′ 16″;   1/2 $b =$ 68° 38′ 20″.

D'où $a =$ $\begin{cases} 156° \ 28′ \ 32″; \\ 23° \ 31′ \ 28″; \end{cases}$ $b =$ $\begin{cases} 137° \ 16′ \ 40″. \\ 42° \ 43′ \ 20″. \end{cases}$

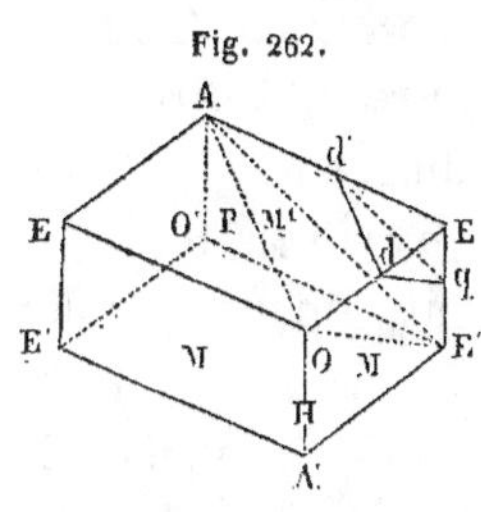

Fig. 262.

Soit dd' (*fig.* 262) la trace de la facette s sur la base P, dq celle sur le plan M. L'inspection de la figure montre qu'on doit prendre les angles aigus.

Pour déterminer la loi de décroissement, cherchons les trois longueurs dE, d'E et Eq qui déterminent le coin enlevé par la face S.

Pour cela, j'observe que les trois angles des triangles dd'E et Edq sont connus. Les angles AEo et oEE′ étant les angles plans de la forme primitive, on a donc :

$$\text{Triangle E}dd' \left\{ \begin{array}{l} \text{E} = 94^\circ\ 35'\ 24''. \\ d = 42^\circ\ 43'\ 20''. \\ d' = 42^\circ\ 41'\ 16''. \end{array} \right. \qquad \text{E}dq \left\{ \begin{array}{l} \text{E} = 78^\circ\ 14'\ 8''. \\ d = 23^\circ\ 31'\ 28''. \\ q = 78^\circ\ 14'\ 24''. \end{array} \right.$$

On remarquera que ces deux triangles sont isocèles; donc les côtés Ed et Ed' sont égaux, et la ligne dd' est parallèle à la diagonale Ao, la valeur de l'angle d indiquait déjà ce résultat, car il est la moitié de l'angle EoE, lequel est égal à 85° 24′ 36″.

$$\text{Supposons E}d = \text{B} \text{ ; on aura E}q = \frac{\text{E}d.\ \text{sin. } 23^\circ\ 31'\ 28''.}{\text{sin. } 78^\circ\ 14'\ 8''.}$$

$$\text{Log. E}d = \text{log. B} = 1{,}1419708$$
$$\text{Log. sin. } 23^\circ\ 31'\ 28'' = 9{,}6011256$$
$$\overline{\phantom{\text{Log. sin. } 23^\circ\ 31'\ 28'' = {}} 10{,}7430964}$$
$$\text{Log. sin. } 78^\circ\ 14'\ 8'' = 9{,}9907870$$

Mais E$q = n$H $= 5{,}656.$
$$0{,}7523094 = \text{log. } 5{,}656.$$
$$n = \frac{5{,}656}{\text{H}} = \frac{5{,}656}{5{,}546} = \text{ sensiblement } 1.$$

Ainsi, les trois côtés sont B $= 1$, B $= 1$, H $= 1$.

Il résulte de cette circonstance que la face S est parallèle au plan diagonal AoE′, puisque chacune de ses traces est parallèle aux diagonales Ao, oE′ et AE′. Haüy a indiqué cette disposition par la formule

$$\frac{1}{{}^1\text{E}^1}$$
$$s.$$

Modification sur l'angle E placé du côté de la face M.
— La facette o est dans cette position, autrement dire l'intersection de O sur M' est parallèle à la diagonale oE'; cette face est en outre donnée par l'angle M sur $o = 145°\ 9'$.

Pour déterminer la loi de décroissement, il faut calculer la trace de O sur P, ce qu'on ne peut faire qu'après avoir obtenu celle de O sur M; et comme cette trace est parallèle à la diagonale oE', il est nécessaire de connaître la position de cette diagonale. Pour cela, j'observe que dans le triangle oEE' l'angle E est donné, ainsi que les deux côtés oE $=$B, EE'$=$H. On obtiendra les angles o, E' par la formule :

$$A + b : a - b :: \text{tang.}\ \tfrac{1}{2}\ (A + B) : \text{tang.}\ \tfrac{1}{2}\ (A - B).$$

Dans ce triangle,

$$a = B = 12{,}866.$$
$$b = H = 5{,}5467.$$
$$\text{Angle E} = 78°\ 14'\ 8''.$$

D'où $1/2\ (a+b) = 19{,}4127$; $a - b = 8{,}3193$. $1/2\ (A + B) = 50°\ 52'\ 56''$.

$$\text{Log.}\ a - b\quad = \quad 0{,}9200868$$
$$\text{Log. tang.}\ \frac{A-B}{2} = 10{,}0898062$$

$$\overline{11{,}0098930}$$
$$\text{Log.}\ a + b\quad = \quad 1{,}2880927$$

$$\text{Log. tang.}\ 1/2(A-B) = 9{,}7218003$$

D'où $1/2\ (A - B) = 27°\ 47'\ 20''$, et comme $1/2\ (A + B) = 50°\ 52'\ 56''$.

$$A = 78°\ 40'\ 16''\ \ldots\ B = 23°\ 5'\ 36''.$$

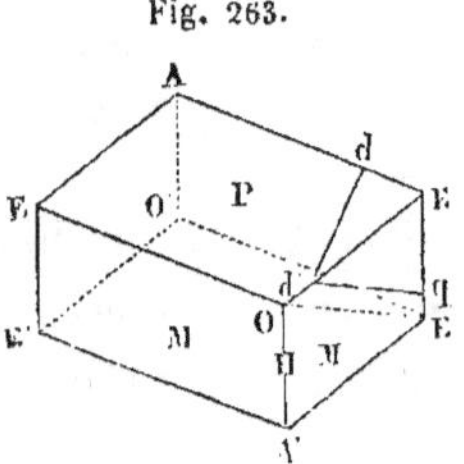
Fig. 263.

On remarquera que les angles A et B sont presque identiques avec ceux formés par la ligne dq dans le calcul relatif à la face s, dont nous avons vu que la trace sur M est parallèle à la diagonale oE'.

Calcul de la trace de O sur P, celle de O sur M étant parallèle à la diagonale OE'. — Connaissant maintenant la trace de o sur M, on déterminera sa trace sur P au moyen du triangle sphérique P, M, O (*fig.* 264), dans lequel les données sont :

$$A = M \text{ sur } O = 145° \ 9'.$$
$$B = M \text{ sur } P = 101° \ 5'.$$
$$c = \text{M}o \text{ sur } \text{PM} = 156° \ 54' \ 24''.$$

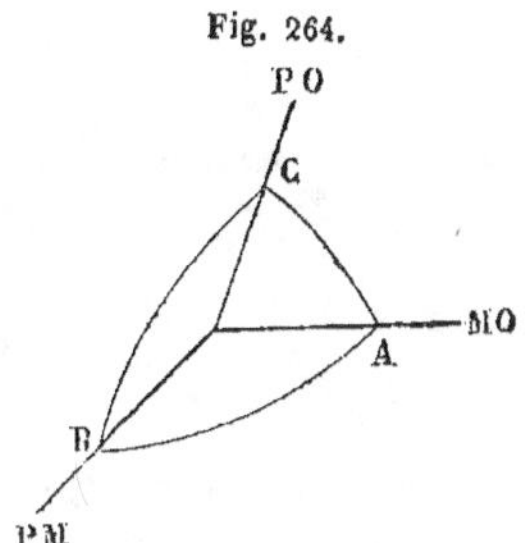

Fig. 264.

L'angle c étant le supplément de $\text{E}d'q = 23° \ 5' \ 36''$. Les formules qui donneront a, trace de O sur P seront :

$$\text{Tang.} \ \tfrac{1}{2} \ (a - b) = \text{tang.} \ \tfrac{1}{2} \ c \ . \ \frac{\text{Sin.} \ \tfrac{1}{2} \ (A - B)}{\text{Sin.} \ \tfrac{1}{2} \ (A + B)}$$

$$\text{Tang.} \ \tfrac{1}{2} \ (a + b) = \text{tang.} \ \tfrac{1}{2} \ c \ . \ \frac{\text{Cos.} \ \tfrac{1}{2} \ (A - B)}{\text{Cos.} \ \tfrac{1}{2} \ (A + B)}$$

$$1/2 \ A + B = 123° \ 7' ; \quad 1/2 \ A - B = 33° \ 2' ; \quad \tfrac{1}{2} \ c = 78° ; 27' \ 12''.$$

Log. tang. $\tfrac{1}{2}c$ =	10,6897302		Log. tang. $\tfrac{1}{2}c$ =	10,6897302
L. sin. $\tfrac{1}{2}$(A—B) =	9,5742002		Log. cos. $\tfrac{1}{2}$(A—B) =	9,9670637
	20,2639305			20,6567939
L. sin. $\tfrac{1}{2}$(A+B) =	9,9230158		Log. cos. $\tfrac{1}{2}$(A+B) =	9,7374675—
D'où log. tang. $\tfrac{1}{2}$(a—b) =	10,3409147		Log. tang. $\tfrac{1}{2}$(a+b) =	10,9193264—

$$1/2 \ (a + b) = 96° \ 51' \ 55''.$$
$$1/2 \ (a - b) = 65° \ 28' \ 52''.$$

D'où $a = 162° \ 20' \ 47''$. Mais l'angle $a = od'd$, d'où il suit que les trois angles du triangle dd'E sont :

$$E = 94° \ 35' \ 24''.$$
$$d' = 17° \ 39' \ 13''.$$
$$d = 67° \ 45' \ 23''.$$

Pour déterminer la loi de décroissement, j'observe que la trace de O sur M étant parallèle à la diagonale $o\text{E}'$, si l'on suppose que la longueur Eq soit égale à la hauteur d'une molécule, il s'ensuivra nécessairement que d'E sera égal à la longueur d'un côté de molécule. Le triangle dd'E donnera :

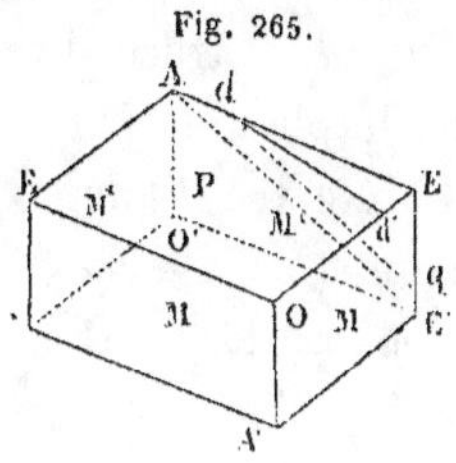

Fig. 265.

$$\text{E}d = \frac{\text{E}d' \sin. \ d'}{\sin. \ d} = \frac{\text{B} \times \sin. \ 17° \ 39' \ 13''}{\sin. \ 67° \ 41' \ 23''}$$

Log. B = log. 13,866 = 1,1419708
Log. sin. 17° 39' 13" = 9,4818174

$$10,6237882$$

Log. sin. 67° 45' 23" = 9,9664127

Log. Ed = 0,65733755 = log. 4,543.

E*d* représentant un certain nombre de côtés de molécules, on a :

$$\mathrm{E}d = n\mathrm{B} = 4{,}543. \text{ D'où } n = \frac{4{,}543}{\mathrm{B}} = \frac{4{,}543}{13{,}866} = \frac{1}{3}$$

On a donc les valeurs

$$\mathrm{E}q = \mathrm{H}\,;\ \mathrm{E}d' = \mathrm{B}\,;\ \mathrm{E}d = \tfrac{1}{3}\,\mathrm{B}\,;\ \text{ou } \mathrm{E}q = 3\mathrm{H}\,;\ \mathrm{E}d' = 3\mathrm{B},\ \text{et } \mathrm{E}d = \mathrm{B},$$

loi qui est représentée par la formule

$$^{3}\mathrm{E}.$$

Le nombre 3 est mis à gauche de la lettre E, pour rappeler que c'est sur la face M, à gauche de E, que la face O est placée.

Face *z*. — Elle est placée sur la face M', de la même manière que *o* sur M. Sa trace est parallèle à la diagonale AE´, et l'angle de M sur *z* est connu. Le calcul est par conséquent le même que pour la face O ; il faut d'abord chercher la diagonale AE´, puis ensuite la trace de *z* sur P.

4° MODIFICATIONS SUR LES ARÊTES VERTICALES H.

Dans le pyroxène, il existe deux modifications de cette espèce : l'une, *r*, est parallèle à la diagonale EE, et par suite est ce qu'on appelle tangente à l'arête H ; la seconde, *f*, occupe une position quelconque.

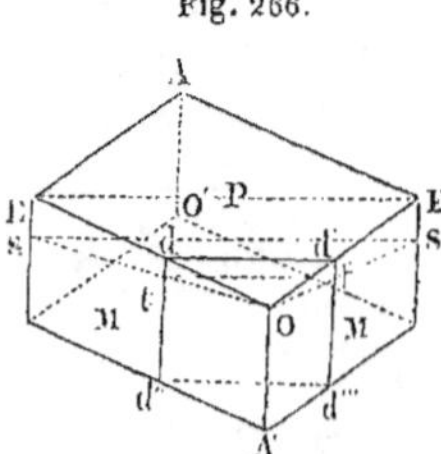

Fig. 266.

Face *r* parallèle à la diagonale EE. — L'angle donné est M sur *r* = 133° 51´, soit *dd'* la trace de la face *r*. Menons le plan *ott'* perpendiculaire à l'arête H ; l'angle *tot'* sera égal à M sur M = 87° 42´, et *tt's'* = *r* sur M = 133° 51´;

d'où $tt'o = 180° - 133° 51' = 46° 9'$. Les trois angles du triangle tot' sont donc :

$$O = 87° 42'.$$
$$t' = 46° 9'.$$
$$t = 46° 9'.$$

Ce triangle est par conséquent isocèle, de sorte que $ot = ot'$, et par suite $od = od'$, et la ligne dd', trace de la face r sur P, est parallèle à EE. Si maintenant on suppose $od' = B$, on aura également $od = B$; la loi qui donne la face r est donc une rangée sur une, ou

$$^1H^1$$
$$r$$

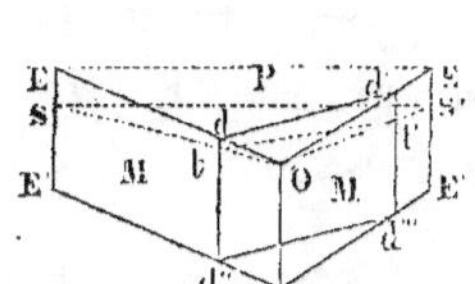

Fig. 267.

Face f.—Soit mm' (fig. 267) la trace de cette face sur P. On a : M sur $f = 152° 59'$. En faisant la même construction que pour la face r, on a : $ot't = 180° - tt's' = 180° - 152° 59' = 27° 1'$. Les trois angles du triangle tot' sont :

$$O = 87° 42'.$$
$$t' = 27° 1'.$$
$$t = 65° 17'.$$

Pour avoir la loi de décroissement, il faut connaître le rapport de od à od', ou, ce qui revient au même, de ot à ot', car les deux triangles otd, $ot'd'$ sont semblables, attendu que $d'ot = dot = Eod' - 90°$, et que $dto = d't'o = 90°$; donc $o'd : od' :: ot : ot'$.

$$\text{Mais } ot = H \frac{ot' \times \sin. t'}{\sin. t} = \frac{ot' \sin. 27° 1'}{\sin. 65° 17'},$$

et si l'on suppose que $ot' = 1$, on a $ot = \dfrac{\sin. 27° 1'1}{\sin. 65° 17'}$

Log. sin. 27° 1'   =   9,6572946
Log. sin. 65° 17'   =   9,9582707
                         ____
Log. ot = $-1,6990239$ = log. 0,50006.

Ou $ot = 1/2\ ot'$; donc $od = 1/2\ od'$.

Si maintenant on suppose $od' = 2B$, on a $od = B$; le décroissement a donc lieu par deux rangées sur le côté droit, et il est représenté par

$$\frac{H^2}{f}$$

Mais la même face f se produit de l'autre côté de H; elle a pour expression ^2H. Haüy les réunit ensemble dans un seul signe

$$\frac{^2H^2}{f}$$

5° MODIFICATIONS SUR LES ARÊTES VERTICALES G.

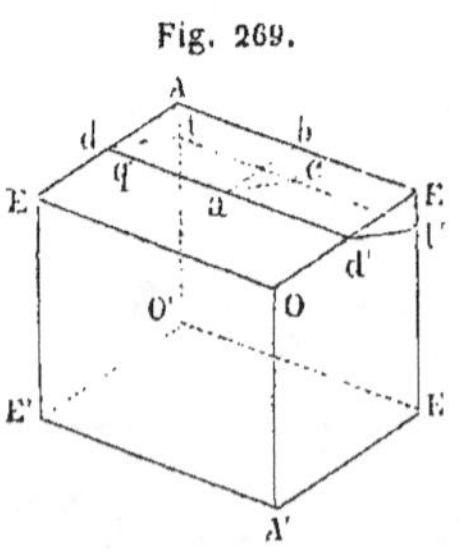
Fig. 268.

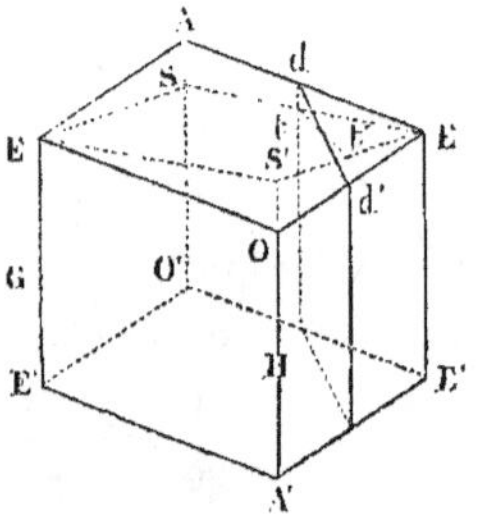

Les modifications sur ces arêtes sont la répétition de celle sur H, et on les calcule de la même manière.

Face l. — M sur $f = 136°\ 9'$. Le triangle mensurateur est tt'E (*fig.* 268), dont les angles sont :

$$E = \quad 92°\ 18'.$$
$$t' = 180° - 136°\ 9' = 43°\ 51'.$$
$$t = \quad 43°\ 51.$$

Le triangle Ett' est donc isocèle, et par suite Edd' l'est également. Si donc E$d' = B$, Ed sera égal à B, et la ligne dd' sera parallèle à la diagonale Ao; la face est donc représentée par

$$\frac{^1G^1}{l}$$

6° MODIFICATIONS SUR LES ARÊTES B DE LA BASE.

Fig. 269.

Les deux arêtes B sont situées de la même manière dans le cristal, quand l'une d'elles est remplacée par une face, l'autre doit l'être par une face semblable. Le pyroxène admet plusieurs modifications sur ces arêtes; les trois principales sont les faces c, v et λ. Le caractère propre de ces facettes secondaires est que leur intersection avec les bases du prisme sont parallèles aux côtés B.

Face C. — L'angle P sur C = 137° 7'. Soit $dd'tt'$ un plan représentant la face C. D'un point quelconque c je mène un plan perpendiculaire à l'arête AE. L'angle $bac = 180°$ — P sur c — 180° = 137° 7' = 42° 53'.

Il en résulte que les angles du triangle bac sont :

$$b = 78° \; 55'.$$
$$a = 42° \; 53'.$$
$$c = 58° \; 12'.$$

Dans ce triangle, la ligne bc est parallèle à la hauteur du prisme, tandis que ab est l'apothème de la base. Si bc représente la hauteur H d'une molécule, on a :

$$ab = \frac{bc,\ \text{sin.}\ c}{\text{sin.}\ a} = \frac{H,\ \text{sin.}\ 58°\ 12'}{\text{sin.}\ 42°\ 53'}$$

$$\text{Log. H} = \text{log.}\ 5,5467 = 0,7440393$$
$$\text{Log. sin.}\ 58°\ 12' = 9,9293641$$

$$10,6734034$$
$$\text{Log. sin.}\ 42°\ 53'' = 9,8328331$$

$$\text{Log.}\ ab = 0,8405703 = \text{log.}\ 6,927.$$

La hauteur H est donc à l'apothème ab :: 5,546 : 6,927. Pour avoir maintenant le rapport entre la hauteur bc ou Et et le côté Ed, il suffit de prendre la valeur du côté en fonction de ab; abaissons Aq perpendiculaire à dd', et par suite parallèle à ab. Le triangle Aqd donne :

$$Ad = \frac{Aq \times R}{\text{sin.}\ d} ; \text{mais}\ d = 180° - AE o,$$

$$\text{D'où } Ad = \frac{Aq \times R}{\text{sin.}\ 85°\ 24'\ 34''} = 180° - 94°\ 35'\ 26'' = 85°\ 24'\ 34''.$$

$$\text{Log. A}q\ \text{ou}\ ab = 0,8405703$$
$$\text{Log. sin.}\ 85°\ 24'\ 34'' = 9,9986049$$

$$10,8393752$$
$$\text{Log. R} = 10$$
$$\text{D'où log. A}q = 0,8393752 = \text{log.}\ 6,905.$$

Le côté Ad contient un certain nombre de fois n le côté B d'une molécule. On a donc :

$$Ad = nB = 6,905 ;$$

$$\text{d'où } n = \frac{6,905}{B} = \frac{6,905}{13,866} = \tfrac{1}{2}.$$

On a donc :

$$En = H \text{ et } Em = \tfrac{1}{2} B.$$

Loi qui s'exprime par

$$\overset{\tfrac{1}{2}}{B} \text{ ou } \overset{\tfrac{1}{2}}{\underset{c}{b}}.$$

Faces v et λ. — Pour les autres faces placées sur les arêtes, il suffit de calculer le rapport de la hauteur à l'apothème, attendu que la longueur de l'apothème est proportionnelle à celle du côté.

$$P \text{ sur } v = 113^\circ\ 56', P \text{ sur } = 102^\circ\ 52'.$$

Le calcul donne :

Pour v, $ab = 3,4822$; d'où $Ed = 1/4\ B$.
Pour λ, $ab = 2,3096$; d'où $Ed = 1/6\ B$.

La notation de ces faces est :

$$\underset{v}{\overset{\tfrac{1}{4}}{B} \text{ ou } b^{\tfrac{1}{4}}} \qquad \underset{\lambda}{\overset{\tfrac{1}{6}}{B} \text{ ou } b^{\tfrac{1}{6}}}$$

7° MODIFICATIONS SUR LES ARÊTES D.

La construction et le calcul sont les mêmes que pour les faces placées sur les arêtes B. Je me bornerai à transcrire les opérations.

Face γ. — M sur $\gamma = 121^\circ\ 7'$.

$$\text{Angles du triangle } abc \begin{cases} b = 101^\circ\ 5'. \\ c = 58^\circ\ 53'. \\ a = 20^\circ\ 2'. \end{cases}$$

L'angle donné étant M sur γ, $c = 180^\circ - 121^\circ\ 7' = 58^\circ\ 53'$.

$$ab = \frac{bc.\ \text{sin.}\ c}{\text{sin.}\ a}.$$

$$\text{Log. } bc = \text{log. H} \qquad = 0{,}7440393$$
$$\text{L. sin. } c = \text{l. sin. } 58° 53' = 9{,}9325330$$
$$\overline{ 10{,}6765723}$$
$$\text{Log. sin. } a = \text{log. sin. } 20° 2' = 9{,}5347452$$
$$\text{Log. } ab = \overline{ 1{,}1418271} = \text{log. } 13{,}86.$$

Dans ce cas, ab est double de la valeur trouvée pour la face v. D'où

$$\text{E}t = \text{H, et E}d = \text{B}.$$

La formule est donc :

$$\underset{\gamma}{\overset{1}{\text{D}}} \text{ ou } \overset{1}{d}.$$

Face x. — M sur $x = 135° 21'$, d'où $ab = 6{,}9233$. La valeur de ab est la même que pour la face C, d'où E$d = \dfrac{\text{D}}{2}$.

La formule est :

$$\underset{x}{\overset{\frac{1}{2}}{\text{D}}} \text{ ou } \overset{\frac{1}{2}}{d}.$$

8° MODIFICATIONS INTERMÉDIAIRES.

Outre les modifications que nous venons d'étudier, et qui sont toutes placées d'une manière symétrique sur une des parties du cristal, il en est d'autres qui ne jouissent pas de cette régularité. Au premier abord, il est difficile de comprendre la loi qui peut les relier à la forme primitive; leurs traces, pour ainsi dire indépendantes des angles et des arêtes du cristal, sont placées entre ces deux éléments des cristaux. Du reste, on peut fréquemment faire dériver, d'une manière simple, ces modifications intermédiaires sur des solides secondaires, de même que celles-ci dérivent de la forme primitive. Le pyroxène présente plusieurs de ces modifications intermédiaires : les principales sont désignées par Haüy par les lettres K, ∂ et z.

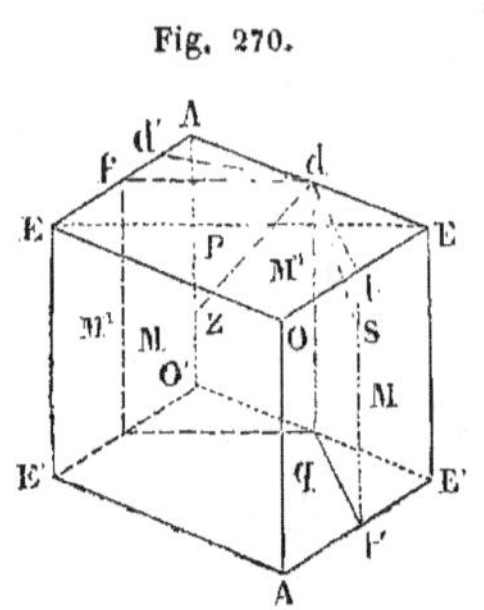

Fig. 270.

Face k.—Les angles déterminés par l'observation sont K sur $l = 109°\,28'$, et K sur $r = 146°\,19'$. En outre, l'angle de la face l sur r est droit. Au moyen de ces données, il est facile de déterminer par le calcul la position des traces de K sur les faces de la forme primitive, et par suite la loi de décroissement qui lui a donné naissance.

Traçons à la fois sur la forme primitive du pyroxène (*fig*. 270) les traces des plans c, l, r et K, et faisons-les toutes passer par le point d, intersection de la trace de K avec l'arête PM'.

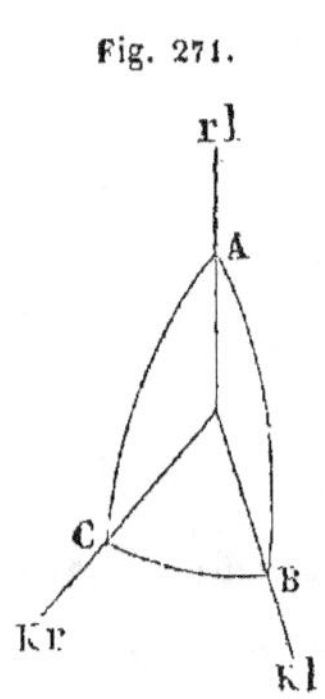

Fig. 271.

Détermination des angles de K sur P et sur M'—Soient dd' et dq les traces de K sur P et M'; df et dt celles de r et l sur P; dq l'intersection des plans l et r, enfin ds la trace de K sur l; on voit que l'angle sdq représente l'angle des lignes Kl et lr. Mais si l'on fait passer par le point d un plan parallèle à la face primitive M', son intersection M'l, qui est verticale, se confondra avec lr, qui est également verticale; on aura donc l'angle Kl, $lr = $ Kl, lM', circonstance qui nous fera bientôt connaître la trace de K sur M'. Cherchons par conséquent l'angle Kl, lr, et pour cela nous nous servirons du triangle sphérique composé des plans l, r, K (*fig*. 271), dans lesquels on a :

$$A = r \text{ sur } l = 90°.$$
$$B = k \text{ sur } l = 109°\,28'.$$
$$C = k \text{ sur } r = 146°\,19'.$$

L'angle que l'on cherche est c ; le triangle étant rectangle, il sera donné par la formule :

Fig. 272.

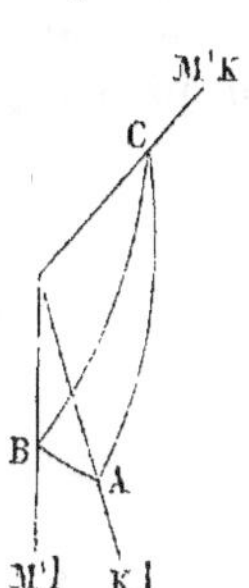

$$\text{Cos. } c = \frac{R \cos. C}{\sin. B} = \frac{R \cos. 146^0 \, 19'}{\sin. 109^0 \, 28'}$$

Log. R cos. 146⁰ 19' = 19,9201836 —
Log. sin. 109⁰ 28' = 9,9744359

D'où log. cos. c = 9,9457477 —
L'angle $c = lr, kl = 151^0 \, 57' \, 12''$.

Le triangle sphérique M', K, l (*fig.* 272) donnera la trace de K sur l. On connaît dans ce triangle :

A = K sur l = 109⁰ 28' (¹).
B = M sur l = 136⁰ 9'.
C = M'l sur kl = 28⁰ 2' 48''.

Trace de K sur M'. —On prend pour c le supplément de lr, Kl, la disposition de la figure indiquant que c'est l'angle aigu *sdq* qu'il faut considérer; ce triangle nous donnera l'angle M'K sur Ml, qui est celui de la trace de K sur M', puis l'angle de K sur M', qui nous conduira ensuite à calculer K sur P. Pour avoir C, on se sert des deux formules :

$$\text{Cot. } \varphi = \frac{\cos. c. \, \text{tang. } B}{R}, \text{ et cos. } C = \cos. B = \frac{\sin. (A - \varphi)}{\sin. \varphi}.$$

Log. cos. c = log. cos. 28⁰ 2' 48'' = 9,9457477
Log. tang. B = log. tang. 136⁰ 9' = 9,9825616 —

Ainsi, cot. φ = 19,9283093 —

Cot. φ étant négative, φ sera négatif, et sa valeur est—49° 42' 28''.

(A — φ) devient alors = 109⁰ 28' + 49° 42' 28'' = 159° 10' 28''.

Log. cos. B = log. cos. 136⁰ 9' = 9,8580292 —
Log. sin. (A—φ) = log. sin. 159⁰ 10' 28'' = 9,5508687

 19,4088979 —
Log. sin. φ = log. sin. — (49° 42' 28') = 9,8823858 —

Log. cos. C = 9,5265121
D'où C = M' sur K = 71° 25' 6''.

(¹) On peut aussi prendre le triangle sphérique supplémentaire, dont les angles sont :

A = 70⁰ 32' ; B = 43° 51' ; C = 28⁰ 2' 48''.

Le triangle sphérique étant considéré du côté de l'angle aigu, il faut prendre le supplément de l'angle que nous venons d'obtenir, par suite

$$\text{M' sur K} = 108° \, 34' \, 54''.$$

L'angle a ou MK sur Ml sera donné par l'équation

$$\text{Sin. } a = \frac{\text{sin. A, sin. } c}{\text{sin. C.}}$$

$$\begin{aligned}
\text{Log. sin. A} &= \quad 9{,}9744359 \\
\text{Log. sin. } c &= \quad 9{,}6722740 \\
\hline
&\quad 19{,}6467099 \\
\text{Log. sin. C} &= \quad 9{,}9767489 \\
\hline
\text{Log. sin. } a &= \quad 9{,}6699610
\end{aligned}$$

d'où l'angle a = MK, Ml = $27° \, 53' \, 4''$ ou $152° \, 6' \, 56''$.

Angle de la trace de K sur la face P. — Enfin, pour avoir la trace de K sur P, et l'angle compris entre ces deux plans, on se servira du triangle sphérique P, M, K (*fig.* 273). Les données sont :

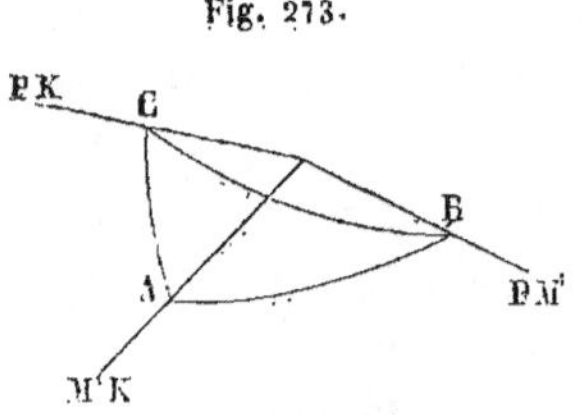

$$\begin{aligned}
\text{A} &= \text{M'} \;\text{sur}\; \text{K} &&= 108° \, 34' \, 34''. \\
\text{B} &= \text{M'} \;\text{sur}\; \text{P} &&= 78° \, 55'. \\
\text{C} &= \text{PM'} \;\text{sur}\; \text{M'K} &&= 106° \, 7' \, 12''.
\end{aligned}$$

L'angle c est le supplément de Adz = $73° \, 52' \, 48''$. Dans ce triangle sphérique, on connaît donc deux angles, et le côté compris; les formules qui donneront a sont :

$$\text{Tang. } \tfrac{1}{2}(a-b) = \text{tang. } \tfrac{1}{2}c \cdot \frac{\text{Sin. } \tfrac{1}{2}\,(\text{A}-\text{B})}{\text{Sin. } \tfrac{1}{2}\,(\text{A}+\text{B})}$$

$$\text{Tang. } \tfrac{1}{2}(a+b) = \text{tang. } \tfrac{1}{2}c \cdot \frac{\text{Cos. } \tfrac{1}{2}\,(\text{A}-\text{B})}{\text{Cos. } \tfrac{1}{2}\,(\text{A}+\text{B})}$$

$$\frac{\text{A}+\text{B}}{2} = 93° \, 44' \, 57''.... \quad \frac{\text{A}-\text{B}}{2} = 14° \, 49' \, 57''..... \quad 1/2\,c = 53° \, 3' \, 36''.$$

Log. tang. $\frac{1}{2}c$	$= 10,1238321$	Log. tang. $\frac{1}{2}c$	$= 10,1238321$
Log. sin. $\frac{1}{2}$ (A—B)	$= 9,4082301$	Log. cos. $\frac{1}{2}$ (A—B)	$= 9,9852819$
	$19,5320632$		$20,1091140$
Log. sin. $\frac{1}{2}$ (A+B)	$= 9,9990694$	Log. cos. $\frac{1}{2}$ (A+B)	$= 8,8155022-$
Log. tang. $\dfrac{a-b}{2}$	$= 9,5329938$	Log. tang. $\dfrac{a+b}{2}$	$= 11,2936118-$

D'après les valeurs de ces tangentes, celle de $\frac{1}{2}\,(a - b,)$ et de $\frac{1}{2}\,(a + b)$ sont :

$$1/2\,(a - b) = 18^0\ 50'\ 20''. \quad 1/2\,(a + b) = 92^0\ 54'\ 42''.$$
$$\text{D'où } a = 111^0\ 45'\ 2''. \quad b = 74^0\ 4'\ 22''.$$

L'angle a est l'angle obtus $d'd\text{E}$; il en résulte que dans le triangle $\text{A}d'd$, les angles sont :

$$\text{A} = 85^0\ 24'\ 36''.$$
$$d = 68^0\ 14'\ 58''.$$
$$d' = 26^0\ 20'\ 26''.$$

La valeur que nous avons trouvée pour la trace de K sur M donne pour le triangle $\text{A}dz$, les angles suivants :

$$\text{A} = 78^0\ 14'\ 8''.$$
$$z = 27^0\ 53'\ 4''.$$
$$d = 73^0\ 52\ 48''.$$

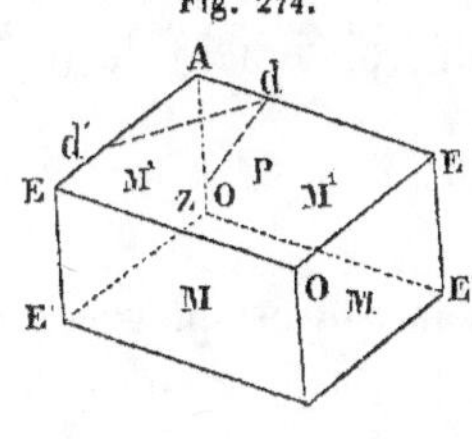

Loi de décroissement. — Pour avoir cette loi, il faut calculer les longueurs Ad, Az et Ad' (*fig.* 274) : supposons que le côté Ad, soit égal à la longueur du côté d'une molécule, on aura dans les triangles Adz et Add',

$$\text{A}z = \frac{\text{A}d.\ \sin.\ d}{\sin.\ z} = \frac{\text{B} \times \sin.\ 73^0\ 52'\ 48''}{\sin.\ 27^0\ 53'\ 4''}.$$

$$\text{A}d' = \frac{\text{A}d.\ \sin.\ d}{\sin.\ d'} = \frac{\text{B},\ \sin.\ 68^0\ 14'\ 58'}{\sin.\ 26^0\ 20'\ 26''}$$

Log. B	$= 1,1419708$	Log. B	$= 1,1419708$
L. sin. $73^0\ 52'\ 48''$	$= 9,9825798$	L. sin. $68^0\ 14'\ 58''$	$= 9,9679251$
	$11,1245506$		$11,1098959$
L. sin. $27^0\ 53'\ 4''$	$= 9,6699579$	L. sin. $26^0\ 20'\ 26''$	$= 9,6470949$
Log. Az	$= 1,4545927 = 28,48.$	Log. Ad'	$= 1,4628010 = 29,00$

Az contient un certain nombre de fois H, et Ad' un certain nombre de fois B.

On aura donc A$z = n'$H $= 28,48$; A$d' = n$B $= 29,00$.

$$\text{D'où } n' = \frac{28,48}{\text{H}} = \frac{28,48}{5,5467} = 5. \quad n = \frac{29,00}{\text{B}} = \frac{29,00}{13,866} = 2.$$

On a donc Ad = B. Ad' = 2B. Az = 5H.

La face k est par suite représentée par la formule

$$\left(\begin{array}{c} {}^1\text{A}^1\,\text{B}^2\,\text{G}^5 \\ k \end{array} \right)$$

LA LOI DE DÉCROISSEMENT ÉTANT CONNUE, DÉTERMINER L'INCLINAISON DES FACES ENTRE ELLES.

Les nombres 5 et 2, que nous venons d'adopter pour désigner la loi de décroissement, ne sont pas complétement exacts, car $n = 5,13$ et $n' = 2,09$. Si l'on veut maintenant connaître l'erreur qui résulte de la suppression des décimales dans les nombres qui représentent la loi de décroissement, il faut résoudre le problème inverse, et chercher les angles que forme une face, qui aurait pour loi de décroissement la formule

$${}^1\text{A}^1,\ \text{B}^2,\ \text{G}^5.$$

Cette formule indique d'abord que la face K est placée sur l'angle A; ensuite, que sur la face M′ la trace de K coupe les lignes M′M′ et PM′ à des distances représentées par 5 H et B; enfin, que sur la base, la trace de K coupe les lignes PM′, PM′ à des distances B et 2B de l'angle A.

On a par conséquent :

$$\begin{array}{lll} \text{A}d &= \text{B} &= 13,866. \\ \text{A}d' &= 2\text{B} &= 27,732. \\ \text{A}z &= 5\text{H} &= 27,730. \end{array}$$

Calcul des angles des traces de K sur P et M′ — Connaissant, dans le triangle Add', l'angle A $= 85° \ 24' \ 36''$ et les deux côtés Ad et Ad', on aura les angles d et d' par l'équation.

$$\text{Tang. } 1/2\,(A-B) = \frac{(a-b)\,\text{tang. } 1/2\,(A+B)}{a+b}.$$

Soit $a = Ad'$; $b = Ad$; $\dfrac{A+B}{2} = \dfrac{d+d'}{2} = \dfrac{180° - 85°\,24'\,36''}{2} = 47°\,17'\,44''.$

$$
\begin{aligned}
\text{Log. } (a-b) &= \text{log. } 13,866 = 1,1419708 \\
\text{Log. tang. } 47°\,17'\,41'' & = 10,0348373 \\
\hline
&11,1768081 \\
\text{Log. } (a+b) &= \text{log. } 41,598 = 1,6190725 \\
\hline
\text{Log. tang. } 1/2\,(A-B) & = 9,5577356
\end{aligned}
$$

On a donc

$$1/2\,(A-B) = 19°\,51'\,33''.\quad 1/2\,(A+B) = 47°\,17'\,41''.$$
$$\text{D'où } A = 67°\,9'\,14'';\quad B = 27°\,26'\,8''.$$

L'angle d que fait la trace de K sur P est donc de 67° 9′ 14″. Le triangle Adz donne également :

$$\text{Tang. } 1/2\,(A-B) = \frac{13,866.\ \ \text{Tang. } 50°\,52'\,56''}{41,598.}$$

$$
\begin{aligned}
\text{Log. } 13,866 &= 1,1419708 \\
\text{L. tang. } 50°\,52'\,56'' &= 10,089234 \\
\hline
&11,2317942 \\
\text{Log. } 41,598 &= 1,6190725 \\
\hline
\text{Log. tang. } 1/2\,(A-B) &= 9,6127217
\end{aligned}
$$

D'où $1/2\,(A-B) = 22°\,17'\,27''$, et comme $1/2\,(A+B) = 50°\,52'\,56''$.
D'où $A = 73°\,10'\,27''$, et $B = 28°\,35'\,33''$.

Il en résulte que l'angle Adz que forme la trace de la face K avec la ligne PM′ est égal à 73° 10′ 27″.

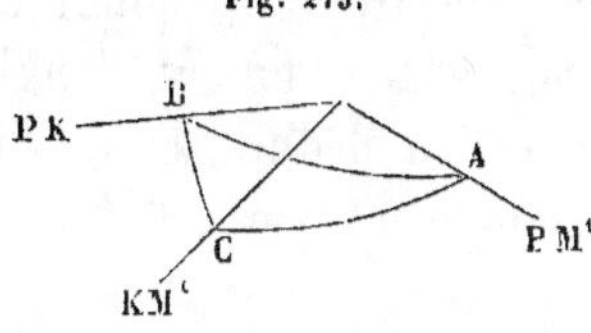

Angles de K sur P et sur M′. — Connaissant la position des traces de K sur M′ et sur P, on déterminera facilement les angles de K sur M′ et de K sur P, par la résolution du triangle sphérique P, M′ et K (*fig.* 275), dont les données sont :

$$A = P \quad \text{sur } M' \quad = 78°\ 55'.$$
$$b = PM' \quad \text{sur } M'K \quad = 106°\ 49'\ 33''.$$
$$c = PK \quad \text{sur } PM' \quad = 112°\ 50'\ 43''.$$

On connaît dans ce triangle un angle et les deux côtés qui le comprennent ; les formules qui donneront les angles cherchés sont :

$$\text{Tang.}\ \frac{C-B}{2} = \text{cot. } 1/2\ A.\ \frac{\text{Sin. } \frac{1}{2}\,(c-b)}{\text{Sin. } \frac{1}{2}\,(c+b)}$$

$$\text{Tang.}\ \frac{C+B}{2} = \text{cot. } 1/2\ A.\ \frac{\text{Cos. } \frac{1}{2}\,(c-b)}{\text{Cos. } \frac{1}{2}\,(c+b)}$$

On a :

$$1/2\ (c-b) = 3°\ 0'\ 35'\ ;\ 1/2\ (c+b) = 109°\ 50''\ 8'.$$
$$1/2\ A = 39°\ 27'\ 30'.$$

Log. cos. $\frac{1}{2}$ A	= 10,0845391	Log. cot. $\frac{1}{2}$ A	= 10,0845391
Log. sin. $\frac{1}{2}$ (c—b)	= 8,7202042	Log. cos. $\frac{1}{2}$ (c—b)	= 9,9994006
	18,8047433		20,0839397
Log. sin. $\frac{1}{2}$ (c+b)	= 9,9734375	Log. cos. $\frac{1}{2}$ (c+b)	= 9,5306117 —
Tang. 1/2 (C—B)	= 8,8313058	Tang. 1/2 (C+B)	= 10,5533280 —

D'où 1/2 (C—B) = 3° 52'46'' ; 1/2 (C+B) = 105° 37'32.

Et par suite :

$$B = K \text{ sur } P = 101°\ 44''\ 46''.$$
$$C = K \text{ sur } M'' = 109°\ 30'\ 18''.$$

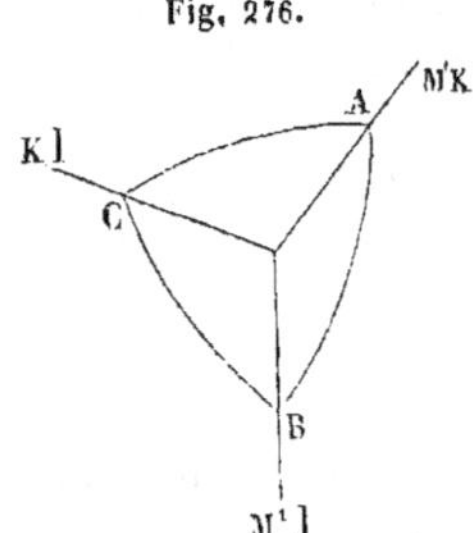

Angles qui diffèrent à peu près d'un degré de ceux obtenus par suite de la mesure des angles K sur *l* et K sur *r*.

Cherchons maintenant la valeur de ces angles. Le triangle sphérique K, M', *l* (*fig.* 276) donnera l'angle de K sur *l*, et l'on déduira l'angle K sur *r* du triangle sphérique K,*l*,*r*.

Dans le premier les données sont :

$$A = M' \text{ sur } K = 109°\ 30'\ 18''.$$
$$B = M' \text{ sur } l = 136°\ 9'.$$
$$C = M'K \text{ sur } M'l = 28°\ 35'\ 33''.$$

On connaît dans ce triangle deux angles et le côté compris, l'angle C sera donné par les formules

$$\text{Cos. C} = \text{cos. B}\,\frac{\sin. (A-\varphi)}{\sin. \varphi}; \quad \cot. \varphi = \frac{\cos. c.\ \text{tang. B}}{R}.$$

Log. cos. B =	9,8580292 —	
L. sin. (A—φ) =	9,5472145	
	19,4052437 —	
Log. sin. φ =	9,8833097 —	
Log. cos. C =	9,5219340	

Log. cos. c   = 9,9435193
Log. tang. B   = 9,9825616 —

          19,9260809 —

D'où cot. φ   = 9,9260809 —
φ =   —49° 51″ 7″.
Et (A—φ) = 159° 21′ 25″.

La valeur de C est donc de 70° 34′ 22″; d'après la disposition du triangle sphérique, il faut prendre le supplément de cet angle pour avoir K sur l, lequel est égal à 109° 25′ 38″.

Détermination des angles de K sur l et sur r. — Nous avons déjà indiqué que r sur K sera donné par la résolution du triangle K, l, r (*fig.* 202), dont les éléments connus sont :

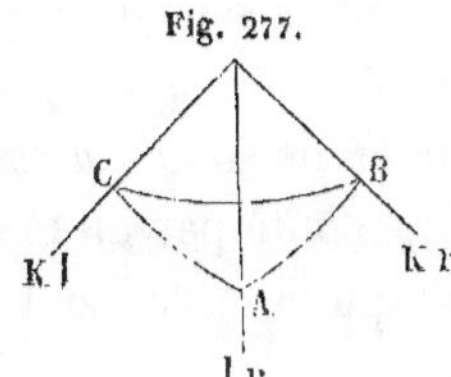

A = l sur r = 90°.
C = k sur l = 109° 25′ 38″.
b = lr sur lk = 29° 35′ 33″.

Le triangle sphérique étant rectangle, l'angle B que l'on cherche sera le résultat de l'équation.

$$\text{Cos. B} = \frac{\text{Cos. } b \sin. C}{R}.$$

Log. cos. B =   9,9435161
Log. sin. C =   9,9745414

          19,9180575

D'où log. cos. B =   9,9180575, et C = 34° 6′ 3″.

Il faut aussi prendre le supplément pour avoir l'angle de K sur r.

Comparaison entre les angles observés et les angles calculés. — Ainsi il résulte de la loi de décroissement indiquée, que les angles mesurés, pour être complétement d'accord avec cette loi, seraient ,

K sur l = 109° 25′ 38″, et K sur r = 145° 53′ 57″.

Au lieu de

$$K \text{ sur } l = 109° 28', \text{ et } K \text{ sur } r = 146° 19' 33''.$$

erreur qui ne serait que de 3' pour le premier angle, et de 25 pour le second.

DÉTERMINATION DE LA FORME PRIMITIVE, UNE FORME SECONDAIRE ÉTANT CONNUE.

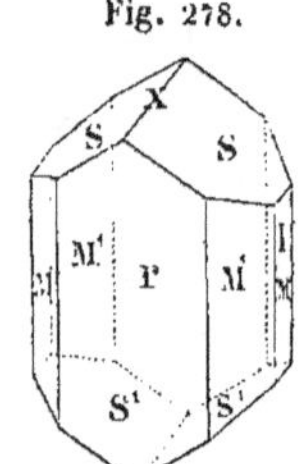

Fig. 278.

Souvent la forme primitive des cristaux est cachée sous les facettes secondaires ; pour la découvrir il est quelquefois nécessaire de recourir au clivage ; mais dans la plupart des cas, l'examen seul des faces secondaires suffit pour cette détermination, et toujours il indique au moins le système cristallin. Prenons pour exemple le cristal de pyroxène (*fig.* 278) désigné par Haüy sous le nom de *triunitaire*, dont la forme est un prisme à huit faces surmonté par un biseau, et supposons que les angles que l'on a pu observer sont :

$$S \text{ sur } l = 120°.$$
$$l \text{ sur } r = 90°.$$
$$M \text{ sur } r = 133° 51'. \quad M \text{ sur } S = 121° 48'.$$

Les faces l et r étant perpendiculaires l'une sur l'autre, on pourrait prendre pour forme primitive un prisme dont la coupe serait rectangulaire ; quant à la base du prisme, il est évident qu'elle doit être inclinée à l'axe, car si le prisme était droit, les arêtes analogues d'un rectangle étant celles qui sont opposées, les deux faces S placées d'une manière symétrique sur la base devraient se couper suivant une ligne parallèle aux côtés sur lesquels elles s'appuient, et par conséquent cette ligne serait horizontale : or, la ligne x, intersection des deux faces S, est inclinée sur l'axe ; il en résulte nécessairement que la base est inclinée et que le prisme est oblique. Dans le cas où l'on supposerait que l et r sont les faces verticales de la forme primitive, elle serait un prisme rectangulaire oblique; effectivement, il est facile de rapporter tous les cristaux du pyroxène à cette forme type; mais leur examen prouve qu'il est plus commode de les faire dériver d'un prisme rhomboïdal oblique dont les faces l et r seraient parallèles aux plans diagonaux. La position des quatre faces M montre que ces faces sont celles que nous cherchons. En effet, quoique nous ne connaissions que l'angle qu'une d'elles forme avec r, on voit qu'elles sont placées d'une manière symétrique, c'est-à-dire qu'elles sont également inclinées sur l et sur r; l'inspection seule du cristal le fait voir : cela résulte, en outre, du nombre de faces; car, si elles n'étaient pas également inclinées, il faudrait qu'il y eût sur chaque arête verticale un biseau au lieu d'une face unique, attendu que la symétrie exige que, lorsqu'une face se produit d'un côté d'une arête, il s'en produise une seconde, placée exactement de la même manière relativement à la face contiguë; il est donc évident que les quatre faces M sont les faces verticales de la forme primitive.

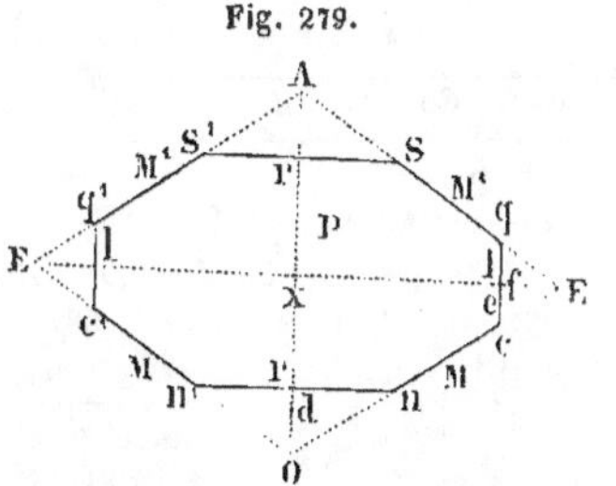

Angles des faces du prisme.—Le seul angle de M sur r suffit pour déterminer l'angle de M sur M; en effet, soient (*fig. 279*) $qss'q'$, $c'n'nc$ la coupe du prisme, nn' et SS les traces des faces r; cq et $c'q'$ celles des faces l; nc, $n'c'$ les faces M, etc. L'angle de M sur $r = dnc$: si l'on prolonge les côtés nc et $n'c'$ jusqu'à leur rencontre en O, le triangle nOn' est isocèle, et comme $n = 180° - dnc = 180° - 133° 51' = 46°, 9'$, il en résulte que l'angle A $= 87° 42'$; par conséquent les angles du prisme sont :

$$\text{M sur M} = 87° 42'.$$
$$\text{M sur M}' = 92° 18'.$$

Il faut maintenant déterminer la base : j'observerai d'abord que le prisme étant rhomboïdal, la base doit être un rhombe. Les diagonales seront perpendiculaires entre elles, et celle qui joint les angles formés par les faces M et M′ sera horizontale; de plus, les faces s étant placées d'une manière symétrique sur l, elles se couperont suivant une ligne x parallèle à la trace de l sur P, et comme cette trace est parallèle à la diagonale, il en résultera donc que x sera elle-même parallèle à la diagonale de la base qui joint les angles MM et M′M′; les traces de s sur l et de P sur l seront donc parallèles, et l'angle de ces traces avec la ligne M sera le même : on peut facilement obtenir cet angle au moyen du triangle sphérique M, l et s (*fig.* 280), dont les trois angles dièdres sont connus. On aura :

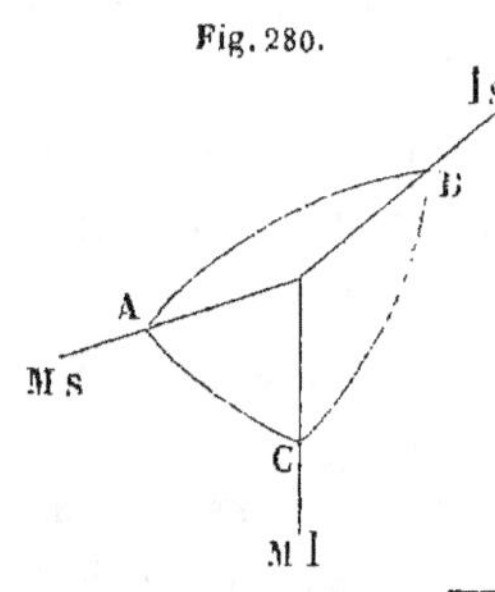

A = M sur s = 121° 48′.
B = l sur s = 120°.
C = M sur l = 136° 9′.

L'angle a, qui est celui formé par les lignes Ml et ls, sera donné par la formule :

$$\text{Sin. } 1/2\, a = \text{R} = \frac{- \text{ cos. } 1/2\, (A + B + C.)\ \text{Cos. } 1/2\, (B + C - A).}{\text{Sin. B. Sin. C.}}$$

1/2 (A + B + C) = 188° 50′ 30″..... 1/2 (B + C − A) = 67° 10′ 30″.·

Log. sin. B = 9,9375306	Log. cos. 1/2 (A+B+C)=9,9946499
Log. sin. C = 9,8405908	Log. cos. 1/2 (B+C+A)=9,5887397
	Log. R² =20
19,7781214	
	39,5833896
	19,7781214

Ainsi, log. (sin. 1/2 a)²   = 19,8052682

Et log. sin. 1/2 a = 9,9026341.
D'où 1/2 a = 53° 3′. a = 106° 6′.

Inclinaison de la base sur les faces du prisme. — L'angle plan formé par les lignes Ml et Sl étant connu, il est facile de trouver l'inclinaison de la base P sur M; en effet, nous avons fait remarquer que la diagonale parallèle à la face *r* est horizontale, et par suite que cette ligne est perpendiculaire sur *l*; or, l'angle de la base et de la face *l* étant mesuré par un plan passant par la diagonale, il en résulte que la face P est perpendiculaire sur *l*. On connaît donc dans le triangle sphérique P, M, *l*, les angles dièdres de M sur *l*, P sur *l* et l'angle plan P*l*, M*l*; soit :

$$A = P \text{ sur } l = 90°.$$
$$B = M \text{ sur } l = 136° 9'.$$
$$b = Ml \text{ sur } Pl = 106° 6'.$$

Le triangle étant rectangle, l'angle B, qui est celui de P sur M, sera donné par l'équation :

$$\text{Cos. } B = \frac{\cos. b, \sin. C'}{R.}$$

$$\text{Log. cos. } b = 9{,}4429728 -$$
$$\text{Log. sin. } C = 9{,}8405908$$

$$19{,}2835636 -$$
$$\text{Log. } R \qquad 10$$

$$\text{Log. cos. } B = 9{,}2835636 -$$
$$\text{D'où } B = 101° 4' 35''.$$

Valeur qui est presque identique avec celle donnée par l'observation, laquelle est 101° 5'.

PRISME OBLIQUE NON SYMÉTRIQUE.

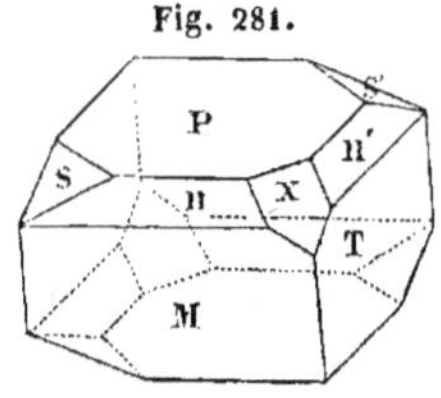

Fig. 281.

Le prisme qui sert de base à ce dernier système ne présente plus aucune symétrie ; il en résulte qu'il faut, pour en déterminer les dimensions, connaître à la fois les trois angles dièdres que forment les faces, et une modification placée de manière qu'elle s'appuie sur les deux côtés de la base.

Je prendrai pour exemple la Greenovite que j'ai décrite dans le tome XVII de la troisième série des *Annales des Mines,* et dont la fig. 281 représente un cristal assez complet.

Les angles dièdres sont :

$$P \text{ sur } M = 87° 10'.$$
$$P \text{ sur } T = 85° 50'.$$
$$M \text{ sur } T = 110° 35'.$$

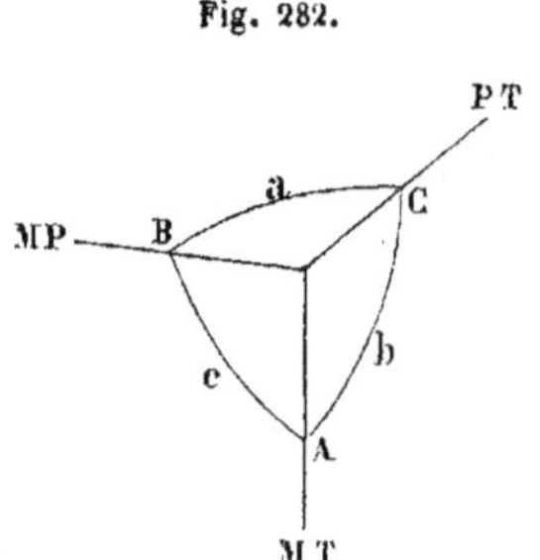

Fig. 282.

Angles plans de la forme primitive.—La première chose à faire est de rechercher les angles plans de la forme primitive ; on les obtiendra par la résolution d'un triangle sphérique (Fig. 282), composée des plans P, M et T'.

La formule qui sert à cette détermination est :

$$\mathrm{Sin.}\ 1/2\ a = R \sqrt{\frac{- \cos.\ 1/2\ (A + B + C).\ \mathrm{Cos.}\ 1/2\ (B + C - A)}{\sin.\ B \sin.\ C}}$$

$$A = 110° 35'\ ;\ B = 87° 10'\ ;\ C = 85° 50'.$$

D'où $1/2\ (A + B + C) = 141° 47' 30''$; $1/2\ (B + C - A) = 31° 17' 30''$.
$1/2\ (A + C - B) = 54° 37' 30''$, et $1/2\ (A + B - C) = 55° 57' 30''$.

Log. R² =   20
Log. cos. 1/2 (A+B+C) = 9,8952938 —
Log. cos. 1/2 (B+C—A) = 9,9317295
$$\overline{\quad 39,8270233 \quad} —$$
Log. sin. B =   9,9994688
Log. sin. C =   9,9988506
$$\overline{\quad 19,9983394 \quad} \quad 19,9982194$$
$$19,8287039 —$$
D'où log. sin. 1/2 a =   9,9143519
et a = 110° 22' 16".

Log. R² =   20
Log. cos. 1/2 (A+B—C) = 9,8952938 —
Log. cos. 1/2 (A+C—B) = 9,7626227
$$\overline{\quad 39,6579165 \quad} —$$
Log. sin. A =   9,9684286
Log. sin. C =   9,9988506
$$\overline{\quad 19,9672792 \quad} \quad 19,9672792$$
$$19,6906373 —$$
D'où log. sin. 1/2 b =   9,8453186
et b = 88° 54' 14".

Log. R² =   20
Log. sin. 1/2 (A+B—C) = 9,8952938 —
Log. sin. 1/2 (B+C—A) = 8,7480296
$$\overline{\quad 39,6433234 \quad} —$$
Log. sin. A =   9,9684286
Log. sin. B =   9,9994688
$$\overline{\quad 19,9678974 \quad} \quad 19,9678974$$
$$19,6754260 —$$
D'où log. sin. 1/2 c =   9,8377130
Et par suite c = 86° 58' 6".

Les trois angles plans de la forme primitive sont par conséquent :

$$EAI = a = 110° \ 22' \ 16''.$$
$$EAO' = c = \ 86° \ 58' \ \ 6''.$$
$$IAO' = b = \ 88° \ 54' \ 14''.$$

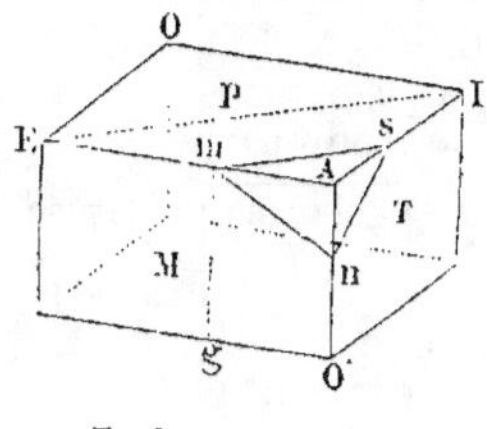

Fig. 283.

La face x que j'ai choisie peut servir à la détermination complète de la forme primitive ; en effet, sa trace sur P étant parallèle à la diagonale EI, détermine les longueurs des côtés B et C de la base, tandis que la distance An, *fig.* 283, où cette face coupe l'arête comprise entre M et T, donne la hauteur du prisme. La question se réduit donc à chercher les distances auxquelles les traces *mn* et *ms* coupent les trois arêtes du prisme qui se réunissent en A. La face *x* n'est déterminée que par ses angles avec M et T, mais il faut connaître également l'angle de cette face sur P.

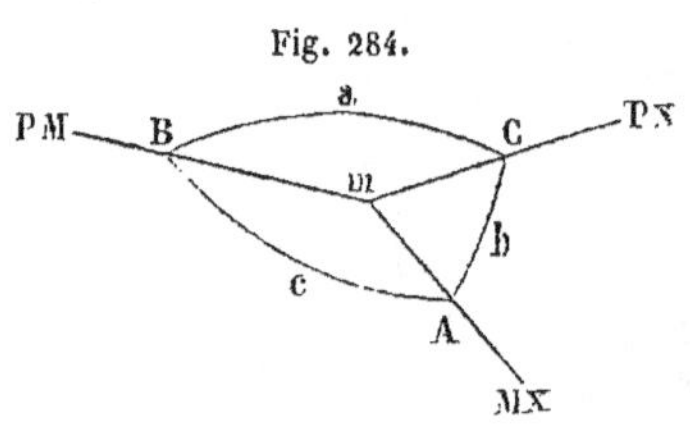

Fig. 284.

Pour parvenir à cette détermination, il faut calculer un triangle sphérique composé des plans P, M et *x*, *fig*. 284, dont le sommet est en *m*. Dans ce moment nous ne connaissons que deux éléments de ce triangle, savoir : les angles de P sur M, et de M sur *x*, mais on peut facilement avoir l'angle plan E*mn*; en effet,

$$\text{E}mn = \text{E}mg + gmn \ (\textit{fig. } 283).$$

Or, E*mg* est l'angle plan de la face M, tandis que *gmn* = le supplément de *mno′*, angle que fait la trace de *x* sur la même face M.

La première chose à faire est donc de calculer cet angle plan qui, du reste, nous sera utile plus tard pour évaluer la hauteur du prisme. Pour cela il faut considérer le triangle sphérique formé des plans M, T, *x*, dont le sommet est en *n*, et dont tous les angles sont connus dans ce triangle :

$$\text{A} = \text{MT} = 110^0\ 35'\ ;\ \text{B} = \text{M}x = 149^0\ 20'\ ;\ \text{C} = \text{T}x = 118^0\ 10'.$$

La formule est la même que celle dont nous venons de nous servir, savoir :

$$\text{Sin. } \tfrac{1}{2}\, c = \text{R} \sqrt{\frac{-\cos.1/2\,(\text{A}+\text{B}+\text{C})\cos.\,1/2\,(\text{A}+\text{B}-\text{C})}{\sin.\,\text{A}.\,\sin.\,\text{B.}}}$$

Log. R² = 20 | Log. sin. A = 9,9713509
Log. cos. 1/2 (A+B+C)=9,9976414— | Log. sin. B = 9,9104091
Log. cos. 1/2 (A+B—C)=9,7489632 |
_______ | 19,9117600 19,9117600
39,7466046— |
| 19,8348446—
| D'où log. sin. 1/2 c = 9,9174223
| Et c = 111^0 32' 10".

La trace de x sur M fait donc, avec l'intersection de M sur T, un angle de 111° 32' 10". Il en résulte que l'angle

$$Emn = Emg + gmn = 86° 58' 6" + 68° 27' 50" = 155° 25' 56".$$

Fig. 285.

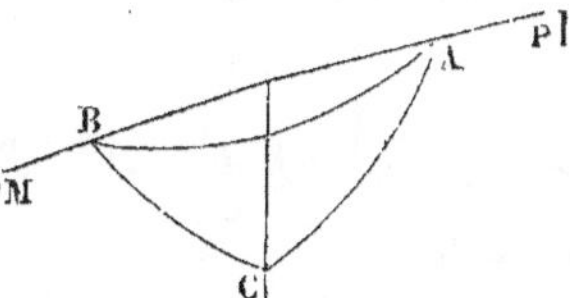

La résolution du triangle sphérique formé par les plans P, M et x est donc maintenant facile. Dans ce triangle, représenté *fig.* 285,

$$B = PM = 87° 10'; \quad A = Mx = 119° 20',$$
$$c = PM \text{ sur } Mx = 155° 25' 56";$$

on y connaît par conséquent deux angles A et B et le côté compris.

Les formules qui servent à le résoudre sont :

$$\text{Cot. } \varphi \, \frac{\cos. c, \tan. B}{R} \qquad \text{Cos. C} = \cos. B \, \frac{\sin. (A - \varphi)}{\sin. \varphi}.$$

Log. cos. c	=	9,9587923 —
Log. tang. B	=	11,3054708
		21,2642631 —
Log. R	=	10
D'où log. cot. φ	=	11,2642631
D'où $\varphi = 176°53'$, et A — $\varphi = -57° 33'$.		

Log. sin. (A — φ)	=	9,9262704 —
Log. cos. B	=	8,6939980
		18,6202684 —
Log. sin. φ	=	8,7353535
D'où log. cos. C	=	9,8849149 —

Ce cosinus étant négatif, C est obtus et sa valeur est de 140° 6' 56".

Le même triangle sphérique qui vient de donner l'angle de P sur x, détermine la position de la trace de ce plan sur x. Il suffit, en effet, de chercher l'angle a donné par la formule

$$\text{Sin. } a = \frac{\sin. A . \sin. c}{\sin. C.}$$

Log. sin. A	=	9,9404091
Log. sin. c	=	9,6188341
		19,5592432
Log. sin. C	=	9,8070114
D'où log. sin. a	=	9,7522318
Et a	=	34° 26' ou 145° 34'.

La trace de x sur P fait donc un angle de 145° 34', et comme la diagonale EI est parallèle à ms, l'angle IEA qu'elle fait avec le côté de la base est le supplément de cet angle ; si donc on se donne un côté de la base, l'autre sera déterminé par la résolution du triangle EAI ; soit AI $=$ B $=$ 100.

Dans le triangle EAI,

$$A = 110° \; 22' \; 16''. \quad E = 34° \; 26'. \quad \text{Et AI} = B = 100.$$

Le côté AE sera donné par l'équation :

$$AE = \frac{AI \times \sin. I}{\sin. E} = \frac{100 \times \sin. 35° \; 11' \; 44''}{\sin. 34° \; 26'}$$

$$
\begin{aligned}
&\text{Log. 100} &=& \quad 2,0000000 \\
&\text{Log. sin. I} &=& \quad 9,7607005 \\
\hline
& & & \quad 11,7607005 \\
&\text{Log. sin. E} &=& \quad 9,7523919 \\
\hline
&\text{D'où log. AE} &=& \quad 2,0083086 \text{ ou AE} = 102.
\end{aligned}
$$

Le côtés B et C de la base sont donc entre eux $::100:102$.

Pour calculer la hauteur, il suffit de résoudre le triangle rectiligne mAn (*fig.* 283), dans lequel An représentera H. Si on suppose $mA =$ le côté C, on connaît dans ce triangle :

$$
\begin{aligned}
mA &= C \pm 102. \\
mAn &= 86° \; 58' \; 6''. \\
mnA &= 68° \; 27' \; 50''. \\
\text{D'où } Amn &= 24° \; 34' \; 4''.
\end{aligned}
$$

$$\text{La valeur } An = H = \frac{mA \sin. Amn}{\sin. mnA} = \frac{102 \times \sin. 24° \; 35' \; 4''}{\sin. 68° \; 27' \; 50'}$$

$$
\begin{aligned}
&\text{Log. 102} &=& \quad 2,0083086 \\
&\text{Log. sin. } 24° \; 34' \; 4'' &=& \quad 9,6188341 \\
\hline
& & & \quad 11,6271427 \\
&\text{Log. sin. } 68° \; 27' \; 50'' &=& \quad 9,9685700 \\
&\text{D'où log. } An = H &=& \quad 1,6585727, \text{ et } An = H = 43,50.
\end{aligned}
$$

Les dimensions du prisme sont donc : B $=$ 100 ; C $=$ 102 H $=$ 45, 5.

Lois de dérivation des faces secondaires. — La face x ayant servi de point de départ pour le calcul des dimensions de la forme primitive, il est évident qu'elle coupe les arêtes

AO, AE et AI à des distances H, B et C : elle est donc donnée par un décroissement d'une rangée, position que l'on
exprime par le signe suivant :

$$\frac{1}{\overset{A}{x}} \text{ ou } \frac{1}{a}.$$

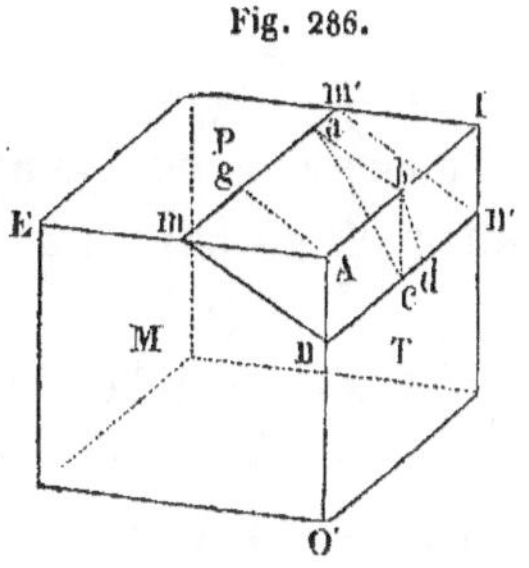
Fig. 286.

Pour déterminer la loi qui donne la face n, placée sur l'arête B, je construis le triangle mensurateur abc, *fig.* 286, dans lequel

$a = 180^0 - \text{P sur } n = 180^0 - 155^0 \, 37 = 24^0 \, 23'.$
$b = \text{P sur T} = 85^0 \, 50'.$
$c = 180^0 - n \text{ sur T} = 180^0 - 110^0 \, 13' = 66^0 \, 47'.$

Dans ce triangle :

$$ab = \frac{bc \sin. c}{\sin. a}$$

Mais bc est perpendiculaire à l'arête PT; pour l'avoir en
fonction de H, il suffit de mener la ligne bd parallèle à An et
de prendre sa valeur dans le triangle rectangle bdc, dans lequel $c = 90°$; $b = 90° - iAo' = 90° - 88° \, 54' \, 14'' = 1° \, 5' \, 46''$.
On trouve que $bc = \dfrac{bd \sin. d}{\text{R}}$; d'où Log. $bc = 1,6384959$.

Log. bc = 1,6384952
Log. sin. $69^0 \, 47'$ = 9,9723845

11,6108797

Log. sin. $24^0 \, 23'$ = 9,6157812
D'où log. ab = 1,9950985

Mais ab est la perpendiculaire sur mm'; il faut avoir sa longueur en fonction du côté, pour pouvoir la comparer avec la
hauteur, et connaître la loi de décroissement de n; on la calculera dans le triangle Amg, dans lequel Ag est menée parallèlement à ba.

On a A$m = \dfrac{\text{A}g \times \text{R}}{\sin. m} = \dfrac{\text{A}g . \text{R}}{\sin. 69^0 \, 38'}$

Log. ($\text{A}g \times \text{R}$) = 11,9950985
Log. sin. $69^0 \, 38'$ = 9,9719642

D'où log. Am = 2,0231343 = log. 105.

La valeur de Am est presque identique avec celle de B $=$ 102 ; donc si l'on suppose que la face n coupe la hauteur à une distance H $= 1$, elle coupera également le côté B , à une distance $= 1$.

La loi de décroissement de cette face est représentée par conséquent par l'expression : $\frac{1}{B}$ ou b'.
n

La loi de la face n' serait donnée par la même méthode; mais la valeur de cet angle est trop incertaine pour en faire la recherche.

Pour compléter ce travail , il nous reste à rechercher les lois qui président aux faces s et s' placées sur les angles E et I : nous nous contenterons d'indiquer le calcul relatif à la face s.

L'observation ne nous ayant pas indiqué si cette face est placée d'une manière symétrique sur l'angle E , nous sommes obligés de la supposer le résultat d'un décroissement intermédiaire , et par conséquent de chercher les distances où elle coupe les trois arêtes du prisme. Il faut donc connaître entièrement les angles que ses traces font sur P et M.

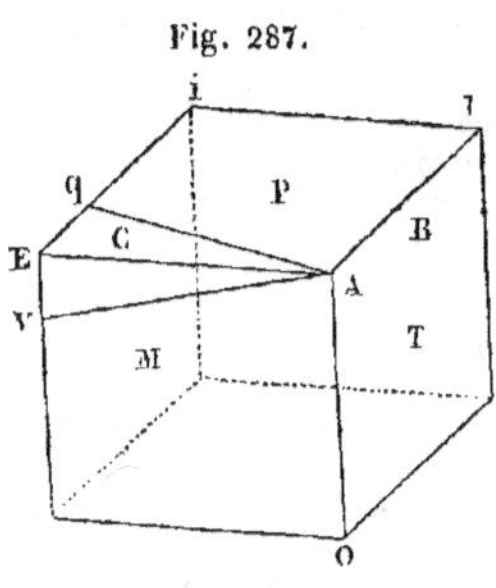

Supposons que Av soit la trace de s sur M (*fig.* 287), comme l'observation nous a donné les angles de la face s sur les deux faces verticales du prisme, on peut au point A , comme centre, construire un triangle sphérique composé des faces M , T et s, et la résolution de ce triangle donnera l'angle O'Av que fait la trace de s sur la hauteur H .

Dans ce triangle sphérique

$$A = Ts = 83^\circ\ 56'.$$
$$B = Ms = 107^\circ\ 50'.$$
$$C = MT = 110^\circ\ 35'.$$

vAO', ou α sera donné par la formule

$$\text{Sin. } 1/2 \ a = \text{R} = \frac{-\cos. \ 1/2 \ (A+B+C) \ \cos. \ 1/2 \ (B+C-A)}{\sin. B. \sin. C.}$$

Effectuant les calculs, on trouve que $a = 115°\ 28'$; mais comme l'angle est visiblement aigu, et qu'un sinus correspond toujours à deux angles, nous prendrons pour la valeur de l'angle cherché, le supplément de 115° 28′ : il en résulte que la trace fera avec la ligne MT ou H un angle $= 64°\ 32'$, et par suite l'angle de cette trace, avec le côté B de la base, sera $= \text{EAO}' - v\text{AO}' = 86°\ 58'\ 6'' - 65°\ 32' = 22°\ 26'\ 26''$.

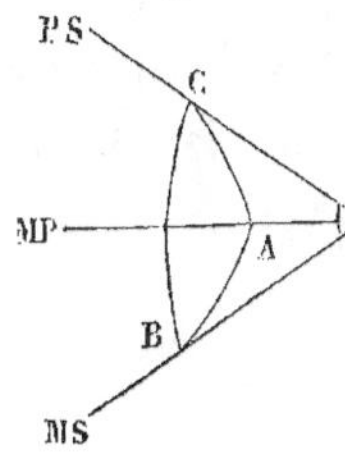
Fig. 288.

La connaissance de cet angle nous fournit le moyen de calculer la position de la trace de s sur la base P, et même l'angle de ces deux plans. Pour effectuer cette détermination, il faut considérer un nouveau triangle sphérique composé des plans P, M et s (*fig.* 288), dans lequel

$$A = PM = \quad 87°\ 10'.$$
$$B = Ms = \quad 107°\ 50'.$$
$$c = PM \text{ sur } Ms = 22°\ 26'\ 6''.$$

Les formules qui serviront à résoudre ce triangle, seront :

$$\text{Cot. } \varphi = \frac{\text{Cos. } c, \text{ tang. B}}{\text{R.}} ; \ \text{Cos. C} = \cos. B \ \frac{\sin. (A - \varphi)}{\sin. A}$$

$$\text{Et sin. } b = \frac{\sin. B, \sin. c}{\sin. C}.$$

En effectuant les calculs, on trouve que

$$C = P \text{ sur } s = 153°\ 25'.$$
$$\text{Et } b = q\text{AE} = \text{trace de } s \text{ sur } P = 54°\ 16'.$$

Les angles que font les traces de s sur P et M avec les arêtes du prisme étant connus, il suffit, pour avoir les lois de décroissement, de chercher les longueurs Eq et Ev; les deux triangles EAq et EAv, fig. 286, dans lesquels nous avons supposé AE $= C = 102$, nous donneront ces longueurs ; les angles de ces triangles sont pour

EAq	EAv
A $= 54°\ 16'$.	A $= 22°\ 26'$.
E $= 69°\ 38'$.	A $= 93°\ 2'$.
$q = 56°\ 6'$.	$v = 64°\ 32'$.

Ces triangles donnent

$$Eq = \frac{AE \sin. A}{\sin. q}; \qquad Ev = \frac{EA \sin. A}{\sin. v}$$

$$\text{D'où } Eq = 99,76.$$
$$Ev = 43,12.$$

Ces nombres sont presque identiques avec les valeurs 100
et 43,50 qui représentent l'une la longueur du côté, l'autre
la hauteur du prisme. Il en résulte donc que si la face s passe
par l'angle A, sa trace sur P se confondra avec la diagonale
AO, et que celle sur M se confondra également avec la diagonale AE′ de cette même face; ainsi la face s naît sur l'angle E
par une troncature tangente à E ou parallèle au plan AOE′,
position qui est indiquée par la notation

$$\overset{1}{\underset{s}{E}} \text{ ou } e'.$$

Le calcul nous apprend que la face s' est placée sur I de la
même manière que s; la simplicité de cette loi, qui est une
des plus fréquentes en minéralogie, confirme les résultats de
l'observation des angles pour montrer que la forme primitive
de la greenovite est un prisme oblique non symétrique.

FORMULES DE TRIGONOMÉTRIE

DES TRIANGLES RECTILIGNES ET DES TRIANGLES SPHÉRIQUES.

—————

Les exemples des calculs cristallographiques que nous venons de donner embrassent les différents cas de la résolution des triangles rectilignes et des triangles sphériques. Nous croyons en conséquence utile de réunir sous la forme de tableau les formules nécessaires pour ces calculs.

I. RÉSOLUTION DES TRIANGLES RECTILIGNES RECTANGLES.

A étant l'angle droit d'un triangle rectangle, B et C les deux autres angles, a l'hypothénuse, b et c les deux côtés correspondants de ce triangle, il se présente quatre cas différents, que l'on résout par les formules suivantes :

1° Données a et b.

Les formules sont :

$$a : b : R : : \cos. C \; ; \; R : \cot. B : : b : c.$$

On peut se servir aussi de l'équation $c^2 = a^2 - b^2$ qui donne :

$$\text{Log.} \; c = 1/2 \log. (a + b) + 1/2 \log. (a - b).$$

2° Données b et c.

$$c : b : R : : \tan. B ; \quad b : c : : R : \tan. C.$$
$$\text{Sin.} \; B : R : : b : a.$$

3° Données a et B.

$$R : \sin. B :: a : b ; \quad R : \cos. B :: a : c.$$
$$C = 90^0 - B.$$

4° Données b et B.

$$\sin. B : R :: b : a ; \quad R : \cot. B :: a : c.$$
$$C = 90 - B.$$

II. RÉSOLUTION DES TRIANGLES RECTILIGNES OBLIQUANGLES.

Les trois angles sont A, B, C, et les côtés correspondants a, b, c; il se présente également quatre cas différents, dans lesquels étant connus trois des éléments de ce triangle, il faut déterminer les trois autres.

1° Données A, B, a.

$$\sin. A : \sin. B :: a : b; \quad \sin. A : \sin. C :: a : c.$$
$$C = 180^0 - (A + B).$$

2° Données A, a, b.

$$a : b :: \sin. A : \sin. B; \quad C = 180° - (A + B).$$
$$\sin. A : \sin. C :: a : c.$$

3° Données C, a et b.

$$A + B = 180^0 - C.$$
$$a + b : a - b :: \tan. \tfrac{1}{2}(A + B) : \tan. \tfrac{1}{2}(A - B).$$
$$\sin. A : \sin. C :: a : c.$$

4° Données a, b, c.

$$\sin. \tfrac{1}{2}A = R\sqrt{\frac{(a+b-c)(a-b+c)}{4bc.}} ; \quad \sin. \tfrac{1}{2}B = R\sqrt{\frac{(a+b-c)(b-a+c)}{4ac.}}$$
$$\sin. \tfrac{1}{2}C = R\sqrt{\frac{(b+c-a)(c-b+a)}{4ab.}}$$

III. RÉSOLUTION DES TRIANGLES SPHÉRIQUES RECTANGLES.

Soient A l'angle droit, B, C les deux autres angles dièdres, a l'arc opposé à l'angle droit, b et c les deux autres arcs.

1° **Données** a et b.

$$\text{Sin. B} = \frac{\text{R sin. } b}{\text{sin. } a} \; ; \quad \cos.\, \text{C} = \frac{\text{tang. } b, \text{cot. } a}{\text{R}}.$$

$$\cos.\, \text{C} = \frac{\text{R cos. } a}{\cos. b}.$$

L'angle B doit être de même nature que b.

2° **Données** b et c.

$$\cos. a = \frac{\text{Cos. } b.\cos. c}{\text{R}} \; ; \; \text{tang. B} = \frac{\text{R tang. } b}{\text{sin. } c} \; ; \; \text{tang. C} = \frac{\text{R tang.} c}{\text{sin. } b}.$$

3° **Données** a et B.

$$\text{Sin. } b = \frac{\text{sin. } a.\,\text{sin. B}}{\text{R}} \; ; \; \text{tang. } c = \frac{\text{tang. } a.\,\cos.\, \text{B}}{\text{R}} \; ; \; \cos.\, \text{C} = \frac{\cos. a.\,\text{tang. B}}{\text{R}}.$$

Le côté b sera de même nature que B.

4° **Données** b et B.

$$\text{Sin. } a = \frac{\text{R sin. } b}{\text{sin. B}} \; ; \; \sin. c = \frac{\text{tang. } b.\,\text{cot. B}}{\text{R}} \; ; \; \sin.\, \text{C} = \frac{\text{R cos. B}}{\cos. b}.$$

Dans ce cas, les trois éléments inconnus sont déterminés par des sinus; aussi la question est susceptible de deux solutions; la forme du cristal indiquera si l'on doit prendre le triangle aigu ou triangle obtus.

5° **Données** b et C.

$$\text{Cot. } a = \frac{\text{cot. } b.\cos.\, \text{C}}{\text{R}} \; ; \; \text{tang. } c = \frac{\sin. b.\,\text{tang. C}}{\text{R}} \; ; \; \cos.\, \text{B} = \frac{\cos. b.\,\sin.\, \text{C}}{\text{R}}.$$

6° **Données** B et C.

$$\text{Cos. } a = \frac{\text{cot. B}.\cos.\, \text{C}}{\text{R}} \; ; \; \cos. b = \frac{\text{R cos. B}}{\sin.\, \text{C}} \; ; \; \cos. c = \frac{\text{R cos. C}}{\sin. \text{B}}.$$

IV. RÉSOLUTION DES TRIANGLES SPHÉRIQUES ISOCÈLES.

Soient C et B les deux angles égaux d'un triangle sphérique isocèle, b et c les deux côtés égaux, A l'angle du sommet, a la base.

La résolution de ce triangle aura lieu au moyen des équations suivantes :

$$R \sin. \tfrac{1}{2} a = \sin. \tfrac{1}{2} A, \sin. b.$$
$$R \cos. b \quad = \cot. B, \cot. \tfrac{1}{2} A.$$
$$R \tan. \tfrac{1}{2} a = \tan. b, \cos. B.$$
$$R \cos. \tfrac{1}{2} A = \cos. \tfrac{1}{2} a, \sin. B.$$

V. RÉSOLUTION DES TRIANGLES SPHÉRIQUES EN GÉNÉRAL.

Soient A, B, C, les trois angles du triangle sphérique, a, b, c, les côtés correspondants.

Dans les calculs cristallographiques souvent on n'a besoin que d'un des éléments inconnus ; on peut donc se servir de formules différentes, suivant qu'on désire se procurer seulement les angles ou un côté.

1° **Données** A, b, c.

Pour avoir C et B directement.

$$\text{Tang.} \frac{C - B}{2} = \cot. \tfrac{1}{2} A \frac{\sin. \tfrac{1}{2} (c - b)}{\sin. \tfrac{1}{2} (c + b)}$$
$$\text{Tang.} \frac{C + B}{2} = \cot. \tfrac{1}{2} A \frac{\cos. \sin. \tfrac{1}{2} (c - b)}{\cos. \tfrac{1}{2} (c + b)}$$
$$\text{Sin.} \, a = \frac{\sin. c. \sin. A}{\sin. C.}$$

Pour obtenir a directement.

$$\text{Cos.} \, a = \frac{\cos. b. \cos. \varphi'}{\cos. \varphi.}$$
$$c = \varphi + \varphi' ; \quad \text{tang.} \, \varphi = \frac{\tan. b. \cos. A}{R.}$$

Pour avoir B et C.

$$\text{Tang. } B = \frac{\text{tang. } A . \sin. \varphi}{\sin. \varphi'} ; \quad \sin. C' = \frac{\sin. A . \sin. c}{\sin. a}.$$

2° **Données** A, C, b.

Pour obtenir B directement.

$$\cos. B = \frac{\sin. \varphi' . \cos. A}{\sin. \varphi.} ; \quad \text{Cot. } \varphi = \frac{\cos. b . \text{tang. } A}{R} ;$$
$$C = \varphi + \varphi'.$$
$$\sin. a = \frac{\sin. A . \sin. c}{\sin. C} ; \quad \sin. c = \frac{\sin. C . \sin. b}{\sin. B.}$$

Pour avoir a et c directement.

$$\text{Tang. } \frac{a-b}{2} = \text{tang. } 1/2 \, c \, \frac{\sin. 1/2 \, (A-B)}{\sin. 1/2 \, (A+B)}$$
$$\text{Tang. } \frac{a+b}{2} = \text{tang. } 1/2 \, c \, \frac{\cos. 1/2 \, (A-B)}{\cos. 1/2 \, (A+B)}$$
$$\sin. C = \frac{\sin. c . \sin. A}{\sin. a.}$$

3° **Données** A, a, b.

Pour avoir C directement.

$$\text{Tang. } \varphi = \frac{\cos. b . \text{tang. } A}{R} ; \quad \sin. (C + \varphi) = \frac{\text{tang. } b . \sin. \varphi}{\text{tang. } a.}$$
$$\sin. B = \frac{\sin. A . \sin. b}{\sin. a} ; \quad \sin. c = \frac{\sin. a . \sin. C}{\sin. a.}$$

Pour avoir c directement.

$$\text{Tang. } \varphi = \frac{\text{tang. } b . \cos. A}{R.} ; \quad \cos. \varphi' = \frac{\cos. a . \cos. \varphi}{\cos. b.}$$
$$c = \varphi + \varphi'.$$
$$\text{Tang. } B = \frac{\text{tang. } A . \sin. \varphi}{\sin. \varphi'} ; \quad \sin. C = \frac{\sin. A . \sin. c}{\sin. a.}$$

4° **Données** A, B, b.

$$\sin. a = \frac{\sin. A . \sin. b}{\sin. B.}$$

$$\text{Tang. } \varphi = \frac{\cos. B . \tang. a}{R} \; ; \quad \sin. (c - \varphi) = \frac{\tang. B . \sin. \varphi}{\tang. A.}$$

$$\text{Cot. } \varphi' = \frac{\cos. a . \tang. B}{R} \; ; \; \sin. (C - \varphi) = \frac{\cos. A . \sin. \varphi_{\prime}}{\cos. B.}$$

5° Données a, b, c.

$$\text{Sin. 1/2 A} = R \sqrt{\frac{\sin. 1/2 (a+b-c). \; 1/2 \sin. (a+c-b)}{\sin. b . \sin. c.}}$$

$$\text{Sin. 1/2 B} = R \sqrt{\frac{\sin. 1/2 (a+b-c). \; \sin. 1/2 (b+c-a)}{\sin. a . \sin. c.}}$$

$$\text{Sin. 1/2 C} = R \sqrt{\frac{\sin. 1/2 (a+c-b). \; \sin. 1/2 (b+c-a)}{\sin. a . \sin. b.}}$$

On peut également se servir des formules suivantes :

$$\text{Tang. 1/2 } (\varphi'-\varphi) = \frac{\tang. 1/2 (a+b). \quad \tang. 1/2 (a-b). \cos. 1/2 c}{R^2.}$$

$$c = \varphi + \varphi'.$$

$$\text{Cos. A} = \frac{\tang. \varphi . \cot. b}{R} \; ; \; \cos. B = \frac{\tang. \varphi' . \cot. a}{R.}$$

$$\text{Sin. C} = \frac{\sin. A . \sin. c}{\sin. a.}$$

6° Données A, B, C.

$$\text{Sin. 1/2 } a = R \sqrt{\frac{\cos. 1/2 (A+B+C). \; \cos. 1/2 (B+C-A)}{\sin. B . \sin. C.}}$$

$$\text{Sin. 1/2 } b = R \sqrt{\frac{\cos. 1/2 (A+B+C). \cos. 1/2 (A+C-B)}{\sin. A . \sin. C.}}$$

$$\text{Sin. 1/2 } c = R \sqrt{\frac{\cos. 1/2 (A+B+C), \; \cos. 1/2 (A+B-C)}{\sin. A . \sin. B.}}$$

On peut également se servir des formules :

$$\text{Tang. 1/2 } (\varphi'-\varphi) = \frac{\tang. 1/2 (A+B). \quad \tang. 1/2 (A-B). \tang. 1/2 C}{R^2.}$$

$$C = (\varphi + \varphi').$$

$$\text{Cos. } b = \frac{\cot. \varphi . \cot. A}{R} \; ; \; \cos. a = \frac{\cos. \varphi' . \cos. B}{R} \; ;$$

$$\sin. c = \frac{\sin. a . \sin. C}{\sin. A.}$$

Nota. Il faut, dans les calculs auxquels la résolution des triangles sphériques donne lieu, prendre le plus grand soin aux signes ; une erreur de cette nature conduit à des résultats erronés, mais dont on est averti par la forme du cristal que l'on étudie.

Pour distinguer les valeurs qu'il faut retrancher de celles qui appartiennent à des angles négatifs, on fait précéder les premiers du signe —, tandis qu'on met ce signe à la suite des logarithmes qui appartiennent à un angle négatif.

Soit par exemple :

$$\text{Tang. } x = \frac{\text{tang. } 50^0\ 10'\ 30'' \times \cos. 121^0\ 56'\ 20}{R.}$$

$$\begin{array}{lll}
\text{Tang. } 50^0\ 16'\ 30'' & = & 10{,}0788818 \\
\text{Cos. } 121^0\ 36'\ 20'' & = & 9{,}7193874 \ — \\
\hline
 & & 19{,}7982692 \ — \\
\text{Log. R} & = & 10 \\
\hline
\text{D'où log. tang. } x & = & 9{,}7382692 \ —
\end{array}$$

L'angle de **121° 36′ 30″** étant obtus, son cosinus est négatif, ce qu'on a indiqué par le signe — placé à la suite de son logarithme.

Quant à l'angle x, il peut y avoir deux solutions, sa tangente étant négative peut se rapporter à un angle obtus, ou à un angle négatif. Le triangle que l'on résout indique laquelle des deux solutions on doit prendre. Quand x appartient au triangle sphérique même, il faut lui donner ordinairement une valeur plus grande que 90°; lorsque x représente un angle auxiliaire, il est négatif.

Pour se rendre compte de cette valeur de l'angle x, il faut se rappeler que lorsqu'on se sert d'un angle auxiliaire, on décompose le triangle donné en deux triangles rectangles par une perpendiculaire menée d'un angle, de l'angle B par exemple sur le côté b. Si donc l'angle A est obtus, la perpendiculaire abaissée sur le côté contigu tombe en dehors du triangle, et l'angle auxiliaire est négatif. Quand l'angle A est aigu, cette même perpendiculaire tombe dans l'intérieur du triangle, et l'angle auxiliaire est aigu; le signe de l'angle auxiliaire indique par conséquent la nature du triangle sphérique; la forme des cristaux changeant complétement, suivant qu'on prend un angle ou son supplément, il est de la plus haute importance d'apporter beaucoup de soin aux signes trigonométriques qui donnent les angles.

PRINCIPES DICHOTOMIQUES

LA RECONNAISSANCE DES SUBSTANCES MINÉRALES.

M. Lamarck a introduit dans la botanique une méthode qui permet aux personnes les moins versées dans cette science de déterminer, presque immédiatement, les plantes dont les caractères sont bien tranchés ; cette méthode, à laquelle il a donné le nom de *dichotomique*, consiste à mettre en regard deux caractères contradictoires et à choisir entre ces deux caractères ; il dira, par exemple, en parlant des feuilles, *feuilles aiguës, feuilles rondes, feuilles dentées, feuilles unies en leurs bords*. En parlant des tiges : *tige rude au toucher, tige lisse au toucher*. L'examen et le choix de ces divers caractères sont faciles et laissent peu de doute à l'esprit. En étudiant ainsi chaque partie apparente d'une plante, l'élève arrive par l'analyse au nom qu'il cherche.

J'ai pensé que l'application de ces principes dichotomiques à la minéralogie faciliterait beaucoup la détermination des espèces. L'étude des minéraux offre en effet des difficultés qui n'existent ni dans la botanique ni dans la zoologie, et qui tiennent à la différence de texture que présente une même substance, et surtout à l'inconstance des caractères propres à une même espèce. j'ai tâché de surmonter les obstacles que la minéralogie présente à la méthode analytique, en isolant les variétés principales et en les considérant chacune séparément. La détermination des variétés compactes, surtout parmi les substances métalliques, nécessite souvent l'emploi d'essais chimiques ; mais pour conserver à la minéralogie son caractère de science naturelle, j'ai toujours mis en première ligne les caractères extérieurs qui sont les plus faciles et les plus apparents; je n'ai eu recours aux caractères chimiques que lorsque les premiers ont été insuffisants, et qu'il a été indispensable de chercher la nature d'un des éléments constitutifs du minéral que l'on veut déterminer.

Ce mélange de caractères de natures diverses pourra peut-être être blâmé, j'en sens tout l'inconvénient; mais il tient à la science même, et je prie les personnes qui se serviront de ma méthode, de se rappeler que les minéralogistes les plus distingués éprouvent souvent de l'embarras pour la détermination de certaines espèces, et qu'aucune méthode ne peut rendre le travail plus facile aux élèves qu'il ne l'est aux maîtres.

J'ajouterai que l'emploi des caractères dichotomiques est en outre plus difficile dans la minéralogie que dans la botanique, par la nature même des caractères; ainsi, l'un des principaux, la *cristallisation*, exige quelques connaissances en géométrie et l'*appréciation des formes*. On ne peut donc pas entreprendre la détermination des minéraux dès les premiers jours, comme cela a lieu pour les plantes. Il faut nécessairement faire précéder cet exercice par l'étude des principes de cristallographie.

Quand on aura trouvé le nom d'un minéral par la méthode dichotomique, il faudra bien se garder de regarder la détermination comme complète; la fausse appréciation d'un caractère peut avoir fait dévier de la véritable route; il faudra alors chercher l'espèce, dans la partie descriptive de cet ouvrage, et comparer l'ensemble de ses caractères à ceux de l'échantillon que l'on vient de déterminer; ce sera seulement lorsque la description donnera une idée complète des caractères, que l'on pourra regarder le nom auquel la méthode a conduit comme exact. Dans le cas contraire, il sera nécessaire d'étudier à nouveau l'échantillon, pour en rectifier la détermination.

Un exemple fera comprendre l'esprit de cette méthode, et en montrera en même temps l'application.

Je supposerai qu'on ait à déterminer un échantillon de *plomb sulfuré* en masse lamelleuse : cette substance présente un éclat métallique, elle est d'un gris bleuâtre, clair ; elle possède trois clivages faciles, égaux et perpendiculaires entre eux ; sa pesanteur spécifique est considérable.

Le *n° 1 de la méthode porte :*

Substances se présentant à l'état solide 2
—   —   liquide. 1253
—   —   visqueux. . . . 1255

Le plomb sulfuré étant à l'état solide, je cherche le n° 2.

2.   Minéraux cristallisés, ou cristallins. 4
      —   amorphes. , ... 5

Ce minéral appartient à la première catégorie.

4.   En cristaux déterminables. 8
    En masses cristallines. 2

L'échantillon est supposé cristallin.

9.   En masse lamelleuse, lamellaire, saccharoïde ou grenue 403
    Lamellaire, fibreuse, droite ou rayonnée, réticulée ou croisée 639

Il est en masse lamelleuse.

403. Distinctement lamelleuse. 405
     Lamellaire, saccharoïde ou grenue. 404

Le plomb sulfuré est distinctement lamelleux.

405. Substance ayant un éclat métallique, demi-métallique ou métalloïde 406
     Substance ayant l'aspect pierreux 446

Son éclat est métallique.

406. Éclat métallique prononcé 407

Éclat simplement métalloïde   436

L'éclat métallique est très-prononcé.

407. Couleur gris d'étain, de plomb ou de fer   408
— de bronze, attirable à l'aimant.

Pyrite magnétique.

La couleur est gris de plomb.

408. Substance très-lamelleuse, du moins dans une direction, et de laquelle on peut extraire un solide de
clivage, ou lever des plaques   409
Lamelleuse avec difficulté   429

*Le plomb sulfuré donne par la plus légère percus-
sion de petits fragments cubiques.*

409. Tendre, tachant les doigts, ou laissant au moins
des traces sur le papier.   410
Ne laissant aucune trace sur le papier, quand on
la passe légèrement dessus.   412

Le plomb sulfuré ne tache pas les doigts.

412. Couleur gris de plomb, gris d'étain ou blanc
d'argent.   413
Gris de fer, ou gris d'acier, foncé.   421

Il est gris de plomb.

413. Gris très-clair, analogue à l'argent, ou s'en rapprochant par sa couleur.   414
Gris bleuâtre, analogue à la couleur du plomb.   415
415. Possédant plusieurs clivages très-faciles. . . .   416
Un seul clivage facile.   419
416. Trois clivages menant au cube.

Plomb sulfuré. . . . . ou   417
Plus de trois clivages, substance très-fusible,
donnant une odeur d'antimoine.

Antimoine natif.

J'ai annoncé que le *plomb sulfuré* possédait trois clivages faciles, c'est donc la première partie des caractères dichotomiques du n° 416 qu'il faut choisir. Pour s'assurer si l'on ne s'est pas trompé dans le choix des caractères, il est nécessaire, ainsi que je l'ai déjà indiqué, de revenir à la description de cette espèce, et de la comparer à l'échantillon.

Je remarquerai que le n° 416 porte **plomb sulfuré** ou 417. Cette double indication tient à ce que deux autres espèces, le *plomb séléniuré* et le *séléniure de plomb et de mercure* ont également des clivages cubiques, et que, sous ce rapport, elles pourraient se confondre avec le *plomb sulfuré* ; le n° 417 rappelle l'essai au chalumeau qui permet de distinguer ces différentes substances entre elles ; mais les deux dernières espèces étant très-rares, on peut presque toujours se dispenser de l'essai au chalumeau. C'est par cette raison que j'ai indiqué de suite le *plomb sulfuré* qui correspond à presque tous les échantillons , ayant l'éclat métallique d'un gris de plomb, et dont les clivages, au nombre de trois, sont tous perpendiculaires entre eux.

PRINCIPES DICHOTOMIQUES

POUR

LA RECONNAISSANCE DES SUBSTANCES MINÉRALES.

MINÉRAUX CRISTALLISÉS DANS LE SYSTÈME RÉGULIER.

12. Substance d'un jaune de laiton.

Pyrite cuivreuse.

Le tétraèdre de la pyrite cuivreuse n'appartient pas au système régulier. Je l'ai néanmoins mis à cette place, parce que sa forme paraît régulière à l'œil et qu'on pourrait être induit en erreur pour sa détermination. Voir la description de cette espèce.

D'un gris foncé; éclat demi-métallique, ou métalloïde, avec reflets jaunâtres ou brun-rougeâtre, cassure lamelleuse . . . . . **Blende**.

14.   Gris très-clair; cassure conchoïde, éclatante.

Cuivre gris.

Gris noirâtre , cassure grenue. . . **Tenantite.**

Blanc d'argent. . . . . **Argent natif.**

15.   Substance jaune.   16

—   rouge de cuivre. . . **Cuivre natif.**

—   grise.   18

—   verte. . . . . . . **Cuivre oxydulé.**

La couleur verte que présentent certains cristaux de cuivre oxydulé est due à du cuivre carbonaté vert, qui forme une couche sur leur surface.

16.   Ductile et jaune d'or. . . . . **Or natif.**

Non ductile.   17

17.   Jaune de laiton pâle, faisant feu au briquet.

Pyrite de fer.

Jaune verdâtre, ne faisant pas feu au briquet.

Pyrite cuivreuse.

L'octaèdre de cette dernière substance n'appartient pas au système régulier ; on l'a cependant classé ici dans ce système pour être conséquent avec ce qui a été dit n° 12.

18.   Grise, avec des reflets rouge-cochenille, et pré-

sentant une cassure lamelleuse. **Cuivre oxydulé.**

Gris plus ou moins foncé.   19

19.   Possédant un éclat métallique prononcé. . . .   20

Demi-métallique, ou métalloïde, avec reflet jaune-

verdâtre, et cassure lamelleuse. . . . **Blende.**

20.   Ductile.   21

Aigre, s'égrenant quand on le raye.   22

Dur.   24

21.   Se laissant couper au couteau. **Argent sulfuré.**

S'étendant sous le marteau mais en se gerçant ;

pesanteur spécifique considérable.

Platine natif.

22.   A cassure lamelleuse.   23

A cassure conchoïde, ou grenue.   26

23.   Gris clair, très-brillant; se séparant facilement
          par le clivage en petits cubes. **Plomb sulfuré**.
       Gris bleuâtre, indistinctement lamelleux, don-
          nant au chalumeau la réaction du sélénium.

Séléniure de plomb.

24.   Attirable à l'aimant.   25
       Non attirable.   28
25.   Légèrement attirable, poussière brune.

Franklinite.

Cette substance est ordinairement accompagnée de zinc oxydé manganésifère, remarquable par sa couleur rouge.

   Fortement attirable, poussière noire.

Fer oxydulé.

Le fer oxydulé contient, dans certains cas, du titane. Pour distinguer
avec certitude la variété titanifère, il faut faire un essai au chalumeau. (Voir la
description.) Le gisement donne cependant une forte présomption : les amas de
fer oxydulé sont ordinairement purs, ainsi que les cristaux disséminés dans
les roches talqueuses. Le fer oxydulé en sable des côtes de la Bretagne est
titanifère ; il en est de même de celui des volcans.

26.   Donnant au chalumeau des fumées blanches
          abondantes, et une odeur arsenicale.   27
       Id. pas de fumée, odeur sulfureuse.   31

Les deux substances auxquelles se rapportent les caractères sous le n° 31
étant très-rares, on peut presque toujours se dispenser de l'essai indiqué par
le n° 26.

27.   Gris très-clair, à cassure conchoïde. **Cuivre gris**.
       Gris foncé, presque noir, à cassure grenue.

Tenantite.

28.   Lamelleux; donnant une odeur arsenicale par
          l'action du chalumeau. . . . . . **Cobalt gris**.
       Non lamelleux.   29
29.   Fusible ou donnant des fumées blanches par l'ac-
          tion du chalumeau.   30
       Inaltérable au chalumeau sans addition.

Fer chromé.

3o. Fondu avec le borax donne un verre bleu.

          Cobalt arsenical.

Id. donne un verre rouge sombre. **Nickel gris.**

Le nickel contient fréquemment du cobalt; la couleur du verre de borax ne suffit pas alors pour distinguer le *nickel gris* du *cobalt arsenical :* il faut faire un essai par l'acide nitrique. Du reste, dans la plupart des cas, l'aspect seul de l'échantillon indique sa nature. Le nickel gris est fort rare à l'état cristallin.

3ı. Minéral donnant avec le borax un verre bleu.

          Cobalt sulfuré.

——   —— un verre violet et gris.

        Manganèse sulfuré.

3ᵉ. Substance d'un jaune de laiton . **Pyrite de fer.**
   — grise. 33
33. Grise avec reflets et poussière rouge cochenille.

        Cuivre oxydulé.

Id. sans reflet, poussière grise. 34
34. Lamelleuse 35
  Cassure grenue ou conchoïde. 36
35. Très-lamelleuse, donnant par le clivage des cubes
   distincts; peu dur. . . . . **Plomb sulfuré.**
  Lamelleuse; dure, ne donnant que très-difficilement des fragments cubiques. **Cobalt gris.**
36. Ductile, prenant de l'éclat par la raclure. . . . 37
  Aigre, faisant feu au briquet. **Cobalt arsenical.**
3ᵧ. Formant des copeaux, quand on la coupe avec un
   couteau. . . . . **Argent sulfuré.**
  S'égrenant, mais ductile. . . . . **Phillipsite.**
38. Blanc d'argent, tendre, mais non ductile.

        Mercure argental.

  Jaune de laiton. . . . . **Pyrite de fer.**
  Gris plus ou moins foncé. 39
3ₒ. Éclat métallique très-prononcé. 40
  Éclat demi-métallique. 45

4o.   Gris d'étain, ou gris bleuâtre clair.   41
      Gris d'acier, gris de fer.   42
41.   Gris bleuâtre, cassure lamelleuse.
                                  Plomb sulfuré.

      Gris d'étain, cassure grenue. **Cobalt arsenical**.
42.   Substance dure, rayant le verre avec difficulté ;
          attirable à l'aimant. . . . . . **Fer oxydulé**.
      — Peu dure, non attirable.   43
43.   Ductile, se laissant couper au couteau.
                                  Argent sulfuré.

      Aigre et cassant.. . . . . **Cuivre gris** ou   44
44.   Donnant l'odeur d'arsenic par la percussion.
                                  Tenantite.

      Point d'odeur arsenicale par la percussion.
                                  Cuivre gris.
45.   Très-lamelleux, avec reflets jaunes, verdâtres ou
          bruns. . . . . **Zinc sulfuré**.
      Id., avec reflets et poussière rouge cochenille.
                                  Cuivre oxydulé.

46.   Jaune de laiton. . . . . **Pyrite**.
      Gris d'acier. . . . . **Cobalt gris**.
48.   Jaune.   49
      Gris plus ou moins foncé.   50
      Jaune d'or. . . . . **Or natif**.
49.   Jaune de laiton pâle ; faisant feu au briquet.
                                  Pyrite.

      Jaune verdâtre, ne faisant pas feu au briquet.
                                  Pyrite de cuivre.

Nous rappellerons encore ici que la pyrite de cuivre ne cristallise pas
dans le système régulier ; mais le peu de différence dans l'angle de l'octaèdre de cette substance et de l'octaèdre régulier pourrait faire naître une
confusion, et nous avons cru devoir l'indiquer à cette place.

5o.   Minéral ayant un éclat métallique prononcé. . .   51
      Simplement métalloïde, avec reflets verdâtres,
          jaunâtres, et clivages faciles. **Zinc sulfuré**.

L'essai par l'acide nitrique est également concluant : dans le premier cas, la liqueur est colorée en rose ; dans le second, en vert.

Cette dernière substance n'a été trouvée que dans un seul gisement, à Glotta, sur les bords de la Clyde. Sa grande rareté fait présumer que presque tous les cristaux remplissant les caractères indiqués par le n° 64 appartiennent à la chaux fluatée.

> D'un brun plus ou moins foncé, quelquefois ayant
> l'aspect résineux.   68

Les cristaux de cuivre oxydulé présentant le caractère indiqué dans le n°
61 ont été altérés, et leur surface est passée à l'état de cuivre carbonaté;
mais, dans leur cassure, ils possèdent la couleur rouge-cochenille caractéristique de cette espèce.

68. Cristaux engagés dans de la chaux carbonatée.
>> **Dysluite.**

> Disséminés dans la siénite zirconienne.
>> **Pyrochlore.**

Lorsque ces deux substances sont en cristaux isolés, et qu'elles sont pures,
la couleur de la poussière suffit pour les distinguer. Celle de la *dysluite* est
d'un jaune ferrugineux, tandis que le *pyrochlore* donne une raclure d'un brun
clair. Lorsqu'elles sont impures, il faut avoir recours à la cassure : la première de ces deux substances possède un clivage prononcé; la cassure de la
seconde est conchoïde.

69. Soluble dans l'eau, donnant sur la langue la
> saveur du sel. . . . . **Sel gemme.**
> Insoluble dans l'eau   70
70. Diaphanes ou fortement translucides.   71
> Opaques.   75
71. Cristaux assez volumineux, donnant une pous-
> sière blanche par la raclure.   72
> Presque microscopiques, prenant de l'éclat par
> la raclure, et se laissant couper au couteau.   74
72. Tronqués sur leurs angles d'une manière non sy-
> métrique, toujours très–petits. . **Boracite.**
> Sans troncature, ou modifiés régulièrement. . .   73
73. Incolore, jaune de miel, violet ou vert avec reflets
> violets; clivage facile sur les angles du cube.
>> **Chaux fluatée.**

> Vert bouteille, point de clivage. **Fer arséniaté.**
74. Très-fusible, colorant la flamme du chalumeau en
> rouge pourpre. . . . . . . **Iodure d'argent.**
> Très–fusible, ne colorant pas la flamme.
>> **Chlorure d'argent.**

75. Cristaux assez volumineux, d'un blanc mat ou ro-
    sé, portant ordinairement une troncature tri-
    ple sur les angles; adhérant à une roche por-
    phyrique . . . . **Analcime.**
    Cristaux très-petits, d'un bleu violet, adhérents
    sur du quartz hyalin. . . . . **Yttrocérite.**

76. Cristaux d'un beau bleu. 77
    Incolores ou diversement colorés. 78

77. Substance vitreuse hyaline, en petits cristaux en-
    gagés dans une roche volcanique. **Hauyne.**
    Substance pierreuse, opaque, ordinairement as-
    sociée à du carbonate de chaux. **Outremer.**

78. Cristaux rayant le verre avec facilité. 79
    Ne rayant pas le verre, ou du moins très-
    difficilement. . . . . **Silicate de bismuth.**

79. Cristaux nets et brillants, couleur vive. . . . 80
    Cristaux de couleur claire, d'un gris sale, blanc
    verdâtre, ou bleu grisâtre, rarement nets, et
    souvent mats. 88

80. D'un noir foncé. 81
    Diversement colorés. 82

81. Infusible; très-dur, raye le grenat.
                  Spinelle noir, **pléonaste.**

    Fusible. *Grenat ferrugineux*. . . **Mélanite**, ou
                              Pyrénéite.

82. Violet, ou rouge plus ou moins foncé. 83
    Brun, vert, verdâtre, ou vert jaunâtre. . . . 85

83. D'un beau violet grenat. . . **Grenat almadin.**
    D'un rouge assez clair. 84

84. Donnant avec la soude, une réaction très-mar-
    quée de manganèse.

          Grenat manganésien, **spessartine.**

    Ne donnant pas la réaction du manganèse.
                  Grenat ferro-calcaire.

85.   Brun, ou de couleur hyacinthe.   86

        Vert, verdâtre, ou vert jaunâtre.   87

86.   Avec des stries suivant les petites diagonales des
        rhombes. (**Aplôme**, variété de *grossulaire*.)

        Sans stries; cristaux demi-transparents.

             (**Essonite**, variété de grossulaire.)

87.   D'un vert groseille, ou d'un jaune verdâtre.

              Grenat grossulaire.

        D'un vert émeraude. Grenat cuprifère.

              Ouwarovite.

88.   Substance verdâtre ne donnant pas d'eau par la
        calcination . . . . **Sodalite.**

        Substance d'un gris clair, gris de perle. . . .   89

89.   Donnant par la calcination une forte proportion
        d'eau, environ 10 p. 0/0. . . . . **Ittnérite.**

        Donnant difficilement une faible proportion d'eau
        par la calcination, au plus 2 p. 0/0. **Spinellane.**

90.   Soluble dans l'eau; goût urineux.

            Ammoniaque chloruré.

        Insoluble.   91

91.   Cristaux diaphanes et incolores, ou d'un blanc
        laiteux et d'un gris clair.   92

        Simplement translucides, opaques et de couleur
        vive plus ou moins foncée. . . . . **Grenats.**   93

Les caractères indiqués par le nᵒ 91 conduisent à la détermination du nom
de l'espèce, ce qui suffit dans la plupart des cas; mais lorsqu'on veut reconnaître la variété de *grenats* à laquelle appartient l'échantillon qu'on étudie,
il faut pousser plus loin l'analyse, au moyen du nᵒ 93.

92.   Ne donnant pas d'eau par la calcination, infu-
        sible au chalumeau . . . . . **Amphigène.**

        Donnant de l'eau, et fusible au chalumeau.

              Analcime.

93.   Noir, violet ou rouge, plus ou moins foncé. . .   94

        Vert, verdâtre, vert jaunâtre.   97

94.   Noir ou presque noir. . . . . **Mélanite.**

De couleur vive plus ou moins foncée.

Grenats.   93

Voir la remarque du n° 91.

105. Blanc laiteux, cristaux bien déterminés.

Analcime.

Gris verdâtre, cristaux ordinairement peu nets.

Sodalite.

MINÉRAUX CRISTALLISÉS DANS LE SYSTÈME DU PRISME
À BASE CARRÉE.

106. Ayant l'éclat métallique . . , ... 107
     Présentant l'aspect d'une substance pierreuse. . 112
107. Ayant la forme d'un octaèdre. 108
     —   d'un prisme à base carrée, sur-
     monté d'un pointement à quatre faces . . . 110
108. Cristaux complets isolés, ou disséminés sur la
     surface d'une roche ancienne, avec des cris-
     taux de quartz et de feldspath. . . **Anatase**.
     Adhérent à une masse métalloïde. 109
109. Dure, rayant le verre, et donnant une poussière
     brune. . . . . **Braünite**.
     Rayant la chaux fluatée, mais non le verre;
     donnant une poussière d'un rouge brunâtre.
Hausmanite.

110. En cristaux aciculaires, mais dont la forme est
     cependant visible. . . . . . . **New kirchite**.
     En cristaux distincts. 111
111. Adhérents à une masse métalloïde. 109
     Associés à du manganèse carbonaté rose et du
     zinc sulfuré.
     Cristaux lamelleux.
Tellure natif auro-plombifère.

112. En cristaux octaèdres. 113

En prismes à 4 ou 8 faces, surmontés d'un
pointement à 4 ou à 8 faces, quelquefois
tronqué au sommet. 120

113. Hyalin blanc laiteux, d'un gris verdâtre ou
jaunâtre sale 114

Jaune, rouge orangé, ou rouge hyacinthe. . . 115

Noir, brun, ou brun jaunâtre. 119

114. Cristaux en octaèdres, très-brillants, ayant une
pesanteur spécifique égale au plus à 30.
Faujasite.

Pesanteur spécifique égale au moins à 60. . . 149

115. Jaune ou rouge orangé, ... 116

Rouge hyacinthe, tirant sur le brun. 118

116. Jaune. 117

Rouge orangé . . . . . . **Plomb molybdaté.**

Cette variété contient de l'acide chromique.

117. Substance ayant une pesanteur spécifique faible
et brûlant avec flamme et résidu. . **Mellite.**
— Pesanteur spécifique considérable; fusible,
donnant du plomb. . . . **Plomb molybdaté.**

118. Infusible ; cristaux mal conformés, lamelleux,
associés à une roche feldspathique.
Ytria phosphatée.

Petits cristaux, engagés dans une masse grenue de même nature ; fusibles; associés au
manganèse. **Roméine.**

119. En cristaux assez nets, quoique fort petits, ordinairement tronqués au sommet; associés à du
quartz et à du feldspath; infusibles au chalumeau. **Fergusonite.**

En cristaux imparfaits, cassure grenue ; décrépite sans se fondre. **Yttrotantalite.**

Ces deux dernières espèces sont très-difficiles à distinguer l'une de l'autre;

pour y parvenir, il faut étudier à la fois l'ensemble de leurs caractères. Elles sont du reste toutes deux fort rares.

La différence indiquée sous ce numéro, quoique générale, n'est pas absolue. Il existe de la mésotype en aiguilles, et réciproquement, on connaît quelques échantillons de scolézite en cristaux discernables. Pour être plus sûr de la détermination de l'échantillon qu'on examine, il faut donc consulter, autant que possible, la localité d'où il provient, et la nature de la roche qui lui sert de gangue; enfin, ces deux substances étant solubles dans les acides, on pourra constater facilement la présence de la chaux, caractère sur lequel a été basée la séparation de la scolézite et de la mézotype.

Des travaux récents ont appris que les formes primitives de la mésotype et de la scolézite sont des prismes rhomboïdaux obliques; mais leurs angles sont tellement rapprochés de l'angle droit, que nous avons cru devoir laisser figurer ces deux espèces, dans cette partie de la méthode.

La *gismondine* est beaucoup moins abondante que l'*harmotôme*. On pourra
donc fréquemment s'exempter de ce dernier essai, surtout si la localité de
l'échantillon que l'on détermine est connue.

Petits cristaux à huit pans, agglomérés, tapissant les cavités d'une roche chloriteuse.

Margarite.

135. Entièrement volatil sur le charbon.

Mercure chloruré.

Fusible et donnant un bouton de plomb métallique. . . . . . **Plomb chloro-carbonaté**.

136. Cristaux présentant dans leur intérieur des lignes ou des dessins parallèles aux faces du
prisme, ou aux lignes diagonales, tantôt plus
foncées, tantôt plus claires que la masse du
cristal. . . . . **Macle**.

Cristaux homogènes et sans dessins. 137

Les *macles* cristallisent dans un prisme rhomboïdal sous l'angle de 91° environ; mais leur forme étant carrée à l'œil, on les a mises à cette place pour
qu'il ne puisse y avoir d'erreur dans leur détermination.

137. Cristaux aplatis. 138

Cristaux plus ou moins allongés. 141

138. Très-aplatis, presque lamellaires, comme le mica. 139

Ayant une certaine épaisseur, et dans lesquels on
distingue facilement les faces du pointement. 140

139. D'un beau vert émeraude. . . . . . **Chalcolite**.

D'un jaune de soufre doré. . . . . . **Uranite**.

140. Cristaux jaunes . . . . . **Plomb molybdaté**.

Id., orangé rouge.

Plomb molybdaté chromifère.

141. Substances ayant une pesanteur spécifique considérable, au moins 60. 142

Pesanteur spécifique moyenne, de 30 à 36. . 143

142. Cristaux fort brillants, d'un brun plus ou moins
foncé, maclés, et souvent très-durs.

Étain oxydé.

Cristaux d'un rouge brunâtre, donnant une
poussière rouge ; peu durs et lamelleux.

Titane oxydé.

143. Petits cristaux jaune de miel, disséminés dans une roche volcanique . . . . . . **Mellilite**.

Rouge ou rose. 144

Brun, brun rougeâtre, vert jaunâtre, vert olive, quelquefois d'un beau bleu. 145

144. Rouge. Cristaux allongés, rarement terminés ; associés avec de l'amphibole ; cassure lamelleuse ; éclat gras . . . . **Parenthine rouge**.

Rose clair ; cassure esquilleuse ; surface des cristaux ordinairement recouverte d'un enduit de mica. Substance très-dure . . **Andalousite**.

L'andalousite cristallise sous la forme du prisme rhomboïdal droit dont l'angle est de 91° ; sa grande analogie avec le prisme à base carrée l'a fait admettre à cette place dans la méthode dichotomique.

145. Substance très-dure, rayant le verre avec facilité. 146

Peu dure, ne rayant pas le verre. 148

146. Cristaux cylindroïdes, allongés, portant une large base ; très-brillants et d'un beau bleu.
Idocrase cuprifère.

Brun, brun rougeâtre, vert olive, vert jaunâtre. 147

147. Cristaux terminés par un pointement obtus, presque toujours basés, et quelquefois surchargés de facettes. Fusibles au chalumeau.
Idocrase.

Pointement plus ou moins aigu, jamais basé. Substance infusible. . . . . **Zircon**.

148. Petits cristaux bruns, tirant sur le brun jaunâtre, assez nets, ayant presque toujours huit faces et sans pointement ; engagés dans une roche du Vésuve. . . . . **Humboldilite**.

En cristaux imparfaits, allongés, disséminés dans une roche ancienne . . . **Pyrargyllite**.

149. En cristaux blancs ; éclat très-vif, difficilement fusible. . . . . . . **Schéelin calcaire**.

En cristaux très-petits, gris jaunâtre ou verdâtre; très-fusible, donnant du plomb sur le
charbon . . . . **Tungstate de plomb**

MINÉRAUX CRISTALLISÉS DANS LE SYSTÈME RHOMBOÉDRIQUE.

Pour ce dernier caractère, il faut prendre le second n° de renvoi, indiqué
aux trois alinéa du n° 152.

Éclat métallique faible, plutôt semi-métallique;
poussière rouge.   **Mercure sulfuré.**

154. En très-petits cristaux, d'un gris d'acier, adhérent à des cristaux de quartz, et donnant une
poussière noire.   **Crichtonite.**

En cristaux, souvent striés sur les faces du rhomboèdre, donnant une poussière rouge brun.
Fer oligiste.

155. Avec reflets rouges, poussière rouge, cochenille; réaction de l'antimoine.
Argent rouge.

Sans reflets ; poussière rouge clair ; réaction de l'arsenic. . . . . . . **Proustite, argent noir.**

156. Cristaux très-éclatants, presque toujours basés, assez durs ; poussière rouge-brun, difficile à obtenir.   **Fer oligiste.**

Tendre, donnant une poussière rouge par la simple raclure. 155

157. Minéraux hyalins, d'un blanc laiteux, ou très-faiblement colorés en jaune pâle. 158

De couleurs variées. 168

158. Substances présentant un clivage triple , parallèlement aux faces du rhomboèdre. 161

Sans clivage apparent. 159

159. Ayant une pesanteur spécifique considérable, supérieure à 60, donnant du plomb sur le charbon. *Léadhillite*, **plomb snlfato-tricarbonaté.**

Pesanteur spécifique moyenne, atteignant rarement 40. 160

160. Dureté considérable, supérieure à celle du quartz. **Corindon.**

Peu dure, ne rayant pas le verre.   165

161. Clivages très-faciles, s'obtenant par la simple percussion. 163

Clivage difficile, substance d'un blanc nacré. . 162

162. Soluble dans les acides avec effervescence. **Zinc carbonaté.**

Id. sans effervescence apparente. . . **Dreélite.**

163. Faisant une effervescence très-vive avec les acides. . . . . **Chaux carbonatée.**

Effervescence lente, n'ayant pas lieu immédiatement. 164

164. Solution contenant de la chaux. . . **Dolomie.**

Ne contenant pas de chaux. **Carbonate de magnésie,**

Le *carbonate de magnésie* étant rare, et ses gisements étant assez bien connus, il sera presque toujours inutile de faire l'essai indiqué par le n° 164; les échantillons présentant le second caractère du n° 163, appartientiendront pour la plupart à la dolomie.

165. Cristaux tapissant les cavités d'une amygdaloïde, ordinairement à noyaux d'agate; substance fusible avec facilité, sans boursoufflement . .   166

Décrépitant par l'action du chalumeau.   167

166. Soluble avec facilité dans l'acide muriatique.

Chabasie.

Insoluble, ou du moins très-difficilement soluble.

Lévyne.

La *lévyne* est fort rare. On pourra donc se dispenser le plus ordinairement de cet essai; du reste, la nature de la roche suffit pour séparer ces deux espèces. Voir leur description.

167. Décrépite, émet une flamme verte par l'action du chalumeau, mais ne fond pas.

Silicate de zinc; **Willemit.**

Décrépite, donne une masse terreuse, ayant le goût très-prononcé d'alun. . . . **Alunite.**

168. Minéraux d'un beau vert.   169

— de couleurs variées, le blanc laiteux et le vert exceptés.   170

169. Cristaux en rhomboèdres obtus, à pointements distincts. . . . . **Dioptase.**

Cristaux tabulaires, minces, presque micacés, portant une troncature large suivant la base rhomboédrique. . . . . **Cuivre arséniaté.**

170. Substance rouge-rose, ou violette.   171

D'un jaune brunâtre, d'un brun plus ou moins foncé, quelquefois avec des reflets rouges . .   172

171. Rayant le verre avec facilité.

Corindon rouge; **Rubis.**

Ne rayant pas le verre, clivage triple, très-facile.

Manganèse carbonaté.

172. Brun avec reflets rouges, structure foliacée.
Silicate de manganèse ferrugineux.

Brun jaunâtre, ou brun plus ou moins foncé . .   173
173. Clivage triple très-facile , parallèlement aux
faces du rhomboèdre   174
Pas de clivage . . . . **Beudantite.**
174. Substance faisant facilement effervescence, contenant beaucoup de fer. . . **Fer carbonaté.**
— Id. — avec difficulté, contenant beaucoup
de magnésie. *Dolomie à fer*, **mésintinspath.**

Cette dernière variété de dolomie est fort rare ; elle n'a été trouvée jusqu'à
présent qu'à Traverselle, en Piémont, de sorte qu'on pourra presque toujours
se borner à l'étude du clivage n° 173.

175. Substance généralement transparente , ou du
moins fortement translucide, clivage facile.
Chaux carbonatée.

Opaque, blanc laiteux, ou de couleur ocreuse,
point de clivage . . . . . **Zinc carbonaté.**
176. Substance dure rayant le verre avec facilité . .   177
Substance peu dure, ne rayant pas le verre. . .   179
177. Faces du prisme très-inégales, coupe triangulaire. . . . . **Tourmaline.**
Ne présentant pas de coupes triangulaires . . .   178
178. Cristaux hyalins très-éclatants. . **Phénakite.**
Cristaux opaques d'un violet lie de vin.
Eudialite.

179. D'un beau vert émeraude. . . . . **Dioptase.**
Hyalin, blanc laiteux, blanc un peu verdâtre, ou
jaunâtre ; brun plus ou moins foncé.   180
180. Pesanteur spécifique moyenne.   181
Pesanteur spécifique égale ou supérieure à 60.
Léadhillite, **Plomb sulfato-tricarbonaté.**
181. Hyalin, blanc laiteux, ordinairement translu-

cide, quelquefois cependant opaque ; en cristaux mal formés. **182**

Brun jaunâtre, brun plus ou moins foncé, et
donnant une scorie ferrugineuse par l'action
du chalumeau. . . . . **Fer carbonaté.**

182. Faisant facilement effervescence avec les acides.
Chaux carbonatée.

Effervescence lente et difficile. . . . **Dolomie.**

183. Dur et rayant le verre. **219**

Ne rayant pas le verre. **221**

La dolomie est fort rare sous cette forme ; dans la plupart des cas, on pourrait se dispenser de l'essai aux acides.

184. Substances présentant l'éclat métallique ou métalloïde. **185**

Sans éclat métallique **196**

185. Éclat métallique prononcé. **187**

Simplement métalloïde.. . . . . **186**

186. Se levant parallèlement à la base, en lames minces et élastiques. . . . . **Mica.**

Se levant en lames minces, mais molles et non
élastiques . . . . **Talc.**

187. Ayant une couleur bronzée ou rougeâtre, assez
analogue au cuivre métallique. **188**

Blanc d'argent, ou gris plus ou moins foncé. . **189**

188. Légèrement magnétique ; donnant une scorie
ferrugineuse par le chalumeau.
Pyrite magnétique.

Non magnétique ; fumée blanche abondante ;
odeur antimoniale au chalumeau.
Nickel antimonial.

189. Blanc d'argent ; cristaux peu nets.
Argent antimonial.

Gris bleuâtre, ou gris de fer. **190**

190. Gris bleuâtre clair ; cristaux en tables très–min–

191. Infusible au chalumeau ; brûle très-difficilement, donne une fumée blanche et une odeur
sulfureuse. . . . . . . **Mobylène sulfuré.**

Fusible avec facilité. . **Tellurure de bismuth.**

Cette dernière substance est quelquefois d'un blanc d'argent. Dans ce cas,
on pourrait la ranger sous le n° 189 ; sa disposition lamelleuse la distinguerait
de suite de l'argent antimonial.

Le tellurure de bismuth est rare ; on pourra, dans la plupart des cas, né-
gliger l'essai indiqué dans le n° 191.

192. Cristaux allongés, cannelés parallèlement à l'axe ;
réaction du tellure.

Tellure natif auro-ferrifère.

193. Ductile, fusible à la simple flamme d'une bougie.
Cuivre sulfuré.

Non ductile , donnant un globule de plomb métallique sur le charbon. . . . . **Zinkénite.**

194. Prenant de l'éclat par la raclure, fusible à la
simple flamme d'une bougie. **Cuivre sulfuré.**

195. Donnant au chalumeau un bouton d'argent, et
des fumées antimoniales.

Argent sulfuré brillant.

— Un bouton d'argent cuprifère, avec une
odeur arsenicale . . . . **Polybasite.**

Les caractères de ces deux espèces sont presque identiques, ce qui rend
leur distinction très-difficile. Toutefois, comme la *polybasite* contient environ
9 p. 0/0 de cuivre, on distinguera ces deux espèces en dissolvant un fragment
de l'échantillon qu'on étudie dans l'acide nitrique, et en versant dans la liqueur de l'ammoniaque qui dénotera la présence du cuivre.

196. Substance ayant une pesanteur spécifique considérable. 197

Pesanteur spécifique moyenne.   202

197. Très-lourde, pesanteur spécifique de 60 environ;
        minéral coloré en jaune, en vert ou en brun.   198
     Lourde, pesanteur spécifique de 40, substance
        d'un blanc laiteux, demi-transparente,
        quelquefois avec une légère teinte de vert. .   200

198. Jaune.   199
     verte ou brune. . . . . .   **Phosphate de plomb.**

199. Cristaux tabulaires très-petits. **Plomb vanadiaté.**
     Cristaux assez allongés, ordinairement annulaires
                        Plomb arséniaté.

200. En cristaux blancs laiteux assez gros, et dans les-
        quels les facettes sont facilement discernables.   201
     En cristaux minces, déliés, ayant l'apparence
        de fibres, et presque toujours légèrement co-
        lorés en vert. . . . **Strontiane carbonatée.**

201. Soluble avec effervescence dans l'acide nitrique et
        sans résidu appréciable. . **Baryte carbonatée.**
     — avec un résidu considérable,
                Sulfato-carbonate de baryte.

Cette dernière substance, qui vient d'Alstoo-Moor dans le Cumberland, est
très-rare; on pourra donc s'exempter presque toujours de l'essai indiqué
dans le n° 201.

Les cristaux de baryte carbonatée et de strontiane carbonatée sont en prismes à six faces symétriques, mais ils se rapprochent tellement du prisme régulier à six faces, qu'il est
impossible de les distinguer à l'œil; cette raison nous a conduit à les indiquer à cette place.

La strontiane carbonatée est plutôt en fibres qu'en cristaux prononcés, elle est ordinairement verdâtre. Ces caractères suffisent presque toujours pour la distinguer de la baryte
carbonatée; s'il y avait de l'indécision, on emploierait la couleur de la flamme. La baryte la colore en jaune orangé, et
la strontiane en pourpre.

202. Substances cristallisant en prismes à 6 faces, avec

La nature des roches à néphéline fournit une indication presque certaine pour la détermination de cette espèce. Son examen dipensera, dans la plupart des cas, des essais indiqués sous les nᵒˢ 211 et 212.

<table>
<tr><td>Donnant une forte proportion d'eau par la calcination, au moins 15 p. 0/0. . . . .</td><td>211</td></tr>
</table>

211. Donnant au chalumeau un émail blanc; disséminés dans une amygdaloïde. . **Hydrolite.**

Infusibles. 212

212. Solubles dans les acides; l'ammoniaque précipite une grande quantité d'alumine, au moins 60 p. 0/0. . . . . **Hydrargilithe.**

Id. Point d'alumine, mais de la magnésie.

                                       Brucite.

213. Coloré en vert, ordinairement clair, quelquefois cependant foncé comme le verre à bouteille.   214

Brun, brun noirâtre et même noir. 216

214. Cassure lamelleuse parallèlement à la base.   215

Cassure conchoïde ou grenue. . . **Giesckite.**

215. Fusible, donnant au chalumeau une odeur d'acide muriatique. . . . . **Pyrosmalite.**

Ne donnant pas d'acide muriatique par le chalumeau. . . . . **Bonsdorfite.**

216. Cristaux possédant un clivage parallèle à l'axe.   217

Point de clivages. 218

217. en prismes allongés à douze faces sans modification sur la base; très-tendre, se laissant rayer à l'ongle, donnant une poussière brune.

                                     Gigantolite.

— ayant la dureté de la chaux carbonatée; poussière verte. . . . . **Cronstédite.**

218. Noir de velours, très-fusible au chalumeau.

                                     Sidéroschisolite.

Jaune brunâtre, passant au noir brunâtre, infusible au chalumeau . . . **Cérium fluaté.**

219. Très-dur, cristaux en général petits, roses ou bleus, au moins bleuâtres.

                               Corindon, *rubis* ou *saphir.*

Rayant seulement le verre. 220

220. Cristaux en général assez gros, portant des stries
    horizontales sur les faces du prisme ; faces de
    la pyramide très-éclatantes et inégales.

                           Quartz.

Cristaux compliqués, assez petits, presque tou-
    jours maclés, faces également brillantes, pas
    de stries. . . . . **Humite.**

221. Dureté un peu supérieure à celle de la chaux
    carbonatée. 222

Dureté au plus égale à celle de la chaux carbo-
    natée. 223

222. Cristaux jaunes ou jaunes verdâtres, solubles
    dans les acides. . . . **Chaux phosphatée.**

Cristaux hyalins, blancs laiteux, insolubles dans
    les acides. . . . . **Herschellite.**

Cette dernière substance étant fort rare, il sera inutile, dans la plupart des
cas, de faire l'essai par les acides.

223. Clivage triple, très-facile, suivant trois angles
    du prisme en alternant. **Chaux carbonatée.**

Ne présentant pas de clivages faciles. 224

224. Donnant par la calcination de l'eau acide, et un
    résidu de sulfate de fer. . . . **Coquimbit.**

Donnant de l'eau pure, sans changement dans les
    caractères extérieurs de la substance.

                    Lédererit.

MINÉRAUX CRISTALLISÉS DANS LE SYSTÈME DU PRISME
A BASE RECTANGLE.

225. Substance soluble dans l'eau. 226

Insoluble. 229

226. Transparente, incolore et d'un blanc laiteux. . 227

Légèrement colorée en jaune.

        Johannite, **sulfate d'urane.**

227. Fusant sur le charbon . . . . **Nitre.**

Ne fusant pas, mais décrépitant. 228

228. Sel ayant un goût amer très-prononcé.
Sulfate de magnésie.

Sel ayant un goût salé, mais cependant moins
prononcé que le sel marin. **Sulfate de soude.**

Ces sels sont bien rarement en cristaux nets; leurs réactions chimiques
sont très-prononcées, et on les reconnaîtra facilement par quelques essais
docimastiques.

que régulière (angles de 122 et de 116°), ne possédant pas de clivages distincts.

Argent sulfuré fragile.

— En prismes rhomboïdaux de 101° à 102° au plus, ou en prismes à six faces dont les angles sont très-notablement distincts, d'environ 100 à 135 degrés.   245

245. Possédant deux clivages faciles, parallèlement aux faces du prisme rhomboïdal de 100°; donnant à l'essai un bouton d'argent.

Argent sulfuré, antimonifère et cuprifère.

Point de clivage; contenant une forte proportion de plomb. . . . . **Jamesonite.**

246. En prismes allongés, striés parallèlement à l'axe; donnant, quand on la raye, une poussière brune. . . . . **Manganite.**

— Donnant une poussière noire.

Pyrolusite.

247. Substance dure, rayant le verre, et en cristaux assez allongés. . . . . **Tantalite.**

Substance tendre, ne rayant pas le verre. . .   248

248. En cristaux tabulaires très-minces, flexibles et mous; ne donnant pas de fumée antimoniale.

Argent sulfuré flexible.

En cristaux allongés, mais peu nets; donnant des fumées et une odeur antimoniale.

Sprödglaserz. (**Argent antimonié sulf. noir.**)

Cristaux et masse cristalline gris sale, s'effleu-
rissant à l'air avec facilité. . . **Thénardite.**

252. Jaunes, jaunâtres, ou jaunes orangés. 253
Verts, olives ou bleus. 257

253. Substance dure, rayant le verre avec facilité. . 254
Substance tendre, ne rayant pas le verre. . . . 255

254. Cristaux jaune de topaze, très-nets, hyalins et
fort éclatants, ayant la forme d'un prisme allongé, clivage facile suivant la base. **Topaze.**

Cristaux jaunes verdâtres, roulés, presque toujours nuageux, ou en prismes aplatis, présentant des stries. Dans ce dernier cas, ils sont
engagés dans une roche feldspathique avec
grenats. . . . . **Cymophane.**

255. Jaune de soufre, cristaux fragiles et éclatants.
soufre.

Jaunâtres ou jaune orange. 256

256. Cassure lamelleuse, substance faisant effervescence avec les acides. . . . . . . **Junkérite.**
Jaune orangé, passant au rouge brunâtre. Cristaux dont la dureté est représentée par (5.5).
Hyalosidérite.

257. Bleu, cristaux obtus.
cuivre arséniaté en octaèdre aigu.

Vert olive, cristaux en octaèdres aigus.
Cuivre arséniaté en octaèdre aigu.

258. Cristaux hyalins, incolores, avec une légère
teinte bleuâtre ou verdâtre, ou légèrement
transparents et blancs laiteux 259
Cristaux différemment colorés, plus ou moins
transparents. 283

259. Substance ayant une pesanteur spécifique assez
grande 260

La dernière de ces substances est fort rare ; les cristaux en sont presque
toujours cannelés et verdâtres : si l'on avait des doutes sur la détermination
par suite de la seule inspection de la forme, il faudrait essayer la couleur de
la flamme. Voir la note du n° 269.

267. Cristaux bleuâtres . . .
   Cristaux blancs laiteux } **strontiane sulfatée.**
   Avec soufre . . . . . .)
   Cristaux presque toujours translucides, associés
      avec des minéraux de filons. **Baryte sulfatée.**
268. Cristaux aplatis, fortement basés, affectant sou-
      vent la forme trapézienne. 269
   Cristaux allongés. . . . . . **Baryte sulfatée.**
269. Cristaux allongés dans le sens d'une des diago-
      nales de la base, et terminés par un biseau
      aigu. . . . . **Baryte sulfatée.**
   — Terminés par un biseau obtus.
                            Strontiane sulfatée.

La différence dans l'angle du biseau, quoique bien légère, sert dans la plupart des cas pour distinguer la *baryte sulfatée* de la *strontiane sulfatée ;* cependant elle n'est pas absolue : le caractère tiré des associations guide presque toujours exactement. Dans le cas, bien rare, où il y aurait doute, il faut avoir recours à la mesure des angles du prisme, et comme les formes primitives de la *baryte sulfatée* et de la *strontiane sulfatée* diffèrent de plus de trois degrés entre elles, cette mesure les distinguera avec certitude. La coloration de la flamme de l'alcool, dans lequel on aurait mis de la poussière du minéral, ou mieux encore une certaine quantité d'un sel formé avec la substance à essayer, fournira également un caractère qui ne laissera aucun doute sur la nature de l'échantillon.

270. Cristaux aplatis présentant un clivage facile pa-
      rallèlement à la face large. 271
   Cristaux plus ou moins allongés. 313
271. Cristaux durs et rayant le verre.
      — Un peu courbes sur la grande face, et acco-
      lés sous forme d'éventail. . . . . . **Préhnite.**
   Ne rayant pas le verre. 272

Les cristaux de préhnite, ordinairement accolés, sont souvent courbes, et affectent la forme d'un éventail. La variété des Pyrénées, qui a reçu le nom de *coupholite*, est en très-petits cristaux micacés : elle est associée avec de l'épidote grise.

272. Cristaux très-minces, affectant la forme tra-
      pézienne ; substance infusible au chalumeau.
                            Silicate de zinc.

  Cristaux surmontés d'un pointement à quatre faces placés sur les angles ; — fusible avec facilité. . . . . **Stilbite.**

273. Rayant le verre. . . . . **Topaze.**
  Ne rayant pas le verre 274

274. Cristaux ayant des clivages faciles, et perpendiculaires entre eux. . . . . . **Anhydrite.**

  — Point de clivages 275

275. Cristaux en prismes rhomboïdaux, ou en prismes à 6 faces, souvent maclés, faisant effervescence. . . . . **Aragonite.**
  Cristaux en prismes rectangulaires, ou en prismes à 6 faces, sans macle, point d'effervescence.
            Thomsonite.

276. Cristaux verdâtres, ayant une cassure vitreuse, adhérents à une roche amphibolique.
            Datholite.

  — Blancs laiteux, ou hyalins 277
277. Rayant le verre avec facilité. 278
  Ne rayant pas le verre. 279

278. Rayant le quartz, cristaux assez gros, limpides et brillants ; infusibles. . . . . . **Topaze.**
  Ne rayant pas le quartz, cristaux peu nets ; infusibles. . . . . **Forstérite.**

279. Rayant l'apatite. 280
  Ne rayant pas l'apatite 282

280. Cristaux en prismes presque carrés, surmontés d'un biseau obtus. . . . . . . **Comptonite.**

  En prismes rhomboïdaux obtus de 115 à 122 degrés environ. 281

281. En cristaux de 121° 40', accompagnés de spath calcaire et d'harmotôme. . . **Edingtonite.**

  — De 115° 7', associés à de la chaux fluatée et

de l'apatite. . . . . **Herdérite.**

282. Cristaux en prismes obtus à 4 faces sous l'angle
de 135°. . . . . **Épistilbite.**

— En prismes à 4 faces, presque carrés, ou
à 8 faces, dont les quatre rectangulaires dominent beaucoup, et surmontées d'un pointement à 4 faces obtus. . . . . **Mésotype.**

— En prismes à 4 ou à 6 faces surmontés d'un
pointement à 6 faces. . . . . . . **Hopéite.**

Cette dernière substance est très-rare ; on l'a trouvée en Belgique sur du silicate de zinc. Cette association fournit un moyen presque certain pour distinguer l'hopéite des zéolithes, avec lesquelles elle présente de l'analogie.

283. Substance bleue ou verte, de teinte plus ou
moins foncée, mais toujours prononcée. . .   284
— Jaune ou jaunâtre   300
— Rouge, d'un brun rougeâtre, brune ou
noire.   296

284. Bleue, ou vert bleuâtre.   285
Verte   286

285. D'un beau bleu, rayant le verre.
Lazulithe de Werner.

Vert bleuâtre, ne rayant pas le verre.
Scorodite.

286. D'un vert clair, ou simplement verdâtre. . .   291
Vert émeraude ou vert olive foncé.   287

287. Vert émeraude plus ou moins foncé.   288
Vert olivê . . **Cuivre arséniaté prismatique.**

288. Vert émeraude très-foncé, tirant un peu sur le
noir.   290
Vert émeraude.   289

289. Petits cristaux en prismes rectangulaires tronqués sur les arêtes, avec cuivre carbonaté
mameloné. . . . . , . . . **Brochantite.**

Cristaux prismatiques à faces légèrement courbes, donnant une odeur arsenicale au chalumeau . . . . **Euchroïte**.

290. Substance donnant du cuivre métallique par le chalumeau, et contenant du chlore.

chlorure de cuivre.

— Fusible au chalumeau en un globule brunâtre, et contenant de l'acide phosphorique.

cuivre phosphaté.

292. Cristaux isolés, en prismes rectangulaires, cannelés, portant toujours une base. . **péridot**.
Cristaux peu nets, affectant la forme d'un prisme rectangulaire, ou d'un prisme à 8 faces, engagés dans une roche de la Somma. **zurlite**.

294. Substance en octaètre rhomboïdal simple, ou octaèdre basé, associé avec de la chaux carbonatée. . . . . **villarsite**.

295. Substance en prismes à 4 ou 6 faces surmontées d'un biseau, cassure vitreuse. **picrosmine**.
En prismes cylindroïdes; très-lamelleuse, parallèlement à la base. . . . **Iolite hydratée**.

297. Substance rose, en prisme sans modifications, presque toujours enduite de mica; très-dure.

Andalousite.

Rougeâtre, avec une teinte de jaune, cristaux

très-minces, presque micacés, infusibles et
insolubles dans l'acide. . . . . **Brookite.**

299. Cristaux très-petits, allongés, ayant une grande
pesanteur spécifique (51,5). **Mélanochroïte.**

Cristaux aplatis, surmontés d'un pointement à
4 faces, et lamelleux parallèlement à la face
large. . . . . **Stilbite rouge.**

300. Substance d'un jaune assez foncé, en petits cristaux prismatiques, présentant un clivage facile
parallèlement à la base; fusible en un globule coloré en gris ; substance disséminée
dans une scorie du Vésuve. . **Sommervillite.**

—Brun jaunâtre, en petits cristaux, à 6 ou à
8 faces, assez durs pour rayer le verre ; fondant avec effervescence ; disseminés dans une
lave du Vésuve. . . . . . . **Humboldilite.**

301. Brun rougeâtre, plus ou moins foncé   302
Noir, ayant souvent la poussière brune. . . .   307

302. Brun rougeâtre prononcé, surtout dans la cassure.   303

Brun de girofle, avec une teinte de jaune. . .   306

303. Cristaux en prismes rhomboïdaux basés. . . .   304
Cristaux en prismes surmontés d'un pointement
à 4 faces, ou aciculaires.   305

304. Prisme presque droit (94°) : avec petites modifications au sommet, comme le péridot.
(*Mangano-chrysolithe*) **silicate de manganèse.**
Prisme très-obtus de 129 à 130 degrés; souvent
prisme à 6 faces, portant une troncature sur
l'angle aigu. Cristaux croisés. . **staurotide.**

305. Cristaux prismatiques assez nets, avec pointement à 4 faces, paraissant formés de cristaux juxta posés. . . . . . **Fer hydroxydé.**

    Petits cristaux aciculaires. . . . . . **Goëthite.**

Ces deux espèces sont souvent difficiles à distinguer par les caractères extérieurs ; mais on y parvient facilement par la recherche de la quantité d'eau.

306. Substance en cristaux peu nets, opaques, d'une dureté comparable à la chaux carbonatée.

                              Killénite.

— Dure ; rayant le verre ; infusible au chalumeau ; inattaquable aux acides. **Ostranite.**

307. Noir grisâtre, gris de fer, quelquefois plus foncé.   308

     Noir, souvent un peu rougeâtre, du moins dans la poussière ; quelquefois complétement noir, et ayant alors un éclat demi-métallique. .   309

308. Prisme cannelé ; opaque, souvent mat ; homogène dans sa cassure. . . . . **Pinite.**

     Prismes ordinairement presque carrés, quelquefois obtus, présentant dans leur cassure des dessins réguliers parallèles aux faces, de couleur différente de la pâte, ce qui donne à cette substance l'apparence de cristaux engagés l'un dans l'autre suivant l'axe.

                              Macle.

309. Substance peu dure, ne rayant pas le verre. . .   310

     Substance dure et rayant le verre.   312

310. Substance en cristaux nets et bien déterminés. .   311

     Substance en prismes cannelés allongés, prenant feu quand on l'essaye au chalumeau.

                          Pyrorthite.

311. Substance bien cristallisée en prismes à 4 ou à 6 faces, surmontés d'un pointement dans lequel est un biseau dominant ; facilement fusible en émail noir. . . . . **Yénite.**

     En prisme à 4 faces croisées, souvent décomposés, et ayant alors l'aspect d'oxyde de fer hydraté, dû à l'altération de pyrites.

                            Crucite.

3ı2. Substance noire, ayant un éclat demi-métallique et une poussière brune; en cristaux assez
nets disséminés dans la syénite zirconnienne.
Polymignite.

— Ayant une poussière noire, en cristaux peu
nets . . . . **Æschinite.**
Terminés par un pointement. 276

Ces deux substances, contenant l'une et l'autre de la zircone et de l'acide
titanique, sont très-difficiles à distinguer. La spécification de cette dernière
n'est pas même encore bien certaine; il faut, pour s'assurer de la nature
des échantillons, consulter la gangue, et faire des essais docimastiques.

3ı3. Cristaux avec ou sans pointement, mais ayant
une base assez large. 273

MINÉRAUX CRISTALLISÉS DANS LE SYSTÈME DU PRISME
OBLIQUE RHOMBOÏDAL.

3ı6. Substance soluble dans l'eau en tout ou en
partie 317
Substance insoluble. 321
3ı7. Soluble avec facilité, et complétement. 318
Soluble avec difficulté, se couvrant simplement
d'une croûte blanche par l'action prolongée
de l'eau. . . . . **Glaubérite.**
3ı8. Ayant un goût styptique analogue à l'encre. . 319
Ayant un goût légèrement alkalin. 320
3ı9. Substance verte, précipitant en vert par l'ammoniaque. **Fer sulfaté vert,** *Mélantérie.* Beud.
Substance jaune rougeâtre, précipitant en brun
par l'ammoniaque.

Fer sulfaté rouge; *Néoplase.* Beud. **coquimbit.**
3ᴢo. Faisant effervescence par les acides.
Soude carbonatée.

Il existe deux carbonates de soude, l'*urao* et le *carbonate ordinaire.* Le
premier est rarement cristallisé. Cependant on ne peut assurer avec certitude

à laquelle des deux espèces appartient un échantillon que lorsqu'on connaît la localité d'où il provient, ou qu'un essai a fait connaître la proportion de soude qu'il contient.

Ne faisant pas effervescence. . . . . . **Borax.**

3₂1. Minéraux ayant l'éclat métallique ou métalloïde.   322

Ayant l'aspect pierreux. 324

3₂₂. Gris de fer plus ou moins foncé.   323

Brun marron, passant au gris de fer, avec des reflets rouges de cuivre sur les faces parallèles au clivage, éclat perlé sur les autres.
Warwickite.

3₂3. Gris de fer très-foncé, poussière grise, substance très-lamelleuse. . . . . **Wolfram.**

Gris assez clair, poussière rouge foncé, pas de clivages faciles. . . . . **Myargirite.**

3₂4. Minéraux hyalins, blancs, ou de couleurs peu foncées, telles que gris clair, gris bleuâtre ou verdâtre. 325

Minéraux dont la couleur est vive et prononcée.   354

3₂5. Ayant une pesanteur spécifique considérable, supérieure à 60 326

Pesanteur spécifique comprise entre 25 et 36.   327

3₂6. Cristaux assez brillants, colorés plus ou moins fortement en bleu.
(*Calédonite.*) **Plomb sulfaté cuprifère.**

Gris jaunâtre, gris verdâtre, clivage très-facile, parallèlement à un plan diagonal.
(*Lanarkite.*) **Plomb sulfato-carbonaté.**

3₂7. Minéraux complétement hyalins 328

Minéraux légèrement transparents, simplement translucides, d'un blanc laiteux ou de couleur claire, quelquefois cependant gris et opaque.   333

3₂8. Durs et rayant le verre 329

Ne rayant pas le verre. 332

3₂9. Cristaux très-brillants, terminés par un poin-

tement assez compliqué, avec une légère teinte
vert d'eau, comme l'aigue marine, clivage très-
facile, suivant le plan diagonal. . **Euclase**.
Cristaux dont les faces sont plus ou moins brillantes, souvent striées; nuageux par places. 330
33o. Dureté égale au feldspath; pesanteur spécifique
comprise entre 24 ou 26, trois clivages, dont
deux très-faciles. . . . . **Feldspath**.
Moins dur que le feldspath; pesanteur spécifique
comprise entre 32 et 35. 331
33ı. Cristaux dont les faces sont rectangulaires ou
presque rectangulaires; allongés, striés verticalement; deux clivages faciles et à angle droit;
fusible avec facilité. . . . . . . **Diopside**.

Cristaux affectant la forme d'un prisme rhomboïdal très-obtus, environ 136 degrés; substance difficilement fusible, donnant avec le
borax la réaction du titane. . . . **Sphène**.

33₂. Eclat nacré, clivage très-facile, parallèlement à
la base, fusible au chalumeau. **Heulandite**.

Eclat vitreux, clivage très-facile, parallèlement
au plan diagonal, s'exfoliant au chalumeau
sans se fondre . . . . . . **Chaux sulfatée**.

333. Substance d'un gris prononcé. 334
Substance d'un blanc laiteux, blanc grisâtre et
jaunâtre, ou d'un vert clair 335
334. Cristaux allongés très-obtus (environ de 124°),
striés en longueur, éminemment lamelleux
suivant les faces verticales; engagés dans de la
dolomie et fusible sans boursouflement.

Trémolite.

— Légèrement obtus (environ de 116°), un clivage facile, parallèlement au plan diagonal,
fusible avec bouillonnement. . . . . **Zoïsite**.

Le zoïsite en cristaux nets est très-rare; cette substance est ordinairement en masses lamelleuses ou bacillaires.

Dans le plus grand nombre des cas, le caractère tiré de l'hémitropie conduit directement à la détermination. Toutefois il n'est pas absolu. La murchisonite qui a été séparée du feldspath par M. Lévy et le riacolithe peuvent présenter des hémitropies sans angle rentrant, tandis que l'anorlithe peut, d'après sa forme, donner des cristaux avec angle rentrant. Pour cette dernière substance, qui paraît appartenir exclusivement au Vésuve, la gangue devient une indication suffisante. Pour les autres cas, il faudra recourir aux caractères indiqués par les nᵒˢ 342, 343 et 344.

344. Éclat nacré, semi-opalin, angle du prisme de
119° 30'. . . . . **Albite**.
Éclat vitreux, cristaux hyalins très-brillants,
angle du prisme 117° 28'. . . **Anortithe**.

On a comparé les cristaux d'*albite* et de *labradorite* à ceux de *feldspath*, de *riacolithe* et de *murchisonite*, quoiqu'ils n'appartiennent pas au même système cristallin : la grande analogie entre ces substances, et les faibles différences d'angle qui les séparent ne permettant pas de connaître la nature du système cristallin, quand il n'y a pas d'hémitropie, on a dû opposer ces différentes substances entre elles. Toutefois, la véritable difficulté existe entre le *feldspath* et l'*albite*, qui ont des gisements analogues; l'examen de la nature des roches guidera, dans la plupart des cas, pour la reconnaissance du *labradorite* et du *riacolithe*.

345. Couleur un peu verdâtre; fusible avec difficulté
en un verre sombre, donnant, avec le borax,
la réaction du titane. . . . . **Sphène**.
Fusible en émail blanc, ne donnant pas la réaction du titane. **Feldspath**. . . . . ou 340

La plupart des cristaux de cette nature appartiennent au *feldspath* : comme il se pourrait néanmoins qu'il y eût de l'*albite* ou du *labradorite* affectant cette forme, on a dû les indiquer dans la discussion dichotomique.

346. Substance lourde, dont la pesanteur spécifique
est égale environ à 36. . **Baryto-calcite**.
Substance ayant une pesanteur spécifique faible, moyennement de 26. 347
347. Cristaux brillants, éclat vif, quelquefois nacré. 348
Cristaux généralement peu brillants, éclat nacré mais laiteux, quelquefois gris sale. . . 350
348. S'altérant à l'air, et se recouvrant, à la longue,
d'une croûte blanche, mais brillants dans leur
cassure qui est conchoïde. . **Gay-lussite**.
Ne s'altérant point à l'air, cassure lamelleuse. 349
349. Cristaux ayant un clivage vertical, facile. Substance très-tendre, insoluble dans les acides.

Chaux sulfatée.

— Parallèlement à la base. Substance un

peu plus dure que la chaux sulfatée, soluble dans les acides. . . . . **Heulandite.**

350. Substance se délitant par l'action de l'air, et ayant un clivage facile, vertical et parallèle au plan diagonal. . . . . . . **Laumonite.**

Ne s'altérant pas à l'air. 351

351. Fusible au chalumeau avec une odeur arsenicale.

                              Pharmacolite.

Fusible plus ou moins facilement, mais sans odeur. 352

352. Cristaux aciculaires, souvent rayonnés, mais dont la forme est discernable. Substance fusible très-facilement en un émail blanc. **Stellite.**

Cristaux à 6 faces assez nets, terminés soit par un pointement, soit par un biseau. 353

353. Par un pointement à 4 faces, substance devenant d'abord opaque au chalumeau et se fondant ensuite avec une forme vermiculée. **Scolézite.**

— Par un biseau ; au chalumeau perd son eau, devient opaque, est ensuite difficilement fusible. . . . . **Brewstérite.**

354. Substance rouge, rose, brune rougeâtre, brun de girofle ou jaune. 355

— Verte, bleue ou noire 371

355. Rouge ou rose. 356

Brun rougeâtre, brun de girofle ou jaune. . . 361

356. Rouge 357

Rose ou rosacé. 359

357. Ayant une pesanteur spécifique considérable.

                           Plomb chromaté.

Pesanteur spécifique comprise entre 26 et 35. 358

358. Substance friable, ayant un éclat adamantin, donnant une odeur d'arsenic au chalumeau.

                              Réalgar.

Ne s'écrasant pas sous les doigts, éclat nacré,
fusible sans odeur . . . . . . **Heulaudite**.

359. Substance friable, s'écrasant entre les doigts, en
cristaux cannelés, d'un rose fleur de pêcher.

Cobalt arséniaté.

Substance assez dure. 360

360. Substance rayant le verre, d'un rose vif, ayant
deux clivages faciles. . . . . . . **Thulite**.

— Rayée par une pointe d'acier, dureté analogue à celle de la chaux fluatée, d'un rouge
clair ; cristaux analogues à ceux du feldspath.

Amphodélite.

361. Jaune de cire ou jaune de vin. 362

Brun rougeâtre, jaune brunâtre, et brun de
girofle. 363

362. Jaune de cire, opaque ; cristaux possédant deux
clivages faciles, engagés dans de la chaux carbonatée. . . . . **Condrodite**.

Jaune de vin passant au jaune orangé ; cassure
conchoïde ; sur du quartz avec schiste argileux.

Wagnérite.

363. Brun rougeâtre. 364
Jaune brunâtre et brun de girofle. 368

364. Rouge brunâtre analogue au zircon. 365
Brun rougeâtre foncé, analogue au grenat ; opaque. 366

365. Minéral en cristaux brillants, possédant deux
clivages faciles ; fusible au chalumeau avec
difficulté, y perd sa couleur et devient gris
par son action ; adhérent à du gneiss.

Edwarsite.

— De couleur peu foncée, très-facilement
fusible en un émail noir associé à de la
dufrénite. . . . . **Huraulite**.

Ne rayant pas le verre. 374

374. Substance lourde, ayant une pesanteur spécifique supérieure à 50.

Plomb sulfaté cuprifère; **Calédonite.**

Pesanteur spécifique comprise entre 25 et 34. 375

375. Cristaux allongés, présentant un clivage facile, et vertical, parallèle au plan diagonal; fusible en émail noir; soluble dans les acides sans effervescence. . . . . **Vivianit.**

Cristaux ayant l'apparence d'un rhomboèdre, d'une belle couleur d'outremer; noircissant par la calcination et soluble avec effervescence. . . . . . . **Cuivre carbonaté bleu.**

376. Substance dure, rayant le verre. 379

Ne rayant pas le verre. 377

377. D'un vert-émeraude, ou vert-malachite. . . . 378

D'un vert-bouteille plus ou moins foncé; substance donnant, au chalumeau, une odeur arsenicale, et un émail noir.

Cuivre arsénialé; **Olivénite.**

378. Cristaux mats, presque toujours fibreux, solubles avec effervescence dans les acides.

Cuivre carbonaté vert; **Malachite.**

— Assez brillants, d'un vert très-foncé, solubles sans efferverscence; très-fusibles.

Cuivre hydro-phosphaté.

379. Cristaux terminés par un biseau plus ou moins modifié, dont l'arête supérieure est gauche; substance fusible avec boursouflement.

Épidote.

Cristaux dont l'arête du biseau est perpendiculaire au plan diagonal. 380

380. Cristaux dont les faces verticales sont rectangulaires, ou presque rectangulaires (92 degrés environ), terminés par un pointement dou-

ble ou quadruple sur les faces verticales.
Diopside.

Cristaux dont les faces verticales font un angle très-obtus, terminées par un biseau, ou par un pointement triple. 381

381. Angles des faces verticales de 124° à 125°, deux clivages faciles, suivant les faces verticales.
Amphibole, actinote.

Angle des faces verticales de 140°, point de clivages faciles . . . . **Ligurite**.

La *ligurite*, décrite par Viviani seul, paraît très-rare ; sauf l'absence de clivage, les caractères de cette substance sont tellement rapprochés de ceux de l'amphibole, qu'il faut faire la mesure des angles pour s'assurer de sa véritable détermination.

382. Noir, éclat un peu résineux, poussière brune ; raye le verre avec facilité ; pesanteur spécifique égale ou supérieure à 40, ... 383

Noir, tirant sur le bleu-ardoise. 384

383. Fusible au chalumeau avec boursouflement, donnant de l'eau par la calcination. **Gadolinite.**

Très-difficilement fusible sans boursouflement, ne donne pas d'eau par la calcination.
Allanite.

Il serait nécessaire, pour s'assurer de la différence de ces deux espèces, du reste très-rares l'une et l'autre, de rechercher l'yttria dans la première, et le cérium dans la seconde. Un simple essai suffit, la *gadolinite* et l'*allanite* étant solubles dans les acides.

384. Cristaux en prismes allongés, presque droits (92°), sans aucune modification, et dont les faces verticales font un angle de 84 à 85 ; cassure vitreuse, inégale, donnant une poussière grise ; fusible en émail blanc. **Couseranite.**

Cristaux surmontés d'un biseau ou d'un pointement ; fusibles en émail noir. 385

385. Terminés par un pointement ayant au moins 3 faces. 386

Terminés par un biseau, qui présente souvent
des faces additionnelles, mais les faces du biseau sont dominantes, et donnent la forme
générale à la terminaison du cristal.   387

386. Pointement surbaissé, généralement à 3 faces;
l'une d'elles, qui appartient à la base, forme
un rhombe placé sur l'angle obtus (124° 30′).
Amphibole, hornblende.

Pointement à 4 faces aiguës, quelquefois aussi à
3 faces : dans ce dernier cas, la face qui représente la base est un rectangle, dont les arêtes
sont parallèles aux plans diagonaux. **Achmite.**

Dans les cas douteux, il faut mesurer l'angle du prisme; il est de 124° 30′
pour l'*amphibole*, et de 86° 56′ pour l'*achmite*. Le gisement sera également très-
utile à consulter pour les cristaux sur gangue. Cette dernière espèce n'a, jusqu'à présent, été trouvée qu'à Rundemyr, en Norwége; elle y est engagée
dans du quartz hyalin enfumé.

387. Biseau dont l'arête est parallèle à la grande diagonale. . . . . **Pyroxène**.
Biseau très-surbaissé et dont l'arête est parallèle
à la petite diagonale. 388

388. Angle du prisme de 123° 30′, deux clivages ver-
ticaux faciles. . . . . **Arferdsonite.**
Angle du prisme de 109° 11′, point de clivage.
Bucklandite.

Angle du prisme de 112° 30′, deux clivages faciles, l'un suivant la base, l'autre vertical.
Babingtonite.

La *babingtonite* appartient au sixième système cristallin; son apparence de
symétrie lui donne la plus grande analogie avec l'*amphibole* et le *pyroxène* :
on a dû, en conséquence, la mettre en opposition avec ces substances.

L'*amphibole* et le *pyroxène* sont, depuis le n° 385, les seuls minéraux abon-
dants; c'est donc surtout ces deux substances qu'il faut comparer entre elles :
la grande facilité des deux clivages de la première substance, son angle fortement obtus, sont deux caractères distinctifs prononcés.

MINÉRAUX CRISTALLISÉS DANS LE SYSTÈME DU PRISME
OBLIQUE NON SYMÉTRIQUE.

dure rayant le verre, fusible en émail blanc, associé avec du mica. . . . . . , . . . **Latrobite**.

400. Cristaux minces, allongés, brillants, terminés par un biseau, possédant deux clivages ; fusibles facilement en émail noir. . **Babingtonite**.

Cristaux mats, dont les faces, ordinairement un peu courbes, ne réfléchissent pas la lumière ; substance ayant un éclat métalloïde, une cassure compacte ; difficilement fusible au chalumeau, s'arrondit seulement sur les bords . . . . **Ilménite**.

MINÉRAUX EN MASSES LAMELLEUSES.

41o. Trace noire ou gris de fer ; substance légère, in-
     fusible, brûlant sous un feu ardent.

                                        Graphite.

     Trace bleuâtre, pesanteur spécifique assez con-
     sidérable.   411

411. Fusible à la simple flamme d'une bougie.

                              Antimoine sulfuré.

     Infusible au chalumeau. . **Molybdène sulfuré**.

412. Couleur gris de plomb, gris d'étain, ou blanc
     d'argent.   413

     Gris de fer, ou gris d'acier foncé   421

413. Gris extrêmement clair, analogue à la couleur
     de l'argent, ou s'en rapprochant beaucoup.   414

     Gris bleuâtre, clair analogue à la couleur du
     plomb.   415

414. Blanc d'argent, substance ductile, donnant un
     bouton d'argent au chalumeau.

                                   Argent natif.

     Blanc d'étain , substance très-lamelleuse dans
     plusieurs sens, aigre et cassante.

                               Antimoine natif.

415. Plusieurs clivages très-faciles   416
     Un seul clivage facile   419

416. Trois clivages menant au cube.

         Plomb sulfuré. . . . . ou 417

     Plus de trois clivages, substance très-fusible ,
     donnant une odeur d'antimoine.

                               Antimoine natif.

417. Fusible au chalumeau, avec vapeurs sulfureuses ;
     facilement réductible. . . **Plomb sulfuré**.

     — Avec odeur de sélénium   418

418. Donnant dans le tube du sélénium.

                               Plomb séléniuré.

     — Avec des globules de mercure.

              Séléniure de plomb et mercure.

Le *plomb sulfuré* est très-fréquent ; les *séléniures de plomb* et *de mercure* sont, au contraire, extrêmement rares. On pourra s'abstenir presque toujours des essais indiqués aux nᵒˢ 417 et 418. C'est par cette raison qu'on a mis à la suite du nº 416 *plomb sulfuré..* ou 417.

419. Masse lamelleuse très-allongée, formant une espèce de plaque disposée dans le sens de la longueur du prisme. Pesanteur spécifique 46 environ. . . . . **Antimoine sulfuré.**

Masse composée de lames courtes, passant à la structure lamellaire, pesanteur spécifique comprise entre 70, et 100. 420

420. Fusible à la simple flamme d'une bougie, sans dégagement d'odeur. . . . **Bismuth natif.**

Fusible, avec odeur de tellure et formation d'oxyde de plomb.
Tellurure plombo-aurifère.

421. Minéraux ayant un ou plusieurs clivages très-faciles. 422

— dont les clivages seulement indiqués par la direction des cassures sont peu nets. . . . 429

422. Ayant plusieurs clivages faciles 423
Un seul clivage facile 426

423. Ayant des reflets rouges, ou rougeâtres. 424
Gris foncé sans reflets. 425

424. Reflets rouges très-prononcés ; substance tendre, donnant une poussière d'un beau rouge cochenille. . . . . **Cuivre oxydulé.**

Reflets simplement rougeâtres ; substance dure, s'égrenant sous la pointe d'acier, en grains gris métalloïdes . . . . **Cobalt gris.**

425. Fusible au chalumeau avec facilité, et s'y volatilisant presque complétement, avec une odeur de rave. . . . . . . **Tellure natif.**

Fusible au chalumeau, avec une odeur sulfureuse, et donnant sur le charbon un bouton d'argent. . . . . . . **Argent sulfuré cuprifère.**

426. Gris de fer foncé, presque noir; clivage net et
très-facile. . . . . **wolfram.**

Gris d'acier assez clair. 427

427. Fusible, avec l'odeur particulière du tellure . . 428

Fusible, avec odeur de soufre et d'antimoine; donnant une masse métallique scoriacée attirable
à l'aimant. . . . . **Haidingérite.**

428. Donnant au chalumeau un bouton jaune très-
riche en or. . . **Tellure auro-argentifère.**
Fusible très-facilement, et presque entièrement
volatil . . . . . . **Tellurure de bismuth.**

429. Pesanteur spécifique considérable, au moins 60　432
Pesanteur spécifique au plus de 40, moyennement de 36 430

430. Tendre, s'écrasant entre les doigts, et donnant
une poussière noire, ou d'un gris foncé.

Pyrolusite.

Ne s'écrasant pas entre les doigts. 431

431. Dur, se rayant difficilement avec une pointe d'a-
cier, donnant une poussière d'un rouge
brun. . . . . **Fer oligiste.**
— Donnant une poussière noire. **Crichtonite.**

432. Donnant au chalumeau l'odeur de rave, et un
bouton jaunâtre. **Tellure auro-plombifère.**
Donnant une odeur d'ail, et un bouton d'argent.

Argent sulfuré fragile.

Une odeur sulfureuse, et un émail bleu avec
le borax. . . . . **Cobalt sulfuré.**

Le *cobalt sulfuré* n'a été trouvé qu'à Bastanès, près de Riddarhytta, en
Suède; il est accompagné de silicate de manganèse, circonstance qui le fait
facilement distinguer.

433. Soluble dans l'eau, ou du moins s'altérant à la
surface, par un séjour un peu prolongé. . . 434
Insoluble et inaltérable par l'eau.

434. Substance en petites lames nacrées et friables.
Acide borique.

En masses laminaires, ou lamelleuses plus ou
moins considérables.   435
435. Clivage triple très-facile, menant au cube.
Sel gemme.

Clivage assez difficile, menant à un prisme rhomboïdal oblique. . . . . **Glaubérite**.
436. Pesanteur spécifique assez considérable   437
Pesanteur spécifique faible, inférieure à 30. . .   441
437. Substance ayant une cassure éminemment lamelleuse dans plusieurs directions, et dont
les surfaces de clivage sont très-miroitantes.   438
Dont la cassure lamelleuse, quoique prononcée,
n'est pas très-nette   440
438. Donnant une poussière grise quand on la raye ;
infusible au chalumeau. . . . . . **Blende**.
Donnant une poussière d'un beau rouge. . .   439
439. Substance ayant une pesanteur spécifique considérable, 80 environ; entièrement volatile
au chalumeau. . . . . . **Mercure sulfuré**.
Pesanteur spécifique 56 environ; fusible au chalumeau, en matière noire, donnant au feu de
réduction un bouton de cuivre métallique.
Cuivre oxydulé.

440. Deux clivages à angle droit; substance donnant
une poussière rouge; infusible au chalumeau,
et insoluble dans les acides. **Titane rutile**.
Clivage courbe, peu net, substance donnant une
poussière d'un rouge brun; fusible au chalumeau, et soluble dans les acides.
Zinc oxydé rouge.

441. Substance ayant un reflet bronzé, très-marqué.   442
Sans reflet   443

442. D'un vert sombre; un clivage très-facile ; minéral ordinairement engagé dans de la serpentine . . . . **Diallage bronzite.**
Noir, ou d'un noir brunâtre, possédant deux
clivages ; substance associée avec l'albite.

Hypersthène.

443. Substance éminemment lamelleuse, éclat vif
sur la surface des lames qui sont très-miroitantes, et élastiques.   444
Facilement lamelleuse ; éclat gras, et peu vif sur
la surface de cassure, peu ou point miroitante, douce au toucher.   445

444. Substance ne donnant pas d'eau quand on l'essaye
dans le tube. . . . . **Mica.**
Donnant au moins douze pour cent d'eau par
la calcination. . . . . **Pénine.**

La *Pénine*, est l'ancien talc cristallisé des Alpes ; sa couleur et son éclat
gras sont caractéristiques ; on ne sera donc obligé de faire l'essai indiqué par
le n° 441, que lorsqu'on aura lieu de présumer que l'échantillon que l'on
examine n'est pas un mica ordinaire.

Cet essai peut donner, dans quelques cas, une légère proportion d'eau, attendu que plusieurs analyses ont indiqué de 1 à 2 pour 100 d'eau dans des
minéraux qui appartiennent au groupe habituel des micas.

445. Cassure unie et luisante; infusible et inaltérable
au chalumeau. . . . . **Talc.**
Cassure striée, comme fibreuse; infusible au
chalumeau, mais augmentant considérablement de volume, vingt fois environ, par l'action de la chaleur. . . . . . . **Pyrophylite.**

La *pyrophylite* est presque identique avec le talc par ses caractères extérieurs, mais sa composition est essentiellement différente ; elle contient environ 30 p. 100 d'alumine, et seulement 4 de magnésie. Jusqu'à présent cette
substance est assez rare ; peut-être doit-on y ranger la plupart des talcs qui
ont une texture fibreuse.

446. Substances très-lamelleuses, au moins dans une
direction, et desquelles on peut extraire un
solide de clivage ou des plaques.   447

Cette dernière substance est très-rare ; on l'a trouvée seulement engagée
dans du granit de Rubislaw près Aberdeen. Cette gangue, différente de celle
qui accompagne le diopside, suffira pour distinguer ces deux minéraux.

456. Deux clivages faciles et rectangulaires entre eux,
le troisième généralement peu net.   457
Aucun clivage rectangulaire.   459

457. Substance facilement fusible en émail gris verdâtre. . . . . **Diopside**.
— Difficilement fusible en émail blanc. . .   458

458. Cassure très-lamelleuse ; éclat vif suivant les
lames, un peu gras dans les autres sens ; couleur souvent laiteuse, excepté dans l'adulaire
qui est tout à fait hyaline.. . . . **Feldspath**.
Cassure lamelleuse, éclat vitreux, lames très-
fendillées, et comme étonnées, couleur rarement laiteuse . . . . **Riacolite**.
Cassure lamelleuse, avec reflet jaune d'or : troisième clivage perpendiculaire sur l'une des
faces et faisant avec l'autre l'angle de 106° 50'.
Murchisonite.

Le *riacolithe* est essentiel au terrain de trachyte ; le *feldspath* est au contraire disséminé dans les granits et les porphyres. La *murchisonite* est en cristaux engagés dans le grès rouge d'Heavitree près Exeter. La nature des roches sera donc un guide pour les échantillons sur gangue. Dans le cas où
ces minéraux seront isolés, il faudra nécessairement mesurer les angles pour
être sûr de leur détermination.

459. Substance soluble dans les acides, et associée soit
aux roches volcaniques, soit aux roches hy-
persthéniques. . . . . **Labradorite**.
Insoluble dans les acides, substance associée aux
roches amphiboliques, ou aux roches dites
primitives . . . . **Albite**.

Lorsque les clivages sont miroitants, la mesure des angles est le meilleur
moyen à employer ; il est à la fois facile et exact ; mais lorsque les lames
sont un peu esquilleuses, et qu'elles ne donnent pas de réflexion, il faut alors
avoir recours aux essais indiqués n° 359.

460. Clivage difficile quoique net. Minéraux complète-
ment hyalins, très-durs, rayant le quartz et le
feldspath ; difficilement fusibles, mais dont les
bords s'arrondissent au chalumeau.   463

Le *disthène* est engagé constamment dans du schiste talqueux ; il est souvent associé avec de la staurotide.

Il n'existe de difficulté que pour les échantillons n'ayant plus aucune trace
de la forme cristalline, circonstance très-rare, même dans les fragments roulés. Toutes les fois que ce caractère important pourra être consulté, on déterminera de suite la *topaze* et l'*émeraude*, après l'examen de la dureté,
n° 449.

467. Trois clivages faciles.   468
     Deux clivages assez difficiles, substance soluble
          dans les acides avec effervescence.

                                        Baryto-calcite.

468. Trois clivages, également faciles et également
          inclinés ; substance soluble dans les acides, de
          couleur jaune sale, quelquefois brunâtre.

                                        Fer carbonaté.

     Trois clivages, faciles, dont un est perpendicu-
          laire sur les deux autres.   469
469. Angle compris entre les deux clivages verticaux
          = 101° 42' ; pesanteur spécifique = 44 ; don-
          nant à la flamme du chalumeau une couleur
          orangée. . . . . **Baryte sulfatée.**
     Angle de 104° ; pesanteur spécifique = 39 ; co-
          lorant la flamme du chalumeau en pourpre.

                                        Strontiane sulfatée.

La *Baryte sulfatée* est plus franchement lamelleuse que la *strontiane sulfatée ;* celle-ci est très-fragile, et il est difficile d'en extraire un solide de clivage : souvent aussi une légère teinte bleuâtre dénote sa nature. Enfin, ses
gisements sont particuliers, de sorte que dans le plus grand nombre de cas
il ne sera pas nécessaire de faire l'essai au chalumeau.

La baryte sulfatée et la strontiane sulfatée sont fréquemment mélangées,
d'une manière intime, de chaux sulfatée ; les angles de ces deux substances
ne varient pas par ce mélange ; ce qui m'empêche d'admettre les deux espèces
de M. Thomson sous le nom de *calcaréo-sulfate de baryte,* et *calcaréo-sulfate
de strontiane ;* mais la pesanteur spécifique indique ces mélanges ; elle est de
41, 9 pour la première, et de 38, 1 pour la seconde. L'aspect laiteux de quelques échantillons de baryte sulfatée dénote la présence de la chaux sulfatée.

M. Shepard a également décrit, sous le nom de *calstron-baryte,* une substance composée de sulfate de baryte, carb. de chaux, et carbonate de strontiane ; elle est soluble avec effervescence dans les acides, caractère qui la
distingue de la baryte sulfatée, de laquelle elle se rapproche par son angle
de 102° 30 à 103. Le *calstron-baryte* est indistinctement lamelleux.

470. Minéraux ayant un seul clivage facile.   471
     ——   Possédant plusieurs clivages faciles. . .   474
471. Substance éminemment lamelleuse, de laquelle
          on enlève de grandes plaques avec la pointe
          d'un canif : ces plaques présentent deux cli-

vages difficiles, perpendiculaires à leur surface large, très-tendre, rayée par l'ongle.
Chaux sulfatée.

Ne pouvant se séparer en lames de quelque
étendue. 472

472. Très-tendre, rayée par l'ongle; composée de
lames superposées les unes sur les autres
d'une manière irrégulière; insoluble dans les
acides . . . . **Gilbertite.**

Dureté comparable à celle de la chaux carbonatée, substance distinctement lamelleuse, et
dont le clivage est uni et miroitant. . . . 473

473. Substance hyaline, d'un blanc laiteux, en lames
souvent fort minces, soluble en gelée dans les
acides, infusible au chalumeau, et donnant de
l'eau dans le tube. . **zinc oxydé silicifère.**

En masse lamelleuse, dans laquelle le clivage est
bien indiqué, mais non en lames minces;
blanche, ou d'un blanc jaunâtre, quelquefois
un peu grisâtre; insoluble dans les acides;
fusible avec difficulté en une perle blanche ;
ne donnant pas d'eau.
Tafelspath ; **Wollastonite.**

474. Quatre clivages égaux, et également faciles, menant à l'octaèdre régulier; fusible au chalumeau en une perle opaque; donnant par l'a-
cide sulfurique des vapeurs qui attaquent le
verre. . . . . **Chaux fluatée.**

Trois clivages égaux et également faciles. . . 475
475. Trois clivages perpendiculaires entre eux. . . . 476
Trois clivages inclinés et menant à un rhomboèdre. 477

476. Substance présentant presque toujours une légère
teinte de bleu, ou de violet; lames très-

miroitantes, ordinairement hyalines; difficilement fusible au chalumeau.

       Chaux anhydro-sulfatée.

Substance d'un blanc laiteux, un peu nacrée; opaque; fusible au chalumeau avec une grande facilité. . . . . **Cryolithe**.

477. Soluble lentement à froid dans l'acide nitrique, et avec une effervescence peu vive. 478
— Avec une effervescence très-vive.

       Chaux carbonatée.

478. Angle du clivage de 106° 15′, solution contenant de la chaux. . . . . **Dolomie**.
 Angle de 107° 5′, solution ne contenant pas de chaux. . . . . . . **Magnésie carbonatée**.

La *dolomie* et la *magnésie carbonatée* lamelleuse sont ordinairement associées avec le talc. Cette réunion est un caractère qui guide pour reconnaître ces minéraux quand ils sont accompagnés de gangue. Le carbonate de magnésie est souvent en outre coloré par une légère teinte jaunâtre.

479. Substances très-tendres, presque friables, s'écrasant entre les doigts, ou du moins rayées par l'ongle. 480
 Substances plus ou moins dures, ne s'écrasant pas entre les doigts. 482

480. Pesanteur spécifique très-grande (55 environ); fusible au chalumeau avec facilité, et donnant une odeur d'antimoine. **Antimoine oxydé**.
 Pesanteur spécifique faible, 25 au plus; infusible au chalumeau, donnant de l'eau par la calcination. 481

481. Minéral composé de lames larges, un peu courbes; testacé à la manière des coquilles; soluble dans les acides, et donnant de l'alumine par l'ammoniaque. . . . . **Pholérite**.
 En petites lames brillantes: attaquable par les

acides, solution donnant de la magnésie.

Brucite.

482. Pesanteur spécifique considérable, 70 environ.

Berzélite.

Pesanteur spécifique comprise entre 25 et 35.   483
483. Clivage courbe, facile; substance dure et rayant
le verre. . . . . **Diaspore**.
Rayé par une pointe d'acier.   484
484. Minéraux possédant un seul clivage facile. . . .   485
Plusieurs clivages faciles.   489
485. Clivage dont on peut séparer les lames avec la
pointe d'un canif; substances solubles dans
les acides.   486
Clivage très-prononcé, mais qu'il est difficile
d'obtenir par la simple interposition d'une
lame de canif; substance insoluble dans les
acides. . . . . . *Tafelspath;* **wollastonite**.
486. Clivage très-facile, lames larges, brillantes, et
parfaitement unies.   487
Clivage facile, lames étroites et comme striées,
un peu fibreuses.   488
487. Substance s'exfoliant au chalumeau, et donnant
ensuite un émail blanc. . . . **Apophyllite**.
Ne s'exfoliant pas et donnant un émail bulleux
par l'action du chalumeau. . . **Heulandite**.
488. Fusible au chalumeau. . . . . **Stilbite**.
Infusible . . . . **Zinc oxydi-silicifère**.
489. Trois clivages égaux, inclinés de 93 degrés environ; substance insoluble dans l'acide nitrique.

Dréelite.

Trois clivages égaux, mais courbes, sous l'angle
de 105° à 106; soluble avec effervescence dans
l'acide nitrique. **Chaux carbonatée perlée**.

490. Minéraux ayant une couleur jaune, de nuances
   différentes et plus ou moins foncées.. . . .   491
  — Gris foncé, bleus, verts plus ou moins foncés,
   et même noirs.   497
  — Rouges , roses, violets, brun et ferrugineux.   524

491. Pesanteur spécifique considérable , supérieure
   à 60. . . . . **Plomb molybdaté.**
  Pesanteur spécifique comprise entre 25 et 30. .   492

492. Très-tendre, rayé facilement par l'ongle, souvent
   friable   493
  Résistant à la pression de l'ongle.   494

493. Lames larges, un peu fibreuses, flexibles et molles
   à la manière du plomb; substance entièrement
   volatile au chalumeau, avec odeur d'arsenic.
           Orpiment.

  Lames assez petites ; substance friable entre les
   doigts; fusible en un globule noir. **Uranite.**

494. Minéral possédant un grand nombre de clivages
   faciles, lames très-miroitantes, ayant un éclat
   demi-métallique. . . . . **Blende.**
  Deux, trois ou quatre clivages.   495

495. Deux clivages, substance soluble avec effervescence dans l'acide nitrique . . **Junckérite.**
  Quatre clivages égaux et donnant un noyau octaèdre; insoluble dans l'acide nitrique.
          Chaux fluatée.

  Trois clivages égaux et également faciles. . .   496

496. Substance soluble dans l'acide nitrique avec effervescence ; liqueur donnant les réactions du
   fer. Pes. sp. 35 à 38 . . . **Fer carbonaté.**
  — Liqueur contenant de la magnésie, pes. sp.
   27 à 28. . . . . . **Magnésie carbonatée.**

497. Gris foncé, couleur quelquefois un peu sale . .   498
  Bleu, vert plus ou moins foncé et même noir. .   500

498. Substance ayant trois clivages menant au rhomboèdre ; rayant le quartz avec facilité.

Corindon.

— Un seul clivage facile. 499

499. Gris clair, clivage très-facile, substance fusible
en émail gris avec boursoufflement. **Zoïsite.**
Gris jaunâtre, clivage facile, substance donnant
d'abord de l'eau par la calcination , puis une
matière jaune (*chlorure de fer*) qui se dissout
dans cette eau . . . . **Pyrosmalite.**

500. Substance bleue 501
D'un vert plus ou moins foncé et même noire. . 504

501. Trois clivages 502
Un seul clivage. 503

502. Sous l'angle de 101° . . . . **Hétérozite.**
Sous l'angle de 90. . . . . **Triplite.**
Sous l'angle de 132. . . . . **Triphyline.**

Ces trois substances sont des phosphates de fer et de manganèse, dont les
proportions varient avec l'angle ; elles ont des caractères communs, qui rendent impossible leur détermination exacte sans le secours du goniomètre. La
première présente ordinairement une teinte de violet, qui la caractérise
alors facilement.

503. Substance dure, rayant le verre , infusible au
chalumeau. . . . . **Disthène.**
Ne rayant pas le verre ; fusible avec facilité.

Vivianite.

504. D'un vert plus ou moins foncé 505
Noire 521

505. Vert émeraude. 506
Vert clair ou vert bouteille 508

506. Substance tendre , s'écrasant entre les doigts. 507
Dure, rayant facilement la chaux carbonatée.

Diallage vert.

507. Au chalumeau brunit, donne une fumée blanche
et une odeur de rave. **Tellure carbonaté.**

Au chalumeau brunit, donne un globule noir et
une odeur arsenicale prononcée.

517. Lames très-miroitantes, flexibles et élastiques ;
      substance fusible en émail noir. . . **Mica.**

      Facilement clivable par la percussion, mais dont
      on ne peut lever de plaques par l'interposi-
      tion d'une lame de canif.   518

      Lames flexibles et molles ; substance douce au
      toucher ; infusible.   445

518. Un seul clivage facile.   519

      Plusieurs clivages faciles.   520

519. Vert foncé, mais sans mélange, fusible en émail
      noir avec bouillonnement. . . . . **Épidote.**

      Vert olivâtre, vert noirâtre, quelquefois un peu
      jaunâtre, fusible en une scorie grise.

                                      Diallage.

520. Deux clivages très-faciles sous un angle obtus
      (124° 30′). . . . . **Amphibole.**

      Deux ou plusieurs clivages, moins faciles que les
      précédents. . . . . **Pyroxène.**

Dans cette dernière substance, le nombre des clivages est ordinairement de
deux, quelquefois de trois, enfin dans certaines variétés il est de quatre. Les
clivages verticaux sont rectangulaires, ou presque rectangulaires ; l'appréciation de l'angle droit, qu'il est facile de faire à l'œil, est le caractère le plus
saillant pour distinguer l'*amphibole* du *pyroxène*.

521. Rayée facilement par une pointe d'acier. . . .   522

      Rayant le verre avec difficulté.   523

522. Soluble dans l'acide nitrique, avec une efferves-
      cence vive, même à froid.

                              Chaux carbonatée.

      — *Id.*, avec une effervescence très-lente.

                          Magnésie carbonatée.

La couleur noire de ces deux minéraux est due à des mélanges. La substance qu'on appelle *madréporite* est une chaux carbonatée mélangée de
bitume et complétement noire ; le *carbonate de magnésie*, qui existe dans le
gypse du Salzbourg, est également coloré par du charbon.

523. Deux clivages faciles sous l'angle de 124° 30′.

                      Hornblende; **Amphibole.**

Clivages rectangulaires ou presque rectangulaires. **Pyroxène.**

524. Rouge, brun et ferrugineux. 529
Violet et rose. 525

525. Rose. . . . . **Manganèse carbonaté.**

Violet. 526

526. Dur, rayant le verre. 528
Ne rayant pas le verre. 527

527. Quatre clivages égaux et également faciles, menant à l'octaèdre régulier ; substance hyaline.
Chaux fluatée.

Trois clivages, menant à un prisme oblique de
101 environ ; substance opaque et luisante.
Hétérozite.

528. Deux clivages ; substance fusible au chalumeau,
avec boursouflement, en un verre sombre.
Axinite.

Trois clivages : substance difficilement fusible au
chalumeau, se fritant seulement sur les bords.
Latrobite.

529. Brun. 530
Rouge. 531

530. Substance possédant un grand nombre de clivages très-brillants ; éclat légèrement métalloïde. . . . . **Blende.**

Trois clivages égaux, donnant un rhomboèdre ;
substance mate, paraissant décomposée, soluble avec effervescence dans l'acide.
Fer carbonaté.

531. Ferrugineuse. 532
Rouge. 533

532. Un seul clivage : substance dure, insoluble dans
les acides. . . . . **Diaspore.**

Trois clivages conduisant au rhomboèdre ; substance soluble avec effervescence.

Calcaire ferrugineux.

533. Rouge vermillon, ou rouge cochenille ; couleur très-marquée par la raclure, quand elle ne l'est pas sur la surface des échantillons. . . 534

Rouge, tirant sur le brun. 536

534. Éclat très-vif, demi-métallique. 535

Ne rappelant en rien l'éclat métallique ; un clivage facile. . **Plomb molybdaté chromifère.**

535. Pesanteur spécifique considérable, 80 environ ; clivage rhomboédrique ; substance entièrement volatile au chalumeau.

Mercure sulfuré.

Pesanteur spécifique de 56 ; clivage cubique ; donnant un bouton de cuivre au feu de réduction.. . . . . **Cuivre oxydulé.**

536. Deux clivages faciles, perpendiculaires entre eux ; substance infusible au chalumeau, donnant avec le borax les réactions du titane.

Titane rutile.

Un seul clivage, courbe et peu net ; substance infusible au chalumeau ; donnant avec le borax un verre transparent. . **Zinc oxydé rouge.**

537. Substances hyalines, blanches, d'un blanc laiteux, ou légèrement colorées en vert ou en gris. 538

Ayant une couleur prononcée. 546

538. Très-tendre, rayée par la pression de l'ongle.

Hydroboracite.

Plus ou moins dur, rayant la chaux carbonatée. 539

539. Très-dur, rayant le feldspath et le quartz. . . . 540

Ne rayant pas le feldspath. 542

540. Trois clivages , substance rayant même l'éme-
    raude. . . . . **Corindon**.
    Un seul clivage. 541

541. Pesanteur spécifique , 35 . . . . . . **Topaze**.
              Id. ,   27. . . . . **Émeraude**.

542. Éclat gras , prononcé; substance d'un blanc gri-
    sâtre , quelquefois un peu verdâtre , cassure
    lamelleuse , en même temps que très-esquil-
    leuse 543
    Éclat nacré , un peu vitreux; cassure plus déci-
    dément lamelleuse. 545

543. Deux clivages rectangulaires entre eux; substance
    ne rayant pas le verre ; fusible avec facilité en
    émail blanc. . . . . **Paranthine**.
    Deux clivages non rectangulaires : substance
    rayant le verre; difficilement fusible au cha-
    lumeau. 544

544. Deux clivages sous l'angle de 80°, colorant la
    flamme du chalumeau en rouge.

                    Spodumène ou **Triphane**.

    — *id*. de 93°, ne colorant pas la flamme en
    rouge. . . *Spodumène à soude;* **Oligoklas**.

545. Trois clivages , dont deux faciles (P sur M) sous
    l'angle de 65°; difficilement fusible en émail
    blanc . . . . **Albite**.
    Deux clivages assez faciles (M sur M) sous l'angle
    de 106°; difficilement fusible en émail blanc;
    colorant la flamme du chalumeau en pourpre.
                              Pétalite.

546. Rouge , brun rouge , brun de girofle. 547
    Bleu , violet , vert de nuances différentes. . . . 549
    Jaune. . . . . **Topaze**.

547. Substance rouge; ayant un éclat gras prononcé:
    deux clivages peu nets. . . . . **Paranthine**.

Substance d'un brun rouge, imparfaitement lamelleuse; dont l'éclat a une tendance à être
demi-métallique; soluble avec effervescence
dans l'acide muriatique.
Silicate ferrugineux de manganèse.

548. Plusieurs clivages, dont un surtout est assez facile; éclat perlé, quelquefois métalloïde sur
la surface du clivage: inaltérable au chalumeau. . . . . **Antophyllite**.

Un seul clivage, présentant une cassure fibro-
lamelleuse; couleur tirant sur le vert jaunâtre, fusible en émail noir. . . . . **Gédrite**.

550. — D'un violet foncé, passant quelquefois au brun;
fusible au chalumeau, avec bouillonnement;
raye facilement le verre. . . . . . . **Axinite**.

Violet clair, rougeâtre; opaque; fusible en un
verre coloré d'un vert foncé, sans bouillonnement; rayée par une pointe d'acier.
Eudyalite.

552. Bleu lavande; deux clivages sous l'angle de 143°
30'. . . . . **Glaucolite**.

553. Minéral bleu clair; hyalin, très-dur, rayant le
quartz. . . . . **Émeraude**.

554. Rayée par une pointe d'acier, soluble dans les
acides avec effervescence. **Cuivre carbonaté.**

— Rayant légèrement le verre; difficilement fusible au chalumeau.

Sodalite bleue, **cancrinite**.

555. Substance d'un vert émeraude . . **Émeraude**.

— Vert pistache . . . . **Épidote**.

— Vert clair 556

556. Éclat gras très-prononcé; substance ne rayant pas le verre; fusible en émail ou en verre.

Paranthine.

Éclat perlé; substance rayant le verre, fondant difficilement sur les bords. . . . **Weissite**.

MINÉRAUX EN MASSES LAMELLAIRES.

557. Substance d'un gris bleuâtre prononcé; très-douce au toucher, tendre, tachant les doigts, ou du moins laissant une trace quand on la frotte sur le papier.

Molybdène sulfuré.

— N'étant pas douce au toucher; substance assez dure. 565

558. Ayant un éclat métallique ou métalloïde. . . . 559

Présentant un éclat pierreux ou vitreux. . . . 573

559. Éclat métallique prononcé 560

Simplement métalloïde. 570

560. Minéral de couleur gris de fer très-foncé, presque noir. 561

— Gris de plomb, gris bleuâtre clair, gris jaunâtre. 557

561. Peu dur, facilement rayé par une pointe d'acier, et prenant alors de l'éclat. 562

Assez dur, difficilement rayé par une pointe d'acier, donnant une poussière rouge quand on l'écrase. . . . . **Fer oligiste**.

562. Se laissant couper au couteau à la manière du
     plomb, prenant au moins de l'éclat par la
     raclure . . . . **cuivre sulfuré.**
     S'égrenant sous le couteau.   563
563. Donnant au chalumeau une odeur d'arsenic. . .   564
     Point d'odeur d'arsenic par l'action du chalu-
     meau. . . . . **cobalt sulfuré.**

Cette substance, trouvée jusqu'ici seulement à Bastnaës, près de Ridda-
ryta en Suède, et à Musen, dans le pays de Siégen, est facile à reconnaître
par la gangue qui l'accompagne.

564. Odeur arsenicale très-forte ; substance entière-
     ment soluble dans l'acide nitrique.
                              Arsenic natif.
     Odeur arsenicale assez faible ; substance soluble
     seulement en partie dans l'acide nitrique.
                    Antimoine natif arsenifère.
565. Minéral donnant une poussière rouge quand on
     l'écrase. . . . . **Fer oligiste.**
     — Poussière grise, conservant fréquemment
     l'aspect métallique.   566
566. Couleur d'un gris d'étain, quelquefois un peu
     jaunâtre ou rougeâtre.   567
     D'un gris bleuâtre, d'un gris de plomb. . . .   568
567. Gris d'étain un peu jaunâtre ou rougeâtre ; sub-
     stance fusible à la flamme d'une bougie sans
     brûler ; exposée à l'action du chalumeau, se
     volatilise en partie, en donnant une poussière
     jaune ; soluble dans l'acide nitrique, avec
     dégagement de gaz nitreux. **Bismuth natif.**
     Gris d'étain, passant au blanc d'argent ; fusible
     au chalumeau avec odeur antimoniale ; atta-
     qué par l'acide nitrique, avec précipité im-
     médiat jaunâtre. . . . . **Antimoine natif.**
568. Pesanteur spécifique considérable 75 au moins ;

fusible au chalumeau, mais non à la flamme
   d'une bougie   569
Pesanteur spécifique de 46 au plus ; fusible à la
   flamme d'une bougie ; lames fréquemment
   allongées, dénotant une structure baccillaire.
                         Antimoine sulfuré.

569. Fusible au chalumeau, avec bouton de plomb métallique et odeur sulfureuse. **Plomb sulfuré.**
   — *Id.* avec odeur de sélénium.
                         Plomb séléniuré.

570. Substance noire, douce au toucher, tendre, sa-
   lissant les doigts, et laissant une empreinte
   noire sur le papier. . . . . . . **Graphite.**
Ne tachant pas les doigts.   571

571. Éminemment lamellaire, avec des reflets jaunâtres, verdâtres, ou brunâtres ; lames très-
   éclatantes. . . . . **Blende.**
Plus ou moins lamellaire, mais dans une seule
   direction et sans reflets.   572

572. De couleur violette, gris verdâtre ; substance
   très-lamellaire, âpre au toucher, et fusible
   en émail noir. . . . . **Lépidolithe.**
Verte, verdâtre ou quelquefois d'un blanc nacré ;
   lames d'un éclat gras, substance douce au
   toucher et infusible au chalumeau. . . **Talc.**

573. Substance plus ou moins dure, rayant le verre.   574
   — Ne rayant pas le verre ; rayée avec facilité par
   une pointe d'acier.   579

574. Blanche, d'un blanc grisâtre, blanc verdâtre ou
   rosâtre, de couleurs toujours très-claires . .   575
                  Minéraux feldspathiques.

Minéraux colorés assez fortement en violet, en
   brun violacé, en vert ou même en noir. . .   577
575. Attaquable par les acides. . . . . . **Labradorite.**

Inaltérable par l'action des acides.   576

Le *labrador* étant moins riche en silice que le *feldspath* et *l'albite*, ne se trouve pas associé à du quartz, et par suite il ne forme pas de granites; il est, au contraire, fort abondant dans les roches volcaniques. L'étude de la nature de la roche servira dans la plupart des cas à distinguer ce minéral, et dispensera de l'essai par les acides.

576. Donnant la réaction de la potasse par le chlorure
de platine. . . . . **Feldspath**.
Ne donnant pas la réaction de la potasse.
Albite.

La distinction du *feldspath* et de *l'albite*, déjà très-difficile pour les cristaux, l'est encore davantage pour les masses lamellaires; et, dans ce cas, il est indispensable de faire un essai dans le but de constater la présence de la potasse. On broiera dans un mortier d'agate deux centigrammes environ de la substance à essayer, avec dix ou douze centigrammes d'un mélange formé de parties égales de nitrate et de carbonate de baryte. On exposera le tout sur une capsule de platine à la flamme d'une lampe à l'alcool; on délayera la masse sèche qui en résultera avec quelques gouttes d'acide sulfurique, qu'on évaporera ensuite à siccité; puis on ajoutera de l'eau pure, et l'on décantera avec soin la liqueur éclaircie. Le résidu insoluble sera formé de sulfate de baryte et de la silice du feldspath; la liqueur claire renfermera de l'alun à base de potasse, ou à base de soude, selon qu'on aura opéré sur du *feldspath* ou sur de *l'albite*. On reconnaîtra la présence de la potasse en concentrant cette liqueur, et en y ajoutant une goutte de chlorure de platine dissous dans l'alcool. Ce réactif déterminera sur-le-champ la formation d'un précipité jaune de chlorure platinico-potassique très-peu soluble dans l'eau, et insoluble dans l'alcool. La dissolution concentrée d'alun à base de soude est à la vérité légèrement troublée par l'addition de chlorure platinique; mais ce trouble, dû à la présence de l'alcool, ne ressemble pas à celui que détermine la potasse, et une très-petite quantité d'eau, ajoutée à la liqueur, suffit pour lui rendre sa limpidité.

Cet essai, que j'ai renouvelé sur *l'adulaire* du Saint-Gothard, sur *l'orthose* chatoyant de Norvège, sur *l'albite* laminaire qui accompagne la tourmaline verte des États-Unis, m'a toujours donné des résultats satisfaisants; il a sans doute l'inconvénient d'être un peu compliqué, mais je n'ai pu en trouver d'autres : dans tous les cas, on peut facilement, en une heure, faire un essai de cette nature; et comme il n'exige aucune pesée, il n'exige pas non plus beaucoup d'habitude pour l'exécuter.

577. Substance violette ou brun violacé; fusible avec
bouillonnement. . . . . **Axinite**.
—D'un vert plus ou moins foncé, et même noire.   578

578. Lamellaire dans deux directions; très-miroitante
à cause de la facilité des clivages qui ont lieu
sous l'angle de 124° environ. Couleur très-

foncée ; fusible en émail noir.   **Amphibole.**

Difficilement lamellaire ; couleur vert bouteille plus ou moins foncé. . . . . . **Pyroxène·**

579. Soluble dans l'eau. . . . . **Sel gemme.**

Insoluble. 580

580. Très-tendre, rayée par l'impression de l'ongle. **Chaux sulfatée.**

N'étant point rayée par l'ongle. 581

581. Substances colorées en rose, en brun, en brun jaunâtre, et quelquefois même en noir. . . 587

Substances blanches, d'un blanc laiteux, ou très-légèrement colorées en gris ou en rouille. 582

582. Pesanteur spécifique assez considérable, 42 au moins. 583

Pesanteur spécifique faible, 27 à 29. 584

583. Pesanteur spécifique, 44. Colorant la flamme du chalumeau en jaune orangé. **Baryte sulfatée.**

Pesanteur spécifique 38, 5 à 39. Colorant la flamme du chalumeau en pourpre. **Strontiane sulfatée.**

584. Rayant la chaux carbonatée, insoluble dans les acides. . . . . **Anhydrite.**

Dureté comparable à celle de la chaux carbonatée; soluble avec effervescence dans les acides. 585

585. Effervescence très-vive, même à froid. **Chaux carbonatée.**

Effervescence très-lente, même à chaud. . . . 586

586. Solution contenant de la chaux. . . . **Dolomie.**

Cette substance a souvent un éclat nacré qui la fait distinguer au premier coup d'œil ; il y a même une variété de *dolomie* qui a reçu le nom de chaux *carbonatée nacrée* ou *perlée*. Souvent aussi cette roche est comme persillée de petits trous, circonstance qui tient à la manière dont les cristaux de dolomie s'associent.

Solution ne contenant pas de chaux.

Magnésie carbonatée.

587. Substance colorée en rose.

Manganèse carbonaté.

— En brun, brun jaunâtre, ou noir. 588

588. Brun jaunâtre, ou brun. 589

En noir. . . **Chaux carbonatée bituminifère.**

589. En brun. . . . . **Fer carbonaté.**

En brun jaunâtre. 590

590. Pesanteur spécifique de 36 à 38 ; soluble dans les acides avec une effervescence lente.

Fer carbonaté.

Pesanteur spécifique de 28 à 30. Effervescence vive et rapide même à froid.

Chaux carbonatée ferrugineuse.

MINÉRAUX EN MASSES SACCHAROÏDES OU GRENUES.

591. Substance ayant l'éclat métallique, ou métalloïde. 592

Eclat vitreux ou pierreux. 615

592. Eclat métallique. 597

— Métalloïde, ou demi-métallique. 593

593. Gris de fer très-foncé, tachant les doigts.

Graphite.

Verdâtre, brunâtre, ou violacé. 594

594. Violacé. . . . . **Lépidolithe.**

Verdâtre ou brunâtre. 595

595. Verdâtre, vert jaunâtre. 596

Brunâtre, donnant une poussière grise; infusible au chalumeau, mais y développant une odeur sulfureuse. . . . . **Zinc sulfuré.**

596. Vert jaunâtre, poussière grise, infusible au chalumeau, odeur sulfureuse. . . **Zinc sulfuré.**

Verdâtre, reflets argentés, fusible au chalumeau en émail noir, point d'odeur.

Lépidolithe.

597. Couleur gris de fer, ou gris d'acier. 598

Gris clair, gris bleuâtre, et blanc d'étain. . . . 608

598. Dur, rayant le verre. 600

Ne rayant pas le verre. 603

600. Fortement attirable à l'aimant. . **Fer oxydulé**

Action nulle, ou presque nulle sur le barreau aimanté. 601

601. Donnant une poussière rouge quand on l'écrase.

Fer oligiste.

Donnant une poussière grise. 602

602. Légèrement attirable à l'aimant, donnant avec le borax un verre de couleur émeraude.

Fer chromé.

Aucune action sur le barreau aimanté ; colorant le borax en violet. . . . . **Braunite.**

603. Pesanteur spécifique considérable, 60 au moins, odeur d'arsenic au chalumeau. 604

Pesanteur spécifique n'atteignant pas 50, point d'odeur arsenicale. 605

604. Entièrement volatil au chalumeau, avec fumées très-épaisses ; soluble dans l'acide nitrique sans résidu. . . . . **Arsenic natif**

Difficilement volatil au chalumeau, donnant souvent un bouton d'argent ; attaquable par l'acide nitrique, avec dépôt jaunâtre très-abondant. . . **Antimoine natif arsenifère.**

605. Poussière brune ou d'un brun rouge. 606

Poussière noire. 607

606. Poussière brune ; donnant de 9 à 10 p. 0/0 d'eau dans le tube. . . . . **Manganite.**

Poussière d'un brun rouge, peu ou point d'eau, au plus 1 pour 100. . . . **Hausmanite**.

607. Gris d'acier, rayant difficilement le calcaire, pesanteur spécifique, 48, solution dans les acides, ne précipitant pas par l'acide sulfurique. . . . . **Pyrolusite**.

Gris bleuâtre très-foncé, rayant le fluor ; pesanteur spécifique, 41 ; solution précipitant par l'acide sulfurique. . . . . . **Psilomélane**.

La couleur de la *psilomélane* suffit pour la distinguer de la *pyrolusite* ; on ajoutera, qu'elle est souvent associée à de la chaux fluatée, qui lui donne une teinte violacée.

608. Gris très-clair. 609
Gris bleuâtre et blanc d'étain. 611
609. Pesanteur spécifique considérable, 80 environ ; odeur arsenicale par l'action du chalumeau.
Arsenic natif.

Pesanteur spécifique n'atteignant pas 50 ; ne donne pas d'odeur arsenicale par le chalumeau. 610
610. Poussière brune ; substance donnant 10 p. 100 d'eau environ par la distillation dans le tube.
Manganite.

Poussière noire, ne donnant qu'un pour cent d'eau dans le tube. . . . . . **Pyrolusite**.

Quelques variétés de manganèse sont d'un gris d'acier très-clair ; il en est de même de l'arsenic quand sa cassure est fraîche : on a dû, par conséquent, donner à ces minéraux une double place dans la méthode.

611. Gris bleuâtre. 612
Blanc d'étain et blanc jaunâtre. 614
612. Très-tendre ; fusible à la simple flamme d'une bougie ; odeur antimoniale au chalumeau ; substance entièrement volatile.
Antimoine sulfuré.

Infusible à la flamme d'une bougie, fond au chalumeau, en donnant un bouton de plomb. 613

613. Fusible, avec odeur de soufre. **Plomb sulfuré.**

— *Id.*, avec odeur de sélénium.

Plomb séléniuré.

614. Blanc d'étain très-brillant; donnant au chalumeau une odeur d'antimoine; attaquable par l'acide nitrique, avec précipité immédiat, jaunâtre. . . . . **Antimoine natif**.

Blanc jaunâtre, quelquefois un peu rougeâtre, souvent terne; point d'odeur au chalumeau, soluble sans résidu, dans l'acide nitrique concentré. . . . . **Bismuth natif**.

615. Minéraux blancs, blancs laiteux, blancs grisâtres, blancs rosés, et dont la couleur blanche n'est que légèrement altérée. 616

Minéraux ayant une couleur propre. 624

616. Ayant une pesanteur spécifique assez considérable, d'environ 40. 617

Pesanteur spécifique faible, ordinairement 27 à 28, quelquefois cependant 32 à 33. . . . 619

617. Soluble dans l'acide nitrique. . . **williamsite.**

Insoluble dans les acides. 618

618. Colorant la flamme du chalumeau en jaune orangé. . . . . **Baryte sulfatée.**

— *Id*, en pourpre. . . . **strontiane sulfatée.**

619. Substance très-tendre, rayée par la pression de l'ongle. . . . . **Chaux sulfatée.**

Résistant à la pression de l'ongle. 620

620. Insoluble dans les acides. . . . . **Anhydrite**.

Soluble dans l'acide nitrique. 621

621. Soluble sans effervescence. 622

Avec effervescence. 623

622. Fusible avec facilité en émail blanc ; donnant 13 à 14 pour cent d'eau dans le tube : ordinairement rose de chair. . . . **Léhuntite**

Fusible avec difficulté , ne donnant pas d'eau dans le tube. . . . . **Chaux phosphatée**.

623. Avec effervescence très-vive.

Chaux carbonatée.

Avec effervescence lente , éclat un peu nacré.

Dolomie.

624. Minéral violet, rose, rouge, brun plus ou moins foncé, ou noir. 625

— Vert , vert jaunâtre , bleu. 634

625. Violet. . . . . **Lépidolithe.**

Rose, rouge, brun plus ou moins foncé, ou noir. 626

626. Rose. . . . . **Manganèse carbonaté**.

Rouge, brun , ou noir. 627

627. Rouge. 638

Brun, ou noir 628

628. Brun. 629

Noir. 632

629. Soluble avec effervescence dans l'acide nitrique. 630

Soluble sans effervescence, ou avec dégagement de gaz nitreux. 633

630. Avec effervescence très-vive.

Chaux carbonatée ferrugineuse.

Effervescence lente. 631

631. Éclat nacré , solution contenant une forte proportion de chaux : pesanteur spécifique 28 à 30. . . . . **Dolomie.**

Solution ne contenant pas de chaux, ou du moins qu'une très-faible proportion : pesanteur spécifique 35 à 36. . . . . . **Fer carbonaté.**

632. Effervescence vive.

Chaux carbonatée bitumineuse.

Effervescence lente. . . **Dolomie bitumineuse.**

633. Donnant au chalumeau une odeur sulfureuse.

Zinc sulfuré.

Inaltérable au chalumeau. . . . **williamsite.**

634. Substance d'un beau bleu. . **Cuivre carbonaté.**

Verte, d'un vert jaunâtre ou jaune 635

635. Verte de nuances différentes. 636

Verte, jaunâtre ou jaune. 637

636. D'un vert très-foncé. . . . . **Chlorite.**

D'un vert assez clair; substance plutôt pailletée que saccharoïde. . . . . . . **Lépidolithe.**

637. Infusible, donnant au chalumeau une légère odeur de soufre. . . . . . **Zinc sulfuré.**

Difficilement fusible, point d'odeur au chalumeau. . . . . **Chaux phosphatée.**

638. Pesanteur spécifique 36 ; brûlant sous l'action du chalumeau avec odeur d'ail.

Arsenic sulfuré rouge.

Pesanteur spécifique, 80 environ ; exhalant au chalumeau une légère odeur de soufre ; complétement volatile, et donnant du mercure dans le tube. . . . . . **Mercure sulfuré.**

MINÉRAUX EN MASSES CONCRÉTIONNÉES.

639. Minéraux, concrétionnés sous formes de stalactites, de stalagmites, de mamelons ou de rognons, ayant une cassure fibreuse, testacée, compacte ou terreuse. 640

En masses fibreuses, droites ou rayonnées ; à fibres croisées, réticulées ou tricotées ; enfin, présentant une structure baccillaire. 715

640. Substances solubles dans l'eau. 641

— Insolubles dans l'eau. 644

641. Sels colorés. 642
Sels blancs, ou blancs grisâtres. 643

642. D'un beau bleu . . . . **Cuivre sulfaté.**
Vert assez clair. . . . . **Fer sulfaté.**

643. Très-astringent. . . . . **Alun.**
Amer au goût. . . . . **Magnésie sulfatée.**

644. Substances ayant un éclat métallique ou métalloïde. 645
Ne possédant pas d'éclat métallique. 653

645. Jaune d'or, jaune de laiton, ou jaune un peu
verdâtre. 646
Gris d'acier, gris de fer, ou noir. 647

646. Jaune d'or ou jaune de laiton ; substance faisant
feu au briquet et donnant au chalumeau
une masse scoriacée, attirable au barreau aimanté. . . . . **Fer sulfuré.**
Jaune un peu verdâtre, ne faisant pas feu au
briquet. Non attirable à l'aimant après le
grillage. . . . . **Pyrite de cuivre.**

647. Pesanteur spécifique considérable, 65 au moins. 648
Pesanteur spécifique dépassant rarement 40 à 50. 649

648. Substance d'un noir brunâtre, dont l'éclat simplement métalloïde est résineux dans la
cassure ; présentant à sa surface une disposition mamelonée ; infusible au chalumeau.
Urane oxydulé.
Noire sur les surfaces ternies ; grise, brillante dans
les cassures fraîches ; structure testacée. Substance donnant au chalumeau une forte odeur
d'arsenic. . . . . **Arsenic natif.**

649. Substances en stalactites, ou en masses réniformes, d'un noir plus ou moins foncé ; éclat plutôt métalloïde que métallique, tantôt terne,
tantôt luisant. 650

Eclat métalloïde s'approchant beaucoup de l'éclat métallique; structure concrétionnée et fibreuse, passant quelquefois à la structure baccillaire. 651

65o. Eclat métalloïde, seulement à la surface; brun jaunâtre dans la cassure; poussière jaune.
Hématite brune.

Eclat métalloïde extérieurement et intérieurement; poussière noire. . . . . **Pyrolusite.**

651. Substance donnant une poussière brune ou rougeâtre quand on l'écrase. 652
— Poussière noire. . . . . **Pyrolusite.**

652. Poussière rougeâtre, donnant au chalumeau une masse attirable à l'aimant.
(*Fer oligiste en rognons.*) **Sphéro-sidérite.**
Poussière brune. Substance donnant de l'eau par la calcination ; au chalumeau, masse métalloïde non attirable. . . . . . . **Manganite.**

653. Substance dure, rayant le verre. 654
Ne rayant pas le verre. 658

654. Substances de couleurs variées, présentant une structure réniforme ou une disposition par couches testacées distinctes ; à cassure unie, ou esquilleuse, mais non fibreuse. 655
Substance d'un vert clair, à cassure fibreuse, composée de mamelons plus ou moins distincts. . . . . **Préhnite.**

655. Par couches testacées, d'un rose sale, se détachant sur des parties d'un blanc grisâtre.
Mangankiesel.
Substance dont la structure réniforme et la cassure esquilleuse sont prononcées. 656

656. Substance hyaline, quelquefois d'un blanc laiteux, à cassure vitreuse, et dont la surface est

formée de mamelons bien distincts ; recouvrant ordinairement des roches volcaniques.

(*Quartz hyalin concrétionné.*) **Hyalite**. Substance hyaline translucide, compacte, à cassure esquilleuse, quelquefois fibreuse, et même rayonnante. 657

657. En grains arrondis, soudés les uns aux autres, et ayant une structure assez analogue à une grappe de raisin ; cassure fibreuse, dans laquelle les fibres convergent vers un centre.

Quartz botrioïde.

En rognons distincts, plus ou moins volumineux ; de couleurs variées, le plus ordinairement rouge cornaline, ou gris cendré. Cassure esquilleuse, fortement translucide, mais présentant toujours des nuages dans les plaques polies. . . . . **Agate**.

658. Substances hyalines d'un blanc laiteux, ou très-légèrement, colorées par des mélanges en gris, en vert d'eau, ou en jaune sale. 659

Substances ayant une couleur propre plus ou moins foncée. 680

659. En mamelons, en général très-petits, simulant quelquefois des grains, isolés ou soudés ensemble, mais toujours adhérant sur une gangue, et dont la cassure est tantôt compacte, tantôt fibreuse. 660

En mamelons plus ou moins considérables, ayant une cassure radiée ; en masses testacées dont les couches sont distinctes ; en stalactites, ou en rognons à couches concentriques. 663

660. Cassure compacte et terreuse. 661

Cassure testacée ayant l'éclat de la gomme, ou étant fibreuse et soyeuse. 662

661. Substance un peu verdâtre, fusible avec bouil-

lonnement, adhérant à une roche amphibolique. *Datholite concrétionnée* ; **Botriolite**.
Substance d'un blanc terreux ; à structure ondu-
léc ; infusible, donnant beaucoup d'eau par
la calcination, au moins 30 p. 0/0. **Gipsite**.

662. Cassure testacée, mamelons ayant l'éclat et l'apparence de la gomme, jaune verdâtre, ou vert
clair. . . . . **Plomb gomme**.
Cassure fibreuse et soyeuse.   664

663. Masse blanche terreuse, composée de petits grains
arrondis, soudés ensemble et donnant au
minéral l'apparence d'une oolite ; cassure fibreuse rayonnée, s'apercevant facilement à la
loupe ; substance tachant les doigts.
                              Webstérite.
En mamelons, ou plutôt en houppes soyeuses distinctes, dans lesquelles la cassure fibreuse est
prononcée ; tendres, quelquefois même friables, s'écrasant sous les doigts, donnant au
chalumeau une odeur d'arsenic.
                        Chaux arséniatée.

664. En mamelons plus ou moins considérables, ayant
une structure radiée ; en masses testacées, en
rognons ou en boules à structure concentrique.   665
En stalactites, ou en stalagmites.
                        Chaux carbonatée.

665. En mamelons, ou en masses réniformes à structure
radiée, rognons, etc.   672
En masses testacées, à couches distinctes, dont
la cassure est tantôt fibreuse, tantôt unie et
terreuse.   666

666. Masse contournée, repliée plusieurs fois dans
le sens de sa longueur, compacte et d'un
blanc grisâtre dans sa cassure.
                  Pierre de tripes : **Anhydrite**.

Plus ou moins fortement ondulée, mais non
    plissée.   667
667. Masse testacée blanche, se levant par couches
    concentriques, luisantes à leur surface; ten-
    dre, à cassure unie et terreuse; donnant de l'eau
    par la calcination. **zinc hydro-carbonaté**.
    Masse testacée, dont les couches, quoique dis-
    tinctes, ne se séparent pas, ou du moins que
    très-difficilement; cassure fibreuse.   668
668. Substance rayée facilement par la pression de
    l'ongle . . . . **Chaux sulfatée**.
    Résistant à la pression de l'ongle.   669
669. —Dont les fibres bien distinctes se terminent par
    des pointes cristallines, en sorte que la surface
    des mamelons est hérissée d'aspérités.

                          Arragonite.

    —A fibres plus ou moins distinctes; surface ex-
    térieure des masses mamelonées, lisse. . . .   670
670. A fibres généralement déliées; masses plus ou
    moins translucides, faisant effervescence dans
    les acides.   671
    Soluble sans effervescence dans les acides.
                  zinc oxydé silicifère.
671. Solution contenant de la chaux; substance deve-
    nant caustique par le chalumeau.
                 Chaux carbonatée.
    Ne contenant pas de chaux; donnant au chalu-
    meau et à la flamme désoxydante des va-
    peurs blanches de zinc . . **zinc carbonaté**.

La *chaux carbonatée* est facile à distinguer des *minerais de zinc* par ses
caractères extérieurs: elle n'est point fibreuse à leur manière; son éclat est
également moins vif; mais ces caractères, faciles à reconnaître, sont difficiles à décrire, de sorte que l'élève le moins exercé ne saurait faire de confusion.

    Ces trois dernières substances sont souvent légèrement colorées par du fer;
le *zinc carbonaté* et le *zinc oxydé silicifère* sont quelquefois bleuâtres ou verdâtres par le mélange d'une certaine quantité de cuivre; mais ces couleurs

n'étant pas uniformément répandues dans les échantillons dont la surface est toujours plus fortement colorée, nous les avons supposés blancs pour la détermination dichotomique.

672. Substance en rognons, ou en boules à cassure concentrique. 673

Substance composée de mamelons, ou de rognons à cassure fibreuse radiée. 675

673. Pesanteur spécifique assez considérable, 38 environ; boules compactes, un peu verdâtres, ne faisant pas effervescence avec les acides. **Strontiane sulfatée**.

Pesanteur spécifique de 27 ou 28 au plus; couches concentriques très-prononcées, texture fibreuse. 674

674. Boules creuses, recouvertes presque toujours extérieurement d'une couche ferrugineuse, tachant les doigts. Soluble dans les acides sans effervescence. . . . . **wavellite** *du Brésil*.

Rognons presque toujours allongés, pleins; dont le centre est quelquefois spathique; faisant effervescence avec les acides.

Chaux carbonatée.

675. Pesanteur spécifique assez considérable, 42 environ ; cassure fibreuse , rayonnée et esquilleuse. . . . . **Baryte carbonatée**.

Pesanteur spécifique de 28 au plus. 676

676. Rayée par l'ongle. . . . . . **Chaux sulfatée**.

Résistant à la pression de l'ongle. 677

677. Petits rognons complets de 6 à 8 millim. de diamètre, gris sale à l'extérieur, et dont la cassure fibreuse est rayonnée. Les fibres, en partie hyalines, brillantes et de couleur vert d'eau, sont adhérentes à du schiste argileux.

wavellite.

Rognons plus ou moins considérables, ayant

quelquefois un décimètre de diamètre, à cassure fibreuse rayonnée ; les fibres en partie hyalines, en partie d'un blanc laiteux, passent à l'état baccillaire. 678

678. Fibres très-brillantes avec éclat nacré, ayant, quand leur grosseur le permet, un clivage dans le sens de leur longueur. Substance soluble sans effervescence et sans gelée dans les acides ; solution donnant de la chaux par l'oxalate d'ammoniaque. . . . . **Stilbite.**

Fibres ayant l'éclat vitreux, sans clivage ; substance soluble dans l'acide nitrique avec gelée , ou avec effervescence. 679

679. Soluble avec gelée dans l'acide nitrique ; liqueur ne précipitant pas par l'oxalate d'ammoniaque.
Mésotype.

Soluble avec effervescence dans l'acide nitrique.
Arragonite.

680. Substance rose, violette, bleue ou verte, de nuances différentes, plus ou moins foncées. . . . 681

Jaune , gris , gris jaunâtre, gris brunâtre, brun, brun jaunâtre, rougeâtre ou noir. 692

681. Rose. 682

Violette , bleue et verte, de nuances différentes. 683

682. Rose très-tendre, rose blanchâtre , substance en petits mamelons soyeux.
Chaux arséniatée cobaltifère.

Rose rouge, couleur fleur de pêcher, substance en mamelons ou en houppes, composée de fibres soyeuses ordinairement rayonnées.
Cobalt arséniaté.

683. Violette, quelquefois bleuâtre ; masse concrétionnée, présentant des bandes différemment co—

lorées, dont la cassure est à la fois fibreuse et lamellaire. . . . . **Chaux fluatée.**

Bleue 684

Verte, de nuances et de teintes différentes. . . 685

684. Bleu clair, substance fibreuse et en partie hyaline. . . . . **Strontiane sulfatée.**

Bleu foncé couleur d'indigo, substance formant des mamelons adhérant les uns aux autres, ou des rognons isolés. **Cuivre carbonaté bleu.**

685. Vert clair, presque vert d'eau ; substance en petits mamelons analogues à la gomme pour l'éclat et la cassure. . . . . **Plomb gomme.**

Vert, de nuances et de teintes différentes. . . . 686

686. Vert jaunâtre, ou vert bleuâtre ; substances en mamelons distincts, dont la cassure est compacte. 687

Vert olive, vert bouteille, ou vert émeraude ; substance dont la structure est fibreuse. . . . 688

687. Vert jaunâtre, mamelons semi-translucides, à cassure unie ; pesanteur spécifique considérable, 60 environ ; fusible avec facilité.

Plomb phosphaté.

Vert bleuâtre, cassure testacée, dans laquelle les couches présentent des nuances différentes. Pesanteur spécifique, 24 au plus ; minéral noircissant au chalumeau sans se fondre. **Cuivre hydro-siliceux.**

688. Vert olive plus ou moins foncé ; fusible au chalumeau, avec odeur arsenicale.

Cuivre arséniaté.

Vert bouteille ou vert émeraude. 689

689. Vert bouteille très-foncé ; substance en mamelons, présentant une cassure fibreuse rayonnée ; fusible au chalumeau avec odeur d'ar-

senic, et donnant après le grillage une masse attirable à l'aimant. . . **Dufrénite.**

Vert émeraude.   690

690. Mamelons à structure concentrique prononcée, dont les couches présentent des nuances différentes de vert ; substance faisant effervescence avec les acides.

(*Malachite.*) **Cuivre carbonaté vert.**

Ne présentant pas de zones différemment colorées ; soluble dans les acides sans effervescence   691

691. Vert foncé ; surface extérieure des mamelons veloutée de noir ; au chalumeau noircit et se fond en un globule noir brunâtre, au centre duquel on trouve un bouton de cuivre métallique.
Cuivre hydro-phosphaté.

Vert assez clair, non velouté ; au chalumeau colore la flamme en vert, et donne un bouton de cuivre métallique. . . . **Cuivre chloruré.**

692. Jaune, jaunâtre ou jaune rougeâtre.   693

Gris, gris jaunâtre ou brunâtre ; brun, brun jaunâtre, rouge brun, noir.   696

693. Mamelons d'un jaune orangé, ayant une tendance cristalline, manifestée par des aspérités à leur surface. Pesanteur spécifique considérable, 60 au moins ; fusible avec odeur arsenicale.
Plomb arséniaté.

Pesanteur spécifique ne dépassant pas 35 ; substance ne donnant pas d'odeur arsenicale par le chalumeau.   694

694. Jaune isabelle, mamelons à structure fibreuse rayonnée, présentant des couches concentriques de nuances différentes. . . **Natrolite.**

Jaune de soufre , jaune rougeâtre , mamelons à structure concrétionnée, mais non fibreuse.   695

695. Jaune de soufre, jaune blanchâtre ; substance très-tendre , brûlant en répandant une odeur de soufre. . . . . **soufre.**

Jaune rougeâtre ; tubercules divisibles par couches minces , dont la cassure est compacte ; infusibles ; donnant les réactions du zinc.
Oxysulfure de zinc ; **voltzine.**

696. Gris, gris jaunâtre ou brunâtre, brun jaunâtre ou brun.   701

Rouge brun, noir.   697

697. Rouge brun ; substance en rognons ou en stalactites , ayant une cassure fibreuse droite ou radiée ; éclat soyeux ; poussière rouge brique. . . . . **Hématite rouge.**

Noir, noir bleuâtre ou brun noirâtre , presque noir.   698

698. Substance en stalactites ou en rognons d'un brun noirâtre, d'un noir luisant à la surface ; cassure fibreuse , droite ou radiée, poussière jaune d'ocre. . . . . . . **Hématite brune.**

Noir bleuâtre ou noir.   699

699. Substance en rognons ou en stalactites, plus ou moins volumineux, d'un noir bleuâtre, à couches concentriques, donnant une poussière noire. . . . . **Pyrolusite.**

Noire   700

700. Noire tachant les doigts, donnant du cuivre au feu de réduction. . . **Cuivre oxydé noir.**

En petits mamelons superficiels , formant une couche sur du minerai de fer ; tendre, prenant de l'éclat par la raclure, colorant le borax en bleu foncé. . **Cobalt oxydé noir.**

701. Brun, ou brun jaunâtre..   702
Gris, gris jaunâtre, ou brunâtre.   709

702. Substance mamelonée, ayant une cassure fibreuse, presque toujours rayonnée.   703
Mamelons à cassure compacte et terreuse. . .   706

703. Pesanteur spécifique considérable, environ 70;
dur et rayant le verre . . . . **Étain oxydé.**
Pesanteur spécifique ne dépassant pas 40. . .   704

704. Poussière jaune.. . . . . . . **Hématite brune.**
Poussière grise.   705

705. Substance ayant beaucoup d'éclat dans la cassure; donnant au chalumeau une légère odeur
de soufre et une matière infusible.
Zinc sulfuré.
Au chalumeau, scorie attirable à l'aimant; soluble dans les acides avec effervescence.
Fer carbonaté.

706. Brun clair, substance terreuse tachant les doigts.
Peroxyde de manganèse hydraté.
A cassure compacte, assez brillante.   707

707. Pesanteur spécifique considérable, 60 au moins.   708
Pesanteur spécifique d'environ 33; substance
donnant au chalumeau une scorie attirable.
Cronstédite.

708. Brun foncé; fusible au chalumeau, donnant
un bouton qui cristallise par le refroidissement . . . . **Plomb phosphaté.**
Brun jaunâtre, fusible avec bouillonnement en
une scorie noire; donnant avec le borax un
émail, bleu foncé si la proportion de matière
est considérable, et vert émeraude si elle est
faible. . . . . **Plomb vanadiaté.**

709. Gris clair, présentant des zones plus ou moins
foncées; pesanteur spécifique supérieure à 60.   710

Gris sale, gris brunâtre ou jaunâtre ; pesanteur
spécifique de 35 à 44. 711

710. Insoluble dans les acides. . . **Plomb sulfaté.**
Soluble avec effervescence. **Plomb carbonaté.**

711. Donnant de l'eau par la calcination, et devenant
en partie soluble par cette opération.

                       Alunite.

Ne donnant pas d'eau. 712

712. Infusible au chalumeau. 713
Fusible en une scorie noire, attirable à l'aimant. . . . . **Fer carbonaté.**

713. Colorant la flamme du chalumeau en une belle
couleur orangé . . . . . **Baryte sulfatée.**
Infusible au chalumeau, ne donnant à la flamme
aucune couleur particulière. **Zinc sulfuré.**

Les essais par les acides donnent également un moyen facile de distinguer
les quatre dernières substances.

La *baryte sulfatée* et l'*alunite* sont insolubles dans l'acide nitrique ; ce
minéral, réduit en poudre, est soluble dans l'acide sulfurique : le *fer carbonaté* s'y dissout facilement et avec effervescence.

Le *zinc sulfuré* se dissout difficilement dans l'acide nitrique, en donnant des
globules de soufre et des bulles très-fines.

MINÉRAUX EN MASSES FIBREUSES.

715. Substances solubles dans l'eau, en tout ou en
partie. 716
Substances insolubles. 735

716. Donnant un résidu abondant. . . **Polyhallite.**
Soluble sans résidu. 717

717. Solution colorée. 718
Solution limpide et incolore. 721

718. Colorée en rose. . . . . **Cobalt sulfaté.**
En vert, vert jaunâtre ou rougeâtre. 719
En beau bleu. . . . . **Cuivre sulfaté.**

719. Substance verte. 720

Substance rouge , saveur styptique d'encre.

Per-sulfate de fer.

720. Saveur d'encre ; précipitant en vert bleuâtre ou
en blanc verdâtre, par l'hydro-cyanate ferruginé de potasse. . . **Proto-sulfate de fer.**

Solution précipitant en rouge brun , par l'hydro-
cyanate ferruginé de potasse.

Urane sulfaté.

721. Solution donnant une effervescence vive quand
on y verse un acide. . . **Soude carbonatée.**

Point d'effervescence par les acides. 722

722. Liqueur précipitant par un sel de baryte. . . . 723

Ne précipitant pas par un sel de baryte. . . . 732

723. Très-amer au goût.

(Sel d'Epsom.) **Magnésie sulfatée.**

Plus ou moins salée, astringente, ou styptique. 724

724. Salée. 726

Astringente ou styptique. 725

725. Styptique. 727

Astringente. 728

726. Très-salée, ne contenant pas de magnésie.

Sel de Glaubert ; **soude sulfatée.**

Salée et amère à la fois , contenant de la magnésie.

Sulfate de soude et de magnésie ; **Reissite.**

727. Solution donnant par l'ammoniaque un précipité blanc gélatineux , qui se redissout dans
un excès d'alcali. . . . . **Zinc sulfaté.**

Idem un précipité d'un vert bleuâtre, rougissant
par l'action de l'air. . . **Alun de plume.**

728. Solution cristallisant facilement quand on la
rapproche, et donnant des cristaux appartenant au système régulier. . . . . **Alun.** 729

L'*alun* ordinaire est le seul qu'on trouve avec une certaine abondance dans la nature ; l'alun sodifère existe dans quelques terrains trachitiques, où l'albite fournit l'alcali ; il en est de même de l'alun magnésien. Quant à l'alun ammoniacal, on n'en connaît que dans les dépôts de lignite de Tschermig, en Bohême. On pourra donc, dans la plupart des cas, se borner à l'essai du nº 728.

Ne pouvant pas donner de cristaux.

Alumine sulfatée.

729. Solution donnant une odeur ammoniacale, par l'addition d'un alcali caustique.

Alun ammoniacal.

Point d'odeur ammoniacale. 730

730. Solution contenant de la magnésie.

Alun magnésien.

Point de magnésie. 731

731. Solution contenant de la potasse. . . . **Alun.**

— Contenant de la soude. . . **Alun sodique.**

Pour rechercher la *magnésie*, on précipitera l'*alumine* par l'acide sulfurique ; on évaporera ensuite la liqueur à siccité, puis on y ajoutera une dissolution de carbonate d'ammoniaque, qui précipitera la magnésie.

Pour reconnaître la *soude* de la *potasse*, il faut, après avoir précipité l'alumine, transformer les sulfates en chlorures par l'addition du chlorure de baryte. Il se formera alors du sulfate de baryte, qu'on séparera en filtrant la liqueur ; la baryte en excès sera ensuite enlevée par l'addition de carbonate d'ammoniaque. Après avoir filtré une seconde fois, on évaporera la liqueur à siccité et on calcinera les sels, afin de chasser le carbonate d'ammoniaque ; il restera alors, soit du chlorure de potassium, soit du chlorure de sodium. Le premier de ces sels forme, avec le chlorure de platine, un sel double insoluble dans l'alcool à trente-six degrés, reconnaissable à sa couleur jaune orangé ; le sel double de platine et de soude, également d'un beau jaune, est soluble dans le même liquide.

732. Sel se volatilisant sur les charbons.

Ammoniaque muriaté.

Fusant ou décrépitant sur les charbons. . . . 733

733. Décrépitant sur les charbons. . . **Sel gemme.**

Fusant sur les charbons 734

734. Solution précipitant en blanc par le carbonate d'ammoniaque. . . . . . **Chaux nitratée.**

Point de précipité par le carbonate d'ammoniaque. . . . . . . *Potasse nitratée ;* **Nitre**.

735. Minéraux ayant l'éclat métallique, et se présentant en masses baccillaires ou en fibres déliées. 736

Sans éclat métallique, *id.* 752

736. Blanc d'argent ou d'étain, rouge de cuivre. . . 737

Verdâtre, gris d'acier, gris de fer, gris noirâtre et noir. 739

737. Blanc d'argent ; souvent terne et noirci. Blanc
d'étain toujours brillant. 738

Rouge de cuivre ; substance plutôt baccillaire que
fibreuse, souvent ramuleuse, extrémités des
rameaux cristallines. . . . . **Cuivre natif**.

738. Blanc d'argent ; substance en filaments grossiers, souvent crochus, quelquefois réticulés ;
malléables, s'étendant sous le marteau.
Argent natif.

Blanc d'étain ; brillant ; non malléable ; fusible
avec une grande facilité . **Bismuth sulfuré**.

739. Substance en filaments très-déliés, isolés les
uns des autres, s'écrasant sous les doigts, et
même s'agitant par le souffle. 740

Baccillaires, en aiguilles isolées, ou en fibres déliées, soudées ensemble, et formant des
masses plus ou moins solides. 741

740. Gris verdâtre, réductible sur le charbon en une
masse magnétique. . . . . **Nickel sulfuré**.

Gris d'acier, gris bleuâtre, substance très-fusible. . . . . **Antimoine en plumes**.

741. En aiguilles plus ou moins déliées, en masses fibreuses, droites ou rayonnées. 742

En masses baccillaires. 750

742. En aiguilles non adhérentes. 743

En aiguilles soudées ensemble et formant des masses fibreuses, droites ou rayonnées. . . .   747

743. Présentant quelques indices de clivage.   744

Sans indice de clivage.   745

744. Substance fusible à la simple flamme d'une bougie; entièrement volatile au chalumeau, avec odeur d'antimoine. . . **Antimoine sulfuré**.

Fusible avec facilité au chalumeau; volatile avec odeur d'antimoine, et donnant après le grillage une masse scoriacée attirable. **Haidingérite**.

Cette dernière substance n'a été trouvée jusqu'à présent qu'à la mine des Martourets, près de Chazelle, dans le département de l'Ardèche.

745. Gris jaunâtre, fusible avec facilité.

Nadelerz ; **bismuth sulfuré plombo-cuprifère**.

Il existe, en outre, un bismuth sulfuré-plumbo-argentifère (*wismuth silber*) des Allemands, ainsi qu'un bismuth sulfuré cuprifère (*wismuth kupfererz*). Les caractères extérieurs de ces deux minéraux sont presque identiques : ils sont en aiguilles d'un gris d'acier, passant au blanc d'étain ; les essais seuls peuvent les différencier entre eux.

Le premier contient 15 p. 100 d'argent ; le second 35 de cuivre, sans plomb ni argent.

Infusible.   746

746. Poussière noire, ne donnant pas d'eau dans le tube d'essai, ou seulement une très-faible proportion. . . . . **Pyrolusite**.

Poussière brune, donnant environ 10 p. 0/0 d'eau dans le tube. . . . . . **Manganite**.

747. Substance d'un gris bleuâtre, facilement fusible.   748

D'un gris noirâtre, infusible.   746

748. Pesanteur spécifique 45 à 46; donnant par le grillage dans un tube, des vapeurs blanches très-abondantes, et finissant par disparaître entièrement. Attaquée complétement par l'acide nitrique qui la transforme en un précipité jaune. . . . . . **Antimoine sulfuré**.

Pesanteur spécifique 53 à 57; substance donnant un résidu dans le tube. La liqueur nitrique contient du plomb, précipitable en blanc
par l'acide sulfurique. 749
749. Pesanteur spécifique 53 ; substance contenant
32 pour cent de plomb. . . . . **Zinkénite.**
Pesanteur spécifique 35,6 ; substance contenant
environ 41 pour cent de plomb.
                              Jamesonite.

Ces deux dernières substances sont assez rares ; il en résulte que dans la
plupart des cas les essais indiqués par les nᵒˢ 748 et 749 seront inutiles.

750. En baguettes prismatiques rectangulaires , simples ou réunies en faisceaux, entremêlées
de chaux carbonatée; noires sur leur surface, et gris clair avec éclat métallique dans
leurs cassures fraîches. Vapeurs blanches arsenicales au chalumeau. . **Arsenic natif.**
Gris bleuâtre , gris d'acier, structure cannelée
et prismatique. 751
751. Baguettes présentant un clivage facile dans le
sens de leur longueur ; substance très-facilement fusible. . . . . **Antimoine sulfuré.**
Baguettes ne présentant point de clivage; substance infusible. 746
752. Substances baccillaires, fibreuses , droites ou
radiées, d'un blanc laiteux , ou avec une
nuance légère de vert ou de gris. 753
Idem, ayant une couleur propre. 797
753. Substances dont les fibres droites ou radiées sont
soudées ensemble, et donnent lieu à une
masse fibreuse conjointe. 770
Substances en fibres baccillaires ou aciculaires
non soudées ensemble. 754
754. Substances ayant une pesanteur spécifique assez

considérable, ordinairement supérieure à 40,
quelquefois cependant seulement de 36. . .   755
Substances dont la pesanteur spécifique atteint
rarement 30.   759

755. Substances très-lourdes ; pesanteur spécifique
supérieure à 60 ; très-facilement fusible au
chalumeau ; donnant du plomb sur le charbon.   756
Pesanteur spécifique de 36 à 45. Substance infusible ou difficilement fusible en émail blanc.   758

756. Baguettes irrégulières d'un blanc jaunâtre, ou
d'un jaune orangé, ressemblant à des cristaux imparfaits. Solution nitrique contenant
du chlore. . . . **Plomb chloro-carbonaté.**

Baguettes cannelées, passant à la structure aciculaire ; éclat adamantin plus ou moins vif.   757

757. Éclat adamantin très-vif ; substance d'un beau
blanc, du moins dans la cassure ; se dissolvant dans l'acide nitrique avec effervescence
et sans résidu. . . . . **Plomb carbonaté.**

Éclat adamantin dans la cassure, un peu terne
à la surface ; blanc grisâtre, blanc verdâtre ; résidu blanc dans l'acide nitrique.
Plomb sulfato-carbonaté.

758. Blanc nacré ; substance insoluble dans les acides. Pesanteur spécifique 44 à 45.
Baryte sulfatée.

Blanc verdâtre, cristaux aciculaires imparfaits,
soluble avec effervescence dans les acides. Pesanteur spécifique 36 à 37.
Strontiane carbonatée.

759. Ayant la forme et la disposition de coraux, et
présentant à la fois la structure baccillaire et
fibreuse. . . . . **Arragonite.**

lucide, à cassure droite ou radiée ; soluble avec effervescence dans les acides.

Arragonite.

Substance à cassure radiée ; translucide dans les parties où les rayons s'élargissent, d'un blanc laiteux vers le centre ; soluble sans effervescence. . . . . **Mésotype.**

Fusible sans bouillonnement, mais en se con-
tournant comme un ver. . . . . . **Scolézite.**

780. Perdant de 9 à 10 pour cent d'eau par la calcination. . . . . **Mésotype.**

Perdant jusqu'à 25 pour cent d'eau par la calcination. . . . . **Hydro-boracite.**

781. Au chalumeau, conserve sa structure fibreuse,
devient brillant et perd environ 25 pour cent
par la calcination ; substance associée à de la
serpentine. . . . . **Némalite.**

Décrépite, ou se réduit en une masse terreuse. 782

782. Décrépite ; solution nitrique, précipitant en blanc
par l'acide nitrique, mais dont le précipité
se redissout dans un excès d'alcali.
Zinc oxydé silicifère.

Tombant en poussière par l'action du chalumeau ; solution nitrique, précipitant en blanc
par l'ammoniaque ; précipité insoluble dans
un excès d'alcali. . . . . . . **Dysclasite.**

La *dysclasite*, la *némalite* et l'*hydroboracite*, sont des substances fort rares, et pour la détermination desquelles il faut nécessairement faire des essais ; toutefois, dans le plus grand nombre des cas, le poids, l'action des
acides ou la fusibilité, suffisent pour la détermination des substances fibreuses : ainsi, le poids indiquera les minéraux plombeux. L'action des acides
partagera les substances fibreuses en trois classes : savoir, les unes sont insolubles, les autres solubles appartiennent aux carbonates ou aux zéolithes, suivant qu'elles se dissolvent avec ou sans effervescence. Lorsque les minéraux
fibreux sont accompagnés de gangue, leur examen fournira souvent une raison
déterminante ; on distinguera, par exemple, de suite les zéolithes, par leur
association à des roches volcaniques.

783. Substances ayant un éclat nacré assez vif. Pesanteur spécifique, variant de 36 à 44. Fusibles
en un émail blanc qui se délite. 784

Substances ayant un éclat soyeux. Pesanteur
spécifique atteignant rarement 30. Fusibles
avec facilité en un verre transparent. 785

784. Éclat nacré très-vif ; fibres groupées confusé-

ment ; substance colorant la flamme du chalumeau en jaune orangé.

Baryte sulfatée.

Substance présentant une cassure fibreuse conjointe, ayant un éclat plutôt vitreux que nacré ;
colorant la flamme du chalumeau en pourpre.

Strontiane sulfatée.

785. Fibres se détachant les unes des autres, et pouvant subir une certaine flexion sans se rom-
pre. . . . . **Asbeste ; Amiante.**

Le nom d'*asbeste* se donne quand les fibres ont une certaine grosseur, et
qu'elles sont soudées ensemble ; celui d'amiante, lorsque les fibres sont très-dé-
liées et qu'elles ne sont pas adhérentes : souvent l'asbeste est coloré en vert
clair ou en couleur fauve.

Fibres soudées ensemble et se détachant difficilement, ni flexibles, ni élastiques ; substance associée avec de la dolomie.

Trémolite.

786. Fibres ayant au moins 0,^{m}005 de rayon, souvent plus de 0,^{m}05, et dont l'apparence est
cristalline.   789

Substances en espèces de houppes fibreuses, ou
en petits mamelons agglutinés, analogues à
des grains dont la cassure est fibreuse. . .   787

787. En mamelons agglutinés. Substance tendre tachant les doigts. . . . . **Webstérite.**

En petites houppes soyeuses, quelquefois aussi
en petits rognons à cassure fibreuse radiée.   788

788. Adhérent à une roche volcanique. . **Cotunnit.**

Substance de filon donnant au chalumeau une
odeur d'arsenic. . . . . . **Chaux arséniatée.**

789. Rayant facilement le verre. . . . . . **Quartz.**

Ne rayant pas le verre, ou du moins avec difficulté, s'écrasant quand on fait cet essai. . .   790

790. Ayant une pesanteur spécifique assez considérable, 42 environ; rognons volumineux d'un
blanc grisâtre; cassure à la fois esquilleuse et
fibreuse radiée. . . . **Baryte carbonatée.**

Pesanteur spécifique assez faible, atteignant
rarement 30. 791

791. Fibres ayant au moins $0,^{m}01$ de rayon, et présentant l'aspect de cristaux allongés groupés
comme les rayons d'un cercle. 792

Fibres de petites dimensions, généralement peu
distinctes; substance ayant un éclat soyeux. 796

792. Fibres présentant un clivage facile et très-éclatant,
dans le sens de leur longueur; substance se
rayant par la pression de l'ongle.
Chaux sulfatée.

Ne présentant point de clivages. 793

793. Fibres un peu hyalines, ou du moins fortement
translucides dans les parties où les rayons
prennent plus de grosseur; éclat vitreux.
Mésotype.

Fibres ayant l'éclat soyeux, ou l'éclat nacré. . . 794

794. Fibres ayant l'éclat soyeux; substance rayant
facilement la chaux carbonatée; fusible en
verre transparent; insoluble dans les acides; associée à de la dolomie. . **Trémolite.**

Substances ayant l'éclat nacré, dont la cassure
est un peu esquilleuse. Ne rayant pas la chaux
carbonatée; soluble dans les acides, et fusible
en émail blanc laiteux. 795

795. Fibres plates, rendant la cassure légèrement esquilleuse, dont l'éclat nacré est prononcé;
substance fusible avec bouillonnement en un
émail opaque. . . . . **Stilbite.**

Fibres déliées, à cassure mate, et ayant peu

d'éclat; substance fusible avec quelque difficulté. . . . . *Mésolyte;* **Brévicite**.

Il est difficile d'indiquer, par des caractères certains, la différence entre la
stilbite radiée et la *mésolyte;* elle est cependant assez prononcée. Si l'on a de
l'incertitude, il faudra comparer le minéral que l'on étudie avec des échantillons connus. Dans quelques cas, il sera nécessaire de chercher la proportion d'alumine pour être sûr de la détermination; elle est de 15 à 16 pour la
stilbite, et de 25 à 28 pour la mésolyte Pour cette recherche, il suffit, après
avoir enlevé de la dissolution du minéral à essayer, la silice par l'évaporation
à siccité, de précipiter l'alumine par de l'ammoniaque.

796. Ne donnant pas d'eau dans le tube.

Raphilite.

Donnant de 8 à 9 pour cent d'eau.

Pecktolite.

797. Substance rose, rouge, d'un roux brunâtre ou
brun. 798
Grise, d'un gris jaunâtre, jaune, bleue, verte ou
noire. 818

798. Rose plus ou moins foncé, passant au violet ou
de couleur violette. 799
Rouge, rouge brunâtre ou brune. 803

799. Substance rayant le verre. 800
Ne rayant pas le verre. 801

800. Cristaux baccillaires isolés, droits ou radiés, colorés et dont les extrémités présentent souvent des indications de rhomboèdre; fusible au
chalumeau; engagés quelquefois dans du calc.
saccharoïde. . . . . **Tourmaline**.
Masse fibreuse conjointe violette, dont l'éclat
est un peu nacré; inaltérable par l'action du
chalumeau. . . . . **Quartz**.

801. En masse fibreuse conjointe; soluble avec effervescence dans les acides.

Manganèse carbonaté.

En cristaux allongés, en petits cristaux aciculaires, en mamelons ou en houppes soyeu-

ses, dont la cassure est fibreuse radiée; substances solubles sans effervescence dans les
acides, et donnant une odeur d'arsenic au
chalumeau.   802

802. Minéral d'un rose très-clair, passant en partie au
blanc. . . **Chaux arséniatée cobaltifère.**
Rose fleur de pêcher. . . . **Cobalt arséniaté.**

803. Minéral de couleur rouge ou rouge brunâtre. .   804
— Brun.   808

804. Rouge cochenille très-vif; fibres extrêmement
déliées et soyeuses.   805
Rouge brunâtre; substances en baguettes, en
masses aciculaires, en mamelons, ou en stalactites, dont la cassure est fibreuse et radiée.   806

805. Noircissant au chalumeau, donnant du cuivre
métallique sur le charbon. **Cuivre oxydulé.**
Inaltérable par l'action du chalumeau.
                              Titane oxydé.

806. Substance d'un rouge-brun foncé en masse tu-
berculeuse mamelonnée, à cassure fibreuse
rayonnée, possédant un éclat soyeux; poussière rouge. . . . . **Hématite rouge.**
En faisceaux aciculaires, droits ou radiés; en aiguilles isolées se croisant dans différents
sens.   807

807. Faisceaux aciculaires d'un rouge mordoré, tendres, s'écrasant entre les doigts. Fusible à la
flamme d'une bougie.
                     Antimoine oxydé sulfuré.
Aiguilles isolées, ou groupées confusément, souvent disséminées dans l'intérieur des cristaux de quartz hyalin. Substance infusible.
                              Titane oxydé.

808. Substance en cristaux aciculaires, en masses

baccillaires ou mamelonnées, ou en stalactites, dont la cassure est fibreuse rayonnée.   810
— En filaments capillaires et soyeux.   809

809. Engagés dans les cavités d'une lave ; fusible au
chalumeau en une scorie noire attirable à
l'aimant. . . . . **Breislakite.**

Adhérents à une roche ancienne, sur laquelle ils
forment une petite couche d'un brun fauve ;
fusible en émail gris. . . . . . **Amiante.**

Formant de petites houppes soyeuses sur du fer
hématite ; donnant une poussière jaune.

Fer hydroxydé.

810. En rognons, ou en stalactites, dont la cassure
est fibreuse rayonnée.   811

En aiguilles, isolées ou groupées confusément,
en masses aciculaires ou baccillaires, présentant la structure fibreuse conjointe. . . .   813

811. Rognons, mamelons ou stalactites, dont la cassure est soyeuse ou sans éclat.   812

Rognons dont la cassure, quoique fibreuse, est
également un peu lamelleuse ; fibres miroitantes, ayant un éclat demi-métallique ; poussière grise. . . . . **Zinc sulfuré.**

812. Donnant une poussière jaune. **Hématite brune.**
Donnant une poussière grise. . **Zinc sulfuré.**

813. Substance rayée facilement par une pointe d'acier.   814
Rayant le verre.   816

814. Masse fibreuse conjointe.   815

Cristaux cylindroïdes, accolés latéralement ou
croisés. Masse aciculaire, composée de mamelons irréguliers ; substance fusible au chalumeau avec facilité, et dont la pesanteur spécifique est considérable, 70 environ.

Plomb phosphaté.

815. Fibres grossières, qu'on peut séparer en partie ;
structure du bois ; pesanteur spécifique très-
faible. Substance brûlant au feu. . **Lignite.**
Substance ayant une pesanteur spécifique assez
considérable ; donnant au chalumeau une
masse scoriacée attirable à l'aimant ; soluble
avec effervescence dans les acides.

Fer carbonaté.

816. Cristaux imparfaits très-allongés, analogues à
de longues aiguilles ; infusible au chalumeau.
Sillimanite.
Fusible avec plus ou moins de facilité. 817

817. Cristaux cylindroïdes isolés, quelquefois réunis
et formant des masses baccillaires : coupe
des baguettes presque toujours triangulaire.
Substance fusible en émail noir bulleux.
Électrique par la chaleur. . . **Tourmaline.**

Cristaux cylindroïdes groupés, formant des masses
baccillaires, dans lesquelles on voit fréquemment quelques angles droits ; substance fusible avec bouillonnement. . . . **Idocrase.**

818. Substance grise, ou d'un gris jaunâtre. . . . 819
Jaune, bleue, verte ou noire. 825

819. Formant des masses concrétionnées, disposées
en mamelons ou en stalactites, dont la cassure est fibreuse radiée. 820
—— des cristaux cylindroïdes isolés ou groupés,
des masses, aciculaires ou baccillaires, ayant
la structure fibreuse conjointe. 822

820. Donnant de l'eau par la calcination dans le tube.
Alunite.
— point d'eau dans le tube. 821

821. Difficilement fusible au chalumeau, en émail
blanc, colorant sa flamme en jaune orangé.
Pesanteur spécifique, 44. **Baryte sulfatée.**

Infusible au chalumeau, colorant la flamme en vert. Pesanteur spécifique, 41.

Zinc sulfuré.

822. Substance dure et rayant le verre. 823
     Ne rayant pas le verre. 824
823. Masse baccillaire, admettant un clivage longi-tudinal, quand les baguettes qui la compo-sent sont assez grosses. Fusible avec bouillon-nement. . . . . **Epidote zoïsite**.

Cristaux cylindroïdes allongés, engagés dans du quartz ou dans du gneiss, ne possédant pas de clivages et infusibles. . . . . **Sillimanite**.

824. Masse plate, composée de fibres parallèles, qui lui communiquent la structure fibreuse con-jointe; soluble avec effervescence dans les acides. . . . . **Fer carbonaté**.

Masse composée de cristaux aciculaires impar-faits, légèrement divergents, soluble avec difficulté et sans effervescence.

Commingtonite.

825. Jaune, ou jaune rougeâtre. 826
     Bleue, verte ou noire. 833

826. Substance dure rayant le verre; cristaux baccil-laires imparfaits, accolés suivant leur lon-gueur; jaune un peu rougeâtre. . **Pycnite**.
     Ne rayant pas le verre. 827

827. Substance en filaments soyeux, sans adhérence entre eux, quelquefois réticulés, se séparant facilement les uns des autres, et qui peu-vent céder à l'action du vent. 828

En masse baccillaire, en fibres ou en filaments plus ou moins déliés, mais soudés ensemble. . . 829

828. Minéral d'un jaune terne, fusible, donnant une odeur d'ail. . . . . **Plomb arsénié**.

— jaune d'or, jaune mordoré, infusible au
  chalumeau. . . . . **Titane oxydé.**

829. Masse baccillaire, ayant une pesanteur spécifique
  considérable ; fusible, avec odeur d'ail.
  Plomb arséniaté, ou **phosphaté arsénifère.**

En fibres, en filaments plus ou moins déliés,
  soudés ensemble. 830

830. Masse fibreuse conjointe, dans laquelle les fibres
  sont plates ; substance qui se lève par plaques
  fibreuses, pouvant se plier sans se casser ;
  couleur d'un jaune d'or assez vif. Fusible avec
  odeur arsenicale. . . . . **Orpiment.**

Fibres qu'on ne peut séparer par plaques ; ne
  donnant pas d'odeur d'arsenic au chalumeau. 831

831. Masse radiée, complétement circulaire, présentant dans sa cassure des zones concentriques
  avec des nuances différentes. . . **Natrolite.**

Fibres droites, ou divergentes 832

832. De couleur jaune de paille ; cassure soyeuse ; au
  chalumeau se gonfle, blanchit, et donne par
  une fusion lente un verre brun et opaque. Disséminé sur du quartz amorphe, souvent avec
  de la chaux fluatée. . . . . . **Karpholite.**

— Jaune tendre ; aiguilles cristallines, formant
  de petites masses fibreuses, à fibres divergentes, ayant un certain éclat. Solubles dans
  l'acide sulfurique, et dégageant des vapeurs
  qui corrodent le verre ; disséminées dans les
  fissures d'un fer argileux. . . . . **Kakoxen.**

833. Substance bleue. 834
— verte ou noire. 840

834. Substances formant des masses baccillaires, ou
  des cristaux cylindriques très-allongés. . . . 835
—En masses fibreuses conjointes, dont les fi-

bres sont plus ou moins déliées.   838

835. Rayant le verre.   836

Rayés facilement par une pointe d'acier. . . .   837

836. Masse baccillaire, tantôt droite, tantôt radiée ; d'un bleu d'indigo clair et vif. Baguettes ordinairement plates et présentant un clivage facile sur le côté ; infusible au chalumeau. . . . . **Disthène**.

Cristaux allongés cylindroïdes et triangulaires, bleuâtres plutôt que bleus, avec des intensités variables de couleur ; dichroïtes, quand on les regarde dans le sens de l'axe, et perpendiculairement à cette direction. Fusibles en émail noir. . . . . **Tourmaline**.

837. D'un bleu foncé ; cristaux accolés ensemble, très-tendres, rayés par l'ongle, fusibles en émail noir avec facilité, donnant de 25 à 30 pour cent d'eau dans le tube. . . . . **Anglarite**. Baguettes, ou filaments grossiers, informes, de couleur bleu lavande, dont la dureté est comparable à celle de la chaux fluatée ; fondant en émail noir, et donnant au plus 5 pour cent d'eau dans le tube. . . . **Krokidolite**.

838. Masse fibreuse conjointe, terminée par des plans parallèles, annonçant qu'elle appartient à un filon ; fibres grossières de couleur bleu clair, soudées ensemble ; substance ayant une pesanteur spécifique assez considérable ; insoluble dans les acides. **Srontiane sulfatée**.

—*Id*. Dont les fibres sont déliées ; surface supérieure souvent mamelonnée, annonçant qu'elle est le résultat d'une concrétion ; la coloration en bleu est généralement plus forte à la surface des mamelons. Soluble dans les acides.   839

839. Substance soluble avec effervescence ; fusible en
émail blanc. . . . . **Zinc carbonaté.**
Soluble sans effervescence ; substance infusible.
Zinc oxydé silicifère.

840. Substance verte , de nuances différentes , et plus
ou moins foncées. 841
Noire, ou d'un noir brunâtre. 862

841. Cristaux cylindroïdes allongés, isolés ou accolés ;
masses baccillaires, droites ou rayonnées. . . 842
Masses aciculaires , ayant la cassure fibreuse
conjointe droite, ou radiée. 848

842. Substance dure, et rayant le verre 843
Rayée par une pointe d'acier. 846

843. Présentant un ou plusieurs clivages faciles. . . 844
Point de clivages faciles. 845

844. Deux clivages faciles, suivant l'axe des baguettes ;
couleur d'un vert d'herbe assez foncé : lames
transparentes. . . **Amphibole.** Var. *Actinote.*
Un clivage facile incliné à l'axe, et parallèle à
la base; couleur d'un vert blanchâtre. Substance simplement translucide.
Pyroxène. Var. *Diopside.*

845. Substance en masse baccillaire , d'un vert pistache, dont les baguettes cylindroïdes sont
groupées parallèlement entre elles : souvent
leurs extrémités sont terminées par une face
brillante. Fusible avec bouillonnement.
Épidote.
Cristaux cylindroïdes isolés, ou groupés d'une
manière irrégulière, ayant fréquemment la
forme triangulaire. Fusibles avec difficulté
en émail noir : électriques par la chaleur.
Tourmaline.

846. D'un beau vert émeraude , tendre et s'écrasant

entre les doigts ; odeur de raves au chalumeau. . . . . **Tellure carbonaté.**
— D'un vert clair ou vert jaunâtre, ne s'écrasant pas entre les doigts. 847

847. Masses cylindroïdes plus ou moins allongées, d'un
vert jaunâtre ou vert d'herbe ; à cassure conchoïde. Dont la pesanteur spécifique est considérable, environ 70. Fusible au chalumeau
en donnant un bouton métalloïde cristallin.
Plomb phosphaté.

Masse baccillaire vert d'eau, composée de fibres
grossières dont la cassure est fibreuse conjointe, ou fibreuse radiée. Pesanteur spécifique faible, 29 à 30. Substance décrépitant
au chalumeau, infusible et donnant de la
chaux. . . . . **Arragonite.**

848. Vert clair, vert d'eau ; substances transparentes,
ou très-fortement translucides. 849
Vert foncé de nuances variées ; substances opaques, ou faiblement translucides. 857

849. Substance composée de cristaux aciculaires accolés, de fibres soudées ensemble, mais non
radiées, ou de filaments soyeux. 852
Ayant la cassure radiée. 850

850. Dure, rayant le verre ; couleur d'un vert prononcé quoique clair ; substance fusible avec
facilité ; formant des mamelons ou des rognons, dont la surface est souvent cristalline.
Préhnite.

Ne rayant pas le verre, et de couleur vert d'eau
très-clair. 851

851. Formant de petits rognons, dont la cassure fibreuse
radiée est complète ; fibres cristallines ; substance fusible au chalumeau. . **Wavellite.**
Rognons assez considérables, dont la cassure.

radiée, n'embrasse ordinairement qu'un segment; substance souvent esquilleuse en même temps que fibreuse, décrépitant au chalumeau ; soluble avec effervescence dans les acides. . . . . **Arragonite**.

852. Fibres accolées ou soudées ensemble. 854

Cristaux aciculaires, ou filaments non soudés ensemble 853

853. Substance ayant une pesanteur spécifique considérable, 70 environ ; fusible avec facilité, et donnant un globule noir hérissé d'aspérités. **Plomb phosphaté**.

Substance dont la pesanteur spécifique ne dépasse pas 37 ; infusible, ou fusible en émail gris clair. 855

854. Substance en cristaux aciculaires, dont la pesanteur spécifique est de 36 à 37. Soluble dans les acides avec effervescence.
Strontiane carbonatée.

Filaments soyeux non adhérents, pouvant se plier par la simple impression du souffle, fusible en émail gris. . . . . . **Amiante**.

855. Fibres raides, soyeuses, brillantes; fusible en émail gris clair. . . . . **Asbeste**.

Fibres se détachant difficilement les unes des autres, douces au toucher; infusibles au chalumeau 856

856. Infusible et inaltérable au chalumeau . . **Talc**.

Infusible, mais augmente considérablement de volume, vingt fois au moins. **Pyrophillite**.

Voir la note du 445.

857. Minéraux d'un vert émeraude plus ou moins foncé 858

— D'un vert olive foncé ou clair. 860

858. Fibreux et soyeux ; présentant souvent des nuances de tons différents ; soluble avec effervescence dans les acides. . **Cuivre carbonaté**.
Fibres assez brillantes, ayant l'aspect de petits cristaux aciculaires; substance soluble sans effervescence dans les acides. 859

859. Fibres soudées ensemble et formant des masses radiées, dont la surface, ordinairement cristalline, est souvent d'un noir velouté; substance fusible avec facilité en émail noir ; souvent on trouve au centre du globule un bouton de cuivre métallique.
Cuivre hydro-phosphaté.
Cristaux aciculaires très-petits, groupés souvent irrégulièrement, quelquefois cependant de manière que la masse présente une cassure fibreuse conjointe. Substance donnant un bouton de cuivre métallique, et colorant fortement la flamme du chalumeau en vert.
Cuivre chloruré.

860. Vert jaunâtre plus ou moins foncé; fusible au chalumeau avec odeur d'arsenic, en un émail noir, non attirable. **cuivre arséniaté**.
Vert bouteille très-foncé, vert noirâtre. 861

861. Formant des rognons dans lesquels la cassure fibreuse radiée est très-prononcée ; minéral donnant au chalumeau des vapeurs blanches avec odeur d'arsenic, et produisant après le grillage une scorie noire attirable. **Dufrénite**.
En fibres divergentes à la manière d'une brosse ; substance fusible en partie, avec difficulté, en une scorie attirable; ne donne ni vapeurs, ni odeur arsenicale. Disséminé dans les cavités d'un basalte. . . . . . . **Kirwanite**.

862. Minéraux rayant le verre 863

Ne rayant pas le verre. 865

863. Masse baccillaire présentant ordinairement deux clivages faciles dans le sens de la longueur, en sorte que la cassure est lamelleuse.

Amphibole.

Masse baccillaire sans clivages, en baguettes isolées, et engagées soit dans du quartz, soit dans du feldspath. 864

864. Masse baccillaire, ou baguettes soit isolées, soit engagées dans une roche ; dont la coupe est triangulaire ; fusible au chalumeau avec difficulté. . . . . **Tourmaline.**

Baguettes sans aucune forme, à cassure conchoïde, et éclat vitreux, disséminées dans du feldspath lamelleux. Se boursouflant et donnant au chalumeau un globule noirâtre ; soluble dans les acides avec gelée ; la liqueur donne les réactions du cérium. . . **Orthite.**

865. Masse baccillaire, ayant le tissu fibreux du bois, et brûlant avec une odeur bitumineuse et empyreumatique. . . . . **Lignite.**

Baguettes prismatiques informes, disséminées dans une roche de feldspath laminaire et de quartz. Prenant feu au chalumeau, brûlant sans flamme ni fumée, et laissant un résidu fusible en émail noir. Se dissolvant dans les acides, en déposant une poudre noire : la liqueur contient du cérium. . . . . . **Pyrorthite.**

L'*orthite* et la *pyrorthite* sont fort rares, elles ont été trouvées seulement à Fahlun, en Suède : la nature de la gangue suffit pour les reconnaître.

MINÉRAUX EN MASSES COMPACTES.

867. Minéraux ayant l'éclat métallique et de couleur jaune d'or, jaune de laiton, jaune verdâtre, ou rouge de cuivre ou de bronze. 868

Idem, blanc d'argent, blanc d'étain, gris bleuâtre clair, gris d'acier ou noir de fer. 876

868. Jaune d'or, ou jaune de laiton, jaune verdâtre. 869

Rouge de cuivre ou de bronze. 872

869. Jaune d'or ; substance ordinairement en plaques, disséminées dans du quartz ; malléable, s'étendant sous le marteau.

Or natif.

Jaune de laiton, ou jaune verdâtre. 870

870. Jaune de laiton ; éclat très-vif, faisant feu au briquet, donnant après le grillage une masse scoriacée noire ; attirable à l'aimant.

Pyrites de fer

Il existe deux *pyrites de fer*, l'une appelée simplement *pyrite*, l'autre *pyrite blanche*. La couleur de cette dernière est beaucoup plus pâle, c'est la seule distinction qu'on puisse indiquer ; elle est, du reste, assez prononcée, quand on compare des échantillons bien déterminés.

Jaune verdâtre. 871

871. Nuance verdâtre très-faible, jaune prononcé ; substance donnant avec le borax, et après grillage, un émail vert ou un émail rouge brique, suivant qu'on l'expose à la flamme réductive ou à la flamme oxydante.

Pyrite cuivreuse.

Nuance verte très-prononcée, donnant avec le borax un émail blanc. . . . **Étain sulfuré**.

L'*étain sulfuré* est fréquemment mélangé de fer arsenical ; l'odeur d'arsenic, sans être essentielle à cette substance, fournit alors un caractère empirique très-utile ; ce minéral est fort rare, tandis que la pyrite cuivreuse est abondante.

872. Rouge de cuivre, quelquefois un peu pâle. . . 874

Brun rougeâtre, couleur de tombac, couleur de bronze, quelquefois irisé. 873

873. Substance dure, rayée difficilement par une pointe d'acier ; magnétique.

Pyrite magnétique.

— Tendre, se laissant couper au couteau ; souvent irisée ; non magnétique, donnant les réactions du cuivre.

Cuivre panaché ; **Phillipsite.**

874. Malléable, s'étendant sous le marteau, donnant au chalumeau un bouton de cuivre.

Cuivre natif.

Dur et aigre, donnant au chalumeau des fumées blanches, avec odeur d'arsenic ou d'antimoine. 875

875. Odeur d'arsenic. . . . . . **Nickel arsenical.**
Odeur d'antimoine. . . . **Nickel antimonial.**

Le *nickel antimonial* n'a été trouvé que dans deux localités ; la couleur est moins foncée, et surtout l'éclat est moins vif que pour le *nickel arsenical* : la distinction est néanmoins difficile à l'œil. L'acide nitrique fournit un moyen facile de les distinguer : le nickel arsenical est soluble sans résidu dans cet acide ; le nickel antimonial donne, au contraire, un résidu abondant d'*acide antimonieux.*

876. Blanc d'argent, blanc d'étain, gris de plomb. . 877
Gris bleuâtre clair, gris d'acier, noir de fer. . . 890

877. Blanc d'argent, mat ou un peu grisâtre. . . . 878
Blanc d'étain et gris de plomb. 881

878. Minéral mou et peu résistant, s'étendant sous le marteau ; donnant du mercure quand on le distille. . . . . . . **Mercure argental.**

— Dur, faisant feu au briquet, ou du moins aigre et cassant. 879

879. Substance d'un blanc d'argent mat, donnant au chalumeau des fumées blanches, arsenicales

ou antimoniales, et un bouton d'argent métallique. Ne faisant pas feu au briquet. . .   880
— Blanc d'argent grisâtre, faisant feu au briquet; donnant au chalumeau des vapeurs
arsenicales, et une masse scoriacée attirable
à l'aimant. . . . . **Fer arsenical.**

880. Soluble dans l'acide nitrique, avec dépôt blanc
d'acide antimonieux. . **Argent antimonial.**
Idem, sans dépôt blanc; odeur arsenicale très-
forte. . . . . **Argent arsenical.**

L'*argent arsenical* est fort rare; il n'a été trouvé que dans la mine d'Andréasberg au Hartz, où il est accompagné d'arsenic natif.

881. Blanc d'étain.   882
      Gris de plomb.   886
882. Cassure conchoïde, éclat vif, mais un peu gras.
                                    Bournonite.

      Cassure unie, quelquefois un peu grenue, mais
      non conchoïde.   883
883. Éclat très-vif; substance fusible à la flamme
      d'une bougie, sans odeur arsenicale; offrant
      presque toujours une indication d'aiguilles.
                                    Bismuth sulfuré.

      Peu d'éclat; fusible au chalumeau, avec des fu-
      mées blanches abondantes et une odeur arse-
      nicale.   884
884. Blanc d'étain, quelquefois grisâtre. Pesanteur
      spécifique, 60 environ; substance donnant
      les réactions du nickel.   885
      Blanc d'étain jaunâtre. Pesanteur spécifique 45;
      au chalumeau, vapeur arsenicale. Avec le bo-
      rax, donne, après un grillage prolongé, un
      émail vert dans la flamme réductive, et
      rouge dans la flamme oxydante.
                                    Cuivre arsenical.

885. Blanc d'étain ; soluble dans l'acide nitrique, avec dépôt d'acide antimonieux.

Sulfo-antimoniure de nickel.

Blanc grisâtre ; soluble sans dépôt dans l'acide nitrique. . . . . . **Biarséniure de nickel.**

886. Malléable, se laissant couper au couteau, ou prenant de l'éclat par la raclure. 887

Aigre et cassant. 889

887. Substance dont la surface est ordinairement terne, s'étendant sous le marteau ; fusible avec facilité, sans odeur ; donnant un bouton de plomb et une poussière jaune qui se dépose sur le charbon. . . . . **Plomb natif.**

— Surface assez brillante, ne s'étendant pas sous le marteau, mais prenant de l'éclat par la raclure, et pouvant se laisser couper au couteau ; au chalumeau, fond avec facilité, en donnant des vapeurs abondantes de sélénium ou de tellure. 888

888. Donne dans le tube un sublimé rouge caractéristique du sélénium ; au chalumeau, du plomb riche en argent. . . . . . **Eukairite.**

Idem, une poudre blanche, susceptible de se fondre ensuite en gouttelettes limpides quand on la chauffe ; au chalumeau, bouton d'argent. . . . . **Tellurure d'argent.**

889. Faisant feu au briquet avec une odeur arsenicale très-prononcée ; colorant le borax en bleu. . . . . **Cobalt arsenical.**

Aigre, mais ne faisant pas feu au briquet ; au chalumeau, odeur propre au tellure.

Tellurure de plomb.

890. Gris bleuâtre clair. 891

Gris d'acier plus ou moins foncé, gris ou noir de fer. 899

891. Très-tendre , rayé par l'ongle , souvent même tachant les doigts. Pesanteur spécifique comprise entre 45 et 50. 892

Résistant à la pression de l'ongle , ne tachant pas les doigts ; un peu aigre, s'égrenant par une raclure légère, donnant une poussière grise quand on imprime fortement une pointe d'acier. Pesanteur spécifique comprise entre 68 et 78. 893

892. Infusible au chalumeau, s'y changeant en une poudre jaune. . . . . **Molybdène sulfuré.**

Fusible à la simple flamme d'une bougie.
Antimoine sulfuré.

La première de ces substances a presque toujours une tendance lamelleuse ; la seconde est lamelleuse et fibreuse à la fois, de sorte qu'il est rare de voir des échantillons sans aucune indication d'aiguilles.

893. Donnant au chalumeau une odeur de soufre et un bouton de plomb métallique.
Plomb sulfuré.

Donnant au chalumeau une odeur de sélénium.
Séléniures.   894

Les *séléniures* sont tous fort rares ; le moins rare est celui de plomb , qui a la plus grande analogie avec le sulfure de plomb. C'est donc principalement le séléniure de plomb qu'on a opposé à ce minéral. Les nos 894 à 898 indiquent les essais qui peuvent servir à distinguer les différents séléniures les uns des autres.

894. Donnant dans le tube des gouttelettes de mer-cure. . **Séléniure de plomb et de mercure.**

Point de mercure. 895

895. Produisant au chalumeau , un oxyde jaune de plomb sur le charbon, et des grains de plomb métallique. 896

Point de plomb au chalumeau , mais donnant une poussière blanche et un bouton d'argent.
Séléniure de zinc et argent.

896. Plomb doux, s'étendant sous le marteau ; colorant le borax en jaune sale, et ne donnant pas de bouton d'argent quand on volatilise tout le plomb. . . . **Séléniure de plomb.**

Plomb plus ou moins aigre, s'étendant mal sous le marteau. 897

897. Bouton d'argent assez considérable.
Séléniure de plomb argentifère.

Point de bouton d'argent. 898

898. Plomb qui, après un grillage prolongé, donne un résidu colorant le borax en bleu.
Séléniure de plomb et cobalt.

Plomb donnant, après le grillage, un bouton métallique, colorant le borax en vert dans la flamme réductive, en rouge brique dans la flamme oxydante.
Séléniure de plomb et de cuivre.

899. Gris d'acier. 900
Noir de fer. 907

900. Gris d'acier avec des reflets rouges ; tendre et dont la rayure produit une poussière rouge cochenille. . . . . **Argents rouges.** 924

Il existe trois combinaisons d'argent, l'*argent rouge*, la *myargirite*, et la *proustite*, qui donnent une poussière rouge et des reflets couleur cochenille. J'ai donc indiqué les différentes espèces ensemble, sous le nom d'*argents rouges*. Le n° 924 énonce les essais nécessaires pour distinguer entre elles ces trois espèces.

— Poussière grise ou noire; point de reflets rouges. 901

901. Donnant au chalumeau une odeur d'ail très-prononcée. 902

— Odeur de sélénium ou de soufre, point d'odeur arsenicale. 905

902. Substance entièrement volatile au chalumeau, avec fumées blanches.
Antimoine natif arsenifère.

Volatile seulement en partie. 903

903. Produisant, par le grillage, un bouton métallique scoriacé, qui, fondu avec la soude, donne
du cuivre métallique, et, avec le borax, un
émail vert ou rouge brique, suivant la partie
de la flamme dans laquelle l'essai a lieu.

Cuivre gris.

— Point de cuivre avec la soude ; donnant avec
le borax un verre violet, ou jaunâtre presque incolore. 904

904. Substance produisant par le grillage un résidu
pulvérulent qui colore le borax en violet.
Solution rose dans l'acide nitrique.

Manganèse arsenical.

— Une espèce de speiss, qui, fondu avec le borax, donne un émail jaune rougeâtre à chaud,
et presque incolore à froid. Solution verte
dans l'acide nitrique. . . . **Nickel gris.**

905. Odeur de sélénium par le chalumeau, sublimé
rouge dans le tube. **Séléniure de zinc.**

Odeur de soufre par le chalumeau, sublimé
jaune dans le tube. 906

906. Résidu du grillage, colorant le borax en bleu.

Cobalt sulfuré.

Après le grillage, cuivre noir argentifère, donnant au chalumeau et aux acides la réaction
du cuivre et de l'argent.

Cuivre sulfuré argentifère ; **stromeyérine.**

M. Beudant donne pour caractère de distinction de la *stromeyérine* de
plonger successivement, dans une dissolution nitrique de cette substance,
une lame de fer et une lame de cuivre : la première se couvre d'une couche de cuivre, la seconde d'une couche d'argent.

907. Tendre, tachant les doigts. 908

Plus ou moins dur, ne tachant pas les doigts. 909

908. Pesanteur spécifique très-faible, 18 à 24 ; brû-
     lant sous le chalumeau. . . . . **Graphite**.
     Pesanteur spécifique, 45 à 50, rougissant par
     l'action du chalumeau. . . . . **Pyrolusite**.

Certaines variétés de manganèse, tendres et donnant une poussière noire,
contiennent de la potasse, tel que celui de Gy, dans la Haute-Saône, analysé
par M. Ebelmenn. L'essai seul peut les faire reconnaître ; il faut alors les
dissoudre dans l'acide nitrique, précipiter le tout par l'hydrosulfate d'ammoniaque, et chercher l'alcali.

909. Dureté supérieure, ou à peu près égale à celle du
     verre, comprise entre 5,5 et 7.   910
     Ne rayant pas le verre, et rayé facilement par
     une pointe d'acier.   918
910. Attirable à l'aimant.   911
     N'ayant point d'action sensible sur le barreau
     aimanté.   912
911. Donne avec le borax, un émail coloré en jaune par
     la présence du titane. . . . . . **Nigrine**.
     Id. un verre, d'un vert bouteille. **Fer oxydulé**.

La *nigrine* étant fort rare, et le *fer oxydulé* très-abondant, l'essai n° 911
est presque toujours inutile ; de plus, la couleur de la nigrine est beaucoup
plus noire que celle du fer oxydulé : l'éclat de cette première substance est,
en outre, un peu résineux, caractères qui suffisent pour distinguer, même à
l'œil, la nigrine du fer oxydulé. Enfin l'action du barreau aimanté sur la nigrine est très-faible.
    Quelques variétés de *fer oligiste* sont attirables. La poussière rouge, propre
à cette espèce minérale, suffit pour la distinguer du fer oxydulé.

912. Donnant, quand on l'écrase, une poussière
     rouge ou brune.   913
     —— une poussière noire ou grise.   914
913. Poussière rouge. . . . . . . **Fer oligiste**.
     Poussière brune. . . . . **Hausmanite**.
914. Noir bleuâtre, cassure unie et terne, structure
     testacée, analogue à une masse concrétion-
     née. . . . . **Manganèse alumineux**.
     Noir de fer très-foncé, cassure un peu grenue. .   915
915. Substance inaltérable par l'action du chalumeau.   916

Rougissant ou devenant attirable quand on l'expose au chalumeau.   917

916. Pesanteur spécifique considérable, de 72 à 80.

Tantalite.

Pesanteur spécifique de 48 à 50 au plus.

Ilménite.

917. Devenant attirable ; fondu avec le borax donne un verre de couleur émeraude.

Fer chromaté.

Rougissant par l'action du chalumeau ; changement surtout sensible quand on écrase la substance essayée ; donnant avec le borax un verre violet. . . . . **Braunite.**

918. Substances malléables, se laissant couper au couteau, ou prenant de l'éclat par la raclure.   919

Substances aigres, ou plus ou moins tendres, se laissant rayer par une pointe d'acier, mais ne prenant pas d'éclat par la raclure. . . .   922

919. Fusible avec facilité, et donnant au chalumeau des vapeurs blanches, avec une odeur de sélénium ou de tellure.   920

Fusible à la simple flamme d'une bougie ; ne donnant d'odeur ni de sélénium, ni de tellure, mais une légère odeur de soufre. . .   921

920. Donnant dans le tube un sublimé rouge de sélénium. . . . . . . **Séléniure d'argent.**

Idem un dépôt blanc. . . **Tellurure d'argent.**

921. Donnant sur le charbon un bouton d'argent.

Argent sulfuré.

Idem un bouton de cuivre. . **Cuivre sulfuré.**

L'action des acides serait aussi un excellent caractère pour distinguer les deux dernières espèces. Le *sulfure d'argent* donnerait une liqueur incolore ; le *sulfure de cuivre* une colorée en vert.

Le *séléniure* et le *tellurure* d'argent sont extrêmement rares ; il sera donc presque toujours inutile de faire les essais indiqués par les n°s 919 et 920.

922. Donnant une poussière rouge. 923
    — une poussière grise ou noire. 925
923. Pesanteur spécifique , 52 à 54. Poussière rouge
    sombre. . . . . **Miargyrite**.
    Pesanteur spécifique, de 56 à 60. Poussière
    rouge cochenille. . . . . **Argents rouges**. 924

La *miargyrite* ne contient que 35 à 37 p. 100 d'argent, tandis que les *argents rouges* en renferment de 59 à 65. La recherche de l'argent fournit un moyen certain de distinguer ces deux espèces , si la couleur de la poussière laissait quelque doute.

924. Donnant au chalumeau une odeur prononcée
    d'arsenic.
        Sulfo-arséniure d'argent; **Proustite**.
    Fumées blanches , sans odeur d'arsenic.
        Argent antimonié sulfuré.

La dissolution dans l'acide nitrique distingue d'une manière nette ces deux espèces confondues si longtemps ensemble : la première est soluble , sans résidu; la seconde donne un précipité abondant d'acide antimonieux.

925. Cassure compacte bleuâtre , éclat demi-métalli-
    que. 926
    Cassure légèrement grenue , inégale et forte-
    ment métallique. 928
926. Donnant une poussière noire. 927
    Donnant une poussière brune , et 10 pour cent
    d'eau dans le tube. . . . . . . **Manganite**.
927. Rayant la chaux fluatée ; solution précipitant
    par l'acide sulfurique, ou par un sulfate. Pe-
    santeur spécifique, 41 à 42. **Psilomélane**.
    Rayée par la chaux fluatée ; solution ne précipi-
    tant pas par l'acide sulfurique. Pesanteur
    spécifique, 48 à 49. . . . . . . **Pyrolusite**.

Voir la note du n° 908.

928. Substance noire à sa surface, mais d'un gris
    d'acier très-brillant, dans les cassures fraî-

ches. Donnant une odeur arsenicale par le choc ; volatile entièrement ou presque entièrement par le chalumeau, avec des vapeurs arsenicales très-abondantes. **Arsenic natif.**

Ne noircissant pas au contact de l'air. 929

929. Poussière noire ; s'écrasant très-facilement.
Pyrolusite.

Voir la note du n° 908.

Poussière grise ; substance aigre, s'écrasant difficilement. 930

930. Fusible au chalumeau avec des vapeurs blanches et une odeur arsenicale plus ou moins prononcée. 931

Infusible au chalumeau ; colorant le borax en violet. . . . . **Manganèse sulfuré.**

931. Pesanteur spécifique, 62 ; fusible au chalumeau avec vapeurs blanches, une odeur arsenicale très-faible, en donnant un bouton d'argent considérable, pesant au moins 60 pour cent.
Polybasite.

Pesanteur spécifique, 43 à 44 ; minéral brûlant sous l'action du chalumeau en dégageant une forte odeur d'ail, et en laissant une scorie magnétique qui donne du cuivre avec la soude. . . . . **Tennantite.**

La couleur gris d'acier, quoique beaucoup plus claire que le noir de fer, pourrait laisser de l'incertitude dans l'esprit de quelques personnes ; mais le nombre de substances que nous avons rangées dans la première catégorie étant très-faible, on arrivera facilement à leur détermination en étudiant successivement : 1° la dureté ; 2° la malléabilité ; 3° la présence de l'arsenic ; 4° enfin, la coloration du borax propres à ces minéraux.

932. Cassure conchoïdale prononcée ; substance fusible en émail blanc, et donnant de l'eau dans le tube. . . . *Rétinite*, **Feldspath résinite.**

Cassure grossièrement granulaire en même temps que conchoïde ; substance fusible en émail

gris, ne donnant pas d'eau dans le tube.
Grenat colophonite.

933. Soluble dans l'eau en tout ou en partie. . . . 934
Substance complétement insoluble. 944

934. Soluble en totalité. 935
Sel soluble seulement en partie, et dont la surface se recouvre d'une pellicule blanche, par
l'action prolongée de l'eau. 943

935. Sel coloré en bleu ou en vert. 936
Sel hyalin, incolore, ou d'un blanc laiteux. . 937

936. Coloré en vert. . . . . **Sulfate de fer.**
En bleu. . . . . **Sulfate de cuivre.**

937. Se recouvrant à l'air d'une croûte blanche, et
tombant en efflorescence. 938
Ne s'altérant pas, ou que fort légèrement par
son exposition à l'air. 940

938. Sel anhydre. . . . . **Thénardite.**
Sel contenant de l'eau. 939

939. Solution faisant effervescence avec un acide.
Soude carbonatée.
Ne faisant pas effervescence.
Soude sulfatée.

940. Volatile en totalité dans le tube d'essai.
Ammoniaque muriaté.
Décrépite ou se fond, mais non volatile; perd
son eau de cristallisation. 941

941. Fortement astringent, contenant de l'acide sulfurique. . . . . **Alun.**
Salé, ou douceâtre au goût; point d'acide sulfurique. 942

942. Salé, sel contenant de l'acide muriatique.
Sel gemme.
Douceâtre, dissolution saturée, précipitant des
cristaux d'acide borique, par l'addition d'un
acide. . . . . **Borax.**

943. Sel hyalin gris clair, gris jaunâtre, quelquefois
     coloré en rouge par de l'oxyde de fer; conte-
     nant du sulfate de soude et du sulfate de
     chaux. . . . . **Glaubérite**.
   Sel opaque, blanc laiteux, quelquefois un peu
     coloré en rouge; composé de sulfate de po-
     tasse, de sulfate de chaux et de sulfate de
     magnésie. . . . . **Polyhalite**.

La *glaubérite* est fréquente dans les mines de sel; la *polyhalite* a été seulement trouvée à Ischel, en basse Autriche.

944. Substance dure rayant le verre avec plus ou
     moins de facilité, quelquefois très-faible-
     ment. 945
   Ne rayant pas le verre. 1011

945. Substance très-poreuse. 954
   Substance compacte. 946

946. Cassure conchoïde. 947
   Cassure esquilleuse, inégale ou grenue. 986

947. Éclat vitreux. 948
   Éclat résineux. 983
   Mat ou pierreux. 984

948. Substance hyaline, fortement transparente, in-
     colore, ou de teintes verdâtres, jaunâtres fort
     claires, simplement translucide et d'un blanc
     laiteux. 949
   Substances quelquefois transparentes, le plus
     ordinairement simplement translucides, et
     ayant une couleur prononcée. 955

949. Très-dure, rayant le quartz avec facilité. . . . 950
   Dureté égale ou moindre que celle du quartz. . 951

950. Infusible. Pesanteur spécifique, 34 à 35.
                                   Topaze.

   Très-difficilement fusible sur les bords. Pesan-
     teur spécifique, 26 à 27. . . . . **Émeraude**.

951. Complétement hyaline, cassure largement con-
      choïde ; inaltérable par le chalumeau.
                                Quartz hyalin.
      Transparent, ou translucide, d'un blanc lai-
      teux , avec ou sans reflets.   952
952. Transparent ; de couleur vert d'eau, substance
      rayant très-difficilement le verre ($d = 5,5$),
      fusible avec bouillonnement. . **Datholite.**
      Substance d'un blanc laiteux, avec ou sans reflets.   953
953. Blanc laiteux , sans reflets ; inaltérable par le
      chalumeau. . . . . **Quartz.**
      Idem , avec des reflets diversement colorés.
      Fragile, donnant de l'eau dans le tube d'es-
      sai. . . . . **Opale.**
954. Très-caverneuse, présentant cependant quelques
      parties pleines, qui lui donnent un aspect
      carié ; substance d'un blanc sale, opaque,
      infusible au chalumeau. . . **Silex meulière.**
      Cavités allongées, très-rapprochées les unes des
      autres ; substance d'un aspect irrégulièrement
      fibreux et soyeux, d'un gris un peu ver-
      dâtre ; fusible au chalumeau en émail blanc.
                                        Ponce.
955. Jaune ou jaunâtre, bleue, verte ou d'un gris
      verdâtre.   956
      Rose, violette, brune, d'un brun rougeâtre,
      rouge brunâtre, enfumée ou noire.   967
956. Jaune ou jaunâtre.   957
      Bleue, verte ou d'un gris verdâtre.   961
957. Rayant fortement le quartz.   958
      Dureté égale ou peu différente de celle du
      quartz.   959
958. Rayant la topaze. Pesanteur spécifique , 37 à
      38 ; infusible, inaltérable par les acides.
                                Cymophane.

Dureté de la topaze. Pesanteur spécifique, 35 à
  36 ; infusible, inaltérable, électrique par la
  chaleur et par le frottement. . . **Topaze.**

La *cymophane* du Brésil, la seule qui ait une grande analogie avec la *topaze*, est d'un jaune pâle, et presque toujours elle possède un reflet opalin très-distinct : la *cymophane* de Hadden, dans le Connecticut, est verdâtre, elle est en outre opaque : il est rare d'en avoir des morceaux isolés ; sa gangue, qui est de feldspath et de grenat, fournit un caractère empirique très-utile à consulter.

959. Substance complétement hyaline ; cassure largement conchoïde ; dureté du quartz. Pesanteur spécifique, = 26,5 ; inaltérable au
  chalumeau.

  Couleur de topaze ; **Quartz hyalin.**

  Opaque, ou simplement translucide sur les
  bords ; dureté peu différente de celle du quartz ;
  altérable par le chalumeau.   960

960. Un peu plus dur que le quartz ($d = 6,5$) ; fusible en émail gris verdâtre. Pesanteur spécifique, 38. . . . . . **Grenat grossulaire.**

  Un peu moins dur que le quartz ($d = 5,5$) ;
  rayant difficilement le verre ; rayé par une
  pointe d'acier ; décrépite au chalumeau ;
  chauffé au rouge, il blanchit, mais ne fond
  pas. Pesanteur spécifique, 54 à 58.

                          Yttrotantalite.

961. Substance bleue ; hyaline ou fortement translucide ; très-difficilement fusible.

                          Dichroïte.

  Verte, d'un gris brunâtre ou gris verdâtre. .   962

962. Gris brunâtre, quelquefois un peu jaunâtre, ou
  gris verdâtre.   963

  D'un vert, plus ou moins foncé.   964

963. D'un gris verdâtre ; fusible avec facilité, donne
  une scorie attirable. . . . . **Erlan.**

Gris brunâtre, quelquefois jaunâtre ; substance infusible au chalumeau, et ayant une pesanteur spécifique considérable. **Étain oxydé.**

964. Substances d'un vert clair, quelquefois d'un vert émeraude, ordinairement hyalines.   965

Idem d'un vert foncé, vert bouteille, opaques ou simplement translucides.   966

965. En petits fragments d'un vert émeraude, ou en masse assez considérable d'un vert clair, rayant très-fortement le quartz ($d = 7,5$). Pesanteur spécifique, 26 à 27. **Émeraude.**

En petits fragments d'un vert clair, rayant légèrement le quartz ($d = 7$). Pesanteur spécifique, 34 à 36. . . . . **Péridot**.

966. Substance évidemment cristalline ; fragments plus ou moins considérables de cristaux d'un vert très-foncé ; rayant fortement le quartz ($d = 8$). Pesanteur spécifique, 34 à 36 ; infusible et inaltérable au feu.

Ceylanite ; **spinelle vert.**

Substance à cassure largement conchoïde, possédant tous les caractères d'une substance fondue ; rayant difficilement le verre ; fusible au chalumeau en émail blanc. Pesanteur spécifique, 22 à 25. . . . . . **Obsidienne**.

967. Rose ou violette.   968

Brune, d'un brun rougeâtre, rouge brunâtre, enfumée ou noire.   969

968. Substance rose clair, hyaline, à cassure largement conchoïde, d'un blanc laiteux dans la cassure ; en morceaux assez considérables. Pesanteur spécifique,   . **Quartz rose.**

Substance violette ; complétement hyaline, à cassure conchoïde prononcée ; on voit quelquefois, dans la cassure, des stries qui se croi-

977. Hyaline, ou fortement transparente, simplement
enfumée ; substance inaltérable par le chalumeau. . . . . **Quartz enfumé**.
Translucide sur les bords, ayant complétement
l'apparence d'un verre ; fusible en émail
blanc. . . . . **Obsidienne**.

L'*obsidienne* présente quelquefois des veines claires, même blanches ; d'autres fois elle est mouchetée de parties blanches, qui sont des nodules cristallins.

978. Infusible. . . . . **Quartz lydien**.
Fusible au chalumeau en un émail noir, donnant
de l'eau dans le tube d'essai. **Sordawalite**.
979. Substance rayant le quartz avec facilité ; infusible au chalumeau, et inaltérable par les
acides. . . . . . *Spinelle noir ;* **Pléonaste**.
Ne rayant pas le quartz ; fusible, ou du moins altérable par l'action du chalumeau ; soluble
avec plus ou moins de difficulté dans les
acides. 980
980. Substance ayant une pesanteur spécifique considérable , 55 ; rayant difficilement le verre ;
décrépite au chalumeau , y acquiert une
couleur jaune, sans éprouver de fusion.
Yttrotantalite.
Substances dont la pesanteur spécifique est comprise entre 32 et 42. Rayant le verre avec
facilité ; fusibles plus ou moins facilement au
chalumeau. 981
981. Substance en petite masse allongée , presque
baccillaire, fusible avec boursouflement. Pesanteur spécifique, 32 ; donnant de l'eau par
la calcination, 6 à 8 pour cent.
Orthite.
Substances ne donnant pas d'eau par la calcina-

tion , ou du moins une quantité inapprécia-
ble.   982

982. Pesanteur spécifique ; 42,3, fusible au chalumeau, quelquefois avec boursouflement en un
verre opaque gris foncé, attaquable par les
acides ; solution donnant, par la soude caustique en excès, un précipité qui se redissout
en partie dans le carbonate d'ammoniaque.
Gadolinite.

Pesanteur spécifique, 37 ; fusible difficilement
en une scorie brune. . . . . . . **Allanite.**

983. Substance fusible au chalumeau.   932
Infusible. . . . *Pechestein ;* **Quartz résinite.**

984. Cassure largement conchoïde, à bords tran-
chants ; couleur blanc sale, gris de fumée,
quelquefois noir, translucide sur les bords et
en fragments minces.   985
Cassure conchoïde peu distincte ; substance d'un
noir foncé ; matte, opaque ; infusible.
Quartz lydien.

985. Cassure à bords très-tranchants , gris de fumée
ou noir, faisant facilement feu au briquet.
Quartz silex.

Cassure un peu conique ; substance d'un blanc
sale, d'un blanc grisâtre ; texture légèrement
grenue. . . . . **Grès lustré.**

986. Cassure esquilleuse.   987
Cassure grenue, inégale ou unie   1002

987. Cassure à esquilles larges et bien déterminées.   988
Cassure à petites esquilles , et passant à la cas-
sure inégale.   993

988. Substance fusible au chalumeau.   989
Infusible.   991

989. Cassure schisteuse en même temps qu'esquil-

leuse ; substance fréquemment maculée , et soluble en partie dans les acides.

Phonolite.

Non schisteuse.   990

990. De couleurs variées ; facilement fusible.

Pétrosilex.

Gris jaunâtre, gris clair, offrant dans la cassure un mélange de petites et grandes esquilles ; éclat mat un peu gras.. . . . . . . **Saussurite.**

991. Rayant facilement le quartz ; substance d'un rose grisâtre clair, dont les surfaces sont ordinairement enduites de mica. **Andalousite.**

Ne rayant pas le quartz.   992

992. Substance fortement translucide, mais nuageuse, comme ondulée ; disposition due à sa texture concrétionnée. . . . . **Agate.**

Translucide, seulement sur les bords ; ni nuageuse, ni ondulée.

Hornstein, infusible; **Quartz néopètre.**

993. Rayant le quartz avec facilité.   994

Ne rayant pas le quartz, ou du moins très-difficilément.   995

994. Transparent, ou du moins fortement translucide ; d'un vert clair, vert d'eau.

Émeraude.

Opaque ; translucide seulement dans les esquilles ; substance d'un rose clair, ou rose grisâtre, presque toujours enduite extérieurement de mica. . . . . **Andalousite.**

995. Éclat gras et huileux. 1001

Éclat plus ou moins vif, mais ni gras, ni huileux.   996

996. Pesanteur spécifique considérable, de 49 à 50 ; substance d'un rose violet, mêlé de gris ; don-

nant de 8 à 9 pour cent d'eau dans le tube ; rayant à peine le verre.

Cérite ; **Cérium oxydé.**

Pesanteur spécifique s'élevant quelquefois à 42 , mais ordinairement moindre.   997

997. Substance noire, fusible avec facilité en émail noir ; très-résistante au choc.

Cornéenne dure.

D'un brun rougeâtre, et d'un vert plus ou moins foncé.   998

998. D'un brun rougeâtre.   999

D'un vert plus ou moins foncé.   1000

999. Fusible avec facilité en émail noir. . **Grenat.**

Infusible. . . . . **Staurotide.**

1000. D'un vert bouteille assez foncé ; structure esquilleuse prononcée ; fusible en émail noir, très-tenace, mais rayant le verre difficilement. . . . . **Lherzolite.**

Vert clair, vert jaunâtre, cassure esquilleuse passant à l'inégale ; fusible en émail gris foncé, passant au noir, rayant le verre avec facilité. . . . **Grenat grossulaire.**

1001. Ayant ordinairement une légère disposition lamelleuse ; fusible en un émail blanc ou peu coloré ; rayant difficilement le verre ($d =$ 5,5). . . . . **Paranthine.**

Quelques personnes distinguent l'*ékébergite* par son tissu un peu fibreux. Je ne saurais indiquer de moyens certains de la reconnaître autrement que par l'analyse.

Difficilement fusible en émail blanc , seulement sur les bords ; colorant la flamme du chalumeau en un beau pourpre. **Pétalite.**

1002. Grenue. 1003

Inégale ou unie. 1005

1003. Rayant le quartz avec facilité ; roche un peu
     micacée, tantôt rougeâtre, tantôt grisâtre.
                       Corindon émeril.
Dureté comparable à celle du quartz, ou un
     peu inférieure. 1004
1004. Substance verte, en masse granuleuse, ordi-
     nairement engagée dans du basalte.
                     Péridot olivine.
D'un blanc verdâtre, vert d'eau ; cristaux im-
     parfaits ayant la forme de grains arrondis,
     disséminés dans une lave poreuse ; substance
     fusible sur les bords des fragments : soluble
     dans les acides. . . . . **Sodalite.**
Blanc laiteux, quelquefois un peu grisâtre.
           Quartzite ; **Quartz compacte.**
1005. Rayant facilement le quartz. . **Spinelle vert.**
     Dureté égale ou inférieure à celle du quartz. 1006
1006. Pesanteur spécifique considérable, de 49 à 50.
     Substance d'un rose violet, mêlé de gris ;
     donnant 8 à 9 pour cent d'eau dans le tube ;
     rayant le verre avec difficulté.
              Cérite ; **Cérium oxydé.**
Pesanteur spécifique variant de 25 à 35. . . . 1007
1007. Inaltérable par le chalumeau. 1008
Fusible, ou du moins altérable par l'action du
     chalumeau. 1010
1008. Blanc laiteux, blanc sale ou gris clair.
                 Quartz compacte.
Rouge, rougeâtre, vert foncé, avec ou sans
     zones de couleurs différentes ; noir ou pres-
     que noir. 1009
1009. Noir, ou presque noir. . . . **Quartz lydien.**
Rouge, rougeâtre, vert foncé, quelquefois
     avec des bandes de nuances ou de couleurs
     différentes ; cassure unie. . . . . . **Jaspe.**

1010. Substance d'un rose foncé passant au rouge cerise. Minéral associé avec de l'idocrase bleue et du quartz. . . . . . . **Thulite.**

Gris de fumée, gris bleuâtre, passant au bleu ; fusible avec bouillonnement, donne 10 pour cent d'eau dans le tube d'essai. **Ittnérite.**

1011. Substance tendre, friable, s'écrasant entre les doigts, se laissant rayer par l'ongle, ou se comportant, sous ce rapport, comme les argiles. 1012

Plus ou moins dure, mais ne rayant pas le verre. 1025

1012. Minéraux ayant une couleur prononcée. . . . 1013

Minéraux d'un blanc laiteux, blanc grisâtre, rougeâtre ou d'un vert clair, couleurs dues évidemment à des mélanges. 1020

1013. Substance rose, rouge ou hyacinthe. 1014

Jaune serin ou verte, d'un brun foncé, ou noire. 1016

1014. D'un beau rouge cochenille ; donnant une poussière orange quand on l'écrase ; odeur d'arsenic à la simple flamme d'une bougie.

Réalgar.

Rose, ou d'un brun hyacinthe ; point d'odeur arsenicale. 1015

1015. Substance rose ; disséminée en veinules et en noyaux dans un calcaire compacte blanc : perd sa couleur par la plus légère température. . . . . **Quincite.**

Substance d'un rouge hyacinthe, passant au brun rougeâtre, à cassure un peu résineuse ; fusible en émail noir : réaction de l'oxyde d'urane. . . *Gummiers;* **Urane hydraté.**

1016. Jaune serin, ou verte. . . . . **Nontronite.**

Brune, ou noire. 1017

1017. Substance brune, ayant un éclat résineux ; translucide sur les bords ; donnant dans le

tube une eau acide, avec résidu rouge de
fer. . . . . **Pittizite.**

Noire. 1018

1018. Cassure largement conchoïde ; éclat résineux ;
fusible à une température très-faible ;
substance brûlant complétement et avec
odeur bitumineuse. . . . . . **Asphalte.**

Tachant presque toujours les doigts ; ne fondant
pas par l'action du feu, mais pouvant se ramollir ; brûlant avec un résidu très-faible. . 1019

1019. Souvent un peu schisteuse ; noire et brillante
par parties ; s'éteint aussitôt qu'on cesse de
souffler, et que l'échantillon se recouvre de
cendres. . . . . **Houille.**

Se délite par l'action de l'air, donne dans le
tube une eau acide ; continue de brûler
quand l'échantillon se recouvre de cendres.
                             Lignite.

Quelques *houilles* et certains *lignites* contiennent jusqu'à 25 p. 100 de cendres ; ces combustibles sont alors terreux, friables, et rentrent dans la division des substances terreuses.

1020. Substance ayant une cassure esquilleuse prononcée ; rayée par l'ongle, mais ne se laissant pas couper à la manière des argiles.
                             Gypse.

Substances douces au toucher, un peu savon-
neuses, se laissant facilement couper à la
manière des argiles ou du savon. 1021

1021. Substance fusible au chalumeau, ou s'y réduisant en une matière incohérente. Cassure
conchoïdale prononcée ; contenant de 25 à
40 pour cent d'eau. 1022

Substance à cassure esquilleuse, contenant
seulement 6 à 7 pour cent d'eau ; infusible,
mais prenant de la dureté au feu, à la ma-

nière de la porcelaine. . . . . **Stéatite.**

1022. Donnant de 36 à 40 pour cent d'eau dans le
tube d'essai ; substance opaline demi-trans-
parente, colorée accidentellement en bleu par
du carbonate de cuivre. . . **Allophane.**

Ne contenant pas au delà de 25 pour cent d'eau ;
substance tantôt opaline , tantôt compacte. 1023

1023. Substance à cassure conchoïde , à éclat opalin
ou cireux ; contenant de 35 à 42 pour cent
de silice. 1024

Cassure inégale ; substance opaque, ou simplement translucide sur les bords ; contenant au moins 50 pour cent de silice, et de
24 à 25 pour cent d'eau. **Terre à foulon.**

1024. Opaline, d'un blanc laiteux, contenant de 35 à
à 37 pour cent de silice. . . . **Lenzinite.**

Éclat cireux, gris bleuâtre, gris sale ; substances quelquefois colorées en vert clair par
du silicate de fer , s'altérant et devenant
opaques par l'exposition à l'air. **Halloysites.**

Ces derniers hydro-silicates alumineux sont fréquemment mélangés de
petites veines ou de mouches de manganèse, qui fournissent un excellent
moyen pour les reconnaître.

Les substances comprises entre les nᵒˢ 1022 et 1024 ont une grande analogie. Avec quelque habitude, on parvient cependant assez facilement à les
distinguer : elles sont toutes solubles dans l'acide hydrochlorique, même à
froid ; on peut donc constater en peu d'heures la quantité de silice qu'elles
contiennent.

La difficulté de trouver des caractères extérieurs qui puissent conduire à
la détermination des minéraux compactes, m'a engagé à mettre la couleur immédiatement après la dureté et la cassure, quoique souvent des mélanges
l'altèrent beaucoup. Pour obvier à cet inconvénient, j'ai répété dans la méthode plusieurs fois la même substance, suivant les colorations qu'elle
présente. On doit, en outre, rappeler que la texture compacte est très-
différente de la texture terreuse : des échantillons compactes appartiennent souvent à des masses cristallines imparfaites, et par conséquent assez pures. Un calcaire esquilleux est presque un calcaire cristallin,
et l'on sait que l'acte de la cristallisation opère un départ entre les substances mélangées; d'où il résulte que les altérations profondes de couleur ne sont pas aussi fréquentes qu'on pourrait le penser au premier aperçu.

1025. Minéraux ayant une cassure esquilleuse prononcée. 1026

Prendre les premiers numéros de renvoi.

Dont la cassure est conchoïde, inégale ou granulaire. 1034

1026. Substances blanches, d'un gris clair, d'un blanc verdâtre, etc., en général peu colorées, et dont la couleur paraît être le résultat d'un mélange. 1027; 1035; 1059

Substances de couleurs plus ou moins foncées, mais paraissant propres à la nature même du minéral. 1031; 1042; 1071

1027. Lourde ; pesanteur spécifique, 47. Difficilement fusible en émail blanc, et seulement sur les bords ; insoluble dans les acides.
Baryte sulfatée.

Pesanteur spécifique comprise entre 27 et 32. 1028

1028. Soluble dans les acides nitrique et muriatique. 1029

Insoluble dans les acides, ou du moins trèslégèrement attaquable. 1030

1029. Avec effervescence. . . . **Chaux carbonatée.**
Sans effervescence. . . . **Chaux phosphatée.**

1030. Substance presque toujours violacée, attaquable par l'acide sulfurique, et donnant des vapeurs qui corrodent le verre ; fusible au chalumeau en une perle opaque.
Chaux fluatée.

Substance très-douce au toucher ; éclat gras et cireux ; légèrement attaquable par l'acide sulfurique, sans dégagement de vapeurs fluoriques : infusible au chalumeau.
Agalmatolite.

1031. Rouge, ou violacée. 1032
Verte, verdâtre, d'un vert jaunâtre, d'un

vert pomme, ou d'un jaune verdâtre. . . . 1033

1032. Pesanteur spécifique, 27 à 28 ; substance soluble avec effervescence dans les acides ; donnant au chalumeau de la chaux caustique.

Calcaire ferrugineux.

Substance violacée ; soluble, sans effervescence, dans les acides ; perdant sa couleur au feu. Pesanteur spécifique, 34 à 36.

Yttrocérite.

1033. D'un vert pomme, ou d'un vert émeraude ; fusible au chalumeau. . . **Pyrosklérite.**

Couleur vert foncé, vert jaunâtre, jaune verdâtre. Les minéraux d'un vert foncé présentent ordinairement deux nuances de vert, comme la peau des serpents ; les échantillons d'un jaune verdâtre sont très-fortement translucides. Substance infusible, donne de 10 à 12 pour cent dans le tube d'essai.

Serpentines.

Brun jaunâtre, éclat résineux prononcé ; donne 20 pour cent d'eau dans le tube.

Rétinalite.

1034. Cassure conchoïdale bien déterminée. . . . 1026

Prendre les seconds numéros de renvoi.

Cassure imparfaitement conchoïde, inégale, granulaire et cellulaire. 1058

1035. Pesanteur spécifique considérable, égale ou supérieure à 60 ; éclat vitreux. 1036

Pesanteur spécifique comprise entre 27 et 40 ; Éclat pierreux. 1038

1036. Soluble dans l'acide nitrique. 1037

Insoluble. . . . . **Plomb sulfaté.**

1037. Soluble avec une effervescence vive.

Plomb carbonaté.

Attaquable par l'acide nitrique , qui convertit la substance en une poudre jaune.
Schéelin calcaire.

1038. Soluble avec effervescence dans les acides. . . 1039
Insoluble, ou soluble en tout ou en partie, mais sans effervescence. 1041

1039. Avec une effervescence très-vive. 1040
Avec une effervescence lente, et qui ne se montre que quelques instants après l'immersion dans l'acide. *Guroffian;* **Dolomie.**

1040. Sans résidu, ou avec un très-léger résidu d'argile. . . . . . . **Chaux carbonatée.**
Avec résidu abondant, lequel, mêlé à l'alcool, en colore la flamme en rouge pourpre.
Strontiane sulfatée calcarifère.

1041. Soluble dans l'acide, entièrement ou avec un léger résidu siliceux. Pesanteur spécifique, 31 à 32 ; difficilement fusible sur les bords.
Chaux phosphatée silicifère.

Insoluble dans les acides. Pesanteur spécifique, 27 environ; infusible au chalumeau : devient par son action en partie soluble, et donne sur la langue un goût prononcé d'alun. . . . . **Alunite.**

1042. Substances ayant une couleur rouge, d'un brun rouge, ou noire. 1043
Idem de couleur jaune, jaune verdâtre, gris jaunâtre, grises ou vertes. 1053

1043. Substance rouge. 1044
Brun rouge, ou noire. 1047

1044. Poussière d'un beau rouge cochenille. . . . 1045
Poussière d'un jaune orangé. 1046

1045. Fusible avec facilité, en donnant une forte odeur d'arsenic. . . . . **Proustite.**

Point d'odeur d'arsenic, ou du moins très-légère. . . . . **Argent rouge.**

Si l'odeur arséniale n'était pas assez caractéristique, on pourrait rechercher la présence de l'antimoine; il suffira de dissoudre dans l'acide nitrique la substance à essayer. On aura pour *l'argent rouge* un précipité abondant d'acide antimonieux, tandis que la *proustite* se dissoudra à peu près entièrement dans l'acide.

1046. Substance très-facilement fusible, donnant des fumées abondantes d'acide arsenieux, et se volatilisant complétement. . . . **Réalgar.**

Sur le charbon, se fond, s'étale, et donne un globule de plomb, avec fumées plombeuses, mais non arsenicales. . **Plomb chromaté.**

1047. Substance d'un brun rouge. 1048

Noire. 1049

1048. Substance très-légère, fragile, transparente ou translucide; brûlant à la flamme d'une bougie. 1052

Substance pesante (pesanteur spécifique, 42); dure; ne brûlant pas; infusible, mais devenant jaune par l'action du feu.

Pyrochlore.

1049. Substance légère. Pesanteur spécifique, 16 au plus, brûlant sous l'action du chalumeau. 1050

Substance dont la pesanteur spécifique est considérable, 42 environ; éclat résineux, infusible au chalumeau, mais devenant jaune par son action. . . . . **Pyrochlore.**

1050. Substance fondant au feu, et brûlant avec une odeur bitumineuse très-forte.

Bitume asphalte.

Substance brûlant au chalumeau en laissant un résidu de cendres très-faible, mais ne fondant pas. 1051

1051. Avec une flamme vive un peu bleuâtre.

Cannel coal.

Sans flamme, et seulement lorsque la température très-élevée est presque rouge blanc.
                                        Anthracite.
1052. Avec odeur de soufre. . . . . **soufre.**
       Avec odeur aromatique. 1111
1053. Substance jaune, jaune verdâtre, ou un peu
       · rougeâtre. 1054
       Verte, d'un vert jaunâtre, d'un vert grisâtre,
       d'un gris jaunâtre, ou d'un gris sale. . . 1055
1054. Jaune de soufre ; substance brûlant avec odeur
       sulfureuse. . . . . **soufre.**
       Jaune d'ambre, brûlant avec odeur de succin.
                                        succin.
1055. Pesanteur spécifique considérable, de 61 à 66.
                        Plomb carbonaté.
       Pesanteur spécifique moyenne, variant de 27
       à 34. 1056
1056. Substance verte, ou verdâtre. 1057
       Grise, ou grisâtre ; soluble dans les acides avec
       effervescence. 1094
1057. Texture à la fois conchoïde et granulaire ; éclat
       gras, un peu huileux ; substance cristalline.
                        Chaux phosphatée.
       Largement conchoïde ; substance ayant l'éclat
       résineux, et analogue par ses caractères au
       quartz résinite.
              Chrysocole ; **Cuivre hydrosiliceux.**
1058. Imparfaitement conchoïde, ou inégale. . . . 1026
       Prendre les troisièmes numéros de renvois.

       Granulaire, cellulaire, ou caverneuse. 1068
1059. Éclat vitreux, vif, tirant sur l'éclat adamantin. 1060
       Éclat gras, éclat pierreux. 1065
1060. Substance tendre et ductile, se laissant couper
       au couteau. 1061

Fragile , s'égrenant sous le couteau. 1062
1061. Fusible à la flamme d'une bougie, et complétement volatile au chalumeau.

Mercure chloruré.

Idem, se décomposant par l'action du chalumeau, et donnant de l'argent métallique.

Argent chloruré.

Le *mercure chloruré* ne forme que des plaques ; on le trouve habituellement sur des minerais de fer hydraté qui existent dans les mines du Palati-
nat. L'*argent chloruré* forme quelquefois aussi des plaques superficielles ;
mais il est plus fréquemment en masse vitreuse. Cette substance, s'altérant
par l'action de l'air, est souvent violâtre ; enfin, l'argent chloruré est associé avec de l'argent métallique, provenant de la décomposition du minéral
même. Ces deux circonstances donnent des moyens faciles de reconnaître
l'argent chloruré, du peu de minéraux avec lesquels il a de l'analogie.

1062. Pesanteur spécifique considérable, égale ou supérieure à 60. 1063
Pesanteur spécifique, de 29 à 30 ; substance
soluble avec effervescence dans les acides.

Arragonite.

1063. Insoluble dans les acides, donnant du plomb au
chalumeau. . . . . . . **Plomb sulfaté**
Soluble en tout ou en partie dans les acides. . . 1064

1064. Soluble avec effervescence. **Plomb carbonaté**.
Soluble en partie, avec précipité d'une poudre
jaunâtre , due à de l'acide molybdique.

Schéelin calcaire.

1065. Éclat gras, un peu huileux. 1066
Éclat pierreux, éclat nul. 1067

1066. Soluble dans les acides. **Chaux phosphatée**.
Insoluble dans les acides. L'acide sulfurique
la décompose, et donne des vapeurs qui
corrodent le verre. . . . . **Chaux fluatée**.

1067. Insoluble dant les acides. . . . . **Anhydrite**.
Soluble avec effervescence. 1039

1068. Granulaire. . . . . **Chaux phosphatée**.
Cellulaire, caverneuse, ou poreuse. 1069

1069. Soluble dans les acides, avec effervescence. . . 1070
Insoluble ; substance donnant après calcina-
tion de l'alun par le simple lavage.
Alunite.

1070. Avec effervescence lente et difficile à se manifester. . . . . **Dolomie.**
Idem vive ; solution donnant par l'ammoniaque un précipité qui se redissout dans cet
alcali. . . . . **Calamine.**

1071. Substance rose, rouge, rougeâtre, rouge
jaunâtre, d'un brun jaunâtre ou rougeâtre,
brune et noire. 1072
Jaune, jaune verdâtre, d'un vert jaunâtre,
bleue et bleuâtre. 1100

1072. Rose. 1073
Rouge, rougeâtre, rouge jaunâtre, d'un brun
jaunâtre ou rougeâtre, brune et noire. . . 1074

1073. Soluble avec effervescence dans les acides.
Manganèse carbonaté.
Soluble avec gelée, ou insoluble dans les
acides. . . . . **Manganèse silicaté.**

1074. Substance rouge, de nuances différentes. . . 1075
Id. rougeâtre, jaune rougeâtre, d'un brun jaunâtre ou rougeâtre, brune et noire. . . . 1079

1075. Rouge de fer plus ou moins foncé ; substance
infusible au chalumeau, et donnant une
scorie attirable à l'aimant.
Fer oxydé rouge.
Rouge cochenille ; substance fusible au chalumeau, résidu non attirable à l'aimant. . 1076

1076. Donnant une poussière rouge cochenille. . . 1077
Donnant une poussière rouge orangé. 1046

1077. Entièrement volatil au chalumeau ; donnant
des gouttelettes de mercure dans le tube
d'essai. . . . . **Mercure sulfuré.**

N'étant pas entièrement volatile, et ne don-
    nant pas de mercure. 1078

On peut distinguer le *mercure sulfuré*, en le frottant sur une lame de cuivre rouge ; il se décompose et blanchit la lame.

1078. Donnant au chalumeau des vapeurs blanches
    abondantes, avec ou sans odeur d'arsenic,
    et un globule d'argent. 1045

    Point de vapeurs par le chalumeau, mais se
    fondant en émail noir au feu d'oxydation,
    et donnant du cuivre métallique au feu de
    réduction. . . . . . . **Cuivre oxydulé.**

1079. Substance jaune rougeâtre, rougeâtre, d'un
    brun jaunâtre ou rougeâtre. 1080

    Substance brune, d'un brun noirâtre ou
    noire. 1086

1080. Jaune brunâtre, mais donnant une poussière
    jaune ; substance fusible, en une masse
    scoriacée, attirable à l'aimant.
                   Fer oxydé hydraté.

    Jaune rougeâtre, jaune brunâtre, brun jaunâ-
    tre ou rougeâtre ; substances ne donnant
    point au chalumeau de scorie attirable à
    l'aimant. 1081

1081. Donnant de l'eau par la calcination. 1082

    Ne donnant que peu ou point d'eau par la calci-
    nation. 1083

1082. Substance à cassure terne et cireuse, don-
    nant de 9 à 10 pour cent d'eau. Pesan-
    teur spécifique, 26 à 27 : blanchit au cha-
    lumeau, et fond sur les bords avec un peu
    d'effervescence, en un verre légèrement
    coloré. . . . . **Fahlunite.**

    Substance à cassure plutôt brillante que terne,
    donnant seulement de 4 à 5 pour cent d'eau.

Pesanteur spécifique, environ 42 ; infusible au chalumeau, noircissant par la chaleur, et passant au rouge et à l'orangé par refroidissement.

Basicérine; **Cérium fluaté basique.**

1083. Éclat résineux très-prononcé; substance fusible avec facilité en émail noir.

Manganèse phosphaté ferrifère.

Éclat pierreux ; substance infusible au chalumeau. 1084

1084. Pesanteur spécifique, 45 à 47. 1085

Pesanteur spécifique, 34 à 40 au plus; substance d'un rouge violacé. . . **Yttrocérite.**

1085. Substance rougeâtre , dont la pesanteur spécifique est 47; noircissant au feu, soluble dans les acides. . . . . **Cérium fluaté.**

Substance d'un jaune brunâtre, analogue au zircon. Pesanteur spécifique, 45,57; insoluble dans les acides. **Yttria phosphatée.**

1086. Substance brune. 1087

Id. d'un brun noirâtre et noire. 1089

1087. Pesanteur spécifique considérable, 60 au moins; substance fusible avec facilité , et donnant un globule noir cristallin.

Plomb phosphaté.

Pesanteur spécifique , de 36 à 38; infusible au chalumeau, ou donnant une scorie noire attirable. 1088

1088. Infusible, pouvant se décomposer, et donnant alors une odeur sulfureuse. **Zinc sulfuré.**

Donnant une scorie noire attirable à l'aimant.

Fer carbonaté.

1089. Substance noire. 1090

D'un noir brunâtre plus ou moins foncé, mais dans lequel on distingue la nuance brune. 1097

1090. Brûlant au feu en partie ou presque en totalité. 1091
Ne brûlant pas au feu ; infusible ou presque
infusible au chalumeau. 1094

1091. Substance ayant un éclat résineux prononcé.
Pesanteur spécifique, 27, laissant après la
combustion un résidu d'environ 45 pour
cent, qui est fusible en émail blanc avec
difficulté. . . . . **Pyrorthite.**

Quelques houilles et certains lignites laissent jusqu'à 30 et 40 p. 100 de cendres ; dans ce cas, ils sont terreux et ne présentent aucune analogie avec la *pyrorthite*. On fera, en outre, remarquer que cette dernière substance, fort rare, n'est jamais qu'en morceaux peu considérables, et que presque toujours elle est engagée dans le granit qui lui sert de gangue : son éclat résineux est, en outre, fort caractéristique.

Substances dont la pesanteur spécifique ne dépasse pas 1,60 ; ordinairement friables,
quelquefois cependant assez résistantes,
brûlant avec un léger résidu de cendres. . . 1092

1092. Substance solide, à cassure brillante, dont l'é-
clat résineux, est légèrement demi-métallique. 1093
Substance friable, tachant presque toujours les
doigts, ne fondant pas par l'action du feu,
mais pouvant se ramollir en brûlant. . . 1019

1093. Brûlant avec difficulté et seulement avec un
fort courant d'air ; ne fondant pas.
Anthracite.
Se fondant à une température très-faible,
et brûlant avec une flamme vive et une
odeur bitumineuse. . . **Bitume asphalte.**

1094. Soluble avec effervescence dans les acides. . . 1095
Insoluble ou difficilement attaquable par les
acides. 1096

1095. Effervescence très-vive ; au chalumeau, blanchit et donne une poudre caustique.
Chaux carbonatée bitumineuse.

Effervescence lente ; au chalumeau , scorie
noire attirable.

Fer carbonaté des houillères.

1096. Difficilement fusible au chalumeau , devient
une matière scoriacée attirable ; donne 20
pour cent d'eau dans le tube d'essai.

Thraulite.

Infusible , devient d'un brun rouge pâle, donne
seulement 9 à 10 pour cent d'eau.

Thorite.

1097. Substance ayant une pesanteur spécifique considérable, 64 environ ; infusible, soluble
dans les acides avec dégagement de gaz nitreux. . . . . **Pechblende.**

— Pesanteur spécifique comprise entre 27 et
42, mais plus ordinairement de 34 à 36 ;
soluble ou insoluble dans les acides , mais
sans dégagement de gaz nitreux. 1098

1098. Éclat et cassure résineuse très-prononcés; substance en morceaux plus ou moins considérables , ordinairement sans gangue , et dont
la couleur est plus foncée dans certaines
parties que dans d'autres : fusible avec facilité. . **Manganèse phosphaté ferrifère.**

Mat et sans éclat ; substance difficilement fusible
au chalumeau. 1099

1099. Substance ayant l'éclat de la cire, engagée dans
du schiste talqueux ; difficilement fusible
sur les bords des fragments en émail blanc
grisâtre : pesanteur spécifique, 26 à 27.

Fahlunite.

Donnant au chalumeau une masse scoriacée ,
attirable à l'aimant. Pesanteur spécifique,
33. . . . . **Cronstédite.**

1100. Substance jaune, ou d'un jaune verdâtre. . . 1101

1108. Substance en masse, à cassure unie, un peu granulaire; douce au toucher; infusible au chalumeau, se laissant couper et tourner avec facilité. . . . . . . **Pierre ollaire.**

A cassure vitreuse, disséminé avec les mines d'argent chloruré; fusible au chalumeau, donnant un bouton métallique et les caractères de l'iode. . . . . . **Argent ioduré.**

1109. Bleu verdâtre, ou vert bleuâtre; substance facilement fusible en émail noir, avec odeur arsenicale. . . . . **Scorodite.**

1110. Associé à du feldspath et à de la chaux carbonatée granulaire; substance fusible assez difficilement en émail blanc : pesanteur spécifique, 27 à 29. . . . . . **Glaucolite.**

Pesanteur spécifique, 32 à 33, fusible facilement en un émail noir, quelquefois scoriacé, et toujours attirable à l'aimant.
Krokidolite.

1111. Avec une odeur d'ambre très-prononcée, et donnant à la distillation beaucoup d'acide succinique. . . . . **Succin.**

Avec une faible odeur aromatique, mêlée d'une odeur bitumineuse, donnant peu ou point d'acide succinique à la distillation.
Résine de Higtgate; **Copal fossile.**

MINÉRAUX EN MASSES TERREUSES.

Beaucoup d'argiles contiennent une forte proportion de sels; elles s'effleu-
rissent alors à l'air, et deviennent pulvérulentes. Il faut dissoudre ces sels dans
l'eau et en étudier les propriétés, par les essais indiqués nos 716, 934 et suivants.

Ne donnant point d'eau dans le tube d'essai. . 1122

1122. Solution précipitant peu ou point par l'oxalate d'ammoniaque. . **Magnésie carbonatée.**
— Précipitant abondamment par l'oxalate d'ammoniaque ; substance souvent pulvérulente et un peu jaunâtre.

Dolomie terreuse.

1123. Insoluble dans les acides.

Chaux sulfatée terreuse.

Soluble. 1124

1124. Soluble avec gelée, en rapprochant légèrement la liqueur. 1125
— Sans gelée, fusible au chalumeau, avec une odeur arsenicale. **Chaux arséniatée.**

1125. Au chalumeau, fusible avec bouillonnement en un émail blanc. . **Stilbite farineuse.**
— Infusible, s'y fritant légèrement.

Magnésite.

1126. Douce au toucher, faisant plus ou moins fortement pâte avec l'eau, et présentant les différents caractères de l'argile. 1127
Ne se délitant pas dans l'eau, ne pouvant pas se pétrir, et différant des argiles. 1115

1127. Blanches, ou grises. 1128
Colorées par de l'oxyde de fer.

Argiles ocreuses ; **Argiles communes.**

1128. Fusible avec facilité. 1129
Infusible, ou seulement fritable, à la manière de la porcelaine. 1130

1129. Fusible en émail noir. . . . . **Wacke.**
En masse scoriacée, ou en émail légèrement coloré en vert. . . . . . **Argile à foulon.**

1130. Donnant dans le tube de 20 à 25 pour cent d'eau. 1131
Donnant au plus 12 à 15 pour cent d'eau. . . 1132

1131. Substance très-blanche. . . . . . . **Lenzinite**.
       Verdâtre , quelquefois ocracée.

                              Argile à foulon.

1132. 12 à 15 pour cent d'eau. 1133
       6 pour cent d'eau au plus. 1135

1133. Substance faisant une pâte très-ductile avec
       l'eau , très-grasse au toucher.

                              Argile à poterie.

       Faisant difficilement pâte avec l'eau, s'y fon-
       dant mal , et présentant les caractères d'une
       argile maigre. 1134

1134. Substance ordinairement très-compacte, pres-
       que toujours veinée de nuances différentes,
       sans mélange de grains quartzeux.

                              Lithomarge.

       Substance tout à fait terreuse, blanche, ou
       colorée en partie par de l'oxyde de fer, mais
       ne présentant pas de veines, presque toujours
       mélangée de grains de quartz et souvent
       de feldspath. . . . . **Kaolin**.

1135. Peu ou point d'eau, 1 pour cent au plus ; diffi-
       cilement attaquable par les acides. **Lectite**.
       4 à 6 pour cent d'eau. Très-douce au tou-
       cher, pouvant servir à la fabrication de la
       poterie fine, prenant beaucoup de dureté au
       feu, et contenant jusqu'à 12 pour cent de
       soude. . . . . **Pipestone**.

1136. Substance légère, en rognons surnageant sur
       l'eau , mais très-solides. **Quartz nectique**.
       Ne formant point de rognons , et ne surnageant
       pas sur l'eau. 1137

1137. Douce et onctueuse au toucher comme le savon;
       donnant quand on la coupe des copeaux à
       la manière des minéraux ductiles. 1138
       Apre au toucher, ou du moins ne possédant

rien de remarquable sous le rapport de l'onctuosité. 1139

1138. Substance fusible au chalumeau, donnant un bouton métallique. . **Bismuth carbonaté.**

Infusible, se fritant par une forte chaleur à la manière de la porcelaine. . . . **Stéatite.**

1139. Formant ordinairement des plaques solides, très-résistantes quoique molles, et analogues à du carton.

Asbeste tressée; **carton de montagne.**

En fragments plus ou moins irréguliers ou volumineux, mais ni schisteux, ni tressés. 1140

1140. Prenant de l'éclat par la raclure; se laissant couper au couteau à la manière des minéraux ductiles. . . . . **Scarbroïte.**

S'égrenant sous le couteau, s'y laissant couper, mais ne prenant pas d'éclat. 1141

1141. Donnant sur le charbon, ou au feu de réduction, une odeur d'ail très-prononcée.

Arsenic oxydé; **Acide arsénieux.**

Point d'odeur arsenicale au chalumeau. . . . 1142

1142. Soluble avec effervescence dans les acides. . . 1143

Insoluble, ou soluble sans effervescence. . . . 1147

1143. Avec effervescence très-vive; substance souvent un peu grise, exhalant une odeur argileuse. . . **Chaux carbonatée argileuse.**

Avec effervescence lente. 1144

1144. Substance donnant 15 à 18 pour cent d'eau dans le tube d'essai. 1145

Ne donnant point d'eau dans le tube d'essai. . 1146

1145. Pesanteur spécifique, 35; solution donnant par l'ammoniaque un précipité blanc, qui se redissout dans un excès d'alcali.

Hydro-carbonate de zinc.

Pesanteur spécifique, de 27 à 28. Précipité par l'ammoniaque, ne se redissolvant pas, par l'addition d'un excès d'alcali.

Hydro-carbonate de magnésie.

1146. Solution ne précipitant point par l'oxalate d'ammoniaque, quand on a rendu la liqueur ammoniacale. . . **Magnésie carbonatée.**

Précipitant abondamment par l'oxalate d'ammoniaque ; substance d'un blanc sale, toujours un peu jaunâtre. . . . . **Dolomie.**

1147. Donnant de l'eau par la calcination, et laissant après cette opération une matière boursouflée et légère, qui a un goût prononcé d'alun. . . . . **Alunite.**

Idem ; la matière qui provient de cette opération est insapide, et adhère fortement à la langue. 1148

1148. Substance contenant au moins 85 pour cent de silice. . . . . **Randanite.**

Substance assez résistante ; âpre au toucher ; légère, quelquefois schisteuse ; ne contenant pas au delà de 55 pour cent de silice, et donnant de 25 à 30 pour cent de magnésie.

Magnésite.

La *randanite* est fort rare. Les caractères extérieurs de la *magnésite* sont assez prononcés pour qu'on la distingue même sans essais, quand on a quelque habitude des minéraux : ce n'est donc que dans des cas particuliers qu'on sera obligé de faire l'essai indiqué n° 1138.

M. Thomson décrit deux silicates de magnésie : l'un sous le nom de *magnésite*, l'autre sous celui d'*hydro-silicate de magnésie*, analogues par leurs caractères extérieurs, et ne différant que par leurs proportions : il faudrait donc faire un essai quantitatif pour les distinguer. Du reste, la magnésie, comme beaucoup de silicates, est susceptible de s'allier à des quantités plus ou moins grandes de silice gélatineuse. Je crois donc qu'à moins de proportions bien définies, et retrouvées dans plusieurs circonstances, il faut se garder de faire des divisions dans les silicates. Nous n'indiquerons, quant à présent, que la *magnésite*.

1149. Substance bleue, verte, ou verdâtre. . . . 1150

Substance jaune, brune ou noire. 1162

1156. Rose. 1157

Rouge. 1158

1157. Rose très-clair, donnant au chalumeau un émail blanc légèrement coloré.

Chaux arséniatée cobaltifère.

D'un rose violet, donnant au chalumeau des vapeurs arsenicales abondantes, et un bouton métallique cassant. . . **Cobalt arséniaté.**

1158. Substance rouge brique, rouge de mars, ou rouge brun. 1159

— Rouge de minium, rouge de vermillon, ou rouge orangé. 1161

Fer oxydé rouge.

1159. Rouge brun, rouge mordoré ; fondant facilement au chalumeau, en donnant des vapeurs abondantes d'antimoine ; ordinairement en petites croûtes, ou en poussière sur le sulfure d'antimoine.

Antimoine oxydé sulfuré.

Rouge de brique, rouge de mars, ne donnant point de vapeurs au chalumeau. 1160

1160. Masse pulvérulente, fusible avec facilité, en un verre peu coloré.

Stilbite rouge farineuse.

Masse terreuse tachant les doigts, mais non pulvérulente, donnant au chalumeau une scorie attirable à l'aimant.

1161. Rouge vermillon ; substance entièrement volatile au chalumeau, sans odeur arsenicale, et donnant dans le tube des globules de mercure. . . . . **Mercure sulfuré.**

Couleur de minium, donnant sur le charbon du plomb métallique.

Minium natif ; **Plomb oxydé rouge.**

Rouge orangé, volatile au chalumeau avec des fumées blanches abondantes, et une odeur arsenicale très-vive.

Réalgar; **Arsenic sulfuré rouge.**

1165. Substance d'un jaune isabelle, donnant des fumées blanches, une odeur d'antimoine et des grenailles métalliques ; adhérente à la surface du sulfure d'antimoine, sur laquelle elle forme quelquefois des croûtes dures et épaisses. . . . . . **Acide antimonieux.**

Substance d'un jaune verdâtre, un peu blanchâtre, se réduisant avec facilité en un globule métallique brillant ; fusible à la simple flamme d'une bougie ; recouvrant les minerais de bismuth, et principalement le bismuth natif. . . . . . . **Bismuth oxydé.**

Ne donne pas d'eau ; substance d'un jaune assez vif, adhérente à la surface du molybdène sulfuré ou du schéelin ferrugineux. Fusible au chalumeau, avec fumée blanche ; mélangé de sel de phosphore et sur le fil de platine, donne au feu de réduction un vert presque aussi beau que l'oxyde de chrome.

Acide molybdique.

1167. Soluble dans les acides ; solution contenant de l'acide sulfurique, et précipitant en brun par l'hydrocyanate ferruginé de potasse.

Sous-sulfate d'urane.

Idem, solution ne contenant pas d'acide sulfurique, et précipitant en brun par l'hydrocyanate ferruginé de potasse.

Urane oxydé hydraté.

1168. Pesanteur spécifique considérable, 60 au moins, donnant du plomb au chalumeau.

Massicot natif ; **Plomb oxydé jaune.**

Pesanteur spécifique faible ou moyenne. . . . 1169

1169. Jaune d'ocre, jaune sale ; substances donnant au chalumeau une scorie attirable. 1170

Jaune de soufre très-clair, blanchâtre et jaune d'orpiment ; substances très-facilement fusibles au chalumeau, avec odeur de soufre ou d'arsenic. 1171

1170. Jaune d'ocre. . . . . . **Fer oxydé hydraté.**

Jaune sale, donnant une odeur végétale sur le charbon. . . . *Humboldite ;* **fer oxalaté.**

1171. Jaune clair, donnant sur le charbon une odeur sulfureuse. . . . . **soufre.**

Jaune d'orpiment, donnant sur le charbon des fumées blanches très-abondantes, et une odeur arsenicale prononcée.

Orpiment ; **Arsenic sulfuré jaune.**

1172. Substance brune. 1173
— Noire. 1174

1173. Pesanteur spécifique très-faible, 11 à 13 ; substance combustible.

Terre de Cologne, terre d'Ombre.

Pesanteur spécifique, de 33 à 46 , prenant au feu une couleur noire et un éclat métallique.

Groroïlithe ; **peroxyde de manganèse hydraté.**

1176. Fibres allongées. . . . . . **Lignite fibreux.**
Tissu analogue à celui du charbon.

Charbon minéral.

1177. S'enflammant difficilement, s'éteignant aussitôt qu'elle se couvre de cendre, et donnant une odeur analogue à celle de la houille.

Houille terreuse.

S'enflammant facilement, continuant à brûler sous la cendre, et donnant une odeur à la fois bitumineuse et acide. **Lignite terreux.**

1178. Fusible au chalumeau ; se réduisant sur le charbon, et donnant un bouton de cuivre ; adhérente ordinairement sur des pyrites de cuivre, ou sur du cuivre carbonaté bleu.

Cuivre oxydé noir.

1179. Colorant le borax en violet. . . . **Pyrolusite.**
— — en bleu. **Cobalt oxydé noir.**
— — en vert. **Nickel oxydé noir.**

1181. Bleue, ou bleuâtre. 1182
　　　Verte, ou verdâtre. 1183

1182. En petits morceaux assez solides, susceptibles
　　　de poli, d'un bleu clair. . . **Turquoise.**
　　　En morceaux plus ou moins volumineux, à
　　　cassure unie, d'un bleu indigo.

Fer phosphaté.

1183. D'un vert foncé, vert bouteille; substance en
　　　fragment à cassure unie un peu grenue,
　　　donnant au chalumeau une scorie attirable.

Terre de Vérone, talc zoographique.

　　　Vert émeraude plus ou moins foncé, vert pré. 1184

1184. Formant une croûte sur une roche quartzeuse,
　　　et pénétrant cette roche, qui devient alors
　　　d'un beau vert ; au chalumeau perd sa cou-
　　　leur. . . . . **Chrome oxydé.**
　　　Substance à cassure compacte unie, ayant l'ap-
　　　parence d'une argile colorée en vert. . . . 1185

1185. Infusible au chalumeau, devient noir opaque ;
　　　avec le borax donne un verre couleur bou-
　　　teille. . . . . **Chloropale.**
　　　Prend de l'éclat par la raclure ; au chalumeau
　　　devient de couleur café brûlé ; avec le
　　　borax donne un verre couleur émeraude.

Wolkonskite.

1186. Rouge, ou rougeâtre. 1187
　　　Jaune, jaunâtre, brun, ou d'un noir rougeâtre. 1189

1187. Se dissolvant dans les acides avec une efferves-
　　　cence vive et rapide.

chaux carbonatée ferrifère.

　　　Rouge foncé; substance se dissolvant lentement,
　　　et dans certains cas avec dégagement de gaz
　　　acide nitreux. 1188

1188. Rouge de mars, rouge de fer; substance se dissolvant sans dégagement de gaz acide nitreux, liqueur colorée en rouge orangé.
Fer oxydé rouge.

Rouge brique, rouge terne, substance donnant
souvent un dégagement de gaz acide nitreux;
liqueur colorée en vert.
Cuivre oxydulé ferrifère.

La belle couleur du *fer oxydé rouge*, qui fournit le rouge de Mars, suffit
presque toujours pour reconnaître ce minéral, d'ailleurs beaucoup plus abondant que les autres minéraux rouges et terreux.

1196. Ayant encore le tissu ligneux, ou contenant
      des plantes non entièrement décomposées. . 1197

      Ne présentant pas le tissu ligneux, mate et
      terne comme la cire. . . . . . **Bitumes.** 1198

1197. Tissu ligneux assez prononcé. . . . **Lignites.**

      Contenant encore des plantes non complète-
      ment altérées. . . . . **Tourbes.**

1198. Substance d'un brun assez foncé. 1199

      Brunâtre, jaunâtre ou grisâtre, tirant sur le
      blanc sale. 1200

1199. Brun assez foncé, minéral cédant à la pression
      du doigt.

          Caoutchouc fossile; **Bitume élastique.**

      Brun sale, jaunâtre, terne à l'extérieur, pré-
      sentant un peu d'éclat résineux dans la cas-
      sure. . . . . **Retin-asphalte.**

1200. Plus lourde que l'eau. . . . . . **Schéerérite.**

      Surnageant sur l'eau. 1201

1201. Jaunâtre, ou gris blanchâtre ; substance se fon-
      dant à 76 degrés environ. . . **Hatchetine.**

      Substance d'un brun jaunâtre, avec des reflets
      verdâtres ; se fondant à 60 degrés. **Ozokérite.**

1202. Substance d'un brun terreux ; à cassure unie ;
      homogène, faisant une effervescence lente
      avec les acides ; donnant, au chalumeau,
      une masse scoriacée attirable.

               Fer carbonaté terreux.

      Brun tirant sur le noir, présentant des parties
      verdâtres et rougeâtres ; fusible en émail
      noir. . . . . **Mysorine.**

1203. Pesanteur spécifique, 15 au plus ; brûlant en
      grande partie ou en totalité par l'action du
      chalumeau, tissu ligneux plus ou moins
      marqué. . . . . **Lignites.**

MINÉRAUX EN ROGNONS, EN GRAINS ISOLÉS OU AGGLUTINÉS,
EN CRISTAUX GRANULAIRES OU EN SABLES.

Point d'effervescence , sel déflagrant sur les charbons. . . . . **Soude nitratée.**

1211. Substances ayant l'aspect métallique, ou métalloïde. 1212

— Aspect pierreux ou terreux. 1224

1212. En grains isolés. 1213

En grains agglutinés. 1216

1213. En pépites, ou en paillettes jaune d'or.

                                      Or natif.

Gris de fer, d'acier, ou de plomb. 1214

1214. Grains arrondis, souvent roulés. 1215

Grains cristallisés, ou sable très-fin. . . . 1218

1215. Pes. spécifique considérable, de 170 à 175. Substance non magnétique. . . . **Platine.**

Pes. spécifique comprise entre 44 et 54. Substances attirables à l'aimant ou du moins le devenant par la calcination. 1216

1216. Donnant une poussière rouge quand on la porphyrise. . . . . **Fer oligiste.**

Poussière grise plus ou moins foncée. 1217

1217. Fortement attirable à l'aimant ; poussière noire.

                                  Fer oxydulé.

Légèrement attirable ; souvent même cette action est si peu sensible, qu'il faut, pour la constater, employer l'appareil indiqué par Hauy. Substance donnant du chlore par sa dissolution dans l'acide muriatique ; l'ammoniaque détermine dans la liqueur un précipité floconneux qui se redissout en partie.

                                Franklinite.

1218. D'un gris de fer, gris d'acier. 1219

Gris de plomb, gris d'étain. 1223

1219. Donnant une poussière rouge quand on la porphyrise. . . . . **Fer oligiste.**

Poussière noire, ou grise. 1220

1220. Fortement attirable à l'aimant ; s'attachant au
       barreau. 1221
       Faiblement attirable, ne s'attachant pas au bar-
       reau. 1222
1221. Pes. spécifique, 50 ; substance insoluble au
       chalumeau, et donnant avec le borax et le
       sel de phosphore des verres transparents,
       dont la couleur vert bouteille indique seule-
       ment la présence du fer. . **Fer oxydulé**.
       Pesanteur spécifique 44 à 45 ; infusible au cha-
       lumeau ; avec le sel de phosphore donne un
       verre rouge. . . . . **Isérine**.
1222. Pesanteur spécifique 48 ; donne, en se dissolvant
       dans l'acide muriatique, une odeur de chlo-
       re ; cette substance réduite en poudre et mê-
       lée intimement avec de la soude, donne au
       feu de réduction une auréole sensible de zinc.
                                    Franklinite.
       Pesanteur spécifique 44 à 45 ; infusible, point
       d'auréole de zinc avec la soude ; avec le sel
       de phosphore donne un verre rouge.
              Ménachanite ; **Fer oxydulé titanifère**.

Si l'on consulte les gisements de ces *sables ferrifères*, on découvrira de suite
leur nature ; ceux des volcans sont constamment titanifères : il en est de même
des sables qui proviennent de la destruction des schistes micacés.
   La *franklinite* est exclusive aux États-Unis.

1223. Lames cristallines d'un gris clair ; pesanteur
       spécifique 192 ; inattaquable par les acides.
                            Osmiure d'irridium.
       Paillettes d'un blanc d'argent, dont la pesan-
       teur est de 110 à 120, attaquable par l'acide
       nitrique. . . . . **Palladium**.
1224. Substance en rognons, ou en grains isolés. . . 1225
       Id. agglutinés. 1233
1225. En rognons, ou nodules plus ou moins considé-

rables, de la grosseur au moins d'une noisette, souvent même supérieure à celle du poing. 1226

En grains arrondis ou en sable. 1229

1226. Pesanteur spécifique très-faible, 12 à 15, substances brûlant entièrement par l'action du chalumeau.. 1111

Pesanteur spécifique variable, mais de **27** au moins; substances ne brûlant pas sous l'action du chalumeau. 1227

1227. Rognons presque toujours creux, de couleur ocreuse, ayant souvent au centre un noyau mobile.

Œtite, minerai de fer géodique.

Rognons ou nodules pleins, n'ayant pas la couleur ocreuse. 1228

1228. Masse arrondie, présentant à sa surface une croûte noire vitrifiée, et dont l'intérieur, de couleur grise, est formé de parties distinctes cristallines qui lui donnent une apparence granitique. . . . . **Météorite.**

Rognons presque toujours ovoïdes, allongés, présentant intérieurement une structure concrétionnée ; substance d'un gris sale, gris jaunâtre, faisant effervescence avec les acides.

Pisolite.

1229. Sable d'un beau vert émeraude.

Cuivre chloruré.

Grains arrondis et anguleux, blancs, jaunes ferrugineux ou orangé. 1230

1230. Grains anguleux ; substance rouge orangé ; rayant le verre avec facilité.

Grenat essonite.

Grains arrondis, dont les dimensions sont au moins égales a du gros plomb de chasse. . 1231

1231. Blancs, d'un blanc sale, grisâtres ou jaunâtres. 1232
De couleur ferrugineuse, donnant une poussière
jaune quand on les écrase.

Minerai de fer en grains.

1232. Eclat analogue à celui de la perle, substance
rayant le verre et fusible en émail blanc.

perlite.

Surface des grains souvent luisante, cassure
sans éclat, grains ou nodules composés de
couches concentriques; rayés par une pointe
d'acier, infusible et soluble dans les acides
avec effervescence. . . . . . . **Pisolites.**

1233. Blancs, blancs grisâtres, jaunâtres, ou légèrement verdâtres. 1234
Jaunes, d'un jaune rougeâtre, rougeâtres, rouges, bruns, verts, d'un vert bleuâtre, ou
noirs. 1238

1234. Substance dure, rayant le verre. 1235
Plus ou moins tendre, toujours rayée par une
pointe d'acier. 1236

1235. Grains arrondis, d'un blanc grisâtre, ayant l'é-
clat résineux et l'aspect de la perle, réunis par
une matière de même nature; fusible avec
facilité. . . . . **Perlite.**

Cristaux imparfaits, arrondis, ayant l'éclat
vitreux, et de couleur blanc verdâtre, fusibles seulement sur les bords des fragments;
solubles dans l'acide nitrique; solution donnant un précipité par le nitrate d'argent.
Substance associée à une roche volcanique.

Sodalite.

1236. Substance tendre, tachant les doigts, d'un
blanc terreux : les grains, quoique très-petits, présentent souvent une texture fi-

breuse radiée ; insoluble dans les acides.
Webstérite.

Grains, ou nodules solides, ne tachant pas les
doigts ; solubles avec effervescence dans les
acides. 1237

1237. Grains de la grosseur, au moins, du gros plomb
de chasse ; souvent beaucoup plus gros, luisant à leur surface, composés de couches
concentriques. . . . . **Pisolite**.

Rarement de la grosseur du gros plomb, souvent beaucoup plus petits, mats, cassure
non concentrique. . . . . **Oolite**.

Souvent l'*oolite* est légèrement ferrugineuse ; elle prend alors une teinte
ocracée d'autant plus forte que les grains sont plus chargés de fer ; elle présente alors un passage insensible à l'oolite ferrugineuse.

1238. Jaunes, d'un jaune rougeâtre, rougeâtres,
rouges, ou bruns. 1239
Verts, d'un vert bleuâtre, ou noirs. 1246

1239. Grains anguleux, un peu cristallins, ayant
dans quelques circonstances un éclat résineux ou une teinte irisée. 1240
Grains arrondis à la manière des grains de
plomb, ou de millet, non cristallins, ayant
l'apparence de concrétions ou de nodules,
sans éclat, pouvant cependant être luisants
à leur surface. 1244

1240. Rayant le verre plus ou moins facilement. . . 1241
Ne rayant pas le verre. 1242

1241. D'un jaune orangé, ou d'un rouge hyacinthe ;
grains très-anguleux, fortement transparents, et souvent translucides : fusible en
émail gris verdâtre.
Grenat essonite.

D'un jaune verdâtre, jaune de topaze, grains

arrondis, opaques, à éclat résineux : fusible. . . . . **Grenat colophonite.**

Grains anguleux, rougeâtres, presque toujours
irisés, éclat vitreux ; substance infusible.
Péridot.

Le *péridot* est ordinairement associé à du basalte ; lorsque les échantillons qu'on examine sont adhérents à de la gangue, cette association suffit pour le distinguer.

1242. Substance rouge et brillante, donnant une
poussière orangée. Pesanteur spécifique,
54 : infusible.
Zinc oxydé manganésifère.

Jaune de vin, jaune grisâtre. 1243

1243. Jaune de vin ; substance ayant un éclat résineux, infusible au chalumeau ; elle noircit
par son action, et prend l'aspect d'un minerai de fer attirable. . . . **Polyadelphite.**

Jaune grisâtre, grains cristallins, vitreux, admettant deux clivages ; fusibles en un verre
transparent, vert bouteille peu foncé.
Xanthite.

1244. Grains brun rougeâtre, au moins de la grosseur
du gros plomb ; réunis soit par une pâte
argileuse qui se délite à l'air, soit par une
pâte calcaire beaucoup plus claire que la
masse.
Fer en grains agglutinés.

Grains plus ou moins fins, rouge brun, rouge
jaunâtre, ou jaunâtres, soudés ensemble,
ou réunis par un ciment de même matière
que les grains, ordinairement très-peu
abondant, quelquefois calcaire. 1245

1245. Couleur foncée, donnant au chalumeau une
scorie attirable ; soluble sans effervescence,

ou du moins qui ne se prolonge pas longtemps.. . . . . **Fer oolitique.**

Couleur simplement ocreuse, peu foncée :
grains infusibles, donnant au chalumeau
une matière terreuse alcaline, soluble avec
une effervescence vive, et qui se prolonge
pendant tout le temps de la dissolution.

Oolite ferrugineuse.

Le *fer oolitique* et l'*oolite ferrugineuse* passent souvent l'un à l'autre par
des degrés insensibles.

1246. Verts, ou d'un vert bleuâtre. 1247
Noirs. 1252
1247. Rayant le verre. 1248
Rayé par une pointe d'acier. 1251
1248. Grains soudés ensemble sans interposition de
gangue, et formant plutôt une substance
granulaire que des grains isolés et agglomérés. 1249
Grains soudés ensemble et disséminés dans une
roche calcaire blanche.

Pyroxène granuliforme; **Cocolithe.**

1249. Infusibles. . . . . **Péridot.**
Fusibles. 1250
1250. D'un jaune vert pâle.

Wolberthite.

D'un vert bouteille foncé, ressemblant à la gah-
nite ; fusible en une scorie attirable.

Gœkumite.

1251. Substance d'un gris verdâtre terreux ; terne ;
composée de grains très-petits, à peine visibles et mats; très-faiblement magnétique,
le devenant davantage par la calcination.

Chamoisite.

Le minerai exploité en Bretagne pour la forge du Pas, près Quentin, celui
de Hayange dans la Lorraine, se rapportent à la *chamoisite.*

D'un bleu verdâtre; ayant un éclat vitreux, donnant une poussière blanche; au chalumeau, devient d'un blanc de neige, et tombe en poussière.

Hydro-bucholzite, pyrargilite.

1252. Grains aplatis, de la grosseur d'une noisette au plus; ayant quelque trace de cristallisation; d'un noir de velours, donnant une poussière brun rouge, fondant au chalumeau en un émail noir; avec le sel de phosphore donne un verre émeraude.

Urano-tantale.

En nodules d'un pouce de diamètre, et plus sans aucun indice de cristallisation; donnant une poussière d'un brun jaunâtre; au chalumeau, s'arrondit seulement sur les bords, et devient fortement magnétique.

Thraulite, hisingérite.

MINÉRAUX LIQUIDES ET VISQUEUX.

1253. Substance d'un blanc d'argent, ayant l'éclat métallique. Pesanteur spécifique considérable.

Mercure natif.

— Colorée en jaune ou en brun. Pesanteur spécifique très-faible; odeur de bitume. . 1254

1254. En jaune, jaune rougeâtre; substance très-liquide. . . . . **Naphte.**
En brun, brun rougeâtre très-foncé, liquide un peu épais, quelquefois visqueux.

Huile de pétrole.

1255. Glutineux, collant aux doigts, se durcissant par l'action de l'air.

Malthe, bitume glutineux.

Gras au toucher, recevant l'empreinte des doigts, mais ne s'y attachant pas. 1256

1256. Brun assez foncé ; minéral cédant à la pression
du doigt. . . . . **Bitume élastique.**
Brun sale, brun jaunâtre, ordinairement terne.
Rétin-asphalte.

ERRATA.

Page 88, *lignes 10 et 11, au lieu de* : égaux entre eux : *lisez :* égaux
entre eux et également inclinés.

FIN DU TOME PREMIER.

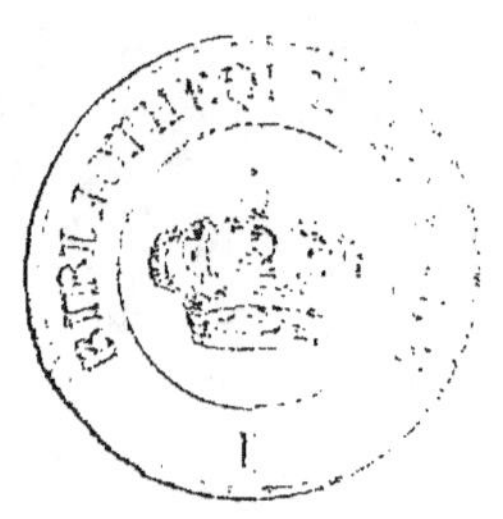

TABLE DES MATIÈRES

CONTENUES

DANS LE PREMIER VOLUME.

FIN DE LA TABLE.